FORTSCHRITTE DER BOTANIK

BEGRÜNDET VON FRITZ VON WETTSTEIN

UNTER ZUSAMMENARBEIT
MIT MEHREREN FACHGENOSSEN
UND MIT DER
DEUTSCHEN BOTANISCHEN GESELLSCHAFT

HERAUSGEGEBEN VON

ERNST GÄUMANN u. OTTO RENNER
ZÜRICH   MÜNCHEN

DREIZEHNTER BAND
BERICHT ÜBER DIE JAHRE 1949·1950

MIT 53 ABBILDUNGEN

SPRINGER-VERLAG
BERLIN · GÖTTINGEN · HEIDELBERG
1951

ISBN-13: 978-3-540-01542-0   e-ISBN-13: 978-3-642-94581-6
DOI: 10.1007/978-3-642-94581-6

Inhaltsverzeichnis.

---

[1] Der Beitrag folgt in Bd. XIV.

---

[1] Der Beitrag folgt in Bd. XIV.

A. Morphologie.

1. Morphologie und Entwicklungsgeschichte der Zelle.

Von Lothar Geitler, Wien.

Mit 5 Abbildungen.

Im letzten Bericht konnten infolge der damals noch schwierigen Literaturbeschaffung sowie wegen der verhältnismäßig langen Dauer der Drucklegung nicht alle in Betracht kommenden Veröffentlichungen verarbeitet werden. Deshalb wird im vorliegenden Bericht weiter zurückgegriffen als sonst üblich. Im übrigen macht es die Fülle des Stoffes unvermeidlich, daß manche Publikationen nur kurz behandelt werden können.

Zellmorphologie der Protisten. Die Ausbildung der Skulpturen der Sporenwand bei Discomyceten wird hauptsächlich von der Spore selbst bestimmt; das Periplasma wirkt nur modifizierend, z. B. durch den Druck von Vakuolen. Die Entstehungsgeschichte ist im übrigen bei verschiedenen Gattungen verschieden (Le Gal). — Eine große Mannigfaltigkeit der Zygotengestaltung findet sich bei einer *Mougeotia*-Art in Abhängigkeit von den Lagebeziehungen der kopulierenden Gametangien (Geitler 1949). — Die Membranporen der Desmidiaceen untersuchte Lhotsky elektronenoptisch, wobei einige neue Strukturen erkennbar wurden.

Der Protoplast großzelliger *Synedra*-Arten (Diatomee) läßt eine bestimmte, bemerkenswerte Architektonik erkennen und enthält bisher unbekannte, konstante Organellen. Die vital leicht untersuchten Chondriosomen zeigen zweifellos passive Formveränderungen [Geitler 1948/49 (3)]. — Daß auch bei Rhodophyceen zusammengesetzte Pyrenoide vorkommen, zeigen Feldmann und Schoter. — Explodierende Organellen, die mehrere hundert μ weit ausgeschleudert werden, entdeckte Hovasse an der Chrysomonade *Cyclonexis*.

Eigenartige Konsortien nach Art der Ektosymbiosen bilden freibewegliche Chrysomonaden mit einzelligen, hefeartigen, aber wohl kernlosen, daher wahrscheinlich zu den Bakterien zu rechnenden Pilzen, die sich aber nur durch Knospung fortpflanzen [Geitler 1948/49 (2)]. Die gleichen und andere Pilze treten auch in regelmäßigem Zusammenhang mit verschiedenen farblosen Flagellaten auf (Tschermak-Woess). Die genannten Chrysomonaden bilden gute Objekte für die Lebendbeobachtung der sehr schnell ablaufenden Zellteilung. — Die Auszählung der Mitosestadien in 1374 spermatogenen Fäden von fünf *Chara*-Arten beweist erneut mehr oder weniger deutlich ausgeprägt das Auftreten von spitzenwärts die Fäden durchlaufenden Teilungswellen [Geitler 1948/49 (1)].

Karyologie der Protisten. Die vielfach bearbeitete eigenartige Mitose von *Spirogyra* (vgl. die früheren Berichte) hat eine weitere wesentliche Aufklärung gefunden. GODWARD (1950, vorl. Mitt. 1947) stellt für vier Arten überzeugend fest, daß SAT-Chromosomen vorhanden sind, allerdings solche sehr merkwürdiger Ausbildung. Dadurch erscheint die pro und contra geführte Diskussion über die Beziehung zwischen Chromosomen und Nukleolen bei *Spirogyra* in neuem Licht. *Spirogyra crassa* besitzt bei n = 12 zwei SAT-Chromosomen (GODWARD spricht von „nucleolar organizing chromosomes"), deren subterminale SAT-Zone im Vergleich zu bekannten Fällen sehr lang erscheint. Im Ruhekern ist sie so stark verlängert, daß sie innerhalb des Nukleolus vielfach hin und her gewunden wird. Außerdem ist sie von einer dicken Masse umhüllt, von der es nicht sicher ist, ob sie zum Nukleolus oder zum Chromosom gehört (GODWARD neigt zu letzterer Annahme). Diese Massen erscheinen am Nukleolus des Ruhekerns als die bekannten, oft gesehenen, aber nicht deutbar gewesenen wurstförmigen, verschlungenen Gebilde („organiser tracks"). — Eine SAT-Zone ähnlicher Ausbildung besitzt auch *Sp. triformis* mit n = 6 und 2 SAT-Chromosomen. Bei *Sp. setiformis* und (?) *ellipsospora* bestehen dagegen die ebenfalls je zwei SAT-Chromosomen zur Gänze, d. h. in ihrer ganzen Länge aus der — umhüllten — SAT-Zone, — eine, wie der Verf. mit Recht betont, im ganzen Organismenreich einzigartige Situation. — Grundsätzlich gleichartige Verhältnisse zeigen nach GODWARD auch andere *Spirogyra*-Arten sowie *Zygnema* und *Closterium*[1]. — Für *Sp. crassa* kann Ref. die Beobachtungen GODWARDs bestätigen.

Für die Meiose in der Basidie von *Coleosporium* läßt sich ein Lepto- und Zygotän nachweisen — in diesem sieht man die beiden Nukleolen infolge Paarung der SAT-Chromosomen verschmelzen —, es folgt ein

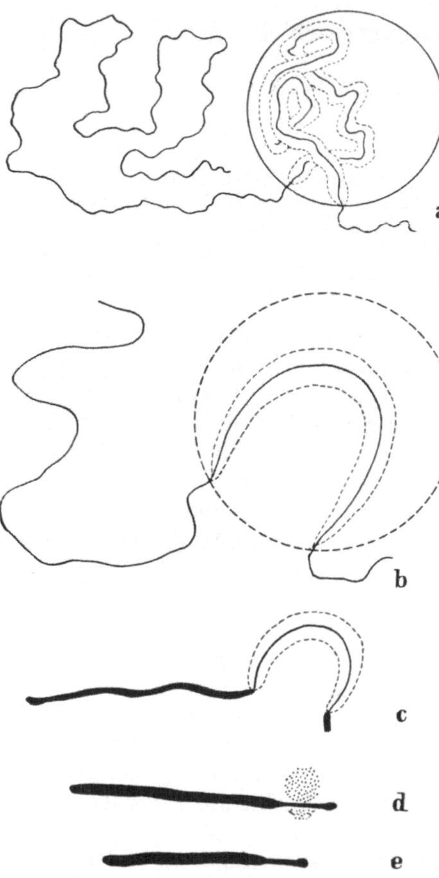

Abb. 1. Halbschematische Darstellung des SAT-Chromosoms von *Spirogyra crassa* im Ruhekern (oben) und während der frühen Prophase bis zur Metaphase. Nach GODWARD (umgezeichnet).

[1] Die zitierten Untersuchungen DORAISWAMIs waren mir nicht zugänglich.

Diplotän, eine Diakinese und unter intranukleärer Spindelbildung die
I. Metaphase, in der, wie in der folgenden Anaphase, die Chromosomen
auffallend unregelmäßig in Richtung der Längsachse der Spindel verteilt sind (OLIVE). Der Ablauf geht in gewohnter Weise weiter. Bemerkenswert ist das Auftreten einer postmeiotischen Mitose in der Basi-
diospore, bei der der eine Tochterkern degeneriert. Im Diplotän finden
sich Bilder, die als Chiasmen gedeutet werden; in der I. Anaphase treten
mitunter zwischen den auseinanderweichenden Chromosomen (Ver-
klebungs-?) Fäden auf, die anscheinend ohne zwingenden Grund als

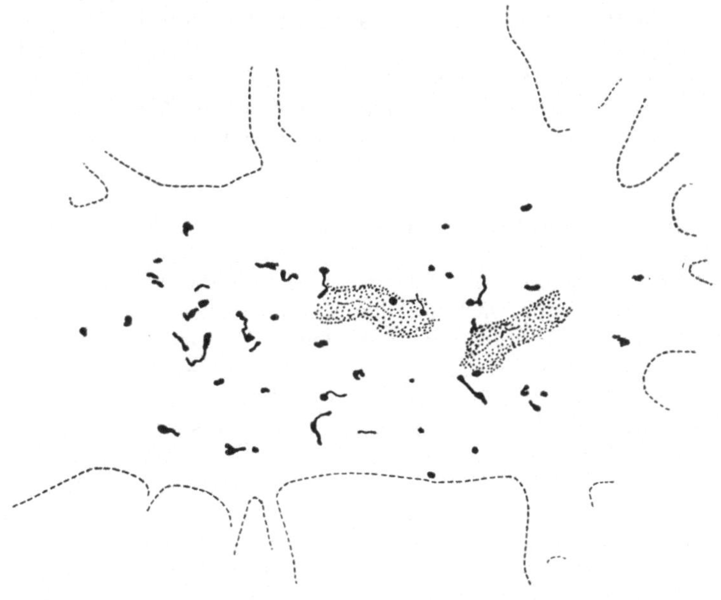

Abb. 2. Mittlere Prophase von *Spirogyra* (?) *ellipsospora*: zwei SAT-Chromosomen, die zur Gänze aus
SAT-Zone bestehen, und zahlreiche andere, z.T. sehr kleine Chromosomen. Nach GODWARD (umgezeichnet).

Inversionsbrücken gedeutet werden. — Der Bau des Ruhekerns verschiedener Fungi weist Übereinstimmung mit dem typischen Bau bei
höheren Organismen auf; u. a. finden sich auch Chromozentrenkerne
[PINTO-LOPES 1948 (1)].

Über die noch vielfach als kontrovers betrachtete Karyologie der
Hefen liegt eine große Zahl von Untersuchungen vor. In einer Reihe
von Publikationen behandelt SUBRAMANIAM (z.T. zusammen mit RANGA-
NATHAN und MURTHY) die Mitose von Kulturhefen. Die Methodik erscheint exakt, es wurde auch ausgiebig die Nuklealreaktion herangezogen;
andererseits wirkt es befremdend, wenn mit OsO_4-Dampf behandelte
Präparate ausgetrocknet werden. Methodisch wesentlich ist die Verwendung gutwachsender Kulturen. Die als Chromosomen bezeichneten
Körper erscheinen auffallend groß und unförmig. Eigenartig sind die Vorstellungen SUBRAMANIAMs über das Auftreten von „Heterochromatin"

1*

in mit Acenaphthen behandelten polyploidisierten Zellen: alle Chromosomen erscheinen in eine dünne Rinde und einen nuklealnegativen
Innenraum differenziert; diesen faßt Verf. als negativ heterochromatisch
auf. Auch im Fall anderer spekulativer Auffassungen sind wohl weitere
Unterbauungen abzuwarten. — Für gärende Kulturen gibt SUBRA
MANIAM [1948 (2)] im Gegensatz zu dem Verhalten in aerob wachsenden
Endomitosen mit z. T. sehr hohem Polyploidiegrad an; die Zellen werden
mit denen endopolyphoider Drüsen höherer Tiere verglichen. Die zu erwartende Kernplasmarelation scheint zufolge der Abbildungen in den
polyploiden Zellen nicht zu bestehen; auch die hoch polyploiden Zellen
erscheinen kaum vergrößert. — Das Auftreten von Endopolyploidie
(nach Kampferbehandlung) nimmt auch LEVAN (1947) an. — Mit den
Befunden SUBRAMANIAMs über die Mitose stehen nur teilweise in Einklang die Angaben und Abbildungen NAGELs. Die Verf.in betrachtet
die Kernteilung nicht als typisch mitotisch, vermeidet den Ausdruck
Chromosomen und nennt den mutmaßlichen Zellkern „Parvikorp".
Die meiotische Prophase erscheint ihr dagegen ziemlich gut vergleichbar mit den bei höheren Organismen herrschenden Verhältnissen (es
sei daran erinnert, daß z. B. auch bei den Ciliaten die vegetativen
Mitosen mehr oder weniger maskiert sind und der typische Chromosomenbau vielfach nur während der Meiose erkennbar wird; DEVIDÉ
und GEITLER, vgl. Fortschr. Bot. 12, 8). Die Beobachtungen hinterlassen,
wie die SUBRAMANIAMs, einen gewissen unbefriedigenden Eindruck. —
Weitaus die klarsten und überzeugendsten Bilder bringt LEVAN (1947);
die Mitose unterscheidet sich nach ihm nicht wesentlich von irgendeiner anderen. Doch hebt er hervor, daß sich Fixierung und Färbung
launisch verhalten und von unkontrollierbaren Umständen abhängen. —
Ein völlig typisches mitotisches Verhalten fand DE LAMATER (vorl.
Mitt. ohne Figg.), der bei *Saccharomyces cerevisiae* vier sicher identifizierbare Chromosomen beobachtete und angibt: „that the vegetative
nuclear cycle conforms to the general pattern characteristic of higher
organisms; that a centriole and polar bodies are constantly present
in the divisions; and that there are two periods of chromosomal elongation and constriction, or coiling and uncoiling, during the vegetative
nuclear cycle". Zusammengenommen mit den genetischen Daten, die
eindeutig für ein „normales" chromosomales Verhalten sprechen, kann
das Problem der Hefekerne wohl im wesentlichen als abgeschlossen
gelten.

Die Zellkernfrage der Bakterien behandelt erneut zusammenfassend PIEKARSKI. Die Beantwortung hängt wesentlich davon ab, ob
man bei der Definition „Zellkern" von dem absehen will, was den
Nukleoiden der Bakterien gegenüber dem Zellkern der höheren Organismen abgeht (Spindelbildung, Nukleolenbildung, Heterochromatin
u. a.; davon zu schweigen, daß wir nicht wissen, ob und wie die Nukleoide
den Chromosomen entsprechen; — „Chromosom" ist ein sehr wohl
definierter Begriff mit sehr bestimmtem, gar nicht kleinem Inhalt!).
Sieht man freilich davon ab — was aber nicht dem Sinn einer vergleichend
morphologischen Betrachtung entspricht, die jeder exakten Forschung

zugrunde liegt —, so läßt sich eine weite und dementsprechend verschwommene Definition des Begriffes „Zellkern" geben, die sowohl für den Kern sensu stricto wie auch für die Nukleoide paßt. PIEKARSKI dürfte zu dieser Auffassung neigen. Dem Ref. scheint damit nichts gewonnen, da wesentliche Unterschiede nur verschleiert werden. Der Tatbestand läßt sich doch wohl am exaktesten dadurch ausdrücken, daß man sagt, die Nukleoide wären Äquivalente des Zellkerns, d. h. Organellen, welchen mehrere morphologische, entwicklungsgeschichtliche und physiologische Gemeinsamkeiten mit dem Zellkern oder den Chromosomen zukommen.

L. R. CLEVELANDS Untersuchungen: Meiose in einem Teilungsschritt; nicht identische Reproduktion von Chromatiden; Chromosomen- und Spiralbau. Die hochinteressanten Gruppen kompliziert gebauter, im Darm von Termiten und anderer Insekten (z. B. Blattiden) parasitierender Flagellaten (Polymastigina, Hypermastigina) erfuhren eine eingehende Untersuchung auch in kernzytologischer Hinsicht durch CLEVELAND[1]. Die zum Teil erstaunlichen Befunde wurden durch sehr umfangreiche Beobachtungen gewonnen (für *Trichonympha* allein gibt CLEVELAND an, mehr als 10000 Ausstriche untersucht zu haben); neben fixierten Präparaten wurden ausgiebig auch Lebendbeobachtungen mit dem Phasenkontrastmikroskop herangezogen; zahlreiche anschauliche Zeichnungen — mehrere Hunderte Figuren sind beigegeben — belegen das Gesagte, besser, als die immer gebräuchlicher werdenden nichtssagenden Photographien; wiewohl man sich im vorliegenden Fall hier und da solche zur Ergänzung wünschen würde, da viele Figuren anscheinend halbschematisch gehalten sind.

Die behandelten Arten sind Haplonten. Die Gameten (meist Isogameten) entstehen aus vegetativen Zellen gleichenden Gametozyten (Gamonten) durch eine gewöhnliche Mitose, also in der Zweizahl. In der Zygote erfolgt die Meiose. Bei *Trichonympha* [1949 (2)] geschieht dies in gewohnter Weise in zwei Teilungsschritten. Bei *Oxymonas* und *Saccinobaculus* [1950 (2)] findet sich an der gleichen Stelle eine einzige Teilung, deren Wesen darin besteht, daß nicht gespaltene, sondern ungespaltene Chromosomen in sie eintreten. Die Paarung ist nur lose und oberflächlich, Tetradenbildung fehlt eo ipso, die Verteilung auf zwei Pole erfolgt aber trotzdem regelmäßig, so daß die Zahlenreduktion durchgeführt wird. Crossing-over ist naturgemäß ausgeschlossen, da sich dieses zwischen Chromatiden abspielt. Damit sind erstmalig sichere Fälle einer „one-division meiosis" festgestellt (alle anderen Angaben, z. B. für Myxomyceten und Diatomeen, haben sich als irrig erwiesen). Mit CLEVELAND läßt sich kurz sagen, daß der wesentliche Unterschied gegenüber der allgemein verbreiteten Meiose darin besteht, daß bei dieser in der I. Teilung die Centromeren-, nicht aber die Chromosomenteilung unterdrückt ist, in der II. dagegen die Centromerenteilung ohne Chromosomenteilung erfolgt, während bei der „one division meiosis" in einer Teilung Centromeren- und Chromosomenteilung unterbleibt.

---

[1] Auf andere bedeutsame Ergebnisse — z. B. Auslösung des Sexualzyklus durch das Häutungshormon des Wirtes — kann hier nicht eingegangen werden.

— In anderer Hinsicht besonders interessant ist das Verhalten einer nicht
näher bezeichneten Art [CLEVELAND 1950 (1), S. 185]. Die Gameten sind,
wie die vegetativen Zellen, diploid, in der Zygote bleiben männlicher
und weiblicher diploider Kern unverschmolzen liegen, jeder macht —
in einem einzigen Schritt — die Meiose durch, worauf dann je ein, nun-

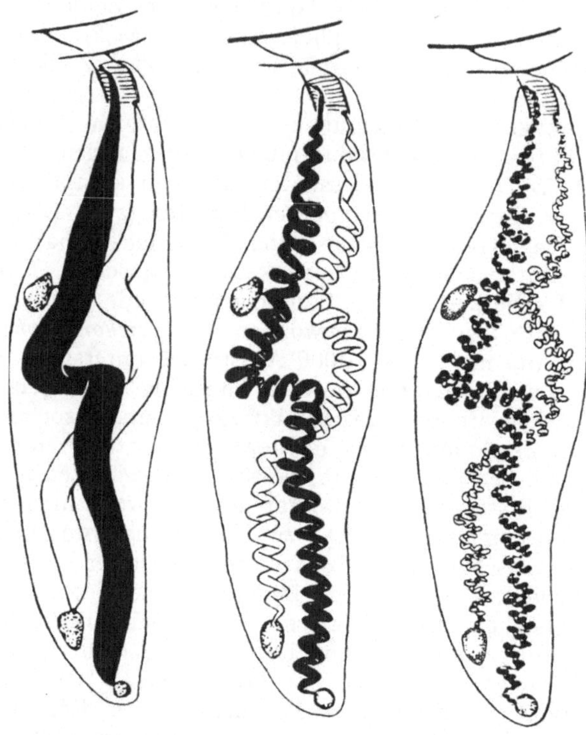

Abb. 3. *Holomastigotoides tusitala.* Ein Tochterkern in früher Telophase mit 2 (einchromatidigen) Chromosomen, links nur deren „twisting", in der Mitte die Großspiralen, rechts auch die Kleinspiralen dargestellt;
ein lateraler und zwei terminale Nukleolen; in Bild oben sieht man die terminalen Centromeren an der Zentralspindelanlage befestigt, die länglichen Centriolen führen zu Geißelbändern. 2100/1. Nach CLEVELAND.

mehr haploider, männlicher mit einem haploiden weiblichen Kern verschmilzt; dann erfolgt Zellteilung, und es entstehen so wieder zwei
vegetative, diploide Individuen.

Trichonympha zeigt außerhalb der Meiose eine wohl einzigartige
Besonderheit von allgemeiner Bedeutung [1949 (2)]. Die in der Gameto-
cyte ablaufende Mitose, welche die Gametenkerne liefert — in diesem
Fall ist männlicher und weiblicher Gamet auffallend verschieden —,
unterscheidet sich von anderen Mitosen dadurch, daß jedes der 24 Chromosomen sich in zwei verschiedene Chromatiden teilt: die einen Chromatiden besitzen enger gewickelte Chromonemaspiralen von kleinerem
Durchmesser, sie sind stärker färbbar (mit Hämatoxylin, sind aber auch
im Leben deutlich unterscheidbar) und nehmen in ihrer Gesamtheit

weniger Raum im Kern ein. Die beiderlei Chromatiden bewegen sich im Prophasekern nach Auflösung des relational coiling auseinander und sortieren sich in zwei Gruppen; die Gruppe der dichteren wird später zum Kern des männlichen Gameten, die andere bildet den des weiblichen. Die Aufteilung der beiden Gruppen auf zwei Kerne wird durch einen bestimmten Verklebungsvorgang der Chromatiden (= Tochterchromosomen) jeder Gruppe gewährleistet: es spannen sich Fäden aus, die zunächst je zwei Chromatiden verbinden, die Zweiergruppen schließen zu Vierergruppen zusammen, und endlich sind alle vereinigt, so daß sich in der Anaphase die Gesamtheit der Chromosomen jeder Gruppe wie die Chromatiden eines einzigen Chromosoms verhält. Der Vereinigungsprozeß hat nichts mit einer meiotischen Paarung zu tun, er spielt sich ja zwischen Inhomologen in der Haplophase ab. Die Gametenkerne fusionieren in der Zygote und erfahren eine normale Meiose (allerdings mit nur lockerer Paarung und anscheinend ohne Chiasmabildung). — Die Verschiedenheit der Tochterchromatiden zeigt sich in der Prophase bereits vor dem Verlust ihres relational coiling; sie

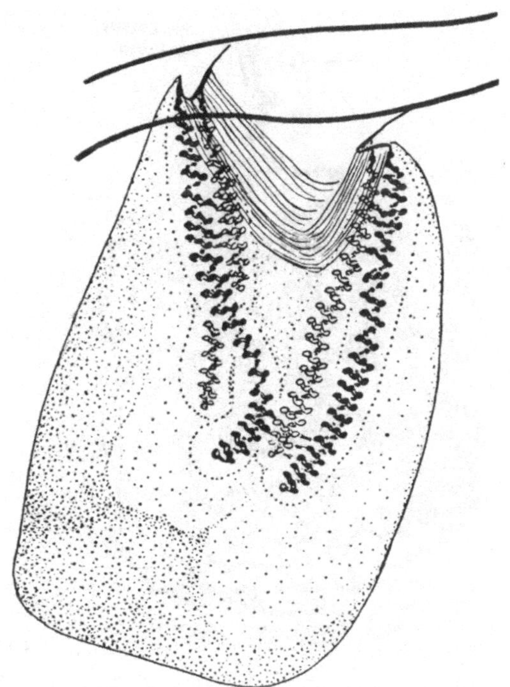

Abb. 4. Wie Abb. 3. Kern in Anaphase (die Mitose erfolgt intranukleär). 2100/1. Nach CLEVELAND.

kann also nicht durch lokale karyoplasmatische Unterschiede, also topographisch, hervorgerufen sein. Vielmehr muß das Häutungshormon des Wirtes (das die sexuelle Fortpflanzung überhaupt induziert) „affect the syntheses of the parent chromosomes in the process of duplicating itself and thus be responsible for the production of a new chromosome which in certain respects is unlike the old one" (CLEVELAND 1949, S. 255).

In einer besonderen, umfangreichen Publikation [1949 (1)] behandelt CLEVELAND an Hand hervorragend günstiger Hypermastiginen (Arten von *Holomastigotoides* u. a.) den gesamten Formwechsel der Chromosomen, hauptsächlich allerdings den der mitotischen, und erweitert seine Ergebnisse auf die Verhältnisse der höheren Pflanzen und Tiere. Ohne auf die Schilderung dieser an sich merkwürdigen Protistenmitosen

einzugehen (extranukleäre Zentralspindel mit auffallenden persistieren-
den Centriolen, intranukleäre Anaphase, Wanderung von Centromeren
auf der prophasischen Zentralspindelanlage), können die allerwichtigsten
Befunde nur angedeutet werden. Vorausgeschickt sei als allgemein
interessante Tatsache, daß bei nahe verwandten Arten außer der für
Flagellaten typischen Längsteilung der Zellen Querteilung konstant
vorkommt — was für das Verhalten des Geißelapparates wie für die
mitotischen Telophasen bemerkenswerte Konsequenzen nach sich zieht. — Die Chromosomen sind (bei den hauptsächlich behandelten Arten) in der haploiden Zahl 2 vorhanden, beide sind echt einarmig mit unzweideutig echt terminalem Centromer (das Centromer ist auch im Leben deutlich erkennbar, liegt im übrigen der Kernmembran an). Das eine Chromosom ist länger als das andere, beide Chromosomen tragen je einen distal-terminalen Nukleolus, das längere Chromosom dazu noch einen lateralen (bei anderen Arten kommen auch zweiarmige Chromosomen mit mehr oder weniger medianen Centromeren vor). Neben haploiden Rassen mit 2 Chromosomen treten auch solche mit 3 und 4 Chromosomen auf; die hinzugekommenen Chromosomen sind mit einem der ursprünglichen identisch.

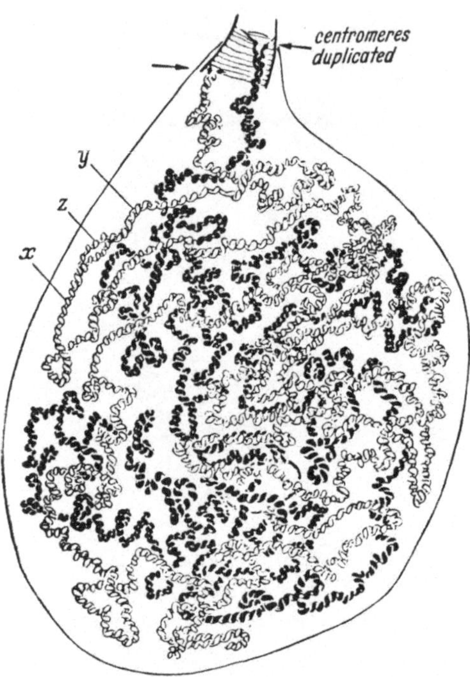

Abb. 5. Wie Abb. 3 und 4. Kern in früher Prophase. Die Chromosomen mit Kleinspiralen, bei *x* nicht verdoppelt (ungespalten), bei *y* verdoppelt, bei *z* abgewunden. 2100/1. Nach CLEVELAND.

Bei allen Arten gibt es ferner konstante Rassen mit Chromosomen (bzw. Chromatiden), die in den mittleren bis späten Teilungsstadien je ein Chromonema, und solche, deren Chromosomen 2 Chromonemen enthalten; auch im 2. Fall ist das Centromer einfach und ungeteilt. So gibt es von *Holomastigotoides diversa* 4 Varietäten, deren Kerne im „Ruhezustand", der aber einer Prophase mit schon entwickelten Chromatiden entspricht (s. unten), folgendes Bild zeigen: a) 2-chromosomige Form mit 4 einfachen Chromatiden und 4 Centromeren, b) 4-chromosomige Form mit 8 einzelnen Chromatiden und 4 Centromeren, c) 2-chromosomige Form mit 4 doppelten Chromatiden und 4 Centromeren, d) 4-chromosomige Form mit 8 Doppelchromatiden und 8 Centromeren.

Die doppelten Chromatiden zeigen relational coiling. Der Ruhekern, d. h. der Kern, der sich nach der Zellteilung in den Tochterzellen herausbildet, befindet sich im Prophasestadium: auf die Telophase, die durch Schwund der Matrix, Auflösung der (Groß-) Spiralen und twisting (im Unterschied zum coiling) gekennzeichnet ist und in der jedes Chromosom 1 Chromonema (bei den „double-chromatid" Rassen 2) enthält, folgt anschließend die Chromonemenverdoppelung (in 2 bzw. 4) und die Teilung des Centromers; die Centromeren werden entlang der jungen, noch sehr kurzen Spindelanlage auseinandergezogen, es erfolgt dann Trennung und Verkürzung der Tochterchromatiden: in diesem Zustand verharrt der Kern bis zur nächsten, Tage oder Wochen später erfolgenden Teilung. Der Ruhekern enthält also nicht Chromosomen oder ihre Äquivalente, sondern Chromatiden, und zwar schon in ziemlich weitgehend spiralisiertem Zustand.

Der mitotische Chromosomenformwechsel ist dadurch ausgezeichnet, daß dauernd Kleinspiralen ausgebildet sind. Ihre Anzahl beträgt bis zu 100 in einem Chromosomenarm. Sie lassen sich schon im Leben deutlich erkennen, und sie gehen nicht irgendwann in Großspiralen über, sondern werden diesen, die sie überlagern, einverleibt; ebenso wie in gewissen Fällen (auch in der Meiose) die Großspiralen in Superspiralen eingehen können (nicht in sie übergehen oder sich zu ihnen erweitern). — In den mittleren Teilungsstadien ist das kleinspiralisierte Chromonema in Großspiralen gewickelt. In der Telophase gehen unter Verlust der Matrix — das Verhalten der Matrix läßt sich besonders gut, auch im Leben, verfolgen — die Großspiralen auf; übrig bleiben die Kleinspiralen, die Chromosomen als Gesamtheit legen sich in Windungen (twisting, nicht coiling; Reliktspiralen gibt es nicht). Ohne Interphase beginnt dann die Prophase mit Verdoppelung des Chromonemas im kleinspiralisierten Zustand; die Folge ist rational coiling der Tochterchromonemen (später -chromatiden). Das relational coiling löst sich weiterhin durch Aufdrehen (rotation, unwinding) unter und infolge Kontraktion der Matrix.

Relational coiling, das sich immer nur zwischen Tochterchromatiden abspielt, hat allgemein seine Ursache in dieser Art der Chromosomenverdoppelung und kommt niemals durch Umwindung anfänglich getrennter Chromatiden zustande. Unter Kontraktion der Matrix, die jede Tochterchromatide bildet, legt sich dann das kleinspiralisierte Chromatidenchromonema in Großspiralen. — Diese und andere Befunde setzt CLEVELAND in Beziehung zu den sonst vorgebrachten, mehr oder weniger kontroversen Meinungen, insbesondere zu den Ansichten DARLINGTONs, und wendet sie auf die Chromosomen aller anderen Organismen an. Grundsätzlich besäßen auch diese immer entweder 1 oder 2 Chromonemen. Die an so neuartigen, optisch besonders günstigen und durch die Variabilität verwandter Formen aufschlußreichen Objekten gewonnenen Erfahrungen bedeuten einen wesentlichen Fortschritt gegenüber den in gleichen Bahnen kreisenden sonst üblichen Untersuchungen. Um die Ergebnisse voll zu würdigen, ist allerdings ein sehr genaues Studium der Veröffentlichungen CLEVELANDs nötig, das durch obige fragmentarische Andeutungen nicht ersetzt werden kann.

Karyologie von *Luzula*. Neue, gänzlich unerwartete Entdeckungen an Mitose und Meiose von *Luzula* sind so erstaunlich und wichtig, daß sie verdienen, in einem eigenen Abschnitt zusammenfassend dargestellt zu werden (MALHEIROS und CASTRO, MALHEIROS, CASTRO und CAMARA). Am eingehendsten wurde *L. purpurea* untersucht, da sie nur drei Chromosomenpaare besitzt und die Chromosomen sehr groß sind; andere Arten besitzen kleinere Chromosomen in größerer Zahl (MALHEIROS und GARDÉ). Diese Chromosomen sind centromerenlos, d. h. besitzen kein lokalisiertes Centromer in der gewohnten Ausbildung, sondern entwickeln ihre mitotische Aktivität im Zusammenhang mit der Spindel entlang ihrer ganzen Länge, haben also ein sog. „diffuses Centromer" im Sinne SCHRADERs ausgebildet, wie es für die Hemipteren charakteristisch ist und an diesen am eingehendsten untersucht wurde; im Pflanzenreich ist sein Vorkommen nur für einige wenige Protisten wahrscheinlich (*Spirogyra*, Pilze; vgl. Fortschr. Bot. **11**, 4). Der zwingende Beweis für das Vorhandensein eines solchen Centromers bei *Luzula* ergibt sich daraus, daß durch Röntgenbestrahlung entstandene Chromosomenfragmente in allen Ausführungen mitotisch bewegungsfähig bleiben. Im übrigen läßt sich der Sachverhalt schon aus der morphologischen Beobachtung eindeutig ableiten: die Chromosomen ordnen sich mit ihrer ganzen Länge flach in die Metaphaseplatte ein; die Chromatiden trennen sich in der Anaphase nicht an einem vorauseilenden Punkt (dem Centromer) und schleifen keine Arme nach, sondern wandern parallel auseinander, je eine gesamte Flanke voraus; innerhalb der Äquatorialebene liegen die Chromosomen nicht wie sonst (Centromeren zentripetal, Arme zentrifugal orientiert), sondern sind unorientiert gebogen oder mehr oder weniger gerade; schließlich fehlt jeder sichtbare lokalisierte Spindelansatz. Bezeichnenderweise zeigen die Chromosomen auch in den mittleren Teilungsstadien auffallend unruhige Umrisse und besitzen offenbar eine relativ flüssige, „sticky" Oberfläche, die auch zu fädigen Verklebungen der Chromosomen untereinander führt; alles wie im Fall der Hemipteren, so daß schon der bloße Anblick der Teilungsfiguren von *Luzula* die Annahme des gleichen Chromosomenbaus nahelegt. Diese bis ins einzelne gehende Übereinstimmung in beiden Fällen — übrigens besteht auch Übereinstimmung in der polwärts erfolgenden halbmondförmigen Einkrümmung der Anaphasechromatiden und im Habitus der Meiose — hat die portugiesischen Verf. veranlaßt, eine bestimmte Beziehung zwischen Matrixausbildung und Centromerenbau anzunehmen: sie meinen, daß infolge geringerer Polymerisation der Thymonukleinsäure der Austritt von spindelbildender Proteinsubstanz hier entlang des ganzen Chromosoms (genauer: der Flanke) möglich ist, während er bei gefestigterer Matrix nur an einer matrixentblößten Stelle (dem Spindelansatz = Centromer) erfolgen kann. ÖSTERGREN [1949 (1)] hat dagegen den Einwand erhoben, daß die Spindel ja vor der Anheftung der Chromosomen an sie entsteht (außerdem gibt es sekundäre Einschnürungen, an denen keine Anheftung erfolgt). ÖSTERGREN selbst vermutet, daß zwischen sticky-Beschaffenheit und diffusem Centromer eher die Beziehung besteht, daß umgekehrt, weil ein „diffuses" Centromer ausgebildet ist und somit trennende Kräfte entlang der ganzen Länge wirken, die Notwendigkeit eines Zusammenhalts der Chromatiden in der Metaphase durch eine verklebende Matrix gegeben ist, sofern keine vorzeitige Trennung erfolgen „soll". Allerdings wäre demgegenüber darauf hinzuweisen, daß, wie die Schilderung der portugiesischen Autoren zeigt, in den meiotischen Metaphasen kein solcher Zusammenhalt besteht und dennoch keine vorzeitige Trennung eintritt[1].

Der abweichende Chromosomenbau von *Luzula* steht unter den Angiospermen völlig isoliert da, im Gegensatz zu dem uniformen Verhalten der großen Gruppe der Hemipteren. Auch nach der Annahme nahe verwandte Monokotyle zeigen den sonst typischen Chromosomenbau. Dies legt den Gedanken nahe, daß der scheinbar so bedeutende und unvermittelte Unterschied, vergleichend-morphologisch oder phylogenetisch betrachtet, nicht so außerordentlich groß sein kann und daß sich beide Bauweisen aufeinander zurückführen lassen müssen. Wie, läßt sich allerdings noch nicht absehen. Hypothetisch ließe sich annehmen, daß das „diffuse" Centromer von dem differenzierteren, lokalisierten abgelöst wurde. Andersartige, stark spekulative Vorstellungen entwickelt LIMA DE FARIA [1949 (2)].

Abgesehen vom Chromosomenbau, ist *Luzula* durch eine merkwürdige Meiose ausgezeichnet. In der I. meiotischen Prophase treten Chiasmen auf, die aber bis zur Metaphase völlig terminalisieren. Die gemini ordnen sich in der I. Metaphase derart ein, daß die nur mit den Enden sich berührenden Partner in der Äquatorialebene zu liegen kommen; der Reduktionsspalt liegt also parallel zur Spindellängsachse; in der I. Anaphase trennen sich somit Schwesterchromatiden, die Teilung ist also äquationell, und erst in der II. Anaphase erfolgt die Trennung der Homologen. Eine eigentliche Interkinese fehlt, die Halbgemini liegen ohne rekonstruiert zu werden in eigenartigen Gruppen. — Die 1. Pollenkornmitosen laufen in der gleichen Mutterzelle im Zusammenhang mit der Ausbildung von Tetradenpollen streng synchron, in einer Anthere nahezu synchron ab. In Material LA COURs war der Synchronismus, vielleicht infolge klimatischer Beeinträchtigung, allerdings etwas gestört.

Mechanik der Mitose. Die in Fortschr. Bot. 12 kurz behandelten Untersuchungen ÖSTERGRENs wurden fortgesetzt und vertieft. An der Mitose von *Luzula* [ÖSTERGREN 1949 (1)] läßt sich überzeugend zeigen, daß in der Metaphase transversale Verschiebungen der Chromosomen in der Spindel vorkommen; dies bedeutet, daß die Chromosomen sich durch die Spindelfasern quer hindurch zu bewegen vermögen, und zwar auch durch die sog. Zugfasern, was mit der klassischen Annahme durch-

---

[1] In diesem Zusammenhang sei mir die kurze Mitteilung des Ergebnisses von Untersuchungen gestattet, die zum Ziel hatten, festzustellen, ob bei *Luzula* etwa die gleiche auffallende Art der Endomitose wie bei Wanzen (Hemipteren) vorkäme. Material von *L. purpurea* stellte mir Herr Dr. G. ÖSTERGREN während eines Aufenthalts in Stockholm freundlicherweise zur Verfügung. Es ließen sich in der Pflanze überhaupt keine (oder nicht nennenswert) endopolyploide Kerne auffinden; der Bau des Ruhekerns spricht aber gegen die vorausgesetzte Annahme.

laufender elastischer Fibrillen unvereinbar ist; vielmehr muß die Spindel samt den Zugfasern im Sinne ihrer Taktoid-Natur verstanden werden. — In einer kurzen Übersicht stellt ÖSTERGREN [1949 (2)] die Kräfte, die sich aus dem Bewegungsverhalten der Chromosomen erschließen lassen — ohne daß über ihre Natur etwas ausgesagt werden müßte —, zusammen. Dabei sind zu unterscheiden: Spindelfaktoren (von ihnen am wichtigsten die Anziehung zwischen Centromer und Spindelpol; weiters die Tendenz der Spindel, in ihr liegende Körper hinauszubefördern; oder — nur gelegentlich wirksam — die anaphasische Spindelverlängerung — vgl. neuerdings RIS; u. a. m.); ferner chromosomale Faktoren, wie die Auswirkung der Anzahl von Centromeren je Chromosom, die Elastizität und Plastizität der Chromosomen u. a. m.; weiters Außenfaktoren (Viskosität des umgebenden Mediums, Plasmaströmung) und endlich gewissermaßen historische Faktoren, wie sie durch Anordnungen, z. B. von Chromosomenarmen, aus der vorhergehenden Mitose gegeben sein können. — Eingehend behandelt ÖSTERGREN (1950) die zwischen Centromer und Spindelpol wirksamen Kräfte, welche die prometaphasische Bewegung, das metaphasische Gleichgewicht und die Anaphasebewegung bewirken. Die Anziehung nimmt mit wachsender Entfernung zu, sie wirkt nur zwischen dem Pol, dem das Centromer seine eine Seite zukehrt („kinetische" Seite) im Unterschied zur abgekehrten „akinetischen"; das metaphasische Centromer besteht im wesentlichen aus zwei anaphasischen, die sich mit den akinetischen Seiten berühren. Durch diese Annahmen wird das tatsächlich beobachtete Bewegungsverhalten restlos verstanden, was z. B. nicht der Fall ist, wenn man für die Anaphase zwischen den Schwestercentromeren wirkende Abstoßungskräfte annimmt. — In guter Übereinstimmung mit den Ansichten ÖSTERGRENS steht das Verhalten des Univalenten von monosomischem *Triticum* während der Meiose, das teils normale Teilung, teils misdivision zeigt (SANCHEZ-MONGE).

Ein Beispiel eines recht unerwarteten Verhaltens bietet das X-Chromosom der Mantide *Humbertiella indica* in der I. Anaphase der Spermatozyten (HUGHES-SCHRADER). Während die Autosomen in der I. Metaphase sich in einer typischen Äquatorialplatte anordnen, gelangt das — unpaare — X-Chromosom in das Cytoplasma und wird durch einen Wall von Chondriosomen von der Spindel getrennt. Die Ursache ist, daß die Verbindung zwischen Centromer und Spindel aufgehoben wurde, das Chromosom wird daher, im Einklang mit den Vorstellungen ÖSTERGRENs über transversal in der Spindel wirkende Kräfte, seitlich hinausbefördert. Im Plasma angekommen, orientiert das X-Chromosom sein Centromer zum nächstgelegenen Spindelpol, und es entsteht zwischen Centromer und dem zugespitzten Pol eine Zugfaser, die also plasmatischen Ursprungs ist; sie verkürzt sich in der späten Anaphase der Autosomen und befördert das X zum einen Pol, wo es den Anschluß an die Autosomen findet und mit ihnen in einen Tochterkern eingeschlossen wird[1].

---

[1] Es sei bei diesem Anlaß auf die große Zahl wichtiger Untersuchungen von SCHRADER und HUGHES-SCHRADER an verschiedenen Insekten hingewiesen, die ge-

Der Bau des Centromers erweist sich als komplizierter als zufolge früherer Beobachtungen (wiewohl Vermutungen in dieser Richtung schon länger bestanden). An der Stelle der primären Einschnürung des Metaphasechromosoms liegt nicht ein einheitlicher oder doppelter Körper als Centromer, sonder es lassen sich vier kleine chromomerenartige kugelige Körper beobachten, und zwar je zwei in jeder Chromatide. Die beiden centromerischen Chromomeren jeder Chromatide sind einerseits mit den Anfängen der Arme, andrerseits untereinander durch einen feinen Faden verbunden, oder, anders ausgedrückt, die primäre Einschnürung jeder Chromatide wird von einer Fibrille durchsetzt oder überbrückt, auf der hintereinander zwei Chromomeren aufgereiht sind (LIMA DE FARIA für Pachytänchromosomen, TJIO und LEVAN für somatische). Diese anscheinend allgemein verbreitete Feinstruktur, die meist nur mit bestimmter Technik sichtbar gemacht werden kann (besonders deutlich durch Vorbehandlung mit Oxychinolin — TJIO und LEVAN), gibt die materielle Grundlage ab für die misdivision, bei der ja eine transversale Zerlegung des Chromosoms in seine beiden Arme erfolgt[1]. Im Hinblick auf die komplexe Natur des „Centromers" sprechen TJIO und LEVAN von einem „centromeric apparatus". Die centromerischen Chromomeren, von denen LIMA DE FARIA (1950) zeigte, daß sie feulgenpositiv sind, sind offenbar wesentlich verschieden von dem äußersten proximalen Heterochromatin der Arme (LEVAN 1946, 1949; vgl. den Abschnitt über Heterochromatin); die praktische Unterscheidung dürfte allerdings nicht immer leicht sein (vgl. ÖSTERGREN 1948).

Verschiedene Besonderheiten zeigen die sog. „akzessorischen" oder „B-Chromosomen". Das sind überzählige Chromosomen, die in der Einzahl oder zu mehreren (bis zu acht) auftreten und nicht identisch mit einem Chromosom des Normalsatzes sind [ÖSTERGREN 1947, MÜNTZING 1947 (1)], HÅKANSSON, BOSEMARK, FERNANDES; hier auch die ältere Literatur). FERNANDES (1949) nimmt allerdings für *Narcissus Bulbocodium* an, daß die akzessorischen Chromosomen primär Chromosomen des Normalsatzes sind, die heterochromatisch würden und die sich sekundär morphologisch verändern könnten. Bekannt sind akzessorische Chromosomen aus Populationen von *Zea, Sorghum purpureo-sericeum, Secale cereale, Poa alpina, Festuca pratensis, Anthoxanthum aristatum, Narcissus juncifolius* und *Bulbocodium, Godetia nutans* und *viminea*; neuerdings wohl auch von Laubmoosen (*Grimmia Mühlenbeckii* und *Dicranum maius*; VAARAMA). Sie paaren sich nicht mit Chromosomen des Normalsatzes, erscheinen genetisch inert oder subinert, erhalten sich aber in den Populationen; sie sind ferner meist heterochromatisch

---

naue und aufschlußreiche Analysen der Chromosomenbewegungen bringen, — vielfach in bedeutend größerer Mannigfaltigkeit, als sie botanische Objekte ergeben können (sie finden sich größtenteils in den hier und im letzten Bericht angeführten Publikationen zitiert).

[1] Oxychinolin kontrahiert im übrigen die Chromosomen ähnlich wie Colchicin, läßt aber, im Gegensatz zu diesem und anderen C-mitotischen Substanzen, die Anordnung der Chromosomen in der Metaphaseplatte ungestört, so daß sich diese Technik besonders auch für diagnostische Zwecke empfiehlt; zudem wird auch das Heterochromatin in der Prophase verdeutlicht (TJIO u. LEVAN).

(nicht bei *Secale* und *Godetia*); und sie besitzen anscheinend oft defekte Centromeren, welche infolge gelegentlichen Nichttrennens in der Mitose verschiedene Chromosomenzahlen in Geweben hervorrufen (nicht bei *Secale* und *Anthoxanthum*). Besonders eigenartig ist das Verhalten von *Secale*, *Anthoxanthum* und *Festuca*, bei denen in der 1. Pollenmitose eine bestimmte Art von Nichttrennen erfolgt (MÜNTZING 1946, ÖSTERGREN 1947, BOSEMARK): in der frühen Anaphase bleiben die Tochterchromatidenarme in einem bestimmten Abstand vom Centromer aneinander haften, so daß, obwohl die Centromerentrennung normal erfolgt, die beiden Tochterchromosomen beisammen bleiben; sie werden dann in der Telophase gemeinsam in den im Pollenkern außen liegenden Kern, d. i. den generativen Kern, eingeschlossen. Der Grund für diese gerichtete Anaphase liegt in der bekannten Querasymmetrie der exzentrisch in der Zelle liegenden Spindel; die Spindel verlängert sich nach der Metaphase zelleinwärts stärker als auswärts, das akzessorische Chromosom bleibt infolge des Zusammenhalts seiner Hälften an der Stelle der Äquatorialplatte, also in einem späteren Stadium dem äußeren Spindelpol genähert, liegen und wird in diesen Tochterkern einbezogen. Die Ursache für das Aneinanderhaften der Chromatiden ist unbekannt; auch die Analyse im Pachytän von *Secale* läßt keine besondere Struktur der Haftstellen erkennen (MÜNTZING und LIMA DE FARIA). Die gerichtete non-disjunction ist bei *Anthoxanthum* und *Festuca* auf die 1. Pollenmitose beschränkt, bei *Secale* tritt sie auch bei der 1. Teilung im Embryosack auf. Sie hat zur Folge, daß eine Anreicherung von akzessorischen Chromosomen eintritt; ihr entgegen wirken allerdings wohl Eliminationen, die sich während der Meiose oder in somatischen Geweben einstellen, sowie die Herabsetzung der Fertilität und Vitalität, die sich in akzessorische Chromosomen führenden Zellen zeigt. Bei *Poa*, die aber kein Nichttrennen in der 1. Pollenmitose besitzt, sind die Wurzelspitzen überhaupt frei von akzessorischen Chromosomen, was sich wohl durch somatisches Nichttrennen erklärt — die akzessorischen Chromosomen sind gewissermaßen auf die „Keimbahn" beschränkt [MÜNTZING 1948 (2)]. Auch bei *Sorghum* wurden die 1—6 Extrachromosomen nur in den Sprossen, nicht in den Wurzeln beobachtet. — Ein einzigartiges Verhalten ist von *Zea* bekannt (ROMAN 1947, 1948): hier erfolgt Nichttrennen in der 2. Pollenmitose, und ihr folgt eine „gerichtete Befruchtung": der Eikern wird überwiegend befruchtet durch den männlichen Kern, der die akzessorischen Chromosomen enthält, während der primäre Endospermkern von dem anderen männlichen Kern befruchtet wird. — Es gibt also drei Mechanismen, welche die Erhaltung der akzessorischen Chromosomen in der Population bewirken: Nichttrennen in der 1. Pollenmitose (und eventuell im Embryosack); Nichttrennen in der 2. Pollenmitose; und geringfügige Elimination der Univalente in der Meiose (bei *Anthoxanthum*).

Die akzessorischen Chromosomen bieten die Möglichkeit, manche Probleme in Angriff zu nehmen (Paarungsverhalten, Lage in der Äquatorialplatte u. a. m.), worüber sich noch wenig Gewisses sagen läßt. — Kurz sei auf den Chromosomensatz von *Alectorolophus maior* und *minor* hingewiesen, der mit 2 n = 22 neben 14 langen, dicken Chromosomen 8 winzig kleine, d. h. nicht nur sehr kurze, sondern auch sehr schmale (Durchmesser kaum $^1/_3$ der großen) Chromosomen aufweist (v. WITSCH in Bestätigung, z. T. Richtigstellung älterer Angaben). Diese zuerst von FAGERLIND als solche richtig erkannten kleinen Chromosomen glaubt v. WITSCH als B-Chromosomen ansehen zu können. Nach der obigen Darstellung ist dies schon definitionsgemäß kaum möglich; die einzige äußerliche Ähnlichkeit liegt darin, daß auch diese manchmal kleiner (übrigens nur wenig) als die regulären Chromosomen sind. Eine Deutungsmöglichkeit des interessanten Falles ist noch nicht ersichtlich.

Hinzuweisen ist noch auf den sehr eigenartigen Chromosomenbau der parasitischen Crustacee *Ulophysema* (MELANDER): hier finden sich echt terminale Centromeren (vgl. auch die oben referierten Befunde CLEVELANDs an gewissen Flagellaten). Die mitotischen Tochterchromosomen (Chromatiden) sind aus zwei Halbchromatiden aufgebaut und besitzen ein doppeltes Centromer; die (doppelten) Chromatiden sind in der Metaphase in ihrer ganzen Länge mit Ausnahme der distalen Enden getrennt; diese Enden sind durch einen besonderen, distalem Heterochromatin anliegenden Körper — „Kollasom" — miteinander in der Äquatorialebene verklebt, während die proximalen Enden polwärts gerichtet sind.

Chromosomenbau, -umbau und Chiasmen. In der diploiden Art *Paeonia tenuifolia* fanden OEHLKERS und MARQUARDT ein auch morphologisch besonders geeignetes Untersuchungsobjekt (auf die bedeutsamen sonstigen Ergebnisse ist hier nicht einzugehen). Die meiotischen Bivalente lassen verhälnismäßig leicht ihren Aufbau aus Halbchromatiden erkennen. Mittels der OEHLKERSschen Urethanmethode lassen sich Halbchromatidenbrüche nachweisen; in einem Fall konnte eine Halbchromatidentranslokation erkannt werden. Der Befund ist auch deshalb von Interesse, weil von ihm aus die Möglichkeit des Auftretens von Halbchromatidchiasmen erwägbar wird. Unter dieser Annahme würden z. B. die Angaben über eine Reduktion bei der 3. Teilung im Askus (GREIS für *Sordaria*) klar interpretierbar sein. Auch manche andere genetische Angaben würden nach OEHLKERS hierdurch und durch die weitere Annahme von Umbauten an Viertel-, Achtel- usw. Chromatiden verständlich werden.

MATSUURA [1949 (1)] bringt für *Trillium* den neuartigen Befund, daß Trivalente auch durch Vereinigung aller drei Centromeren gebildet werden können. In anderen Trivalenten von *Trillium* können auch nur zwei Centromeren vereinigt sein oder der Zusammenhalt erfolgt ausschließlich durch Chiasmen. Für das gleiche Objekt gibt MATSUURA [1949 (2)] an, daß in der I. meiotischen Metaphase im Zusammenhang mit der Aufhebung des relational coiling Brüche und Wiedervereinigungen zwischen den relational entwickelten Chromatiden auftreten, die crossing-over verursachen.

Im *Drosophila*-Männchen findet COOPER in den Autosomen der Neuroblasten sowie in den Spermato- und Oogonien und sogar auch in den Bivalenten der I. meiotischen Pro- und Metaphase Chiasmen (*Drosophila* zeigt bekanntlich im Männchen kein crossing-over), die offenbar die Folge eines Öffnungswechsels zwischen Schwester- und Nicht-Schwesterchromatiden sind und die keinen genetischen Stückaustausch bedeuten. Es erhebt sich die Frage, ob es zweierlei Chiasmen gibt oder ob alle an sich mit crossing-over nichts zu tun haben (vgl. auch Fortschr. Bot. 12, 16).

Eine große Zahl von Untersuchungen beschäftigt sich hauptsächlich mit der Physiologie der chromosomalen Veränderungen (Verklebungen, Brüche, Translokationen usw.; vgl. auch die früheren Berichte), die sich nach entsprechender physikalischer oder chemischer Behandlung einstellen; sie können hier nicht im einzelnen besprochen werden, obwohl sie auch manche morphologisch bemerkenswerte Daten enthalten [D'AMATO, D'AMATO und AVANZI 1948, 1949, BAUCH, GARDÉ, LEVAN 1949, LEVAN und LOTFY 1949, LEVAN und TJIO, KIHLMAN und LEVAN, ÖSTERGREN 1948 (1), RESENDE und RIJO, SALORD]. Bemerkenswerte spontane chromatische Agglutination, die zu Umbauten von Chromosomen (Chromonemen) führen können, beschreiben PINTO-LOPAS und RESENDE. — In Keimlingen von *Vicia faba* treten spontane Chromosomenbrüche in Abhängigkeit vom Alter der Keimlinge auf (LEVAN und LOTFY 1950); die Verteilung der Brüche zeigt eine auffallende Bevorzugung des proximalen Drittels der Chromosomen und der subterminal inserierten Chromosomen. — Chromosomenbrüche, Verklebungen und dem Röntgenprimäreffekt sonst ähnliche Wirkungen finden NEWCOMER und WALLACE nach Ultraschalleinwirkung.

Spiralbau der Chromosomen. Im Vergleich zu den aufschlußreichen Untersuchungen CLEVELANDs über minor, maior und super coils an besonders geeigneten Objekten (vgl. S. 5) erscheinen manche Beobachtungen an Blütenpflanzen vielleicht weniger bedeutungsvoll. RUCH untersucht erneut die meiotischen Chromosomen von *Tradescantia* mit allem möglichen technischen Aufwand und kritischer Einstellung (Phasenkontrast, beste optische Leistungsfähigkeit, variierte Fixierung, Auswertung von etwa 2500 photographischen Aufnahmen). Er glaubt sicher bewiesen zu haben, daß es in der I. meiotischen Teilung keine Kleinspiralen, sondern nur Großspiralen gibt; Strukturen, die als Kleinspiralen mißdeutet werden können und wurden, wären Artefakte. Andererseits findet RUCH im Zustand der spiralisierten mittleren Teilungsstadien Strukturen, die er als Chromomeren betrachtet. Trotz aller Exaktheit der Untersuchung fühlt sich Ref. nicht überzeugt; es läßt sich wohl nur festhalten, daß bei dieser *Tradescantia* auf diese Weise Kleinspiralen nicht nachgewiesen werden können. — RESENDE (1947) betont für die mitotischen Chromatiden, daß sie scheinbar eine einzige Chromonemaschraube oder zwei gemeinsam verlaufende oder zwei auseinandergeschobene Schraubenchromonemen enthalten und daß in dieser Hinsicht Schwankungen in der gleichen Anaphase, ja im gleichen Chromosom vorkommen können. Er faßt seine Ansichten im übrigen in einer ausführlichen vergleichenden Übersicht des Spiralisierungs-Formwechsels in Mitose und Meiose zusammen.

Heterochromatin. Eine besondere Art sehr widerstandsfähigen, dichten Heterochromatins fand LEVAN (1946) nach Vorbehandlung mit Quecksilbernitrat bei *Allium* und *Dipcadi*. Es handelt sich um winzige, proximale, dem Centromer beidseitig anliegende Abschnitte, die durch die angegebene Vorbehandlung auch in den mittleren Teilungsstadien dargestellt werden können. Dieses extrem ausgebildete Heterochromatin, das nicht mit dem lange bekannten ausgedehnteren proximalen Heterochromatin zu verwechseln ist, fand Ref. seinerzeit mit anderer Methodik auch bei *Paris* und Heuschrecken (vgl. LEVAN, l. c. 462). Mit wieder anderer Methodik scheint es auch ÖSTERGREN (1947) bei *Hyacinthus* und *Allium* gesehen zu haben, wo es sich anscheinend von den centromerischen Chromomeren nicht leicht trennen läßt.

Bei der Tomate findet BROWN [1949 (1)] in den Pachytänchromosomen ziemlich lange proximale Abschnitte, die aus stark färbbaren, großen Chromomeren aufgebaut sind, während die distalen Abschnitte kaum wahrnehmbare kleine Chromomeren in größeren Abständen besitzen. Die fast selbstverständliche Auffassung, daß es sich hierbei um die wiederholt beschriebene Gliederung in Eu- und proximales (im gewöhnlichen Sinn) Heterochromatin handelt, lehnt der Verf., wohl ungerechtfertigt, ab, und zwar deshalb, weil die distalen Abschnitte, die er achromatisch nennt, bei der späteren Kontraktion kaum an Färbbarkeit zunehmen und weil er sich nicht davon überzeugen konnte, daß alle proximalen „chromatischen" Abschnitte im Ruhekern als Chromozentren erhalten sind. Das Hauptgewicht der Untersuchung liegt auf der Feststellung, daß sich die „chromatischen" Abschnitte viel weniger als die „achromatischen" verkürzen (das Verhalten ist von anderen gleich gebauten Chromosomen schon bekannt), was daraus erklärt wird, daß die Gesamtverkürzung auf einer gleich starken Verkürzung — wobei aber von Spiralisierung abgesehen wird — der interchromomerischen Zonen in beiderlei Abschnitten beruht und die Chromomeren selbst unverkürzt bleiben.

Beobachtungen von FERNANDES (1949) an *Narcissus Bulbocodium*, bei dem ein heterochromatisches akzessorisches Chromosom sich von einem euchromatischen ableiten läßt (vgl. Fortschr. Bot. **12**, 13), führen Verf. zur Ablehnung der Vorstellung, daß das Heterochromatin am Metabolismus der Thymonukleinsäure beteiligt ist; es handle sich einfach um inaktiviertes Euchromatin.

Als negativ heterochromatisch und identisch mit den Spezialsegmenten (vgl. Fortschr. Bot. **12**, 5ff.) betrachtet RESENDE die sekundären Einschnürungen, gleichgültig, ob SAT- oder Nicht-SAT-Zonen, und nennt sie Olistherozonen, spricht von Olistherochromatin. Die Struktur der Olistherozonen erscheint sehr variabel (RESENDE 1946, 1947, RESENDE und RIJO).

Endomitose, Gewebedifferenzierung und Verwandtes. Die eingehende Untersuchung des Antherentapetums von *Solanum tuberosum* (AVANZI) ergibt eine außerordentlich große Mannigfaltigkeit von Teilungsvorgängen und -abläufen. Jede Tapetumzelle macht nacheinander mehrere Teilungen durch. Bei der ersten Teilung können durch normale Mitose zwei diploide Tochterkerne entstehen, es kann aber auch infolge Anaphasehemmung ein tetraploider Restitutionskern gebildet werden, oder die Spindelbildung wird unterdrückt, und es entsteht unter Ausbildung mehr oder weniger metaphasischer Chromosomen unmittelbar ein tetraploider Kern. AVANZI nennt den Vorgang Endomitose im Sinne des Ref. (meint damit aber den vom Ref. bei Wanzen — zufällig als ersten — gefundenen Spezialfall einer Endomitose). Es handelt sich offenbar um den gleichen Vorgang wie im Tapetum von *Spinacia* (vgl. Fortschr. Bot. 12, 6), und es gelten die gleichen von mir vorgebrachten Argumente, die dagegen sprechen, den Vorgang Endomitose zu nennen. Die eigentlichen Endomitosen der höheren Pflanzen spielen sich, soweit bekannt, durchwegs wenig auffallend im entspiralisierten Zustand der Chromosomen, sozusagen im ,,Ruhe"kern ab. Im Tapetum handelt es sich um Grenzfälle gehemmter Mitosen, wie schon die Übergänge zu solchen zeigen. Wiewohl die Unterscheidung leicht als ein Streit um Worte erscheinen könnte — in gewissem Sinn ist auch jede echte Endomitose eine gehemmte oder abgeänderte Mitose —, scheint es doch aus vergleichend morphologischen Gründen nicht ratsam, die echten Endomitosen in sich differenzierenden Geweben oder Zellen der Pflanzen mit den ziemlich chaotisch ablaufenden gehemmten Mitosen im Tapetum zu vermengen (die neuere botanische Literatur über Endomitosen scheint der Verf.in unbekannt geblieben zu sein). Polyploidisierte Kerne entstehen freilich in beiden Fällen; dies geschieht aber auch bei der Colchinmitose. — Im weiteren Verlauf der Tapetumteilungen treten Kern- und Spindelfusionen in mannigfachen Kombinationen mit Anaphasehemmungen, Doppelchromosomenbildung usw. auf. Die fertiggestellten Tapetumzellen enthalten dementsprechend eine verschiedene Anzahl verschieden hoch polyploider Kerne. — Analoge Beobachtungen bringt BROWN [1949 (2)] für das Tapetum der Tomate, spricht ebenfalls von ,,Endomitosen" und polemisiert gegen meine oben erörterte — nicht nur nomenklatorische — Auffassung mit dem Argument, daß sich die gehemmte Teilung im Tapetum der Tomate nicht wesentlich von der Endomitose von *Gerris* (Wanze) unterscheidet[1].

Zur Frage des Haploidwerdens somatischer Zellen durch ,,somatische Meiosen" (HUSKINS 1948, 1949; vgl. auch Fortschr. Bot. 12, 5) äußern sich LEVAN und LOTFY dahingehend, daß es sich dabei um mißdeutete Teilungen handeln dürfte, wie sie als bestimmte Modifikation der C-Mitose auch sonst auftreten (sog. exploded und distributive c-mitoses). Bei dieser Art von C-Mitosen bleiben die C-Paare nicht in einem Klumpen beisammen, sondern zerstreuen sich und bilden mitunter zwei Gruppen mit mehr oder weniger der gleichen Chromosomenzahl. Hinsichtlich der Chromosomenauseinandersortierung handelt es sich dabei um rein zufällige Vorgänge; somit kann es sich nicht um eine Reduktion im Sinne einer Meiose handeln. — Demgegenüber geben WILSON und CHENG, die *Trillium* mit Natriumnukleat behandelten, an, daß sie einen gesichert höheren Prozentsatz ,,richtiger", d. h. meiotischer Verteilungen

---

[1] Ähnliche Mitosehemmungen und Übergänge zu ,,Endomitosen" scheinen auch in der Mäuseleber vorzukommen (WILSON und LEDUC).

fanden, als zufallsgemäß zu erwarten wäre. Die Chromosomenzahl beträgt 2n = 10, und die Chromosomen sind leicht identifizierbar, so daß es nicht zweifelhaft scheint, daß hier in vielen Fällen wirklich die Homologen auseinandersortiert wurden. Im übrigen fanden sich „somatische Meiosen" auch in unbehandelten Kontrollen, also spontan.

Unerwartete Ergebnisse erhielt VARAAMA [1949 (2)] in der c_2-Nachkommenschaft von *Ribes nigrum*-Pflanzen, die durch Colchizin tetraploid gemacht worden waren. Die Chromosomenzahl des diploiden *Ribes nigrum* beträgt 2n = 16. In den c_2-Nachkommen der 2n = 32-Pflanzen fanden sich in Wurzelspitzen einzelne Zellen mit Chromosomenzahlen von 4 bis 32. Die Ursache der Herabregulierung liegt in dem Auftreten gespaltener Spindeln, d. h. es entstehen in einer Zelle zwei synchron oder asynchron sich verhaltende Spindeln; in der Folge dürften vier Tochterzellen zustande kommen (nicht beobachtet). Das Vorhandensein vieler toter Zellen in den Geweben zeigt die offenbar geringe Lebensfähigkeit der hypoploiden Zellen an. Offenbar werden die Chromosomen beliebig auseinandersortiert, wiewohl die Zahlen, die Vielfache von 4 darstellen, überwiegen und 16 die häufigste Zahl ist. Spekulationen über die Autonomie von Teilspindeln, die zu jedem Teilchromosomensatz gehören (VIVEIROS), erscheinen auf Grund dieser Befunde wohl verfrüht.

In den Wurzeln junger Keimlinge von *Albizzia julibrissin* treten neben diploiden auch tetra- und selten oktoploide Mitosen auf, und zwar im Gegensatz zu *Spinacia* in allen Gewebeschichten (BERGER und WITKUS). Aus der Tatsache, daß sich außer Mitosen mit „gepaarten" Tochterchromosomen auch solche mit ungepaarten finden, folgt, daß noch nach der endomitotischen Polyploidisierung weitere Mitosen ablaufen. — Endomitotische Polyploidie in der Ausbildung der Polysomatie beobachtete auch TJIO [1848 (L)] in der Rinde der Wurzeln von *Mimosa*, *Acacia* und *Leucaena*.

Messungen des Thymonukleinsäuregehalts der Kerne verschiedener Gewebe von *Tradescantia* (Wurzelspitzen, Tapetum, Basalabschnitte von Blättern, Meiose; standardisierte FEULGEN-Färbung und photometrische Methode von POLLISTER und RIS) ergeben bedeutende Unterschiede für Interphasekerne von ungefähr gleicher Größe (angegeben wird nur der mittlere Durchmesser) (SCHRADER und LEUCHTENBERGER). Die Werte sind: für die Wurzelspitzenkerne (diam. 8,6) ein Gehalt von 5,5, für die des Blattes (diam. 8,6) 11, des Tapetums (diam. 8,6) 12, des Pachytäns (diam. 10,8) 18, der postmeiotischen Interphase in Pollen (diam. 7,0) 6,0. Die Verff. schließen, daß die Unterschiede auf verschiedenem Gehalt der in gleichbleibender Zahl vorhandenen Chromosomen beruhen, und entscheiden sich von den dann bestehenden zwei Möglichkeiten: verschiedene Beladung der Chromosomen bei gleichem Grundbauplan oder Polytänie mit gleichbleibender Relation zwischen Chromonema und Thymonukleinsäure, für die zweite (halten sie für die „most acceptable"). Das ebenso wichtige wie schwierige Problem scheint dem Ref. damit einer Klärung nicht wesentlich nähergebracht. Abgesehen davon, daß nicht feststeht, wieweit die verglichenen Interphasen physiologisch vergleichbar sind

2*

zeigen die Werte der Gehalte keine multiplen Proportionen, die nach der Annahme zu erwarten wären (was sich freilich durch spekulative Hilfsannahmen erklären läßt). Polytänie erscheint überhaupt nicht zwingend bewiesen (falls man nicht verkappte Polyploidie mitinbegreift). Als gesichert bleibt die Tatsache bestehen, die wohl schon der Augenschein lehrt, daß manche Chromosomen (z. B. die der ersten tierischen Furchungsmitosen oder die der 1. Pollenmitose von *Rhoeo*) größer und nukleinsäurereicher als sonstige (z. B. späterer Furchungsstadien oder der Meristeme von *Rhoeo*) sind. Die Entscheidung zwischen den beiden Erklärungsmöglichkeiten (oder ihre Kombination) steht noch aus. Nachdenklich stimmen Fälle, wie sie z. B. durch den Formwechsel der Diatomeen gegeben sind, wo Chromosomen kontinuierlich durch eine lange Folge von Zellgenerationen kleiner werden; die Annahme von Polytänie oder zumindest Polytänie allein bereitet hier Schwierigkeiten[1].

In dekapitierten Wurzelspitzen von *Allium* treten Mitosen mit Diplochromosomen in ausdifferenzierten Zellen auf (D'AMATO u. AVANZI 1948). Das gleiche ist nach Wuchsstoffbehandlung der Fall. Die verdoppelten Chromosomen dürften aber schon ursprünglich vorhanden gewesen sein. — Eine kurze Zusammenfassung über den Stand der Endomitoseforschung bringt — unabhängig von meiner im vorigen Bericht genannten — EMMY STEIN.

Verschiedenes. Die mit der 1. Teilung im Pollenkorn verbundene Differenzierung behandelt erneut PINTO-LOPES [1948 (2)] und kommt zu dem Schluß, daß die bekannten Bauunterschiede zwischen generativem und vegetativem Kern primär auf Unterschieden des Hydrationsgrades beruhen. Die niedrigere Hydration im generativen Kern wird durch die Scheide von Lipoidtröpfchen hervorgerufen, welche die generative Zelle umgibt. — Demgegenüber betont LA COUR, daß die Ursache der Differenzierung in einer qualitativen Verschiedenheit der beiden Plasmen liegt: das durchsichtige, an ergastischen Einschlüssen arme Plasma der generativen Zelle enthält keine oder nur sehr wenig Ribosenukleinsäuren, während die vegetative Zelle an diesen sehr reich ist. — In einem Klon von *Tradescantia bracteata* fand LA COUR Zwergpollenkörner zu 15—25% unter normalem Pollen; sie entstehen dadurch, daß das Wachstum ungefähr in der Mitte der Entwicklung eingestellt wird. Ihr Plasma ist arm an Proteinen und Nukleinsäure, sie machen aber eine Mitose mit normaler Chromosomenzahl durch; doch ist die Polarität der Spindel zerstört, es fehlt dementsprechend die Differenzierung in generative und vegetative Zelle, und es entstehen zwei gleichwertige Tochterzellen (solche Störungen der Spindellage mit den gleichen Folgen konnten schon früher auch an anderen Objekten experimentell ausgelöst werden). Nach Temperaturschock können die Tochterkerne noch eine weitere Mitose durchmachen, so daß vier gleichwertige Tochterzellen im Zwergpollenkorn entstehen.

---

[1] Zusatz bei der Korr. (zu S. 19). Die Untersuchungen SCHRADERS u. LEUCHTENBERGERS (Exp. Cell Res. **1**, 421, 1950) erbringen den neuen und grundsätzlich wichtigen Nachweis, daß Vervielfachung des Kernvolumens unabhängig von der Vervielfachung des Chromosomenmaterials und auch bei Gleichbleiben desselben durch rhythmisches Wachstum der extrachromosomalen Eiweißsubstanzen im Kern erfolgt.

An den Riesenkernen des Endosperms von *Echinocystis macrocarpa* und an den Kernen von *Acanthus, Tropaeolum* u. a. beschreibt SCOTT (1950) Fibrillen, welche die Kernmembran transversal durchsetzen und eine Verbindung zwischen Kerninnerem und Cytoplasma herstellen („Nucleodesmen"). Die Kernwand erscheint siebartig perforiert. Analoge Strukturen gibt die Verf.in für die Plastiden an („Plastodesmen"). — Bei den gleichen Pflanzen kommen Plasmodesmen in jungen Schraubengefäßen vor (SCOTT 1949).

Während der Mitose persistierende Nukleolen beschreibt neuerdings TJIO für die Bombacacee *Ceiba*.

Ausgezeichnete, überaus anschauliche elektronenoptische Bilder der Chloroplastengrana sowie der Chloroplastenhaut geben FREY-WYSSLING und MÜHLETHALER (1949). An manchen Stellen sieht man das scheibenförmige Granum in geldrollenartig übereinander liegende Lamellen aufgeblättert (der „Stoß" ist gewissermaßen zum Umkippen gebracht, die Lamellen sind auseinandergerutscht). Die Verff. schließen, daß diese Lamellen aus Eiweiß, die Grana abwechselnd aus Eiweiß- und aus Lipoidlamellen aufgebaut sind. Letztere bleiben in den Präparaten nicht erhalten, sondern fließen zu einer Myelinmasse zusammen. — STRUGGER untersucht lichtoptisch unter Verwendung von Vitalfärbung die Proplastiden (die sich deutlich von den Chondriosomen unterscheiden lassen). Jede Proplastide enthält ein einziges scheibenförmiges Granum, das sich vor der Teilung der Proplastide in zwei Scheiben zerlegt, die auseinanderwandern, wobei sich das Stroma ein- und durchschnürt. In heranwachsenden Plastiden vermehren sich die Tochterscheiben und ordnen sich wie geldrollenartig an; die „Geldrollen" werden in den erwachsenen Plastiden zu längeren säulenförmigen Gebilden; früher wie später liegen die einzelnen Scheiben parallel zur Flächenausdehnung des Chloroplasten, die Längsachse der Säulen steht senkrecht darauf (diese Anordnung unterscheidet sich von der früher beobachteten Lamellierung in der Fläche der Chloroplasten).

Elektronenoptische Untersuchungen der Chitinmembran von *Phycomyces* zeigen (FREY-WYSSLING u. MÜHLETHALER 1950), daß diese wie die der Algen und höherer Pflanzen recht kompliziert aus Mikrofibrillen aufgebaut ist. Beobachtet wurden kompakte Paralleltextur und gewobene Streuungstextur mit Schraubungstendenz; zwischen primärer und sekundärer Wandschicht dürften „Übergangslamellen" ausgebildet sein, was den festen Zusammenhalt beider erklären würde.

Literatur.

D'AMATO, F.: Hereditas (Lund) **34**, 83 (1948) — Caryologia **1**, 201 (1949); (1) **2**, 229 (1950) — (2) Publ. Staz. zool. Napoli, Suppl. zu **22**, 1 (1950). — D'AMATO, F. u. M. GRAZIA AVANZI: N. Giorn. bot. Ital. **55**, 161 (1948) — Caryologia **1**, 175 (1949). — AVANZI, M. GRAZIA: Caryologia **2**, 205 (1950).

BAUCH, R.: Planta (Berl.) **35**, 536 (1948). — BERGER, CH. A. u. E. R. WITKUS: Bot. Gaz. **111**, 312 (1950). — BOSEMARK, N. O.: Hereditas (Lund) **36**, 366 (1950). — BROWN, S. W.: (1) Genetics **34**, 436 (1949) — (2) Amer. J. Bot. **36**, 703 (1949).

CASTRO, D., A. CAMARA u. NYDIA MALHEIROS: Proc. 8. Int. Congr. Gen. (Hered. Suppl. Vol.) 548 (1949). — CLEVELAND, L. R.: (1) Trans. amer. Phil. Soc. Philad. **39**,

Part. 1,1 (1949) — (2) J. Morph. **85**, 197 (1949); (1) **86**, 185, (2) 215 (1950). — COOPER, K. W.: J. Morph. **84**, 81 (1949). — LA COUR, L. F.: Heredity **3**, 319 (1949). DE LAMATER, E. D.: Amer. J. Bot. **36**, 808 (1949). — DORAISWAMI, S.: J. ind. bot. Soc. **25**, 19 (1946).

FELDMANN, J. u. G. SCHOTTER: C. r. Acad. Sci. Paris **228**, 196 (1949). — FERNANDES, A.: Bol. Soc. Brot. **22**, 119 (1948); **23**, 5 (1949). — FREY-WYSSLING, A. u. K. MÜHLETHALER: Vierteljahrschr. Naturf. Ges. Zürich **94**, 179 (1949); **95**, 45 (1950). GARDÉ, A.: Agronomia Lusit. **10** (1948). — GEITLER, L.: Öster. bot. Z. (1) **95**, 147 (1948/49); (2) 300 (1948/49); (3) **95**, 345 (1948/49); **96**, 15 (1949). — GODWARD, M. B. E.: Heredity **1**, 393 (1947) — Ann. of Bot. **14**, 39 (1950).

HÅKANSSON,A.: Hereditas (Lund) (1) **34**, 35 (1948); (2) 233 (1948); **35**, 375 (1949). — HOVASSE, R.: C. r. Acad. Sci. Paris **226**, 1038 (1948). — HUGHES-SCHRADER, SALLY: Chromosoma **3**, 257 (1948). — HUSKINS, C. L.: J. Hered. **39**, 310 (1948) — Proc. 8. Int. Congr. Gen. (Hered. Suppl. Vol.) 274 (1949).

KIHLMAN, B. u. A. LEVAN: Hereditas (Lund) **35**, 109 (1949).

LE GAL, M.: Ann. Sci. nat. bot., Ser. 11, **8**, 73 (1947). — LEVAN, A.: Hereditas (Lund) **32**, 449 (1946); **33**, 457 (1947) — Proc. 8. Int. Bot. Congr. (Hered. Suppl. Vol.) 325 (1949). — LEVAN, A. u. THORAYA LOTFY: Hereditas (Lund) **35**, 337 (1949) — Hereditas (Lund) **36**, 470 (1950). — LEVAN, A. u. J. H. TJIO: Hereditas (Lund) **34**, 453 (1948). — LHOTSKY, O.: Experientia **5**, 158 (1949). — LIMA DE FARIA, A.: (1) Hereditas (Lund) **35**, 77, (2) 422 (1949); **36**, 60 (1950).

MALHEIROS, NYDIA u. D. CASTRO: Nature (Lond.) **160**, 156 (1947). — MALHEIROS, NYDIA, D. CASTRO u. A. CAMARA: (1) Agronomia Lusitana **9**, 51 (1947). — MALHEIROS, NYDIA u. A. GARDÉ: (2) Agronomia Lusitana **9**, 75 (1947). — MATSUURA, H.: Chromosoma (1) **3**, 418, (2) 431 (1949). — MELANDER, Y.: Hereditas (Lund) **36**, 233 (1950). — MÜNTZING, A.: Hereditas (Lund) **32**, 97 (1946); (1) **34**, 161 (1948) — Heredity **2**, 49 (1948). — MÜNTZING, A. u. A. LIMA DE FARIA: Hereditas (Lund) **35**, 253 (1949).

NAGEL, LILLIAN: Ann. Missouri bot. Gard. **33**, 249 (1946). — NEWCOMER, E. H. u. R. H. WALLACE: Amer. J. Bot. **36**, 230 (1949).

OEHLKERS, F. u. H. MARQUARDT: Z. ind. Abst. Vererbgsl. **83**, 299 (1950). — OLIVE, L. S.: Amer. J. Bot. **36**, 41 (1949). — ÖSTERGREN, G.: Hereditas (Lund) **33**, 261 (1947) — Bot. Notiser, 376 (1948); Hereditas (1) **35**, 445, (2) **35**, 525 (1949); **36**, 1 (1950).

PIEKARSKI, G.: Naturwiss. **1950**, 201. — PINTO-LOPES, J.: Port. Acta Biol. (Ser. A) (1) **2**, 191, (2) 237 (1948). — PINTO-LOPES, J. u. F. RESENDE: Port. Acta Biol. (Ser. A) **2**, 325 (1949).

RANGANATHAN, B. u. M. K. SUBRAMANIAM: Proc. Nat. Inst. Sci. Ind. **14**, 389 (1948). — RESENDE, F.: Port. Acta Biol. (Ser. A) **1**, 265 (1946); **2**, 1 (1947). — RESENDE, F. u. LUISETTE RIJO: Port. Acta Biol. (Ser. A) **2**, 117 (1948). — RIS, H.: Biol. Bull. Mar. biol. Labor. Wood's Hole **96**, 90 (1949). — ROMAN, H.: Genetics **32**, 391 (1947) — Proc. nat. Acad. Sci. USA **34**, 36 (1948). — ROY, R. S.: J. ind. Bot. Soc., Sahni Mem. Vol., **29**, 113 (1950). — RUCH, F.: Chromosoma **3**, 357 (1949).

SALORD, JUANA: Port. Acta Biol. (Ser. A) **2**, 337 (1949). — SANCHEZ-MONGE, E.: An. Estac. Exp. Aula Dei **2**, 1 (1950). — SCHRADER, F. u. CECILIE LEUCHTENBERGER: Proc. nat. Acad. Sci. USA **35**, 464 (1949). — SCOTT, FLORA M.: Bot. Gaz. **110**, 493 (1949); **111**, 252 (1950). — STRUGGER, S.: Naturwiss. **1950**, 166. — SUBRAMANIAM, M. K.: Proc. Nat. Inst. Sci. Ind. **12**, 143 (1946); **13**, 129 (1947); (1) **14**, 315, (2) 325 (1948). — SUBRAMANIAM, M. K. u. B. RANGANATHAN: Proc. Nat. Inst. Sci. Ind. **14**, 279 (1948). — SUBRAMANIAM, M. K. u. S. W. K. MURTHY: Proc. Ind. Acad. Sci. **30** (1949).

TJIO, J. H.: Hereditas (Lund) (1) **34**, 135 (1948); (2) **34**, 204 (1948). — TJIO, J. H. u. A. LEVAN: (1) Nature (Lond.) **165**, 368 (1950) — (2) An. Estac. Exp. Aula Dei **2**, 21 (1950). — TSCHERMAK-WOESS, ELISABETH: Österr. bot. Z. **97**, 188 (1950).

VAARAMA, A.: (1) Port. Acta Biol., Goldschmidt Vol., 47 (1949) — (2) Hereditas (Lund) **35**, 136 (1949) — Nature **165**, 894 (1950). — VIVEIROS, A.: Port. Acta Biol. (Ser. A), Goldschmidt Vol., 200 (1949).

WILSON, G. B. u. K. C. CHENG: J. Hered. **40**, 3 (1949). — WILSON, J. W. u. H. LEDUC, Americ. J. Anat. **82**, 353 (1948). — WITSCH, H. v.: Nachr. Ak. Wiss. Göttingen, Math.-nat. Kl. **21** (1950).

2. Morphologie einschließlich Anatomie.

Von Wilhelm Troll und Hans Weber, Mainz.

Mit 27 Abbildungen.

I. Sproßbildung.

1. Bau und Wachstum der Sproßvegetationspunkte. Im Mittelpunkt
einer Reihe neuer, vorwiegend amerikanischer Arbeiten steht die Frage
nach der Tunica-Corpus-Gliederung der Vegetationspunkte. Obwohl
eine derartige Zonierung durch eingehende Untersuchungen, über die
schon früher (Fortschr. Bot. **9**, 14 u. **12**, 19) berichtet worden ist, als
gesichert gelten kann, kommen neuerdings Dermen auf Grund seiner
Beobachtungen an *Vaccinium macrocarpon* sowie Blaser und Einset in
Untersuchungen über Periklinalchimären verschiedener Apfelsorten zu
einer Ablehnung der Tunica-Corpus-Konzeption. Auch Hamilton vermeidet, dem Beispiel Sharmans folgend, diese Begriffe in ihrer Arbeit
über den *Avena*-Sproßscheitel, und ebenso zieht Krauss in ihren Ausführungen über die anatomischen Verhältnisse der Ananas-Pflanze die
Bezeichnungen Dermatogen und Subdermatogen für die peripheren Zellschichten des Vegetationskegels vor. Es ist allerdings richtig, daß
Tunica-Schichten und Corpus-Gewebe nicht immer scharf gegeneinander abgegrenzt sind und daß in der Tunica neben den vorherrschenden antiklinalen Zellteilungen auch Periklinalteilungen vorkommen.
Solche Fälle sind schon wiederholt beschrieben worden. Sie sind namentlich unter den Monokotylen verbreitet, für die zuletzt Sterling (1)
in *Chlorogalum pomeridianum* ein weiteres Beispiel genannt hat. Aber
auch in den innersten Tunica-Schichten zahlreicher Dikotylen sind in
jüngster Zeit periklinale Wandbildungen bzw. Übergänge zum Corpus
nachgewiesen worden, z. B. bei *Dianthera americana* [Sterling (10)],
Vinca rosea [Boke (1)] und *Magnolia* [Ozenda (4)]. Besonders bedeutungsvoll in dieser Hinsicht sind die Untersuchungen von Reeve (1), der
u. a. für *Salix laevigata* nachweisen konnte, daß die 2. (innere) Tunica-
Schicht periodisch periklinale Teilungen erfährt und auf diese Weise
dem Corpus neue Zellen zufügt. Hier besteht also zwischen Tunica
und Corpus ein inniger Zusammenhang, für den zukünftige Untersuchungen sicherlich noch weitere Belege bringen werden. Reeve (2)
konnte ferner zeigen, daß die Zahl der Tunica-Schichten auch während
der Ontogenese Schwankungen unterworfen ist. So besitzt der Epikotyl-
Scheitel des jungen Embryos von *Pisum* 1 oder 2 solcher Lagen, in
denen anfangs häufig periklinale Teilungen sichtbar sind. Der voll entwickelte Embryo zeigt 2 scharf vom Corpus abgegrenzte Tunica-Schichten, während die Keimpflanze und der erwachsene Sproß deren 3—4

aufzuweisen haben. Interessant ist ferner die Feststellung REEVEs (1), daß bei *Garrya elliptica* schon im Verlauf eines Plastrochons die Zahl der Tunica-Lagen sich ändern kann. Sie variiert hier zwischen 2 und 4.

Bei Berücksichtigung aller dieser Befunde wird man sagen können, daß Tunica und Corpus zwar keine Histogene im Sinne HANSTEINs darstellen, ihre Existenz aber ein charakteristisches Merkmal der angiospermen Pflanzen ist. Zu dieser Auffassung ist kürzlich auch PHILIPSON in einem wertvollen Sammelreferat gekommen, und weiterhin hat sich ihr BALL angeschlossen. So gilt also heute noch die Erkenntnis von A. SCHMIDT (1924), der die beiden Begriffe eingeführt hat: daß Tunica und Corpus in harmonischer Weise im Gesamtwachstum des Vegetationspunktes zusammenwirken.

BALL (3) fand übrigens sowohl in der Tunica als auch im Corpus von *Lupinus albus* kleinere Zellgruppen, die von einer gemeinsamen, etwas dickeren Wand umschlossen waren, und führt diese Erscheinung darauf zurück, daß die Gruppenbildung in beiden Zonen auf „Initialzellen" zurückgeht, deren ursprüngliche Wand unter Streckung und Verdickung noch eine Zeitlang erhalten bleibt. Mit getrennten Initialgruppen wachsen auch, wie schon in Fortschr. Bot. **9**, 14 hervorgehoben wurde, Tunica und Corpus bei den Gramineen. Die Angabe KLIEMs (1936), es gehe das Corpus bei Keimpflanzen von *Avena* aus der Tätigkeit einer einzigen großen Initiale hervor, konnte von HAMILTON nicht bestätigt werden. Bei verschiedenen Varietäten des Hafers fand sie in allen Stadien an der Sproßspitze unmittelbar unter der einschichtigen Tunica eine Gruppe von 3—4 Initialen, die durch besondere Größe ausgezeichnet sind.

Eng verknüpft mit den hier angeschnittenen Fragen ist die während der letzten 10 Jahre viel erörterte These von GRÉGOIRE (1938), nach der sich die Vegetationspunkte der Blüten und der Blütenstände grundsätzlich von denjenigen der vegetativen Sproßabschnitte unterscheiden sollen. Gegen diese Auffassung haben sich in jüngster Zeit u. a. wieder BOKE (1) und PHILIPSON gewandt. Nachdem auch schon in früheren Untersuchungen (Fortschr. Bot. **9**, 39 u. **12**, 20) wiederholt Ergebnisse erzielt worden sind, die eindeutig gegen GRÉGOIRE sprechen, müssen dessen Hypothesen nunmehr endgültig als widerlegt betrachtet werden.

Gegenüber den normalen Verhältnissen bietet der Vegetationspunkt bei *Plantago media* ein abweichendes Bild (TROLL und RAUH). Er stellt hier nicht einen kuppenförmig aufgewölbten Höcker dar, sondern ein grubenförmig eingesenktes, wenigzelliges Meristem (Abb. 6). Die Bildung von „Scheitelgruben", wie sie z. B. für Palmen charakteristisch sind, erfolgt also auch im Bereich der Dikotylen. Während sie aber dort durch die nach auswärts gerichtete Tätigkeit des primären Meristemmantels zustande kommen (Fortschr. Bot. **6**, 29), beruhen sie bei *Plantago* auf einer Erweiterung des Markkörpers, die auf eine fortschreitende Erstarkung des Vegetationspunktes und unregelmäßig vonstatten gehende Periklinalteilungen der Markzellen zurückzuführen ist.

Im Gegensatz zu den Angiospermen scheinen die Gymnospermen einer Tunica-Corpus-Gliederung ihrer Vegetationspunkte weitgehend, wenn nicht gar vollständig, zu entbehren. Abschließendes läßt sich darüber heute noch nicht sagen. Es ist deshalb begrüßenswert, daß mehrere Autoren die Sproßscheitel verschiedener gymnospermer Gewächse untersucht und die neueren Ergebnisse von KORODY, FOSTER u. a. (Fortschr. Bot. **9**, 14 u. **12**, 19) erweitert haben. Hervorgehoben seien zwei

 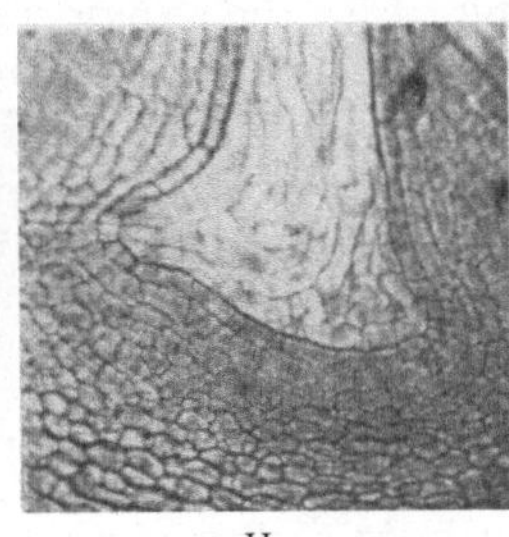 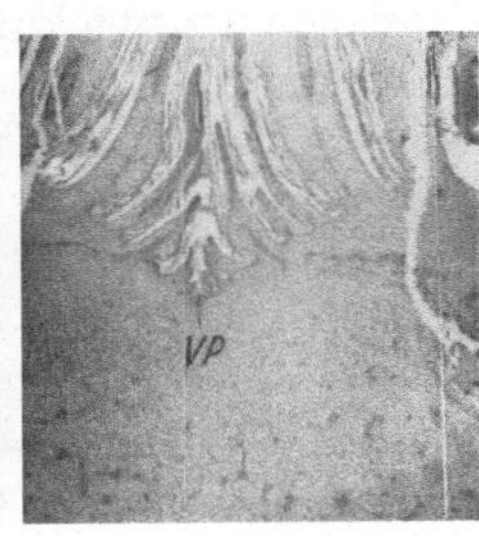

I II III

Abb. 6. *Plantago media.* Sproßvegetationspunkt I einer jungen, II einer alten Pflanze. III Scheitelgrube einer alten Pflanze mit Vegetationspunkt *VP*. (Nach TROLL u. RAUH.)

Arbeiten von STERLING (2, 5), von denen die eine den Sproßvegetationspunkt von *Sequoia sempervirens* und die andere den von *Pseudotsuga taxifolia* zum Gegenstand hat, und zwar in Untersuchungen, die sich über einen ganzen Jahreszyklus erstrecken. In beiden Fällen zeigt das Gewebe des Sproßscheitels eine zonale Sonderung, wie sie ähnlich FOSTER (1938) schon für *Ginkgo biloba* beschrieben hat. Eine kleine apikale Gruppe von wenigen Initialen liefert durch antiklinale und periklinale Teilungen einen größeren Bereich sog. Zentralmutterzellen. Diese sind deutlich größer als die erstgenannten und mit stärkeren Wänden versehen. Auf sie folgt wieder eine Zone kleinerer, stark färbbarer Zellen, die sog. eumeristematische Zone, welche sich durch besonders

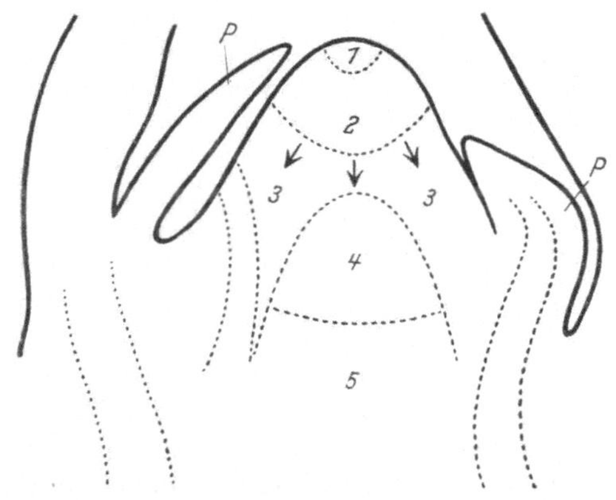

Abb. 7. *Sequoia sempervirens.* Diagrammatische Darstellung eines Sproßvegetationskegels. *P* Blattprimordien, *1* apikale Initialgruppe, *2* Zone der Zentralmutterzellen, *3* eumeristematische Zone, *4* Markmutterzellen, *5* Rippenmeristem. (Nach STERLING.)

lebhafte Teilungstätigkeit auszeichnet. Sei liefert im äußeren Bereich Rindengewebe, Blattprimordien und Prokambiumstränge, im inneren dagegen sog. Markmutterzellen, aus denen der zentrale Markkörper hervorgeht (Abb. 7). Während aber bei *Sequoia* diese Zonierung die ganze Vegetationsperiode hindurch in ihren Proportionen annähernd konstant bleibt, ist sie bei *Pseudotsuga* einer periodischen Veränderung unterworfen, die hier mit der jahreszeitlich bedingten rhythmischen

Ausgliederung der Organanlagen (Knospenschuppen, Blattprimordien) in engstem Zusammenhang steht. Am klarsten tritt die Zonierung während der Anlegung der Blattprimordien hervor, was früher auch schon Kemp für *Torreya* feststellen konnte.

Eine wertvolle Erweiterung finden die bisher mitgeteilten Ergebnisse durch das Studium der Gewebedifferenzierung während der späteren Embryonalentwicklung. Für die Angiospermen ist außer der bereits zitierten Arbeit von Reeve (2) über *Pisum* eine frühere Untersuchung von Miller und Wetmore zu nennen, die sich mit dem Embryo von *Phlox Drummondii* befaßt. Mit gymnospermen Pflanzen haben sich Schopf (*Larix*), Allen (*Pseudotsuga*), Wang (*Keteleeria*), Sterling (*Taxus cuspida*, 9) und zuletzt Spurr (*Pinus Strobus*) beschäftigt. Sterling betont in Anlehnung an einen schon von Sachs (1878) geprägten Begriff, daß die meristematische Tätigkeit auf „focale Zonen" zurückgeht, beim *Taxus*-Embryo z. B. auf eine apikal gelegene zentrale Zellgruppe. Die Zellen über dieser Zone liefern die Initialen des Sproßpoles, während die seitlich davon gelegenen als Vorläufer für Rinde und Prokambium angesehen werden müssen. Der Wurzelkörper schließlich geht aus den an der Basis des focalen Bereichs befindlichen Zellen hervor. Im ganzen dürfte die focale Zellgruppe den sog. Zentralmutterzellen im Vegetationspunkt der erwachsenen Pflanze entsprechen, von denen oben schon die Rede war.

Besonders hervorgehoben sei die Tatsache, daß eine ähnliche Zonierung, wie sie im vorhergehenden geschildert wurde, neuerdings auch — neben der Tunica-Corpus-Gliederung — für eine Reihe angiospermer Pflanzen nachgewiesen werden konnte. Die Vermutung erscheint daher berechtigt, daß bei der Gewebedifferenzierung im Sproßscheitel von Gymnospermen und Angiospermen grundsätzlich gleiche oder doch ähnliche Züge vorliegen. Als erster hat, wie Philipson betont, Majumdar auf eine größere Verbreitung einer derartigen Zonierung hingewiesen. Allgemein kann gesagt werden, daß der zentrale Focalbereich, den Reeve bei den Angiospermen als Primordialmeristem bezeichnet und der der zentralen Mutterzellzone der Gymnospermen entspricht, aus größeren und mit weniger dichtem Inhalt versehenen Zellen besteht als die periphere Zone. Auch die Teilungstätigkeit dieses Promeristems dürfte in allen Fällen schwächer sein als die der kleineren umgebenden Zellen. Weitere Untersuchungen müssen hierüber noch endgültige Klarheit bringen.

Bei den Pteridophyten mit Scheitelzellwachstum ist, wie Sachs schon gezeigt hat, der Focus mit der Scheitelzelle selbst identisch, die zugleich derjenige Teil des Vegetationskegels ist, der, was die Teilungstätigkeit anbelangt, „am langsamsten wächst". Dies scheinen u. a. neue Untersuchungen von Golub und Wetmore zu bestätigen, die sich unter kritischer Würdigung der älteren Literatur mit der Gewebebildung im vegetativen Sproß von *Equisetum arvense* befassen.

2. Differenzierung des Leitgewebes und Leitbündelanatomie. Die Arbeiten, die sich mit der Differenzierung des Leitgewebes befassen, sind so zahlreich, daß sie im einzelnen nicht sämtlich referiert werden können. Für die bis 1943 vorliegende Literatur sei auf ein Sammelreferat von ESAU (1) verwiesen. Im Vordergrund einer Reihe neuer Untersuchungen steht die Frage nach dem Zusammenhang zwischen der Ausgliederung von Blattprimordien und dem ersten Auftreten der zu ihnen führenden Leitstränge (Blattspurstränge). Hierüber existieren zwei völlig gegensätzliche Auffassungen. Nach den Befunden von GUNCKEL und WETMORE (2) an *Ginkgo*, STERLING (3, 7) an *Sequoia* und *Pseudo·tsuga*, ENGARD an *Rubus*, DIETTERT und SPENSLEY an *Descurainia*, REEVE (1) an *Salix* u. a., GOLUB und WETMORE (2) an *Equisetum* und nach verschiedenen weiteren Autoren erfolgt die Entwicklung der Prokambiumstränge als Fortsetzung älterer Sproßbündel streng kontinuierlich und akropetal zu den Blattprimordien hin. Besonders interessant sind solche Fälle, wie sie z. B. STERLING beschreibt, wo die jungen Stränge schon deutlich nachweisbar sind, bevor es überhaupt zu einer sichtbaren Ausgliederung der entsprechenden Primordien kommt. Wie Abb. 8 zeigt, besteht das Prokambium in diesen jüngsten Stadien aus etwas gestreckten, verhältnismäßig großkernigen Zellen. Eine ähnliche frühe Differenzierung der Prokambiumstränge in Richtung auf die späteren Blattanlagen hin hat neuerdings auch GARRISON (2) bei *Euptelea* und *Betula* gefunden, wobei im letzteren Fall vor der

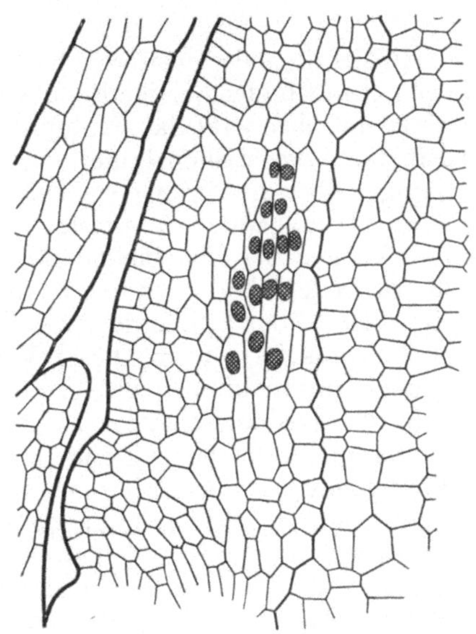

Abb. 8. *Pseudotsuga taxifolia*. Teil eines Längsschnittes durch die Sproßspitze. Die langgestreckten großkernigen Zellen gehören einem Procambialstrang an, der sich akropetal zu einem in diesem Stadium noch unsichtbaren Blattprimordium hin entwickelt. Die dick ausgezogene Linie rechts bezeichnet die Grenze zwischen der eumeristematischen Zone und dem Bereich der Markmutterzellen (vgl. Abb. 7). (Nach STERLING.)

Ausgliederung der Primordien sogar schon Siebelemente in den entsprechenden Bündeln auftreten sollen. Akropetal erfolgt nach SPURR ebenfalls die Prokambiumbildung während der Embryonalentwicklung von *Pinus Strobus* zu den Primordien der Kotyledonen hin. Darin herrscht Übereinstimmung mit den schon früher an anderen Objekten gewonnenen Befunden (vgl. die auf S. 26 zitierten Arbeiten).

Im Gegensatz hierzu stehen die für eine basipetale Anfangsentwicklung der Blattspurstränge sprechenden Beobachtungen. Zuletzt hat sich vor allem BALL (3) in diesem Sinne geäußert. Er meint zwar auch, daß in den von ihm untersuchten Sproßspitzen von *Lupinus* das Prokambium ein zusammenhängendes System darstellt, welches jeweils das Primordium mit dem Leitgewebe der Mutterachse verbindet. Diesem Stadium geht aber ein früheres voraus, in dem diese Verbindung noch nicht bemerkt wird. Unter der jungen Blattanlage erst oder gleichzeitig mit dieser entsteht ein Prokambiumstrang, der in basipetaler Entwicklung den Anschluß erreicht. Es ist möglich, daß einzelne der obengenannten Beobachter diese frühen Stadien übersehen haben, ihre Befunde sind aber in vielen Fällen so übereinstimmend, daß an deren Richtigkeit kaum gezweifelt werden kann.

Wie die Entwicklung des Prokambiums in den Keimpflanzen von *Brachypodium distachyum* erfolgt, deren anatomische Verhältnisse MULLENDORE untersucht hat, geht aus dessen Ausführungen nicht klar hervor. Gleiches gilt für die diesbezüglichen Erörterungen von KRAUSS über *Ananas comosus*.

Hinsichtlich der weiteren Differenzierung der Prokambiumstränge liegen ziemlich gleichartige Beobachtungen vor. Sie erfolgt in der Weise, daß zuerst akropetal das Protophloem gebildet wird und darauf, meist basipetal bzw. diskontinuierlich, das Protoxylem. Interessante Mitteilungen über die Xylementwicklung im Keimling von *Phleum pratense*, die STAFFORD gemacht hat, zeigen, daß die ersten sekundären Membranverdickungen der Xylemelemente nacheinander an der Basis des Scutellums, in der Übergangszone von Wurzel und Sproß, in der Koleoptilenspitze und in der Spitze der ersten Laubblattanlage auftreten und sich von hier aus fortsetzen. Dieser Vorgang, der sich sowohl im Dunkeln als auch im Licht abspielt, erfährt am Licht eine Beschleunigung.

In der basipetalen Prokambiumentstehung glaubt BALL einen Hinweis darauf erblicken zu können, daß die Bildung der Blattprimordien stimulierend auf die Differenzierung des Leitgewebes wirkt. Ebenso möchte sich HEGEDÜS für diese Ansicht entscheiden, zumal auch einzelne ältere, experimentell gewonnene Befunde gewisse Anhaltspunkte hierfür zu liefern scheinen (z. B. HELM 1932). Ob das aber für solche Fälle zutrifft, in denen sich das Prokambium schon vor jeder sichtbaren anatomischen Differenzierung der entsprechenden Primordien zu erkennen gibt, bleibt noch dahingestellt. Wie HEGEDÜS übrigens betont, scheint zwischen der Art der Blattstellung und dem Entwicklungsmodus des Sproßleitgewebes keine direkte Beziehung zu existieren. Manche Autoren (z. B. GUNCKEL und WETMORE für *Ginkgo*) sprechen die Vermutung aus, daß die Entstehung und Anordnung neuer Blattanlagen am Vegetationspunkt sich aus einer „korrelativen Funktion" des Scheitelmeristems und der sich akropetal entwickelnden Leitstränge ergibt. Jedenfalls handelt es sich hier um ein sehr komplexes Problem, zu dessen Lösung weitere Studien, u. a. auch experimentell-morphologischer Art, sicherlich noch manchen wertvollen Hinweis liefern werden. Solche Untersuchungen sind bereits in Angriff genommen (BALL, WARDLAW und M. und R. SNOW); es ist darüber z. T. schon in Fortschr. Bot. **12**, 21 und 25 berichtet worden.

Untersuchungen von STERLING (10) über die Gewebedifferenzierung bei der Acanthacee *Dianthera americana* sind u. a. deshalb bedeutungsvoll, weil der Verf. hier die wohlbegründete Stelärtheorie einer Kritik unterzieht und zu dem Ergebnis gelangt, daß diese zumindest für *Dianthera* nicht geeignet sei, die Gewebeorganisation zu erklären. Wieweit STERLING da im Recht ist, muß noch dahinstellt bleiben, jedenfalls gibt es zahllose Gegenbeispiele, die alle für die Richtigkeit jener Theorie sprechen. Mit dem Verhalten des Leitgewebes beim Übergang von der Wurzel- zur Sproßstruktur bei *Calendula officinalis* hat sich Du-CHAIGNE (2) beschäftigt, von dem auch eine Untersuchung über die Xylementwicklung im Sproß von *Vicia sativa* stammt (1).

Zahlreiche neue Angaben über den Bau des Holzkörpers von dikotylen Stämmen enthält das umfangreiche zweibändige Handbuch „Anatomy of Dikotyledons", das METCALFE und CHALK herausgegeben haben. Vor allem durch diese zusätzlichen, zur Hauptsache auf CHALK zurückgehenden Mitteilungen unterscheidet sich das klar und übersichtlich angelegte Werk von der „Systematischen Anatomie der Dikotyledonen" von SOLEREDER (1899), an die es sich sonst eng anlehnt und die es unter Auswertung der seither erschienenen Literatur weiterführt. Im ganzen handelt es sich bei dieser Neuerscheinung um ein wertvolles Nachschlagewerk, das die wichtigsten anatomischen Familienmerkmale in knapper Form zur Darstellung bringt und im übrigen auf die — allerdings nicht immer voll erfaßte — Spezialliteratur verweist. Die Struktur der Markstrahlen und deren Klassifikation in homogene und heterogene Strahlen hat neuerdings REINDERS-GOUVENTAK diskutiert und dabei auch auf das einschlägige Schrifttum verwiesen. In diesem Zusammenhang sei weiter auf eine eingehende, von MOSELEY stammende Beschreibung des Holzkörpers der *Casuarinaceae* hingewiesen. Ferner liegt eine vergleichende Untersuchung des sekundären Xylems für die *Santalaceae* vor (SWAMY).

Über 200 verschiedene monokotyle Gewächse sind von CHEADLE und UHL (1) auf ihren Leitbündelbau hin untersucht worden. Nach der Verteilung und Beschaffenheit der Xylemelemente konnten sie 6 Typen unterscheiden, die untereinander phylogenetisch zusammenhängen sollen. Auch die Anordnung der Phloemlemente wurde als Einteilungsprinzip herangezogen (2). Dabei wird das für Gramineen charakteristische Muster mit gleichmäßiger Verteilung von Siebröhren und Geleitzellen als „regulär" bezeichnet und als solches dem Typus mit „irregulärer" Anordnung gegenübergestellt (z. B. *Caryota urens, Palmae*), d. h. mit Siebröhren verschiedenen Durchmessers und ohne erkennbare Gesetzmäßigkeit im Auftreten von Geleitzellen. Zwischen beiden Gruppen vermittelt ein „intermediärer" Typ, vertreten etwa durch die Zingiberacee *Hedychium coronarium*. Es zeigte sich nun, daß der regelmäßigen Anordnung fast immer eine hohe Entwicklungsstufe der Siebröhren entspricht, im Gegensatz zur unregelmäßigen, wo primitiver Siebröhrenbau vorliegt. Dabei gelten nach CHEADLE Siebröhren mit transversal oder nur leicht schräg gestellten Querwänden (Endwänden) als höher spezialisiert als solche mit ausgesprochen schräger Endwandbildung.

Den Leitbündelverlauf in den Mais-Infloreszenzen (Sorte „Golden Bantam") hat LAUBENGAYER untersucht und u. a. die Feststellung gemacht, daß in der Achse des weiblichen Kolbens das Leitgewebe in zwei ineinandergeschachtelte, untereinander nicht verbundene Systeme gesondert ist. Während das innere System aus verhältnismäßig starken Bündeln besteht, erweist sich das umgebende äußere als ein verhältnismäßig zartes Netzwerk.

Eine interessante Beobachtung über die Rindenanatomie der Nadelhölzer hat HUBER mitgeteilt. Für die Cupressaceen ist es charakteristisch, daß im Bast einschichtige Tangentialbänder von Fasern, Siebzellen, Parenchym, Siebzellen usw. wechseln, die in strengem endonomem Viertakt vom Kambium gebildet werden. HUBER konnte nun feststellen, daß bei *Chamaecyparis Lawsoniana* das erste Siebzellband eines Jahreszuwachses stellenweise eine Verbreiterung von einer auf zwei bis drei Zellagen zeigte. Er schließt hieraus, daß die Entstehung des mehrschichtigen Siebzellbandes der Abietaceen als Fortführung dieses Verhaltens gedacht werden kann. Während im Lärchenbast (*Larix decidua*) die für die Cupressaceen geschilderte endonome Rhythmik noch erkennbar ist, ist bei *Picea excelsa* die Bildung von Parenchymzellen auf eine einzige Lage beschränkt, die auf ein breites Band von Siebzellen folgt.

Schließlich haben sich einige Autoren mit dem Bau der Sproßknoten beschäftigt und hier vor allem dem Verhalten des Leitgewebes Beachtung geschenkt. Bei den Santalaceen herrscht nach SWAMY allgemein der unilakunäre Typ, d. h. zu jedem Blatt zieht nur ein Bündel, und dementsprechend ist in der Blattspur nur eine Lücke vorhanden (vgl. die Darstellung bei TROLL, Vergl. Morphol. 1, II; S. 1050). Unilakunär sind OZENDA zufolge auch die Knoten bei den Schizandraceen und Eupteleaceen, während sie sich bei den Anonaceen allgemein durch trilakunären Bau auszeichnen. Dagegen weisen die Magnoliaceen, mit Ausnahme von *Michelia*, einen verwickelteren Bau ihrer Knoten auf, der als multilakunär zu bezeichnen ist. Da wir diese letztere Familie als die am wenigsten abgeleitete ansehen müssen, stehen diese Befunde in krassem Widerspruch zu den älteren Ausführungen von SINNOT (1914), der gerade den unilakunären Typ als Merkmal für primitive Gewächse angesprochen hat. Das Beispiel zeigt erneut die Haltlosigkeit systematischer oder phylogenetischer Schlußfolgerungen, die sich, anstatt die Gesamtorganisation zu berücksichtigen, auf das bloße Studium von Einzelmerkmalen stützen.

3. Weitere Untersuchungen zur Anatomie des Achsenkörpers[1]. Das genaue Studium der Zellgestalt hat lange Zeit im Hintergrund gestanden; erst LEWIS hat eine Serie moderner Untersuchungen eingeleitet, denen sich vor allem amerikanische Bearbeiter gewidmet haben. Einen Überblick über die diesbezügliche Literatur hat MATZKE in verschiedenen Arbeiten gegeben. Zuletzt hat er sich in einer sorgfältigen Studie (3) mit den Zellen aus der Sproßscheitelepidermis von *Elodea densa* befaßt und eine erstaunliche Variabilität in ihrer Gestaltung gefunden. Die Zahl der begrenzenden Flächen einer derartigen Zelle schwankt zwischen 7 und 14; am häufigsten sind es 10, 9 und 11 Flächen. Dabei kommen vom Dreieck bis zum unregelmäßigen Neuneck alle möglichen Begrenzungen in Frage, am häufigsten Fünfecke und Vierecke, während die Außenflächen in den meisten Fällen Hexagone darstellen. Im ganzen ergaben sich bei 200 untersuchten Zellen 36 verschiedene Flächenkombinationen. Niemals aber wurden tetraedrische Winkel angetroffen. Ähnliche Verhältnisse stellte MATZKE (2) in der Epidermis der Blattbasis

---

[1] In diesem Abschnitt sind auch einige blatt- und wurzelanatomische Befunde berücksichtigt worden. Die entsprechenden Arbeiten werden daher in den Kapiteln „Blatt" und „Wurzel" nicht noch einmal referiert.

von *Aloe aristida* fest. Mit epidermalen und subepidermalen Zellen in den Sproßachsen von *Cucumis* und *Tradescantia* und deren korrelativem Verhalten hat sich Lewis befaßt. Bei entsprechenden Untersuchungen an Zellen aus dem Rindengewebe der Knollenwurzeln von *Asparagus Sprengeri* und aus dem chlorophyllfreien Parenchym unter der oberen Epidermis der Blätter von *Rhoeo discolor* fand Hulbary, daß hier die mittlere Zahl der begrenzenden Flächen etwa 14 beträgt. Während in der Wurzelrinde fünfeckige Flächen vorherrschen, sind es im Blattparenchym wieder hexagonale. Im ganzen zeigt sich hier im Vergleich mit den Ergebnissen, die frühere Autoren an anderen Beispielen gewonnen haben, eine größere Einheitlichkeit in der Zellgestalt, doch wird, wie Hulbary betont, der Idealfall, das sog. Tetrakaidecahedron, nur selten verwirklicht. So kommt auch Flint bei der Betrachtung stärker differenzierter Zellen aus der Mittelrippe von *Utricularia*-Blättern (*U. inflata*) zu dem Ergebnis, daß deren Gestalt wohl kaum von jenem von Kelvin (1887) bezeichneten 14-Flächner abgeleitet werden kann, den ebenfalls Schüepp als Grundform der Pflanzenzellen ansieht.

Insgesamt zeigen diese Studien, daß es bei zukünftigen Untersuchungen nötig sein wird, mehr als bisher die entwicklungsgeschichtlichen Vorgänge zu beachten, um so einen tieferen Einblick in das Zustandekommen derartiger Zellgestalten zu gewinnen. Das gilt auch für die wertvollen Ergebnisse, die Dodd beim Studium der Kambiumzellen von *Pinus silvestris* erzielen konnte. Diese zeichnen sich wiederum durch eine große Variabilität aus, indem 8—32 Flächen — im Mittel 18 — eine Einzelzelle begrenzen können. Eine „theoretische", d. h. aus den gewonnenen Mittelwerten konstruierte Kambiumzelle erweist sich als langgestreckter, an beiden Enden zugespitzter und tangential abgeflachter Körper.

Über Sklereiden und deren Bildung im Sproßkörper von *Pseudotsuga taxifolia* hat Sterling (6) Beobachtungen mitgeteilt. Die Idioblasten werden hier im Vegetationskegel mit beginnender Ausweitung des Markkörpers in diesem vereinzelt angelegt und erscheinen später auch in der Rinde. Wie es schon Foster (1) für das Blatt von *Trochodendron aralioides* und Bloch für die Luftwurzel von *Monstera deliciosa* geschildert haben, sind die Sklereidinitialen im Vergleich zu ihren Nachbarzellen zuerst durch größere Kerne und eine veränderte Protoplasmastruktur gekennzeichnet. Dann bilden sie armartige Auswüchse, die nach allen Richtungen in die sich gleichzeitig entwickelnden Interzellularräume hineinwachsen. Während die Verteilung der Sklereid-Idioblasten in den genannten Fällen im großen und ganzen als regellos angesehen werden muß, weist Foster (2) darauf hin, daß z. B. im Blatt von *Mouriria* die Sklereiden sich allgemein an den Endigungen der Nerven befinden, in Einzahl oder seltener paarweise. Auch entwicklungsgeschichtlich besteht hier ein unmittelbarer Zusammenhang zwischen Sklereidinitialen und Prokambium. Sorgfältige Studien über Bildung und Verlauf der Milchkanäle bei verschiedenen Anacardiaceen, deren Ergebnisse teilweise von denen älterer Autoren abweichen, verdanken wir Venning (1). Schizogene Kanäle hat er u. a. für Stamm und Blätter von *Schinus* beschrieben, während in den entsprechenden Organen von *Spondias* und *Mangifera* schizo-lysigene Systeme angetroffen wurden. In den Blütenorganen (mit Ausnahme des Fruchtknotens) von *Mangifera* dagegen konnte wieder lysigener Ursprung der Milchröhren festgestellt werden.

Über die Verteilung der Spaltöffnungen an Sproßachsen liegen bisher nur wenige Untersuchungen vor. Einen Beitrag zur Kenntnis dieser Verhältnisse hat WEBER (1) geliefert und sich dabei vor allem mit solchen Fällen befaßt, in denen es zu einer gruppenweisen Anordnung der Stomata kommt. Derartige Spaltöffnungsgruppen sind häufig an Areale gebunden, die sich schon makroskopisch als kleine, meist langgestreckte Felder auf der Sproßepidermis abzeichnen (Abb. 9). Außerhalb dieser Bereiche ist die Epidermis stets völlig frei von Schließzellen. Mikroskopisch heben sich die Felder durch sehr unregelmäßig erfolgte Zellteilungen von der Umgebung ab. Das unter ihnen befindliche Rindengewebe bietet sich als interzellularenreiches chlorophyllführendes Schwammparenchym dar, das die oft kollenchymatische Rinde des betreffenden Sprosses unterbricht. Die Feldbildung geht von einer kleinen Gruppe meristematischer Zellen aus, die sich noch lebhaft teilen, wenn die umgebenden Zellelemente bereits in das Streckungswachstum eingetreten sind. Die Zahl der Stomata, die in einem Areal gebildet werden, ist für die einzelnen Arten verschieden. Regelmäßig nur eine Spaltöffnung findet sich bei *Datura Stramonium*, *Begonia semperflorens* u. a., etwa 10 sind es bei *Acanthus ilicifolius*, und noch größer kann deren Zahl z. B. bei *Coleus* sein (Abb. 10).

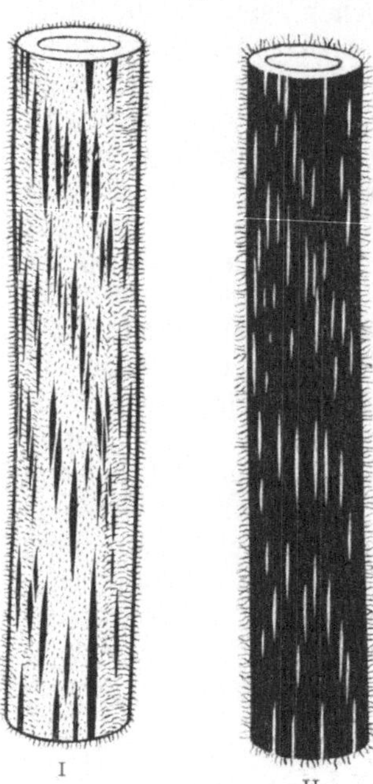

Abb. 9. Sproßachsenausschnitte von I *Rechsteineria lineata* u. II *Rechsteineria Douglasii*. Sproßoberfläche mit Spaltöffnungsfeldern, die in I hell- bis dunkelrot gefarbt sind, wahrend sie sich in II als helle Aussparungen von der sonst rot gefärbten Sproßoberfläche abheben. (Aus WEBER.)

Spaltöffnungsgruppen treten auch in der Epidermis mancher Blätter auf. Über deren Bildung haben zuletzt BÜNNING und SAGROMSKY einige interessante Beobachtungen mitgeteilt, die später durch SAGROMSKY noch erweitert worden sind. Da über diese Untersuchungen teilweise schon berichtet worden ist (Fortschr. Bot. **12**, 378 ff.), sei nur hervorgehoben, daß vor dem Auftreten der Gruppen, z. B. bei *Sedum rotundifolium* und *S. Kamschaticum*, ein Muster gerbstoffhaltiger Zellen in der Blattepidermis gebildet wird. Nur wo gerbstofffreie Stellen vorhanden sind, kann es zur Entwicklung von Stomata kommen, die dann in jenen Bezirken gehäuft liegen (SAGROMSKY). Wenn aber, wie bei *Sedum reflexum*, erst dann Gerbstoffbildung eintritt, wenn bereits alle Spaltöffnungsinitialen angelegt sind, entstehen nur einzelne Schließzellenpaare in normaler Verteilung. Ob solche Erscheinungen größere Verbreitung haben und wieweit sie auch für Achsenorgane zutreffen, bedarf noch der Untersuchung.

Bei den vorgenannten Beispielen haben wir es mit Differenzierungsvorgängen zu tun, die sämtlich im Rahmen der spezifischen Gesamtorganisation der betreffenden Pflanzen ablaufen. Heute zeichnet sich immer mehr die Frage ab, welche stofflichen Prinzipien für deren Zustandekommen verantwortlich zu machen seien. Dabei handelt es sich um entwicklungsphysiologische Probleme, auf die in unserem Zusammenhang nur hingewiesen werden kann (vgl. dazu den Abschnitt „Entwicklungsphysiologie"). Betont sei aber, daß alle Differenzierungserscheinungen in ihrem geordneten Ablauf stets an die in der Gesamtorganisation gegebenen Möglichkeiten und Potenzen gebunden sind. Dies haben u. a. auch die experimentell gewonnenen Befunde von BALL (1, 2) gezeigt, aus denen hervorgeht, daß z. B. der Vegetationspunkt von *Tropaeolum*-Pflanzen, die mit verschiedenen Wuchsstoffen behandelt wurden, nach vorübergehender abnormer Wachstumstätigkeit alsbald wieder zu seinem ursprünglichen Verhalten zurückkehrt. Entsprechendes ist bei der Einwirkung äußerer Faktoren auf die Ausbildung innerer Strukturen zu beobachten. Wie z. B. VENNING (3) betont, vermag konstanter Windeinfluß in den Blattstielen von *Apium graveolens* zwar eine Vergrößerung der kollenchymatischen Querschnittsfläche um etwa 50%

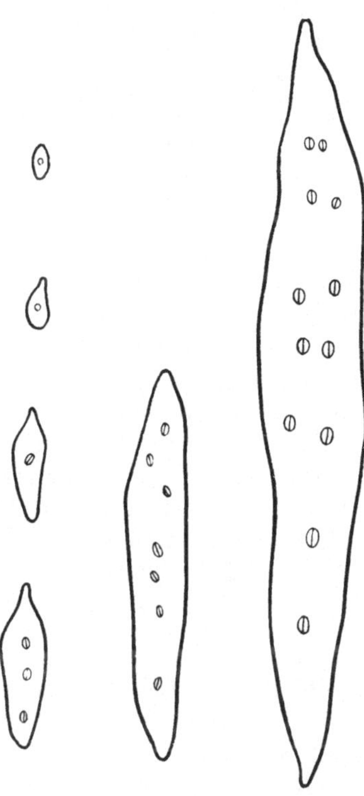

Abb. 10. *Coleus scutellarioides*. Entwicklungsstadien eines Spaltöffnungsfeldes. (Nach WEBER.)

zu bewirken, zu einer weitergehenden Veränderung, z. B. der Zahl der Leit- und Kollenchymstränge, kommt es aber nicht.

4. Sproßverzweigung und Knospenanlegung. Bekanntlich unterscheiden wir zwischen Dichotomie und seitlicher Verzweigung. Während bei Dichotomie die Verzweigung vom Achsenscheitel, und zwar vom Vegetationspunkt selbst, ihren Ausgang nimmt, erfolgt die seitliche Verzweigung hinter diesem, also aus seitlichen Teilen des Achsenkörpers. Wie TROLL (3) mit Nachdruck betont, sind daher für die Beurteilung der Verzweigungsverhältnisse die Vorgänge am Vegetationskegel ausschlaggebend. Übergänge zwischen beiden Verzweigungsarten, von denen in der Literatur hin und wieder die Rede ist, gibt es weder bei den höheren Pflanzen noch bei den Thallophyten.

Es handelt sich also um zwei scharf voneinander gesonderte Ramifika-
tionsformen, die ihrer ganzen Art nach unverbunden nebeneinander
bestehen. Um eine klare und in allen Fällen exakt anwendbare Terminologie zu schaffen, schlägt TROLL den Begriff des Dichokladiums vor,
der sich allgemein auf dichotome Sproßsysteme bezieht. Ihm steht der
Begriff des Holokladiums gegenüber, der Sproßsysteme kennzeichnen
soll, die nach dem Prinzip der seitlichen Verzweigung gebaut sind. Im
ganzen ergibt sich folgende Übersicht:

    I. Dichokladium (dichotome Verzweigung)
      1. Isotome Systeme
      2. Anisotome Systeme
   II. Holokladium (seitliche Verzweigung)
      1. Monopodium
      2. Sympodium
        a) Monochasium
        b) Dichasium (Pleiochasium).

Völlig abwegig ist es natürlich, wenn VENNING (2) bei *Solanum
Lycopersicum* von Dichotomie spricht. Er verfällt dabei dem schon von
älteren Autoren widerlegten Irrtum, daß die Infloreszenzanlagen bei
dieser und anderen Solanaceen aus der Gabelung des Scheitelgewebes
hervorgehen. Es handelt sich in Wirklichkeit um einen Fall von kon-
genitaler Sympodienbildung.

Bei den Spermatophyten sind die Seitensprosse ganz allgemein an
die Blattachseln gebunden (axilläre Verzweigung) und gehen hier aus
Knospen hervor, deren Studium sich in der Berichtszeit verschiedene
Autoren gewidmet haben. Schon eine Anzahl der unter I, 1—2 (S. 23 ff.)
genannten Arbeiten enthalten Angaben über die Frühentwicklung solcher
Knospen. Die meisten Autoren betonen, daß die Achselmeristeme sich
vom apikalen Meristem des Sproßscheitels ableiten; doch liegen auch
Beobachtungen vor, nach denen die Knospenmeristeme erst später
durch Teilung bereits vakuolisierter Zellen in den Blattachseln entstehen (MAJUMDAR und DATTA). Das erstere Verhalten schildert u. a.
GARRISON (1, 2) für die Knospen von *Syringa vulgaris, Betula papyrifera*
und *Euptelea polyandra*. Diese Untersuchungen sind besonders deshalb
wertvoll, weil sie die Knospenentwicklung über das ganze Jahr verfolgen. Von der ersten Anlage des Achselmeristems, beim Flieder z. B.,
im Frühsommer vergehen 13—14 Monate, bis das endgültige Knospen-
stadium mit etwa 14 Blattpaaren erreicht ist.

5. Erstarkungswachstum bei Dikotylen. Nachdem TROLL (1) in seinem
Lehrbuch „Allgemeine Botanik“ das Dickenwachstum der Sproßachsen
bereits unter neuen Gesichtspunkten behandelt und die bisherigen Darstellungen dieser Art beträchtlich erweitert hat, liegen nunmehr eingehende, auf breiter Basis durchgeführte Untersuchungen über jene
Wachstumsvorgänge bei dikotylen Pflanzen vor (TROLL und RAUH).
Sowohl beim primären als auch beim sekundären Dickenwachstum
ist eine kambiale Form von einer parenchymalen Form zu unterscheiden, welch letztere sich nach dem Ort bevorzugter Zellvermehrung
wieder in einen medullären und kortikalen Typ gliedert. Bemerkenswert ist u. a. die Tatsache, daß das primäre Dickenwachstum bei den

Dikotylen bevorzugt parenchymal-medullären Charakter trägt, während
es bei den Monokotylen von einem Kambium unterhalten wird (siehe
Fortschr. Bot. **11**, 17). Ganz neuartig ist auch die Feststellung der
parenchymal-medullären Sekundärverdickung verschiedener Dikotyledonen, für die als Musterbeispiele die *Impatiens*-Arten gelten können.

Vor allem aber ist durch die angeführten Untersuchungen unsere
Kenntnis des Erstarkungswachstums gefördert worden. Darunter
versteht man die periodische Zu- und Abnahme der Achsendicke im

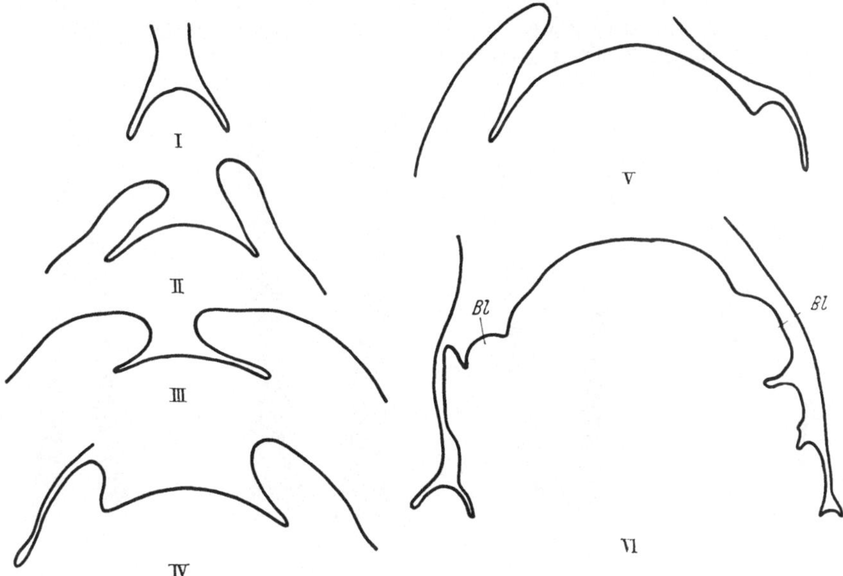

Abb. 11. Kohlrabi (*Brassica oleracea var. gongylodes*). Formwechsel und Erstarkung des Vegetationspunktes
während der Sproßentwicklung. I Embryo, II junge Pflanze mit zwei, III mit neun entwickelten Laubblättern, IV alte Pflanze, V zur Blüte übergehende Pflanze, VI Vegetationspunkt mit Blutenanlagen *Bl*.
(Nach TROLL und RAUH.)

Verlauf der Längenentwicklung des Achsenkörpers, wobei die auf das
Maximum der Sproßdicke folgende Verjüngung den Beginn der reproduk-
tiven Entwicklungsphase anzeigt. Die Erstarkungsvorgänge beruhen
ganz allgemein auf einer periodischen Zunahme der Primärverdickung
des Achsenkörpers, die selbst wieder mit einer Erweiterung des Vegetationspunktes zusammenhängt. Dieser also ist es, der eigentlich er-
starkt und im Gefolge davon sodann auch stärkere Achsenteile bildet
(Abb. 11).

Ein solches Erstarkungswachstum vollzieht sich allgemein auch an
den Primärsprossen dikotyler Pflanzen, was bisher merkwürdigerweise
so gut wie vollständig übersehen worden ist. Besonders klare Beispiele
liefern einige Umbelliferen, wie *Oenanthe aquatica* und *Sium latifolium*,
denen noch *Trapa natans* an die Seite gestellt werden kann. Hier liegen
Verhältnisse vor, die in auffallender Weise mit der Sproßentwicklung
der Monokotylen übereinstimmen. Wie etwa bei *Zea Mays* weist die
Stammbasis dieser Pflanzen eine verkehrtkegelförmige Gestalt auf.

Sie ist auch hier das Ergebnis periodisch sich verstärkender primärer Wachstumsvorgänge. Bei der Mehrzahl der Dikotylen liegen die Dinge ebenso, nur kommt es dort zu einer „Maskierung" der Erstarkung durch das von der Sproßbasis her früh einsetzende sekundäre Dickenwachstum, das vielfach in reziprokem Verhältnis zum Erstarkungswachstum steht, d. h. aufwärts in dem Maße ausklingt, als der Betrag der Primärverdickung zunimmt. Allein der Markkörper behält im wesentlichen die ursprünglichen Ausmaße bei, weshalb man an seiner Gestaltung die Erstarkung auch später noch einwandfrei zu erkennen vermag. Im einzelnen sind die folgenden in Abb. 12 schematisch zur Darstellung gebrachten Möglichkeiten zu unterscheiden:

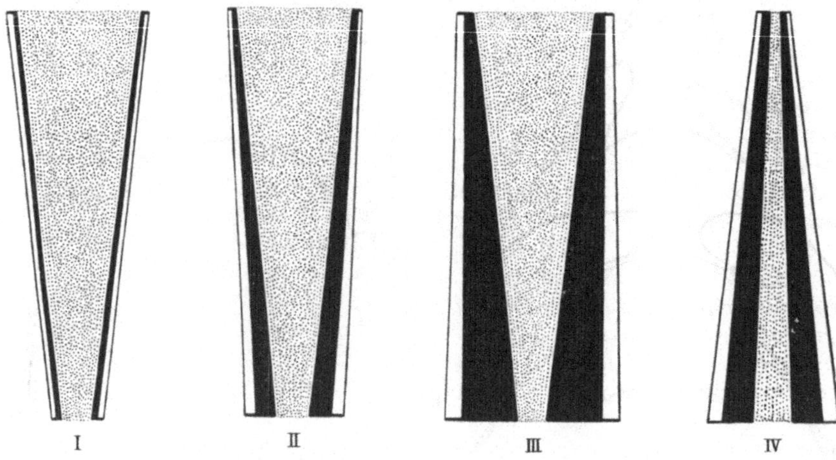

Abb. 12. Erstarkungswachstum I mit fehlender, II mit unvollstandiger, III mit vollständiger Maskierung, IV fehlendes Erstarkungswachstum. Mark: punktiert; kambialer sekundärer Zuwachs: schwarz; primäre Rinde: weiß. (Nach TROLL und RAUH.)

1. Erstarkungswachstum mit fehlender Maskierung (infolge Fehlens sekundärer Verdickungsvorgänge bleibt die verkehrtkegelförmige Achsenbasis zeitlebens erhalten; vgl. die obengenannten Beispiele).

2. Erstarkungswachstum mit unvollständiger Maskierung (die spitzenwärts gerichtete primäre Dickenzunahme wird sekundär teilweise ausgeglichen; Beispiele: *Brassica oleracea, Euphorbia Peplus, Tropaeolum majus, Helleborus foetidus*).

3. Erstarkungswachstum mit vollständiger Maskierung (die primären Dickenunterschiede werden völlig kompensiert; Beispiele: *Helianthus annuus, Nicotiana Tabacum*). Als Endglied in dieser Reihe läßt sich das Verhalten der Bäume und Stauden anschließen, bei denen das Erstarkungswachstum gegenüber der sekundären Verdickung so stark zurücktritt, daß allein eine allmähliche Verjüngung der Sproßachse von der Basis her zu erkennen ist. Die zahlreichen Beispiele, die in der Originalarbeit als Beleg für diese Ausführungen eingehend erörtert werden, können hier keine nähere Behandlung erfahren. Als all-

gemeines Ergebnis der einschlägigen Untersuchungen ist jedenfalls die Erkenntnis zu buchen, daß die sämtlichen Samenpflanzen auch in dieser Hinsicht übereinstimmen.

Bemerkt zu werden verdient noch das Verhalten der primären Rinde, die in den sekundär sich verdickenden Basalteilen der Sprosse ein mehr oder minder kräftiges Dilatationswachstum erfährt und so der Ausdehnung des durch sekundären Zuwachs erweiterten Innengewebes zu folgen vermag. Im voll erstarkten Bereich des Achsenkörpers vermißt man die Dilatationssymptome, sehr begreiflich, wenn man bedenkt, daß hier das sekundäre Dickenwachstum wegfällt und das Rindengewebe schon primär seine definitiven Ausmaße erreicht.

6. Blattstellung. In Fortschr. Bot. **12**, 24 ff. wurden die Gedankengänge von PLANTEFOL kritisch erörtert, die diesen zur Aufstellung einer neuen Blattstellungstheorie, nämlich der „Theorie der multiplen Blattschrauben" (hélices foliaires multiples) führten. Inzwischen hat auch SOUÈGES, gestützt auf Mitteilungen von SCHÜEPP, in einer Akademiediskussion diese Theorie aufgegriffen und die alte, sog. klassische Blattstellungstheorie von SCHIMPER und A. BRAUN verteidigt. SCHÜEPPs Einwände sucht PLANTEFOL in einer neuen Studie über die Blattstellungsverhältnisse von *Lilium candidum* zu entkräften, wobei er vor allem darauf hinweist, daß selbst in Fällen höchst unregelmäßiger Blattanordnung die multiplen Schraubenlinien eine zwanglose Erklärung ermöglichten, während die klassische Theorie dazu völlig außerstande sei. Unter entsprechenden Gesichtspunkten sind durch PLANTEFOLs Schule weitere Arten auf ihre Blattstellung hin untersucht worden, so *Linum*-Arten (CARTON), *Hedera helix* (ROCHE) und *Sedum maximum* (ASTRUG). Zuletzt hat sich BOULANGER mit zwei Amarantaceen befaßt. Danach weist *Amarantus paniculatus* die für die Dikotyledonen typischen zwei, auf die Keimblätter zurückgehenden Blattschrauben auf, während bei *Celosia cristata* die Tendenz zu deren Vermehrung gegeben sein soll. Besonders im Falle starker Fasziation soll sich ihre Zahl im oberen vegetativen Sproßabschnitt bis auf 44 erhöhen. Damit wird zugleich die von PLANTEFOL entwickelte These wiederholt, nach der die Fasziation als Folge einer Vermehrung der Blattbildungszentren im Vegetationspunkt zu betrachten wäre (vgl. Fortschr. Bot. **12**, 25). — Über Fasziationen vergleiche man im übrigen den Sammelbericht von WHITE.

Neue Untersuchungen über die Blattstellungsverhältnisse von *Empetrum* hat HAGERUP vorgelegt. Danach ist die Keimpflanze in allen Fällen dekussiert beblättert; im weiteren Entwicklungsablauf treten aber bei den einzelnen Arten mannigfache Veränderungen ein, auf die hier nur hingewiesen werden kann.

7. Wuchsformen von *Selaginella*-Arten und Wurzelträgerbildung. Die Vertreter der Gattung *Selaginella* können nach dem Verhalten ihres Sproßsystems in zwei Gruppen gesondert werden. Ein Teil der Arten entwickelt nur oberirdische Sprosse, die allein durch die Wurzelträger mit dem Substrat verbunden sind. Die andere Gruppe setzt sich aus Vertretern zusammen, die mit einem Teil ihrer Triebe dauernd unterirdisch leben. Zu den rein photophilen Arten, die etwa durch *S. Martensii* repräsentiert werden, gehört auch *S. Willdenowii*, die, wie TROLL (3)

zeigen konnte, vor allem wegen ihrer Wurzelträger bemerkenswert ist.
Diese treten (vom Hypokotyl abgesehen) bekanntlich ganz allgemein
allein an den Gabelungsstellen der vegetativen Triebe auf, und zwar

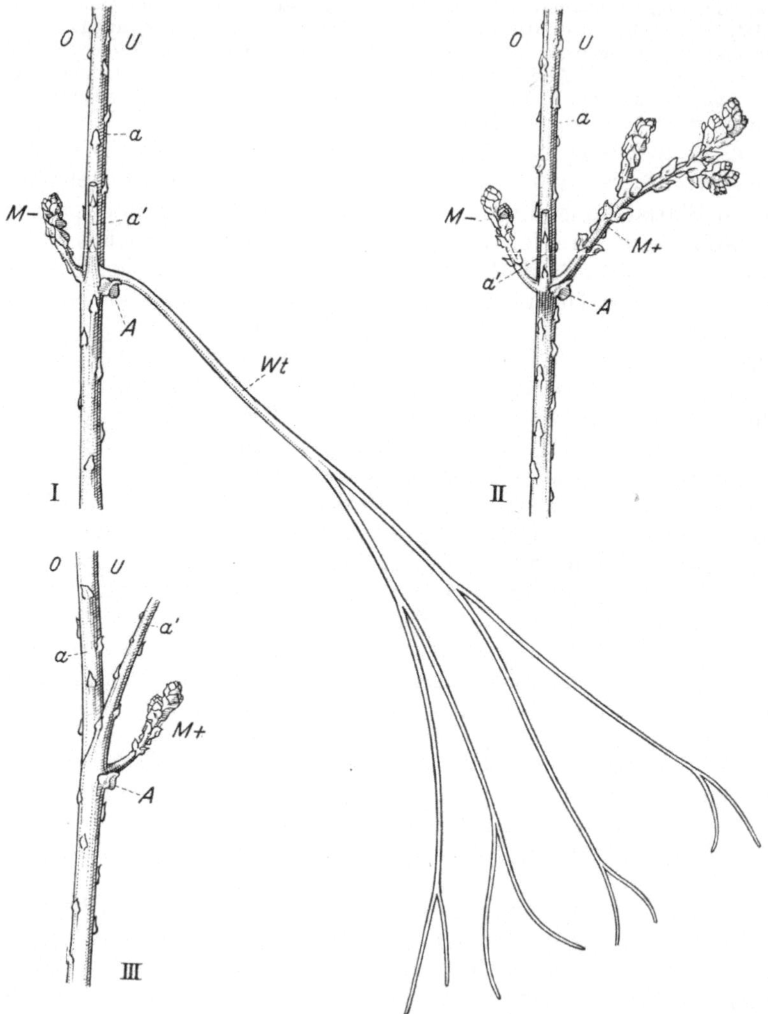

Abb. 13. *Selaginella Willdenowii.* Gegabelte Sproßstücke der Übergangsregion (I) und der Laubregion
(II, III) in Seitenansicht. *a* und *a'* Plus- und Minusast jeweils einer Gabelung; *O* Ober- und *U* Unter-
seite; M^+ und M^- laubige Mittelsprosse der Unter- und Oberseite; *Wt* Wurzelträger; *A* Angularblätter.
(Nach TROLL.)

in Einzahl je auf der Ober- und Unterseite; dieser ihrer Stellung wegen
können sie auch als Mittelsprosse bezeichnet werden. *S. Willdenowii*
ist nun dadurch interessant, daß die Anlagen der Mittelsprosse in den
basalen Bereichen der Pflanze allein Wurzelträger der gewöhnlichen Art

liefern, während sie in den höheren Teilen spontan Laubsprosse bilden. Dort stehen dann 4 mit Laubblättern besetzte Triebe beisammen: jeweils 2 Gabelsprosse in Gestalt eines Plus- und eines Minusastes und senkrecht dazu 2 Mittelsprosse, die allerdings verhältnismäßig kurz bleiben, für den Fall aber, daß die Gabelsprosse auf irgendeine Weise verlorengehen, an deren Stelle die Fortsetzung des Sproßsystems übernehmen. Bemerkenswert ist dieÜbergangszone zwischen der basalen Wurzelträgerregion und dem höheren Sproßabschnitt. Hier steht auf der Unterseite häufig ein Wurzelträger, während sich oberseits ein laubiger Mittelsproß befindet (Abb. 13). Wenn es noch eines Beweises für die Sproßnatur der Wurzelträger bedürfte, so wäre er hiermit gegeben.

Zu den Vertretern der „geophilen" Gruppe gehört u. a. *S. umbrosa*, deren Wuchsform erstmalig ebenfalls durch TROLL eine Klärung erfahren hat. Sie ist in Abb. 14 schematisch dargestellt. Größeres Interesse verdient die auffallende Konvergenz dieser dichokladialen Sproßsysteme zu den holokladialen Sproßverbänden entsprechend gebauter Samenpflanzen. Mit ihr steht die auffallende Tatsache im Zusammenhang, daß zahlreiche Gabeläste als unentwickelte Anlagen im Ruhezustand verharren.

AlsWurzelträger hat neuerdings STEWART wieder die

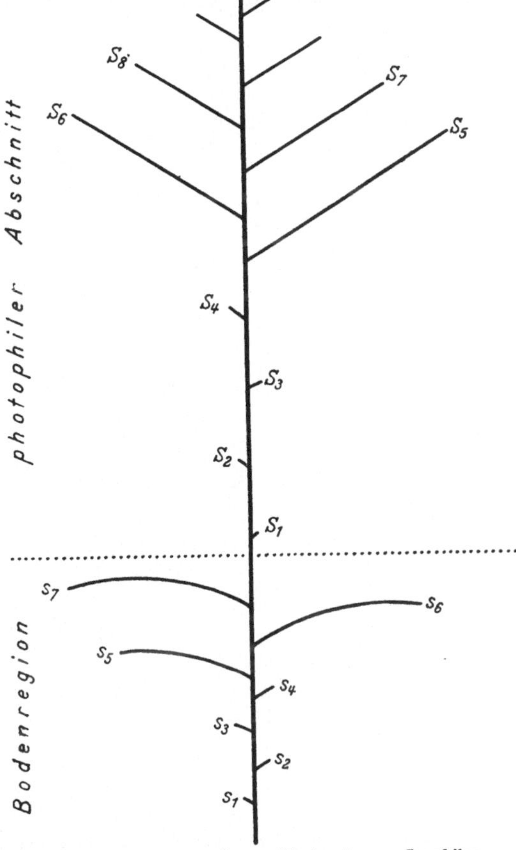

Abb. 14. *Selaginella umbrosa*. Wuchsschema. Geophiler und photophiler Abschnitt des Verzweigungssystems in eine Ebene gebracht. Minusäste mit s_1, s_2 usw. (unterirdischer Abschnitt) bzw. mit S_1, S_2 usw. (oberirdischer Abschnitt) bezeichnet. s_1-s_4 und S_1-S_4 ruhende Astanlagen. (Nach TROLL.)

Stigmarien gedeutet, während er in sorgfältigen anatomischen Untersuchungen die Stigmaria-Appendices mit Wurzeln homologisieren konnte. Was jedoch seine auch sonst in der angelsächsischen Literatur verbreitete Ansicht betrifft, die zwei- bis dreifach knollig gelappten Stammbasen von *Isoetes* seien gleichfalls als Wurzelträger anzusprechen, so hat schon GOEBEL gezeigt, daß es sich um Protuberanzen handelt, die auf eine lokale Verstärkung des Dickenwachstums zurückgehen.

8. Ausläufer und Rhizome. Von der in Zentralafrika aufgefundenen Amaryllidacee *Haemanthus Mildbraedii* gibt ORTH unterirdische bleistiftdicke Ausläufer an, die über 60 cm lang werden können. Sie entstehen aus dem Achselmeristem einzelner Zwiebelblätter, meist erst zwei Jahre nach deren Absterben, und sollen, wenigstens anfangs, median-distich mit schuppenförmigen Niederblättern besetzt sein. Nach der Bildung von durchschnittlich 12—13 Internodien gehen sie unter Erstarkung wieder zur Zwiebelbildung über. Von Amaryllidaceen ist sonst bisher kein derartiger Fall bekannt geworden.

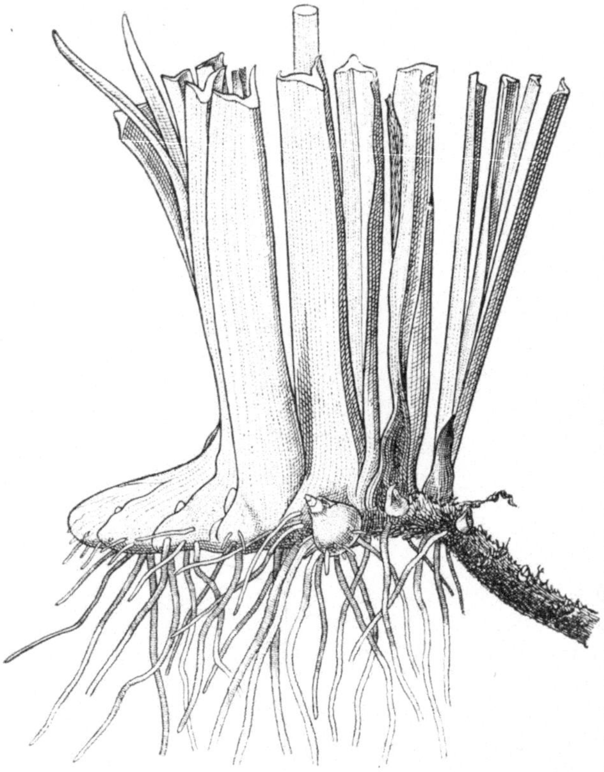

Als selten zu beobachtende Erscheinung wird in der Literatur das Auftreten sog. Kriech- oder Legehalme von *Phragmites* bezeichnet. Es handelt sich dabei um flagellenartig wachsende Triebe, die über 20 m lang werden können und auf dem Substrat kriechen oder auch auf der Wasseroberfläche schwimmen. Ihre Entstehungsweise hat neuerdings WEBER (6) geklärt. Danach handelt es sich nicht, wie bisher allgemein angenommen wurde, um ursprünglich aufrechte Halme, die durch mechanische Einwirkungen umgebogen werden und dann ausläuferartig weiterwachsen, sondern um Triebe, die aus Rhizomenden hervorgehen und von vornherein plagiotropen Wuchs zeigen. Sie zeichnen sich durch besonders rasches Wachstum aus. Bei Verminderung der Wachstumsintensität und bei gleichzeitiger Festlegung des Sproßendes, z. B. durch Einwurzelung, kann wieder eine Aufrichtung der Endknospe erfolgen, was meist erst gegen Ende der Vegetationszeit der Fall ist.

Abb. 15. *Butomus umbellatus.* Rhizom, im August ausgegraben. (Nach WEBER.)

Gleich derartigen Stolonen besitzen plagiotrop wachsende Rhizome in der Regel einen Vegetationskegel, der sich in gerader oder doch annähernd gerader Fortsetzung der Rhizomachse befindet, also ebenfalls plagiotrop orientiert ist. Daß dem aber nicht immer so ist, zeigen Untersuchungen, die WEBER (5) an *Butomus umbellatus* durchgeführt hat.

Diese Pflanze zeichnet sich durch eine im Schlamm kriechende monopodiale Grundachse aus, deren Vegetationspunkt stets orthotrop aufgerichtet erscheint (Abb. 15, 16). Das plagiotrope Wachstum kommt im wesentlichen dadurch zustande, daß der aus den äußeren Lagen des Corpus hervorgehende Meristemmantel im distalen Bereich eine schwächere Teilungstätigkeit aufweist als in der proximalen Region und auch die Deszendenten sich verschieden verhalten. Insbesondere ist auf der distalen Seite die antiklinale Zellstreckung begrenzt, so daß es nicht — wie proximal — zu einer Hebung der Blattansätze kommen kann.

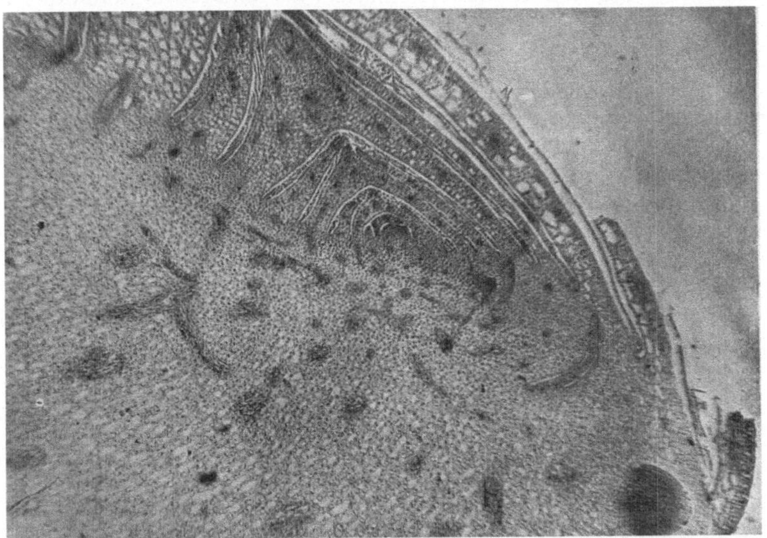

Abb. 16. *Butomus umbellatus*. Medianer Längsschnitt durch Rhizomspitze, obere Hälfte. Der Vegetationskegel ist orthotrop orientiert, rechts sind zwei Wurzelanlagen sichtbar. (Nach WEBER.)

Diese werden vielmehr durch Streckung der hier befindlichen Zellen des Achsenkörpers in tangentialer Richtung zunehmend nach unten verlagert, bis sie schließlich ganz auf die Unterseite des Rhizoms zu liegen kommen. Von hier aus werden auch die Keimpflanzen mancher Palmen, z. B. von *Sabal Adansonii*, verständlich, die ebenfalls ein Rhizom bilden, das anfänglich bei orthotroper Orientierung des Vegetationspunktes abwärts wächst. Die Sproßspitze ist hier von den Blattscheiden völlig umgeben, so auch bei *Butomus*, wo infolge der Dorsiventralität des Rhizoms und der daran lateral-distich stehenden Blattorgane das wachsende Ende ein „pflugscharförmiges" Aussehen annimmt.

II. Blatt.

1. Blattentwicklung und Blattgestaltung. Die Ontogenese der Blattorgane ist heute in großen Zügen geklärt, wenn auch im einzelnen noch mannigfache Fragen offenstehen. Besondere Schwierigkeit haben dem Verständnis von jeher u. a. die Stipulargebilde sowie das Verhalten

mancher Monokotylenblätter bereitet. So ist es begrüßenswert, daß
einige neue Arbeiten jene Probleme aufgreifen und sie auf entwicklungs-
geschichtlich-anatomischer Grundlage zu lösen versuchen. Allerdings
müssen die Deutungen, die THIELKE und vor allem ROTH gegeben haben,
in verschiedenen Punkten als höchst fragwürdig und insofern als unrichtig bezeichnet werden, als sie am eigentlichen Formproblem vorbei-
gehen und die wesentlichen Gestaltungsprinzipien gar nicht berücksichtigen. Auf Grund ihrer im einzelnen sehr wertvollen anatomischen
Befunde greift z. B. THIELKE (1, 2) die schon von GOEBEL am Beispiel
des *Iris*-Blattes geäußerte Auffassung auf, nach der der unifaziale Abschnitt verschiedener Monokotylenblätter als sekundärer, abaxialer Aus-

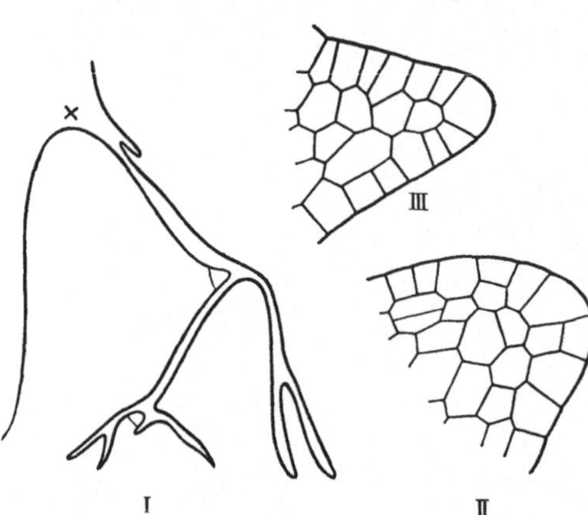

wuchs der Blattanlage entstehen soll, während die primäre Spitze des Primordiums
später den Scheitel des Unterblattes darstellt. Sie beruft
sich dabei auf die Tatsache,
daß hier periklinale Teilungen
in der Epidermis oder auch
in der subepidermalen Zellschicht auftreten, die in manchen Fällen auch zur Bil-
dung einer „Ligula" führen
(Abb. 17). Gerade diese Zellteilungen beweisen aber eindeutig, daß es sich um ein
Randwachstum handelt, wie
es allgemein für die Breiten-
entwicklung der Blattanlagen
charakteristisch ist, in den
bezeichneten Fällen aber nach

Abb. 17. *Allium cepa*. I Langsschnitt durch den Vegetationskegel mit Blattanlagen; II Kuppe des jungsten
Blattprimordiums, stärker vergrößert; III die entsprechende Kuppe (Querwulst) vom dritten Blatt; hier vereinigen sich die Rander des bifazialen Blattabschnittes,
wahrend der eigentliche Blattscheitel an der mit ✕ bezeichneten Stelle zu suchen ist. (Abbildung nach THIELKE.)

dem für unifaziale Blätter gültigen Muster vor sich geht. Die Ränder
des bifazialen Basalteiles laufen hier unter allmählichem Schwund
der Oberseite zusammen. Was also THIELKE als primäre Blattspitze
bezeichnet, ist nichts anderes als die Vereinigungsstelle der Blattränder,
während der in seiner Entwicklung verzögerte wirkliche Blattscheitel
vom Gipfel des unifazialen Blattabschnittes bzw. der Vorläuferspitze
gebildet wird, die ihre Weiterentwicklung vor allem interkalaren Wachs-
tumsvorgängen verdanken. Wenn bei unifazialen Blättern die an der
Grenze von Unter- und Oberblatt quer über das Organ miteinander ver-
einigten Ränder infolge anhaltender Zellteilungstätigkeit weiter auswachsen, kann es zur Bildung von Medianstipeln kommen. Die relativ
spät entstehende Ligula der Gräser aber kann man damit keinesfalls
in Verbindung bringen, wie es THIELKE (2) versucht, nach der ihre
Anlage „als eine Art Reminiszenz an den ersten Scheitel" zu verstehen
wäre. Denn hier fehlt ja Unifazialität im Oberblattbereich auch in Andeutungen. Man vergleiche dazu die Darstellung in TROLLS Vergl.
Morphol., S. 1266 ff.

Auch Roth beschäftigt sich u. a. mit der Entwicklungsgeschichte der als unifazial bezeichneten Monokotylenblätter. In Fällen wie *Iris*, *Allium cepa* u. a. spricht sie von „sympodialen" Blattorganen, deren Spreite durch das übergipfelnde Wachstum eines zweiten dorsalen Blattvegetationspunktes zustande kommen soll (siehe oben!), während der primäre apikale Vegetationspunkt für die Bildung einer „Ligula" verantwortlich gemacht wird. Als dessen „scheidige Verlängerung" wird der Begriff der Ligula überhaupt neu definiert. Die bisher in der Literatur unter dieser Bezeichnung beschriebenen Gebilde einschließlich der Gramineen-Ligula stellt Roth dagegen zur Kategorie der Medianstipeln, die sämtlich auf die Tätigkeit eines dritten, ventral gelegenen Blattvegetationspunktes zurückgeführt werden, der in Gestalt eines Querwulstes erscheint und die Ränder des Unterblattes auf dessen Ventralseite miteinander verbindet. Daß in jenen Fällen ein solcher Querwulst tatsächlich auftritt, ist seit langem bekannt; wenn er aber als besonderer Blattvegetationspunkt gedeutet wird, beruht dies auf einer Verkennung der wirklichen Verhältnisse. Bei den echt medianstipulierten Blättern stellt der Transversalwulst zweifellos die kongenital entstandene Vereinigungszone der Ränder des Unterblattes dar, bei den Gräsern aber ist er eine nachträgliche Bildung der Oberseite, an der allein die Epidermis, in seltenen Fällen auch die subepidermale Zellschicht (Thielke) beteiligt ist (vgl. Fortschr. Bot. 9, 29). Eine eingehende histogenetische Untersuchung der Medianstipeln wäre freilich wünschenswert.

Überhaupt leugnet Roth das Vorhandensein echt unifazialer Strukturen. Wo solche vorkommen, werden sie auf die Tätigkeit eines von Troll so bezeichneten Ventralmeristems zurückgeführt, das schon frühzeitig an den im ganzen bifazialen Primordien auftreten soll. Eine besondere Stütze dafür glaubt Roth darin erblicken zu können, daß sie den von Troll für unifaziale Blattstiele postulierten geschlossenen Leitbündelring nur in seltenen Fällen nachweisen konnte. Dementsprechend wird jenes Ventralmeristem auch für die Entstehung peltater Blätter verantwortlich gemacht, indem es metaleptisch den Schildauswuchs erzeugen soll. Dazu wie zur Bildung medianer Stipeln ist es aber als rein subepidermales Bildungsgewebe gar nicht imstande. Es weist keinerlei Beziehung zum Randwachstum auf und kann lediglich Verdickung bewirken.

Als Medianstipeln hat neuerdings Weber (4) die Stipulargebilde an den Blättern von *Eichhornia crassipes* (Pontederiaceae) gedeutet. Er folgert dies aus der Struktur des Gesamtblattes, das sich nach seinen Untersuchungen als unifaziales Organ erweist mit einem annähernd runden Stiel- und einem extrem abgeflachten Spreitenabschnitt. Ein Ventralmeristem, wie es Roth auch für diese Pflanze angibt, hat er nicht gefunden. Von besonderem Interesse sind hier als Stipularlappen bezeichnete, der Schleimabsonderung dienende Auswüchse am oberen Ende der Stipel, deren Entwicklungsgeschichte und anatomischer Bau geklärt werden. Hingewiesen sei ferner auf eine Arbeit von Knoll (jr.), in der Entwicklung und Bau unifazialer Vorläuferspitzen an Monokotylenblättern behandelt werden. Hervorzuheben ist, daß solche Bildungen u. a. auch bei Bromeliaceen auftreten, von denen sie sonst in der Literatur bisher kaum erwähnt worden sind.

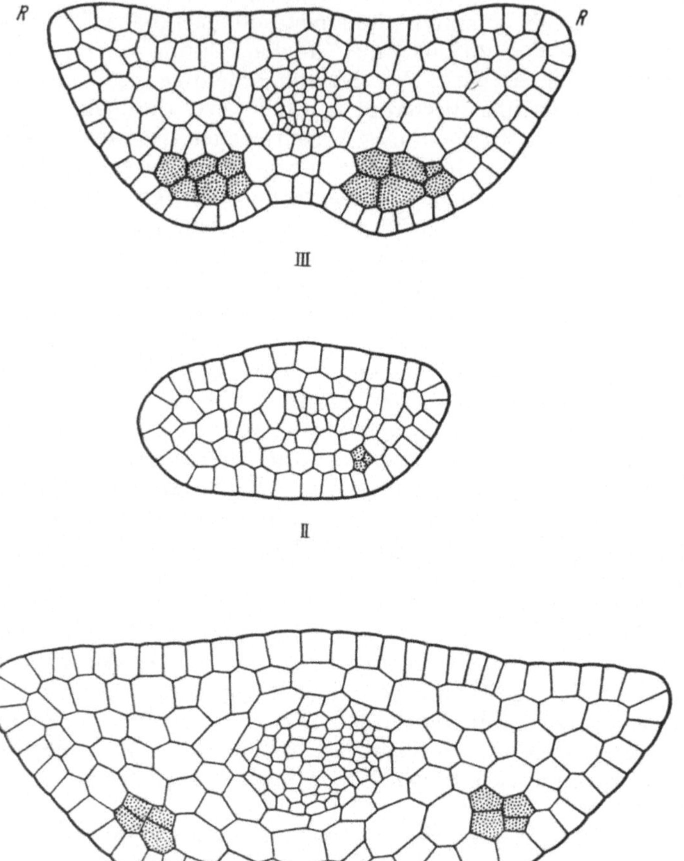

Abb. 18. I *Phyllodoce coerulea*; Querschnitt durch ein junges Blatt. II, III *Empetrum rubrum*; Querschnitt durch verschieden alte Blattanlagen. *R* Blattrand. Von den punktiert gezeichneten subepidermalen Zellen der Unterseite geht die Rippenbildung aus, die zur Entstehung der Dorsalhöhlung führt. (Nach HAGERUP.)

Nur wenig war seither über die Entwicklungsgeschichte der Ericaceen-Blätter bekannt, besonders über jene, die TROLL (Vergl. Morphol., S. 1106ff.), gestützt auf ältere Untersuchungen, zusammenfassend „schuppenförmige Rollblätter" genannt hat. Das sind solche Blattorgane, von denen angenommen wurde, daß ihre Grundform die eines revolutiven, jedoch sekundär abgeflachten Rollblattes ist. Nun aber hat HAGERUP gezeigt, daß die Dorsalhöhlung hier anders zustande kommt. Danach rollen sich die Blattränder nicht ein, sondern bleiben, wie an der Lage der Randzellen kenntlich ist, flach ausgebreitet. Die Höhlung bildet sich dadurch, daß auf der Blattunterseite zwei subepidermale Zellstreifen in Teilungstätigkeit eintreten und zwei längs verlaufende, eine mediane Furche einschließende Flügel („sekundäre Ränder") aufbauen (Abb. 18). Ähnliches ist für andere Fälle schon von älteren Autoren (GIBELLI, GRUBER, LINSBAUER) vermutet worden. Nach diesem Modus verhalten sich u. a. die Gattungen *Phyllodoce, Calluna, Erica, Cassiope* und auch *Empetrum*, während viele andere Gattungen der Bicornes, wie *Ledum, Rhododendron, Vaccinium, Oxycoccus* usw., echt revolutive Blattorgane besitzen.

Für die Keimblätter ist es fast allgemein charakteristisch, daß sich ihre Spreiten gegenüber denen der Primär- und Folgeblätter durch be-

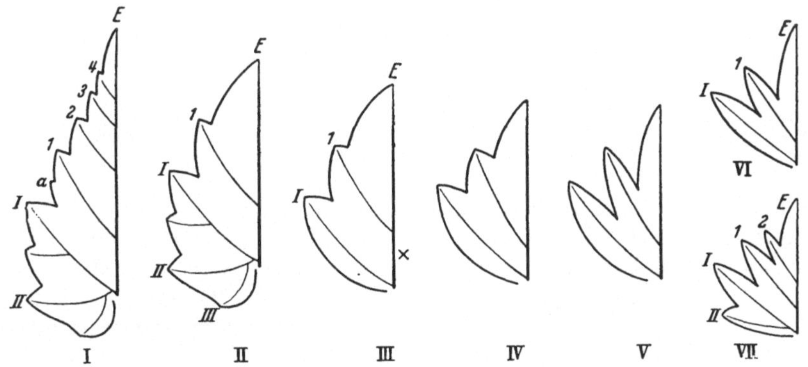

Abb. 19. *Tilia.* Ableitung der Keimblatter (VI, VII) von den Primarblattern (I). *E* Endabschnitt des Blattes. Die römischen Ziffern bezeichnen der Reihenfolge nach die basipetal entstandenen Spreitenauswüchse, während sich die arabischen Ziffern auf die akropetal gebildeten sekundaren Randlappen beziehen. (Nach TROLL.)

sondere Einfachheit auszeichnen. Wir wissen heute, daß es sich bei ihnen um Hemmungsformen handelt, deren Auftreten mit der zur Zeit ihrer Bildung noch unvollständigen Achsenerstarkung in Beziehung steht. Offen war bisher die Frage, ob sich diesem allgemeinen Prinzip auch stark gegliederte Kotyledonen einordnen lassen, wie sie etwa bei allen *Tilia*-Arten oder unter den Cruciferen bei *Lepidium sativum* vorkommen. Dieses Problem konnte TROLL (8) klären. Dabei ergab sich auf Grund vergleichender Betrachtung und eingehender Analyse des Randwachstums der Spreite und der Innervierung von Laub- und Primärblättern verschiedener Gewächse, daß die Kotyledonen von *Tilia* trotz ihrer relativ hohen Gliederung sich insgesamt doch als Blattorgane erweisen, deren Gestaltung sich aus einer Hemmung der Spreitenentwicklung erklärt. Man vergleiche dazu das in Abb. 19 wiedergegebene Schema, in dem I die Spreitenhälfte eines *Tilia*-Primärblattes darstellt, während VI und VII Keimblätter veranschaulichen. Verglichen mit anderen Keimpflanzen, etwa mit solchen von Umbelliferen (*Cicuta, Apium* u. a.) oder von Ranunculaceen (*Delphinium, Nigella* u. a.), ergibt sich, daß bei *Tilia* schon die Kotyledonen die Gestaltung annehmen, die sich sonst erst an den Primärblättern einstellt (Abb. 20). Ganz

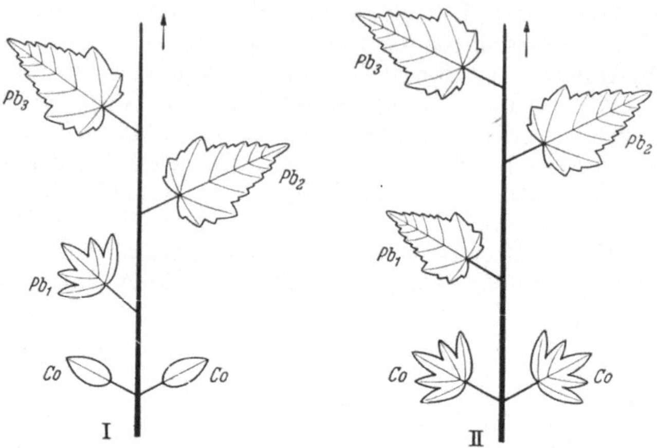

Abb. 20. Schematische Darstellung der Blattfolge an Keimpflanzen. I *Umbelliferen*-Keimling, II *Tilia*-Keimling. *Co* Kotyledonen, *Pb* Primärblätter. (Nach TROLL.)

ähnlich verhält sich auch *Lepidium sativum*. Hier zeigte sich, daß die Kotyledonarspreite dem Endabschnitt sowie dem benachbarten Fiederjoch des Primärblattes entspricht, bei gleichzeitiger Unterdrückung der in Abb. 21 mit arabischen Ziffern bezeichneten Sekundärsegmente.

So läßt sich also die Keimblattgestaltung aus jenem für die höheren Pflanzen allgemein gültigen Prinzip heraus verstehen, das TROLL (1) neuerdings das Prinzip der variablen Proportionen genannt hat. Im Laubblattbereich findet es u. a. auch seinen Ausdruck in der sog. Stiel-Spreiten-Relation (TROLL, 2). Diese kennzeichnet die wechselseitigen Beziehungen zwischen den Ausmaßen von Stiel und Spreite bei systematisch einander nahestehenden Pflanzen oder auch bei Gewächsen ein und derselben Art. Es zeigt sich nämlich, daß häufig geringe Stiellänge

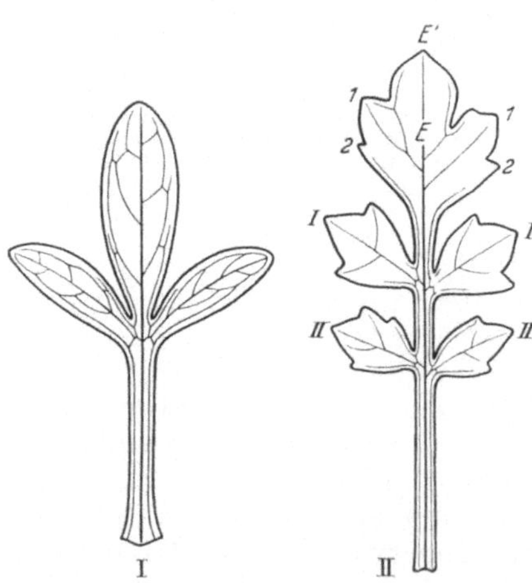

Abb. 21. *Lepidium sativum*. I Kotyledo, II erstes Primärblatt. *E* Endabschnitt; *E'* dessen sekundäres Endsegment; *1* und *2* seine lateralen Segmente; *I, II* Seitenfiedern erster Ordnung, wie die lateralen Glieder des Endsegments ihrer Entstehung nach beziffert. (Nach TROLL.)

mit Verlängerung der Spreite verbunden ist, und umgekehrt. Besonders die Erscheinung der Heterophyllie geht weithin auf eine reziproke Verschiedenheit der Stiel-Spreiten-Relation zurück.

Wo bei Angiospermen-Blättern geteilte bzw. zusammengesetzte Formen vorkommen, beruhen diese auf seitlicher Verzweigung der Blattanlagen. Jedenfalls ist in diesem Bereich noch kein Fall echter Dichotomie nachgewiesen worden. Wenn daher LAM und sein Schüler VAN DER HAMMEN u. a. eine Zusammenstellung von dichotom verzweigten Angiospermen-Blättern geben, so müßte erst der entwicklungsgeschichtlich-histogenetische Nachweis dafür erbracht werden (vgl. die Ausführungen auf S. 33). Wo eingehendere Untersuchungen schon vorliegen, hat sich gezeigt, daß es sich um „Pseudodichotomie'' handelt, die infolge nachträglicher Wachstumsverschiebungen bei den betreffenden Organen eine echte Gabelung nur vortäuscht. Eine Darstellung des Gesamtproblems findet sich bei TROLL (Vergl. Morph., S. 1644 ff.), der diese Fragen auch neuerdings im Zusammenhang mit Symmetriebetrachtungen gestreift hat (7). Ebenso ist es für die offene, gabelige Nervatur mancher Angiospermen-Blätter höchst fraglich, ob sie als „trace of ancient dichotomies'' gedeutet werden kann. Sie ist, zumindest in vielen Fällen, auf eine Hemmung des Randwachstums und eine dadurch bedingte Verhinderung der Anastomosenbildung zurückzuführen. Diesem Zweifel an der Haltbarkeit der LAMschen Vorstellung schließt sich auch FOSTER (3) in einer sorgfältigen Studie über Gestalt und Nervatur der Blattorgane von *Quiina acutangula* an. Bei dieser Pflanze handelt es sich um ein Holzgewächs aus der im tropischen Mittel- und Südamerika beheimateten Familie der *Quiinaceae*, das besonders durch seine Heterophyllie interessant ist. Die kleinen schmal gefiederten Primärblätter gehen an älteren Trieben in große, völlig ungeteilte Blattorgane über, die über ein ungewöhnlich komplexes Nervennetz verfügen. Interessant wäre es, hier die Entwicklungsgeschichte zu verfolgen, die mutatis mutandis vermutlich zu ähnlichen Ergebnissen führen würde, wie sie oben für *Tilia* dargestellt sind.

2. Blattanatomie. Die mit dem Laubfall in Beziehung stehende Trennungszone in der Blattstielbasis ist Gegenstand mehrerer Untersuchungen gewesen. Am eingehendsten haben sich GAWADI und AVERY damit befaßt und interessante Ergebnisse erzielt. Vor allem verwerfen sie den Begriff „Trennungsgewebe'' (abscission layer), den auch EAMES und MACDANIELS in der jetzt erschienenen 2. Auflage ihres Lehrbuches der Pflanzenanatomie nicht mehr verwenden. Es konnte gezeigt werden, daß bei Pflanzen wie *Euphorbia pulcherrima, Gossypium herbaceum, Capsicum frutescens* und *C. annuum*, wo die Blattstiele normalerweise durch sekundäre Teilungstätigkeit ausgezeichnete Zellagen besitzen, Laubfall schon vor deren Erscheinen hervorgerufen werden kann. Bei *Impatiens Sultani* lösen sich die Blätter ab, ohne daß es überhaupt zur Bildung eines derartigen Gewebebandes kommt, und andererseits gibt es Fälle, in denen zwar ein „Trennungsgewebe'' gelegentlich ausgebildet ist, ohne daß das Laub abgeworfen wird (*Nicotiana Tabacum*). Da aber nach dem Blattfall, auch bei Formen ohne vorher deutlich hervortretende Trennungszone, in der verbliebenen Stielbasis regelmäßig Zellteilungen auftreten, sehen diese Autoren die eigentliche Bedeutung des bisher als Trennungsgewebe bezeichneten Gewebestreifens darin, daß er die

Bildung einer Schutzzone einleitet. Das ist um so verständlicher, als die Ablösung des Blattstieles stets im distalen Bereich jener Zone erfolgt, deren Zellen hernach zur Korkbildung schreiten. Beobachtungen von Hoshaw und Guard an zwei Eichenarten (*Quercus palustris* und *Qu. coccinea*) sowie blattanatomische Untersuchungen an *Citrus sinenis* (Scott, Schroeder und Turell) scheinen ebenfalls für diese Deutung zu sprechen.

Über einen eigenartigen Fall von Leitbündelisolierung in Blattstielen hat Troll (5) berichtet. In der Markhöhle der Blattstiele von *Heracleum Mantegazzianum* fand er einzelne freie, von einer Parenchymscheide umgebene Bündel, die gegenüber der umgebenden Rinde so

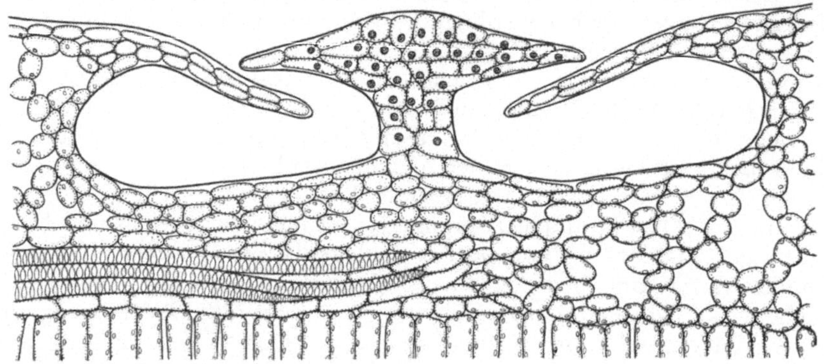

Abb. 22. *Octomeles moluccana.* Querschnitt durch eine Saugschuppe nebst Höhlung an der Blattunterseite. (Nach Melchior.)

stark verlängert waren, daß sie sich in vielfache Windungen gelegt hatten. Die Isolierung kommt dadurch zustande, daß die Erweiterung der Markhöhle auf die die Bündel bergenden Teile übergreift, während die Verlängerung zweifellos mit der Gewebespannung in Zusammenhang steht, die auf dem Unterschied in der Streckungstendenz zwischen dem zentralen Gewebekörper und den peripheren Schichten beruht. Nähere Untersuchungen darüber stehen allerdings noch aus.

Von weiteren blattanatomischen Befunden sind die Beobachtungen von Melchior an der tropischen *Octomeles moluccana* (*Datiscaceae*) hervorzuheben. Unter anderem beschreibt er auf der Unterseite der großen Laubblätter vorkommende schuppenartige Gebilde (Abb. 22). Ihrer ganzen Struktur nach scheint es sich dabei um Saugschuppen zu handeln, die der Wasseraufnahme dienen, um entsprechende Gebilde also, wie sie von den Bromeliaceen her bekannt sind. Zahlreiche Einzelheiten über den Blattbau werden in den Arbeiten von Krauss für *Ananas comosus* und von Scott, Schroeder und Turell für *Citrus sinensis* mitgeteilt, während Yakar und Yenal sich mit *Digitalis ferruginea* bzw. *Digitalis orientalis* beschäftigt haben. Auch über die anatomischen Verhältnisse der Blattorgane von der erst 1948 aus China bekanntgewordenen Taxodiacee *Metasequoia glyptostroboides Hu und Cheng* verfügen wir jetzt über nähere Kenntnisse (Sterling, 11). Für die Blätter von *Coelogyne flaccida* machen SCHINDLER und TOTH vor allem auf die wasserspeichernden Hypodermalzellen aufmerksam, tote Zellelemente mit stark verdickten Wänden, die spiralförmige Aussparungen zeigen. Schließlich sind Untersuchungen von WYLIE (1, 2) über den Blattaufbau einer Reihe von *Adiantum*-Arten, insbesondere von *A. pedatum*, erwähnenswert. Recht interessante Verhältnisse zeigen hier die Zellen der oberen Epidermis. Das sind langgestreckte Gebilde, die auf ihrer Unterseite bis zu zehn und mehr Auswüchse tragen. In diesen Ausbuchtungen, die in regelmäßig vorhandene subepidermale Interzellularräume hineinragen, befinden sich stets Chloroplasten, oft in größerer Menge als in den Zellen der wenigen Mesophyllagen des Blattes. Hin und wieder kommt es auch zu gänzlicher Reduktion des Mesophylls, so daß in diesen Fällen die Epidermen das einzige Assimilationsgewebe darstellen.

3. Gallenbildung und Verwandtes. Stark vernachlässigt wurde in der anatomischen Forschung bisher das Gebiet der Pflanzengallen. Zwar liegen eine ganze Reihe von Beschreibungen und auch größere zusammenfassende Darstellungen über diese Gebilde vor, über ihre Entwicklungsgeschichte und die Impulse, die zu ihrer Entstehung führen, wissen wir erst wenig. Jetzt hat TAYLOR einige nähere Angaben über die Bildung der durch die Gallwespe *Aylax glechomae* verursachten Blattgallen von *Glechoma hederacea* mitgeteilt. Hier kann nur hervorgehoben werden, daß an der Umwallung des Insekteneies, das auf der Unterseite des jungen Blattes, meist an dessen Basis in Nervennähe, abgelegt wird, sämtliche Zellschichten der Blattspreite beteiligt sind. Vielfach gelangt das Ei durch Auflösung der von ihm berührten Epidermiszellen und einiger darunterliegender Mesophyllelemente in unmittelbare Berührung mit Zellen des Blattinnengewebes, die alsdann in lebhafte, vorwiegend periklinale Teilungstätigkeit eintreten.

Von Wurzelhalsgallen (crown-galls) sind besonders solche interessant, die über eine bloße Gewebewucherung hinaus zur Differenzierung äußerlich mehr oder minder normal aussehender Organe schreiten. Solche wurden von BRAUN an jüngeren Sproßabschnitten von *Bryophyllum daigremontianum* (*Kalanchoe daigremontiana*) erzielt. Es kam hier an den Tumoren zur Ausbildung von Blättern, die in Einzelfällen sogar an den Rändern die für normale Blattorgane charakteristischen Brutknospen bildeten, wenn diese auch in der überwiegenden Mehrzahl abnorm gestaltet und nicht weiterentwicklungsfähig waren. Die Frage, ob es sich hier um normale Wirtszellen handelt, die durch den wachsenden Tumor zur Weiterentwicklung angeregt werden, oder ob diese Fähigkeit den Tumorzellen selbst zukommt, ist noch nicht entschieden, doch möchte BRAUN auf Grund seiner Versuche das letztere annehmen. Auf jeden Fall liegt hier eine Erscheinung vor, die noch näherer Untersuchung bedarf (vgl. Fortschr. Bot. **12**, 370). Auch die Frage, ob die regenerierten Blattorgane aus vorgebildeten Vegetationspunkten entstehen, wäre zu prüfen (vgl. *Cyclamen*; TROLL, Vergl. Morphol. 1, II, S. 258).

Mehrfach sind in letzter Zeit, vor allem im amerikanischen Schrifttum, Experimente mitgeteilt worden, die die Wirkung von 2, 4-Dichlorphenoxyessigsäure auf verschiedene Pflanzenorgane zum Gegenstand haben. Neuerdings liegen Ergebnisse vor, die sich auf morphologisch-anatomische Veränderungen an Bohnenblättern beziehen (WATSON, FELBER). Eigenartige Gestaltbildungen bei Blättern von *Vitis vinifera* hat SARTORIUS beschrieben, während EAMES das Verhalten einer monokotylen Pflanze (*Cyperus rotundus*) derartigen Stoffen gegenüber geprüft hat. Da sich hier noch keine klaren Linien abzeichnen und weitere Untersuchungen zu erwarten sind, soll eine zusammenfassende Besprechung in einem der nächsten Berichte erfolgen.

III. Wurzel.

1. Radikation. Diesen von LINNÉ stammenden Begriff hat TROLL (6) wiederaufgenommen, um damit die Stellung der Wurzeln im Bauplan der Rhizophyten (Pteridophyten und Spermatophyten) zu kennzeichnen (radicatio est radicum dispositio). In der Tat kommt den Stellungsverhältnissen der Wurzeln für das typologische Verständnis einzelner Pflanzengruppen eine immense Bedeutung zu, wie sich schon darin zeigt, daß Pteridophyten und Spermatophyten grundsätzlich durch die Stellung ihrer ersten Wurzel geschieden sind. Bei der ersten Gruppe entsteht sie am Embryo seitlich-endogen und stellt somit die erste sproßbürtige Wurzel dar (Homorhizophyten), während die Primärwurzel (Hauptwurzel) der Spermatophyten stets der Sproßknospe polar gegenübersteht und exogenen Ursprungs ist (Allorhizophyten). Zwar gibt es auch unter dieser letzteren Gruppe zahlreiche Vertreter, allgemein die Monokotylen, mit sproßbürtiger Radikation, der hier aber stets eine zumindest der Anlage nach vorhandene allorhize Primärwurzel vorausgeht. Deshalb spricht TROLL in solchen Fällen von sekundärer Homorhizie im Gegensatz zu dem Verhalten der Pteridophyten, die grundsätzlich primär homorhiz bewurzelt sind. Die wenigen bekannten wurzellosen Formen fügen sich typologisch ohne weiteres dem allgemeinen Bilde ein.

Was Ausbildung und Lebensdauer der Primärwurzel bei den Monokotylen anbelangt, so existieren darin beträchtliche Unterschiede. Verhältnismäßig kräftig und langlebig ist sie bei vielen Palmen, z. B. bei *Sabal Adansonii*, von der WEBER (5) die Keimpflanzen abgebildet hat. In anderen Fällen wieder ist sie außerordentlich hinfällig, so daß die sekundär-homorhize Radikation schon an ganz jungen Keimlingen in den Vordergrund tritt, wie es etwa für *Chlorophytum comosum* zutrifft, bei dem bereits die ersten sproßbürtigen Wurzeln knollig verdickt sind (WEBER, 2).

Im Verfolg seiner Bemühungen um eine eindeutige Klärung der Grundbegriffe der Wurzelmorphologie diskutiert TROLL u. a. auch die Bezeichnungen „Wurzelsystem" und „Adventivwurzeln". Unter einem Wurzelsystem ist stets ein Verband von Wurzeln zu verstehen, der aus der Verzweigung einer einzigen hervorgeht. Nach dieser Definition kann also grundsätzlich aus der Primärwurzel ein Wurzelsystem entstehen, aber auch aus jeder einzelnen sproßbürtigen Wurzel. Deshalb ist es unrichtig, wenn jener Ausdruck ohne Einschränkung auf die Gesamtbewurzelung der Rhizophyten ausgedehnt oder gar auf die „Gesamtheit der unterirdischen pflanzlichen Organe, ohne Rücksicht auf ihre morphologische Zugehörigkeit" (STEUBING) bezogen wird. Ein einheitliches Wurzelsystem besitzen nur rein allorhiz bewurzelte Pflanzen.

Wenn aber zur Primärwurzel noch sproßbürtige Wurzeln kommen, so erscheint es zweckmäßig, von einer heterogenen Radikation zu sprechen. Die rein allorhiz bewurzelten Gewächse ebenso wie alle Pteridophyten verfügen dagegen über eine homogene Radikation. Maßgebend ist also auch hierbei wieder das Bestreben, in der Nomenklatur eine typologisch fundierte und daher natur- wie sinngemäße Auffassung zum Ausdruck zu bringen.

Was den Begriff „Adventivwurzeln" anlangt, so sollte er in Übereinstimmung mit der SACHSschen Definition der Adventivbildungen nur für die Fälle verwendet werden, in denen es nachträglich und außerhalb der normalen Ordnung zur Wurzelbildung kommt, dagegen nicht für sproßbürtige Wurzeln, die im ganzen immer eine akropetale Reihenfolge einhalten, mögen sie nun in größerem oder geringerem Abstand von der wachsenden Sproßspitze angelegt werden. Um wirkliche Adventivwurzeln handelt es sich z. B. bei jenen Neubildungen, die abweichend von der Regel der akropetalen Entwicklung der Wurzelverzweigungen aus älteren Teilen einer Hauptwurzel, also zwischen schon vorhandenen Seitenwurzeln (Nebenwurzeln) gebildet werden.

Nach der Stellung der sproßbürtigen Wurzeln am Sproß hat WEBER u. a. Knotenwurzler und Internodienwurzler unterschieden (vgl. Fortschr. Bot. **6**, 26). Den von ihm beschriebenen Möglichkeiten der Knotenwurzelung hat jetzt ORTH einen weiteren Fall hinzugefügt, nämlich den, daß am Knoten auf der der Blattmediane entgegengesetzten Seite eine einzelne Wurzel entsteht, die er als Gegenwurzel bezeichnet (Stolonen von *Haemanthus Mildbraedii*). Was die Anlage der sproßbürtigen Wurzeln bei Allorhizophyten anbelangt, so kann sie schon in nächster Nähe des Sproßvegetationspunktes erfolgen und damit eng an das für primäre Homorhizie charakteristische Verhalten anschließen. Ein solcher Fall früher Wurzelbildung liegt bei *Butomus umbellatus* vor (Abb.16, S.41), wo die Anlagen bereits unmittelbar hinter dem Vegetationskegel aus dem Meristemmantel entstehen (WEBER, 5). Da es hier noch nicht zur Differenzierung weiterer Gewebestrukturen gekommen ist, kann die Wurzelbildung nicht auf eine besondere Zellschicht, etwa einen Perizykel, bezogen werden, wie dies KRAUSS auch für die Histogenese der Wurzeln bei *Ananas comosus* betont.

Interessante Beobachtungen über Bewurzelungsweise und Rhizosphaere einer Reihe von Strandpflanzen hat STEUBING mitgeteilt, die auch genauere Angaben über Horizontal- und Vertikalerstreckung der einzelnen Wurzeln enthalten. Solche Untersuchungen sind besonders deshalb begrüßenswert, weil wir in dieser Hinsicht erst über recht geringe Kenntnisse verfügen. Natürlich ist die Längenentwicklung der Wurzeln stark von Standortsfaktoren, Alter der Pflanze u. a. Umständen abhängig, trotzdem aber scheint sie für bestimmte Arten doch charakteristische Mittelwerte aufzuweisen. So ist auch die Übersicht zu verstehen, die DITTMER (1) über die Zahlen- und Längenverhältnisse der Haupt- und Seitenwurzeln von 19 verschiedenen Pflanzen aus verschiedenen Familien gegeben hat. Sie zeigt im ganzen eine beträchtliche Variabilität. Bei Wassergewächsen ist nicht selten eine starke

Reduktion der Wurzelsysteme zu verzeichnen. Daß dem aber nicht immer so ist, lehren die Untersuchungen WEBERs (4) an *Eichhornia crassipes*, von der festgestellt werden konnte, daß ein einziges normal gestaltetes Individuum 158 sproßbürtige Wurzeln hervorbringen kann, die insgesamt mehr als 272000 Seitenwurzeln 1. Ordnung bilden. Auf 1 cm Länge einer sproßbürtigen Wurzel kommen im Mittel 74 Seitenwurzeln. Die Pflanze zeichnet sich im übrigen durch Anisorhizie aus, indem sie kürzere, stark verzweigte „Nährwurzeln" und lange, wenig verzweigte „Ankerwurzeln" hervorbringt.

2. Wurzelanatomie. Die Struktur der Wurzelspitze, die zuletzt durch v. GUTTENBERG eine sorgfältige Analyse erfahren hat (vgl. Fortschr. Bot. **12**, 32) ist Gegenstand einer weiteren Arbeit (WILLIAMS), die auch einige Angaben über die Histogenese von Seitenwurzeln bringt. Was die Gewebedifferenzierung in Wurzelanlagen von älteren Embryonen betrifft, so kann auf die schon im I. Abschnitt (S. 26) zitierten Arbeiten verwiesen werden. Eine eingehende Beschreibung des Wurzelbaues bei *Arachis hypogaea* hat YARBROUGH gegeben. Neu sind ferner Beobachtungen von MORGENSTERN und TOBLER über die Entstehung des Milchröhrensystems in den Wurzeln der Kautschukpflanze *Taraxacum Kok Saghyz*. Danach setzt die Bildung der primären Milchgefäße mit beginnender Keimung ein, und zwar treten die ersten gleichzeitig mit den ersten Protoxylem-Elementen in der diarchen Wurzel auf. Schon auf dem Keimungsstadium kommt es zur Auflösung der Querwände in jenen Milchzellreihen sowie zur Bildung von seitlichen Fortsätzen und Anastomosen. Bei Beginn des von einer kambialen Zone bewirkten sekundären Wachstums erfolgt die Ausgliederung weiterer Milchröhren gruppenweise und konzentrisch nach außen, stets in unmittelbarem Zusammenhang mit der Bildung von Siebröhren, die in denselben Gruppen auftreten.

Die Zahl der Milchröhrengruppen kann gleich der Ausbildung des Wurzelkörpers überhaupt von der Bodenart abhängig sein. Solche durch Außenfaktoren (Feuchtigkeit, Belüftung, Temperatur) bedingten Modifikationen der anatomischen Verhältnisse, die sich auch auf den Zeitpunkt der Gewebedifferenzierung in der Wurzelspitze erstrecken, werden von SHANKS und LAURIE ferner für Rosenwurzeln geschildert.

Über die Bildung und das Wachstum der Wurzelhaare liegt ein Sammelbericht von CORMACK vor, der die bisherigen Kenntnisse und die über diesen Gegenstand vorhandene Literatur zusammenfaßt. Hervorgehoben sei, daß die Wurzelhaare grundsätzlich in akropetaler Folge entstehen, niemals dagegen in Bereichen, in denen schon ältere Haare vorhanden sind. Wo Ausnahmen vorzuliegen scheinen, z. B. bei verschiedenen Commelinaceen (PINKERTON), handelt es sich um kortikale Bildungen, die wohl keine Absorptionsfähigkeit besitzen. Auch von Coniferenwurzeln sind derartige „sekundäre", meist sehr dickwandige Haarbildungen bekannt geworden; zuletzt hat sie ADDOMS für *Pinus Taeda* erwähnt. Neue Beobachtungen von DITTMER (2) zeigen, daß Größe und Gestalt der Wurzelhaare für die einzelnen Arten annähernd konstant sind. Dagegen weisen die Haarbildungen bei Vertretern verschiedener Arten, auch innerhalb derselben Familie, insbesondere nach Länge und Durchmesser, beträchtliche Schwankungen auf. Entgegen älteren Angaben sind Wurzelhaare stets unseptiert, also einzellig.

3. Wurzeltumoren. Interessant sind die histologischen Untersuchungen von KELLY und BLACK an virusbedingten Tumoren. Danach beginnt an den Wurzeln von *Melilotus albus* die Wucherung mit tangentialen Zellteilungen im Perizykel, gegenüber einer primären Phloemgruppe. Durch weitere abnorme Zellvermehrung (dagegen nicht durch Zellvergrößerung) in diesem Bereich schwillt der Tumor stark an und zeigt bald proximal Differenzierung von Phloem-Elementen, der kurz darauf an der Peripherie die Entwicklung von unregelmäßig geformten Tracheiden folgt. In den Anfangsstadien des Tumorwachstums bleibt die Wurzelendodermis erhalten, deren Zellen sich aber abnorm vergrößern. Vergleichende Beobachtungen an anderen Pflanzen ergaben, daß die Tumorbildung nicht immer nach diesem Modus vor sich geht und daß insbesondere der Ursprungsort ein anderer sein kann. So wurden z. B. an den Wurzeln von *Rumex acetosa* derartige Wucherungen gefunden, während bei *Hyoscyamus* und *Lychnis* in der Regel das Kambium zu abnormer Teilungstätigkeit angeregt

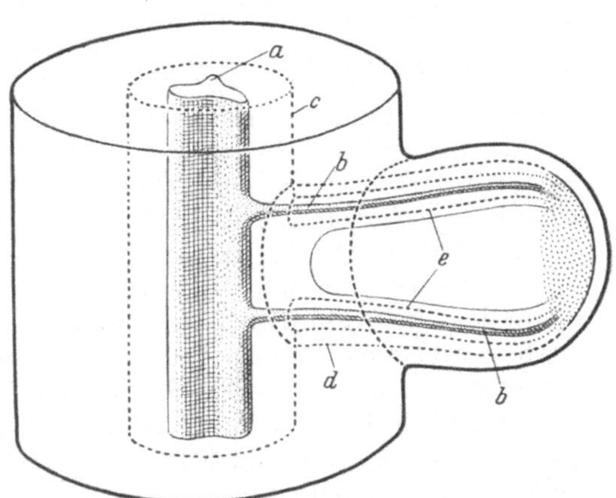

Abb. 23. Schematische Darstellung des Baues von Wurzel und Wurzelknöllchen von *Pisum sativum*. *a* Wurzelxylem, *b* Xylemstrange des Knöllchens, *c* Wurzelendodermis, *d* Knöllchenendodermis, *e* Bundelendodermis im Knöllchen. (Nach BOND.)

zu werden scheint. Obwohl derartige Tumoren im allgemeinen über Zellelemente verfügen, wie sie die Pflanze auch sonst besitzt (in keinem Fall aber über charakteristische Siebröhren mit Siebplatten sowie über Tracheen), stellen sie doch chaotische Bildungen dar, denen keinerlei sinnvolle Organisation zukommt. Man vergleiche hierzu das zusammenfassende Referat von ESAU (2), das sich mit anatomischen Fragen in Zusammenhang mit pflanzlichen Viruskrankheiten befaßt und auch einen Überblick über die Literatur bringt.

Anders geartet ist die Struktur der Wurzelknöllchen bei den Leguminosen, deren Histogenese neuerdings durch BOND am Beispiel von *Pisum sativum* geschildert wird. Zwar haben die Anfangsstadien eine gewisse Ähnlichkeit mit den oben geschilderten Tumoren, zumal auch hier der Perizykel neben Endodermis- und Rindenzellen in Teilungstätigkeit eintreten kann. Bald aber geht die Weiterentwicklung auf eine apikale meristematische Zone über. Vom Perizykel aus differenzieren sich alsdann nur Leitstränge, die sich nach dem wachsenden Scheitel zu verlängern und nach BOND auch mehrfach zu gabeln pflegen. Jeder dieser Leitstränge ist von einer „Bündelendodermis" umgeben, während eine „Knöllchenendodermis" in den bakterienfreien Rindenlagen die Abgrenzung des Knöllchengewebes gegen die eigentliche Wurzelrinde vornimmt (Abb. 23). Beide Grenzschichten sind mit CASPARYschen Streifen versehen.

IV. Blüte[1].

1. Morphologischer Wert der Blütenorgane. Die sog. klassische Blütentheorie, nach der die Blüte den Charakter eines beblätterten Sprosses hat, konnte seit ihren Anfängen durch so viele Beobachtungen bestätigt werden, daß an ihrer Gültigkeit kaum noch Zweifel möglich sind. In neuerer Zeit sind wieder zahlreiche entwicklungsgeschichtliche und anatomische Befunde veröffentlicht worden, die eindeutig für diese Auffassung sprechen (vgl. auch Fortschr. Bot. **11**, 40 ff.). Unter Umgehung jener Tatsachen hat jetzt PLANTEFOL(1), in unmittelbarem Anschluß an seine neue Blattstellungstheorie (s. Fortschr. Bot. **12**, 24) und auf dieser fußend, auch eine neue Blütentheorie entwickelt, die nach seiner Meinung eine bessere Interpretation der Blüte gestatten soll. Wie aber kann man Organe morphologisch charakterisieren, ohne überhaupt ihre Struktur zu berücksichtigen? Tatsächlich spielt diese in den PLANTEFOLschen Erörterungen nicht die geringste Rolle. Er fragt allein danach, wie weit sich die Blattschrauben (hélices foliaires) eines Sprosses in den Bereich der Blüte hinein verfolgen lassen, und kommt dabei zu dem Ergebnis, daß dies im allgemeinen nur bis in den Kelch hinein möglich ist, somit auch den Kelchblättern allein Blattnatur zukäme. Diese seien die letzten regulären Ausgliederungen des von ihm postulierten „Initialringes", der für die Blattbildung verantwortlich gemacht wird. Der Rest dieses Meristems soll dann zur Bildung der Petalen verbraucht werden, ohne daß diese noch Blattcharakter trügen. Staubblätter und Carpelle werden dagegen als sporogene Emergenzen bezeichnet. PLANTEFOL beruft sich im wesentlichen auf eine Umbildung des vegetativen Sproßvegetationspunktes in einen andersgearteten Blütengipfel und nähert sich darin stark den Auffassungen von GRÉGOIRE, denen zufolge der Blütenvegetationspunkt ebenfalls eine genetisch vom vegetativen Sproßabschnitt unabhängige Neubildung sein soll. Daß diese Anschauungen aber haltlos sind, wurde in diesen Berichten unter Hinweis auf zahlreiche Originalarbeiten schon wiederholt betont und kommt in den folgenden Ausführungen wiederum zum Ausdruck.

2. Perianth. Ganz auf dem Boden der klassischen Blütentheorie stehen im Gegensatz zu den PLANTEFOLschen Erörterungen die Untersuchungen von BAUM. Was das Perianth betrifft, so konnte BAUM (10) beim Studium unifazialer Strukturen an Kelch- und Kronblättern entsprechende Verhältnisse wie bei Laubblättern feststellen. Während aber die Kelchblätter unifaziale Abschnitte stets nur in ihrer Spitzenregion aufweisen, ist die Spitze der Kronblätter regelmäßig bifazial gebaut. Wenn bei diesen unifaziale Strukturen auftreten, so nach BAUM immer

---

[1] Über Infloreszenzbildung liegen nur wenige Untersuchungen vor; sie sollen im nächstfolgenden Bericht behandelt werden.

nur an ihrer Basis. Ob das letztere aber in dieser Ausschließlichkeit zutrifft, bedarf noch näherer Untersuchung, zumal PURI (2) berichtet, daß bei *Passiflora*-Arten gelegentlich auch an der Spitze der Kronblätter ein dem der Kelchblätter ähnlicher rudimentärer Corniculus auftreten kann. PURI deutet ihn im Einklang mit älteren Autoren als Blattstiel; besser wäre es wohl, ihn als Oberblattrudiment zu bezeichnen und demgemäß die „Spreite" des Kelchblattes mit dem Blattgrund zu homologisieren.

PURI (3) hat sich weiterhin bemüht, auf Grund der Nervaturverhältnisse zu einer Deutung der Corona der Passifloren zu gelangen. Umfangreichere Untersuchungen über die Nervatur der Blütenblätter bei den Polygonaceen hat VAUTIER vorgelegt.

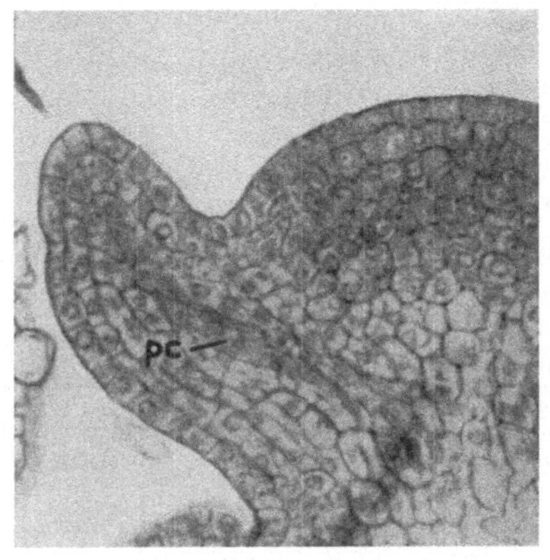
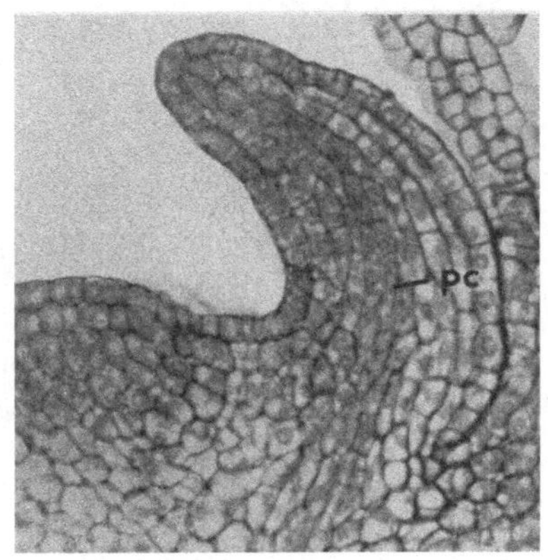

I   II

Abb. 24. *Vinca rosea*. I Blutenvegetationspunkt mit Kelchblattprimordium, II mit Kronblattprimordium im medianen Langsschnitt. *Pc* Procambium. (Nach BOKE.)

Daß sowohl Kelch- als Kronblätter tatsächlich Blattnatur tragen, geht auch aus den histogenetischen Arbeiten hervor, die BOKE (2) an *Vinca rosea* durchgeführt hat. Kelch- und Kronblätter sind hier auf dem Primordialstadium völlig gleichgestaltet, erst im weiteren Entwicklungsablauf treten die Unterschiede in der Wachstumsverteilung ein, die zu der späteren verschiedenartigen Ausgestaltung der beiderlei Organe führen (Abb. 24). Der Befund ist um so bemerkenswerter, als es sich bei *Vinca* um Blüten mit ausgeprägter Sympetalie handelt.

Unverstanden waren bisher die eigentümlichen basalen Kelchanhängsel geblieben, die zahlreiche Campanulaceen zeigen. Es handelt sich dabei um entwicklungsgeschichtlich ziemlich spät auftretende Auswüchse, die in den intersepalen Buchten entspringen und mit ihrer Spitze meist rückwärts weisen. Auf Grund vergleichender Untersuchungen konnte jetzt TROLL (4) zeigen, daß die Entstehung dieser Gebilde, mögen sie im einzelnen noch so verschieden sein, in engem Zusammenhang mit der reduplikativ-valvaten Ästivation des Kelches steht. Das extremste Beispiel dieser Art liefert *Campanula medium*, bei der uns die betreffenden

Bildungen bei der revolutiven Krümmung ihres Randes in Gestalt
blasiger Fortsätze entgegentreten. Verwandte Ästivationserscheinungen
weist bei den Campanulaceen vielfach auch der Kronsaum auf, wozu man die Querschnitte in Abb. 25 vergleiche. Abbildung 25, IV zeigt das Verhalten von *Legouzia (Specularia) Speculum*, von der in Abb. 26, I eine Blütenknospe auch habituell wiedergegeben ist. Typologisch betrachtet, stimmt sie mit der Blüte der sonderbaren *Favratia (Campanula) Zoysii* (Abb. 26, II) überein. Die vorhandene gestaltliche Verschiedenheit ist lediglich eine solche der Proportionen (S. 46). Sie resultiert aus der relativen Förderung der Kronröhre

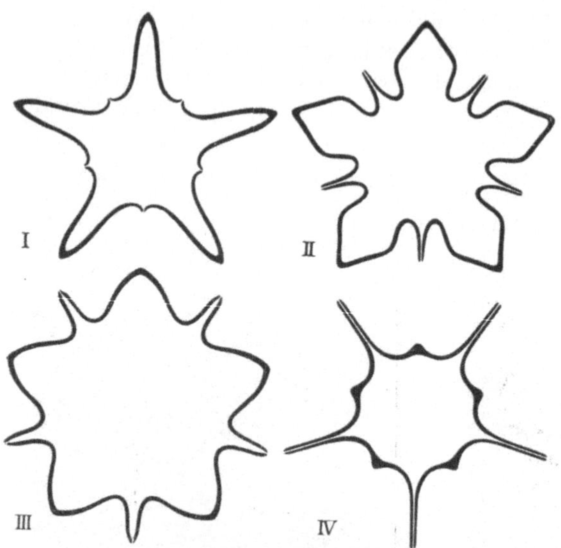

Abb. 25. Querschnitt durch den Kronsaum von Campanulaceenbluten (Knospen), leicht schematisiert. I *Hedraeanthus caudatus*; II *Campanula persicifolia*; III *Campanula carpatica;* IV *Legouzia Speculum*. (Nach Troll.)

und der Reduktion des Kronsaumes bei *Favratia*.

Eine eingehende Würdigung erfährt die Blütenhülle der Amentiferae in einer sorgfältigen zusammenfassenden Darstellung, die Hjelmqvist unter systematischen Gesichtspunkten gegeben hat. Diese wird noch erweitert durch umfangreiche Untersuchungen von Manning an den Blüten der Juglandaceen. Auf beide Arbeiten kann wegen der Fülle der in ihnen enthaltenen Details nur hingewiesen werden.

3. Androeceum. Die Histogenese der Staubblätter hat am Beispiel von *Vinca rosea* Boke (3)

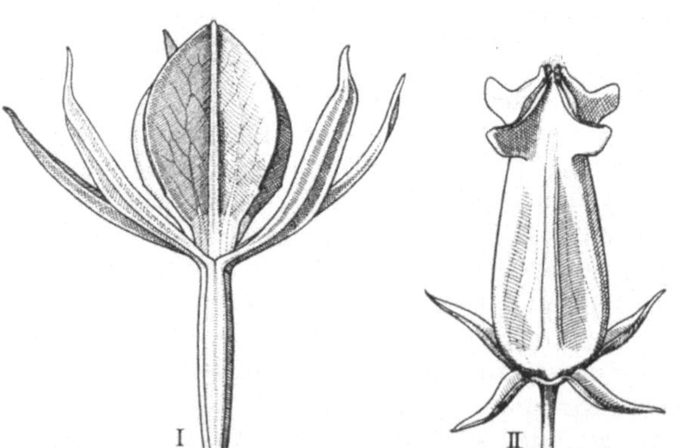

Abb. 26. I *Legouzia Speculum*, Blütenknospe; II *Favratia Zoysii*, Blute in Anthese. (Nach Troll.)

untersucht. In Übereinstimmung mit Kaussmann fand er (vgl. Fortschr.
Bot. 11, 40), daß diese Organe sich, ebenso wie die Karpelle, aus Anlagen
entwickeln, die denen der Laubblätter sehr ähnlich sind und sich vor
allem in ihrer Wachstumsweise von diesen nicht unterscheiden. Auch

hinsichtlich der Differenzierung der Leitstränge scheinen ganz entsprechende Züge zu herrschen. Eine von WILSON geäußerte Auffassung, nach der die Staubblätter Astsysteme im Sinne der TELOM-Theorie darstellen sollen, muß also auch vom entwicklungsgeschichtlich-histogenetischen Blickpunkt her abgelehnt werden, nachdem schon PURI (2) diese These auf Grund seiner leitbündel-anatomischen Beobachtungen an *Passiflora*-Arten verworfen hatte.

Zahlreiche weitere Belege für die Blattnatur der Stamina haben die entwicklungsgeschichtlichen Untersuchungen BAUMs (9) geliefert. Danach sind auch im Androeceum peltate Bildungen weit verbreitet. Allerdings ist die Schildform der Staubblätter in vielen Fällen nur auf frühen Stadien nachweisbar, da sie im Fortgang der Entwicklung meist wieder mehr oder minder stark verwischt wird.

Angaben über die Gestaltung der Pollinien und die Pollenkeimung bei den Asclepiadaceen und über die Pollenkörner der Gramineen finden sich bei VOLK bzw. bei JONES und NEWELL.

4. Gynoeceum. In einer ganzen Reihe von Arbeiten hat sich BAUM (1—8) mit der Entwicklungsgeschichte des Fruchtknotens befaßt und ist dabei zu recht wertvollen Resultaten gekommen. Zunächst einmal konnte sie nachweisen, daß postgenitale Verwachsungen der Karpellränder nicht nur bei apokarpen, sondern auch bei coenokarpen Gynoeceen weit verbreitet sind. Dabei verzahnen sich, noch bevor eine Kutinisierung nachweisbar ist, die Epidermiszellen der sich berührenden Karpellränder unter papillösem Wachstum und teilweise auch periklinaler Aufteilung ineinander (Abb. 27). Die Innigkeit der Verwachsung hängt von dem Zeitpunkt ab, zu dem sie eingeleitet wird. Bei frühem Beginn (z. B. *Asclepiadaceae, Papilionatae* mit Ausnahme der *Sophoreae*) fügen sich die Randschichten nahezu vollständig in das Teilungsgeschehen des Grundgewebes ein, so daß die Verwachsungslinie später völlig unkenntlich wird. Bei später beginnender Verwachsung, wofür die Polycarpicae und *Alismataceae* Beispiele liefern, werden diese Vorgänge nicht so weit durchgeführt. Hier bleibt die Verwachsungslinie bis zur Ausbildung des Trennungsgewebes der Frucht deutlich sichtbar. Zwischen beiden Extremen vermitteln Übergänge. Es scheint so zu sein, daß im System tiefer stehende Einheiten die Verwachsung später, abgeleitete dagegen früher eintreten lassen.

Derartige an einem umfangreichen Material durchgeführte Untersuchungen bilden nun die Grundlage für eine einheitliche Auffassung des Angiospermen-Gynoeceums, die die von TROLL entwickelten Vorstellungen korrigiert und erweitert (vgl. Fortschr. Bot. 1, 21; 4, 17; 11, 43). TROLL hatte darauf hingewiesen, daß das coenokarpe Gynoeceum grundsätzlich in je einen syn-, para- und apokarpen Abschnitt gegliedert ist, was in der Folge auch in zahlreichen Untersuchungen bestätigt werden konnte. Allerdings hatte WINKLER hinzugefügt, daß am Aufbau des coenokarp-synkarpen Fruchtknotens noch ein vierter plazentafreier gefächerter Abschnitt teilnimmt, der dem synkarpen Abschnitt an der Basis vorausgeht. Die Existenz dieses gefächerten sterilen Basalteiles, der auch in parakarpen Gynoeceen nachweisbar ist und den schon LEINFELLNER auf die peltat-schlauchförmige Gestaltung des Karpellgrundes zurückführen konnte, wird von BAUM bestätigt. Sie bezeichnet ihn als den primär-synkarpen Abschnitt, weil in ihm die Karpelle von vornherein vereinigt auftreten. Es folgt dann nach oben eine Zone, die am Anfang der Ontogenese stets parakarp erscheint. Sie setzt sich aus den nicht-peltaten, an der Fruchtknotenperipherie kongenital verwachsenen Seitenteilen der Fruchtblätter zusammen, deren fertile

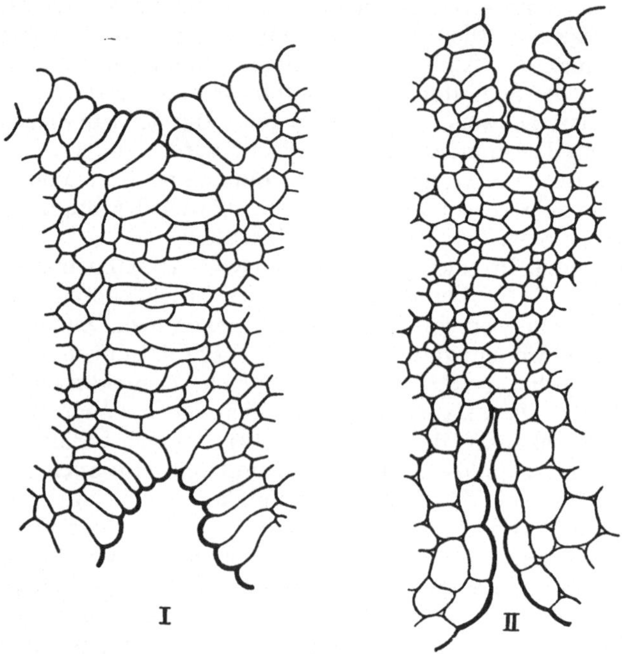

Abb. 27. I *Helleborus viridis*, II *Aconitum rostratum*; Verwachsungsstellen der Karpellränder in der Frucht (vor Ausbildung der Trennungsgewebe). (Nach BAUM.)

Ränder frei bleiben. Das coenokarp-parakarpe Gynoeceum hält an dieser Gestaltung dauernd fest. Beim synkarpen Fruchtknoten dagegen verwachsen die fertilen Karpellränder postgenital miteinander (sekundär-synkarper Abschnitt). Nach BAUM sitzen die Samenanlagen sowohl im parakarpen als auch im synkarpen Gynoeceum an den gleichen Stellen, nämlich an den die Ventralspalte begrenzenden Karpellrändern, so daß die fertile (parakarpe) Region im parakarpen Gynoeceum und die fertile (sekundär-synkarpe) Zone im synkarpen Fruchtknoten sich als homolog erweisen.

Im gleichen Zusammenhang berichtet BAUM davon, daß sich in manchen Verwandtschaftskreisen, z. B. innerhalb der *Spiraeoideae*, eine fortschreitende Karpellverwachsung und damit eine Progression von apokarpem zu coenokarpem Bau des Gynoeceums erkennen läßt. Ein weiteres Beispiel für Pseudocoenokarpie (TROLL) hat SCHAEPPI in *Exochorda grandiflora* aufgefunden. Ebenso aufzufassen sind nach BAUM die Gynoeceen von *Exochorda Alberti* und von *Sibiraea*-Arten (*S. croatica* und *S. angustata*; vgl. Fortschr. Bot. **12**, 39). Eine „Vorstufe zur Pseudocoenokarpie" stellt nach SCHAEPPI und STEINDL das Gynoeceum von *Filipendula* dar.

Was die Samenanlagen anlangt, so entspringen diese bei der ja weitaus vorherrschenden marginalen Plazentation nicht eigentlich aus den Karpellrändern, sondern in Randnähe aus der Karpelloberseite (submarginale Plazentation, s. Fortschr. Bot. **9**, 36). Ob in ähnlicher Weise auch die Karpellunterseite Samenanlagen erzeugen kann, ist noch nicht vollständig geklärt. Einige von GOEBEL angeführte Beispiele dieser Art hat BAUM näher studiert, mit dem Ergebnis, daß die Plazenten hier ebenfalls submarginal auf der Karpelloberseite stehen. Die Plazentarwülste dehnen sich aber beträchtlich aus und wachsen über den Rand der Insertionsstelle hinaus. Erst verhältnismäßig spät differenzieren sich an ihnen die Samenanlagen, so daß nachher der Eindruck erweckt wird, als entspringen diese auf der Unterseite des eingekrümmten Fruchtblattrandes. Ob diese Erklärung auch für andere Fälle zutrifft, bedarf noch der Untersuchung. — Auf weitere Beobachtungen von BAUM (4,6) über Griffelbildung sowie über post-

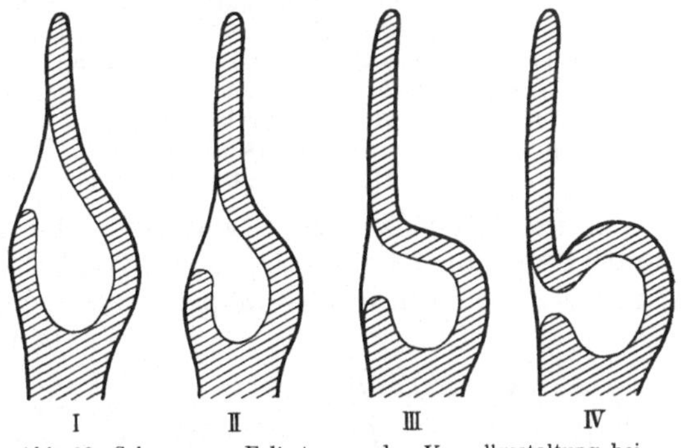

Abb. 28. Schema zur Erläuterung der Karpellgestaltung bei Rosoideen. I *Dryas, Rosa*; II Übergangsform; III *Fragaria*; IV *Alchemilla*. (Nach SCHAEPPI u. STEINDL.)

genitale Verwachsungen in und zwischen Karpell- und Staubblattkreisen kann nur hingewiesen werden.

Viele der im vorhergehenden mitgeteilten Befunde gründen sich auf die Tatsache, daß die Karpelle weithin peltat-schlauchförmigen Charakter tragen. Diese auf TROLL zurückgehende Erkenntnis hat während der letzten Jahre mannigfache Bestätigungen erfahren, für die Rosoideen neuerdings durch SCHAEPPI und STEINDL (von wenigen noch unklaren Fällen, wie *Kerria*, abgesehen). Die verschiedene Mächtigkeit der Ventralwand bei den einzelnen Gattungen zeigen die in Abb. 28 wiedergegebenen Beispiele.

In ihren Untersuchungen über den Fruchtknotenbau der Caprifoliaceen geht WILKINSON von *Leicesteria* aus. Ihr Fruchtknoten zeichnet sich dadurch aus, das sämtliche (fünf) Karpelle fertil und zudem mit einer großen Zahl von Samenanlagen ausgestattet sind. Von hier aus lassen sich, wie übrigens schon GOEBEL angedeutet hat, Reduktionsreihen aufstellen, die zu den anderen Caprifoliaceen-Gattungen überleiten. Die Reduktion führt bei Verminderung auch der Karpellzahl einmal zum völligen Abort der Samenanlagen in den „sterilen" Fruchtfächern, andererseits zur Ausbildung einer einzigen entwicklungsfähigen Samenanlage in den „fertilen" Fächern (*Viburnum, Sambucus, Triosteum*). Als allgemeine (phylogenetische) Entwicklungstendenz wird weiterhin der Übergang von zentralwinkelständiger („axiler") zu parietaler Plazentation angesehen, eine Auffassung, die auch von PURI (1, 2) für andere Verwandtschaftskreise (z. B. *Cruciferae, Passifloraceae*) an Hand von gefäßbündelanatomischen Befunden geteilt wird. Nach den Ergebnissen von BAUM (1) kann es sich bei einer derartigen Entwicklung jedoch im Falle der parietalen Plazentation nicht um eine Lockerung des coeno-synkarpen Baues, also darum handeln, daß die Karpellränder „auseinanderweichen", sondern darum, daß es überhaupt nicht mehr zu ihrer Verwachsung kommt. Es würde also auch dieser Übergang lediglich in einer Entwicklungshemmung bestehen.

Für einige Arten der Gattung *Cyclamen* konnte entgegen älteren Literaturangaben SCHLAGORSKY zeigen, daß zwischen der zentralen Plazenta und dem Griffelkanal eine Brücke vorhanden ist, die den Übertritt der Pollenschläuche vermittelt. An der Bildung dieser Brücke sind Plazentar-Emergenzen beteiligt, die in den basalen Teil des Griffelkanals vordringen.

Den Leitbündelverlauf im Gynoeceum einiger *Drosera*-Arten sowie von *Begonia semperflorens* hat HALL untersucht und damit zugleich einen weiteren Beitrag zur Widerlegung der von SAUNDERS aufgestellten Theorie vom „carpel polymorphism" geliefert, über deren Haltlosigkeit bereits in Fortschr. Bot. 1, 22 berichtet worden ist.

5. Die Vorspelze der Gramineen. Die alte, schon auf R. BROWN und TURPIN zurückgehende, zuletzt von JANCHEN vertretene Auffassung, nach der die Gramineen-Vorspelze durch Verwachsung von zwei Blattorganen entstanden sein soll, ist nicht unwidersprochen geblieben. HACKEL u. a. sehen sie als einheitliches Blatt an und machen für das Ausfallen des Mittelnerven den Druck der Rhachilla verantwortlich. Jetzt hat sich PILGER in einer monographischen Studie eingehend mit dem Bau der Vorspelze befaßt; mit dem Ergebnis, daß für die Doppelnatur dieses Organs keine Beweise vorliegen (s. auch Fortschr. Bot. 9, 32). Danach ist es vorläufig auch unzulässig, daß die Vorspelze in dieser Form in das Blütendiagramm einbezogen wird. Allerdings dürfte nach

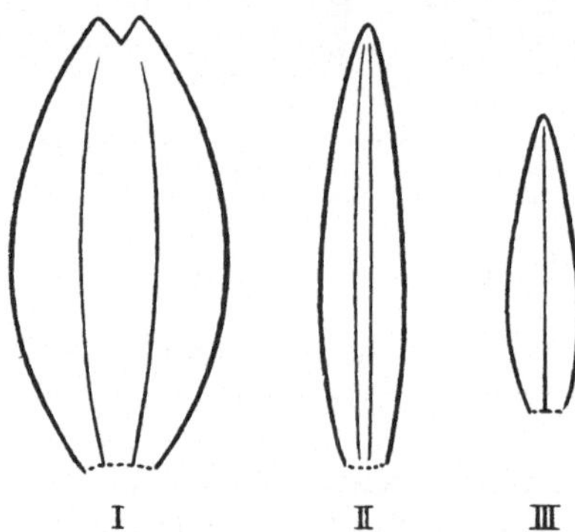

Abb. 29. Reduktionsreihe von Gramineen-Vorspelzen. I *Spartina stricta*, II *Spartina versicolor*, III *Alopecurus Gerardi*. (Nach PILGER.)

PILGER für die zweikielige Ausbildung nicht so sehr der Druck der Rhachilla als der seitliche Druck der Deckspelze in Betracht kommen. Die Gestalt der Vorspelze ist höchst mannigfaltig, doch läßt sie sich auf wenige Typen zurückführen, die auseinander ableitbar sind. Während der Festuca-Typus die vollständigste Ausbildung der Vorspelzen zeigt, die hier kräftige Kiele und scharf eingeschlagene, verhältnismäßig breite Seitenflächen besitzen, zeichnet sich der Briza-Typus u. a. durch weitgehende Reduktion der Seitenflächen aus. Beim Hordeum-Typus schließlich sind zwar breite Seitenflächen vorhanden, aber bei der Einkrümmung geht die scharfe Kielung verloren, und die Nerven können an verschiedenen Stellen der eingeschlagenen Flügel

(Randteile) liegen. Innerhalb dieser drei Typen führen Reduktionen über Einnervigkeit bis zum völligen Schwund der Nervatur. Im Extrem kann es sogar zum Abort der Vorspelze kommen (Abb. 29).

V. Frucht und Samen.

1. Frucht. „Frucht ist das von der Pflanze selbst erzeugte organische Gehäuse (samt Inhalt), welches als gestaltliche Einheit und Ganzheit die Samen (oder den Samen) bis zur Ausstreuung oder Vereinzelung umschließt." Mit dieser Definition möchte JANCHEN die physiologisch-ökologische Seite der Fruchtbildung in den Vordergrund stellen in der Meinung, daß die rein morphologischen Verhältnisse für die Kennzeichnung einer Frucht unwesentlich seien, wenn man auch auf deren Be-

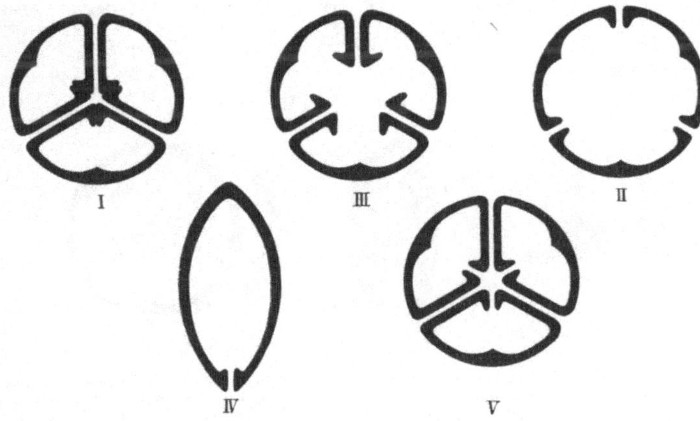

Abb. 30. Schemata septizider und ventrizider Kapseln. I Septizide synkarpe, II septizide parakarpe Kapsel; III Übergang zwischen beiden; IV Balg (ventrizid); V septizid-ventrizide Kapsel. (Nach STOPP.)

achtung nicht ganz verzichten könne. Ein solches Vorgehen ist natürlich möglich, freilich nur dann, wenn man von vornherein auf ein morphologisches Verständnis der mannigfachen Fruchtformen verzichten will. Allerdings muß zugegeben werden, daß es bis heute noch nicht gelungen ist, zu einer einheitlichen, auf alle Fälle exakt anwendbaren Begriffsbestimmung der Frucht zu gelangen. Am besten erscheint uns noch immer — trotz verschiedener Mängel — die KNOLLsche Definition, nach der die Frucht als Zustand der Blüte zur Zeit der Samenreife zu bezeichnen ist (vgl. Fortschr. Bot. 9, 36).

Wie fruchtbar sich auch in der Morphologie der Früchte die typologische Methode erweist, zeigen die an einem reichen Material ausgeführten Untersuchungen von STOPP über die Dehiszenzformen der Kapselfrüchte. Danach müssen grundsätzlich zwei Gruppen von Dehiszenzen unterschieden werden: 1. Trennungen, bei denen sich stets Gewebepartien verschiedener Karpelle oder Karpellränder an ihren Verwachsungsstellen lösen, und 2. Spaltungen, die im Bereich ein und derselben Karpellamina auftreten. Zu der ersten Gruppe gehören Septizidie und Ventrizidie. Wie das Schema in Abb. 30 zeigt, ist auch die Trennung parakarper Kapseln in den Begriff der

Septizidie mit einbezogen. Die Öffnungsweisen, denen Spaltung zugrunde liegt, werden durch die Begriffe Loculizidie und Septifragie gekennzeichnet. Loculizide Spaltungen erfolgen in phanerothetischen Teilen der Karpellamina (d. h. bei coenokarpen Früchten in den freien, nach außen gelegenen Teilen). Im einzelnen zeigt diese Öffnungsweise mancherlei Abwandlungen, von denen nur die Porozidie hervorgehoben sei, die sich als Grenzfall erweist, indem sich hier die Geweberisse ledig-

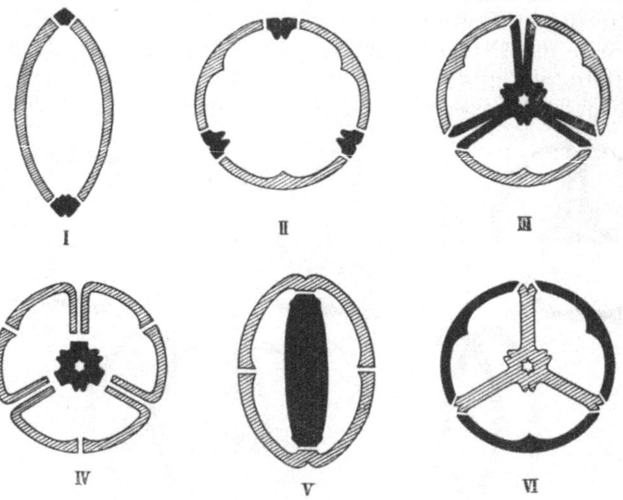

Abb. 31. Typen von Fensterkapseln, dargestellt im schematischen Fruchtquerschnitt. I *Carmichaelia australis*, II *Canbya candida*, III *Cardiospermum spec.*, IV *Euphorbia marginata*, V *Catalpa speciosa*, VI *Cobaea scandens*. Stehenbleibende Teile sind schwarz, abfallende schraffiert gezeichnet. (Nach STOPP.)

lich auf einen kleinen Bereich erstrecken. Bei Septifragie dagegen erfolgt eine Spaltung in den kryptothetischen Teilen der Karpelle, d. h. also in den Septen.

Der Loculizidie und Septifragie ordnen sich auch die Öffnungsweisen der sog. Loch- und Fensterkapseln, der Rahmenhülsen sowie der Bruchfrüchte ein, die alle durch Übergänge miteinander verbunden sind. Sie besitzen das gemeinsame Merkmal, daß bei ihnen Teile des Perikarps abfallen. Auf die zahlreichen Beispiele, die diese Ausführungen belegen, sowie auf weitere interessante Einzelheiten kann nicht eingegangen werden, es sei nur noch auf Abb. 31 verwiesen, die einige Typen von Fensterkapseln im Schema vorführt.

STOPP konnte u. a. auch das Zustandekommen der eigenartigen „Durchlöcherung" klären, durch die die Flügel der Früchte einiger *Thysanocarpus*-Arten (*Cruciferae*) ausgezeichnet sind. Die Entwicklungsgeschichte lehrt, daß es sich hier nicht etwa um eine der Durchlöcherung von *Monstera*-Blättern vergleichbare Fensterbildung handelt, sondern um Aussparungen zwischen einzelnen Flügelauswüchsen (Abb. 32). Deren Endteile verbreitern sich postfloral so stark, daß sich ihre Ränder berühren und miteinander verkleben. Auf diese Weise wird später ein einheitlicher, durchlöcherter Randsaum vorgetäuscht.

An verschiedenen Beispielen hat KRAUS die Reifung der Beerenfrüchte verfolgt und dabei besonders die Anatomie des Fruchtfleisches beachtet. Unter anderem weist sie darauf hin, daß in manchen Fällen (z. B. *Paris quadrifolia*) auch die dem Gynoeceum benachbarten Organe oder Teile davon einen ganz ähnlichen Reifungsprozeß durchmachen können (vgl. die Definition der Frucht nach KNOLL, S. 61!), sei es, daß sie nur die Färbung der Frucht annehmen oder gar fleischig an-

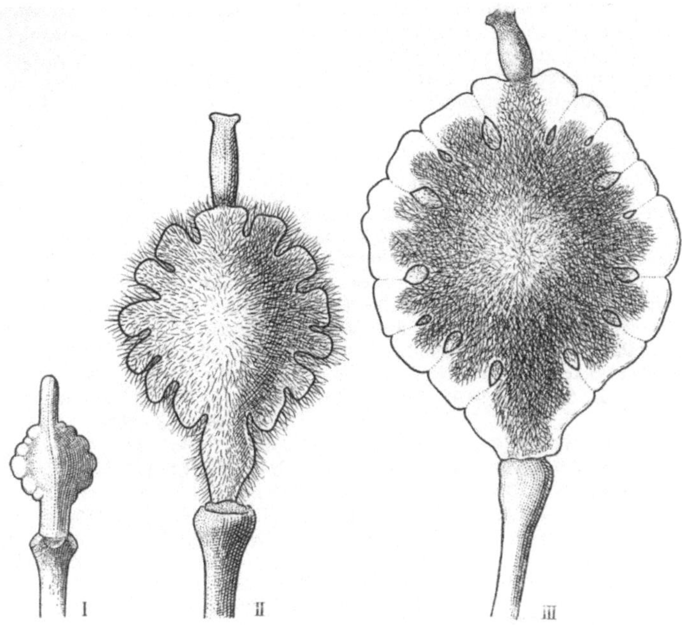

Abb. 32. *Thysanocarpus elegans;* Fruchtentwicklung. I florales Stadium, II, III postflorale Stadien. Näheres im Text. (Nach STOPP.)

schwellen. Hier sind Vorgänge angedeutet, die bei *Ananas* bekanntlich extrem durchgeführt sind, wo sie durch OKIMOTO eine eingehende anatomische Untersuchung erfahren haben. Einige interessante Beobachtungen über das Wachstum des Perikarps bis zur Fruchtreife bringt auch LAUBER im Rahmen im übrigen cytologischer Studien. Auf eine Periode intensiven Teilungswachstums, das bei einzelnen Arten recht verschieden lange anhalten kann, folgt die Periode, in der sich die Zellen unter endomitotischer Teilung des Kernes stark vergrößern.

Über den Bau der Fruchtwand von *Lavandula* liegen einige Angaben von ÖZTIG vor, die teilweise von den älteren Befunden BRIQUETS (in ENGLER-PRANTL) abweichen. SCOTT und BAKER haben die anatomischen Verhältnisse von OrangenFruchtschalen geschildert. Recht interessant sind Beobachtungen von ALEXANDROV und SAVČENKO an den schuppenförmigen Zellen, die u. a. dem Perikarp von *Matricaria lamellata* aufsitzen. Sie sind von zahlreichen Zellulosefalten ausgefüllt. Beim Anfeuchten der Frucht quellen diese Falten so stark, daß sie die Außenwand der Zelle sprengen, als haarförmige Bildungen hervortreten und schließlich vollständig verschleimen. Es scheint sich bei diesen Zellen um Bildungen zu handeln, die den sog. Schleimrippen bei *Matricaria chamomilla* u. a. entsprechen

2. Samen. Von der Samenentwicklung einiger Rosaceen, besonders von *Prunus*, handelt eine Studie SCHANDERLs, die freilich dem hierüber aus älteren Veröffentlichungen schon Bekannten kaum wesentlich Neues hinzufügt. Hervorgehoben sei, daß die Embryoentwicklung bei zahlreichen Kultursorten zur Zeit der Fruchtreife noch stark im Rückstand ist, woraus sich wohl die sehr unterschiedliche Eignung der einzelnen Sorten für die Sämlingsvermehrung erklären läßt.

Für *Parthenium argentatum* (*Compositae*) berichten ERICKSON und BENEDICT, daß die dünne äußere Samenschale allein von der äußersten Schicht des Integumentes gebildet wird, während der viel festere innere Teil der Samenschale aus dem Endosperm hervorgehen soll. Die Entwicklung der Samenbehaarung von *Asclepias cornuti* (*A. syriaca*) hat PEARSON verfolgt.

Literatur.

ADDOMS, R. M.: Amer. J. Bot. **37**, 208 (1950). — ALEXANDROV, V. G., u. M. J. SAVČENKO: Sovietsk. Bot. **15**, 133 (1947); deutsch. Ref. in Ber. wiss. Biol. (Abt. A) **64**, 261 (1949). — ALLEN, G. S.: (1) Amer. J. Bot. **33**, 666 (1946); (2) **34**, 73 (1947); (3) **34**, 204 (1947). — ASTRUG, L.: Rev. gén. Bot. **56**, 141 (1949).

BALL, E.: (1) Amer. J. Bot. **33**, 301 (1946) — (2) Symp. Soc. exper. Biol. **11**, 246 (1948) — (3) Amer. J. Bot. **36**, 440 (1949). — BAUM, H.: (1) Österr. bot. Z. **95**, 86 (1948); (2) **95**, 124 (1948); (3) **95**, 251 (1948); (4) **95**, 362 (1948); (5) **95**, 470 (1948) — (6) Sitzungsber. österr. Akad. Wiss., Math.-naturw. Kl., Abt. I, **157**, 17 (1948) — (7) Österr. bot. Z. **96**, 64 (1949); (8) **96**, 285 (1949); (9) **96**, 453 (1949); (10) **97**, 1 (1950). — BLASER, H. W., u. J. EINSET: Amer. J. Bot. **35**, 473 (1948). — BLOCH, R.: Amer. J. Bot. **33**, 544 (1946). — BOKE, H.: (1) Amer. J. Bot. **34**, 433 (1947); (2) **35**, 413 (1948); (3) **36**, 535 (1949). — BOND, L.: Bot. Gaz. **109**, 411 (1948). — BOULANGER, M.-TH.: Rev. gén. Bot. **56**, 381 (1949). — BRAUN, A. C.: Amer. J. Bot. **35**, 511 (1948). — BÜNNING, E., u. H. SAGROMSKY: Z. Naturf. **3b**, 203 (1948).

CARTON, A.: Rev. gén. Bot. **55**, 137 (1948). — CHEADLE, V. I.: Amer. J. Bot. **35**, 129 (1948). — CHEADLE, V., I. u. N. W. UHL: (1) Amer. J. Bot. **35**, 486 (1948); (2) **35**, 578 (1948). — CORMACK, R. G. H.: Bot. Rev. **15**, 583 (1949).

DERMEN, H.: Amer. J. Bot. **34**, 32 (1947). — DIETTERT, H. J., u. R. D. SPENSLEY: Univ. New Mexico Publ. Biol. **3** (1947). — DITTMER, H. J.: (1) Bot. Gaz. **109**, 354 (1948) — (2) Amer. J. Bot. **36**, 152 (1949). — DODD, J. D.: Amer. J. Bot. **35**, 666 (1948). — DUCHAIGNE, A.: (1) Compt. r. Acad. Sci. **226**, 264 (1948); (2) **226**, 946 (1948).

EAMES, A. J.: Amer. J. Bot. **36**, 571 (1949). — EAMES, A. J., u. L. H. MacDANIELS: An Introduction to plant anatomy. 2d ed. NewYork u. London 1947. — ENGARD, C. J.: Univ. Hawaii Res. Publ. No. 21 (1944). — ERICKSON, L. C., u. H. M. BENEDICT: J. agricult. Res. **74**, 329 (1947). — ESAU, K.: (1) Bot. Rev. **9**, 125 (1943); (2) **14**, 413 (1948).

FELBER, I. M.: Amer. J. Bot. **35**, 555 (1948). — FLINT, TH. J.: Amer. J. Bot. **36**, 397 (1949). — FOSTER, A. S.: (1) Amer. J. Bot. **32**, 456 (1945); (2) **34**, 501 (1947); (3) **37**, 159 (1950).

GARRISON, RH.: (1) Amer. J. Bot. **36**, 205 (1949); (2) **36**, 379 (1949). — GAWADI, A. G., u. G. S. AVERY jr.: Amer. J. Bot. **37**, 172 (1950). — GOLUB, S. J., u. R. H. WETMORE: (1) Amer. J. Bot. **35**, 755 (1948); (2) **35**, 767 (1948). — GUNCKEL, J. E., u. R. H. WETMORE: (1) Amer. J. Bot. **33**, 285 (1946); (2) **33**, 532 (1946).

HAGERUP, O.: Kgl. danske Vidensk. Selsk. Biol. Meddel. **20**, Nr. 5 (1946). — HALL, B. A.: Amer. J. Bot. **36**, 416 (1949). — HAMILTON, H. H.: Amer. J. Bot. **35**, 656 (1948). — HAMMEN, L. VAN DER: Blumea **6**, 290 (1947/48). — HEGEDÜS, A.: Bot. Gaz. **110**, 593 (1949). — HJELMQVIST, H.: Botan. Notiser, Suppl. Vol. **2**, 1 (1948). — HOSHAW, R. W., u. T. GUARD: Bot. Gaz. **110**, 587 (1949). — HUBER, B.: Svensk. bot. Tidskr. **43**, 376 (1949). — HULBARY, R. L.: Amer. J. Bot. **35**, 558 1948).

JANCHEN, E.: Österr. bot. Z. **96**, 480 (1949). — JONES, M. D., u. L. C. NEWELL: J. amer. Soc. Agronomy **40**, 136 (1948).

KELLY, S. M. u. L. M. BLACK: (1) Amer. J. Bot. **34**, 585 (1947); (2) **36**, 65 (1949). — KEMP, M.: Amer. J. Bot. **30**, 504 (1943). — KNOLL, F. jr.: Österr. bot. Z. **95**, 163 (1949). — KRAUS, G.: Österr. bot. Z. **96**, 325 (1949). — KRAUSS, B. H.: Bot. Gaz. **110**, 159, 333, 550 (1949).

LAM, H. J.: Acta Bioth. **8**, 107 (1948). — LAUBENGAYER, R. A.: Amer. J. Bot. **36**, 236 (1949). — LAUBER, H.: Österr. bot. Z. **94**, 30 (1948). — LEWIS, F. T.: Proc. nat. Acad. Sci. USA **35**, 506 (1949).

MAJUMDAR, G. P.: 32. Ind. Sci. Congr. Nagpur 1945. — MAJUMDAR, G. P. u. A. DATTA: Proc. Ind. Acad. Sci. **23**, 249 (1946). — MANNING, W. E.: Amer. J. Bot **35**, 606 (1948). — MATZKE, E. B.: (1) Amer. J. Bot. **33**, 58 (1946); (2) **34**, 182 (1947); (3) **35**, 323 (1948). — MELCHIOR, H.: Ber. dtsch. bot. Ges. **62**, 72 (1950). —METCALFE, C. R. u. L. CHALK: Anatomy of the Dicotyledons, Vol. I u. II. Oxford 1950. — MILLER, H. A. u. R. H. WETMORE: Amer. J. Bot. **32**, 588 (1945). — MORGENSTERN, CH. u. F. TOBLER: Planta (Berl.) **36**, 188 (1948). — MOSELEY, J. M. F.: Bot. Gaz. **110**, 231 (1949). — MULLENDORE, N.: Bot. Gaz. **109**, 341 (1948).

ÖZTIG, F.: Rev. Fac. Sci. Istanbul, Sér. B **14**, 71 (1949). — OKIMOTO, M. C.: Bot. Gaz. **110**, 217 (1949). — ORTH, R.: Planta (Berl.) **37**, 595 (1950). — OZENDA, P.: (1) Compt. r. Acad. Sci. **223**, 207 (1946); (2) **224**, 1521 (1947); (3) **225**, 1360 (1947) — (4) Publ. Labor. Ecole norm. sup. Sér. Biol., fasc. 2. Paris 1949.

PEARSON, N. L.: Amer. J. Bot. **35**, 27 (1948). — PHILIPSON, W. R.: Biol. Rev. Cambridge philos. Soc. **24**, 21 (1949). — PILGER, R.: Bot. Jahrb. **74**, 199 (1948). — PLANTEFOL, L.: (1) Ann. Sci. nat. Bot., 11. sér. **9** (1948) — (2) Rev. gén. Bot. **56**, 237 (1949). — PURI, V.: (1) Proc. Nat. Acad. Sci. India **15**, 74 (1945) — (2) Amer. J. Bot. **34**, 562 (1947) — (3) J. Ind. bot. Soc. **1948**, 130.

REEVE, R. M.: (1) Amer. J. Bot. **35**, 65 (1948); (2) **35**, 591 (1948). — REINDERS-GOUWENTAK, A. C.: Mededel. Landbouwhogeschool **49**, 216 (1949). — ROCHE, C.: Rev. gén. Bot. **56**, 49 (1949). — ROTH, I.: Planta (Berl.) **37**, 299 (1949).

SAGROMSKY, H.: Z. Naturf. **4b**, 360 (1949). — SARTORIUS, O.: Weinbau (wiss. Beih.) 1949. — SCHAEPPI, H. u. F. STEINDL: Ber. schweiz. bot. Ges. **60**, 15 (1950). — SCHANDERL, H.: Züchter **19**, 206 (1949). — SCHINDLER, H. u. A. TOTH: Phyton **2**, 11 (1950). — SCHLAGORSKY, M.: Österr. bot. Z. **96**, 361 (1949). — SCHOPF, J. M.: Illinois Biol. Monogr. **19**, 4 (1943). — SCHÜEPP, O.: Beil. Schweiz. Lehrerztg. **28**, 9 (1943). — SCOTT, F. M. u. K. C. BAKER: Bot. Gaz. **108**, 459 (1947). — SCOTT, F. M., M. R. SCHROEDER u. F. M. TURELL: Bot. Gaz. **109**, 381 (1948). — SHANKS, J. B. u. A. LAURIE: Proc. amer. Soc. hort. Sci. **54**, 473, 485, 495 (1949). — SHARMAN, B. C.: Bot. Gaz. **106**, 269 (1945). — SPURR, A. R.: Amer. J. Bot. **36**, 629 (1949). — STAFFORD, H.: Amer. J. Bot. **35**, 706 (1948). — STERLING, CL.: (1) Madroño **7**, 188 (1944) — (2) Amer. J. Bot. **32**, 118 (1945); (3) **32**, 380 (1945); (4) **33**, 35 (1946) — (5) **33**, 742 (1946); (6) **34**, 45 (1947); (7) **34**, 272 (1947) — (8) Bull. Torrey bot. Club **75**, 469 (1948); (9) **76**, 116 (1949) — (10) Amer. J. Bot. **36**, 184 (1949); (11) **36**, 461 (1949). — STEUBING, L.: Z. Naturf. **4b**, 114 (1949). — STEWART, W. N.: Amer. J. Bot. **34**, 315 (1947). — STOPP, K.: Abh. Akad. Wiss. Lit. Mainz, Math.-naturw. Kl. **1950**, 165. — SWAMY, B. G. L.: Amer. J. Bot. **36**, 661 (1949).

TAYLOR, S. H.: Amer. J. Bot. **36**, 222 (1949). — THIELKE, CH.: (1) Planta (Berl.) **36**, 2 (1948); (2) **36**, 154 (1948). — TROLL, W.: (1) Allgemeine Botanik. Ein Lehrbuch auf vergleichend-biologischer Grundlage. Stuttgart 1948 — (2) Naturwiss. **36**, 333 (1949) — (3) Sitzungsber. Heidelberger Akad. Wiss., Math.-naturw. Kl. **1949**, 210; (4) **1949**, 189 — (5) Planta (Berl.) **36**, 402 (1949) — (6) Österr. bot. Z. **96**, 444 (1949) — (7) Studium Generale **2**, 240 (1949) — (8) Planta (Berl.) **38**, 12 (1950).— TROLL, W. u. W. RAUH: Sitzungsber. Heidelberger Akad. Wiss., Math.-naturw.Kl. **1950**, 1.

VAUTIER, S.: Candollea **12**, 219 (1949). — VENNING, F. D.: (1) Amer. J. Bot. **35**, 637 (1948); (2) **36**, 559 (1949) — (3) Bot. Gaz. **110**, 511 (1949). — VOLK, O. H.: Ber. dtsch. bot. Ges. **62**, 68 (1950).

WANG, F. H.: Bot. Bull. Acad. Sinica **1**, 133 (1947). — WARDLAW, C. W.: (1) Philos. Transact. Roy. Soc. London, Ser. B **233**, 415 (1949) — (2) Ann. Bot. N. S. **13**, 163 (1949) — (3) Nature (Lond.) **164**, 167 (1949). — WATSON, D. P.: Amer. J. Bot. **35**, 543 (1948). — WEBER, H.: (1) Sitzungsber. Heidelberger Akad. Wiss., Math.-naturw. Kl. **1949**, 161 — (2) Gestalt und Organisation der höheren Pflanzen.

Freiburg 1949 — (3) Umsch. **49**, 641 (1949) — (4) Abh. Akad. Wiss. Lit. Mainz, Math.-naturw. Kl. **1950**, 135 — (5) Planta (Berl.) **38**, 196 (1950) — (6) Biol. Zbl. **69**, 323 (1950). — WHITE, O. E.: Bot. Rev. **14**, 319 (1948). — WILKINSON, A. M.: (1) Amer. J. Bot. **35**, 261 (1948); (2) **35**, 365 (1948); (3) **35**, 455 (1948); (4) **36**, 481 (1949). — WILLIAMS, B. C.: Amer. J. Bot. **34**, 455 (1947). — WILSON, C. L.: Amer. J. Bot. **29**, 759 (1942). — WYLIE, R. B.: (1) Amer. J. Bot. **35**, 465 (1948); (2) **36**, 282 (1949).

YAKAR, N.: Rev. Fac. Sci. Istanbul, Sér. B **9**, 134 (1944). — YARBROUGH, J. A. Amer. J. Bot. **36**, 758 (1949). — YENAL, F.: Rev. Fac. Sci. Istanbul, Sér. B **11**, 181 (1946).

3. Entwicklungsgeschichte und Fortpflanzung.

Von Otto Jaag, Zürich.

Mit 5 Abbildungen.

1. Allgemeine Entwicklungsgeschichte.

a) Endomitose. Die Lehre von der intraindividuellen Konstanz der Chromosomenzahl galt bis vor kurzem als völlig erwiesen und geradezu selbstverständlich. Dennoch beruhte sie auf einer unzulässigen Verallgemeinerung: daraus, daß sich in teilungsfähigen Geweben eine gleichbleibende Chromosomenzahl beobachten ließ, schloß man, daß sie auch nach dem Erlöschen der Teilungsfähigkeit, also in Dauergeweben, in welchen Mitosen fehlen und daher Chromosomen nicht unmittelbar erkennbar sind, gleichbliebe. Es wurde also stillschweigend angenommen, daß an dem Chromosomenbestand der Ruhekerne keine weiteren wesentlichen Veränderungen stattfänden.

Die Forschungen der letzten zehn Jahre haben demgegenüber in steigendem Ausmaß ergeben, daß eine derartige Konstanz nicht nur vielfach nicht besteht, sondern daß im Gegenteil gerade Abweichungen von der bisherigen Erwartung durchaus typisch sind. In bestimmten Geweben bestimmter Organe, bei Tieren wie bei Pflanzen, wird die Chromosomenzahl nach Erlöschen der mitotischen Teilungsfähigkeit gesetzmäßig vervielfacht, die Gewebe werden polyploidisiert. Dies geschieht nicht etwa durch Kernverschmelzungen, sondern durch Chromosomenteilung unter Intaktbleiben der Kernwand und ohne Spindelbildung, also ohne Kernteilung. Diesen Vorgang bezeichnet L. Geitler (1939) als Endomitose, die Gesamterscheinung als endomitotische Polyploidisierung. Wurde das neue Forschungsgebiet zunächst vom zoologischen Objekt her erschlossen, so erwiesen sich in neueren Arbeiten Pflanzen (Angiospermen aus verschiedenen Familien) als nicht minder geeignet, und heute sind Zoologen und Botaniker in gleicher Weise an den Problemen interessiert. L. Geitler (1948a) gibt eine übersichtliche und kritische Zusammenfassung über den derzeitigen Stand der Endomitoseforschung.

Klar und eindeutig wurde der Ablauf der endomitotischen Polyploidisierung von Geitler (1938, 1939) an *Gerris* und anderen Wanzen nachgewiesen. Sie ist in der Erscheinung und im Ergebnis der Colchicin-Mitose wesensgleich: Die Chromosomen des „Ruhe"-Kerns verlängern sich spiremartig, verkürzen sich hernach, werden stark färbbar und lassen einen deutlichen Längsspalt erkennen. Hierauf trennen sich die Hälften und rücken parallel auseinander, bis endlich eine Art von Rückbildung zum Ruhekern erfolgt. Ähnlich wie die Mitose läßt die Endomitose eine Endoprophase, Endometaphase usw. erkennen. Ohne Spindelbildung entsteht also ein Kern mit verdoppelter (schließlich vervielfachter) Chromosomenzahl, und dieser Chromosomenvermehrung geht eine entsprechende Zunahme des Kern- und Zellvolumens parallel, die sich äußerlich als Gesamtwachstum des Organs und seiner Teile darstellt.

Bei den Pflanzen läßt sich — infolge der weitgehenden Entspiralisierung der Chromosomen — der Mechanismus der Endomitose weniger leicht verfolgen als bei manchen Tiergruppen, insbesondere Wanzen und Dipteren. Tritt aber bei Pflanzen nach erfolgter Endomitose eine Mitose ein, so zeigen sich die auseinander entstandenen Chromosomen „gepaart", woraus, zusammen mit der Ermittlung der Chromosomenzahl, die Endomitose festgestellt werden kann.

Wohl waren Anzeichen endomitotischer Polyploidie bei Pflanzen seit langem bekannt; bewiesen aber wurden sie erst 1939 durch I. GRAFL für die Aracee *Sauromatum*, wo in Geweben bestimmter ausgewachsener Organe tetra-, okto- und 16ploide Kerne gefunden wurden. Diese Kerne zeichnen sich durch ihre Größe und ihre chromatischen Strukturen aus. Auf Verwundung reagieren sie mit Mitosen, in deren Prophasen die Chromosomen in unregelmäßigen Bündeln auftreten, die so viele Chromosomen enthalten, als Endomitosen abgelaufen sind: in tetraploiden Kernen sieht man Chromosomen„paare", in oktoploiden Vierergruppen und in 16ploiden Achtergruppen.

Die endomitotische Polyploidisierung erfolgt, wie bei den Tieren, während der ontogenetischen Entwicklung im Ruhekern und ist für bestimmte Organe spezifisch. Sie wurde bereits bei einer großen Zahl von Blütenpflanzen nachgewiesen und stellt somit einen weitverbreiteten Sonderfall der Verdoppelung bzw. Vervielfachung des Chromosomensatzes dar (GEITLER 1940a, b, JÄHNL 1947, GEITLER und LAUBER 1944, LAUBER 1947). So fand H. LAUBER in künstlich ausgelösten Wundgeweben der Fruchtwand von *Ornithogalum nutans* alle Schichten polyploid (Epidermis tetraploid, Grundgewebe oktoploid), bei *Eremurus robustus* tetra-, okto- und 16ploid, wobei der Grad der Polyploidie und in entsprechender Weise das Kern- und Zellvolumen von außen nach innen anstieg (Abb. 33). Bei *Lagenaria vulgaris* var. *clavata* ist das Grundgewebe der Frucht 16ploid. Ähnlich liegen die Verhältnisse bei *Cucurbita maxima* und *Solanum Gilo*. Bei *Blumenbachia Hieronymi* ist das Grundgewebe der Fruchtwand tetra- bzw. oktoploid; die äußersten Schichten sind diploid geblieben, die innersten dagegen hochpolyploid. Bei *Polygonatum* sp. liegen in einem diploid gebliebenen Grundgewebe nur vereinzelt tetraploide Zellen. Durch die Verwendung hochkonzentrierter Lösungen von Indolylessigsäure gelang es HUSKINS (1947, 1948a, b), in den Dauergeweben von *Rhoeo* und der Gerste in diploiden Geweben tetra- und oktoploide Mitosen auszulösen. Höher polyploide Kerne reagieren weder auf Wundreiz noch auf chemische Mittel. Man ist in diesen Fällen auf die Indizien angewiesen, die sich aus der Strukturanalyse ergeben.

Allgemein gesehen erfolgt die endomitotische Polyploidisierung nach Abschluß der meristematischen Teilungsperiode in bestimmten Geweben bestimmter Organe oder auch nur in bestimmten Zellen derselben im Zuge der Differenzierung und ist gefolgt von einer Vergrößerung des Kernvolumens und der Zellen, dagegen nicht von einer Kern- bzw. Zellteilung. Sie spielt zweifellos eine wesentliche Rolle bei der Organ- und Gewebedifferenzierung, und es scheint (GEITLER 1948a), daß für jeden Teil des Körpers ein bestimmter Polyploidiegrad bezeichnend ist. Den Grenzfall bildet das Verharren auf dem diploiden Zustand (Blattepidermis von *Rhoeo*).

Was die Bedeutung der endomitotischen Polyploidisierung im Zusammenhang mit der Kern- und Zellvergrößerung für das fertige Organ anbetrifft, so ist mit GEITLER (1948a) zunächst an stoffwechselphysiologische Beziehungen zu denken. In der Tat ist leicht einzusehen, daß die Lebenstätigkeit einer 64ploiden Lebenszelle eine ganz andere sein muß als diejenige von 32 kleinen diploiden Zellen. Für das werdende Organ sieht GEITLER in dem vereinfach-

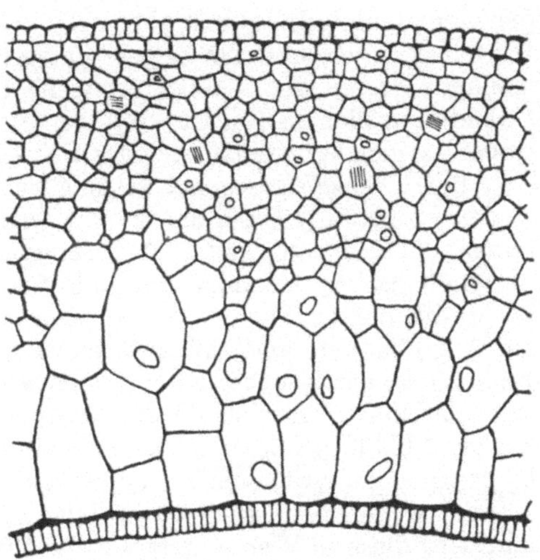

Abb. 33. *Eremurus robustus.* Querschnitt durch die Wand einer jungen Frucht unmittelbar nach der Teilungsperiode. Entsprechend der Zunahme des Grades der endomitotischen Polyploidie (di-, tetra-, octo-, 16ploid) von der äußern zur innern Epidermis nimmt auch die Kern- und Zellgröße zu. Vergr. 100×. [Aus: Österr. bot. Z. **94** (1947).]

ten Mechanismus der somatischen Polyploidisierung einen Vorteil darin, daß die Zellen früher funktionsfähig werden, als dies bei mitotischer Kern- und nachfolgender Zellteilung der Fall wäre.

b) Sexualität und Sexualstoffe. Über die Sexualität und die Sexualstoffe von *Chlamydomonas eugametos* Moewus gibt F. MOEWUS (1950a, 1950b) eine erste zusammenfassende Darstellung. Unter genau kontrollierten Kulturbedingungen, deren Einhaltung unbedingt erforderlich ist, lassen sich die Zellen so kultivieren, daß pro Tag eine Aufteilung in vier Tochterzellen erfolgt. Außer diözischen Rassen gibt es auch monözische, von denen f. *alpina* neu erwähnt wird. Sie zeichnet sich dadurch aus, daß in sauren (p_H 4,5) und in alkalischen (p_H 9,5) Kulturmedien die Gameten nicht kopulieren, jedoch nicht deshalb, weil die Gameten kopulationsunfähig wären, sondern weil in sauren Lösungen nur ♀, in alkalischen nur ♂ Gameten entstehen. Bei p_H 7 werden ♀ und ♂ Gameten gebildet. Die Zuordnung der Gameten zum ♀ bzw. ♂ Geschlecht bei der morphologisch isogamen f. *alpina* gelingt durch Kreuzung mit diözischen iso-, aniso- und oogamen Rassen bzw. Arten. Der eingeschlechtliche Zustand bei der zwittrigen f. *alpina* ist jedoch nur vorübergehend.

Werden z. B. ♀ determinierte *alpina*-Gameten auf Agar von p_H 7 gebracht, dann beginnen sie sich zu teilen. Kommen die Zellen 3 Tage später in ein alkalisches Medium, dann entstehen nur ♂ Gameten. Über die Phänomene der Gruppenbildung und relativen Sexualität werden keine neuen Beobachtungen mitgeteilt. Dagegen wird das physiologische Kopulationsverfahren und seine Erblichkeit an verschiedenen morphologisch isogamen Rassen untersucht (F. MOEWUS 1948). Als primitiv wird das Verhalten von f. *isogama* angesehen: bei der Verschmelzung der Gameteninhalte zur Zygote heben sich beide Protoplasten von den Hinterenden ab, und die Zygote entsteht „in der Mitte". Bei f. *typica* wandert, wenn der Größenunterschied zwischen den kopulierenden Gameten größer als 3 μ ist, stets der kleinere Partner in den größeren, wobei es gleichgültig ist, welches Geschlecht der aufnehmende Partner hat. Bei f. *pseudoanisogama* vermag der kleinere ♀ Gamet nicht mehr in den größeren ♂ Gameten zu wandern, und es kommt dann zur Bildung von (ellipsoidischen) Doppelzygoten. Die f. *anisogama* ist trotz morphologischer Isogamie physiologisch anisogam: der ♀ Gamet ist der aufnehmende Partner, wenn beide Gameten etwa gleich groß oder der ♂ größer ist, andernfalls entstehen Doppelzygoten. Das in dieser Reihenfolge geschilderte Kopulationsverhalten wird derart vererbt, daß stets das höher entwickelte dominant ist.

Der Ablauf des Sexualaktes konnte durch Auffinden weiterer Rassen in deutlich zu unterscheidende Phasen zergliedert werden. Geht man von der vegetativen, geißellosen Zelle aus, die auf Agar kultiviert wird, und wird diese in Wasser gebracht und belichtet, so entstehen zunächst zwei starre Geißeln (1. Phase des Geißelwachstums). Nun folgt das Beweglichwerden der Geißeln (2. Phase der Beweglichkeit), und die Zelle schwimmt umher. Zwischen dieser Phase und der eigentlichen Kopulationsphase liegt die 3. Phase der sexuellen Determinierung, in der Zwitterzellen entweder ♀ oder ♂ determiniert werden, ♀ diözische Zellen ihre ♀ Determinierung, ♂ diözische Zellen ihre ♂ Determinierung erfahren. Der sich der Determinierungsphase anschließenden 4. Phase der Kopulation, in der die Gameten unter Gruppenbildung kopulieren, reihen sich die Folgephasen an (Planozygoten-, Verschmelzungs-, Ruhe- und Keimungsphase). In den Phasen 1—4 wird je ein spezifischer Wirkstoff gebildet, der für die Auslösung eines der vier Prozesse verantwortlich ist. Diese Wirkstoffe sind in den einzelnen Phasenfiltraten enthalten, sie lassen sich z. T. durch bekannte chemische Verbindungen ersetzen und sind aus getrockneten Zellen von bestimmten Mutanten, die die Wirkstoffe in großer Menge produzieren, kristallisiert erhalten und chemisch einwandfrei identifiziert worden. In der nachfolgenden Tabelle ist außerdem der Sterilitätsstoff Rutin aufgenommen, der von der sterilen Rasse *agametos* gebildet wird und aus den Zellen auch isoliert werden konnte. Normale *eugametos*-Gameten verlieren in Gegenwart von Rutin ihr Kopulationsvermögen. Die rutinhaltigen *agametos*-Zellen lassen sich aber doch zur Kopulation bringen. Hält man die Zellen drei Tage lang verdunkelt, dann wird das Rutin zu der unwirksamen Vorstufe, Quercetin, abgebaut. Werden jetzt die Zellen belichtet, dann können sie kopulieren, aber nur so lange, bis wieder eine gewisse Menge Rutin in den Zellen vorhanden ist und damit die Sterilität neuerdings erreicht wird. In welche Phase das Rutin eingreift (3 oder 4), bedarf noch der Klärung, da die bisher vorliegenden Versuche noch nicht entscheidend sind, die für die Phase 4 zu sprechen scheinen. Der nachstehenden Tabelle ist zu entnehmen, daß zwei Klassen organischer Verbindungen von Bedeutung sind, 1. Carotinoide und Carotinoid-Derivate, 2. Flavone und Flavon-Derivate (Päonin).

Wirkstoffe für	Ersetzbar durch	Aus Chlamydomonaszellen isoliert
1. Geißelwachstum	Crocin	Nach Umesterung als trans-Crocetindimethylester
2. Beweglichkeit der Geißeln	(nur in Filtraten der Phasen 2, 3, 4 nachweisbar)	—
3. Sexuelle Determinierung (Termone) Gynotermon Androtermon I Androtermon II	Isorhamnetin 4-Oxy-β-cyclocitral Päonin	Isorhamnetin — Päonin
4. Anlockung der Gameten (Gamone)	cis- und trans-Crocetindimethylester	In Filtratkonzentraten spektroskopisch nachgewiesen: trans-Crocetindimethylester
5. Sterilität der Gameten	Rutin	Rutin
6. Vorstufe von 5	—	Quercetin

Es wird betont, daß die Wirkstoffe nur auf wenige *Chlamydomonas*-Arten wirksam sind. Auf zahlreiche andere Arten haben sie keinen Einfluß, trotzdem das prinzipielle Verhalten dieser Arten und anderer Algen (Bildung von Geißelwuchsstoffen, Beweglichkeitsstoffen, Termonen und Gamonen) sehr ähnlich sein dürfte und nicht einmal zu den tierischen Organismen grundsätzliche Verschiedenheiten vorliegen.

2. Spezielle Entwicklungsgeschichte.

Cyanophyceae. a) Systematische Gliederung. Im Bestreben, den vielgestaltigen Formenkreis der Blaualgen auf entwicklungsgeschichtlicher Grundlage natürlicher als bisher zu gliedern, unterteilt F. E. Fritsch (1945) die Klasse der *Myxophyceae* (*Cyanophyceae, Schizophyceae*) in die fünf Ordnungen: *Chroococcales, Chamaesiphonales, Pleurocapsales, Nostocales* und *Stigonematales*. Die *Chroococcales* werden als besonders primitiv betrachtet. Sie umfassen die coccoidpalmelloiden Formen. Durch das Auftreten einer Wachstumspolarität, die auf die epiphytische Lebensweise der betreffenden Formen zurückgeführt wird, entwickeln sich aus ihnen die *Chamaesiphonales* mit charakteristischer

Ausgestaltung der Kolonie und mit Exosporenbildung. Beim vegetativen Aufbau der *Pleurocapsales* erkennt FRITSCH den heterotrichen Bauplan, dem er bei entwicklungsgeschichtlicher Beurteilung aller Algenklassen stets große Bedeutung beimißt. Er findet Heterotrichie weiterhin bei einfachen Formen der Stigonemataceen (*Pulvinularia*). Ihre weit höhere vegetative Differenzierung, die in der Bildung von Hormogonien, deren Zellen durch Plasmodesmen untereinander verbunden sind, in Heterocysten und in der echten Verzweigung in Erscheinung tritt, fordert die Placierung der Stigonemataceen in der Ordnung der *Hormogoneae*, als deren höchstentwickelte Glieder sie aufgefaßt werden. Die *Nostocales* FRITSCHs umfassen Oscillatoriaceen, Nostocaceen, Microchaetaceen, Rivulariaceen und Scytonemaceen, also unverzweigte und scheinverzweigte, heterocystenlose wie auch heterocystenbildende Formen. Gesamthaft werden die Cyanophyceen von hypothetischen unbeweglichen einzelligen Formen aus hergeleitet. Eine nahe Verwandtschaft mit den echten Bakterien (die Chlorobacteriaceen scheiden als Verbindungsglieder aus) stellt FRITSCH in Abrede.

b) **Phylogenie.** Über eine mögliche Verwandtschaft zwischen Blaualgen und Bakterien ist schon viel gedacht und sehr viel geschrieben worden, ohne daß eine bestimmte Auffassung auch nur einigermaßen allgemeine Anerkennung gefunden hätte. E. G. PRINGSHEIM (1949) unternimmt den Versuch einer Synthese aufs neue, indem er mit Fleiß und Hingabe alles hervorholt, vergleicht und auf seine Tragfähigkeit hin prüft, was an Kenntnissen vorliegt, und diese um neue Beobachtungen vermehrt. Aber das Ergebnis ist eher entmutigend. Der „Merkmale", die zum Vergleich ausgenützt werden können, sind wenige, und meist läßt sich über ihre entwicklungsgeschichtliche Bedeutung wenig Gesichertes aussagen.

Dabei erscheinen bei genauer Betrachtung „die Bakterien" nach morphologischer und physiologischer Beschaffenheit derart uneinheitlich, daß man zum Vergleich mit den einheitlicheren Cyanophyceen besser nur Teilformenkreise heranzieht. Wem kommt in phylogenetischen Betrachtungen von Blaualgen und Bakterien der höhere entwicklungsgeschichtliche Rang zu? Der Ähnlichkeit in Gestalt, Form und Größe, dem Ernährungsmodus, der Beweglichkeit und dem unterschiedlichen Modus der Lokomotion, der physiologischen Aktivität (Fermentbildung) usw.? Die Grundlagen zur Beurteilung dieser Frage bei niedersten Organismen sind wenig tragfähig, was auch in den sich widersprechenden Auffassungen der Autoren zum Ausdruck kommt.

PRINGSHEIM (1949) sieht in den „Bakterien" eine Vereinigung entwicklungsgeschichtlich sehr heterogener Formen, die in mehrere Klassen unterteilt werden müssen. Keine derselben läßt sich aus Cyanophyceen ableiten, denn auch das verhältnismäßig geringe Maß an morphologischer Übereinstimmung muß als Konvergenzerscheinung gewertet werden. Nach PRINGSHEIM sind die zytologischen und physiologischen Merkmale, aber auch die Art der Lokomotion, zwischen Blaualgen und Bakterien grundverschieden. Schwimmbewegung mittels Geißeln charakterisiert die (beweglichen) Bakterien, Kriechbewegung dagegen ganz allgemein die Blaualgen. Indessen wird *Beggiatoa* als mit *Oscillatoria* nahe verwandt betrachtet, und manche Bakterien, wie *Thiotrix* und *Achromatium*, werden als farblos gewordene Cyanophyceen gewertet.

c) Physiologie. Immer wieder erscheint die Frage der Assimilation freien Stickstoffs durch Blaualgen als Gegenstand physiologischer Untersuchungen. LHOTSKY (1946) arbeitete mit den bekannten Symbionten der Lebermoosgattung *Anthoceros*: *Nostoc* und *Anabaena*, sodann mit *Nostoc* aus Wurzeln von *Cycas circinalis*. Je größer innerhalb

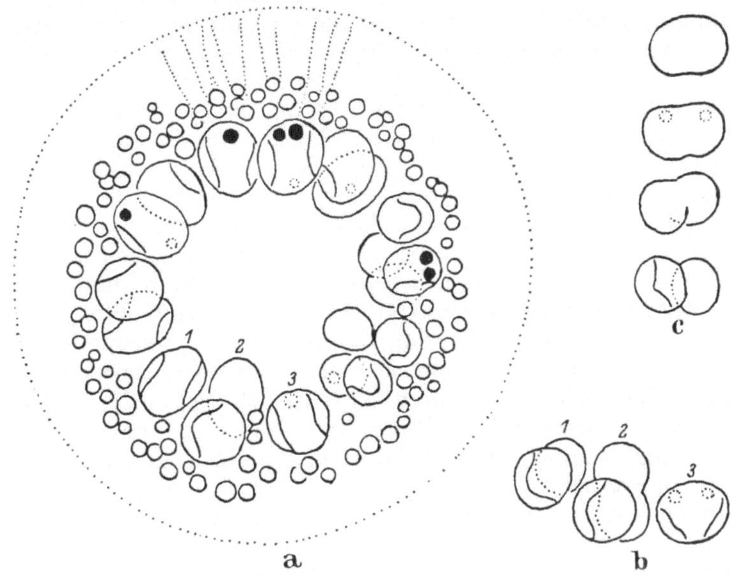

Abb. 34. *Chrysostephanosphaera globulifera* Scherffel. a) Kolonie im 16- bis 32 zelligen Zustand. Rund um den Zellenkranz sind die kugelbakterienähnlichen Symbionten sichtbar. In 4 Zellen (schwarze Punkte) aufgenommene Symbionten; b) von 3 zu 1 fortschreitende Teilung von Zellen des Symbionten; c) von oben nach unten fortschreitende Teilung von Zellen des Symbionten, in Intervallen von je 1—2 Minuten gezeichnet Vergr. nicht angegeben. [Aus: Österr. bot. Z. **95** (1948).]

der Grenzen von 0,000 und 0,010 mol die KNO_3-Gabe im Substrat war, um so üppiger gediehen die Blaualgen, wenngleich sie auch auf stickstofffreiem Nährboden ein, freilich anormales, dennoch aber deutliches Wachstum zeigten. Dieses Ergebnis führt der Autor — in Übereinstimmung mit den Befunden von A. OES (1913) und J. KOŘÍNEK (1928) — zurück auf die möglicherweise Stickstoff bindenden Bakterien in der Gallertscheide der untersuchten Blaualgen. Mit A. J. M. CARJEANNE (1930), aber im Gegensatz zu V. VOUK und P. WELLISCH (1931) kommt er zu dem Schluß, daß *Nostoc* und *Anabaena* ihren Wirtspflanzen kaum von größerem Nutzen seien. Zu den Untersuchungen läßt sich freilich bemerken, daß zur Abklärung der wichtigen Frage absolut bakterienfreie Kulturen notwendig wären, die dem Autor aber nicht vorlagen.

Flagellatae. Durch L. GEITLER (1948b) erfährt die nur lückenhaft bekannte Entwicklung der beiden Chrysomonaden-Gattungen *Chrysostephanosphaera* Scherffel und *Lepochromulina* Scherffel eine weitere

Abklärung und Deutung. Bei der ersterwähnten Gattung handelt es sich um Kolonien von der Form eines Rotationsellipsoids, in dem ein Kranz von Zellen mit nach innen gerichtetem Mundpol in eine lockere hyaline Gallerte eingelagert ist. Zwischen dem Hinterende der Zellen und der Kolonieoberfläche erscheinen in regelmäßiger Lagerung deutlich erkennbare Einschlüsse in Form von Kugeln unterschiedlicher Größe, die bei der Erstbeschreibung der Gattung als Exkrete der Zellen betrachtet wurden. GEITLER weist nun die Unhaltbarkeit dieser Deutung nach und erkennt in ihnen Symbionten, die regelmäßig und in bestimmter Beziehung zu den Wirtszellen außerhalb und innerhalb dieser letzteren leben und in ihrer Ernährung offenbar eine bedeutsame Rolle spielen.

Schwierig ist freilich die Identifizierung der Symbionten (Abb. 34, a—c). Sie erinnern nach Größe und Habitus an Kugelbakterien und scheinen wie diese kernlos zu sein, vermehren sich aber eigentümlicherweise nicht durch Zellteilung, sondern durch eine Art Knospung in der Art mancher Hefepilze. Da ein solcher Vorgang weder bei Bakterien noch bei Blaualgen vorhanden ist, wegen der Kernlosigkeit und der geringen Zellgröße ($1—1,5\ \mu$) auch bei den Pilzen der Anschluß nicht gefunden werden kann, betrachtet GEITLER diese Symbionten, die identisch oder in einer verwandten Form auch in der Chrysomonadengattung *Lepochromulina* nachgewiesen werden, als Vertreter eines neuen Formenkreises der Schizophyten. In ihrer Art reiht sich die bei *Chrysostephanosphaera* und *Lepochromulina* beobachtete Symbiose unter die Ektosyncyanosen PASCHERs, mit dem Unterschied freilich, daß die Symbionten keine Blaualgen sind.

Myxomycetes. Solange die aus einer Sporenkeimung des Schleimpilzes *Dictyostelium discoideum* hervorgegangenen Myxamöben sich teilen, sind die Zellen weitgehend voneinander unabhängig. Mit dem Übergang zur Fruchtkörperbildung aber hört die Zellvermehrung auf, und gleichzeitig treten morphogenetische Kräfte in Erscheinung. Diese sind nach J. T. BONNER (1947) zum mindesten teilweise auf einen spezifischen Wirkstoff, Acrasin genannt (der Organismus gehört in die Familie der Acrasiaceen), der von den Myxamöben ausgeschieden wird, zurückzuführen. In geschickt angelegten neuen Versuchen gelang es demselben Autor (1949), die attraktive Wirkung des vom Pseudo-Plasmodium ins flüssige Substrat hinausdiffundierenden Wirkstoffes auf die frei lebenden Myxamöben im Mikroskop sichtbar zu machen und zu zeigen, daß Acrasin in der vordersten Partie des Wander-Plasmodiums und am Scheitel des sich hochwölbenden Fruchtkörper-Plasmodiums stärker zur Wirkung kommt als in deren hinteren bzw. basalen Teilen. Die bis dahin getrennt lebenden Myxamöben werden also auf ein Zentrum zu an- und später hochgezogen. Acrasin spielt also zweifellos eine bedeutsame Rolle bei der Ausgestaltung des Fruchtkörpers. Doch ist der Mechanismus seines Zusammenspiels mit den Außenfaktoren, insbesondere Temperatur, Licht und Feuchtigkeit, noch abzuklären.

Wie J. T. BONNER und M. K. SLIFKIN (1949) weiterhin nachwiesen, lassen sich schon im Wander-Plasmodium „stielbildende" und „sporenbildende" Zellen deutlich unterscheiden; die ersteren finden sich zuvorderst und sind größer, die letzteren im distalen Teil des sich zur Fruchtkörperbildung anschickenden Plasmodiums. Wodurch wird diese Differenzierung gesteuert? Es zeigte sich, daß unabhängig von der Größe des Plasmodiums und im Licht wie im Dunkeln das zahlenmäßige Verhältnis zwischen „Sporen"- und „Stiel"-Zellen sehr weitgehend konstant ist. Dagegen löst eine plötzliche Temperaturänderung im Kulturmilieu einen auffallenden Wechsel in diesem Verhältnis aus, indem der Prozentsatz der stielbildenden Zellen in sehr erheblichem Maße heruntergesetzt wird. Im vegetativen Stadium des Schleimpilzes, d. h. vor der Bildung des Wander-Plasmodiums, bleibt ein solcher Temperatureingriff wirkungslos.

BONNER und SLIFKIN weisen nun nach, daß das Maß der Differenzierung übereinstimmt mit der Intensität der Acrasin-Bildung, die, wie oben berichtet wurde, einsetzt, wenn die Myxamöben sich im Wander-Plasmodium sammeln.

Chlorophyceae. a) Keimung. Erfolgt bei den Flagellaten in den typischen Fällen die Zellvermehrung durch Längsteilung, so ist sie bei den Chlorophyceen bereits zur Ausnahme geworden (*Chlamydomonas seriata*, nach PASCHER, 1943) oder, insbesondere bei den fädigen Grünalgen, völlig verschwunden. Setzt sich nämlich ein Schwärmer mit dem vorderen oder hinteren Ende fest, wie dies normalerweise der Fall ist, so muß, soll der Keim zu dem sich vom Substrat abhebenden Faden auswachsen, eine Drehung der Teilungsebene um 90° erfolgen. Durchgeht man nun die Literatur, so ist auffallend, wie wenige, insbesondere wenig sichere Angaben über Festsetzung und Keimung von Schwärmsporen bei den verschiedenen Formenkreisen der Algen vorliegen.

G. KOSTRUN (1944) füllt diese Beobachtungslücke aus durch das Studium der Keimungsvorgänge bei Flagellaten (*Stylococcus aureus* Chodat), *Protococcales* (*Characium acuminatum* A. Br.), *Stylosphaeridium intermedium* G. Kostrun (eine Alge, die trotz der ausgesprochenen Ungleichheit der Geißeln zu den *Volvocales* gestellt wird) und einer größeren Zahl von *Ulothrichales*. Dabei stellte die Autorin fest, daß sich die Schwärmsporen der Chlorophyceen, entgegen der vorherrschenden Ansicht, keineswegs immer mit dem Vorderende festsetzen. Vielmehr legen sich die Zoosporen von *Ulothrix zonata* und *Hormidium fluitans* mit der Flanke, diejenigen von *Characium acuminatum* sogar mit dem Hinterende dem Substrat an. Bei *Gongrosira* wird überhaupt keine bevorzugte Haftstellung festgestellt.

b) Characeae. Es ist aus zahlreichen früheren Beobachtungen (vgl. GEITLER, 1935) bekannt, daß sich die spermatogenen Fäden der Characeen nicht regellos teilen, sondern sich nach dem Schema 1, 2, 4, 8, 16, 32, 64, 128 aufbauen. Erfolgen Teilungen in 2- und 4zelligen Fäden noch synchron, so tritt vom Stadium des 8zelligen Fadens an die Synchronie des ganzen Fadens immer mehr zurück, und es verhalten sich nun Gruppen von Zellen, die auf eine ehemalige Mutterzelle zurückgehen, synchron. Wie insbesondere bei *Nitella mucronata* von GEITLER (1948c) festgestellt wurde, ist die Verteilung der Gruppen gleichaltriger Stadien im Faden nicht regellos, sondern die älteren Teilungsstadien liegen an der Basis des Fadens, während gegen die Spitze zu die jüngeren folgen. Man findet beispielsweise in einem 32zelligen Faden folgende Reihenfolge: 8 späte, 8 frühe Telophasen, 8 Metaphasen, 8 frühe Prophasen. Es ist also ein ausgesprochener Teilungsrhythmus und ein entsprechendes Gefälle vorhanden, woraus GEITLER schon 1933 die Annahme ableitete, daß der Erscheinung die Wirkung eines teilungsauslösenden Stoffes zugrunde liegt, der aus der Tragzelle in den Faden einwandert und in ihm von der Basis zur Spitze fortschreitet. Das Wachstum der spermatogenen Fäden ist danach nicht ohne weiteres mit demjenigen irgendeines Algenfadens vergleichbar, sondern fügt sich in den Rahmen der komplizierteren vielzelligen Organisation der Characeen entsprechend ein.

Die kritischen Äußerungen E. J. MENDEs (1946), in denen auf Grund von Untersuchungen an *Chara vulgaris* var. *longibracteata* jeder vom regulären Spitzenwachstum abweichende Rhythmus der Zellteilung und damit auch die Wahrscheinlichkeit einer in acropetaler Richtung fortschreitenden Hormonwirkung bestritten wurden, veranlaßten GEITLER (1948c), das Problem an einem erweiterten Material nachzuprüfen. Dabei verhielten sich fünf *Chara*-Arten nach dem Muster von *Nitella mucronata*, wenn auch der sicher vorhandene Rhythmus durch Außeneinwirkungen und Überlappungen verschieden stark verdeckt sein kann.

c) Chemismus der Zellwand. Als entwicklungsgeschichtlichem Kriterium kommt zweifellos der chemischen Natur der Zellwand hohe Bedeutung zu. Die mit Färbereaktionen oder mit mikrochemischen und makrochemischen Methoden durchgeführten Analysen führten aber bisher nicht sehr weit. Nun wird das Problem neuerdings mit den Mitteln der Röntgenanalyse angepackt, aber auch sie scheint noch nicht eindeutige Resultate zu vermitteln. So fanden ASTBURY und PRESTON (1940) in den Zellwänden verschiedener Algen, wie *Cladophora glomerata* Kütz., *C. prolifera*, *Mougeotia* sp. und *Spirogyra* sp. gleichzeitig Chitin und Zellulose, während R. FREY (1950) bei denselben Algen Zellulose nachweist, von Chitin aber nichts findet. Dasselbe scheint bei den Heteroconten der Fall zu sein. Anders verhalten sich bestimmte, recht ausgiebig untersuchte Formenkreise der Pilze. Wohl scheint auch bei ihnen Zellulose und Chitin nicht vermischt vorzuliegen. Dagegen zeigt sich zwischen den Oomyceten einerseits und der Gesamtheit der übrigen Phycomyceten insofern ein grundlegender Unterschied, als die ersteren in der Röntgenanalyse nur Zellulose, die letzteren nur Chitinreaktion ergeben, worin zweifellos eine bedeutungsvolle Verwandtschaft innerhalb der verschiedenen Reihen zum Ausdruck kommen dürfte (vgl. auch E. GÄUMANN 1949, Kap. Phycomyceten).

Diatomaceae. Blieb die Erforschung der Diatomeen bisher vielfach einerseits bei der Schalenstruktur der Zellen und anderseits den Sexualvorgängen stehen, so geht GEITLER (1948d) mit zytologischen Lebendbeobachtungen an großzelligen pennaten Formen, wie *Synedra ulna* (Nitzsch) Ehr., *S. capitata* Ehr. und *Nitzschia sigmoidea* (Ehr.) W. Smith, tiefer auf die Struktur und Gliederung des Zellinhaltes, insbesondere des Plasmakörpers ein. Dabei erkennt er, peripher gelegen und den Schalen sich anschmiegend, eine feste Schicht ruhenden Plasmas, in dem die Chromatophoren eingebettet liegen. Durch die Zellmitte, der Apikalachse folgend und in Gürtelbandansicht ein besonders klares Bild liefernd, zieht sich eine Reihe hintereinandergestellter Plättchen hin, das sog. „Plattenband", das bei folgenden Teilungen gewissermaßen die plasmatische Scheidewand darstellt. Nach dem Zellinnern zu, der Vakuolenoberfläche folgend, ergießt sich ein Strom flüssigen Plasmas, in dem, neben Chondriosomen, eigentümliche Einschlüsse, die als „Halbhantelkörper" bezeichnet werden, sichtbar gemacht werden können. Ihre Natur ist unbekannt, aber unweit der Zellpole, auf der Innenseite der Röhrenporen, die offenbar mit der Gallertausscheidung im Zusammenhang stehen, bleiben sie oft in größerer Zahl und in Form charakteristischer Bündel hängen.

In Plasmolyseversuchen wird gezeigt, daß bei den drei untersuchten Arten das Plasma an der Stelle, wo es den Zwischenraum der übereinandergreifenden Schalen erreicht — und damit an die Luft grenzt — mit der Pektinmembran besonders stark verklebt ist.

Phaeophyta. a) Phylogenetische Entwicklungsrichtungen. Unter souveräner Beherrschung der weitläufigen Literatur unternimmt F. E. FRITSCH (1945) den Versuch, durch Betrachtung und Vergleich der vielgestaltigen Formen und Entwicklungsgänge bei Grün- und Braunalgen grundlegende Entwicklungs-Richtungen und -Tendenzen herauszufinden und auf dieser Basis sich ein Bild zu machen über den mutmaßlichen Entwicklungs-Ablauf, der zur heute vorhandenen Mannigfaltigkeit und unterschiedlichen Organisationshöhe bei den Algen führt. Dabei wird das Hauptgewicht auf drei Erscheinungen gerichtet: Differenzierung der Zellen, Fortpflanzungsmodus und Phasenwechsel.

Einen bedeutsamen Ausgangspunkt in der Entwicklung von Grün-, Braun- und Rotalgen (übrigens auch bei Blaualgen) sieht FRITSCH im heterotrichen Thallus, jenem in Sohle und aufrechte „Wasserstämme" differenzierten Vegetationskörper, der bei den *Chaetophorales* unter den Grünalgen (Abb. 35/1), (*Stigeoclonium* und Verwandte), aber auch bei vielen Braunalgen (Abb. 35/2), insbesondere *Ectocarpales* (*Ectocarpus, Desmotrichum*) und auch bei Rotalgen (Abb. 35/3) (*Nemalionales*) so klar in Erscheinung tritt. Dieser geringen Höhe der Differentiation entsprechend einfach erweisen sich auch die Sexualverhältnisse (Isogamie) und die Haplophase des Vegetationskörpers. Repräsentiert dieser Zustand bei den Grünalgen bereits eine relativ beträchtliche Organisationshöhe, die nicht mehr wesentlich überschritten wird, so stellt er bei Braun- und Rotalgen einen Ausgangspunkt dar, von dem aus die höhere Differenzierung erfolgte.

Einen ersten Schritt in der Ausgestaltung des heterotrichen Thallus erkennt FRITSCH im pseudoparenchymatischen Aufbau. Dieser wird erreicht durch die in den peripheren Partien besonders reichliche Verzweigung der von der fädigen Hauptachse ausgehenden Äste und eine physiologische Teilung einerseits in eine zentrale Tragachse und anderseits ein peripheres assimilierendes Zweigsystem. Verkleben vollends die Randzellen untereinander, so ergibt sich eine Differenzierung in Mark- und Rindenschicht, wie dies bei den Braunalgen *Chordaria, Desmarestia* u. a. besonders klar in Erscheinung tritt.

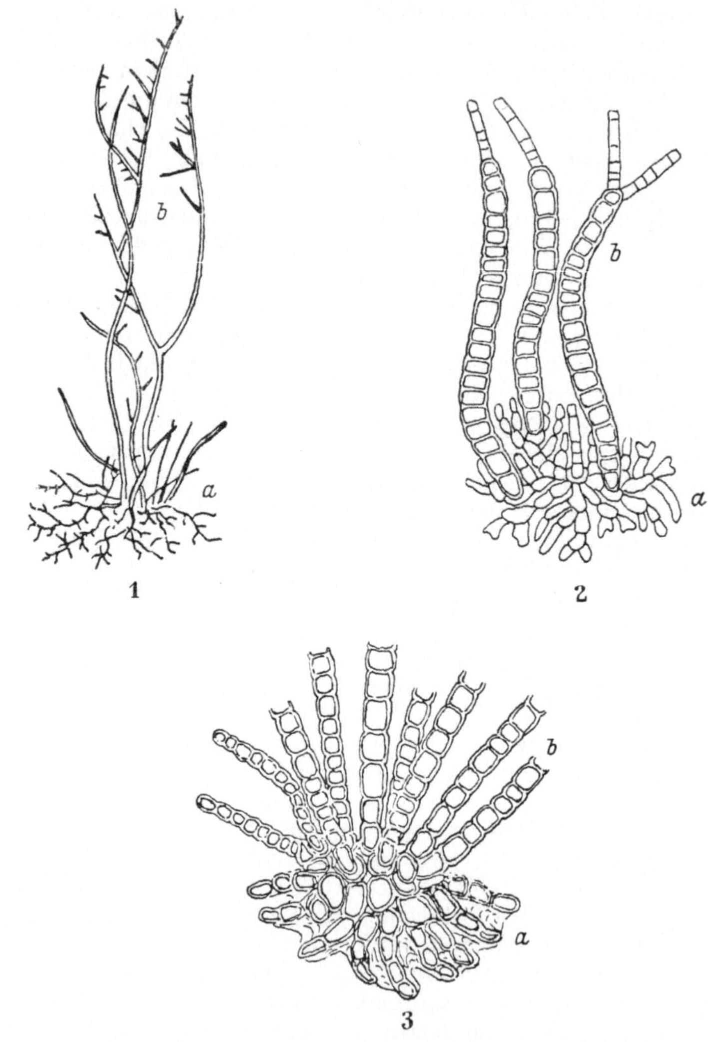

Abb. 35. Heterotricher Thallus. 1) bei Grünalgen (*Stigeoclonium tenue* Rabh.), 2) bei Braunalgen (*Des motrichum undulatum* [Ag.] Reinke), 3) bei Rotalgen (*Kyliniella latvica* Skuja). *a*: Sohle, *b*: aufrecht Fäden. Vergr. 1 etwa 20×, 2 und 3 etwa 150×. [Aus F. E. FRITSCH: 1 und 2: Biolog. Reviews **24¹**(1949); 3: Cambridge, The University Press, Bd. 2, S. 425 (1945).]!

Ein weiterer Schritt führt zur Ausbildung eines durch Zellteilung entstandenen echten Parenchyms, das bei *Phloeospora, Stictyosiphon* u. a. in einfacher, bei *Laminariales* und *Fucales* dagegen bereits in üppiger Ausbildung vorliegt. Von den erstgenannten einfachen zu den letztgenannten höheren Formen ist freilich ein weiter Weg, und eine direkte

Linie von den *Ectocarpales* zu den *Laminariales* liegt vielleicht nicht vor. Braunalgen von der vegetativen Entwicklungshöhe der parenchymatischen *Ectocarpales* dürfen aber als Ausgangspunkte für die Entfaltung der in ihrem Bauplan (insbesondere im Keimling) so einheitlichen *Laminariales* ins Auge gefaßt werden. Von solcher Basis aus dürften auch die *Fucales* ihren Start genommen haben. Das ihnen eigene Scheitelwachstum ist vielleicht angedeutet im subapikalen interkalaren Wachstum mancher *Ectocarpales*, durch das Gewebe entstehen, die eigentlich mehr an einfachere Archegoniaten als an *Laminariales* erinnern.

Wie läßt sich nun der Generationswechsel in diese entwicklungsgeschichtlichen Überlegungen einbauen und ausnützen? FRITSCH weist darauf hin, daß sowohl bei Grünalgen als auch bei Braunalgen Formen vom einfachfädigen oder heterotrichen Typus (*Ulothrix, Stigeoclonium, Ectocarpales*) Haplonten sind. Mit der höheren Differenzierung im vegetativen Bau geht ein isomorpher Generationswechsel parallel (*Cladophora, Fritschiella, Draparnaldiopsis* und verschiedene *Chaetophorales*). Ähnlich liegen die Verhältnisse übrigens auch bei den Florideen, wo die einfacheren *Nemalionales* Haplonten sind.

Wie kann nun vom Haplobionten-Zustand aus der Weg zum Generationswechsel gefunden werden? FRITSCH erinnert an *Ulothrix*, deren Vegetationskörper wohl in sexuellen und asexuellen Fäden vorliegt. Beide sind haploid, denn die Reduktionsteilung erfolgt bei der Keimung der Zygote. Würde nun, z. B. durch Mutation, die Meiose zeitlich hinausgeschoben, so wäre der entscheidende Schritt zum Generations- und Phasenwechsel getan. Ein ähnlicher Vorgang muß bei den Braunalgen zum isomorphen und schließlich heteromorphen Generationswechsel geführt haben. Haplobionten sind freilich bei ihnen nicht bekannt, aber es kann angenommen werden, daß sie einmal existierten. Man kann sich tatsächlich vorstellen, daß sie plurilokuläre Sporangien trugen, die haploide Gameten oder Zoosporen lieferten. Auf dem aus der Zygote hervorgegangenen Diplonten bildeten sich allmählich durch Unterdrückung der internen Septierung aus plurilokulären Anlagen unilokuläre Sporangien, in denen die Reduktion auch heute noch ihren Sitz hat. Von den einfacheren *Ectocarpales* mit isomorphem Generationswechsel führt nun nach FRITSCH der Weg über die höheren Formen dieser Ordnung zu den *Desmarestiales* und *Laminariales*, indem die Diplophase (der Sporophyt) immer mehr Bedeutung bekam auf Kosten der Haplophase (des Gametophyten), die bis zum wenigzelligen, unscheinbaren Faden reduziert wird. Im Zuge dieser Differenzierung geht der Übergang von Isogamie zur Heterogamie vor sich. Auch die *Fucales* lassen sich, trotzdem sie sich in sehr wesentlichen Punkten von den übrigen Braunalgen unterscheiden, von *Ectocarpales*-ähnlichen Formen aus verstehen. Sie umfassen zweifellos die höchstentwickelten Formen der Klasse.

b) Systematische Gliederung. Im 2. Band seines Werkes „The Structure and Reproduction of the Algae" geht F. E. FRITSCH (1945) in der systematischen Gliederung der *Phaeophyta* neue Wege. Er unterteilt die Klasse in neun Ordnungen: *Ectocarpales, Tilopteridales, Cutleriales,*

Sporochnales, Desmarestiales, Laminariales, Sphacelariales, Dictyotales
und *Fucales.* Gegenüber der früheren Bearbeitung von OLTMANNS
(1922) hat insbesondere die Ordnung der *Ectocarpales* eine weitgehende
Einschränkung erfahren, indem *Sporochnales* und *Desmarestiales* infolge
der höheren vegetativen Struktur des Sporophyten und ihrer oogamen
Befruchtung aus dem Rahmen entfernt und zu eigenen Ordnungen erhoben wurden. So umfassen FRITSCHs *Ectocarpales* lediglich noch verhältnismäßig einfache, meist isogame Formen vom heterotrichen Bauplan, d. h. Braunalgen mit Vegetationskörpern, die, ähnlich wie die
einfacheren *Chaetophorales* unter den Grünalgen, eine mehr oder weniger
deutliche Differenzierung in eine Sohle und vom Substrat abstehende
Fäden zeigen. Die *Chordariales, Punctariales* und *Dictyotales* KYLINs
zeigen nach FRITSCH in Bau und Fortpflanzung zu geringfügige Verschiedenheiten, als daß sie im Rang von distinkten Ordnungen aufrechterhalten werden könnten. Ebensowenig wird SCHREIBERs Vereinigung
der *Desmarestiales* mit den *Laminariales* anerkannt, und dies wegen des
fundamentalen Unterschieds in der Struktur des Sporophyten. Im weiteren wird KYLINs Unterteilung der *Phaeophyta* in *Isogeneratae* und *Hetero-
generatae* abgelehnt.

Nach FRITSCH zeigen die in seinem Sinne aufgefaßten Ordnungen
geringe Verwandtschaft untereinander und werden aufgefaßt als aus
einer gemeinsamen Stammform getrennt hervorgegangene Entwick-
lungsreihen. Auf Grund des Vorkommens von Tetrasporen auf dem
Sporophyten und der vermeintlichen Unbeweglichkeit der männlichen
Gameten wurden gelegentlich zwischen *Dictyotales* und *Rhodophyta* verwandtschaftliche Beziehungen vermutet; hierzu liegt aber nach FRITSCH
kein Grund vor.

c) Das „Lithoderma-Problem". Wie gefährlich es sein kann,
Diagnosen anderer Autoren zu erweitern oder abzuändern, zeigt der
Fall von *Lithoderma fatiscum* Areschoug (1875). Dieser Algologe beschrieb
für die ihm vorliegende krustenförmige Braunalge als Fortpflanzungs-
organe, auf verschiedene Individuen verteilt: seitenständige plurilokuläre Sporangien an aufrechten Fäden eines dichten Lagers (Abb. 36a)
und endständige unilokuläre Sporangien. KUCKUCK (1894) fand andere
Individuen mit endständigen unilokulären Sporangien (Abb. 36b). Auf
Grund dieser Beobachtungen schloß er in die Diagnose von *Lithoderma
fatiscens* Aresch. das Vorhandensein endständiger plurilokulärer Sporangien ein. Spätere Bearbeiter krustiger Braunalgen trugen neue Auffassungen in die Diskussion, und daraus entstand eine Konfusion, die
im „*Lithoderma*-Problem" angedeutet ist.

An Hand eingehender morphologischer Untersuchungen an frischem
Material und der alten ARESCHOUGschen Typenmaterialien versuchte
WAERN (1949) Klarheit in die Sache zu bringen, indem er die krusten-
förmigen Braunalgen der schwedischen Küsten analysierte. Dabei
zeigte sich, daß Zahl, Gestalt und Farbe der Chromatophoren (auf die
schon ARESCHOUG Wert gelegt hatte) in vermehrtem Maße zur Charakterisierung der Arten beigezogen werden können. WAERN löst den
Knoten des „*Lithoderma*-Problems" in der folgenden Weise: Die von

Areschoug (1875) beschriebene Pflanze mit seitlich inserierten plurilokulären Sporangien (Abb. 36a) wird unter der Bezeichnung *Lithoderma fatiscens* Aresch. aufrecht gehalten. Die von diesem Autor in die Diskussion einbezogene Pflanze mit endständigen unilokulären Sporangien (Abb. 36b) dagegen gehört in den Entwicklungsgang der Braunalge *Sorapion Kjellmani* (Wille) Kold. Rosenv. Individuen mit unilokulären Sporangien sind also für *Lithoderma fatiscens* nicht bekannt. Als *Lithoderma Rosenvingii* beschreibt Waern (1949) eine Pflanze mit Vierergruppen von unilokulären Sporangien am Scheitel aufrechter Fäden, während drei weitere Arten *Lithoderma extensum*

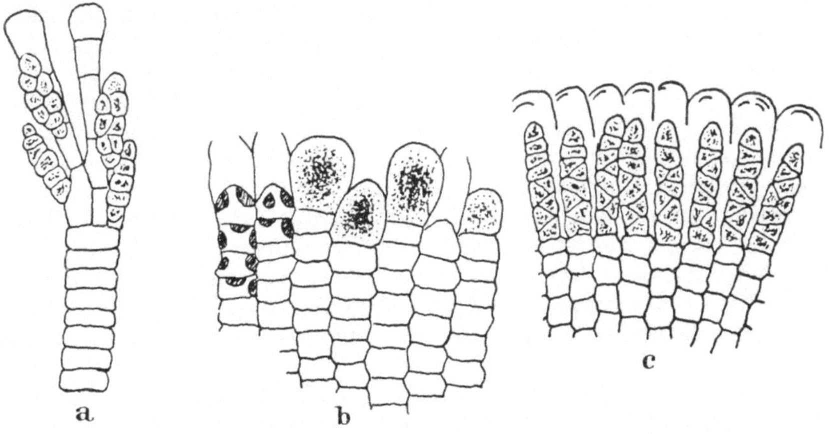

Abb. 36. a) *Lithoderma fatiscens* Aresch. An aufrechten Fäden seitlich inserierte plurilokuläre Sporangien. b—c) *Lithoderma extensum* (Crouan) Hamel (= *L. fatiscens* Aresch. emend. Kuck.) unilokuläre (b) und plurilokuläre (c) endständige Sporangien. Vergr. 500×. [Aus: Svensk. Bot. Tidskr. **43**, 641 (1949).]

(Crouan) Hamel, *L. piliferum* Skottsb. und *L. subextensum* Waern durch einzeln stehende unilokuläre Sporangien gekennzeichnet sind.

d) **Fucales.** In den Oogonien der zweihäusigen, an den australischen und neuseeländischen Küsten heimischen Fucoidee *Hormosira Banksii* (Turn) Dcne entstehen nach T. Levring (1949) aus einer ursprünglich achtzelligen Anlage vier Eier. Diese sind bei der Befreiung aus dem Oogonium dünn umhäutet. In Meerwasser verbracht, wird die Hülle gesprengt, und das reife Ei tritt heraus. An seiner Peripherie lassen sich mehrere in ihrem optischen Verhalten (Doppelbrechung) und demgemäß in ihrem chemischen Aufbau verschiedene Schichten unterscheiden, die denjenigen des *Fucus*-Eis (Levring 1947) weitgehend entsprechen.

Die Membran des befruchteten Eis erwies sich als deutlich zweischichtig und zellulosehaltig. Ihre Bildung scheint von der innersten erkennbaren sog. Granularschicht der Eiperipherie auszugehen und unterbleibt, wenn vor der Befruchtung die Eimembran durch proteolytische Fermente, wie Trypsin, entfernt wurde. Durch verschiedene Stoffe, wie Serumalbumin und sehr schwach konzentrierte Lösungen von Trypsin, konnte die Bildung einer Befruchtung künstlich induziert werden.

Bei der normalen Befruchtung des Fucoideen-Eis wirkt die Tatsache überraschend, daß nach dem Eintritt eines einzigen Spermatozoids die Pforte für weitere Gameten verschlossen ist. Diese werden rasch unbeweglich und gehen zugrunde. Ein ähnlicher Effekt konnte nun experimentell erzielt werden, wenn Spermatangien in Lösungen von Duponol (Mischung von Sulfonaten langkettiger aliphatischer Alkohole) gebracht wurden. LEVRING erwägt die Möglichkeit, daß entsprechend wirkende (und vielleicht verwandte) Stoffe nach erfolgter Befruchtung vom Ei ausgeschieden werden, die eine Immobilisierung der Gameten zur Folge haben.

Rhodophyta. a) Systematische Gliederung. In seinem Handbuch von 1945 (Bd. 2) unterteilt F. E. FRITSCH die *Rhodophyta* in die beiden Unterklassen *Bangioideae* und *Florideae*. Die ersteren umfassen vornehmlich Formen, die sowohl im vegetativen Aufbau als auch in der Fortpflanzung einfach gestaltet sind. Trotz bedeutender Struktur- und Entwicklungsunterschiede stehen sie den Florideen am nächsten, und keiner der bisher unternommenen Versuche, die *Bangioideae* von Grünalgen (*Prasiola, Coleochaete* u. a.) oder gar von den Blaualgen abzuleiten, vermochte zu überzeugen. Aber selbst als Ausgangsformen für die Florideen, als die sie von ROSENVINGE aufgefaßt wurden (*Protoflorideae*), erscheinen die *Bangioideae* zweifelhaft. Vielleicht weisen einfachste *Bangioideae*, wie die Gattungen *Erythrocladia* und *Kyliniella*, auf Formen hin, von denen die Entwicklung sowohl der *Bangioideae* als auch der *Florideae* ausging.

In der Unterteilung der Florideen folgt FRITSCH den Überlegungen KYLINs, so daß die Formenkreise der *Nemalionales, Gelidiales, Cryptonemiales, Gigartinales, Rhodymeniales* und *Ceramiales* erhalten bleiben. Der Typus der Haplobionten-Florideen, wie er bei den *Nemalionales* verwirklicht ist, wird als primitiv betrachtet, nicht nur wegen des einfacheren Entwicklungsganges, sondern auch auf Grund des heterotrichen Bauplanes, der am jungen Thallus festzustellen ist.

b) Der Fall *Trailliella intricata*. In Aquariumsversuchen (durchgeführt von I. LÖSCHRUG und vor allem W. KOCH) zog R. HARDER (1948) aus Tetrasporen der im Jahre 1890 beschriebenen und an vielen Meeresküsten heimischen Rotalge *Trailliella intricata* weibliche Thalli, die mit denjenigen der als *Bonnemaisonia hamifera* Hariot [= *Asparagopsis hamifera* (Hariot) Okamura] beschriebenen Rotalge in allen wesentlichen Merkmalen identisch waren. Somit gehört, wie J. und G. FELDMANN (1942) aus Naturbeobachtungen, insbesondere aus der geographischen Verbreitung vermutet hatten, *Trailliella intricata* nicht, wie angenommen wurde, zu den Ceramiaceen, sondern als Tetrasporenpflanze in den Entwicklungsgang der *Bonnemaisonia hamifera* Hariot. Infolge des Fehlens männlicher Pflanzen (die bisher nur in Japan beobachtet wurden) konnte eine Befruchtung und eine weitere Nachkommenschaft nicht erzielt werden. [Die offenbar ausführlichere Arbeit von W. KOCH (1949) war uns leider nicht zugänglich.]

c) Eine Berichtigung. Auf Grund neuerer Untersuchungen korrigiert B. SCHUSSNIG (1947) seine (B. SCHUSSNIG und R. JAHODA 1927) früheren Befunde über das Verhalten der chromatischen Substanz in den Tetrasporangienkernen von *Wrangelia penicillata* Ag. Was früher im Ruhekern als isolierte Chromatinkörperchen dargestellt wurde, wird heute als die Bug- bzw. Schnittpunkte der interkinetischen Chromonemata gedeutet, und die Ausdifferenzierung der Chromosomen erfolgt — entgegen der früheren Auffassung — ohne jede morphogenetische Beziehung zum Nukleolus, so daß der ganze Vorgang der Tetrasporangienreife bei *Wrangelia penicillata* in jedem wesentlichen Punkte mit demjenigen anderer Rotalgen übereinstimmt.

Lichenes. a) Gonidienalgen. Neue Typen von Gonidienalgen wiesen E. TSCHERMAK und A. PLESSL (1948) nach, nämlich aus der Flechte *Biatorella simplex* (Dav.) Br. et Rostr. eine Protococcale, *Myrmecia pyriformis*, in deren Entwicklungsgang für Autosporen und Zoosporen ein unterschiedlicher Entstehungsmodus beschrieben wird, sodann *Chlorella ellipsoidea* Gerneck, die aus einem der Flechte *Lecidea coarctata* (Sommerfeldt) Nyl. nahestehenden Material gewonnen wurde. Daß diese klar beschriebene und so weit verbreitete Alge so spät als Flechtengonidie erkannt wurde, soll nach E. TSCHERMAK-WOESS (1948) einerseits auf ihrer offenbar wirklich seltenen Lichenisierung, anderseits aber auf der starken Hypertrophierung ihrer Zellen im Flechtenthallus beruhen.

Aus *Solorina saccata* isolierte A. ZEHNDER (1949) als neue Gonidienspezies *Coccomyxa ellipsoidea* (*Solorinae saccatae*). Im weiteren prüfte dieser Autor die Aneurinproduktion in Flechtenthalli und deren isolierten Algen- und Pilzkonstituenten. Dabei wies er Vitamin B_1 in sämtlichen zehn untersuchten Laub- und Strauchflechten nach, und zwar in Mengen von 1,23 γ (*Peltigera canina*) bis zu 9,22 γ (*Usnea longissima*) je Gramm Trockensubstanz.

Sämtliche untersuchten Gonidienalgen erwiesen sich als aneurinautotroph, ebenso die dazugehörigen Pilzpartner mit Ausnahme desjenigen der Flechtenalge *Placodium saxicola*, dessen Vitaminbedürfnis durch die Flechtenalge befriedigt wird. Heteroauxin wirkt auf verschiedene Flechtenpilze unterschiedlich. Auf einzelne Arten wirkt es in hoher Konzentration wachstumshemmend; *Placodiomyces saxicolae* dagegen erwies sich diesem Stoff gegenüber unempfindlich.

b) Der Formenkreis der *Umbilicaria* (Hoffm.) Nyl. In neueren morphologischen und entwicklungsgeschichtlichen Vergleichen an zahlreichen Arten, Varietäten und Formen vom *Umbilicaria*-Typus weist E. FREY (1949) auf die weitgehende Variabilität in Anlage und Ausgestaltung der Ascosporen hin und schließt daraus, daß diesen Merkmalen in entwicklungsgeschichtlichen Überlegungen nur geringe Bedeutung beigemessen werden dürfe. Wohl findet Verf. in der Artengruppe der *Lasalliae* (Endl.) Frey (*Umbilicaria pustulata, U. papulosa, U. laceratula, U. rubiginosa, U. brigantium*) vornehmlich große, vielzellige Sporen, in derjenigen der *Gyrophoropsideae* (*U. haplocarpa, U. Krempelhuberi* u. a.) etwas kleinere, wenigzellige und bei den *Gyrophoreae* (*U. hirsuta, U. papillosa, U. vellea* u. a.) noch kleinere, einzellige Sporen. Die Repräsentanten dieser drei Typen bilden aber mit zahlreichen inter-

mediären Sporenformen Glieder einer gleitenden Reihe, innerhalb derer
eine natürliche Zäsur kaum erkennbar ist. Aber auch innerhalb der einzelnen Arten sind Sporenform und -zahl wenig einheitlich, insbesondere
infolge der frühzeitigen Degeneration von Sporenanlagen im Ascus.

E. FREY sieht in diesen neueren Befunden eine Bestätigung seiner
früher (1931, 1936) begründeten Auffassung, daß aus entwicklungsgeschichtlichen und praktischen Überlegungen heraus die Gattung
Umbilicaria im weitesten Sinne aufgefaßt und daß die drei oben
genannten Artengruppen als Subgenera aufrechterhalten werden sollen.

Angiospermae (Embryologie, Pseudogamie, Karyologie). a) *Poten-*
tilla: Auf Grund von Kreuzungsversuchen und embryologischen Untersuchungen stellt A. RUTISHAUSER (1948, 1949) fest, daß sich folgende
Arten der Gattung *Potentilla* auf pseudogamem Wege fortpflanzen:
P. canescens, argentea, praecox, arenaria und *verna*. Die Embryonen
dieser Arten entwickeln sich unter dem entwicklungserregenden Einfluß des Pollens aus nicht befruchteten, unreduzierten Eizellen. Bei der
Mehrzahl der Versuchspflanzen ist die Pseudogamie nicht total. *P. ca-*
nescens entwickelt neben maternellen, asexuell entstandenen Tochter-
pflanzen auch diploide und triploide Bastarde. Die triploiden Bastarde
entstehen durch Befruchtung unreduzierter, die diploiden aus befruchteten reduzierten Eizellen. Dagegen besteht die Nachkommenschaft
von *P. praecox, argentea* sowie von mehreren Rassen von *P. verna* nur
aus maternellen Individuen und triploiden Bastarden. Totaler Verlust
der meiotischen Teilungsfähigkeit in der weiblichen Sphäre ist also
nicht mit totalem Verlust des Variabilitätsvermögens gleichzusetzen.
Auch Potentillen, die ausschließlich unreduzierte Eizellen entwickeln,
vermögen noch Bastarde zu erzeugen.

Die Befruchtungsfähigkeit unreduzierter Eizellen hängt einerseits
von innern Faktoren der Samenpflanze, andererseits aber auch von
der Bestäubungskombination ab. Eine der untersuchten Rassen von
Potentilla verna erzeugte nach Bestäubung mit Pollen verschiedener
Rassen derselben Art zwischen 0 und 27% triploide Bastarde. Die
verwendeten Pollensorten unterscheiden sich aber nur hinsichtlich ihrer
Fähigkeit, in die Eizelle einzudringen und mit dem Eikern zu verschmelzen. Das Endosperm wird auch von solchen Pollenkörnern zur
Entwicklung angeregt, welche die Eizelle nicht zu befruchten vermögen.

Die unreduzierten Embryosäcke der pseudogamen Potentillen entstehen entweder aus vegetativen Zellen des Nucellus (somatische Aposporie) oder aus generativen Zellen des Archespors (generative Aposporie
oder Diplosporie). Einige Versuchspflanzen zeigen Übergänge zwischen
den beiden Aposporietypen.

Die triploiden Bastarde entwickeln zum größten Teil unreduzierte
Eizellen und pflanzen sich auf pseudogamem Wege fort. Im Apo-
sporietypus stimmen sie mit derjenigen Elternpflanze überein, von der
sie die größere Zahl von Genomen mitbekommen haben. Die beiden
diploiden Bastarde *P. arenaria* × *verna* und *P. canescens* × *verna* stammen von somatisch apossporen Samen- und generativ apossporen Pollen-
pflanzen ab. Sie sind beide meiotisch und sexuell, d. h. ihre Nachkommen-

schaft ist größtenteils aus diploiden Bastarden zusammengesetzt. Rückgekreuzt mit der generativ aposporen Pollenpflanze ergab der Artbastard *P. canescens* × *verna* zur Hälfte meiotische und sexuelle, zur Hälfte apospore und pseudogame Hybriden. Aposporie und Pseudogamie kann also durch Artkreuzung sowohl abgebaut wie auch wiederaufgebaut werden.

b) *Rubus*: Ähnlich wie *Alchemilla, Potentilla, Rosa* und manche Kompositen gehört die Gattung *Rubus* wegen ihrer außerordentlichen Polymorphie zu den systematisch schwierigsten Angiospermengattungen. Nun wissen wir, daß viele Brombeeren nach Bestäubung neben echten Bastarden in wechselnder Anzahl auch vollkommen metromorphe Nachkommen liefern, und GUSTAFSON (1930) bewies, daß diese sog. falschen Bastarde auf bloßen Bestäubungsreiz hin aus unreduzierten Eizellen, also pseudogam entstanden seien. Merkwürdigerweise scheint das Phänomen der Pseudogamie auf die europäischen Arten der Sektion *Moriferi* der Untergattung *Eubatus* (unsere Brombeeren im eigentlichen Sinne) beschränkt zu sein. Die Kreuzungsversuche ergaben weiterhin, daß fast alle Arten partiell pseudogam sind, also teilweise reduzierte Eizellen bilden. Ausschließlich metromorphe Nachkommen wurden nur bei *R. caesius* erhalten. Als rein sexuell haben sich im Experiment lediglich zwei unserer *Moriferi* erwiesen: *R. tomentosus* und *R. ulmifolius*. Von einigen anderen Arten wird dasselbe vermutet, ist aber experimentell nicht erwiesen.

Während nun über die Pollenentwicklung für viele Arten eingehende Untersuchungen vorliegen, fehlten bisher weitgehend Angaben über die Entstehung des diploiden Embryosackes, eine Lücke, die H. R. CHRISTEN (1950) durch eine detaillierte Untersuchung ausfüllt. Bei sieben pseudogamen und einer sexuellen Art wurde die Entwicklung des Archespors und des Embryosackes verfolgt. Ersteres entsteht bei allen Arten in ähnlicher Weise und prinzipiell gleich wie bei den bisher untersuchten Rosoideen *Alchemilla* und *Potentilla*. Durch Abgliederung von Deckzellen entstehen mehrere sog. sekundäre Archesporzellen (Abb. 37 a). Ihre Anzahl kann bei einzelnen Arten (z. B. bei *R. caesius*) dadurch noch erhöht werden, daß sich seitliche sekundäre Archesporzellen mitotisch teilen (Abb. 37 b). Im Normalfall besteht das Archespor bei den meisten Arten (*R. suberectus, R. Mercieri, R. thyrsoideus, R. bifrons, R. vestitus, R. tomentosus, R. bregutiensis*) aus zwei bis fünf langen Zellen, die alle generativen Charakter haben und demgemäß in Meiose eintreten können (Abb. 37 c). CHRISTEN zeigt, daß mit Ausnahme von *R. caesius* bei allen pseudogamen Arten unreduzierte Embryosäcke sowohl aus Zellen des Archespors (Ausfall der Meiose, Abb. 37 e) als auch aus (somatischen) Chalazazellen (Abb. 37 f) entstehen können. Diplosporie und Aposporie (im Sinne von GUSTAFSON 1939) treten also bei derselben Pflanze nebeneinander, mitunter sogar in derselben Samenanlage auf (Abb. 37 g). Lediglich *R. caesius* bildet seine unreduzierten Embryosäcke ausschließlich durch Diplosporie. Dieses Verhalten der *Rubus*-Arten ist bemerkenswert. Es wurde bisher mit Sicherheit nur bei *Parthenium* (ESAU 1946) nachgewiesen. *Rubus suberectus* ist zu 95%

diplospor; *R. bifrons* entwickelt aus dem Archespor 58% und *R. thyrsoideus* 46% unreduzierte Embryosäcke. Bei allen Arten, besonders häufig aber bei *R. caesius*, treten auch reduzierte Embryosäcke auf. Besonders

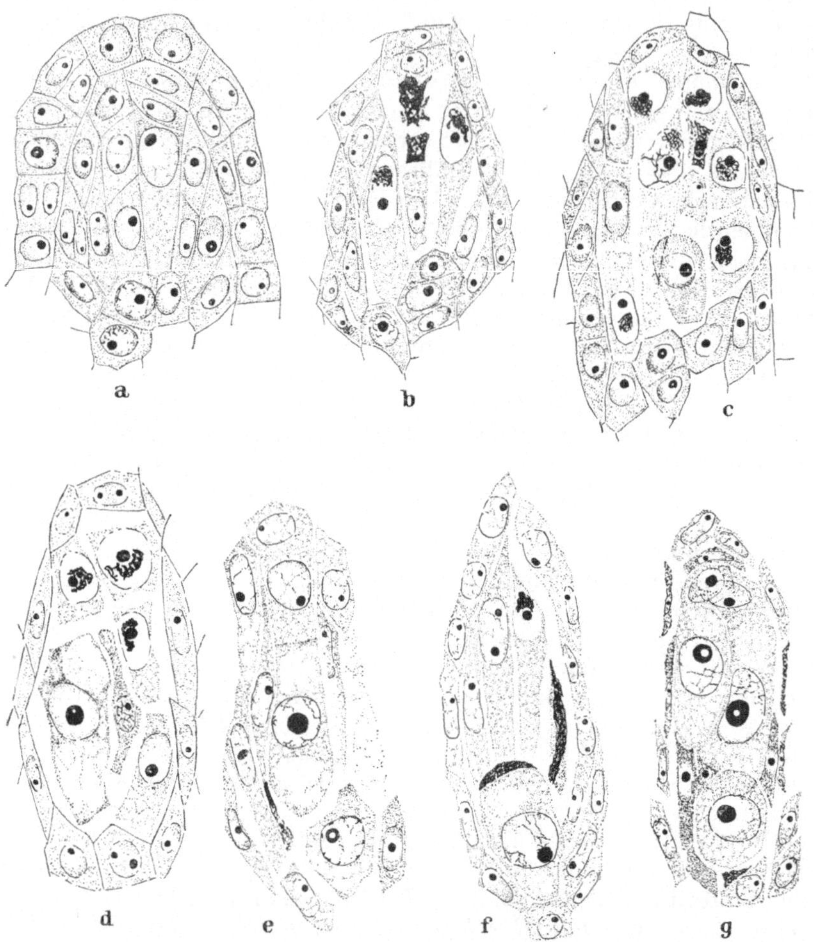

Abb. 37. Embryosackentwicklung bei Rubusarten. a) Samenanlage mit sekundärem Archespor; 5 z. T. lange sekundäre Archesporzellen (*R. Mercieri*). b) Archespor mit zwei Embryosackmutterzellen und einer Tetrade deren drei obere Makrosporen degeneriert sind (*R. thyrsoideus*). c) Archespor mit vielen EMZ. in Synapsis, und einer Makrosporentetrade (*R. caesius*). d) Embryosackzelle aus dem Archespor; Diplosporie (*R. caesius*). e) Embryosackzelle, aus einer mittleren Archesporzelle entstanden; Diplosporie (*R. bifrons*). f) Embryosackzelle aus somatischer Chalazazelle unterhalb des Archespors. Drei lange EMZ. liegen darüber; Aposporie (*R. bifrons*). g) In derselben Samenanlage diplospore und apospore Embryosackzellen nebeneinander: aus langen EMZ. diplospor entstandene, darunter apospore Embryosackinitiale (*R. suberectus*). Vergr. etwa 600×. [Aus: Ber. Schweiz. Bot. Ges. 60 (1950).]

auffallend ist das Verhalten der letztgenannten Art, denn nach den Kreuzungsversuchen von LIDFORSS (1914), in denen ausschließlich metromorphe Nachkommen erhalten wurden, sollte *R. caesius* pseudogam sein. Offenbar verhalten sich die schweizerischen *Rubus*-Rassen anders als die schwedischen.

In seinen Untersuchungen an *Elatostema* kam Fagerlind (1944) zu der Auffassung, daß zwischen den beiden Entwicklungstypen unreduzierter Embryosäcke (einerseits aus dem Archespor, anderseits aus der Chalaza) kein wesentlicher Unterschied bestehe. Daß sie bei den schweizerischen *Rubus*-Arten nebeneinander vorhanden sind, könnte als eine Bestätigung dieser Auffassung betrachtet werden. Christen ist aber nicht dieser Ansicht. Er sieht in Diplosporie und Aposporie grundsätzlich verschiedene Erscheinungen, die, ähnlich wie bei *Potentilla*, durch verschiedene genetische Faktoren bedingt sein können.

c) *Gentiana*: Die von den Systematikern auf Grund morphologischer und biologischer Merkmale (Samenbeschaffenheit, Chemismus, Blütezeit, parasitische Eignung usw.) durchgeführte Gliederung der Gattung *Gentiana* in zahlreiche Sektionen (*Coelanthe, Aptera, Pneumonanthe, Thalycites* usw.) findet in ausgedehnten karyologischen Untersuchungen von C. Favarger (1949) eine Bestätigung und tiefere Begründung. In der zytologischen Analyse erwiesen sich von 12 in den Alpen und im Jura beheimateten Arten 2 als diploid, alle übrigen als polyploid. Innerhalb der Gattung *Gentiana* wurden bisher als haploide Grundzahlen festgestellt: $n = 5, 7, 9, 11, 13$. Die Chromosomenzahl der Polyploiden kann aber vom Vielfachen dieser Grundzahlen abweichen.

Eine Überraschung brachten die Untersuchungen Favargers insofern, als bei den *Gentianae vernales* (*G. Clusii, G. Kochiana* und *G. verna*) die Anlage der Blütenknospen der Samenbildung unmittelbar folgt, so daß schon zu Beginn des Herbstes Staubgefäße von definitiver Größe vorliegen. Die ganze Sporogenese ist aber bis ins frühe Frühjahr hinausgeschoben, indem die Mikrosporen-Mutterzellen in einem prämeiotischen Zustand überwintern und die Meiose erst etwa im April, offenbar noch unter der Schneedecke, abläuft. In Ausnahmefällen kann freilich die Sporenreife schon im Spätherbst erfolgen und eine Herbstblüte der betreffenden Individuen auslösen. Favarger sieht in diesem Rhythmus ein Ahnenerbe, das mit den aktuellen Lebensbedingungen im Hochgebirge nicht mehr in voller Übereinstimmung steht.

Literatur.

Areschoug, J. E.: Observationes Phycologicae. Partic. 3, Ups. Soc. sc. nova acta, ser. 3, **10**, Upsaliae (1875). — Astbury, W. T. u. R. D. Preston: Proc. Roy. Soc. London **129**, 54 (1940).

Bonner, J. T.: (1) J. of exper. Zool. **106**, 1—26 (1947); (2) **110**, 259—271 (1949). — Bonner, J. T. u. M. K. Slifkin: Amer. J. Bot. **36**, 727—734 (1949).

Carjeanne, A. J. M.: Ann. bryol. **3** (1930). — Christen, H. R.: Ber. Schweiz. bot. Ges. **60**, 153—198 (1950).

Esau, K.: Hilgardia **17**, 61 (1946).

Fagerlind, F.: K. Sv. Vet. Ak. Handl. (3. ser.) **21**, H. 4 (1944). — Favarger, C.: Bei. Schweiz. bot. Ges. **59**, 62—86 (1949). — Feldmann, J. u. G.: Ann. sc. nat. Bot. **XI**, 3 (1942). — Frey, E.: Ber. Schweiz. bot. Ges. **59**, 427—470 (1949). — Frey, R.: Ber. Schweiz. bot. Ges. **60**, 199—230 (1950). — Fritsch, F. E.: (1) Bd. **2**, 939 S. Cambridge: University Press 1945 — (2) Biol. Rev. Cambridge philos. Soc. **24**, 94—124 (1949).

Gäumann, E.: Birkhäuser Basel (1949), 382 S. — Geitler, L.: Jb. Bot. **82** (1935) — (2) Naturwiss. (1938) — (3) Chromosoma **1** (1939) — (4) Chromosoma **1** (1940a) — (5) Ber. dtsch. bot. Ges. LVIII (1940b) — (6) Österr. bot. Z. **95**, 277—299

(1948a) — (7) (1948b) — (8) **95**, 147—162 (1948c) — (9) **95**, 345—361 (1948d). — GEITLER, L. u. H. LAUBER: Naturwiss. **32** (1944). — GRAFL, J.: Chromosoma **1** (1939). — GUSTAFSSON, A.: Bot. Not. **477** (1930).

HARDER, R.: Nachr. Akad. Wiss. Göttingen, Math.-phys. Kl. 24—27 (1948). — HUSKINS, C. L.: (1) Amer. Naturalist **81** (1947) — (2) Nature (Lond.) **161** (1948). — HUSKINS, C. L. u. L. N. STEINITZ: J. Hered. **39** (1948).

JÄHNL, G.: Chromosoma **3** (1947).

KOCH, W.: Diss. Math.-nat. Fak. Univers. Göttingen (1949). — KOŘÍNEK, J.: Arch. Protistenkde **64** (1928). — KOSTRUN, G.: Österr. bot. Z. **93**, 172—221 (1944).— KUCKUCK, P.: Wiss. Meeresunters. N. F. **1**, Kiel/Leipzig (1894).

LAUBER, H.: Österr. bot. Z. **94**, 30—60 (1947). — LEVRING, T.: (1) Medd. f. Göteborgs bot. Trädg. **XVII**, 97—105 (1947) — (2) Physiologia Plantarum **2**, 45—55 (1949). — LHOTSKÝ, S.: Studia Botanica Cechoslovaca **7**, H. 1 (1946). — LIDFORSS, B.: Z. ind. Abst. u. Vererb.lehre **12**, H. 1 (1914).

MENDES, E. J.: Portugaliae Acta Biol. **1** (1946). — MOEWUS, F.: (1) Beitr. Biol. Pflanz. **27**, 297 (1948) — (2) Z. Sex.forschg **1**, 1—25 (1950a) — (3) Z. Vitamin-, Hormon- u. Fermentforschg **3**, 139—147 (1950b).

OES, A.: Z. Bot. **5** (1913). — OLTMANNS, F.: Bd. 2, 439 S. Jena: Fischer 1922.

PASCHER, A.: Beih. Bot. Zbl. **62** (Abt. A,H.1/2) (1943). — PRINGSHEIM, E. G.: Bacteriol. Rev. **13**, 47—98 (1949).

RUTISHAUSER, A.: Arch. d. J. Klaus-Stftg. Vererbungsforschg **23**, 267—424 (1948) — (2) Ber. Schweiz. bot. Ges. **59**, 409—419 (1949).

SCHUSSNIG, B.: Sv. bot. Tidskr. **41**, 402—410 (1947). — SCHUSSNIG, B. u. R. JAHODA: Arch. Protistenkde **60** (1927).

TSCHERMAK-WOESS, E. u. A. PLESSL: Österr. bot. Z. **95**, 194—207 (1948).

VOUK, V. u. P. WELLISCH: Acta Bot. inst. bot. univ. Zagreb **6** (1931).

WAERN, M.: Sv. bot. Tidskr. **43**, Upsala, 633—670 (1949).

ZEHNDER, A.: Ber. Schweiz. bot. Ges. **59**, 201—267 (1949).

4. Sublichtmikroskopische Morphologie.

Von A. FREY-WYSSLING, Zürich.

Der Beitrag folgt in Bd. XIV.

B. Systemlehre und Pflanzengeographie.

5a. Systematik und Stammesgeschichte der Pilze[1].

Von Heinz Kern, Zürich.

Mit 2 Abbildungen.

I. Allgemeines.

Gäumann stellt (1949) die Grundzüge der Entwicklungsgeschichte und Morphologie der Pilze in einem Lehrbuch dar. Im Verlauf der Schilderung (Abb. 38) treten (bei aller Mannigfaltigkeit der Verhältnisse) vor allem drei für die Pilze charakteristische Prinzipien der Entwicklung in den Vordergrund.

Kopulieren bei den Anfangsformen (Chytridiales) noch echte Geschlechtszellen, so treten bald ihre Mutterzellen, die Gametangien, an ihre Stelle (Zygomyceten); diese Rückbildung der Geschlechtsorgane führt im weiteren zu einer Reihe von Stufen der Deuterogamie, die sich besonders innerhalb der Endomycetales, Aspergillaceen, Sordariaceen und Pyronemaceen verfolgen lassen. Die männlichen Geschlechtsorgane werden funktionsuntüchtig und verschwinden, und die Kopulation erfolgt mit männlichen Konidien oder Hyphen (Spermatisierung); beim nächsten Schritt verlieren die weiblichen Organe ihre Bedeutung als privilegierte Empfängnisorgane (Aufnahme der männlichen Kerne irgendwo am Vegetationskörper; Dikaryotisierung) und auch ihre Funktion als Träger der Fruchtkörperentwicklung; schließlich gehen sie verloren. So erfolgen bei den Hymenomyceten die somatogamen Kopulationen irgendwo zwischen zwei Myzelien, ohne sich morphologisch wesentlich auszuprägen; der Geschlechtsvorgang hat sich in Form, Ort, Zeit und Inhalt verwischt, aber die Sexualität ist geblieben.

Der Geschlechtsvorgang wird nur am Anfang in einem Zuge vollzogen; er spaltet sich immer stärker auf in Plasmogamie und Karyogamie. Dazwischen liegt eine Dikaryophase, die bei den höchsten Formen praktisch das ganze Leben des Individuums umspannt; die entgegengesetzten Kerne liegen nebeneinander, ohne zu verschmelzen, doch bilden sie physiologisch eine Einheit und teilen sich konjugiert.

Drittens treten (gegenläufig zu den Rückbildungen in der Sexualität) Fruchtkörper auf, die sich immer differenzierter ausprägen und in den Hymenomyceten und Gastromyceten ihre höchste Entwicklung erreichen; gleichzeitig haben sie jedoch die Verknüpfung mit dem

---

[1] Bericht über die Jahre 1942—1949.

Geschlechtsakt verloren und entstehen am dikaryontischen Myzel lediglich auf vegetative Reizungen hin.

Morphologie und Biologie der Pilze finden sich weiterhin bei GREIS (1943) und in den Lehrbüchern von CHADEFAUD (1944), WOLF und

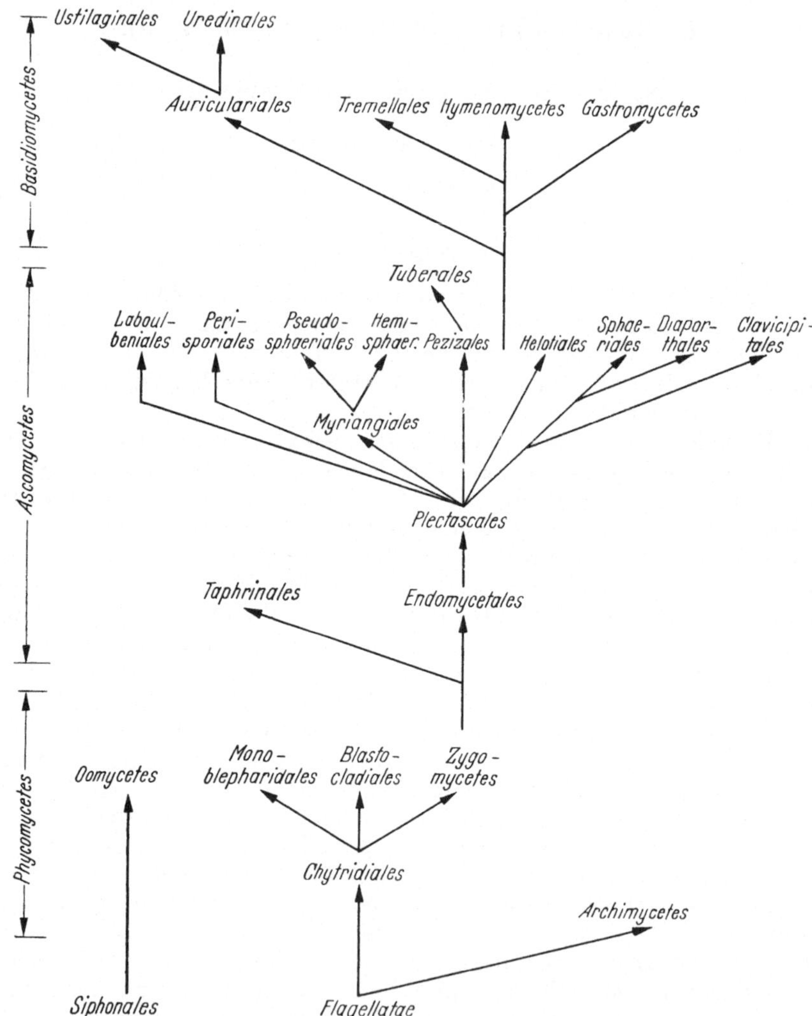

Abb. 38. Übersicht über das Pilzsystem. (Nach GÄUMANN, 1949.)

WOLF (1947) und LUTZ (1948), die Erscheinungen der Sexualität und Geschlechtsbestimmung bei HARTMANN (1943) dargestellt. Eine Einführung in die Methoden der Systematik und die Nomenklaturregeln gibt BISBY (1945).

II. Archimyceten und Phycomyceten.

Unsere Kenntnisse über die wasserbewohnenden Phycomyceten erfahren laufend neue Erweiterungen, und dementsprechend ist ihre systematische Gliederung noch sehr im Fluß und wird auch in ihren Grundlagen immer wieder diskutiert (z. B. BESSEY 1942, KARLING 1942, SCHUSSNIG 1948). Eine Übersicht in dieser Formenfülle gibt das Buch von SPARROW (1943), das alle wasserbewohnenden Phycomyceten mit Ausnahme der Saprolegniaceen und der Gattung *Pythium* (MIDDLETON 1943) zusammenfaßt.

Der Begeißelung der Zoosporen kommt für Phylogenie und Systematik der Phycomyceten eine wesentliche Bedeutung zu. Bei Anwendung bestimmter Färbemethoden zeigen die Geißeln charakteristische Strukturen (COUCH 1941); es lassen sich vorläufig vier Typen auseinanderhalten.

Bei den Formen mit einer nachgeschleppten Geißel besteht diese aus einem langen, dicken Teil, der am Ende scharf gegen ein mehr oder weniger langes, dünnes Schwanzstück abgesetzt ist (Peitschengeißel); sie wurde bei zahlreichen Gattungen der Olpidiaceen, Chytridiales, Blastocladiales und Monoblepharidales (z. B. *Rozella, Pringsheimiella*; *Rhizophidium, Entophlyctis*; *Blastocladiella, Allomyces*; *Monoblepharis*) gefunden. Bei *Cladochytrium* und *Nowakowskiella* sowie bei *Synchytrium* (ELLISON 1945) ist das Schwanzstück unscheinbar und fehlt vielfach ganz.

Die apikale Geißel von *Rhizidiomyces* und *Catenariopsis* (S. 92) ist anders gebaut: sie trägt zahlreiche kurze, feine, seitlich abstehende Fäden (Flimmergeißel).

Bei einer dritten Gruppe (*Olpidiopsis*, Saprolegniaceen, Peronosporaceen) tragen die Zoosporen eine Peitschengeißel und eine Flimmergeißel (VLK 1939); dabei entsprechen die Zoosporen von *Achlya* und *Dictyuchus* dem zweiten Schwärmstadium von *Saprolegnia*.

Schließlich haben bei *Plasmodiophora* beide Geißeln abgestutzte Enden, ohne Schwanzstück oder Flimmerfäden; die eine Geißel ist meist kurz und oft fast nicht erkennbar (ELLISON 1945).

Ähnliche Verhältnisse fand ELLISON bei einigen Myxomyceten. Die Zoosporen tragen eine Peitschengeißel, der das Schwanzstück vielfach fehlt; ein variabler Prozentsatz (26% bei *Fuligo septica*) besitzt eine zweite, gleich gebaute Geißel von verschiedener Länge. Bei ein- und zweigeißeligen Zoosporen sind allgemein zwei Blepharoblasten vorhanden. Diese Beobachtungen stehen im Einklang mit früheren Arbeiten japanischer Autoren (SINOTO und YUASA 1934; YUASA 1935).

Archimyceten. Die Archimyceten im Sinn von GÄUMANN (1926, 1949) umfassen Formen mit nacktem, zuweilen amöboidem Thallus, der sich als Ganzes in die Fruktifikationsorgane umwandelt. Sie bilden eine stammesgeschichtlich heterogene Gruppe; GÄUMANN (1949) schließt die vier Familien der Olpidiaceen, Synchytriaceen, Plasmodiophoraceen (KARLING 1942) und Olpidiopsidaceen einzeln an verschiedene Flagellatentypen an. Andere Autoren (z. B. SPARROW 1943) gliedern alle diese Gruppen an verschiedenen Stellen in das System der Phycomyceten ein, mit denen sie, soweit bekannt (mit Ausnahme der Plasmodiophoraceen), in der Begeißelung der Zoosporen übereinstimmen. Neben den genannten Familien sind noch zahlreiche weitere Formen mehr oder weniger gut bekannt, besonders solche mit zweigeißeligen Zoosporen (KARLING 1942).

Unter den im Wasser lebenden, auf Konjugaten parasitierenden Vertretern der Synchytriaceen beschreibt CANTER (1949) zwei Entwicklungstypen, die von *Micromyces zygogonii* Dang. darin abweichen, daß sie eine zweite Zoosporengeneration besitzen. Die Sommersporen von *Micromycopsis Fischerii* Scherffel keimen mit einem Keimschlauch, der extramatrikal zu einem Sporangiensorus auswächst; dieser zerklüftet sich in Zoosporangien, welche je etwa 5 primäre Zoosporen entlassen. Diese runden sich nach einiger Zeit ab, umgeben sich mit einer Zellwand und bilden je 2—6 sekundäre Zoosporen, die wie die primären eine nachgeschleppte Geißel besitzen. *Endodesmidium formosum* Canter folgt wahrscheinlich dem gleichen Schema; es fehlt lediglich die Aufteilung des Sorus in mehrere Sporangien, und die Begeißelung der primären Zoosporen ist offenbar weitgehend rückgebildet. Diese Befunde decken sich mit den Angaben von SCHERFFEL (1926), nach denen in den Sori von *Micromycopsis cristata* gelegentlich eingeißelige Zoosporen entstehen können, welche dann ihrerseits sekundäre Zoosporen bilden.

Chytridiales. Den für die systematische Gliederung der Chytridiales zur Diskussion stehenden Kriterien wird in der Literatur unterschiedliches Gewicht beigemessen. SPARROW (1943) und mit ihm GÄUMANN (1949) scheiden sie in Inoperculatae (Öffnung der Zoosporangien durch einen Porus) und Operculatae (Öffnung durch einen vorgebildeten Deckel), zwei in den anderen Merkmalen übereinstimmend ausgeprägte Parallelreihen; in beiden finden sich monozentrische und polyzentrische Formen, und die monozentrischen gliedern sich weiter nach der epi- oder endobiontischen Bildung der Fruktifikationsorgane. WHIFFEN (1944) lehnt den Öffnungsmechanismus der Zoosporangien als oberstes Einteilungsprinzip ab, weil dadurch einheitliche Gruppen unnatürlich auseinandergerissen würden; innerhalb der (eukarpen) monozentrischen Formen legt sie den Akzent auf den Bildungsmodus des Zoosporangiums aus der Zoospore (Entstehung aus der Zoospore oder ihrem Keimschlauch, ohne oder mit Prosporangium).

KARLING (1943) faßt die auf der Stufe der Chytridiales stehenden Formen mit apikal eingeißeligen Zoosporen (Flimmergeißel) in der Reihe der Anisochytridiales zusammen. Die drei Familien der Anisolpidiaceen (*Anisolpidium, Reesia, Cystochytrium*), Rhizidiomycetaceen (*Rhizidiomyces, Latrostium*) und Hyphochytriaceen (*Hyphochytrium, Catenariopsis*) entsprechen in ihrer Entwicklungshöhe den Olpidiaceen, Rhizidiaceen und Cladochytriaceen.

Blastocladiales. In der von COUCH (1945) hierhergestellten Gattung *Catenaria* besteht der Thallus aus einer langen Hyphe mit einigen Rhizoiden, welche an zahlreichen Stellen blasenartig aufschwillt und so eine Kette von Zoosporangien oder Dauersporen bildet; bei der Keimung funktionieren die Dauersporen als Zoosporangien und entlassen die Zoosporen durch einen Schlauch. Bei *Catenaria Anguillulae* Sor. konnten keine Sexualvorgänge beobachtet werden; die aus den Dauersporen entstandenen Zoosporen infizieren neue Wirte (verschiedene Wassertiere) und wachsen zu neuen Thalli heran. Wir haben hier den gleichen Entwicklungsgang vor uns wie bei *Allomyces anomalus* Emers., *Blastocladiella simplex* Matth. und *Bl. laevisperma* und *asperosperma* Couch et Whiffen (1942). Bei *Catenaria Allomycis* Couch (1945) auf *Allomyces* und verwandten Formen sind die aus den Dauersporen entlassenen, eingeißeligen Schwärmer nur wenig schwimmfähig; sie encystieren sich bald und bilden vier eingeißelige Gameten. Zwei Gameten kopulieren zu einer Planozygote, deren zwei Geißeln sich eng aneinanderlegen und gemeinsam bewegen; die Planozygote infiziert einen neuen Wirt. Gegenüber dem Schema von *Allomyces arbuscula* Butl. mit antithetischem Generationswechsel ist hier offenbar der Gametophyt unterdrückt. Gleich entwickeln sich *Blastocladiella cystogena* Couch et Whiffen (1942), *Bl. microcystogena* Whiffen (1946) und *Allomyces cystogenus* Emers. (EMERSON und WILSON 1949). Die Verhältnisse sind jedoch hier weitgehend labil; so sind die aus den Dauersporen entstandenen Schwärmer von *Allomyces cystogenus* im allgemeinen amöboid und geißellos, doch unter Umständen mit einer bis vier und mehr Geißeln ausgerüstet (McCRANIE 1942, TETER 1944), und TETER fand bei einem tropischen *Allomyces*-Stamm den gleichen Entwicklungszyklus, aber mit lauter geißellosen Stadien.

III. Ascomyceten.

Auf ein labiles Verhalten der untersuchten Pilze sind wohl auch manche der divergierenden Angaben zur Entwicklungsgeschichte der Ascomyceten zurückzuführen. Anderseits wird man sich immer die technischen Schwierigkeiten, welche diese Objekte der Untersuchung und Interpretation entgegenstellen, vor Augen halten müssen.

MARTENS (1946) stellt die umfangreiche Literatur auf diesem Gebiet in einer kritischen Übersicht zusammen. Er schließt aus den zahlreichen Belegen, daß der Dikaryophase bei den Ascomyceten im allgemeinen eine relativ kurze Ausdehnung zukommt. Nur in wenigen Fällen zeigt sich eine deutliche Tendenz zu einer frühen Paarung der Kerne zu einem gekoppelten, sich konjugiert teilenden Dikaryon (nach dem CLAUSSENschen Schema im Ascogon); vielfach tritt sie erst unmittelbar vor der Hakenbildung ein. Dann gehören die ascogenen Hyphen anfänglich einer Heterokaryophase an, in der wohl in einer Zelle verschiedenwertige Kerne nebeneinanderliegen können, sich jedoch unabhängig voneinander teilen. Wenn eine ascogene Zelle nur einen Haken bildet, folgt auf die einzige konjugierte Teilung sogleich die Karyogamie. Wächst der Haken vorerst zu einem Büschel aus, sind dessen Zellen dikaryontisch. Hierzu drei Beispiele.

Die Ascogonien von *Nectria flava* Bon. entwickeln sich ohne Antheridien in noch unbekannter Weise (GILLES 1947). In den zahlreichen untersuchten ascogenen Hyphen konnten keine konjugierten Teilungen gefunden werden, und die Zellen enthalten zum großen Teil nur einen oder eine ungerade Zahl von Kernen.

Bei *Neurospora tetrasperma* Sh. et D. erfolgt die Aufteilung in A- und B-Kerne im letzten Schritt der Reduktionsteilung, der sich verspätet und erst in den Ascosporen vollzogen wird. Jede Ascospore erhält demnach ein Kernpaar, das sich intensiv teilt und schwer weiter zu verfolgen ist (SCHÖNEFELDT 1935); nach den umfangreichen Teilungsbeobachtungen und Kernauszählungen von MARTENS und GILLES (1949) bleibt es nicht erhalten, sondern löst sich auf; bis zu den neuen Kernpaarungen in den Haken sind die Zellen beliebig heterokaryontisch.

Im Zentrum junger Fruchtkörper einiger *Glomerella*-Stämme wird ein stark färbbarer Hyphenknäuel sichtbar, dessen Entstehung noch unbekannt ist (WHEELER c. s., 1948); er bildet sich auch in Reinkultur eines einzigen Stammes und mag ein Ascogon darstellen. Unter seinen im allgemeinen einkernigen Zellen treten immer eine oder mehrere zweikernige auf; von einer einzigen zweikernigen Zelle geht die Weiterentwicklung aus: sie wächst seitlich zu einem Haken aus, der unter konjugierten Teilungen neue Haken und schließlich ein Ascusbüschel bildet.

Neben den Beispielen von *Chaetomium* (GREIS 1941) und *Sclerotinia trifoliorum* Erikss. (sekundäre ascogene Hyphen mit Schnallen; BJÖRLING 1942) besteht eine ausgeprägte, an die Basidiomyceten erinnernde Dikaryophase in den schnallentragenden ascogenen Hyphen von *Tuber*-Arten (GREIS 1938); von hier aus ist schon wiederholt die Ableitung eines Teils der Gastromyceten versucht worden (HOLM 1949).

Innerhalb der Discomyceten unterscheidet man nach dem Öffnungsmechanismus eine operculate und eine inoperculate Reihe. Auch in anderen Gruppen ist der Ascusscheitel in charakteristischer Weise differenziert (CHADEFAUD 1942a); einige Typen mögen hier in ihren Grundzügen geschildert werden, ohne daß es vorläufig möglich wäre, sie in ein umfassendes System einzubauen.

Ein erster Typ findet sich bei den inoperculaten Discomyceten und einigen Sphaeriales, z. B. in der Gattung *Rosellinia* (Abb. 39, 1; GÄUMANN 1949, Abb. 254). Die Ascuswand besteht aus einer äußeren, dünnen Schicht *e* und einer inneren dicken, quellbaren Schicht *i*. In dieser wird das Apikalkissen *k* und darunter der untere Amyloidring *ai* angelegt; hierauf differenziert sich der obere Amyloidring *as* und in der äußeren Wandschicht die Scheitelkappe *o*. Bei den inoperculaten Discomyceten werden bei Sporenreife der untere Amyloidring und die Scheitelkappe aufgelöst, und der vom elastischen oberen Ring umgebene Hohlraum *h* bildet den Porus, durch welchen Sporen und Epiplasma ausgestoßen werden. Bei *Rosellinia* bleibt der untere Amyloidring erhalten, und die Ascuswände lösen sich bei der Reife unregelmäßig auf. Der obere Apikalring ist in manchen Fällen rückgebildet und fehlt bei *Rosellinia quercina* Hart. ganz. — Analog wie bei der eben genannten Art sind die Asci von *Diatrype disciformis* (Hoffm.) Fr. gebaut, nur geben die beiden Apikalringe keine Jodreaktion.

Der Deckel der operculaten Discomyceten (Abb. 39, 2), der bei der Reife nach der konkaven Ascusseite hin aufgeklappt wird, besteht im wesentlichen aus der Scheitelkappe *o*. Darunter liegen ein flaches Apikalkissen *k* und ein trichterförmiges Organ *t*, das nach unten in ein zu den Ascosporen führendes Plasmaband ausgezogen ist; Trichter und Band werden noch vor der Sporenreife wieder aufgelöst.

Zwischen operculatem und inoperculatem Schema kommen Übergänge vor. So verdickt sich in der Regel die innere Ascuswand von *Leotia lubrica* (Scop.) Pers. (CHADEFAUD 1944) zu einem Apikalkissen; darunter läßt sich ein feiner Trichter mit Plasmaband erkennen. Die Öffnung erfolgt meist durch einen Porus, ausnahmsweise durch eine exzentrische Spalte. — Bei den Sarcoscyphaceen (LE GAL 1947) öffnet sich der Ascus normalerweise mit einem auf die konkave Seite aufklappenden Deckel. Am Scheitel (z. B. in der inneren Wandschicht) wird ein elastischer, auf der Seite des Deckelscharniers offener Ring angelegt, durch den die Sporen bei der Reife hindurchgepreßt und nach Aufspringen des Deckels ausgeschleudert werden (LE GAL 1946, CHADEFAUD 1946).

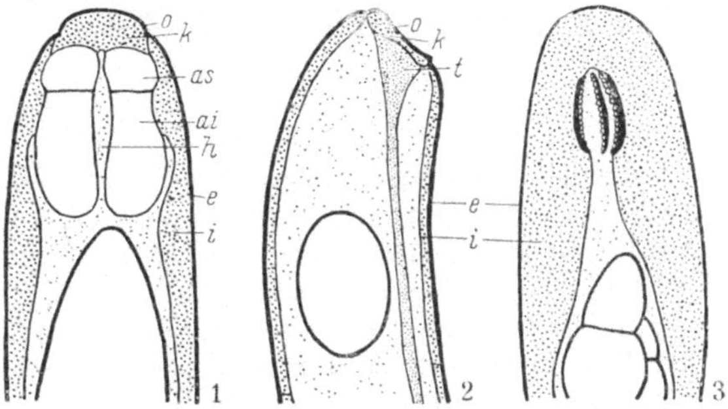

Bei *Rhopographus pteridis* findet sich

Abb. 39. Bau des Ascusscheitels bei *Rosellinia aquila* (Fr.) de Not. (1), bei den operculaten Discomyceten (2) und bei *Rhopographus pteridis* (Fr.) Wint. (3). *e* äußere, *i* innere Wandschicht. *o* Scheitelkappe. *k* Apikalkissen. *h* Hohlraum. *ai* unterer, *as* oberer Apikalring. *t* Trichter. (Schematisch nach CHADEFAUD, 1942a.)

lediglich ein subapikaler Hohlraum, der von vier gekrümmten, lichtbrechenden Stäben umgeben ist (Abb. 39, 3).

Einfach gebaut ist endlich der rundliche Ascus der Erysiphaceen; er besitzt nur einen subapikalen Wulst in der inneren Wand.

Taphrinales. MIX (1949) beschreibt in einer monographischen Übersicht der Gattung *Taphrina* 98 nach Wirtspflanzen angeordnete Arten, darunter 24 auf Farnen, 23 auf Betulaceen und 24 auf Rosaceen.

Plectascales. Die Gattungen *Aspergillus* und *Penicillium* sind in den Monographien von THOM und RAPER (1945) und RAPER und THOM (1949) ihrer Bedeutung entsprechend eingehend bearbeitet. Eine kürzer gefaßte Übersicht über *Penicillium* gibt NIETHAMMER (1949).

Perisporiales (Erysiphaceen). Bei *Sphaerotheca mors-uvae* (Schw.) Berk. entsteht der eine Ascus ähnlich wie bei *Sph. fuliginea* (Schlecht.) Salm. (BERGMAN 1941) aus dem Ascogon selbst (BEATUS 1948). Nach der Gametangie teilt sich die Ascogonzelle in mehrere (bis sechs) Zellen mit je einem Dikaryon; dann treten Degenerationserscheinungen ein, und es bleibt eine Zelle mit einem Kernpaar übrig, aus der der Ascus entsteht. In selteneren Fällen wächst das Ascogon ohne Teilungen direkt zum Ascus aus.

Die Ausbildung der Fruchtkörper von *Erysiphe graminis* DC. (BJÖRLING 1946) beginnt meist mit zwei Initialhyphen (Hyphenenden oder kurze Seitenzweige). Sie umschlingen sich, verzweigen sich auf ihrer ganzen Länge und bilden einen homogenen Hyphenknäuel. Die Zellen in der Mitte des Knäuels degenerieren. An der Decke des so entstehenden Hohlraums bildet sich eine palissadenartige Schicht von parallel herunterwachsenden Zellen. An der Basis treten ascogene Hyphen auf, deren Ursprung sich nicht ermitteln ließ; sie bilden Haken und schließlich ein freies Hymenium von 10—20 Asci.

Die Spezialisierung kann bei den Erysiphaceen überraschend schwach sein. So infizierte HAMMARLUND (1945) mit Konidien der *Erysiphe polyphaga* Hamm. 89 Arten aus 21 verschiedenen Familien und konnte dabei zahlreiche Oidien identifizieren. In der Konidiengröße traten auf verschiedenen Wirten große Unterschiede (Matrikalmodifikationen) auf. Derartige Fälle komplizieren naturgemäß die Systematik der Erysiphaceen (BLUMER 1948).

Die Untersuchung einiger Flechtenpilze (ZOGG 1944) zeigt die Mannigfaltigkeit der unter den Pilzen mit langgestreckten Fruchtkörpern vorkommenden Typen: *Arthonia cinnabarina* (DC.) Wallr. gehört in die Familie der Dothioraceen (Pseudosphaeriales); *Opegrapha atra* Pers. stellt einen pseudoapothezialen Typus (discomycetenähnlich, ascolocular) dar, und *Graphis scripta* (L.) Ach. ist ein inoperculater Discomycet. Unter den Ascoloculares finden sich demnach (entsprechend den Pyrenomyceten und Discomyceten) pseudosphaeriale und pseudoapotheziale Formen.

Die alte Reihe der Hysteriales ist heterogen; die Hypodermataceen (S. 97) sind ascohymenial, die Hysteriaceen (*Hysterium, Hysterographium, Glonium, Gloniella, Gloniopsis, Hysterocarina*; ZOGG 1943, 1949) ascolocular. Bei *Hysterographium fraxini* (Pers.) de Not. kopulieren Empfängnishyphen des Ascogons mit vegetativen Hyphen. ZOGG zieht (1943) 25 Arten der Gattung Hysterographium hauptsächlich auf Grund der Sporentypen in 5 Arten zusammen.

Pseudosphaeriales. Die Familie der Mycosphaerellaceen (v. ARX 1949) umfaßt die Gattungen *Mycosphaerella, Phaeosphaerella, Sphaerulina, Diplosphaerella, Discosphaerina* und *Montagnellina*. Die kugeligen Fruchtkörper (Pseudothecien) sind im Substrat eingesenkt, werden aber später mehr oder weniger frei und öffnen sich durch einen Porus. Das Gehäuse besteht aus wenigen braunschwarzen Zellschichten, an die sich nach innen farblose Zellen anschließen. Die Asci wachsen von einem flachen oder vorgewölbten Basalpolster in das Binnenstroma hinein; Reste davon bleiben zwischen den oft fächerartig ausstrahlenden Asci als Interthezialfasern (Paraphysoiden) erhalten, verschwinden aber bis zur Reife meist völlig.

Als Nebenfruchtformen können verschiedene Hyphomyceten (*Ovularia, Ramularia, Cercosporella, Cercospora* u. a.), dazu *Septoria*- und *Asteromella*-Pyknidien auftreten.

v. ARX gliedert die Gattung *Mycosphaerella* in drei Sektionen. Der Großteil aller Arten, darunter fast alle Blattfleckenbildner, gehören zur Sektion *Eu-Mycosphaerella*. Hier entspringen von einem konvexen Basalpolster aus zahlreiche zylindrische Asci; beim Zerquetschen des Fruchtkörpers bleibt das Ascusbüschel meist erhalten. Die Sektion *Cymadothea* umfaßt stark spezialisierte Parasiten, vor allem auf Umbelliferen. In dunklen Stromaflecken entstehen die Fruchtkörper als dichtgedrängte Loculi ohne eigene Wand, seltener als einzelne Pseudothecien; die Asci sind wenig zahlreich, meist büschelig und breit eiförmig-keulig. Hierher gehört auch *Myc. Killiani* Petr. (syn. *Cymadothea trifolii* Wolf) auf Kleeblättern. Die Arten der Sektion *Didymellina* sind meist Saprophyten auf abgestorbenen Blättern und Stengeln. Ihre wenig zahlreichen, keulig-sackartigen Asci stehen auf einem flachen Basalpolster ungefähr parallel nebeneinander und werden beim Zerquetschen des Fruchtkörpers einzeln frei.

Pezizales. Die Ausbildung der Skulpturen der Ascosporen erfolgt bei den operculaten Discomyceten (wie auch in anderen Gruppen) nach komplizierten Mechanismen, welche LE GAL (1947; MALENÇON 1930, LE GAL 1942, CHADEFAUD 1942b) eingehend darstellt. So lassen sich z. B. in den jungen Asci von *Ascobolus carbonarius* Karst. und verwandten Arten grünlich gefärbte Tropfen und kleine violette Pigmentkörner erkennen. Die beiden Pigmente dringen in die äußerste Sporenschicht, das schleimige Perispor, ein; auf dem darunterliegenden Epispor schlagen sich grüne Kristalloide nieder, auf denen sich der violette Farbstoff ansetzt. So entstehen die grünvioletten, zuletzt braun-fast schwarzen Skulpturen.

In vielen anderen Fällen entsteht die Skulpturierung nicht als Ablagerung von außen her, sondern aus Teilen der Sporenwand selbst, eventuell unter Einschließung von Epiplasmaelementen. Je nach dem Bau der Wand geht die Entwicklung verschieden vor sich. Sie kann (bei Formen ohne Perispor) auf der freien Oberfläche des Epispors erfolgen; meist jedoch geht sie von einer außen am Epispor differenzierten, subperisporialen Schicht aus und kann sich in dieser oder im darüberliegenden, einfachen oder gegliederten Perispor oder außerhalb der Wandschichten vollenden.

Unter Verwendung dieser und anderer Merkmale gibt die Autorin eine systematische Übersicht über die Gattungen der Pezizales, welche sie in die Familien der Sarcoscyphaceen, Ascobolaceen, Humariaceen, Aleuriaceen, Helvellaceen und Morchellaceen ordnet.

Helotiales. Die Familie der Phacidiaceen im Sinne von NANN-FELDT (1932) ist nach TERRIER (1942) heterogen. Er spaltet sie in die ascohymenialen Hypodermataceen (*Lophodermium, Coccomyces, Hypoderma, Hypodermella* u. a.) und Rhytismaceen (*Rhytisma, Placuntium*) und in die ascoloculären Phacidiaceen s. str. (*Phacidium, Phacidiostroma, Macroderma, Myxophacidium, Myxophacidiella*); bei diesen letzteren besitzt das Stroma im Gegensatz zum strahligen Bau von Basal- und Deckschicht der Hypodermataceen eine einheitliche Textur aus vertikalen Elementen. Im Gegensatz dazu betrachtet LAGERBERG (1949) diese Formen als ascohymenial, in die Verwandtschaft der Hypodermataceen gehörig und die eben genannten vertikalen Hyphen als Paraphysen.

Zusammenfassende Darstellungen liegen weiter vor für die Sclerotiniaceen (WHETZEL 1945; aus meist sklerotischen Stromata entspringen gestielte Apothezien;

Ascosporen ellipsoidisch, Spermatien kugelig) und die Hyaloscyphaceen (DENNIS 1949), ferner für die Gattungen *Helotium* (WHITE 1942), *Crumenula* (ETTLINGER 1945), *Cyttaria* (SANTESSON 1945), *Dermea* (= *Dermatea;* GROVES 1946) und *Pezicula* (JOHANSEN 1949).

IV. Basidiomyceten.

Die Agaricales (KONRAD und MAUBLANC 1948) und verwandten Reihen erscheinen in ihren stammesgeschichtlichen Verhältnissen noch wenig klar. Die Holobasidiomyceten umfassen offenbar ein Bündel selbständiger Linien, welche die Grenzen der klassischen Hauptgruppen durchbrechen; über die Entwicklungsrichtungen gehen die Ansichten auseinander.

Zusammenhänge zwischen Hymenomyceten und Gastromyceten werden an verschiedenen Stellen angenommen. So bildet HEIM (1948) in der in sich geschlossenen Gruppe der Asterosporales zwei Parallelreihen, welche von einem gemeinsamen Ursprung in einigen gymnokarpen, ineinander übergehenden *Lactarius*- und *Russula*-Sektionen (*L. piperatus, R. delica* u. a.) über verschiedene Zwischenstufen zu angiokarpen, teilweise hypogäischen Formen (*Elasmomyces, Hydnangium*) führen. Analog verbindet er z. B. *Boletus* über *Dodgea* (gestielt, angiokarp) mit der Hypogäengattung *Rhizopogon*. Er leitet also die angiokarpen Formen von den gymnokarpen ab, im Gegensatz z. B. zu SINGER, der den umgekehrten Weg annimmt.

An tropischen Arten aus der Verwandtschaft der Gattung *Mycena* (HEIM 1945) finden sich alle Übergänge zwischen normalen Lamellen mit nur angedeuteten Querfalten, mehr oder weniger ausgeprägten Netzen und rein röhrigen Hymenien (*Mycenoporella*). Entsprechende seitlich gestielt-sitzende, *Pleurotus*-ähnliche Typen sind aus den Gattungen *Porolaschia* und *Favolaschia* bekannt. Die Gestaltung der Hymenien variiert auch bei am gleichen Myzel entstandenen Fruchtkörpern sehr stark, und eine systematische Grenze zwischen lamelligen und röhrigen Formen läßt sich nicht ziehen.

SINGER (1942, 1943) behandelt in Fortsetzung seiner früheren Arbeit über das System der Agaricales (1936) die Familien der Boletineae (Strobilomycetaceen, Boletaceen, Gomphidiaceen, Paxillaceen, Jugasporaceen), die Russulaceen und die Familien der Leucosporae und Rhodosporae (Hygrophoraceen, Rhodogoniosporaceen, Tricholomataceen, Amanitaceen, Leucocoprinaceen).

Literatur.

v. ARX, J. A.: Sydowia **3**, 28—100 (1949).

BEATUS, R.: Z. Naturf. **3 b**, 42—51 (1948). — BERGMAN, B.: Sv. bot. Tidskr. **35**, 194—210 (1941). — BESSEY, E. A.: Mycologia (N. Y.) **34**, 355—379 (1942). — BISBY, G. R.: An Introduction to the Taxonomy and Nomenclature of Fungi. Kew 1945. 117 S. — BJÖRLING, K.: Statens Växtskyddsanstalt Stockholm Medd. **37**, 154 S. (1942) — Kungl. Fysiogr. Sällsk. Förhandl. Lund **16**, Nr. 19, 1—18 (1946). — B,LUMER, S.: Ber. Schweiz. bot. Ges. **58**, 63—68 (1948).

CANTER H. M.: Trans. Brit. Myc. Soc. **32**, 69—94 (1949). — CHADEFAUD, M.: Rev. Mycol. **7**, 57—88 (1942a) — Bull. Soc. bot. France **89**, 58—61 (1942b) — Biologie des Champignons. Paris 1944. 267 S. — Rev. Mycol. **9**, 3—13 (1944) —

C. r. Acad. Sci. Paris **222**, 753—755 (1946). — COUCH, J. N.: Amer. J. Bot. **28**, 704—713 (1941) — Mycologia (N. Y.) **37**, 163—193 (1945). — COUCH, J. N. u. A. J. WHIFFEN: Amer. J. Bot. **29**, 582—591 (1942).

DENNIS, R. W. G.: Myc. Papers Nr. 32. Kew 1949. 97 S.

ELLISON, B. R.: Mycologia (N. Y.) **37**, 444—459 (1945). — EMERSON, R. u. CH. M. WILSON: Science (N. Y.) **110**, 86—88 (1949). — ETTLINGER, L.: Beitr. Krypt. flora Schweiz **10**/1, 73 S. (1945).

GÄUMANN, E.: Vergleichende Morphologie der Pilze. Jena 1926. 626 S. — Die Pilze. Basel 1949. 382 S. — GILLES, A.: Cellule **51**, 371—400 (1947). — GREIS, H.: Biol. Zbl. **58**, 617—631 (1938) — Jb. Bot. **90**, 233—254 (1941) — Bau, Entwicklung und Lebensweise der Pilze. ENGLER-HARMS, natürl. Pflanzenfam. 2. Aufl. Bd. 5a/I. Leipzig 1943. 360 S. — GROVES, J. W.: Mycologia (N. Y.) **38**, 351—431 (1946).

.HAMMARLUND, C.: Bot. Notiser 1945, 101—108. — HARTMANN, M.: Die Sexualität. Jena 1943. 426 S. — HEIM, R.: Rev. Mycol. **10**, 3—61 (1945) — Trans. Brit. Myc. Soc. **30**, 161—178 (1948). — HOLM, L.: Sv. bot. Tidskr. **43**, 65—71 (1949).

JOHANSEN, G.: Dansk bot. Arkiv **13**, Nr. 3, 26 S. (1949).

KARLING, J. S.: The Plasmodiophorales. New York 1942. 144 S. — The simple Holocarpic Biflagellate Phycomycetes. New York 1942. 123 S. — Amer. J. Bot. **30**, 637—648 (1943). — KONRAD, P. u. A. MAUBLANC: Les Agaricales. (1. Teil, Agaricaceen.) Paris 1948. 469 S.

LAGERBERG, T.: Sv. bot. Tidskr. **43**, 420—437 (1949). — LE GAL, M.: C. r. Acad. Sci. Paris **214**, 125—128; **215**, 167—168 (1942) — Bull. Soc. Myc. France **62**, 218—240; C. r. Acad. Sci. Paris **222**, 755—757 (1946) — Ann. Sc. Nat. Bot. 11. Sér.; **8**, 73—297 (1947). — LUTZ, L.: Traité de Cryptogamie. Paris 1948. 708 S.

MALENÇON, G.: Arch. Botanique **3**, 121—129 (1930). — MARTENS, P.: Cellule **50**, 125—310 (1946). — MARTENS, P. u. A. GILLES: Le Botaniste **34**, 309—314 (1949). — McCRANIE, J.: Mycologia (N. Y.) **34**, 209—213 (1942). — MIDDLETON, J. T.: Mem. Torrey Bot. Club **20**, 1—171 (1943). — MIX, A. J.: Univ. Kansas Sc. Bull. **33**/I, Nr. 1, 167 S. (1949).

NANNFELDT, J. A.: Nova Acta R. Soc. Sc. Upsaliensis (Ser. IV) **8**, 2, 368 S. (1932). — NIETHAMMER, A.: Die Gattung Penicillium Lk. Stuttgart 1949. 123 S.

RAPER, K. B. u. CH. THOM: A Manual of the Penicillia. Baltimore 1949. 875 S.

SANTESSON, R.: Sv. bot. Tidskr. **39**, 319—345 (1945). — SCHERFFEL, A.: Arch. Protistenkde **54**, 167—260 (1926). — SCHÖNEFELDT, M.: Z. ind. Abst. u. Vererb.lehre **69**, 193—209 (1935). — SCHUSSNIG, B.: Sydowia **2**, 83—230 (1948); Nachtrag **3**, 267 (1949). — SINGER, R.: Ann. Myc. **34**, 286—378 (1936); **40**, 1—132 (1942); **41**, 1—189 (1943). — SINOTO, Y. u. A. YUASA: Bot. Mag. Tokyo **48**, 720—729 (1934). — SPARROW, F. K. jr.: Aquatic Phycomycetes. Univ. Mich. Studies, Sc. Ser. **15**, 785 S. (1943).

TERRIER, CH.-A.: Beitr. Krypt. flora Schweiz **9**/2, 99 S. (1942). — TETER, H. E.: Mycologia (N. Y.) **36**, 194—210 (1944). — THOM, CH. u. K. B. RAPER: A Manual of the Aspergilli. Baltimore 1945. 373 S.

VLK, W.: Arch. Protistenkde **92**, 157—160 (1939).

WHEELER, H. E., L. S. OLIVE, C. T. ERNEST u. C. W. EDGERTON: Amer. J. Bot. **35**, 722—728 (1948). — WHETZEL, H. H.: Mycologia (N. Y.) **37**, 648—714 (1945). — WHIFFEN, A. J.: Farlowia **1**, 583—597 (1944) — J. Elisha Mitchell Sc. Soc. **62**, 54—58 (1946). — WHITE, W. L.: Mycologia (N. Y.) **34**, 154—179 (1942). — WOLF, F. A. u. F. T.: The Fungi. 2 Bde. London 1947. 438 u. 538 S.

YUASA, A.: Bot. Mag. Tokyo **49**, 538—545 (1935).

ZOGG, H.: Phytopath. Z. **14**, 310—384 (1943) — Ber. Schweiz. Bot. Ges. **54**, 591—603 (1944); **59**, 23—44 (1949).

5 b. Systematik der Spermatophyta[1].

Von Johannes Mattfeld †, Berlin-Dahlem.

System und Phylogenie der Spermatophyta (Embryophyta Siphonogama).

Man liest oft, daß die Phylogenie die Grundlage des Systems sein müsse; die entgegengesetzte Auffassung begründet Danser in kurzen prägnanten Ausführungen. Die vergleichende, typologische Systematik ordnet die Mannigfaltigkeit und bestimmt den Grundplan oder Typus der natürlichen Sippen. „Die phylogenetische Wissenschaft kann keine eigenen Wege gehen und ist darauf angewiesen, typologische Resultate in phylogenetische Sprache zu übersetzen." Die phylogenetischen Deduktionen sind dabei äußerst unsicher und subjektiv.

An mehreren Punkten aber haben in neuerer Zeit erfolgversprechende Bemühungen eingesetzt, das System zu verbessern und sicherere Einblicke in die Zusammenhänge zu gewinnen: Neue Arbeitshypothesen ergeben die aus der Telomtheorie gefolgerten neuen Anschauungen über den morphologischen Aufbau der Blüten; vertiefte Einzeluntersuchungen klären große Gruppen ganz bedeutend (z. B. *Ranales*); und eingehende vergleichend morphologisch-cytogenetische Untersuchung mannigfaltiger Sippenkreise hellt die Mechanik der Differenzierung der Sippen immer weiter auf, so daß ihre Ergebnisse auch unsere Anschauungen über das Großsystem und seine Zusammenhänge wesentlich beeinflussen müssen (z. B. *Crepis, Nicotiana*).

Lam (1) schlägt ein neues System der Cormophyten vor, bei dem die fortschreitende Differenzierung im Sinne der Telomtheorie und die Gegensätze Megaphyllie und Mikrophyllie und Stachyosporie (Sporangien terminal an Telomen, aber oft von sterilen Organen, Stegophyllen oder Pseudokarpellen, umgeben) und Phyllosporie (Sporangien blattständig) besonders berücksichtigt werden. Danach bestehen die Cormophyten aus den vier Gruppen: I. *Eocormophyta* (*Bryopsida* und *Psilopsida*). II. *Palaeocormophyta* (*Lycopsida, Sphenopsida, Pteropsida*). III. *Mesocormophyta*, A. *Megaphylla* (phyllospor, megaphyll: *Cycadopsida*), B. *Microphylla* (meist stachyospor, mikrophyll: *Coniferopsida*). IV. *Neocormophyta*, A. stachyospor: *Protangiospermae* (*Gnetales, Casuarina*), B. a) stachyospor: *Angiospermae Stachysporae* (die *Monochlamydeae* und vielleicht einige *Monocotyledoneae* und *Metachlamydeae*),

---

[1] Dieser Bericht soll den Anschluß an Band **11** gewinnen. Er enthält aber noch sehr große Lücken, da uns hier in Berlin große Teile der ausländischen Literatur noch nicht wieder zur Verfügung stehen. Diese Lücken können erst in den nächsten Jahren allmählich ausgeglichen werden.

b) phyllospor: *Angiospermae Phyllosporae* (die *Polycarpicae* und Abkömmlinge). Danach sind die Angiospermen diphyletisch (aber vielleicht aus einer gemischt phyllo- und stachyosporen Mannigfaltigkeitsgruppe): von den unbekannten stachyosporen *Gnetales*-Vorfahren zu den *Monochlamydeae* und von den phyllosporen *Cycadopsida* zu den *Magnoliales*. *Monochlamydeae* und *Polycarpicae* sind zugleich die ältesten im oberen Jura und der unteren Kreide gleichzeitig auftretenden Angiospermen!

Zu einer neuen Gruppe *Praephanerogamae* vereinigt EMBERGER die *Pteridospermae* und *Cordaitaceae*, da in ihren Samen niemals Embryonen gefunden werden; bei ihnen fallen bereits die Samenanlagen (Megasporangien mit Integumenten) vor der Entwicklung zum Samen ab. *Ginkgo* verhält sich ähnlich, und CHADEFAUD zieht auch unter dem Namen *Hemispermae* die *Cycadaceae* zu dieser Gruppe. Diese durch ein Einzelmerkmal zusammengehaltene Gruppe ist aber durchaus künstlich und heterogenetisch, wie ARNOLD und besonders FLORIN betonen, da die einzelnen Sippen dieser Gruppe morphologisch, so insbesondere in der Natur ihrer Megasporophylle, sehr verschieden sind. — Für die *Pteridospermae, Gymnospermae* und *Angiospermae* scheint ein gemeinsamer Name nach einem Merkmal, das allen Siphonogamen in vollem Umfange ausnahmslos und ausschließlich zukommt, nicht möglich zu sein. ROBYNS (1) zieht für die Siphonogamen den Namen *Spermatophyta* vor, da sie alle Samen mit Embryo, nicht aber alle Pollenschläuche besäßen. Aber die Samenbildung ist polyphyletisch (*Lepidocarbon*), und anderseits haben die Pteridospermen und Cordaitaceen keine Embryonen in den Samen. So haben die Namen *Spermatophyta* und *Embryophyta Siphonogama* gleiche Vorteile und Nachteile, und es ist ziemlich einerlei, welchem man den Vorzug gibt.

FAGERLIND (1), der die Blüten von *Gnetum* eingehend untersucht, kommt zu dem Schluß, daß die *Gnetales* den Cordaiten und anderseits den Urangiospermen, aus denen sich die heutigen Angiospermen polyphyletisch entwickelt haben, nahestehen. Er homologisiert die integumentähnlichen Hüllen der männlichen und weiblichen Blüten von *Gnetum* mit den Brakteenkränzen des Strobilus und deren achselbürtige, als reduzierte Seitensprosse aufgefaßte weibliche Blüten mit den am Strobilusgipfel terminalen Samenanlagen. Da diese aber auch den Samenanlagen der Angiospermen homolog sind, so sind auch diese als reduzierte Sprößchen aufzufassen, und daraus ergibt sich, daß die Plazenten der Angiospermen Achselsprosse der Fruchtblätter sind, ebenso wie die Stamina in vielen Gruppen Achselsprosse der Petalen sind. Die Mannigfaltigkeit der Plazentenbildung erklärt sich aus ihrer polyphyletischen Entwicklung. *Gnetum* ist aber selbst, wie auch FAGERLIND hervorhebt, ein sehr stark reduzierter und spezialisierter Typus; es bleibt daher weiterer Erwägung überlassen, ob aus solcher Grundlage so weitgehende Schlüsse möglich sind.

Dagegen versucht JANCHEN, WETTSTEINs Pseudanthientheorie ausführlicher zu begründen, als das bisher geschehen ist, indem er Merkmale zusammenstellt, die er als Wahrscheinlichkeitsbeweis für die Abstammung der Apetalen von *Ephedra*-ähnlichen Vorfahren wertet. Als primitive Merkmale der Apetalen führt er an: Vorherrschen von Holzpflanzen, Vorherrschen von eingeschlechtigen Blüten, Vorherrschen unscheinbarer Blüten, Vorkommen gespaltener Staubgefäße, Vorherrschen sitzender Narben, häufiges Vorkommen grundständiger Plazentation, Vorkommen von Leitbündeln im Integument, Vorherrschen von Windbestäubung, häufiges Vorkommen endotropen Pollenschlauchverlaufes, langsame Entwicklung der haploiden Phase, Vorherrschen einsamiger Schließfrüchte. Von den primitiven Apetalen führt er die Entwicklung in progressiver Ausgestaltung der Blüten weiter zu den *Ranales*.

In einem Prachtwerk über die südafrikanische Flora präzisiert HUTCHINSON (1) sein früher veröffentlichtes System. Die Gliederung der Dicotyledonen in einen holzigen, von den Magnoliaceen und einen krautigen, von den Ranunculaceen abgeleiteten Ast wird noch stärker betont; außerdem werden die Sympetalen jetzt ganz aufgelöst.

SPORNE versucht durch Vergleich von Merkmalen mit einer arithmetisch-statistischen Methode den Grad der Primitivität der einzelnen Familien der Dicotyledonen zu errechnen und in Prozentzahlen auszudrücken. Berechnet man die abgeleiteten Merkmale, so sind am primitivsten, d. h. den Urdicotyledonen am meisten angenähert, die *Flacourtiaceae* mit 7%, es folgen die *Euphorbiaceae* (11%), *Fagaceae* (17%), *Dilleniaceae* (25%), die *Magnoliaceae, Nymphaeaceae, Salicaceae* mit je 27%; abgeleitet sind die *Compositae* (65%), die *Dipsacaceae, Gentianaceae, Polemoniaceae, Valerianaceae* mit je 93%, die *Gesneriaceae* und *Pedaliaceae* mit je 96% und die *Labiatae, Martyniaceae, Phrymaceae* mit je 100%.

ZIMMERMANN (1) erörtert die erkenntnistheoretischen Grundlagen einer unabhängigen Phylogenie und (2) schildert die Entwicklungsgeschichte der Pflanzen in zehn Stufen.

Gegenüber den häufigen Versuchen, die Sympetalen als künstliche Gruppe aufzuteilen und die einzelnen Sippen an bestimmte Reihen der Choripetalen anzuschließen, betont ROBYNS (2) die natürliche Zusammengehörigkeit wenigstens der haplostemonen tetracyclischen Sympetalen (*Epacridineae, Primulales, Plumbaginales, Contortae, Tubiflorae, Plantaginales, Rubiales, Campanulatae*). Sie sind gemeinsam durch einheitliche Blütenentwicklung und andere Merkmale charakterisiert und nicht nur künstlich durch ein Merkmal zusammengehalten. Gamophyllie tritt an den verschiedensten Stellen der Choripetalen in mannigfaltiger Weise meist in enger Verwandtschaft mit Choripetalen in Erscheinung, um nur selten den Status der echten Sympetalen zu erreichen. Nur drei kleine Familien der Choripetalen sind völlig gamopetal, die *Corynocarpaceae, Achariaceae* und *Caricaceae*. Sie verdienen nähere Untersuchung. Aus dem Rahmen der echten Sympetalen fallen nur die *Cucurbitaceae* heraus (Receptaculum, eingeschlechtige Blüten, bitegmische Samenanlagen). Aber auch die pentacyclischen, diplostemonen Sympetalen (*Diapensiales, Ericales, Ebenales*) sind heterogen; sie haben das Stadium der Sympetalie noch nicht vollkommen erreicht.

Wesen der Sippen (Definition, Umgrenzung, Entstehung).

Definition der Sippen. Man hat immer wieder versucht, allgemeingültige Definitionen für die systematischen Rangstufen, besonders die Grundkategorie der Art, aufzustellen. Alle solche vermeintlichen „Artdefinitionen" sind aber bestenfalls allgemeine Sippendefinitionen. MANNSFELD (1) zeigt in präzisen Ausführungen die Gründe auf. Die Definition von Kategorien setzt allgemein gleichwertige Merkmale voraus. Die Merkmale der Lebewesen sind in den einzelnen Sippen ungleichwertig, und die Sippen selbst sind ungleich gegliedert. Diese „Varianz" der systematischen Wertigkeit trifft sowohl für morphologische wie für cytologische, genetische, ökologische und alle anderen Merkmale zu. Daher „läßt sich kein allgemeingültiger Maßstab für die Anwendung der Rangstufen finden"; „also ist eine Definition des Artbegriffs im natürlichen System nicht möglich".

Die intraspezifischen Einheiten werden mehrfach diskutiert. Groß ist die Neigung, unterhalb der Art nur noch eine wesentliche Kategorie (Subspecies) anzuerkennen. Ebenso wie BABCOCK beschränken auch CAMP und GILLY die intraspezifischen Rangstufen auf die beiden Kategorien Subspecies und Forma (minor variants); Varietas wird als Behelfsausdruck für abweichende Sippen in noch nicht näher untersuchten Gruppen vorgeschlagen. — Für Einzelindividuen mit abweichenden Merkmalen innerhalb einer Art führen CAMP und GILLY die Kategorienbezeichnung Stropha ein. Dagegen setzt ROSENDAHL sich dafür ein, innerhalb der Species die beiden Kategorien Subspecies und Varietas beizubehalten. Läßt man, wie das jetzt vielfach vorgeschlagen wird, nur noch die eine Kategorie Subspecies zu, so führt das notwendig zu einer Erniedrigung ihres Gehaltes und zu einer allzu freien und sorglosen Benutzung des Begriffes.

Genetische und cytologische Untersuchungen hatten in den letzten Jahrzehnten für die Systematik das wichtige Ergebnis, daß die Arten nach ihrer Entstehung und nach ihrem inneren Aufbau sehr verschiedenartig sein können. In einer Studie über die Struktur und die Entstehung der Arten gliedern CAMP und GILLY [n. v.; zitiert nach BABCOCK (1, S. 35) und MERXMUELLER] diese verschiedenartigen Arttypen gegeneinander ab und führen für sie besondere Namen ein:

Homogeneon ist eine genetisch und morphologisch homogene, interfertile Art.

Parageneon ist eine Art mit verhältnismäßig geringfügiger morphologischer und genetischer Variation in ihrem ganzen Bereich, die aber einige abweichende Genotypen enthält; alle Individuen sind interfertil.

Rheogameon ist eine Art, die aus morphologisch beträchtlicher verschiedenen Sippen zusammengesetzt ist, deren Arealgestaltung aber einen Genaustausch ermöglicht; die Individuen der einander benachbarten Sippen sind interfertil.

Micton ist eine hybridogene Art.

Phenon ist eine Art mit Intrasterilitätsschranken.

Dysploidion ist eine Art, die aus morphologisch ähnlichen, aber eine dysploide Reihe (Chromosomen z. B. 10, 11, 12, 13, ...) bildenden Sippen zusammengesetzt ist, deren Individuen sich geschlechtlich fortpflanzen.

Euploidion, ähnlich der vorigen, aber die intraspezifischen Sippen bilden eine euploide Reihe (z. B. 8, 16, 32, ...).

Alloploidion, eine durch Allopolyploidie entstandene, intrafertile Art.

Das Apogameon enthält apomiktische und geschlechtliche, das Agameon nur apomiktische Sippen; das Kleistogameon ist kleistogam.

Heterogameon (*Oenothera*).

Auf *Crepis* angewendet, ergibt eine Zusammenstellung Babcocks (1), daß die meisten Arten dieser Gattung als Homogeneon und Parageneon und nur die 20 hochpolymorphen als Rheogameon anzusprechen sind; nur die 10 nordamerikanischen Arten sind als Apogameon, Euploidion und Alloploidion ausgebildet.

Babcocks (1) genetische Untersuchungen an *Crepis* haben gezeigt, daß diese Gattung eine phylogenetische Einheit ist. Aber die Kreuzbarkeit läßt sich weder für die Definition der systematischen Kategorien noch für die Wertung und Umgrenzung der Sippen verwenden; denn ihre ausschließliche Berücksichtigung ergäbe ebenso unnatürliche Einheiten wie die jedes anderen einzelnen Merkmales. Durch die Kreuzbarkeit konzipierte Sippen würden in *Crepis* bald Gruppen von ganz nahe verwandten, bald solche ziemlich unähnlicher Arten sein.

Für den von Nägeli eingeführten Terminus „Sippe" als Bezeichnung für jede systematische Einheit, deren Kategorienwert man nicht angeben will oder kann, hat der 7. Internationale Botanische Kongreß in Stockholm den international brauchbaren Terminus „Taxon" (plur. Taxa) eingeführt.

Entstehung der Sippen. Die Ergebnisse seiner durch mehr als 25 Jahre durchgeführten Untersuchungen über die in der Gattung *Crepis* wirksamen sippenbildenden Prozesse kann Babcock (1, 2; und Babcock, Stebbins und Jenkins) jetzt zu einem Gesamtbild zusammenfassen. Die verwandten Arten unterscheiden sich meist durch eine größere Zahl kleiner Merkmale, deren Differenzierung auf Genmutation beruht. Genmutation ist der hauptsächliche, neue Merkmale schaffende Entwicklungsfaktor in dieser Gattung. Hybridisierung und Polyploidisierung haben daneben nur in wenigen Verwandtschaftskreisen der Gattung die Mannigfaltigkeit erhöht. Die vor oder nach der Veränderung durch Genmutationen für die Stabilisierung neuer Merkmalsträger zu neuen Sippen notwendige Isolierung solcher Populationen erfolgte auf verschiedene Weise, in großem Ausmaße aber durch geographische Sonderung. Sexuelle Isolierung wurde bewirkt durch Häufung von Genmutationen; in *Crepis tectorum* entstand durch Genmutation ein interspezifisches Letalgen, das z. B. die jungen Sämlinge der Kreuzung mit *Crepis capillaris* absterben läßt; am bedeutungsvollsten für die Entstehung von Sterilitätsgrenzen sind aber Umgestaltungen des Genoms. Gerasimova erhielt nach Behandlung mit X-Strahlen in *Crepis tectorum* Individuen, deren Caryotypus durch Translokationen verändert war, so daß sie sich mit nichtbehandelten Individuen von *Crepis tectorum*, von denen sie sich morphologisch nicht unterscheiden, nicht mehr kreuzen lassen. Tobgy und Sherman zeigten durch genaue cytogenetische Analysen, daß durch reziproke Translokation zwischen nicht homologen Chromosomen die Form der Chromosomen, namentlich ihre Symmetrie, geändert und ihre Zahl von 5 auf 4 und von 4 auf 3 reduziert wurde. Daraus wird geschlossen, daß Translokationen als Isolierungsfaktor eine wichtige Rolle in der Entwicklung der Gattung *Crepis* und direkt für die phylogenetische Entwicklung des Caryotypus gespielt hat. Die in der Gattung *Crepis* als allgemeines Entwicklungsprinzip wahrzunehmende Verkleinerung und Verkürzung der Chromosomen dagegen ist wahrscheinlich auf Genmutationen zurückzuführen. — Umgestaltungen des Caryotypus bewirken also wohl intraspezifische Sterilitätsgrenzen, aber keine morphologischen oder physiologischen Änderungen der Pflanze. Die Differenzierung geschah in *Crepis* im Sinne des Neo-Darwinismus durch die Häufung kleiner Mutationsschritte. Dieses Ergebnis ist also der Annahme Goldschmidts entgegengesetzt, daß auf Genmutation nur die Mikroevolution, d. i. die intraspezifische Polymorphie, beruhe, während die Art- und Gattungsmerkmale durch Systemmutationen, die in Umgestaltungen der Chromosomenform bestehen, entstehen (Makroevolution). Irgendein Anhalt dafür, daß größere und kleinere Unterschiede auch ihrer Entstehung nach wesensverschieden sind, hat sich bei den Untersuchungen der Gattung *Crepis* nicht ergeben. — Gewisse Schwierigkeiten bereitet meines Erachtens der Vorstellung die Annahme, daß intraspezifische Sterilitätsschranken für die Differenzierung ebenso wirksam sind wie geographische Isolierung. Geographisch gesonderte verwandte Sippen sind unzählige bekannt. Wären intraspezifische Sterilitätsschranken ebenso häufig wie geographische, so müßten viele Arten aus geographisch gemischten, morphologisch verschieden stark, aber immer scharf differenzierten Sippen bestehen, die sich nicht miteinander kreuzen lassen. Das ist aber nicht der Fall; vielmehr wird allgemein beobachtet, daß Sippen sich um so leichter kreuzen lassen, je näher sie sich morphologisch stehen. Wenn Isolierungen durch Translokationen phylogenetisch wichtig sind, so ist doch anzunehmen, daß sie auch in längeren Zeitabläufen nur ziemlich selten eintreten, während Differenzierung durch geographische Isolierung eine viel allgemeinere Erscheinung ist.

Die American Philosophical Society erörtert die Probleme Selektion und Anpassung von zoologischer, paläontologischer und botanischer Seite. Stebbins betont die allgemeine Wirksamkeit der Selektion. Unter Berücksichtigung der Pleiotropie der Gene hat es die Selektion nicht mit einzelnen Merkmalen zu tun, sondern mit harmonischen, adaptiven Kombinationen von Merkmalen; der Selektionswert der Einzelmerkmale hängt wesentlich von ihrer Beziehung zu den anderen Merkmalen der Pflanze ab.

Dobzhansky, Genetics and the Origin of Species, ist in 2. Auflage erschienen (n. v.).

Phylogenetische Beziehungen der Sippen.

Cyperaceae. Die Zwitterblüte der Cyperaceen ist nicht von dem „normalen" monokotylen Diagramm abzuleiten. HOLTTUM (1) zeigt, daß die Partialinflorescenzen der *Hypolytreae* (*Mapania, Scirpodendron*), in der unter einer weiblichen Terminalblüte mehrere bis zahlreiche monandrische männliche Blüten je in der Achsel eines Deckblattes stehen, primitiv sind. Durch Verarmung wird daraus eine zwittrige „Blüte", die von einer *Scirpus*-Blüte nicht zu unterscheiden ist, wie Ref. schon früher gezeigt hatte (Proc. internat. Congr. Amsterdam 1935). Die *Rhynchosporeae* sind eine Parallelentwicklung zu den *Scirpeae* aus den *Hypolytreae*. Diese primitiven Cyperaceen haben manche Anklänge an die *Pandanales,* zu denen sie vielleicht auch phylogenetische Beziehungen haben. — Die eingeschlechtigen Gruppen (*Cryptangieae, Cariceae, Sclerieae*) leitet HOLTTUM durch Reduktion von den *Rhynchosporeae* ab.

Gramineae. PILGER (1) teilt in seinen „Additamenta Agrostologica" kritische morphologische und systematische Untersuchungen an mehreren *Festucoideae* mit. Er klärt und präzisiert sich um *Hordeum* und *Elymus* gruppierende Gattungen [z. B. *Cuviera europaea* (L.) Koeler; *Leymus* Hochst.] und erörtert die morphologische Natur ihrer Hüllspelzen (gespaltenes Blatt); ferner die Gattungen der *Leptureae.* Die *Agrostideae* werden aufgelöst und ihre Gattungen zu den *Aveneae,* teils auch zu den *Phalarideae, Festuceae* und *Stipeae* gestellt. Sehr eingehend stellt PILGER (2) die morphologische Mannigfaltigkeit der Vorspelze in allen Gruppen der *Gramineae* dar und zeigt ihre systematische Bedeutung auf; so ist sie z. B. bei den *Triticeae* konstant seitlich eingekrümmt. — Die *Leptureae* werden auch von HUBBARD (1) kritisch untersucht. *Lepturus* und *Pholiurus* erweisen sich als heterogenetisch und werden aufgeteilt. Die neue Gattung *Henrardia* Hubbard (*Lepturus persicus* Boiss) wird zu den *Triticeae* gestellt, von denen sie aber auch in wichtigen Merkmalen abweicht (Ährchen 1—2blütig, Hüllspelzen und Vorspelzen gleich lang). *Lepturus* erinnert durch die sattelförmigen Kieselzellen in der Blattepidermis an die *Chlorideae,* zu denen sie aber nach PILGER (3) keine verwandtschaftlichen Beziehungen hat.

Liliaceae. Die von HUTCHINSON zu den *Amaryllidaceae* gestellten Gattungen *Allium* und *Agapanthus* haben nach OLIVEIRA MAIA einfaltigen Pollen wie die *Liliaceae,* während die Pollenkörner der *Amaryllidaceae* zwei Falten haben.

Dioscoreaceae. Die oft nur mit Zweifel zu den Dioscoreaceen gestellte australische Gattung *Petermannia* F. Muell. hat nach SCHLITTLERs (1) Untersuchung morphologisch und besonders anatomisch vieles mit den *Liliaceae Luzuriagoideae* gemeinsam und nimmt eine Zwischenstellung zwischen den beiden Familien ein. So lassen sich die *Dioscoreaceae* phylogenetisch an die *Liliaceae* anschließen, während sie zu den *Taccaceae, Amaryllidaceae* und *Iridaceae,* für deren Verwandte sie oft gehalten wurden, keine direkten Beziehungen haben.

Saururaceae. *Gymnotheca chinensis* Decne. kann nach VAN STEE-NIS (1) nicht mit *Houttuynia* oder *Saururus* vereinigt werden, sondern sie ist eine gute Gattung: 4 Griffel, 4 Plazenten, Traube ohne petaloide Hülle, Stamina 6 epigyn, Ovar gestielt.

Fagaceae. In den Kupularklappen von *Nothofagus,* deren Blüten LANGDON morphologisch und anatomisch untersucht, sind die Gefäß-bündel wie in den Blütenstandsachsen ringförmig angeordnet; sie können also keine Blätter sein, sondern sie vereinigen in sich, wie schon CELA-KOVSKY angab, die Achsen-, Blatt- und Blütenelemente umgebildeter, steril gewordener Partialinflorescenzen. Die auf 1—3 blütige Dichasien reduzierten Blütenstände von *Fagus* und *Nothofagus* müssen also Vor-fahren mit reichblütigen dichasialen Blütenständen gehabt haben. Auf Neuguinea neu entdeckte *Nothofagus*-Arten sind noch weiter reduziert als die bisher bekannten, indem ihre Cupulafruchtbecher nur zwei-klappig sind; auch gibt es dort Arten, bei denen alle drei Blüten eines Dichasiums bikarpellat sind.

Ranales. Früher schon hatte DANDY erhebliche Unterschiede inner-halb der *Magnoliaceae* gefunden, die ihn nötigten, diese Familie auf die eigentlichen *Magnolieae* einzuengen. Jetzt werden unter der Führung von I. W. BAILEY die holzigen *Ranales* morphologisch und besonders auch anatomisch genauer untersucht, und es zeigt sich, wie sehr die Kenntnis des Systems der Blütenpflanzen durch sehr eingehende ver-gleichende Untersuchungen noch vertieft werden kann. Fast alle Gat-tungen haben ein Gemisch primitiver und mehr oder weniger abgeleiteter Merkmale. Die Unterschiede zwischen den Gattungen sind größer, als es im System bisher zum Ausdruck kommt; manche Gattung erhält den Rang einer eigenen Familie. Direkte Beziehungen zwischen den ein-zelnen Sippen lassen sich nicht erkennen; die ganze Gruppe besteht aus Resten einer ehemals reichen Entfaltung, die aber doch wenigstens zum Teil eine gemeinsame Grundlage haben. — Auf den Fidschi-Inseln fand A. C. SMITH eine interessante neue Gattung *Degeneria* I. W. Bailey et A. C. Smith (1 Art), die eine neue Familie *Degeneriaceae* bildet aus der Verwandtschaft der *Himantandraceae* und *Magnoliaceae.* Die Blüten-hülle ist in Kelch und Krone differenziert; die Stamina sind länglich-elliptische oder verkehrt eiförmige ungegliederte dreinervige Sporophylle mit zwischen den Nerven liegenden, kaum hervortretenden, extrors sich öffnenden Mikrosporangien, die inneren sind staminodial; die Blütenachse ist kurz und trägt in einer Eintiefung ein (selten 2) Karpell; das dreinervige Karpell ist nach oben gefaltet und lange offen, es schließt sich erst spät an den bis tief herab und weit auf die Innenfläche hin-auf mit Narbenpapillen besetzten Rändern; die zahlreichen Samen-anlagen stehen in zwei Reihen vom Rande entfernt auf der Fläche; Schließfrucht, die Samen der einen Reihe sitzend, die der anderen ge-stielt. Weitere Einzelheiten teilt SWAMY mit. — BAILEY, NAST und SMITH haben die *Himantandraceae* genauer untersucht. Die jungen Blät-ter sind wie die Karpelle nach oben längs gefaltet. Die *Degeneriaceae, Himantandraceae* und die auf die *Magnolieae* eingeschränkten *Magnolia-ceae* stimmen anatomisch gut miteinander überein, sind aber in den

Blütenorganen beträchtlich voneinander differenziert. Sie bilden eine Gruppe selbständiger Familien, von denen die übrigen holzigen *Ranales* weiter entfernt sind. — Die 6 Gattungen *Drimys* Forst. (40 Arten, Amerika und Australasien), *Bubbia* Tiegh. (40 Arten, Neuguinea, Australien, Neukaledonien, Lord Howe-Insel), *Belliolum* Tiegh. (8 Arten, Neukaledonien, Salomon-Insel), *Pseudowintera* Dandy (2 Arten, Neuseeland), *Exospermum* Tiegh. (2 Arten, Neukaledonien) und *Zygogynum* Baill. (6 Arten, Neukaledonien), die vielfach zu den *Magnoliaceae* § *Illicieae* gestellt wurden, bilden nach BAILEY und NAST eine natürliche eigene Familie *Winteraceae* (keine Gefäße im sekundären Holz, Pollen einporig in Tetraden), die auch in den Karpellen und Stamina noch primitive, an die *Degeneriaceae* anklingende Formen bewahrt hat, während andere Sippen dieser Gruppe in diesen Merkmalen abgeleitete Formen entwickelt haben. *Illicium* dagegen hat Gefäße und dreifaltigen Pollen; sie bildet eine eigene, mit den *Winteraceae* nicht näher verwandte Familie *Illiciaceae*. Auch *Schisandra* und *Kadsura* (bisher *Magnoliaceae* § *Schisandreae*) haben nach BAILEY und NAST (2) so viel anatomische und morphologische Eigenheiten, daß sie als eigene Familie *Schisandraceae* gewertet werden müssen (u. a. tri- und hexakolpaten Pollen). — Die erst 1929 in Queensland entdeckte Gattung *Austrobaileya* White wurde bald zu den *Magnoliaceae*, bald zu den *Dilleniaceae* gestellt. Nach BAILEY und SWAMY gehört sie als eigene Familie *Austrobaileyaceae* (Gefäße, Ölzellen, einfaltiger Pollen, unilakunare Blattknoten) zu den primitiven *Ranales* aus der Verwandtschaft der *Monimiaceae*. — Die *Trochodendraceae* und die *Tetracentraceae* (keine Gefäße, Chalaza vorgezogen, innerviert, Pollen dreifaltig) sind nach BAILEY und NAST (3) und NAST und BAILEY nahe miteinander verwandt, haben aber zu den gleichfalls gefäßlosen *Winteraceae* keine näheren Beziehungen. Die auf dem einen Merkmal der fehlenden Gefäße von VAN TIEGHEM gebildete Gruppe der Homoxylées ist unnatürlich. — Eingehend wird auch *Cercidiphyllum* von SWAMY und BAILEY untersucht und ihre Selbständigkeit als Familie nachgewiesen. Sie gehören zu den *Ranales* in dem Sinne, daß diese eine Sammelreihe für primitive Dicotyledonen sind. Mit den *Hamamelidaceae* oder *Saxifragaceae* haben sie nichts zu tun. — Die häufig zu den *Trochodendraceae* gestellte Gattung *Euptelea* unterscheidet sich nach NAST und BAILEY (2) morphologisch und anatomisch (Gefäße vorhanden) so erheblich, daß sie als eigene Familie ohne nähere Verwandtschaft innerhalb der *Ranales* aufgefaßt werden muß. — In *Amborella* weisen BAILEY und SWAMY eine gefäßlose Gattung der *Monimiaceae* nach, deren Einreihung aber noch nicht ganz sicher ist. — Auch bei den *Chloranthaceae* fanden SWAMY und BAILEY (2) in *Sarcandra* Gardner (2 Arten, Ost- und Südasien) eine Gattung ohne Gefäße; auch andere anatomische Merkmale (Blattknoten) erinnern an die *Monimiaceae* und *Austrobaileyaceae*. Deswegen und weil die *Piperaceae, Saururaceae* und *Chloranthaceae* Ölzellen und einfaltigen Pollen haben, schlagen diese Autoren vor, die *Piperales* in ENGLERs *Ranales* einzubeziehen.

Eucommiaceae. Nach einer vergleichenden Erörterung der Merkmale kommt VAROSSIEAU zu dem Schluß, daß die *Eucommiaceae* zu den *Urticales* gehören (einfache Inflorescenzen, eingeschlechtige diözische Blüten, einfächeriges dimeres Gynaeceum, papillöse Narben, spiralige, pseudodistiche Blätter, einfache Gefäßperforation, Libriform mit Hoftüpfeln, einzellige Haare, Milchsaftelemente). Leichte Anklänge deuten auf die *Euphorbiaceae — Hippomaneae*, sehr geringe auf die *Hamamelidaceae*; zu den *Trochodendraceae* bestehen keine Beziehungen.

Leguminosae. Die früher zu den *Caesalpinioideae* und dann zu den *Sophoreae* gestellte argentinische Gattung *Gourliea* Hook et Arn. wird von BURKART (3) genauer untersucht, sie hat verwachsene, diadelphische Stamina und nicht aufspringende steinfruchtartige Hülsen wie die *Dalbergieae* und ist in dieser Gruppe mit *Geoffroea* Jacq. zu vereinigen. ROTHMALER (1) untersucht die Gattungsgrenzen innerhalb der *Cytisinae* unter besonderer Berücksichtigung der Kelchform.

Lepidobotryaceae fam. nov. LEONARD beschreibt die bisher unbekannten Früchte von *Lepidobotrys* Engl. (tropisches Afrika; Kapsel einsamig, 2—3klappig septicid mit lederigem Perikarp), die bisher mit Zweifel zu den *Linaceae* (und *Oxalidaceae*) gestellt wurde, und kann sie nun als eigene neue Familie *Lepidobotryaceae* charakterisieren, die sich von den *Linaceae* unterscheidet durch: gegliederte unifoliate Blätter, traubige zapfenförmige Blütenstände, getrennt geschlechtige Blüten, quincunciale Kelche, vorhandenen Discus, trimere Fruchtknoten, kollaterale Samenanlagen, septicide Kapseln.

Empetraceae. BULARD und GAUSSEN betonen, daß man die Empetraceen blütenmorphologisch zwar von den Ericaceen ableiten könne, daß aber die Beweiskraft dieser Merkmale unsicher bleibe; dagegen spricht die große Übereinstimmung in der Blattanatomie und besonders im Bau der Haare sehr für eine nahe Verwandtschaft der beiden Familien.

Celastraceae. *Siphonodon* Griff. (Südasien, Australien) wird als anomale Gattung zu den *Celastraceae* gestellt. Sie ist dadurch merkwürdig, daß aus einer zentralen Aushöhlung des Karpells eine griffelartige Mittelsäule hervorragt. In einer neuen Deutung bezeichnet CROIZAT diese als steriles Blütenzentrum (Discus), um das die Karpelle gruppiert sind. Die Gattung wird als eigene Unterfamilie *Siphonodonoideae* bei den *Celastraceae* belassen.

Hippocrateaceae. *Campylostemon* Welw. ist eine Zwischengattung, die in den vegetativen Merkmalen sich an die *Hippocrateaceae* anschließt, von LOESENER aber wegen des pentameren Andrözeums zu den *Celastraceae* gestellt wurde. Nun zeigen aber auch die bisher unbekannten Früchte, die LAWALREE für *Campylostemon Laurentii* De Wild. bekannt macht, den gleichen Bau wie die von *Hippocratea*: fast bis zum Grunde dreilappige Kapseln mit flachen Merikarpien, Samen basal geflügelt. Da solche Fruchtformen bei den Celastraceen nicht vorkommen, überführt LAWALREE *Campylostemon* wieder zu den *Hippocrateaceae*, obwohl diese durchgängig nur drei Stamina haben, und formuliert die Familiendiagnose entsprechend.

Cactaceae. Gegen die von CROIZAT neuerdings versuchte Ableitung der *Cactaceae* von *Punica* und *Sonneratia* stellt BUXBAUM (1) die Merkmale zusammen, die sie mit den *Phytolaccaceae* gemeinsam haben. — Weiter macht BUXBAUM (2) auf vegetative Merkmale der *Phytolaccaceae* aufmerksam, die als Vorläufer des Kakteenhabitus gelten können: Vorstufen der Rippenbildung, Vorblattdornen, Areolenvorläufer. — HUTCHINSON dagegen stellt sie als Reihe in die Verwandtschaft anderer *Parietales.*

Onagraceae. In der Leitbündelversorgung der Blüten der *Lopezieae* weisen die sorgfältigen Untersuchungen von BAEHNI und BONNER bei den sechs untersuchten, zu vier verschiedenen Gattungen gehörigen Arten gewisse Unterschiede auf, die man wohl als eine oder mehrere phylogenetische Reduktionsreihen ansehen kann. Da aber die *Lopezieae* in ihren morphologischen Merkmalen mit fast allen anderen Trieben der *Onagraceae* mannigfach verknüpft sind, ist es ebenso wahrscheinlich, daß die *Lopezieae* eine heterogene Gruppe sind.

Pirolaceae. COPELAND untersucht die Anatomie und Morphologie der *Piroleae* eingehend; er zieht sie zu den *Ericaceae* und schließt die fünf Gattungen an die *Arbutoideae-Andromedeae* an.

Ericaceae. HUTCHINSON (2), der die *Ericaceae* von den *Theaceae* und *Dilleniaceae* ableitet, entwirft einen Stammbaum für die zahlreichen Series der Gattung *Rhododendron.* Er hält es für wahrscheinlich, daß sich *Azalea*, die er aber doch als Sektion bei *Rhododendron* beläßt, ganz unabhängig aus den *Theaceae* entwickelt habe.

Scrophulariaceae. VAN STEENIS (2) untersucht die Merkmale der Gattung *Wightia* Wallich (2 Arten, Malesien), die wegen der endospermlosen, geflügelten Samen oft zu den Bignoniaceen gestellt wird. Es ergibt sich aber, daß sie mit *Paulownia* verwandt ist und trotz abweichender Merkmale zu den *Scrophulariaceae* gehört; dafür sprechen u. a. die etwas knopfigen Narben, das zweifächrige Ovar mit axilarer Placenta und die zweiklappig aufspringenden Früchte mit den Scheidewänden auf den Klappen. — ROTHMALER (2) untersucht die Merkmale der *Antirrhineae*, die er auf die Gattungen mit mannigfach, aber nicht septicide oder lokulicide sich öffnende Kapseln beschränkt, und gibt eine analytische Übersicht über die 21 Gattungen (Mittelmeergebiet, westliches Mittelamerika), von denen mehrere bisher als Sektionen anderer Gattungen gewertet wurden. Öffnungsweise der Kapsel, Form der Samen, Gestalt der Korolle, Form des Androeceums usw. geben die differenzierenden Merkmale.

Compositae. LEONHARDT erörtert die systematische Bedeutung der Merkmale der Compositen und die philogenetischen Beziehungen der Gruppen.

Auswertung von Einzelmerkmalen für das System.

Anatomie. Von besonderer Wichtigkeit ist METCALFE und CHALK, Anatomie der Dicotyledonen, das seit SOLEREDERs bekanntem Werk die anatomischen Eigentümlichkeiten für jede Familie zum erstenmal wieder in knapper Form vollständig zusammenstellt unter Verwertung sehr ausgedehnter eigener Untersuchungen. Jede Familie wird kurz anatomisch charakterisiert, und dann werden die Anatomie von Blatt und Achsen (Stamm, Holz, Wurzel) genauer besprochen; es folgen taxonomische und phylogenetische Bemerkungen und Angaben über die ökonomische Verwendung und schließlich eine Liste der untersuchten Gattungen. Die Literatur seit SOLEREDER ist vollständig zitiert. In der allgemeinen Einleitung wird der systematische und phylogenetische Wert der anatomischen Merkmale kritisch erörtert. Am Schluß des zweiten Bandes findet sich eine sehr nützliche Liste, die für jedes anatomische Merkmal die Familien nennt, in denen dieses Merkmal vorkommt. — JANSSONIUS bespricht in zahlreichen Einzelnoten die Bedeutung der Holzanatomie für die Erkennung der verwandtschaftlichen Beziehungen und weist vielfach auf anatomische Ähnlichkeiten hin, die bisher im System nicht zum Ausdruck kommen. — W. WIEDENBRUG beschreibt die Anatomie der chilenischen Hölzer und gibt einen ausführlichen anatomischen Bestimmungsschlüssel für alle Gattungen und Arten.

Gymnospermae. Die sekundäre Rinde der Cupressaceen besteht aus in streng endogener Rhythmik abwechselnden einreihigen Tangentialbändern von Fasern, Siebzellen, Parenchym, Siebzellen, Fasern usw. Nun beobachtete HUBER bei *Chamaecyparis lawsoniana* zuweilen ein Mehrschichtigwerden des im Frühjahr zuerst gebildeten Siebzellbandes. In dieser Vermehrung sieht HUBER die phylogenetische Vorstufe zu dem Jahrringbau der Rinde der Abietineen, die im Frühjahr nur Siebzellen und erst später wieder in endonomem Wechsel Siebzellen und Parenchym (*Larix*) oder nur eine Parenchymreihe (*Picea*) bilden.

Gramineae. HELGA SCHWABE (1, 2) gibt einen Schlüssel für 22 argentinische *Muehlenbergia*-Arten nach blattanatomischen Merkmalen. Anatomisch, cytologisch und morphologisch bilden *Muehlenbergia, Lycurus, Epicampes* und *Sporobolus* eine einheitliche Gruppe, die in die Tribus *Eragrosteae* gehört. — Hingewiesen sei auf ,,anatomische Untersuchungen an Andropogoneen-Hüllspelzen'' von ELISE REICHWALDT, die wohl auch für die Unterscheidung kleinerer Sippen in Betracht kommen.

Betulaceae. Zur systematischen Charakterisierung der *Betula*-Arten legen viele Autoren großes Gewicht auf die Ausbildung der Rinde und Borke. B. LINDQUIST hat die Morphologie und Anatomie vieler *Betula*-Arten an einem umfangreichen Material eingehend untersucht und gefunden, daß einige Arten (z. B. *B. lenta, B. maximovicziana*) wohl durch eine spezifische Rindenbildung ausgezeichnet sind, daß aber andere (z. B. *B. verrucosa*) in dieser Beziehung außerordentlich variabel sind.

Leguminosae. COZZO (1) untersucht die Holzanatomie der argentinischen *Papilionoideae* in bezug auf die systematische Natürlichkeit der Gruppen. Die *Genisteae* und *Dalbergieae* sind einheitliche und offenbar natürliche Gruppen, während die *Sophoreae, Galegeae, Trifolieae, Hedysareae* und *Phaseoleae* heterogen sind, so daß Umstellungen notwendig werden.

Geraniales-Sapindales. Aus vergleichend anatomischen Untersuchungen des sekundären Holzes der Familien von WETTSTEINs

Gruinales und *Terebinthales* zieht CHARLES HEIMSCH Schlüsse auf ihre systematischen und phylogenetischen Beziehungen. Die Holzanatomie kann keines der bisher aufgestellten mehr oder weniger künstlichen Systeme dieser Reihen ganz bestätigen. Die *Burseraceae, Meliaceae, Sapindaceae, Rutaceae, Simarubaceae* und *Anacardiaceae* bilden, wie auch IRMA E. WEBBER zeigt, anatomisch eine phyletische Einheit. Ihnen gegenüber steht als zweite Einheit die Gruppe der *Linaceae, Humiriaceae, Erythroxylaceae, Polygalaceae, Tremandraceae, Trigoniaceae, Zygophyllaceae, Malpighiaceae* und *Vochysiaceae.*

Zygophyllaceae. Nach COZZO (2) haben die *Zygophylleae* hochspezialisiertes, in phylogenetischer Beziehung stark abgeleitetes sekundäres Holz. Insbesondere bei *Bulnesia* und *Plectrocarpa* überwiegen die Libriformfasern; bei *Porlieria* und *Larrea* kommen daneben auch reichlich Fasertracheiden vor.

Diclidantheraceae. C. A. O'DONELL (1) stellt fest, daß *Diclidanthera* Mart. (Südamerika), deren systematische Position vielfach umstritten war, nach der anatomischen Struktur (z. B. anomales Dickenwachstum) zu den *Polygalaceae* neben *Moutabea* Mart. und *Securidaca* L. gehört.

Icacinaceae. BAILEY und HOWARD untersuchten die Anatomie der *Icacinaceae.*

Sarcospermaceae. *Sarcosperma,* die von LAM als besondere Familie *Sarcospermaceae* von den *Sapotaceae* abgetrennt wurde, stimmt nach CHESNAIS im ganzen anatomisch gut mit den *Sapotaceae* und *Ebenaceae* überein (Milchsaftschläuche, zweischenkelige Haare), weicht aber im Bau des Blattstiels (Gefäßbündel in einem Bogen) von den Sapotaceen (drei Bogen) ab und stimmt hierin mit den *Ebenaceae* überein. Daraus wird geschlossen, daß die *Sarcospermaceae* relativ älter sind als die *Sapotaceae.*

Embryologie. In einer vergleichenden Untersuchung der tetrasporigen Embryosäcke zeigt FAGERLIND (2), daß diese polyphyletisch an den verschiedensten Stellen des Systems sich entwickelt haben. Nur wenige, und zwar meist ziemlich sippenarme Familien (*Piperaceae, Tamaricaceae, Penaeaceae, Gunnaraceae, Limnanthaceae, Plumbaginaceae*) haben konstant tetrasporige Embryosäcke; sonst treten sie bei einzelnen Gruppen auf und sind zuweilen systematisch bedeutungsvoll: So unterscheiden sich *Trapa* von den *Onagraceae, Calochortus* von den *Liliaceae — Lilioideae (Tulipeae), Echinacea* von *Rudbeckia,* während *Adoxa* mit *Sambucus* übereinstimmt.

Alismataceae. MAHESHWARI und SINGH beschreiben die Embryologie von *Machaerocarpus californicus* (Torr.) Small (*Damasonium californicum* Torr.): Keine Deckzelle, die untere Dyadenzelle wird zum sechskernigen Embryosack. Embryologisch stimmen die *Alismataceae* und *Butomaceae* so überein, daß man sie in einer Reihe *Alismatales* zusammenfassen kann. Zu den *Ranales* bestehen keine Beziehungen.

Liliaceae. SCHNARF erörtert an Hand der embryologischen und morphologischen Merkmale den natürlichen Umfang der *Lilioideae.* Die Gattungen *Lilium, Nomocharis, Fritillaria, Tulipa, Erythronium* und

Lloydia sind in den wesentlichen Merkmalen ganz einheitlich, aber auch *Gagea* stimmt mit ihnen ganz überein (Embryosack nach dem *Fritillaria*-Typ, große generative Zelle und kugeliger generativer Kern im Pollen, Fruchtknoten, Griffelkanal, Samenanlage, Nektarien, Zwiebel aus einem Nährblatt; Milchsaftschläuche und Raphiden fehlen, x = 12) und weicht in allen diesen Merkmalen von den *Allioideae*, zu denen sie vielfach gestellt wird, ab. Auch *Giraldiella* dürfte dazu gehören. Dagegen weicht *Calochortus* ganz erheblich ab (Embryosackentwicklung nach dem Normaltyp; Pollen mit schlanker generativer Zelle und Kern; ferner in den morphologischen Merkmalen); ihre Stellung bleibt allerdings vorläufig ungeklärt. — LEOPOLDINE BUCHNER untersuchte Arten der Scilloideengattungen *Albuca*, *Eucomes*, *Veltheimia*, *Lachenalia*, *Dipcadi*, *Camassia* embryologisch. Neben übereinstimmenden Merkmalen ergaben sich vielfache Unterschiede, die die Gattungen gruppenweise trennen.

Santalales. FAGERLIND (3) hat eine Anzahl Gattungen der *Santalales* embryologisch untersucht mit Ergebnissen, die auch für die systematische Gliederung und Anordnung der Familien und ihrer Tribus von Wichtigkeit sind. Am primitivsten ist die Tribus *Couleae* der *Olacaceae*; ihre Gattungen *Coula*, *Ochanostachys*, *Minquartia*, *Macrotheca* und die Heisterieengattung *Heisteria* und ebenso die einzige Gattung *Octoknema* der *Octoknemaceae* stimmen im Bau des synkarpen Ovars, der Samenanlage (zwei Integumente, das innere länger und das äußere überdeckend) und des Embryosackes so sehr miteinander überein, daß sie eine natürliche Verwandtschaftsgruppe bilden müssen. Und da *Octoknema orientalis* Mildbr. deutliche Kelchzipfel hat und andererseits Epigynie auch bei den *Olacaceae* vorkommt, so besteht kein Grund gegen die Einbeziehung von *Octoknema* in die *Olacaceae*. In dieser Familie sind dann die *Couleae*, *Heisterieae* und *Octoknemeae* nur noch anatomisch verschieden (Milchsaftgänge, Harzlücken). Bei allen anderen Gruppen der Reihe macht sich eine stufenweise stärkere Reduktion bemerkbar. Die *Ximenieae* (einzige Gattung *Ximenia*) stehen den *Couleae* noch recht nahe, aber es beginnt sich schon eine freie Zentralplacenta anzudeuten, der Nucellus ist stärker reduziert und die beiden Integumente sind stark miteinander verwachsen. Die *Anacoloseae* haben eine gemeinsame, freie Placenta, und ein Nucellus ist nicht mehr ausdifferenziert. Mit diesen stimmt embryologisch auch *Erythropalum* überein, die SLEUMER aus den *Olacaceae* entfernt und als eigene Familie neben die *Icacinaceae* gestellt hatte. Auch die *Schoepfioideae* (einzige Gattung *Schoepfia*) unterscheiden sich von den *Anacoloseae* nur quantitativ. Die Samenanlage ist unitegmisch und gebogen (ältere entgegengesetzte Angaben sind irrig); das Involucrum von *Schoepfia*, das bisher als Verwachsungsprodukt von Deck- und Vorblättern gedeutet wurde, homologisiert FAGERLIND mit dem Kelch von *Olax* und ihren Kelch mit dem Calyculus von *Olax*. Diese bisherige Unterfamilie ist daher als Tribus *Schoepfieae* zu den *Dysolacoideae* zu stellen. Daran schließen sich die *Olaceae* an. Die Stellung der *Aptandreae* und *Chaunochitoneae* bleibt unsicher. Bei den *Santalaceae*, deren embryologische Verhältnisse noch zu wenig bekannt sind, lassen sich zwei Reihen, die *Osyrideae* und *Thesieae*, erkennen. An die letzteren schließen sich die *Opiliaceae* und *Myzodendraceae* an. Aus den *Osyrideae* läßt sich die primitivste Gruppe der *Loranthaceae*, die *Leptostegereae*, ableiten. Manche *Balanophorales* haben denselben Gynaeceumbau und Embryosacktyp wie die *Phoradendreae* und *Arceuthobieae* und dürften wahrscheinlich mit ihnen den gleichen Ursprung haben.

Goodeniaceae, Brunoniaceae. Rosen untersucht 21 Arten aus 7 Gattungen; sie sind embryologisch ziemlich einheitlich: Samenanlage unitegmisch, tenuinuzellat; Archespor ein-, selten mehrzellig, keine Deckzelle; Embryosack nach Normaltyp, von dünnem Nährgewebe umgeben; Antipoden früh vergänglich; Bildung des Endosperms wie bei den Campanulaceen, aber ohne Haustorien. — *Brunonia* weicht von den *Goodeniaceae* durch den Besitz eines Suspensorhaustoriums und das Fehlen von Endosperm im reifen Samen ab. Beide Familien betrachtet Rosen als Parallelentwicklungen aus den Campanulaceen (Lobeliaceen). Auch die embryologisch und morphologisch (Bau des Fruchtknotens) ähnlichen Compositen lassen sich leicht auf die Lobeliaceen zurückführen.

Compositae. Nach Harling sind die *Anthemideae-Anthemidinae* embryologisch einheitlich, abgesehen von dem Unterschied, daß *Anthemis* (9 Arten untersucht) tetrasporige Entwicklung des Embroysacks hat, während die Entwicklung bei *Achillea, Anacyclus, Cladanthus, Lasiospermum* und *Lonas* nach dem Normaltyp erfolgt, so auch bei *Ormenis*, die manchmal mit *Anthemis* vereinigt wird (n überall = 9).

Karyologie. Askell Löve und Doris Löve geben eine Liste der Chromosomenzahlen der nordischen Pflanzen (Dänemark, Finnland, Färöer, Island, Norwegen, Schweden). Eine der Liste vorausgeschickten Tabelle zählt für jedes dieser Länder die Zahl der vorkommenden und die der cytologisch untersuchten (insgesamt 84%) Arten und die der Polyploiden zusammen, gesondert für die Pteridophyten, Gymnospermen, Monocotyledonen und Dicotyledonen. Die Prozentzahl der Polyploiden ist im Norden erheblich höher (Island 64%, Färöer 61%) als im Süden (Dänemark 54%). Sehr interessant ist aber, daß dieses Ansteigen, wie aus den Zahlen hervorgeht, fast ausschließlich durch die Monocotyledonen bewirkt wird, und zwar dadurch, daß die auch im Süden an hochchromosomigen Arten reichen Monocotyledonen (Cyperaceen, Gramineen) nach Norden an Artenzahl im Verhältnis zu den Dicotyledonen erheblich zunehmen: die Artenzahlen der Monocotyledonen zu denen der Dicotyledonen verhalten sich in Dänemark wie 1 : 2, in Finnland, Schweden und Norwegen wie 2 : 3, in den Färöern und Island aber fast wie 1 : 1, und die entsprechenden Prozentzahlen der Polyploiden in Dänemark 70% : 47% (zusammen 53% Polyploide), in Finnland, Schweden und Norwegen 75—77% : 49—50% (56—58%) und auf den Färöern und Island 80—84% : 50—53% (61—64%). Daraus muß man schließen, daß diese oft ökologisch gedeutete Erscheinung doch wenigstens teilweise konstitutionelle Ursachen hat. — Tischler stellt eine Liste der für die Pflanzen Mitteleuropas ermittelten Chromosomenzahlen zusammen.

Liliaceae. Lopes gibt für 21 Sippen von *Haworthia* sect. *Coarctatae* Berger die Chromosomenzahlen 2n = 14, 21, 28, 35, 36, 42 an; auch innerhalb von *H. Reinwardtii* gibt es diploide, triploide und tetraploide Varietäten. Morphologische Unterschiede lassen sich den verschiedenen Polyploiditätsgraden nicht zuordnen, und die Zahlenunterschiede lassen sich nach Lopes für das System der Sektion nicht auswerten. — Sato beschreibt die Karyotypen von 126 Gattungen der *Liliaceae* und vergleicht sie mit den Systemen von Engler, Hutchinson und Nakai, mit dem Ergebnis, daß die Systeme der letzteren besser mit den Umgestaltungen der Karyotypen übereinstimmen als Englers Scheidung in *Liliaceae* und *Amaryllidaceae* nach der Stellung des Fruchtknotens.

Amaryllidaceae. Die cytologische Untersuchung von 11 südafrikanischen Gattungen der *Amaryllidoideae-Amaryllideae* und ihr Vergleich mit den morphologischen Sproßgestaltungen gestatten Gouws eine bessere Einsicht in die Verwandtschaftsverhältnisse innerhalb der *Amaryllideae*. Die *Haemanthinae* sind in ihrer jetzigen Fassung sehr uneinheitlich. *Haemanthus* hat 2n = 16, 18. *Clivia* (2n = 22) wird wegen ihrer cytologischen Ähnlichkeit mit der wegen der Parakorolle zu den *Narcisseae* gestellten Gattung *Cryptostephanus* (2n = 24) als eigene Subtribus *Clivinae* an den Anfang der *Amaryllideae* gestellt. *Boophone* (*Buphane*; 2n = 22) gehört ebenso wie *Nerine, Brunsvigia, Coburgia* und die bisherigen *Crininae*-Gattungen *Crinum, Ammocharis* und *Cybistetes* (alle 2n = 22, 24; *Crinum bulbispermum* 2n = 72) zu den *Amaryllidinae*. Wegen der Chromosomenzahl 2n = 16 werden die bisher zu den *Amaryllidinae* und *Crininae* gestellten Gattungen *Cyrtanthus, Vallota* und *Anoiganthus* zu einer eigenen neuen Subtribus *Cyrtanthinae* vereinigt. Ob sich diese cytologisch gefaßten Subtriben auch morphologisch charakterisieren lassen, bleibt abzuwarten. — Fernandes zeigt, daß die kleine sect. *Autumnales Gay* von *Narcissus* nach der Zahl der Chromosomen und dem Idiogramm des Karyotypus heterogenetisch ist. Er löst sie auf und stellt *Narcissus viridiflorus* (2n = 28) in die sect. *Jonquillae* DC., *N. elegans* (2n = 20) in die sect. *Hermione* (Salisb.) Spreng. und *N. serotinus* (2n = 30) in eine eigene sect. *Serotini* Parl. Aus den Karyotypen lassen sich Schlüsse auf die Zugehörigkeit und Entstehungsweise dieser Arten ziehen.

Iridaceae. In *Crocus* finden sich nach Carasaws Untersuchungen alle Chromosomenzahlen von 3—15 ohne Lücke. Die Chromosomenzahlen sind innerhalb der Sektionen ganz uneinheitlich und lassen keine Beziehung zu der systematischen Gliederung der Gattung erkennen; nur einzelne Artgruppen sind einheitlich. Innerhalb mehrerer kultivierter Arten gibt es aneuploide und polyploide Serien.

Fagaceae. L. de Poucques bestätigt für mehrere *Quercus*-Arten die Zahl 2n = 24; der morphologischen Mannigfaltigkeit der Arten steht nach ihren Untersuchungen nicht nur eine Gleichförmigkeit der Zahl der Chromosomen, sondern ebenso eine solche ihrer Form und des gesamten Idiogramms des Karyotypus gegenüber.

Saxifragaceae. Nach Hamel entsprechen den morphologischen Unterschieden der Gattungen und Artgruppen der *Astilbinae* auch

8*

Unterschiede im Karyotypus: *Astilbe davidii* 2n = 14, *A. rivularis* 2n = 28 gehören zu verschiedenen Artgruppen. *Rodgersia podophylla* (2n = 30) steht den anderen Arten (*R. pinnata* und *R. sambucifolia* 2n = 60) durch die Blattform gegenüber. *Astilboides tabularis* (2n =34), die von ENGLER als eigene Gattung von *Rodgersia* abgetrennt wurde, hat dickere Chromosomen als *Astilbe* und *Rodgersia*. — *Parnassia palustris* tritt nach ERLANDSSON in Skandinavien in mehreren Chromosomenrassen auf; die f. *typica* hat eine dipliode (2n = 18) kleinblütige, südliche und eine tetraploide (2n = 36) großblütige, nördlichere Rasse; und die im Gebirge und an der Ostseeküste verbreitete var. *tenuis* (mit kleineren Blüten und Blättern als die tetraploide *typica*) hat ebenso wie die var. *rosea* 2n = 36.

Rosaceae. EINSET fand in 26 nordamerikanischen *Rubus*-Arten 2n = 14, 21, 28, 35, 36, 49, 63; die triploiden Arten sind zahlreich.

Hydrophyllaceae. CAVE und CONSTANCE haben 116 Arten der *Hydrophyllaceae* cytologisch untersucht: n = 5, 7, 8, 9, 10, 11, 12, 13, 14, 22, 24. In Einzelfällen können aus dem Karyotypus schon systematische Schlüsse für Gattungs- und Artgrenzen gezogen werden. Am häufigsten sind n = 9 und 11. Zwei polymorphe polyploide Komplexe ergaben sich.

Solanaceae. *Nicotiana* gehört durch die Untersuchungen GOODSPREEDs (2, 3) zu den cytologisch am besten bekannten Gattungen. Von 55 von 58 Arten ist der Karyotypus untersucht. Unterschiede in der Form und Zahl der Chromosomen entsprechen der vergleichend morphologisch-systematischen Gliederung. Die meisten amerikanischen Sektionen haben n = 12 und 24; nur in der sect. *Alatae* finden sich die Zahlen n = 9, 10, 12, 24. Dagegen weisen die pazifisch-australischen Arten (sect. *Suaveolentes*) die Zahlen 16, 18, 19, 20, 21, 22, 24 auf; sie mögen durch Hybridisierung südamerikanischer Arten entstanden und über die Antarktis in den pazifischen Raum gelangt sein. Mehrere Arten sind amphidiploid (*N. tabacum, N. rustica*). Hybridisierung, strukturelle Chormosomenumgestaltungen und Genwandlungen spielten in der Entwicklung der Gattung eine Rolle. Strukturänderungen bewirken keine Änderung der äußeren Morphologie der Sippen. — *Nicotiana arentsii* Goodspeed (4) spec. nov. (Peru; n = 24) erweist sich als amphidiploider Nachkomme aus der Verbindung *N. undulata* und *N. wigandioides* (beide n = 12).

Compositae. AFZELIUS bestätigt durch weitere Untersuchungen für *Senecio* und verwandte Gattungen die Grundzahl 5, es gibt aber einige hyperploide Abweichungen von den Multiplen: n = 5, 10, 9, 20, 25, 24, 23, 26, 30, 29, 40, 50, 70, 90. — Von großem Interesse ist der Befund von ELISABETH TSCHERMAK-WOESS, daß in Wien und Niederösterreich neben triploiden (2n = 24) in überwiegender Zahl diploide (2n = 16) und amphimiktische Individuen von *Taraxacum vulgare* (Lam.) Schrk. vorkommen. Diese Sippen werden variationsstatistisch verglichen. Ebenso verhalten sich *T. laevigatum* und *T. obliquum*.

Crepis neglecta L. (n = 4; mediterran) und *C. fuliginosa* Sibth. et Sm. (n = 3; Griechenland) sind so nahe miteinander verwandt, daß sie von manchen Autoren zu einer Art vereinigt werden. Wahrscheinlich ist *C. fuliginosa* unter Reduzierung der Chromosomenzahl aus *C. neglecta* oder einem gemeinsamen vierchromosomigen Vorfahren entstanden. Durch eine cytogenetische Analyse des Bastards zeigt nun TOBGY, daß sich zwei Chromosomen der beiden Arten in ihrem Gengehalt entsprechen; das dritte *fuliginosa*-Chromosom ist den beiden anderen *neglecta*-Chromosomen homolog und aus ihnen durch reziproke Translokation entstanden; das eine der dabei entstehenden Chromosomen bekam den Gengehalt der beiden Stammchromosomen, das andere nur genetisch inaktive Teile (Heterochromatin) und ging verloren. — *Crepis kotschyana* (n = 4) fehlt ein kleines gleicharmiges Chromosom, das die übrigen ihr nahe verwandten fünfchromosomigen Arten der sect. *Hostia* besitzen. Durch cytogenetische Analyse der Bastarde zeigt SHERMAN, daß der Gengehalt jenes Chromosoms durch Translokationen auf drei Chromosomen der *C. kotschyana* verteilt wurde, während sein inaktiver Rest verlorenging. Durch diese Befunde erhält BABCOCKs Annahme, daß schrittweise Reduktion der Chromosomenzahl in der phylogenetischen Entwicklung der Gattung *Crepis* erfolgte, ihre tatsächliche Begründung.

Von den 196 bekannten Arten der Gattung *Crepis* haben BABCOCK und seine Mitarbeiter (vgl. besonders BABCOCK und JENKINS und BABCOCK, STEBBINS und JENKINS) 113 Arten cytologisch untersucht. Geprüft werden sollten insbesondere die systematische Bedeutung und Verwendbarkeit des Karyotypus, zweitens die Umbildung und Veränderung des Karyotypus im Laufe der phylogenetischen Entwicklung und drittens die Rolle dieser Umbildungen für die Artbildungsprozesse. Die beiden ersten Fragen wurden gelöst durch einen Vergleich der verschiedenen Formen des Karyotypus der einzelnen Arten mit den primär auf vergleichend morphologischer und geographischer Grundlage konzipierten und nach dem in der Phylogenie der Gattung wirkenden Reduktionsprinzip angeordneten 27 Sektionen der Gattung. Der Karyotypus zeigt numerische und formal-morphologische Unterschiede verschiedenen Grades; auch die einzelnen Chromosomen eines haploiden Satzes sind voneinander verschieden. Beobachtet wurden 14 Arten mit n = 6; 19 mit n = 5 und 3 Oktoploiden mit n = 20; 58 mit n = 4 und 3 Tetrapoliden mit n = 8, *Crepis vesicaria* hat diploide und tetraploide Sippen; 3 mit n = 3; 3 mit n = 7; 10 mit n = 11 mit zahlreichen meist apomiktischen Polyploiden mit 2n = 33, 44, 55, 66, 77?, 88 [vgl. Fortschr. Bot. 8, S. 45, 47—49, 67, 79—80 (1939)]. Formunterschiede liegen in der Größe der Chromosomen und in ihrer Symmetrie (Längenverhältnis der Arme). Einige Sektionen haben eine konstante Chromosomenzahl, in anderen gibt es Arten mit 6, 5 oder 4, mit 6 und 5, mit 5 und 4, mit 4 und 3 Chromosomen. Manche Artgruppen haben einen einheitlichen Karyotypus; in anderen ist er von Art zu Art verschieden. In vielen Entwicklungslinien von *Crepis* gehen die morphologischen Unterschiede parallel mit ebensolchen im Karyotypus. Aber in manchen engen Verwandtschaftsgruppen entsprechen den starken morphologischen Differenzierungen keine oder nur geringe Unterschiede im Karyotypus,

während umgekehrt in anderen Gruppen tiefgreifenden Karyotypumgestaltungen nur geringfügige morphologische Differenzierungen entsprechen. Daraus geht hervor, daß die Umgestaltung der morphologischen Merkmale der Pflanze und des Karyotypus voneinander unabhängige Evolutionsprozesse sind und daß Änderungen des Karyotypus keine Änderungen der morphologischen Merkmale der Pflanze bewirken. Ihre Bedeutung für die Entwicklung liegt darin, daß sie Sterilitätsgrenzen schaffen und dadurch Populationen voneinander genetisch
isolieren. — Im allgemeinen haben die morphologisch primitiven Sektionen 6 oder 5 große, gleich lange, mehr oder weniger symmetrische,
die abgeleiteten 5 oder 4 und die am stärksten reduzierten Sektionen 4
oder 3 kleine unsymmetrische Chromosomen von ungleicher Länge. Die
Karyotypentwicklung in *Crepis* läßt drei allgemeine Entwicklungsrichtungen erkennen: Schrittweise Verminderung der Zahl der Chromosomen von 6 auf 5, 4, 3 durch reziproke Translokation, Verstärkung
ihrer Asymmetrie und Herabsetzung ihrer Größe. Parallel damit geht
eine Reduzierung der Größe aller Teile der Pflanze. Aber alle diese
Prozesse sind unabhängig voneinander; sie bilden keine straffe, einheitlich phylogenetische Linie, sondern kommen in den verschiedensten
Artgruppen polyphyletisch zur Auswirkung. Die Sektion *Ixeridopsis*
mit n = 7 steht der verwandten Gattung *Ixeris* morphologisch und
karyologisch nahe und hat sich wohl schon bei der Differenzierung
der Gattungen *Ixeris* und *Crepis* (vielleicht durch Hybridisierung) gebildet. Die cytologischen Merkmale bilden nur eine Merkmalsgruppe
unter vielen und können daher nicht gesondert für sich, sondern nur
durch sorgfältigen Vergleich mit diesen anderen, insbesondere den
morphologischen Merkmalen richtig ausgewertet werden. Beide Merkmalsgruppen sind wahrscheinlich im wesentlichen bedingt durch unabhängige und wiederholte Genmutationen.

Chemie. WEEVERS prüft die Beziehungen zwischen Taxonomie und
Chemie der Pflanzen an Hand von IVANOWs biochemischen Gesetzen.
Diese besagen, daß jede Art ihre eigenen charakteristischen Stoffe produziert; diese hat sie mit den verwandten Arten gemeinsam; bei abnehmender Verwandtschaft treten neue chemische Stoffe auf, die eine
einfache chemische Beziehung zu den Stoffen der Abstammungsarten
haben, so daß diese physiologischen Merkmale die Entwicklung widerspiegeln. Das stimmt für große Gruppen: Den Moosen fehlen Alkaloide,
Glykoside und flüchtige Öle, den Gefäßkryptogamen Alkaloide und
Glykoside, den Gymnospermen Alkaloide. Manche Stoffe dagegen
(Coffein, Indicosid, Eugenol) treten sporadisch an ganz verschiedenen
Stellen des Systems auf. IVANOWs Gesetze gelten nicht für chemische
Verbindungen, die eine einfache Beziehung zu allgemein verbreiteten
Stoffen haben. Den systematischen Vergleich darf man daher nicht
auf einzelne Stoffe beschränken, sondern muß den ganzen Chemismus
der Pflanzen berücksichtigen, ebenso wie man für das natürliche System
die Summe aller morphologischen Mermkale heranzieht. Entfernt
stehende Arten, die einen Stoff gemeinsam haben, unterscheiden sich
stark im Besitz anderer Verbindungen: *Coffea, Thea, Cola, Theobroma,*

Ilex und *Paulinia* haben das Coffein gemeinsam, sind aber sonst chemisch sehr verschieden. In ihrem Gesamtchemismus ist jede Gattung und manche Familie einheitlich; und ein System nach diesen Gesichtspunkten stimmt oft mit der morphologischen Anordnung überein. Besonders wichtig wären die Proteide, von deren Verbreitung man aber noch kaum etwas weiß, da die bisherigen serologischen Methoden ungenügend sind.

HERING zählt eine ganze Anzahl oligophager Insekten auf, die sich nur von Rosaceen und Amentiferen nähren. Da die Insekten vorwiegend das Eiweiß der Nährpflanze nutzen, so könnte hierin ein Hinweis auf Verwandtschaften der Sippen gegeben sein.

ZIEGENSPECK untersucht das Vorkommen von Öl in den Stomata der Monocotyledonen und findet vielfach Konstanz innerhalb der Familie und Übereinstimmung mit dem System. So enthalten fast alle untersuchten *Farinosae* Öl, während die *Liliiflorae* frei davon sind. Öl findet sich konstant auch in den Stomata der *Cyperaceae, Juncaceae* und *Flagellariaceae*, während es den *Gramineae* fehlt.

Gesamtdarstellungen, Monographien, Revisionen.

Pinaceae. FRANCO bearbeitet die 20 in Portugal kultivierten Arten und Bastarde von *Abies* sehr eingehend monographisch. Durch eine ausführliche Erörterung der Merkmale aller Arten kommt er zu einer neuen Einteilung der Gattung. Er stellt *Abies venusta* als subgen. *Pseudotorreya* (Hickel) Franco (Knospen lang, zugespitzt, Schuppen abfällig; Deckschuppen dreilappig) dem alle übrigen Arten enthaltenden subgen. *Sapinus* (Endl.) Franco gegenüber. Letztere gliedert er in 7 Sektionen (morphologische und anatomische Merkmale der Blätter, Zapfenschuppen), die zugleich auch geographische Artgruppen sind. Schlüssel für die portugiesischen Arten; Zeichnungen der Zapfenschuppen, Samen, Blattquerschnitte; Photographien der Zweige und Zapfen.

Ephedraceae. HUNZIKER revidiert die 10 südamerikanischen Arten der Gattung *Ephedra* (sect. *Alatae* mit 1, sect. *Pseudobaccatae* mit 9 Arten; 1 Art in Chile, die übrigen in Argentinien und teils auch in Chile); Schlüssel für beide Geschlechter.

Hydrocharitaceae. Vallisneria spiralis (Europa, Asien, Australien, Afrika) kommt nach genauen Untersuchungen von Frère MARIE-VICTORIN in Amerika, für das sie oft angegeben wurde, nicht vor. Die amerikanischen Sippen, *V. americana* Michx. in Nordostamerika und *V. neotropicalis* Marie-Victorin spec. nov. in Florida und Cuba, unterscheiden sich durch Blüten- und Blattmerkmale.

Gramineae. PILGER (4) zieht die chilenische Gattung *Monandraira* Desv. zu *Deschampsia* und ebenso *Holcus* sect. *Homalachne* Benth. (*Holcus grandiflorus* Boiss. et Reuter, Spanien), während die spanische *Homalachne*-Art *Holcus caespitosus* Boiss. eine eigene Gattung *Homoiachne* Pilger gen. nov. wird (Grannen gleich entwickelt). Ferner klärt er *Desmazeria* Dumort. und die Gruppe einjähriger Gräser *Scleropoa* Griseb., *Cutandia* Willk., *Narduroides* Rouy, *Nardurus* Reichenb. und *Micropyrum* (Gaud.) Link. — SCHWEICKERDT beschreibt die monotypische Gattung *Monelytrum* Hack. emend. H. G. Schweickerdt (Südwestafrika, Angola; *Zoysieae*, verwandt mit *Tragus* Haller) morphologisch und anatomisch sehr genau. Entgegen irrtümlichen Angaben der bisherigen Literatur ist die untere Hüllspelze doch stets vorhanden, und zwar als kleine adaxiale Schuppe versteckt zwischen den Haaren der Rhachis. — *Deschampsia* ist in Südamerika (Argentinien und Chile) mit 17 Arten vertreten (*D. caespitosa* auch in Brasilien und Bolivien), die von PARODI (1, 2) sehr sorgfältig revidiert werden; Schlüssel, Beschreibungen, Analysen. — Ferner bearbeitet PARODI (3) die andine Gattung *Nassella* (Trin.) Desv. monographisch (9 Arten). — PARODIs (4) *Gramineae bonarienses* sind in 4. Auflage erschienen. — BACKER (1) gibt eine analytische Übersicht über die 5 malesischen Wildarten von *Oryza.*

Cyperaceaee. KÜKENTHAL (1) gibt eine Monographie der Gattung *Gahnia* Forst. im Anschluß an BENLs Bearbeitung; Einteilung der Gattung in 7 neue Sektionen nach dem Verhalten der Filamente zur Fruchtzeit; 34 Arten von Südostasien bis Polynesien. — Die Gattung *Caustis* R. Br. (7 Arten, Australien) gliedert KÜKENTHAL (1) in seiner Monographie nach der Form der Nüsse und Brakteen in 2 neue Sektionen. — In seinen Vorarbeiten zu einer Monographie der *Rhynchosporoideae* behandelt KÜKENTHAL (2) weiter die Gattungen *Evandra* R. Br. (2 Arten, Westaustralien), *Arthrostylis* R. Br. (Madagaskar, Südasien, Australien; die 3 Arten von *Actinoschoenus* Benth. werden als Untergattung neben das monotypische subgen. *Eu-Arthrostylis* gestellt), *Remirea* Aubl. (1 Art, pantropische Strandpflanze), *Reedia* F. Muell. (1 Art, Südwestaustralien), *Tricostularia* (3 Arten, Westaustralien). Damit schließt die Bearbeitung der *Cladieae* ab, für die KÜKENTHAL eine analytische Gattungsübersicht gibt. — In Fortsetzung dieser Vorarbeiten zu einer Monographie gibt KÜKENTHAL (3, 4) eine eingehende kritische Darstellung der weitverbreiteten Gattung *Rhynchospora* (etwa 211 Arten; davon 87 in der Untergattung *Haplostyleae*, die übrigen mit *Eurhynchospora, Psilocarya* und *Dichromena* in der Untergattung *Diplostyleae*), mit Schlüsseln und Beschreibungen; reich gegliedert in teilweise neue Sektionen. — M. BARROS (1, 2) setzt seine wertvolle Monographie der argentinischen Cyperaceen fort, die namentlich auch durch ihre artkritischen Klärungen in den großen Gattungen von Wichtigkeit ist. Er gibt analytische Übersichten, genaue Beschreibungen, Habitusbilder und Analysen für alle Arten: *Androtrichum, Lipocarpha, Ascolepis, Cyperus; Fimbristylis, Bulbostylis, Fuirena, Dichromena, Schoenus, Oreobolus, Carpha, Rhynchospora, Scleria, Uncinia.* Auch in der neuen großen illustrierten Flora von Argentinien stellt er die Cyperaceen in zwei Foliobänden dar.

Palmae. L. H. BAILEY (2, 3, 4, 5, 6) fördert wieder die Kenntnis der Palmen durch sorgfältige artkritische Studien, dabei die Beschreibungen wieder durch hervorragende Abbildungen (Photos und Zeichnungen) ergänzend. Er (2) schildert die 6 endemischen monotypischen Gattungen der Seychellen (*Lodoicea, Deckenia, Stevensonia, Roscheria, Nephrosperma, Verschaffeltia*). Seine (3) Revision der Palmen der Mascarenen ergibt viel Neues; die Arten der 5 einheimischen Gattungen sind endemisch: *Latania* (3 Arten), *Hyophorbe* (2 Arten), *Mascarena* Bailey gen. nov. (Stamm bauchig verdickt und plötzlich verjüngt; Fiedern mit breiter Basis; Embryo seitlich; 3 teils neue, teils bisher zu *Hyophorbe* gestellte Arten), *Dictyosperma* (2 Arten), *Acanthophoenix* (2 Arten). — Weiter revidiert BAILEY (4) die Palmen von Trinidad und Tobago kritisch (16 Gattungen, von denen einige ziemlich artenreich sind). Monographisch bearbeitet er (5) *Brahea* und *Sabal* und beschreibt viele neue Arten, hauptsächlich aus Mittelamerika. *Woodsonia* Bailey ist eine neue Gattung (1 Art, Panama; stammlos, Kolben einfach, Blüten nicht eingesenkt, Antheren linealisch, versatil) aus der Verwandtschaft von *Geonoma* und *Taenianthera*. — FURTATO (1) revidiert die 7 auf der Malayahalbinsel vorkommenden Arten der Gattung *Salacca*; Schlüssel für 10 Arten, Beschreibungen, Abbildungen und Analysen. — Sehr willkommen wird manchem eine genaue Beschreibung der in Portugal kultivierten Palmen von VASCONCELOS und FRANCO sein; es sind 24 Gattungen, teilweise mit mehreren Arten, die zumeist auch abgebildet werden; Schlüssel für die Gattungen und Arten, Zeichnungen der Früchte.

Bromeliaceae. L. B. SMITH revidiert eine Gruppe von 26 Arten der Gattung *Vriesea*, die durch stengellosen Wuchs und einfachen einseitwendigen Blütenstand ausgezeichnet sind. — CASTELLANOS gibt Schlüssel für die argentinischen Arten von *Tillandsia*, *Vriesea*, *Bromelia*, *Puya* u. a. und bearbeitet die Bromeliaceen in der illustrierten Flora von Argentinien.

Liliaceae. SEALY klärt die Gattungsgrenzen zwischen *Lilium* L. und *Nomocharis* Franchet (Asien) und bereinigt letztere auf die Arten mit flacher Korolle, dunkel gefärbter und gerippter Basis der Tepalen und fleischigen Filamenten. In dieser Umgrenzung stellt die Gattung eine kleine natürliche Einheit dar. — RESENDE fördert die Kenntnis der morphologisch-systematischen Verhältnisse der *Aloineae* und revidiert die 20 Arten von *Haworthia* sect. *Coarctatae* Berger (Schlüssel, Abbildungen), manche Arten sind formenreich. — v. POELLNITZ (1) revidiert die 32 *Anthericum*-Arten Angolas und (2) die 37 Arten von Deutsch-Südwestafrika; ebenso (1) *Eriospermum* und *Bulbine* von Angola; Schlüssel, Beschreibungen. SCHUMACHER widmet dem *Narthecium ossifragum* eine eingehende Studie und gibt dabei eine analytische Übersicht über die 8 Arten der Gattung.

Zingiberaceae. Ganz wesentlich fördert HOLTTUM die Kenntnis der *Zingiberaceae* der Halbinsel Malaya (23 Gattungen mit 150 Arten; Schlüssel für Gruppen, Gattungen und Arten; sorgfältige Beschreibungen, Abbildungen mit Analysen). Er konnte viele Arten lebend untersuchen und daher die Merkmale besser werten, als das bisher möglich war, und kommt daher zu einer natürlicheren Fassung der Sippen.

Marantaceae. MILNE-REDHEAD klärt die afrikanischen Gattungen *Trachyphrynium* Benth. (= *Hybophrynium* K. Schum.), *Hypselodelphys* (K. Schum.) Milne-Redhead und *Haumania* J. Léonhard, die sich im Blütenstand, Frucht- und Samenbau unterscheiden.

Burmanniaceae. BRADE (1) gibt eine analytische Übersicht über die 13 Gattungen der *Burmanniaceae* Brasiliens und stellt die Arten zusammen; 10 Tafeln mit Habitusbildern und Analysen.

Orchidaceae. SUMMERHAYES reduziert in einer analytischen Übersicht die afrikanische Gattung *Rangaeris* (Schltr.) Summerh. (*Angraecoideae*) um 9 Arten auf 6, die sich nach der Form des Rostellums auf 2 Sektionen verteilen. — HUNT und RUPP; Schlüssel und Aufzählung der 28 australischen Arten der Gattung *Bulbophyllum.*

Piperaceae. SKOTTSBERG (1) klärt in kritischen, reich illustrierten Untersuchungen die *Peperomia*-Arten von Chile.

Fagaceae. C. H. MULLER gibt eine Monographie der mittelamerikanischen *Quercus*-Arten. Sorgfältige Prüfung eines reichen Materials ließ die zahlreichen von TRELEASE beschriebenen Arten auf 46 Arten einschränken, obwohl noch mehrere neue Arten beschrieben werden. Auf 124 Tafeln werden alle Arten nach Photographien von Herbarmaterial abgebildet.

Ulmaceae. LEROY klärt die Gattung *Aphananthe* (4 Arten; Süd- und Ostasien, Australien) und weist sie mit einer neuen Art auch aus dem nördlichen Madagaskar nach.

Moraceae. Durch ausführliche Beschreibung und gute Abbildungen neuer Arten aus Columbia fördert CUATRECASAS (2) die Kenntnis der Gattung *Cecropia.*

Urticaceae. UNRUH veröffentlicht eine sorgfältige Monographie der Gattung *Leucosyke* Zoll. et Mor. (36 Arten; Malesien, Philippinen, Neuguinea bis Melanesien; Schlüssel, Beschreibungen). Die 3 Arten von Neuguinea zeichnen sich durch wenigblütige Köpfchen und ein hohes fleischiges Perianth aus; sie bilden das subgen. *Papuasia* M. Unruh, während subgen. *Euleucosyke* alle übrigen Arten umfaßt. In dieser werden nach der Länge der Blattstiele die beiden Sektionen *Anisopetiolatae* und *Isopetiolatae* Unruh unterschieden. Die Arten der letzteren schließen sich alle mehr oder weniger eng an *L. capitellata* an, während es in den *Anisopetiolatae* mehrere Artgruppen und außerdem einzelnstehende Arten gibt.

Proteaceae. L. HAUMAN hat die 49 *Protea*-Arten des tropischen Afrika revidiert und gibt eine sorgfältige analytische Übersicht. Die Differenzierung erfolgte im wesentlichen in vegetativen (besonders Blatt-) Merkmalen, aber nach der Stärke der Behaarung des Perianths lassen sich zwei Sektionen unterscheiden.

Polygonaceae. In einer sehr gründlichen Monographie bearbeitet K. H. RECHINGER die 72 asiatischen Arten der Gattung *Rumex*, mit Schlüsseln für die Arten und Unterarten. Innerhalb des durch frühere Autoren und vorhergehende Arbeiten des Verf. bekannten Systems der Gattung gibt er neue Sektionen und Subsektionen.

Aizoaceae. In einem Prachtwerk gibt uns NEL eine Monographie der südafrikanischen Gattung *Lithops.* Es werden 50 Arten genau beschrieben und auf farbigen und zahlreichen photographischen Tafeln abgebildet. Während die Blüten sehr gleichförmig sind, erfolgte die Differenzierung an dem von den beiden Blättern gebildeten Pflanzenkörper.

Nach der Lichtdurchlässigkeit der Oberfläche werden die Arten auf die beiden Gruppen *Fenestratae* und *Afenestratae* verteilt; Form und Farbe des Körpers, Größe, Zahl und Anordnung der Fenster usw. geben weitere Unterschiede. Die Arten lassen sich teilweise schwer unterscheiden.

Portulaccaceae. LEGRAND gibt ausführliche Beschreibungen und Schlüssel für die 20 argentinischen *Portulacca*-Arten.

Caryophyllaceae. Die in Hawaii endemische Gattung *Schiedea* Cham. et Schechtend. umfaßt nach ihrer Revision durch E. E. SHERFF 19 Arten mit mehreren Varietäten (Schlüssel, Beschreibungen). — Die 15 *Drymaria*-Arten des Sonoragebietes werden von WIGGINS revidiert (Schlüssel, Beschreibungen, Analysen).

Ranunculaceae. MUNZ (1) gibt eine wichtige Revision der Gattung *Aquilegia* (67 Arten, circumpolar) mit Schlüssel, Beschreibungen und vielen Abbildungen mit Analysen. Es lassen sich wohl einige Entwicklungslinien in der Gestaltung des Sporns (fehlend, kurz bis sehr lang, gerade, gebogen oder hakig eingekrümmt) erkennen, aber zu einer morphologischen Differenzierung in Untergattungen oder Sektionen ist es nicht gekommen. Auch die morphologisch verschiedensten Arten stehen sich genisch nahe und lassen sich kreuzen, die Bastarde sind fertil. Mehrere Arten sind zudem polymorph. Chromosomenzahl $2n = 14$ (selten $2n = 16$) mit sehr seltenen Tetraploiden. — Die 26 kultivierten *Aconitum*-Arten, die häufig verwechselt werden, werden von MUNZ (2) kritisch geklärt und analytisch mit Beschreibungen und guten Abbildungen dargestellt.

Magnoliaceae, Illiciaceae. Genauere morphologische und anatomische Untersuchungen der Gattungen der Magnoliaceen ergaben bedeutende Unterschiede, die die Familie als ziemlich uneinheitlich erweisen und ihre Aufteilung in mehrere Familien zur Folge haben (vgl. oben S. 107). A. C. SMITH gibt eine sehr eingehende Monographie der *Illiciaceae* (Sträucher, Bäume; Zwitterblüten; Torus konvex mit sterilem Gipfel; Stamina frei; Karpelle einreihig; Griffel mit Gefäßbündeln; eine Samenanlage; Follikel einsamig) und *Schisandraceae* (holzige Schlingpflanzen; diözisch oder monözisch; weiblicher Torus ohne steriles Ende, zur Fruchtzeit stark verändert; Stamina frei oder vereint; Karpelle mehrreihig; Narbenkämme in einen nicht innervierten Pseudostylus verlängert; zwei bis mehrere Samenanlagen; Sammelfrucht beerenartig, steinfruchtartige Karpelle zweisamig), beide Ostasien, südliches Noramerika. Erstere enthält nur die Gattung *Illicium* mit 42 Arten in 2 Sektionen: sect. *Badiana* (13 Arten; innere Perianthblätter dünn, schmal) und *Cymbostemon* (29 Arten; innere Perianthblätter dick, breit). — Die *Schisandraceae* enthalten die beiden Gattungen *Schisandra* (Torus zylindrisch oder kegelförmig; 25 Arten) und *Kadsura* (Torus oben verdickt; 22 Arten), die sich beide nach dem Bau des Androeceums der Form der Torussäule und des Konnektivs in Sektionen gliedern.

Lauraceae. In einer kritischen Revision der *Lauraceae* des tropischen Afrikas vereinigen ROBYNS und WILCZEK *Hufelandia* Nees, *Tylostemon*

Engl. und *Afrodaphne* Stapf mit *Beilschmiedia* Nees (180 Arten, pantropisch). Die Gliederung der afrikanischen Arten nach der Zahl der fertilen Stamina in die sect. *Ennearrhena* Stapf und *Hexarrhena* Stapf wird als unnatürlich abgelehnt. Dagegen erweist sich die Form der Drüsen als gutes Merkmal zur Unterscheidung zweier neuer Untergattungen *Synthoradenia* Robyns et Wilczek subgen. nov. (Drüsen nierenförmig auf dem Rezeptakel, paarweise die Basis der Filamente des dritten Staminalkreises umfassend) und *Stemonadenia* Robyns et Wilczek subgen. nov. (Drüsen länglich oder rundlich, paarweise der Filamentbasis des dritten Staminalkreises angeheftet); letztere mit drei Sektionen *Eubeilschmiedia* Benth. et Hook., *Hufelandia* (Nees.) Benth. et Hook. und *Acrothecon* Robyns et Wilczek sect. nov. nach der Gestalt der Stamina.

Cruciferae. L. C. HITCHCOCK revidiert die 22 südamerikanischen Arten von *Lepidium* (Schlüssel, Beschreibung; Abbildungen der Blüten und Früchte).

Rosaceae. L. H. BAILEY (6) bringt seine umfassende Monographie der nordamerikanischen *Rubus Eubati* zum Abschluß: sect. 4 *Setosi* spec. 46—76; sect. 5 *Verotriviales* spec. 77—88; sect. 6 *Flagellares* spec. 89—189; sect. 7 *Cuneifolii* spec. 190—206; sect. 8 *Canadenses* spec. 207—223; sect. 9 *Alleghanienses* spez. 224—258; sect. 10 *Arguti* spec. 259—368; dazu kommen 8 verwilderte europäische Arten; subgen. V. *Idaeobatus* spec. 369—384; subgen. VI. *Anoplobatus* spec. 385 bis 390. — Sehr viele neue Arten; viele Arten sind ausgezeichnet abgebildet; Schlüssel für die Arten jeder Sektion. In Nachträgen werden weitere neue Arten beschrieben und ferner die wenigen *Rubi* von Jamaika, Hispaniola und Panama zusammengestellt.

Leguminosae. A. BURKART (1) verdanken wir eine ausführliche, vielseitigen Zwecken dienende Bearbeitung der Leguminosen Argentiniens, die auch die nicht einheimischen Arten berücksichtigt. Er gibt gut durchgearbeitete Schlüssel für die Gruppen und Gattungen und in vielen Gattungen auch für die Arten. Wichtig ist eine eingehende Bestimmungstabelle für die Samen. Merkmale, Biologie und Anwendung werden in den ersten Kapiteln erörtert. Die Flora Argentiniens enthält 94 Gattungen mit 528 Arten und 30 adventive Arten. Zahlreiche gute Habitusbilder und Analysen, 10 Tafeln mit Abbildungen der Samen. — BURKART (2) gibt ferner eine kritische, ausführliche Revision der *Mimosa*-Arten Argentiniens. Er stellt die diplostemone sect. *Habbasia* voran, von der die haplostemone sect. *Eumimosa* sich wahrscheinlich polyphyletisch ableitet. Andromonözische Arten haben vielfach neben viermännigen Zwitterblüten vier- und achtmännige männliche Blüten. Dieses Merkmal tritt diffus in der Gattung auf, so daß die darauf begründete Untergattung *Astatandra* Robinson nicht haltbar ist. Ähnlich ist es mit der Monadelphie. Im ganzen bestätigt sich das System von BENTHAM. Es werden 56 Arten genau beschrieben und viele im Habitus und mit Analysen abgebildet; ausführlicher Schlüssel. — Ähnlich wie *Combretum* (vgl. unten) bearbeitet G. ROBERTY (2) die westafrikanischen *Acacia*-Arten; von den beschriebenen erkennt er 12 als Arten an, die zum Teil reich in Unterarten, Varietäten und Formen gegliedert werden. — Bei einer Revision der Kopal liefernden Arten des belgischen Kongogebietes, die den Gattungen *Tessmannia* Harms, *Colophospermum* Kirk, *Copaifera* L., *Guibourtia* J. J. Benn. und *Daniella* J. J. Benn. der *Caesalpinioideae-Amherstieae* angehören, stellt J. LÉONARD (1) fest, daß die in Afrika verbreitete *Copaifera mopane* Kirk. ex. Benth. durch viele Merkmale abweicht (z. B. 20—25 Stamina, Kotyledonen gefaltet, Blätter mit zwei großen und dazwischen einem winzigen Blättchen), so daß sie als eigene Gattung *Colophospermum* Kirk msc. ex LÉONARD anzusehen ist. Auch *Guibourtia* J. J. Benn. emend. Léonard (Blättchen 2, Blütenstand spiralig, Holz ohne Sekretgänge; 4 amerikanische und 11 afrikanische Arten) ist von *Copaifera* L. (Blättchen zahlreich, Blüten zweizeilig gestellt, Holz mit Sekretgängen; etwa 25 südamerikanische und 5 afrikanische Arten) genetisch verschieden. — SIRJAEV gibt einen Konspektus der 107 Arten von *Astragalus* subgen. *Trimeniaeus* Bge. (Aufzählung mit kritischen Bemerkungen). — ROTHMALER (3) setzt seine Revision der Genisteen fort mit der Darstellung der mediterranen Gattungen *Erinacea* (1 Art), *Spartium* (1 Art) und *Calicotome* (5 zum Teil polymorphe Arten). — BASTO FOLQUE gibt eine analytische Übersicht über die *Trifolium*-Arten Portugals nach den bekannten Sektionen mit Beschreibungen und Blütenanalysen. — BOELCKE gibt ausführliche Beschreibungen, Bestimmungsschlüssel und Abbildungen der Samen der argentinischen Arten der *Mimosoideae Caesalpinioideae*. — DE WIT revidiert die Gattung *Sindora* Miquel (*Amherstieae*; 18 Arten, Südostasien); 3 Schlüssel nach Blüten und Blättern, Früchten und Blättern und nur nach den Blättern; ausführliche Beschreibungen, Abbildungen mit Analysen.

Zygophyllaceae. DESCOLE, O'DONELL und LOURTEIG geben eine umfassende Revision der Zygophyllaceen von Argentinien.

Malpighiaceae. O'DONELL und LOURTEIG (1) revidieren die argentinischen Malpighiaceen, Schlüssel für die Gattungen und Arten, Beschreibungen, Abbildungen.

Polygalaceae. *Monnina* R. et P. ist in Argentinien mit 10 Arten des subgen. *Pterocarya* vertreten, die von GRONDONA (1) ausführlich dargestellt werden, Schlüssel, Beschreibungen, Analysen. — GRONDONA (2) revidiert die 44 argentinischen *Polygala*-Arten, von denen 42 der sect. *Orthopolygala* und je eine den Sektionen *Acanthoclada* und *Hebeclada* angehören. Schlüssel, Beschreibung, Habitusbilder, Analysen. — *Polygala pterolopha* Chodat, die Merkmale der Gattungen *Polygala* und *Monnina* in sich vereinigt, trennt GRONDONA (3) als eigene Gattung *Monrosia* ab: Schiffchen mit zwei Flügeln, zweisamige Schließfrüchte, Samen mit dünner Schale.

Euphorbiaceae. Für die Gattung *Grossera* Pax erweitern neu hinzugekommene Arten den Gattungscharakter so, daß CAVACO sie in drei Untergattungen aufgliedern kann: subgen. *Eugrossera* (Ovar dreifächerig, Stamina am Grunde unregelmäßig vereint, 6 Arten, Afrika), subgen. *Columnella* (Ovar dreifächerig, Stamina zu einer Säule vereint, eine Art, Madagaskar), subgen. *Quadriloculastrum* (Ovar vierfächerig, eine Art, Moçambique). — LOURTEIG und O'DONELL (1) revidieren die argentinischen Sippen der Gattungen *Phyllanthus, Dalechampia, Cnidoscolus, Jatropha, Manihot* (Schlüssel, Beschreibungen, Abbildungen), ferner (2) die *Acalypheae* und (3) *Tragia* und O'DONELL und LOURTEIG (2) die argentinischen *Chrozophoreae* und (3) *Hippomaneae*. — SKOTTSBERG klärt die chilenischen Arten der Gattung *Chiropetalum* Adr. Juss. kritisch, ausführliche Beschreibungen, zahlreiche Abbildungen mit Analysen. — R. S. SCHULTES veröffentlicht kritische Studien über die Gattung *Hevea*.

Ein Prachtwerk, ähnlich dem über die Stapelien, widmen WHITE, DYER und SLOANE den sukkulenten Euphorbien Südafrikas; 193 Arten werden behandelt; dazu kommen noch einige Arten der Gattungen *Monadenium* Pax und *Synadenium* Boiss. 1102 hervorragende Abbildungen, meist Photographien, vermitteln ein einprägsames und geschlossenes Bild dieser Arten, das durch die genauen Beschreibungen und weitere wertvolle Bemerkungen ergänzt wird. Der Wert dieses Werkes liegt also in erster Linie in der Förderung der Einzelkenntnis der Arten. In Schlüsselform werden die 193 Arten in 19 Gruppen zusammengefaßt, die nach dem Vorkommen oder Fehlen von Stipulardornen, den Wuchsformen und anderen vegetativen Eigenheiten und auch nach Merkmalen der Inflorescenzen und Cyathien gebildet werden. Für jede Gruppe wird ein Artschlüssel gegeben. In der Einleitung werden diese Merkmale besprochen. — LYDIA RÖSSLER untersucht die Samen der 58 europäischen *Euphorbia*-Arten eingehend. Sie beschränkt BOISSIERs durch die Gestalt der Drüsen charakterisierte Sektionen *Galorrhaei* und *Esulae* auf die glattsamigen Arten und vereinigt die meist einjährigen Arten mit nicht glatten Samen zu der neuen Sektion *Trachysperma* L. Rössler.

Anacardiaceae. Die Gattung *Mangifera* L. enthält nach der kritischen Revision von S. MUKHERJI 41 Arten, die von Südasien über die malesischen Inseln bis Neuguinea verbreitet sind. Er gibt einen Schlüssel für die Arten, die genau beschrieben werden; Gliederung der Gattung nach der Form des Discus, der Zahl der Petalen (5 oder 4) und Staubblätter (12—1), Rippung der Petalen, Form und Behaarung des Blütenstandes usw.

Celastraceae. NAKAI gibt für die japanischen Arten eine neue Gliederung der Gattung *Evonymus*. *E. tanakae* Maxim. und *E. batakensis* Hayata werden als neue Gattungen *Genitia* abgetrennt (Kelch gestutzt, Discus viergrubig, Samen einreihig). In *Evonymus* werden 4 neue Untergattungen mit 10 Sektionen aufgestellt.

Rhamnaceae. ESCALANTE (2) gibt eine Übersicht über die Rhamnaceen Argentiniens; Schlüssel, kurze Beschreibungen; 13 Gattungen der *Zizypheae, Rhamneae, Colletieae* und *Gouanieae*, mit 32 Arten.

Malvaceae. ROBERTY vertieft die Kenntnis der schwierigen Gattung *Gossypium*; ausführlich werden die Formenkreise von *Gossypium lapideum* Tussac (*G. brasiliense* Macf.) und *G. latifolium* Murray (*G. purpurascens* Watt. non Poir.) behandelt. — KRAPOVICKAS gibt eine eingehende Revision der 13 argentinischen *Sphaeralcea*-Arten (2n = 10,30).

Einteilung nach der Zahl der Samenanlagen (1—3) und dem Bau der Inflorescenzen. — MONTEIRO FILHO gibt eine analytische Übersicht über die 48 in Brasilien, Argentinien und Uruguay vorkommenden Arten von *Sida* sect. *Malvinda*. Sie werden innerhalb von 3 Subsektionen zu zahlreichen Artgruppen zusammengefaßt.

Violaceae. SPARRE gibt eine sorgfältige Revision von *Viola* sect. *Chilenium* (8 Arten, Südamerika). Die Arten verteilen sich nach der Form des Griffels, des Sporns und der Blütenfarbe auf 4 Subsektionen; mehrere Arten sind sehr polymorph. — H. A. und TYREECA DAVIS stellen die 27 *Viola*-Arten von Westvirginia (USA.) übersichtlich dar, Schlüssel, Beschreibungen, instruktive Habitusbilder.

Flacourtiaceae. MONACHINO revidiert die stark toxische Gattung *Ryania* Vahl (*Patrisia* L. C. Rich.); er erkennt 8 Arten an (tropisches Mittel- und Südamerika), die sich aber etwas überschneiden; *R. speciosa* ist sehr polymorph (in der Behaarung, Länge der Stipeln, Blütenstiele, Kelchblätter, Antheren usw.).

Begoniaceae. IRMSCHER macht zahlreiche neue *Begonia*-Arten aus Südamerika bekannt und klärt interessante Artgruppen, für die auch anatomische Merkmale wichtig sind. Die Merkmale der Sektionen *Ruizopavonia* A. DC., *Begoniastrum* A. DC., *Huszia* (Kl.) A. DC. und *Casparya* (Kl.) Warb. werden kritisch erläutert; sie erhalten durch die neuen Arten teilweise einen neuen Umfang.

Cactaceae. CASTELLANOS und LELONG klären die argentinischen Gattungen der hier reich entwickelten *Cactaceae* und geben sorgfältige analytische Übersichten und Beschreibungen der Gruppen und Gattungen.

Lythraceae. LOURTEIG (1) revidiert die Lythraceen Argentiniens, Schlüssel für die Gattungen und Arten, Beschreibungen, Abbildungen.

Combretaceae. In einer kritischen Analyse der westafrikanischen *Combretum*-Arten versucht ROBERTY (1) durch eingehende Wertung der unterscheidenden Einzelmerkmale natürlichere Sippen zu erfassen, als es bisher möglich gewesen ist. Dabei werden die bisher anerkannten etwa 50 Arten auf 11 reduziert, die aber zumeist wieder reich in Varietäten und Formen gegliedert werden. Es ergibt sich also eine Form der Darstellung der systematischen Einheiten, wie sie bisher nur in den floristisch gut untersuchten Gebieten der nördlichen gemäßigten Zone, aber noch nicht oder nur selten bei den Formenkreisen der Tropen erreicht werden konnte. Wichtige Merkmale sind: Kelchform, Blütenstand, Blattstellung, Länge der Petalen, Wuchsform (Kräuter, Holzgewächse, Lianen), Phyllomzahl der Blütenquirle. — Die halbstrauchigen *Combretum*-Arten (sect. *Parvulae* Engl. et Diels) bilden nach KEAY keine natürliche Einheit. Diese Wuchsform ist polyphyletisch. Er verteilt die Arten nach der Blütenform auf die entsprechenden Sektionen. — EXELL revidiert die Combretaceen von Argentinien.

Onagraceae. MUNZ (3) revidiert die Gattung *Fuchsia* L. (100 Arten, Süd- und Mittelamerika, Westindien; Schlüssel, Beschreibungen, Abbildungen der Blüten und Blätter). Für die Gliederung in 7 Sektionen bleiben die bisher schon benutzten Merkmale maßgebend. Die apetalen

Arten mit sehr langem Hypanthium werden zu der neuen sect. *Hemsleyella* Munz zusammengefaßt. Primitiv ist die 6 Arten umfassende Sektion *Quelusia* (Vand.) DC. mit sehr kurzem Hypanthium. Ihr schließt sich die 59 Arten enthaltende sect. *Eufuchsia* Baillon an mit längerem Hypanthium. Spezialisierungen sind dann *Kierschlegeria* (Spach) Munz (eine Art, Chile) mit verdornenden Blattstielen, die apetalen sect. *Skinnera* (Forst.) DC. (6 Arten, Neuseeland, Tahiti) und *Hemsleyella* Munz (12 Arten, Südamerika); ferner sect. *Schufia* (Spach) Munz (1 Art, Mittelamerika) mit aufrechten Blüten und *Enclinandra* (Zucc.) Endl. (16 Arten, Mittelamerika) mit polygamen Blüten. — Ferner bearbeitet Munz (4) die Onagraceen von Brasilien.

Myrtaceae. Von den 1000 Arten der pantropischen Gattung *Eugenia* sind 138 Arten in Malaya einheimisch, die Henderson sehr sorgfältig revidiert (Schlüssel, Beschreibungen, kritische Bemerkungen, 54 Abbildungen, meist Blattbilder). Frühere Versuche, diesen großen Komplex in kleinere Gattungen aufzuteilen (*Syzygium* Gaertn., *Jambosa* DC., *Acmene* DC., *Cleistocalyx* Bl.) und die neuweltlichen (*Eu-Eugenia*) abzusondern, sind nach eingehender Prüfung der Merkmale nicht durchführbar: Ob die Testa dem Perikarp oder dem Embryo eng anliegt, ob die Kotyledonen frei oder verwachsen sind, ist sehr wechselnd und mit anderen Merkmalen variabel verknüpft, so daß sie keine Gattungsmerkmale abgeben. Henderson gliedert *Eugenia* in 5 Sektionen: die in Malaya nicht vertretene sect. *Eu-Eugenia* mit nicht über das Ovar hinaus verlängertem Kelchbecher, und sect. *Syzygium* mit verlängertem Kelchbecher, zu der die Hauptmasse der malayischen Arten gehört. Nur 3 kleine Artgruppen weichen durch andere Merkmale von ihr ab: sect. *Cleistocalyx* mit mützenförmig abfallenden Kelchlappen, sect. *Acmena* mit spreizenden, sich mit terminalen Spalten öffnenden Antheren, und sect. *Fissicalyx* Henderson, bei der die Stamina auf der Innenseite des Kelchbechers inseriert sind, während sie bei den anderen Sektionen auf dem Rande des Discus stehen. — Für die Gruppierung der Arten wichtige Merkmale sind die Form des Kelchbechers, das Fehlen oder Vorhandensein von Kelchzipfeln, Nervatur der Blätter, Form und Stellung des Blütenstandes, Form der Zweige, Farbe und Form der Rinde, Größe und Form der Früchte, Persistenz und Größe der Brakteen, Behaarung. Die 134 malayischen *Syzygium*-Arten verteilt Henderson nach der Länge und Form des Kelchbechers und der Gestalt der Inflorescenzen auf 5 Gruppen. — E. Kausel revidiert Myrtaceen von Chile und gibt eine analytische Übersicht über die Gattungen; neue Gattungsgrenzen.

Halorrhagaceae. In einer monographischen Revision weist St. John für Hawaii 7 *Gunnera*-Arten nach, alle der sect. *Panke* (Molina) Schindler angehörend; sie unterscheiden sich in der Blattform, Behaarung der Stipeln, Form und Größe der Petalen usw.

Araliaceae. Cuatrecasas (2) gibt gute Bilder und Beschreibungen columbianischer Arten von *Orepanax* und *Schefflera*. — In einer Revision der Gattung *Hedera* erkennen Lawrence und Schulze 5 Arten an: *H. nepalensis, H. colchica, H. canariensis, H. rhombea (japonica)* und

H. helix, diese mit 38 Varietäten, die auch analytisch gruppiert werden; dabei werden die Gartenformen mit den geographischen Rassen gleichwertig als Varietäten aufgeführt.

Umbelliferae. CONSTANCE und SHAN revidieren die Gattung *Osmorhiza* (11 Arten, Nord- und Südamerika, eine Ostasien; Schlüssel, Beschreibungen) und erörtern die geographischen Beziehungen der Arten.

Ericaceae. Die asiatischen Arten der ziemlich artreichen und komplexen Gattung *Gaultheria* hat AIRY-SHAW genauer untersucht. Außer in der Form und Nervatur der Blätter und der Gestalt der Korolle haben sich wichtige Unterschiede in dem Bau der Blütenstände herausgebildet (mit oder ohne Knospenschuppen an der Basis, traubig oder einzeln achselständig; Zahl und Stellung der Vor- und Hochblätter an den Blütenstielchen). Daraus ergeben sich 5 neue Sektionen und mehrere Artgruppen. Drei der Sektionen werden monographisch behandelt mit Schlüsseln für die Arten und vielfachen Bemerkungen über den phylogenetischen Wert der Sektionen und Arten und ihren Beziehungen zu amerikanischen Sippen. — SLEUMER gibt eine Gesamtgliederung der großen Gattung *Rhododendron* mit Schlüsseln für die Subgenera, Sektionen und Subsektionen. Nach einer ausführlichen Erörterung der differenzierenden Merkmale kommt er zu dem Schluß, daß die größeren Gegensätze in der Gattung in den Unterschieden der Sproßverkettung liegen. Die erste Einteilung erfolgt also danach, ob die stets razemösen Blütenstände terminal oder axillär stehen (für *Rh. camtschaticum* mit zymösen Infloreszenzen wird die eigene Gattung *Therorodion* anerkannt). Der Besitz von Schülferschuppen wird in zweiter und die Dauer des Laubes in dritter Linie benutzt. Die durch abweichende Kapseln und beidendig geschwänzte Samen ausgezeichneten zahlreichen malesisch-neuguinesischen Arten erscheinen als sect. *Vireya* der Untergattung *Lepidorrhodium*. Sehr zahlreich sind die Subsektionen, die vielfach den früher aufgestellten Series entsprechen. — IRMGARD HANSEN hat die europäischen *Erica*-Arten genauer untersucht. Es fanden sich wichtige Unterschiede in der Stellung der Blütenstände und der Fortsetzungssprosse, durch die sich 9 Sektionen charakterisieren lassen. Zum Vergleich werden auch afrikanische Sektionen herangezogen und daraus geographisch-genetische Schlüsse für die ganze Gattung hergeleitet.

Primulaceae. LOURTEIG (2) revidiert die Primulaceen Argentiniens.

Sapotaceae. LAM (2) bearbeitet die Sapotaceen des pazifischen Raumes, mit Schlüsseln für die 7 Gattungen und die Arten. Ausführlich wird die sehr formenreiche *Planchonella sandwicensis* (A. Gray) Pierre dargestellt, deren Merkmale von BOEKE auch quantitativ statistisch untersucht werden. — BAEHNY gibt eine umfassende Monographie der Gattung *Pouteria* Aubl. (318 Arten, pantropisch) mit Schlüsseln für die Sektionen (mehrere neu) und Arten; Beschreibungen.

Loganiaceae. KRUKOFF und MONACHINO revidieren die 14 *Strychnos*-Arten von Venezuela; analytische Übersicht, Aufzählung. — Die 16 madagassischen Arten von *Nuxia*, die P. JOVET genau untersucht (Abbildungen, Schlüssel), gehören alle dem subgen. *Lachnopylis* sect. *Glomerulatae* und sect. *Sphaerocephalae* an.

Gentianaceae. Die 30 Arten der südamerikanischen Gattung *Macrocarpaea* (Griseb.) Gilg gliedert Ewan in seiner Revision (Schlüssel, Beschreibungen) in eine monotypische Untergattung *Paranagenes* Ewan (Stauden, Sepalen ungleich) und die alle übrigen Arten enthaltende Untergattung *Eumacrocarpaea* Ewan (holzig, Sepalen gleich) mit zwei Sektionen *Magnoliifoliae* Ewan und *Tabacifoliae* Ewan.

Apocynaceae. Pichon (1) gibt Beiträge zur Systematik einiger Apocynaceen-Gattungen: *Ochrosia*, *Alstonia* R. Br., *Winchia* A. DC., *Paladelpha* gen. nov. (= *Alstonia angustiloba* Miq.), *Bisquamaria* gen. nov. (= *Tondozia macrophylla* Kuhlm.), *Blaberopus* A. DC., *Aspidosperma* (neue Gruppen in analytischer Übersicht), *Voacanga* (die afrikanischen Arten). — Pichon (2) zieht die Gattung *Macrosiphonia* M. Arg. wieder zu *Mandevilla* Lindl. und teilt diese in 4 Sektionen nach der Form und inneren Behaarung der Korolle, der Stielung der Blüten, der Größe der Pollenkörner, Tag- und Nachtblumen. Ferner revidiert er (3) den Gattungswert und die Gliederung von *Trachelospermum* Lem., aus der er *T. difforme* als eigene Gattung *Thyrsamthella* (H. Bn.) Pichon (Kelchschuppen gruppenweise alternisepal) ausscheidet, und *Baissea* A. DC. (einschließlich *Zygodia* Benth.; 4 Sektionen) und *Oncinotis* Benth. — Für die *Plumerioideae*, deren Triben und Subtriben auf Merkmale der Früchte und Samen begründet sind, gibt Pichon (4) einen künstlichen Schlüssel, der das Bestimmen von Exemplaren in blühendem Zustande ermöglicht, und ferner (5) Schlüssel nach den Samen für die *Plumerioideae* und *Cerberoideae*. — Die Gattung *Dyera* wird von Pichon (6) zu einer eigenen Subtribus *Dyerinae* der *Alstonieae* erhoben (Antheren in der oberen Hälfte steril und massiv; Samen groß, ringsum geflügelt, Samenkörper knotig warzig). — Monachino gibt eine umfassende Darstellung der Gattung *Hancornia* Gomes (Brasilien). Die einzige Art *H. speciosa* Gomes, die Kautschuk liefernde Mangaleira, ist ziemlich formenreich.

Asclepiadaceae. T. Meyer (1) gibt eine monographische Revision der argentinischen Arten der Gattung *Oxypetalum* R. Br. (27 Arten in 2 Untergattungen; Abbildungen und Anyalsen, Schlüssel, Beschreibungen); ferner revidiert er (2) die argentinischen Arten von *Funastrum* und *Philibertia* und (3) *Mitostigma*, (4) *Amblystigma* und *Nautonia*.

Convonvulaceae. Van Oostroom (1) setzt seine monographische Bearbeitung der Convolvulaceen Malesiens fort: *Mina, Lepistemon, Stictocardia, Argyreia*, mit Schlüsseln für die Arten, Beschreibungen. — Ferner revidiert er (2) die *Argyreia*-Arten der Philippinen (7 Arten; Schlüssel, Beschreibungen). — O'Donell (2) revidiert die amerikanischen Arten der Gattung *Merremia* Dennst.

Polemoniaceae. Davidson gibt eine eingehende Monographie der Gattung *Polemonium*; 19 Arten, 5 Unterarten, meist amerikanisch, einige circumboreal; Schlüssel, Beschreibungen, Abbildungen. — Olga Borsini revidiert die Polemoniaceen Argentiniens.

Hydrophyllaceae. Howell gibt eine Monographie von *Phacelia* sect. *Miltitzia* (A. DC.) J. T. Howell, die bisher als eigene Gattung gewertet oder zu *Emmenanthe* gestellt wurde; sie hat aber die dicken runzeligen Samen und die fleischigen Plazenten mit *Phacelia* gemeinsam (9 Arten, westliches Nordmerika; Schlüssel, Beschreibungen). — CON-STANCE gibt eine sorgfältige Monographie der Gattung *Nemophila* Nutt. Von den zahlreichen beschriebenen können nur 11 Arten anerkannt werden; auch die Zahl der Varietäten ist gering, die Plastizität der Arten dagegen groß. Schlüssel, Beschreibungen, Abbildungen.

Labiatae. BOIVIN revidiert die australische Gattung *Westringia* J. E. Smith; 26 Arten in 2 Untergattungen *Muellera* Boivin (Blüten in Köpfchen) und *Euwestringia* Boivin (Blüten einzeln in den Blattachseln); Schlüssel. — EPLING stellt die 113 amerikanischen Arten der Gattung *Scutellaria* monographisch dar; Schlüssel für die 18 Sektionen und die Arten, Beschreibungen; Erörterung der Beziehungen der Arten; mehrere Sippen sind sehr polymorph. — In ähnlicher Weise revidieren McCLIN-TOCK und EPLING die amerikanische Gattung *Monarda* (17 Arten in 2 Untergattungen) und GRANT und EPLING die nordamerikanische Gattung *Pycnanthemum* (21 Arten).

Solanaceae. GOODSPEED (1) gliedert die 58 jetzt anerkannten Arten von *Nicotiana* in 3 Untergattungen und 12 Sektionen, die kurz be-schrieben und charakterisiert werden: subgen. *Rustica* (Don) Goodsp. mit den sect. *Paniculatae* Goodsp., *Thyrsiflorae* Goodsp., *Rusticae* Goodsp.; subgen. *Tabacum* (Don) Goodsp. mit den sect. *Tomentosae* Goodsp., *Genuinae* Goodsp.; subgen. *Petunioides* (Don) Goodsp. mit den sect. *Undulatae* Goodsp., *Trigonophyllae* Goodsp., *Alatae* Goodsp., *Noctiflorae* Goodsp., *Acuminatae* Goodsp., *Suaveolentes* Goodsp. — SORIANO fand mehrere Arten, die Merkmale der Gattungen *Benthamiella* Spegaz. und *Saccardophytum* Spegaz. vereinigen; diese fallen daher unter den Namen *Benthamiella* (16 Arten, Patagonien) zusammen, die er monographisch darstellt, Schlüssel, Beschreibungen, Analysen.

Scrophulariaceae. *Penstemon* ist eine große (225—235 Arten), im pazifischen Nordamerika reich entwickelte Gattung, der KECK seit langem kritische monographische (morphologisch-cytologische) Studien widmet. Als achte Folge bringt er die Darstellung der subsect. *Proceri* (20 Arten) und *Humiles* (14 Arten) der neuen sect. *Spermunculus* (Schlund der Korolle mit zwei Falten, Samen klein, bis höchstens 1,5 mm lang) von *Eupenstemon*. Viele Arten sind in Unterarten gegliedert, manche sind formenreich und überschneiden sich. Chromosomen n= 8, 16, einige 24. *Penstemon procerus* subspec. *typicus* enthält diploide und tetra-ploide Formen, die morphologisch nicht unterscheidbar sind. Autoploidie scheint nur bei wenigen tetraploiden vorzuliegen, während die anderen wie die hexaploiden hybridogen amphiploid entstanden zu sein scheinen. So wird für die vier Unterarten von *P. attenuatus* (n = 24) angenommen, daß sie entstanden seien aus Kreuzungen des diploiden *P. albertinus* mit 3 verschiedenen Tetraploiden (*P. confertus*, *P. procerus*, *P. globosus*). — Als Arten werden die Sippen gewertet, die durch genetische Schran-ken gesondert sind, so daß ein freier Genaustausch nicht stattfinden kann. Geographische Isolierung allein genügt nicht für eine Artwertung. — Die öfters zu den *Bignoniaceae* gestellte Gattung *Wightia* Wall. ist nach den sorgfältigen Untersuchungen von VAN STEENIS (2) trotz ihrer

Zwischenstellung (Nährgewebe fehlt) besser zu den *Scrophulariaceae* zu stellen (Narbe knopfig, Ovar zweifächerig mit je einer breiten, axilen Placenta, Scheidewände den beiden Fruchtklappen angeheftet; 2 Arten Himalaya, Südchina, Malesien). — PENNELL (1): *Calceolaria* in Südostperu, 34 Arten, Schlüssel, Beschreibungen, Abbildungen. — Ferner untersucht PENNELL (2) die Gattungsgrenzen um *Bacopa* Aubl., mit der er jetzt auch *Herpestis* Gaertn. und *Silvinula* Pennell vereinigt. — LI (1) gibt den ersten Teil einer Revision der 282 chinesischen Arten von *Pedicularis*. Im Gegensatz zu früheren Gliederungen (MAXIMOVICZ, PRAIN, BONATI, LIMPRICHT) stellt er vegetative Merkmale voran und unterscheidet danach die drei Gruppen (greges) *Cyclophyllum* (Blätter quirl- oder gegenständig), *Allophyllum* (wechselständig) und *Poecilophyllum* (schwache, oft kletternde Pflanzen). Für *Cyclophyllum* gibt er Schlüssel für die Sektionen, Series und Arten.

Bignoniaceae. AUGUSTO G. SCHULZ fördert die Kenntnis der Bignoniaceen des Chaco.

Acanthaceae. BREMEKAMP (1) erörtert ausführlich die Gattungsmerkmale der afrikanischen Gattungen *Dischistocalyx* T. And. ex Benth., *Acanthopale* C. B. Cl. und *Stenoschista* Brem. gen. nov. (1 Art, Afrika), klärt ihre systematische Stellung in der Familie und stellt die zu jeder gehörenden Arten zusammen.

Rubiaceae. *Otiophora* Zucc. wird von VERDCOURT kritisch revidiert; Schlüssel, Beschreibungen, Abbildungen, 13 Arten, Madagaskar, tropisches und Südafrika.

Cucurbitaceae. Die aus herbariologischen und morphologischen Gründen schwierige Gattung *Cucurbita* hat BAILEY (1) durch 5 Jahrzehnte an lebendem Material eingehend studiert. Sie ist ausschließlich amerikanisch und enthält jetzt neben den nur aus der Kultur bekannten Arten *C. pepo*, *C. maxima* und *C. moschata* etwa 27 Wildarten (davon 14 neue Arten). Diese stehen sich teilweise sehr nahe, aber sie lassen sich nach der Bestachelung auf zwei nicht ganz scharf getrennte Gruppen, die *Cucurbitae emuriculatae* und *Cucurbitae muriculatae*, verteilen. Die Arten sind sorgfältig beschrieben, verschlüsselt und ausgezeichnet abgebildet. Die in der Fruchtform variable, in Texas wild vorkommende *C. texana* könnte vielleicht die Stammart von *C. pepo* sein. Mehrere Arten dauern mit Wurzelknollen aus.

Campanulaceae. Im Pflanzenreich veröffentlicht WIMMER (1) den ersten Teil seiner großen Monographie der *Lobelioideae*. Der Band behandelt die Tribus *Delisseae* Reichb. (Schließfrüchte), die in die beiden subtrib. *Cyaneinae* WIMMER (Blüten in axillären Trauben; *Delissea, Cyanea, Clermontia, Rollandia*; alle Hawaii) und *Burmeisterinae* Wimmer (Blüten einzeln achselständig oder in terminalen Trauben; *Cyrtandroidea, Pratia, Hypsela, Burmeistera, Centropogon*) geteilt werden. Neue Gliederungen für *Burmeistera* und *Centropogon*. Ferner gibt WIMMER (2) in einer analytischen Übersicht über die *Lobelioideae* eine neue Gliederung der *Lobelieae* in 8 Subtriben nach dem Bau und der Öffnungsweise der Kapsel. Die meisten Gattungen, so auch die beiden großen Gattungen *Siphocampylus* und *Lobelia*, gehören zu den *Siphocampylinae* (Kapsel zweifächerig, lokulizide zweiklappig). *Lobelia* und *Siphocampylus* werden weitgehend neu gegliedert.

Compositae. In einer sehr umfassenden Weise hat CABRERA (1) die Compositen der Provinz Buenos Aires (Argentinien) revidiert mit Schlüsseln für die Tribus, Genera und Species und ausführlichen Beschreibungen der Gattungen und Arten. Von den behandelten 102 Gattungen mit 299 Arten sind 74 Gattungen mit 245 Arten einheimisch, die andern adventiv oder kultiviert. — CUATRECASAS (1) fördert die Kenntnis der andinen, insbesondere der columbianischen Compositen: *Piofontia* gen. nov. (*Astereae*; 1 Art, Columbia); *Diplostephium*; *Espeletia* (mit vielen Analysen und guten Standortsphotographien), die um zahlreiche interessante neue Arten vermehrt wird; *Neocaldasia* gen. nov. (1 Art, Columbia, *Mutisiae*); *Senecio, Gynoxis.* — CABRERA (2) gibt eine monographische Darstellung der *Vernonieae* Argentiniens (7 Gattungen: *Vernonia* mit 39, *Centratherum* mit 2 und *Pacourina, Piotocarpha, Elephantopus, Pseudelephantopus* und *Orthopappus* mit je einer Art). — Die bisher monotypische, ziemlich primitive Gattung der *Vernonieae Dewildemania* O. Hoffm. (Laubblätter allmählich in Hüllblätter und weiter in Spreublätter übergehend) im tropischen Afrika wird von BURTT um 2 Arten bereichert. — Viele der 32 Arten der nordamerikanischen Gattung *Liatris* Schreb., so charakteristisch diese als Gattung ist, sind sehr polymorph und transgredieren und bastardieren, wie GAISER in einer ausführlichen Monographie zeigt. Innerhalb der nach der Form des Pappus gebildeten beiden Sektionen *Suprago* (Cass.) DC. und *Euliatris* (Cass.) DC. verteilt er die Arten auf 10 Series, die sich in der Blütenzahl im Köpfchen, der Form des Blütenstandes und Hüllkelchschuppen unterscheiden. — CABRERA (3) revidiert die mit *Erigeron* verwandte Gattung *Hysterionica* (9 Arten, Brasilien, Uruguay, Nordargentinien); Schlüssel, Beschreibungen. — Ferner stellt CABRERA (4) die diözische, mehrfach zu *Senecio* gezogene Gattung *Chersodoma* Phil. wieder her und revidiert sie (5 Arten, Argentinien, Chile, Bolivien, Peru). — Die kleine sect. *Conyzastrum* von *Erigeron* ist mit 10 Arten im Iran vertreten, die von RECHINGER (3) monographisch dargestellt werden; Schlüssel, Beschreibungen. — CABREREA (5) revidiert die südamerikanische Gattung *Lepidophyllum*, 6 Arten in 2 Sektionen, nach der Ausbildung der Randblüten. — ARÈNES gibt eine sehr tiefgründige Monographie der Gattung *Arctium*; 4 meist sehr polymorphe und miteinander bastardierende eurasische Arten in 2 Sektionen *Eglandulosa* Arènes (Korolle ohne Drüsen; *Arctium lappa* und *A. minus*) und *Glandulosa* Arènes (Korolle mit Drüsen; *A. tomentosum* und *A. chaberti*); er erörtert auch die geographisch-phylogenetischen Beziehungen der Sippen. — *Senecio* ist in Chile mit 208 Arten vertreten, die von CABRERA (6) in mühevoller Arbeit kritisch geklärt und monographisch dargestellt werden (fast alle Arten sind im Habitus mit sorgfältigen Analysen abgebildet). Köpfchen und Blüten sind in der ganzen (vielleicht 3000 Arten zählenden) Gattung sehr gleichförmig. In Chile weicht nur eine Art (sect. *Acanthifolium*) durch pinselförmige Griffelfortsätze von den übrigen ab, und die wenigen Arten der sect. *Metazanthus* und

Oreophyton haben fädliche weibliche Randblüten. Sonst erfolgt die gesamte Differenzierung in der vegetativen Region (Wuchs, Blattform, Blütenstand). Danach lassen sich 21 Sektionen (die meist neu sind) unterscheiden, einzelne mit mehreren Subsektionen; Schlüssel für die Sektionen und Arten, ausführliche Beschreibungen. In einer Revision der *Senecio*-Arten der Provinz Tucuman in Argentinien gliedert CABRERA (7) die 40 Arten in 13 meist neue Sektionen. — PUGSLEY fördert in einer sehr sorgfältigen kritischen Monographie die Kenntnis der britischen *Hieracium*-Arten erheblich; er gibt präzise Beschreibungen und ausführliche analytische Übersichten über alle Gruppen. ZAHNs Unterarten werden hier als Arten behandelt und seine Zwischenarten werden in die teilweise neuen Gruppen der Sektionen und Series eingegliedert. Es werden 260 Arten aus Britannien unterschieden, von denen nur 11 meist eingeschleppte der Untergattung *Pilosella* angehören. Von den 249 Arten der Untergattung *Euhieracium*, von denen 184 (davon 86 endemische) nur im gebirgigen Norden Britanniens vorkommen, sind 180 endemisch.

Für die Erarbeitung seiner großen *Crepis*-Monographie hat BABCOCK (1) zum erstenmal für eine größere Gattung (196 Arten) außer den morphologischen und pflanzengeographischen Kriterien auch die zytologischen Merkmale und genetische und cytogenetische Methoden in großem Umfange berücksichtigt. Das verleiht dieser großen Arbeit eine programmatische Bedeutung in der Geschichte der monographischen und phylogenetischen Systematik. Da solche Arbeiten sehr viel Zeit und Mitarbeit anderer erfordern, wird diese Monographie wohl für längere Zeit die einzige ihrer Art bleiben. Es wäre aber sehr zu wünschen, daß an dieser Gattung *Crepis* von anderen weitergebaut würde. — Die Abgrenzung und innere Gliederung der Gattung erfolgte zunächst auf vergleichend-morphologischer und geographischer Grundlage. Dadurch wurde es möglich, den systematischen Wert dieser und der nachträglich hinzugezogenen cytologischen Merkmale gegeneinander abzumessen. Umfangreiche Kreuzungsversuche bestätigten sodann die phylogenetische Einheit des größeren Teiles der Gattung und die Natürlichkeit der morphologisch konzipierten Sektionen: intrasektionale Bastarde waren zu einem großen Prozentsatz wüchsig und fertil, intersektionale dagegen steril und vielfach schwach. Morphologie (insbesondere der Achaenen) und Cytologie erwiesen die Selbständigkeit der Gattungen *Aetheorrhiza* Cass. (*Crepis bulbosa*), *Dubyaea* DC. (Asien), *Soroseris* Stebbins gen. nov. (Zentralasien; *Crepis* sect. *Glomeratae*), *Youngia* DC. und *Ixeris* Cass. Dagegen zeigten genetische Analysen, daß die mit Spreublättern ausgestatteten Gattungen *Rodigia* Spr. [*Rodigia commutata* Spr. wird *Crepis foetida* L. subspec. *commutata* (Spr.) Babc.], *Pterotheca* Cass. und *Lagoseris* M. B., ebenso wie auch *Zacyntha* Gaertn. in *Crepis* einzubeziehen sind. — BENTHAM und HOOKERs Untergattungen *Barkhausia* (Mönch), *Catonia* (Mech.) und *Eucrepis* DC. sind keine natürlichen Einheiten, da z. B. geschnäbelte Früchte (*Barkhausia*) sich polyphyletisch in mehreren Sektionen der Gattung entwickelt haben. Eine subgenerische Differenzierung ist in *Crepis* nicht erreicht worden.

Es lassen sich dagegen 27 natürliche Artgruppen erkennen, die als Sektionen gewertet werden. Davon sind einige kleinere Sektionen jeweils durch besondere Merkmale charakterisiert (Spreublätter, sehr zarte Pappusborsten, Niederblätter am Stengel, verhärtende Hüllkelche, Differenzierung der Hüllkelchschuppen, traubige Infloreszenz usw.), die meisten und besonders die größeren unterscheiden sich aber nur durch quantitative Merkmale. Zwei asiatische Sektionen (*Ixeriodopsis* (n = 7) und *Pyrimachos* (Niederblätter) sind wahrscheinlich (vielleicht hybridogene) Parallelentwicklungen zu *Crepis* aus dem Urstamm der *Crepideae*. Die übrigen Sektionen bilden eine geschlossene Einheit. Die Sektionen sind im Karyotypus gewöhnlich ziemlich einheitlich; ihre Arten haben aber nicht immer die gleiche Chromosomenzahl. Die ausdauernden, großwüchsigen Arten haben auch große und zahlreichere (n = 6, 5) Chromosomen, die einjährigen, zarten Arten kleine und weniger (n = 4, 3) Chromosomen. Es lassen sich nach dem Grad dieser Reduzierung zwei ganz übereinstimmende Reihen bilden. Diese Reduktion ist die die phylogenetische Entwicklung der Gattung beherrschende Tendenz (parallel damit gehen z. B. auch Schwächung der Rippung der Achaenen, Schnäbelung der Achaenen, Differenzierung der äußeren und inneren Achaenen usw.), und nach ihr werden die Sektionen angeordnet. Vorangestellt werden die mit Rhizom ausdauernden großen Sektionen mit 6 und 5 großen Chromosomen; es folgen die mit Pfahlwurzel ausdauernden, in der Größe der Individuen vielfach schon reduzierten Sektionen mit n = 5, 4; und die dritte Gruppe bilden die zwei- und einjährigen Arten mit 4 und 3 kleineren, meist stärker unsymmetrischen Chromosomen. Nach demselben Prinzip werden die Arten innerhalb der Sektionen angeordnet (vgl. auch oben S. 117). — Ein großer Vorzug dieser Monographie ist es auch, daß alle Arten und Unterarten in Habitusbildern mit genauen Analysen und von 113 Arten auch die Idiogramme des Karyotypus abgebildet werden. Alle Sippen sind genau beschrieben, und Sektions- und Artschlüssel werden gegeben. Für jede Sektion gibt es Verbreitungskarten mit den Arealen aller Arten.

Bearbeitungen polymorpher Formenkreise.

In einer Studie „Der Polymorphismus in der ägeischen Flora" analysiert K. H. RECHINGER sehr sorgfältig alle Sippen einer ganzen Flora, die irgendeine Art von Differenzierung und Mannigfaltigkeit erkennen lassen, und sucht ihr Wesen zu erfassen. Besonders zahlreich — oder, wie RECHINGER meint, vielleicht nur besser bekannt, weil besonders augenfällig — sind geographische Differenzierungen (Rassenbildung), die in allen Verwandtschaftskreisen vorkommen, aber bei den Labiaten, Compositen und Scrophulariaceen besonders häufig, bei den Liliaceen, Cyperaceen und Gramineen dagegen nur gering sind; alle Abstufungen morphologischer Verschiedenheit und geographischer Arealausdehnung sind zu beachten. Ökologische Rassen und Farbvarianten schließen sich ihnen an. Demgegenüber steht der Polymorphismus im gleichen Gebiet, der noch wenig untersucht ist. Eine weitere Gruppe bilden die Zwischenformen und hybridogenen Arten. Den Möglichkeiten, daß die Zwischenformen zwischen zwei morphologisch und geographisch gesonderten Sippen hybridogener Natur sind oder auch die Ausgangsbasis für die beiden Sippen sein könnten, fügt RECHINGER die dritte Möglichkeit an, daß die eine der Sippen primär sei und die andere von ihr abstamme, wobei die Zwischenformen der bei dem Entwicklungsprozeß übriggebliebene Rest sei. Es ist aber zu bedenken, daß Neubildungen nur zu konstanten Sippen werden können, wenn sie durch irgendwelche Kreuzungsschranken von der Ausgangssippe gesondert werden. Hybridogen sind die polymorphen „Zwischenformen" immer. Die Frage ist nur, ob sie primäre Hybride zwischen den Individuen einer stark variablen (mutierenden) Sippe sind oder sekundäre Bastarde zwischen zwei vorher differenzierten und gesonderten und später wieder zusammengetroffenen Sippen. Die Komplexe *Capsella bursa-pastoris* einerseits und *Abies alba, borisii-regis, cephalonica* andererseits sind voneinander ihrem Wesen nach so verschieden, daß sie als extreme Beispiele dieser beiden Möglichkeiten gelten können. — HULTÉN (1) diskutiert die verschiedenartige und verschieden reiche Rassendifferenzierung der Sippen verschiedener Gebiete (Skandinavien, Kamtschatka, Zircumpolargebiet, Mitteleuropa) und bespricht eine Anzahl solcher Differenzierungen in der skandinavischen Flora.

Pinaceae. Die Fichte *Picea abies* (L.) Karsten ist in vielen Merkmalen sehr variabel; es sind mehr als 100 Formen und Varietäten beschrieben worden. LINDQUIST (2), der diese Variabilität im Zusammenhang mit der geographischen Verbreitung näher untersucht hat, findet, daß sich einige Merkmalskombinationen geographisch konzentrieren, wenn auch mit Transgressionen. Die typische Sippe (Skandinavien, Finnland, West- und Nordrußland) variiert in der Behaarung der Zweige und hat ovale bis rhombische, gezähnelte Zapfenschuppen. Die var. *obovata* (Ledeb.) Fellm. (Sibirien, Ost- und Nordrußland, Finnland, Tschechoslowakei, Nordskandinavien) verhält sich in der Behaarung ähnlich, hat aber verkehrt eiförmige ganzrandige Schuppen. Die beiden anderen Varietäten haben kahle Zweige: var. *germanica* Lindqu. (Mitteleuropa, Frankreich, Italien, Rumänien, mit rhombischen, nach oben verschmälerten Schuppen; und var. *arctica* Lindqu. (Lappland, nördliches Schweden und Norwegen) mit kleineren Zapfen und eiförmigen bis verkehrt eiförmigen gezähnelten Schuppen.

Gramineae. Die 192 Varietäten der Saatgerste *Hordeum vulgare* L. s. l. (*H. sativum* Jessen) bringt MANSFELD (2) im Anschluß an KÖRNICKE in ein morphologisches System. Sie werden in 5 Varietätsgruppen zusammengefaßt: convar. *hexastichon* Alef., convar *intermedium* (Körn.) Mansf., convar. *distichon* Alef., convar. *deficiens* (Steud.) Mansf. und convar. *labile* (Schiem.) Mansf. Für die Varietäten der 4 ersten Gruppen werden sorgfältig durchgearbeitete analytische Übersichten gegeben. Die unterscheidenden Merkmale wiederholen sich in den Gruppen. — GRABHERR zeigt durch Kultur- und Düngungsversuche, daß *Molinia coerulea* auf stark sauren ungedüngten Böden viel mehr Kalk aufnehmen kann als *M. arundinacea*. Beide Sippen sind erblich konstante Ökotypen. Dagegen lassen sich die in der Rispengestalt, der Hüllspelzenfarbe und der Anthocyanbildung verschiedenen *Molinia*-Formen durch Kultur auf anderen Böden abändern und werden somit als Standortsmodifikationen erwiesen. — MARKGRAF-DANNENBERG klärt die vielfach sehr polymorphen *Festuca*-Sippen der Bayerischen Alpen; ausführlicher Schlüssel. — Nach LITARDIÈRE enthält die polymorphe *Festuca paniculata* (L.) Sch. et Th. Sippen mit 2n = 14, 28, 42. Die polyploiden Sippen haben eine weite ökologische Amplitude, geographisch sind sie aber beschränkter als die weitverbreitete var. *genuina*. — GREBENSCIKOV beschreibt die 8 nach der Beschaffenheit des Endosperms innerhalb von *Zea mays* unterscheidbaren Formgruppen und gibt eine analytische Übersicht. Für solche mehr oder weniger künstliche Formengruppen bei Kulturpflanzen führt er die Kategorienbezeichnung convarietas (= Varietätengruppe) ein.

Cyperaceae. In einer gründlichen kritischen Studie über *Carex* subsect. *Alpinae* Kalela zeigt KALELA, daß der Formenkreis der nordischen *Carex alpina* Sw. (*C. Vahlii* Schkuhr, *C. Halleri* Gunn) reich in Arten und Unterarten gegliedert ist. Die Sippen werden eingehend beschrieben, und ihre Verwandtschaftsverhältnisse und ihre Areale werden zu Schlüssen auf die eiszeitlichen und nacheiszeitlichen Wanderungswege benutzt.

Liliaceae. SCHLITTLER (2) gibt eine analytische Gliederung der zahlreichen malesischen Formen von *Dianella nemorosa* Lam.

Iridaceae. BUXBAUM (3) studierte die Variationsbreite von Merkmalen des *Crocus vernus* Wulf. in den Alpen und fand einen großen Formenreichtum in Bezug auf die Größe der Blüten, ihre Färbung und Zeichnung und das Längenverhältnis von Antheren zu den Narben. *Crocus albiflorus* und *C. vernus* lassen sich durch diese Merkmale nicht trennen.

Caryophyllaceae. Im Anschluß an frühere Arbeiten fördert MÖSCHL (1) die Kenntnis des polymorphen *Cerastium semidecandrum* L. und *C. balearicum* Hermann. Ferner klärt er (2) eine polymorphe mediterrane Gruppe einjähriger Ceratien, die sich um *Cerastium campanulatum* Viv. scharen. — MERXMÜLLER (2) kann die morphologische Abgrenzung der alpinen Arten von *Cerastium* grex *Physospermia* erheblich korrigieren. — MARSDEN-JONES und TURRILL setzen ihre umfassenden experimentell-genetischen Untersuchungen über die Formenkreise von *Silene maritima* und *S. vulgaris* (*S. alpina*, *S. glareosa*) fort und publizieren zahlreiche interessante Einzelheiten aus den Kreuzungsexperimenten.

Ranunculaceae. MIYABE klärt die *Trollius*-Arten Japans (10 Arten, Schlüssel, Abbildungen).

Rosaceae. Floristik und Systematik haben den ungeheuren Formenreichtum der europäischen *Rubus*-Sippen weitgehend geklärt und ihn in eine gute Übersicht gebracht. Man erkannte einige wenige (5) Primärarten mit gutem Pollen und zahlreiche Sippen und Formengruppen mit einem wechselnden Prozentsatz an schlechtem Pollen, die wieder nach ihrem morphologischen und geographischen Verhalten verschieden zu bewerten waren: mehr als 100 Sammelarten (Circle-species), zahlreiche Mikrospecies und Tausende von kleinen Varianten. Die innere Bedingtheit dieses Aufbaus hat ÅKE GUSTAFSSON durch langjährige eigene Untersuchungen wesentlich geklärt und stellt seine Ergebnisse mit denen der früheren Forscher zu einem Gesamtbild der „Genesis der europäischen Brombeerflora" zusammen. Die 5 süd- und mitteleuropäischen Primärarten sind diploid (x = 7) und amphimiktisch; sie bastardieren miteinander, ohne ineinander aufzugehen (Ökospecies); alle übrigen sind polyploid und pseudogam-apomiktisch (Befruchtung des Zentralkernes) mit bis zu 15% befruchtungsbedürftigen haploiden Eizellen; aber auch unreduzierte Eizellen können gelegentlich befruchtet werden. Nur die alte Linnéische Art *Rubus caesius* ist völlig apomiktisch, hat dabei aber völlig guten Pollen und kreuzt leicht in andere Sippen ein; aus solchen Kreuzungen entstanden die *Corylifolii*. — Die meisten Sippen sind tetraploid, daneben gibt es eine Anzahl triploide und pentaploide. Eigentlich autopolyploide Vorgänge scheinen nur in sehr geringem Maße stattgefunden zu haben; die Mehrzahl ist allopolyploid. Bastarde zwischen apomiktischen Kleinarten sind amphimiktisch; bei der Aufspaltung ergeben Rekombinationen aber wieder pseudogame Apomikten. Bastardierung und pseudogame Agamospermie schufen den Formenreichtum der europäischen Brombeeren. Die diploiden amphimiktischen Stammarten sind in Europa größtenteils ausgestorben. In Nord- und besonders in Südamerika sind sie in größerer Zahl erhalten, und zwar auch Verwandte europäischer Brombeeren. In Nordamerika sind keine apomiktischen Sippen bekannt (PETERSEN 1921); Hybridisierung und Aufspaltung brachte hier eine enorme Zahl lokalbeschränkter polyploider Formen hervor.

Seit TÄCKHOLMs (1922) Untersuchungen konnte man annehmen, daß die große Polymorphie in der *Rosa* sect. *caninae* durch Bastardierung und Apomixis verursacht sei. Diese Frage ist seither vielfach cytologisch und genetisch namentlich durch GUSTAFSSON und durch FAGERLIND (4) (*Rosa canina*) geprüft worden. Es hat sich kein Anhalt für das Vorkommen agamospermischer Entwicklung gefunden. Die Sippen sind ausgeprägt autogam; Heterogamie ist natürlich nicht ausgeschlossen. Die Genome bestehen aus einer für jede Sippe zahlenmäßig charakteristischen Kombination Gemini bildender und nicht Gemini bildender Chromosomen. Nach FAGERLIND bedingen diese beiden Erscheinungen die relative Konstanz (Erkennbarkeit) der Sippen wie auch die starke Polymorphie. Infolge der Autogamie ist jede *Canina*-Kleinart hinsichtlich der Gemini bildenden Genome eine reine Linie und hinsichtlich der nicht Gemini bildenden Genome ein Klon. Unter Berücksichtigung der immer möglichen Fremdbestäubung kommt FAGERLIND zu dem Schluß: „Mutationen innerhalb der nicht Gemini bildenden Genome und Rekombinationen innerhalb der Gemini bildenden Genome mit nachfolgender Bildung reiner Linien sind Erscheinungen, die völlig ausreichen, um das Gewirr von Kleinarten innerhalb jeder *Canina*-Art zu erklären." Die Arten sind durch Kreuzungsschranken isoliert, die Kleinarten halten sich durch Autogamie relativ selbständig.

Leguminosae. Burtt und Lewis untersuchen die Merkmale der mediterranen *Vicia monantha* Retz. variationsstatistisch. Es ergibt sich eine westmediterrane subspec. *triflora* (Ten.) Burtt et Lewis mit großen Blüten und Hülsen und eine ostmediterrane kleinblütige subspec. *cinerea* (M. B.) Maire. In dem Gebiet von Ägypten bis Marokko kommen beide Sippen zusammen vor, bleiben aber selbständig und verhalten sich also wie Arten.

Euphorbiaceae. Ducke (3) klärt die schwer zu unterscheidenden Arten der nordbrasilianischen Gattung *Hevea* kritisch, die nun auf 9 Arten reduziert wird (Verbreitungskarte).

Melianthaceae. Die etwa 60 aus Afrika beschriebenen *Bersama*-Arten sind nach Verdcourt (1) nicht spezifisch voneinander gesondert, sondern bilden wenige polymorphe Formenkreise, von denen er den Kreis der *B. abyssinica* Fres. näher analysiert. Wichtige Merkmale sind die Blattformen, Behaarung, Größe und Sexualität der Blüten, Zahl der Stamina, Form des Discus.

Rhamnaceae. Die Arten der Gattung *Ceanothus*, namentlich die der sect. *Cerastes*, bastardieren im westlichen Nordamerika reichlich miteinander, wie eine Abhandlung von McMinn zeigt; intersektionale Hybride sind selten und steril.

Ericaceae. Von Interesse sind Camps (1) systematische Untersuchungen des atlantisch-nordamerikanischen Subgenus *Cyanococcus* von *Vaccinium*, dessen Arten (blueberries) als Obstlieferanten von Bedeutung sind. Er kann sich dabei auf umfangreiche Untersuchungen der Cytogenetiker stützen. Es gibt diploide, tetra- und hexaploide Arten (n = 12, 24, 36). Die homoploiden Arten kreuzen interfertil. Für die ebenfalls komplexen pazifisch-nordamerikanischen Arten von *Vaccinium* subgen. *Euvaccinium* stehen cytologische Daten noch nicht zur Verfügung, aber umfangreiche merkmalsanalytische Untersuchungen der Populationen lassen Camp (2) vermuten, daß bei ihnen ähnliche Verhältnisse bestehen wie bei *Cyanococcus*; so könnte das weitverbreitete *V. myrtillus* eine Autopolyploide aus *V. scoparium* sein. Die homoploiden Sippen konnten sich differenzieren und als Arten erhalten, da ihre Areale durch ökologische Schranken (alkalische Böden und schattige Wälder, von denen sie ausgeschlossen sind) getrennt sind. Wanderungen infolge von Entwaldungen oder im Gefolge der Eiszeit brachten dann viele Arten in Kontakt, so daß Hybridschwärme entstanden, die sich heute in verschiedenartiger Weise präsentieren: als Genbereicherung dieser oder jener Population, als breite Zwischenzone hybridogener Sippen zwischen zwei Arealen konstanter Arten oder in der Bildung von Allopolyploiden als konstanten Arten mit teilweise disjunkten Arealen.

Plumbaginaceae. Bernis revidiert die portugiesischen Sippen von *Armeria (Statice) maritima* (Miller) Willd.; er faßt sie zu 16 Unterarten mit zahlreichen Varietäten zusammen (ausführlicher Schlüssel).

Labiatae. Jalas gibt eine sehr kritische Klärung der fennoskandischen Formen der Kollektivart *Thymus serpyllum* L. em. Fr., die unterscheidenden Merkmale (Wuchsform, Blattform und Behaarung usw.) werden sorgfältig gegeneinander abgewogen. Die Formen werden zu den drei subsp. *arcticus* (Dur.) Hyl. em. Jalas (zweireihig behaart), subsp. *tanaensis* (Hyl.) Jalas (Hochblätter größer als die Laubblätter), subsp. *angustifolius* (Pers.) Vollm. (Hochblätter den Laubblättern gleich) mit den Varietäten *ericoides* Wimm. et Grab., var. *rigidus* Wimm. et Grab. und var. *lineatus* Endl. zusammengefaßt.

Scrophulariaceae. *Euphrasia striata* R. Br. und *E. gibbsiae* Du Rietz spec. nov. von Tasmanien werden von Du Rietz zu einer neuen Serie *Striatae* (niedrige Halbsträucher mit subdigitaten Blättern) zusammengefaßt. Durch ihre subdigitaten Blätter schließen sie sich an die anderen Arten Tasmaniens und an die Euphrasien von Australien, Neuseeland und Südamerika an, die den nordhemisphärischen Arten gegenüberstehen. Jene sind der Rest einer größeren tertiären antarktischen Formengruppe.

Rubiaceae. EHRENDORFER hat begonnen, den Formenkomplex der *pumilum*-Gruppe von *Galium* sect. *Leptogalium* Lange experimentell, cytologisch (x = 11) und vergleichend morphologisch zu prüfen. Er untersucht die Variabilität der Merkmale der Populationen und Lokalsippen, findet Chromosomenrassen und kommt so zur Kennzeichnung der Kleinarten. Das geographisch beschränkte und stenözische *Galium austriacum* Jacq. ist ziemlich einheitlich; es gibt aber zwei morphologisch nicht unterscheidbare Chromosomenrassen (2x und 4x); sie ist als alte primitive Kleinart aufzufassen. Weiter verbreitet und variabel sind die abgeleiteten *G. anisophyllum* Vill. (4x, 6x) und das fast ruderale *G. pumilum* Murray (8x). In Kontaktzonen bilden sich allopolyploide Sippen. ,,Mit vervielfachter Chromosomenzahl nimmt bei den Sippen der *G. pumilum*-Gruppe nicht die Resistenz gegen extreme Klimate, sondern die intrarassische Variabilität zu." — Das Areal des in Mitteleuropa sehr polymorphen *Galium pumilum* Murr. ist in Nordwesteuropa (Skandinavien, England, Island) in mehrere voneinander isolierte Teilareale aufgelöst. Wie R. STERNER nachweist, ist jedes dieser 6 Teilgebiete von einer besonderen, in sich ziemlich konstanten (biotypenarmen) Subspecies bewohnt, die sich zusammen durch gemeinsame Merkmale von den mitteleuropäischen Sippen unterscheiden und sich den britischen annähern.

Valerianaceae. ELLY WALTHER untersucht die Formen der Arzneibaldriane in Mitteleuropa (*Valeriana* sect. *Officinales*). Sie erkennt 5 Arten an, die sich in 2 Series gruppieren: *Sambucifoliae* (mit Flagellen, Blättchen wenig herablaufend, Blüten größer, 2n = 56) mit der östlichen *Valeriana sambucifolia* Mikan (früh blühend, kleinwüchsig) und der westlichen *V. procurrens* Wallroth (spät blühend, hochwüchsig); und die ser. *Collinae* (ohne Flagellen, Blättchen stark herablaufend, 2n = 14, 28) mit *V. collina* Wallroth, *V. exaltata* Mikan und *V. pratensis* Dierbach in Mitteldeutschland.

Compositae. Die nordamerikanischen Vertreter des *Artemisia vulgaris*-Komplexes sind mehrfach systematisch dargestellt worden. Die Zahl der anerkannten ,,Arten" schwankt zwischen 1 mit 15 Subspecies (HALL und CLEMENS) und 54 (RYDBERG). KECK (1) untersucht die Gruppe aufs neue unter Hinzuziehung genetischer und cytologischer

Methoden. Die ganze Subsektion *Vulgares* stellt sich als eine Coenospecies mit 10 binär benannten amerikanischen, meist polymorphen Ökospecies dar, darunter *A. ludoviciana* mit 7 Unterarten. Die altweltlichen, nach Nordamerika nur eingeschleppte *A. vulgaris* hat $n = 8$, die amerikanischen Sippen bilden einen polyploiden Komplex mit $n = 9, 18, 27$. Die beiden diploiden Arten *A. suksdorfii* und *A. carruthii* stehen sich morphologisch sehr fern, und beide bewohnen Gebiete mit extremen Klimaten. — HEISER zeigt, daß die erst in jüngerer Vergangenheit nach Westamerika eingeführte *Helianthus annuus* L. sich dort mit der dort einheimischen *H. bolanderi* A. Gray kreuzt (beide $n = 17$). Dadurch entstanden Formen, die zu weitverbreiteten Unkräutern wurden; aber die beiden nahe verwandten Arten gehen nicht ineinander auf. — Auf einer Fläche von 50 qm sammelte HERIBERT NILSSON 177 Individuen der polymorphen Gesamtart *Taraxacum officinale*. Sie gehören 20 verschiedenen der binär benannten Kleinarten an, von denen die selteneren nur in 1, die häufigeren mit 51 Individuen vertreten waren. Diese apomiktischen Kleinsippen, die scharf voneinander verschieden sind, blieben durch mehrere Generationen völlig konstant. NILSSON führt für sie, die den Biotopen der sexuellen Organismen entsprechen, die systematische Kategorienbezeichnung Mikrotypus ein. Da neu entstandene Formen von apomiktischen Sippen schnell ausgerottet werden, wenn sie nicht konkurrenzfähig sind, so sind sie viel ärmer an Mikrotypen (*Taraxacum officinale* z. B. etwa 500) als die geschlechtlichen Arten an Biotopen. — KITAMURA gibt eine analytische Zusammenstellung der zahlreichen bisher aus Japan beschriebenen *Taraxacum*-Arten; sie gehören den subsect. *Ceratophora* Handel-Maz. und *Mongolica* Dahlst. der sect. *Borealia* Handel-Maz. an.

Von den 196 *Crepis*-Arten sind nach BABCOCK (1) (vgl. oben S. 134) mehr als die Hälfte der Arten monomorph; 80 sind in sehr verschiedenem Grade polymorph. Dabei ist zu berücksichtigen, daß geographisch völlig gesonderte Sippen als Arten gewertet werden, auch wenn sie sich sehr nahe stehen. Innerhalb der Arten werden nur geographisch gesonderte, aber sich stellenweise überschneidende und hier bastardierende Sippen benannt und als Subspecies gewertet. Alle übrigen Abweichungen vom typischen Erscheinungsbild der Art werden als Minor Variants aufgezählt, aber nicht benannt. Nur in der amerikanischen Sektion *Psilochaenia* beruht die Polymorphie auf Bastardierung differenzierter Arten, Polyploidie und Apomixis [vgl. BABCOCK und STEBBINS; Fortschr. Bot. 8, 47, 48, 79—80 (1939)], in allen übrigen Gruppen dagegen auf Genmutationen und Isolierung; in einzelnen Formenkreisen hat aber auch die Bastardierung zwischen den geringfügig differenzierten Sippen (Unterarten und Varianten) auch Amphidiploidie im Gefolge, und einzeln ist auch Autopolyploidie zu beobachten. 20 Arten sind in Subspecies differenziert, und etwa 60 Arten enthalten mehr oder weniger zahlreiche Minor Variants. Hochpolymorphe „Superspecies" sind *Crepis foetida* und *Cr. vesicaria*. Erstere enthält 56 Minor Variants in 3 Unterarten, darunter die wegen der Spreublätter auf dem Körbchenboden bisher als eigene Gattung *Rodigia commutata* gewertete *Crepis foetida* subspec. *commutata* [vgl. auch BABCOCK und CAVE; Fortschr. Bot. 8, 80 (1939)]. Noch polymorpher ist *Cr. vesicaria* mit ihren 8 Unterarten und 81 Minor Variants, darunter einige Autotetraploide und Amphidiploide; manche Formen aus diesen polymorphen Schwärmen können als Artanfänge angesprochen werden, für deren Bildung das eingehende Studium solcher Schwärme ja besonders wichtig ist. In die engere Verwandtschaft der mediterranen *Crepis vesicaria*, aber von ihr und untereinander morphologisch differenziert und geographisch gesondert, gehört eine kleine Gruppe makaronesischer Arten, *Cr. canariensis*, *Cr. divaricata*, *Cr. Noronhaea*, *Cr. andryaloides*, die JENKINS [n. v., zitiert nach BABCOCK (1, S. 17, 796—863)] genetisch untersucht hat. Sie lassen sich miteinander und mit *Cr. vesicaria* kreuzen; die Fertilität der Bastarde schwankt zwischen 1—2% und 50—75%; die Unterschiede sind nur genisch bedingt, und auch die Schwächung der Fertilität, also die Bildung sexueller Schranken, muß auf Genmutationen beruhen. *Crepis vesicaria* subspec. *taraxacifolia* ist vor längerer Zeit vom Festland her in das Areal von *Cr. andryaloides* auf Madeira eingewandert; und beide Sippen sind nun im Begriff, durch Bildung hybridogener Formenschwärme ineinander aufzugehen. Taxonomisch wird daher *andryaloides* auch als Unterart in *Cr. vesicaria* einbezogen.

Bemerkenswerte neue Sippen.

Taxodiaceae. MERRILL macht Mitteilung über eine neue laubwerfende Conifere, die 1945 von T. WANG in Szechuan gefunden wurde. Sie erwies sich als zugehörig zu der bisher nur fossil aus dem Mesozoikum Ostasiens bekannten Gattung *Metasequoia*, so daß hier der eigenartige Fall eingetreten ist, daß auf eine rezente Pflanze der Gattungsname eines Fossils übertragen wurde (Einzelheiten über die Merkmale sind uns noch nicht bekannt).

Taxaceae. *Nothotaxus* Florin gen. nov. (1) (1 Art, *Taxus chienii* Cheng; China, Chekiang) unterscheidet sich von *Taxus* blattanatomisch (papillenfreie Epidermis, monocyclische Spaltöffnungen) und im Bau der Blüten: in den männlichen Blüten stehen über dem unteren Quirl von Mikrosporophyllen wieder 2—3 Schuppenblätter; sterile und fertile Region sind in diesen Blüten also noch nicht getrennt, was FLORIN als einen primitiven Charakter ansieht. Das kurze, unverzweigte weibliche Blütensprößchen mit terminaler Samenanlage steht in der Achsel eines Laubblattes.

Gramineae. Bei der neuen Bambusengattung *Elytrostachys* McClure (2 Arten, Venezuela, Columbia, Costarica) ist das Ährchen in ähnlicher Weise aufgelöst wie bei *Guadua*. — *Ancistagrostis* S. T. Blake gen. nov. (*Agrostideae*; 1 Art, Neuguinea) ist verwandt mit *Deyeuxia* Beauv., hat aber harte Hüll- und Deckspelzen; Deckspelzen länger als die Hüllspelzen mit derber, hakig gekrümmter Granne. — Ferner beschreibt S. T. BLAKE eine zweite Art der Gattung *Buergersiochloa* Pilger von Neuguinea. Die Prüfung der Merkmale ergab, daß die Gattung nicht so sehr nahe mit *Olyra* L. verwandt ist und so weit von den *Olyreae* abweicht, daß sie eine eigene neue Tribus *Buergersiochloeae* S. T. Blake bildet; Blätter parallelnervig ohne Quernerven, Deckspelzen der weiblichen Ährchen lang begrannt, nicht erhärtet, viel länger als die Hüllspelzen, Filamente in den männlichen Ährchen verwachsen. — *Henrardia* Hubbard gen. nov. [2 Arten: *Lepturus persicus* Boiss. in Vorderasien und *Lepturus pubescens* (Bertol.) Boiss. in Irak] unterscheidet sich von allen anderen *Hordeeae* durch 1—2 blütige Ährchen, deren Hüll-, Deck- und Vorspelzen gleich lang sind mit häutigen dünn 3—5 nervigen Deckspelzen. — *Diehlsiochloa* Pilger (5) gen. nov. (1 Art, Peru, Bolivien, Chile) wurde bisher als zu *Trisetum* oder *Bromus* gehörig beschrieben, unterscheidet sich von der letzteren durch kahle Früchte, kleine Stärkekörner usw. Sie gehört zu den *Aveneae* in die Nähe von *Trisetum*, von der sie durch die Fruchtform, den Zerfall des Ährchens und den Besitz zahlreicher steriler Spelzen verschieden ist. — *Pogonachne* Bor gen. nov. (1 Art, Indien) ist verwandt mit *Sehima* Forsk., hat aber eine einfache ährige Infloreszenz mit gestielten Ährchen. — PARODI (5) beschreibt aus Südbrasilien die neue *Agrostis Ramboi*, die zugleich eine neue, mit sect. *Bromidium* verwandte sect. *Quinquesetum* Parodi (mit 5 Grannen) begründet; dazu wird auch die australische *Agrostis quadriseta* R. Br. gestellt. — Bei *Thrasyopsis* Parodi (6) gen. nov. [2 Arten, *Th. Rawitscheri* Parodi, Brasilien, Parana, und *Th. repanda* (Nees) Parodi = *Panicum repandum* Nees] ist der Blütenstand eine einfache einseitwendige Ähre auf blattartiger spataähnlicher Rhachis; sie unterscheidet sich unter den *Paniceae* von *Thrasya* und *Paspalum* subgen. *Ceresia* durch gepaarte zweiblütige Ährchen mit starrer, abgestutzter, vielnerviger oberer Hüllspelze. — Bei *Thyridachne* Hubbard (2) gen. nov. (*Paniceae*; 1 Art, tropisches Afrika) sind im Unterschied von *Sacciolepis* Nash die Ährchen vom Rücken her zusammengedrückt, und auch die obere Spelze und die Deckspelze sind stark verhärtet. — *Parahyparrhenia* Camus gen. nov. (1 Art, Sudan; *Andropogoneae*) unterscheidet sich von *Hyparrhenia* durch paarige Ähren, sitzende Ährchen mit spitzem, lang behaartem Callus.

Cyperaceae. *Tylocarya* Nelmes gen. nov. (1 Art, Siam) weicht von den übrigen *Scirpeae* dadurch ab, daß die Nüßchen auf der Rückseite durch eine Quergrube in einen verschmälerten basalen und einen rundlich-kissenförmigen oberen Teil gegliedert sind. — SUESSENGUTH beschreibt 3 neue Gattungen der Cyperaceen (je 1 Art, Brasilien) mit sehr eigenartigem Bau der Partialinfloreszenzen, der keinen Anhalt für eine Eingliederung in bestimmte Verwandtschaftskreise der Familie gibt.

Amaryllidaceae. *Paramongaia* Velarde (1 Art, Peru) ist eine neue Gattung der *Amaryllidoideae*, die sich von *Pamiantha* Stapf durch gleich weiten Tubus, tiefer inserierte Stamina und freien, nicht verbreiterten Griffel unterscheidet.

Olacaceae. *Aptandropis* Ducke (1) gen. nov. (2 Arten, Amazonas) unterscheidet sich von *Heisteria* und *Aptandra* durch einen gut entwickelten extrastaminalen Discus, freie Stamina und zur Fruchtzeit stark verdickte Kelchbasis.

Chenopodiaceae. Bei einer Nachprüfung der Merkmale der *Anabasinae-Anabasideae* findet AELLEN wichtige Unterschiede in der Gestaltbildung der Griffel und Narben, so daß sich danach und nach den Formen der Samen und der Stellung der Blätter eine neue Gruppierung der 7 Gattungen ergibt. *Cyathobasis* Aellen gen. nov. muß von *Girgensohnia* abgetrennt werden (1 Art, Kleinasien, *Girgensohnia fruticulosa* Bunge), Griffel lang, im unteren Teil kegelförmig, Narben lang, fädlich.

Menispermaceae. *Beirnaertia* Louis ex Troupin gen. nov. (1 Art, Afrika) gehört zu den *Triclisieae* Diels und unterscheidet sich von *Haematocarpus* Miers (Stamina und Petalen 6, Blätter 3nervig) durch 7—9nervige Blätter und durch Blüten mit nur 3 Petalen und 3 Stamina mit flachen Filamenten, rispigem Blütenstand. — Auch *Kolobopetalum mayumbense* Exell (Afrika, Belgisch-Kongo) wird als eigene Gattung *Leptoterantha* Louis ex Troupin (weiblicher Blütenstand rispig, Endokarp glatt) abgetrennt.

Anonaceae. Von der bisher nur mit Früchten bekannten *Mitrephora cylindrocarpa* Burck (Neuguinea) liegen jetzt Blüten aus Java vor, die erweisen, daß die Art eine eigene Gattung *Polyaulax* Backer gen. nov. bildet, die mit *Ararocarpus* Scheff. verwandt ist; sie unterscheidet sich von dieser durch dickfleischige, gefurchte innere Petalen und freie Ovarien.

Leguminosae. *Desmofischera* Holthuis gen. nov. (1 Art, Malesien: Karakelong und Morotai) unterscheidet sich von *Desmodium* durch einsamige ungegliederte Hülsen.

Zygophyllaceae. *Zygophyllum depauperatum* Drake von Südwestmadagaskar hat Steinfrüchte mit dickem fleischigem Perikarp; sie wird deshalb von Perrier de la Bâthie als neues subgen. *Zygosarcum* dem kapselfrüchtigen subgen. *Euzygophyllum* gegenübergestellt.

Rhamnaceae. Escalante trennt *Discaria trinervis* (Gill.) Reiche wegen des nur leicht konkaven Receptaculums als eigene Gattung *Chacaya* ab (1 Art, Chile, Argentinien).

Thymelaeaceae. *Aetoxylon* Airy-Shaw ist eine neue, auf *Gonystylus sympetala* v. Steenis et Domke begründete Gattung (1 Art, Borneo) aus der Verwandtschaft von *Gonystylus*; sie hat aber gegenständige, schwach genervte Blätter, doldige Blütenstände, reduplikatvalvate Kelche, eine auf einen kleinen häutigen Ring reduzierte Korolle und warzige, samthaarige Früchte.

Dialypetalanthaceae Rizzini et Occhioni. Diese neue Familie ist auf die von ihrem Autor zu den *Rubiaceae* gestellte Gattung *Dialypetalanthus* Kuhlmann (1 Art, Brasilien) begründet; sie hat wie die *Rubiaceae* gegenständige Blätter mit interpetiolaren Stipeln, unterständige Fruchtknoten, Kapseln, geflügelte Samen. Aber sie hat je 4 freie Sepalen mit Petalen und 16—25 Stamina. Daher stellen Rizzini und Occhioni sie zu den *Myrtales*, denen sie sich auch, wie ausführlich beschrieben wird, anatomisch anschließt. In allen Teilen sind Öltropfen vorhanden. Besonderes Gewicht legen die Verff. auf die in zwei verschiedenen Formen ausgebildeten Stipeln. An den Laubblättern bilden die 4 Stipeln eine persistente intrapetiolare Ochrea. Die Decke der Endknospe wird von großen, verwachsenen, abfälligen Stipeln gebildet, denen außen am Grunde eine behaarte Schuppe ansitzt. Darin soll sich diese Pflanze von allen Dicotyledonen unterscheiden. Faßt man aber die Schuppe als reduziertes Laubblatt auf, so würden diese Verhältnisse wohl den von G. M. SCHULZE bei *Coprosma* beschriebenen ähneln.

Myrtaceae. *Platyspermation* Guillaumin gen. nov. (1 Art, Neukaledonien) stimmt in der Öffnungsweise der Frucht mit der Gattung *Tristania* überein, weicht aber sonst von der *Myrtaceae* ab durch die schwarz, aber nicht durchscheinend punktierten Blätter und durch Blüten mit nur 5 Stamina.

Umbelliferae. Eine von BOISSIER als *S.? cordifolium* mit Zweifel zu *Siler* gestellte Art findet durch BURTT und DAVIS' Untersuchung ihre Klärung als neue Gattung *Glaucosciadium* Burtt et Davis (1 Art, Cypern, Kleinasien), die sich von *Peucedanum* u. a. durch das Fehlen der kommissuralen Ölstriemen unterscheidet.

Apocynaceae. *Neokeithia* van Steenis (3) gen. nov. (1 Art, Borneo) zeichnet sich durch perlschnurförmig gegliederte, 7—30samige Teilfrüchte und große Samen mit großem Arillus aus. Sie gehört aber nach PICHON (7) nicht zu den *Rauwolfieae*, sondern zu den *Tabernaemontaneae* als eigene neue Subtribus *Neokeithiinae* Pichon (Blätter ohne Drüsen an den Knoten; Merikarpien mit 7—30 Gliedern; Arillus ein dicker fleischiger Becher; Nährgewebe unregelmäßig zerklüftet). — *Grisseea* Bakhuizen van den Brink gen. nov. (1 Art, Java; *Echitoideae-Parsonsieae*) hat im Gegensatz zu *Parsonsia* im Schlund der Korolle Haarbüschel unter jedem Petalum, Stamina etwas über der Basis inseriert, Filamente leicht gedreht.

Asclepiadaceae. *Heynella* Backer (2) gen. nov. (1 Art, Java; epiphytischer nicht kletternder Halbstrauch; *Marsdenieae*) unterscheidet sich von *Stephanotis* Thou. durch terminale Blütenstände, mit den Gruben der Korollabasis abwechselnde Kelchabschnitte, Blütenröhre mit 5 Falten, Antherenspitzen die Narbe überragend.

Verbenaceae. Die bisher mit *Verbena* (x = 7) vereinigte Gattung *Glandularia* Gm. (x = 5) unterscheidet sich nach SCHNACK und COVAS durch eine konstante Verbindung anatomischer und morphologischer Merkmale (Chlorenchym kontinuierlich, Antheren verlängert, Griffel lang usw.) und muß als eigene Gattung abgetrennt werden.

Labiatae. *Pseudocunila* Brade (2) gen. nov. (1 Art, Brasilien, Gebirge von Rio de Janeiro und Minas Gerais) zeichnet sich vor *Hedeoma*, *Hesperozygis*, *Glechon* und *Cunila* aus durch zweilippigen Kelch, innen behaarte Korolle mit aufrechter Oberlippe, eingeschlossene Stamina mit geraden, kahlen Filamenten und punktierten Nüßchen. BRADE gibt dabei eine analytische Übersicht über die Labiatengattungen Brasiliens. — *Octomeron* Robyns (3) gen. nov. (1 Art, Belgisch-Kongo) unterscheidet sich von *Ocimum* und *Orthosiphon* durch 8zähnige Kelche, kurzröhrige Korolle, kurzen zweispaltigen Griffel, an der Basis abgeflachte Staubfäden.

Acanthaceae. *Kjellbergia* Bremekamp (2) gen. nov. (1 Art, Celebes) gehört zu den *Strobilanthinae*, weicht aber von *Psacadopaepale* Brem. durch sehr dünnwandige Haare und lineal-spatelförmige, fiedernervige Brakteen ab.

Rubiaceae. *Striolaria* Ducke (2) ist eine neue Gattung (1 Art, Amazonas) der *Mussaendeae,* die mit *Sommera, Hippotis* und *Pentagonia* die feinstreifige Anordnung der Blattäderchen, die Behaarung usw. gemeinsam hat; sie ist aber ein echter Urwaldbaum mit hartem, schwerem Holz, und die Blüten haben dachige Kelchdeckung und zygomorphe Korollen. — Aus der Gattung *Randia* (Pollen in Tetraden, dreiporig) scheidet FAGERLIND (5) eine kleine südamerikanische, sich um *Randia formosa* (Jacq.) K. Schum. gruppierende Artgruppe als neue Gattung *Rosenbergiodendron* aus (Pollen frei, 4—13 porig). Viele Individuen haben teilweise oder ganz defekten Pollen, was auf apomiktische Vermehrung dieser Gruppe schließen läßt.

Cucurbitaceae. *Holosicyos* Martinez Crovetto gen. nov. (1 Art, Salinen in der Provinz Cordoba in Argentinien) ist unter den *Melothrieae-Anguriinae* charakterisiert durch ganzrandige Kronabschnitte, an der Mündung des Rezeptakels inserierte Stamina, weibliche Blüten mit 5 Staminodien, Ovar mit zweispaltigem Griffel und 2 Plazenten.

Compositae. *Sventenia* Font Quer gen. nov. (1 Art, Canaren) hat 6—10 starre abfällige und zahlreiche dünne persistente Pappusborsten; *Cichorieae Crepidinae.* — Die mediterrane *Crepis bulbosa* (L.) Tausch weicht nach BABCOCK und STEBBINS durch die breit vierrippigen Achaenen, langröhrigen, weiß behaarten Blüten usw. von allen *Crepis*-Arten ab und ist daher als Gattung *Aetheoriza* Cass. wiederherzustellen. Sie ist mit *Launea* und *Sonchus,* mit denen sie auch in der Zahl 2n = 18 kleiner Chromosomen übereinstimmt, näher verwandt als mit *Crepis.*

Nomenklatur. Hilfsmittel der Systematik.

Das 10. Supplementum des Kew Index für die Jahre 1936—1941 ist erschienen. — OCCHIONI gibt eine Liste der 629 Typen, die das Herbar des Botanischen Gartens in Rio de Janeiro besitzt.

In seiner „Technik der wissenschaftlichen Pflanzenbenennung" gibt MANSFELD (3) eine ausgezeichnete Einleitung in die in ihrer Prägnanz nicht immer leicht verständlichen internationalen Nomenklaturregeln und ihr historisches Zustandekommen; zugleich werden die Regeln begründet; so bildet das Buch einen sehr nützlichen Kommentar zu den Regeln.

CAMP, RICKET und WEATHERBY haben in englischer Sprache eine inoffizielle Ausgabe der internationalen Nomenklaturregeln besorgt, die auch die auf dem Kongreß in Amsterdam 1935 beschlossenen Änderungen berücksichtigt und die dort angenommenen nomina generica conservanda hinzufügt. DAWSON und CABRERA veröffentlichen eine Fassung in spanischer Sprache.

Systematische Floren, Abbildungswerke.

Bibliographisch außerordentlich wichtig und nützlich ist S. F. BLAKE und ALICE C. ATWOODs geographischer Führer durch die Floren der Welt. In dem jetzt vorliegenden 1. Band werden die heute noch brauchbaren Floren und floristischen Einzelarbeiten für die in zahlreiche Teilgebiete gegliederten Räume Afrika, Australien, Nord- und Südamerika,

Inseln des Atlantischen, Pazifischen und Indischen Ozeans zusammengestellt und kurz charakterisiert.

Eurasien. In der von KOMAROV und SCHISCHKIN herausgegebenen Flora der URSS sind Band 11—15 erschienen (v. Bd. 11 u. 12). Bd. 11 bringt die *Leguminosae Mimosoideae, Caesalpinioideae* und von den *Papilionatae* die *Sophoreae, Podalyrieae, Genisteae, Trifolieae, Loteae* und *Galegeae.* Bearbeiter sind E. BOBROV, A. BORISSOVA, S. GORSCHKOVA, A. GROSSHEIM, S. JUZEPCZUK, V. KRECZETOWICZ, A. KRYSHTOFOVICZ, L. KUPRIANOVA, A. LOSINA-LOSINSKAJA, O. MURAVJEVA, J. PALIBIN, A. POJARKOVA, B. SCHISCHKIN, K. SHAPARENKO, E. STEINBERG und J. VASSILCZENKO. — Bd. 12 enthält nur die Gattung *Astragalus* (bearbeitet von N. GONTSCHAROV, M. POPOV, A. BORISSOVA, A. GROSSHEIM, S. GORSCHKOVA und J. VASSILCZENKO), die mit 849 Arten die größte Gattung des Gebietes ist. Unter den 103 Sektionen sind viele neue. — BORNMULLER, Symbolae anatolicae, 2 neue Lieferungen mit den *Dipsacaceae* und *Compositae.* — Eine Ikonographie der Flora Israels von FEINBRUN und ZOHARY bringt auf 50 Tafeln Bilder besonders charakteristischer Pflanzen Palästinas in Strichzeichnungen. — HIROSHI HARA bringt den ersten, die Sympetalen von den Pirolaceen bis zu den Plantaginaceen enthaltenden Band seiner bibliographischen Aufzählung der Blütenpflanzen Japans. Sie enthält die Namen aller Arten, Unterarten, Varietäten und Formen mit den Synonymen und neuere Literaturangaben (und einen sehr kurzen japanischen Text, der sich wohl auf das Vorkommen in Japan bezieht). Als erste vollständige Aufzählung seit MATSUMURAs Index ist sie sehr wichtig, zumal es noch keine systematische Flora von Japan gibt. — VAN STEENIS läßt die erste Lieferung einer sehr vielversprechenden Flora von Malesien (mit Einschluß der malayischen Halbinsel, der Philippinen und Neuguineas) erscheinen. Sie enthält — in nicht systematischer Reihenfolge — eine Anzahl kleiner Familien. Eine allgemeine Einleitung behandelt ausführlich Plastizität und Variabilität tropischer Blütenpflanzen. Alle Sippen werden exakt beschrieben, und es gibt Schlüssel für die Gattungen und Arten, Habitusbilder, Analysen und Arealkarten für wichtigere Arten. — LI (2) gibt Schlüssel und Beschreibungen der auf Formosa vorkommenden Familien und Gattungen der Monocotyledonen.

Afrika. Unter der Leitung von W. ROBYNS beginnt das Institut National pour l'Etude Agronomique du Congo Belge mit der Publikation einer großangelegten kritischen Flora von Belgisch-Kongo mit Einschluß von Ruanda-Urundi. Der erste Band der Spermatophyten bringt nach ENGLERs System die Gymnospermen und die Familien der Dicotyledonen von den *Casuarinaceae* bis zu den *Polygonaceae* einschließlich. (Schlüssel für die Gattungen und Arten, ausführliche Beschreibungen, Synonymie, Verbreitung, Nutzen, viele Habitusbilder mit Analysen, Photos.) — Sehr wichtig ist auch ROBYNS' (4) Flora des Albert-Nationalparkes im Zentralafrikanischen Graben zwischen dem oberen Kongo und Uganda. Die beiden ersten Bände bringen die Dicotyledonen in kritischer Durcharbeitung mit ausführlichen, die Beschreibungen ersetzenden Schlüsseln für die Familien, Gattungen und

Arten. Viele charakteristische Arten sind abgebildet, mit Analysen. — ADAMSON und SALTER veröffentlichen eine ausgezeichnete Flora der Kaphalbinsel; Bearbeiter einzelner Familien sind ferner LEVYNS, PILLANS, LEWIS, LEIGHTON, BARKER, BOLUS, GARSIDE, ESTERHUYSEN, WALGATE, GUTHRIE; Schlüssel und ausführliche Beschreibungen.

Ozeanien. DÄNIKER bringt seinen Katalog der Pteridophyten und Siphonogamen von Neukaledonien zum Abschluß. — DEGENER setzt seine Flora von Hawaii fort, Abbildungen (Habitus mit Analysen) und Beschreibungen einzelner Arten in zwangloser Folge; 1946 erschien ein Neudruck. — SKOTTSBERG (3) fördert die Kenntnis der Flora von Hawaii durch kritische Beiträge.

Nordamerika. HULTÉN, Flora von Alaska und Yucon. — POLUNIN, Flora der arktisch amerikanischen Inseln und der Hudsonbay, klärt auch manche kritische Formenkreise. — H. J. SCOGGAN, Flora der Gaspé-halbinsel und des Bicgebietes, Schlüssel für die Gattungen und Arten. — REHDERS ausgezeichnetes Handbuch der in Nordamerika kultivierten Bäume und Sträucher, das praktisch auch alle in Mitteleuropa winter-harten Holzgewächse enthält, ist in 2. Auflage erschienen; sehr sorg-fältig durchgearbeitete Bestimmungstabellen und Beschreibungen von 486 Gattungen und 2535 Arten (gegen 2350 der 1. Auflage) und 2685 Va-rietäten und kurzer Charakterisierung von weiteren 1400 Arten und 540 Bastarden.

Mittel- und Südamerika. WOODSON und SCHERY, Flora von Panama: *Lauraceae* bis *Cruciferae*. — LEON, Flora von Cuba. — PITTIER gibt eine vollständige Übersicht über die Papillionaceen Venezuelas mit Schlüsseln und Beschreibungen der Gattungen und Arten, Analysen, Habitusbildern. — ZORAIDA LUCES gibt eine analytische und deskriptive Bearbeitung der Gattungen der *Gramineae* Venezuelas (mit 120 Ab-bildungen). — T. LASSER beschreibt neue Lauraceen aus Venezuela. — PITTIER und Mitarbeiter geben einen Katalog der Flora von Venezuela. — AUGUSTO läßt den ersten Band einer Flora von Rio Grande do Sul er-scheinen mit Schlüsseln für die Familien der Phanerogamen und für die Gattungen und Arten der Sympetalen; 341 Abbildungen. — LOM-BARDO veröffentlicht eine Flora zum Bestimmen der Bäume und Sträu-cher von Uruguay. — In der Flora Brasilica bearbeitete HOEHNE die *Orchidaceae* und MUNZ die *Onagraceae*. — In der großen, von DESCOLE herausgegebenen Flora von Argentinien bearbeitete CASTELLANOS (2) die *Farinosae* (*Centrolepidaceae*, *Mayacaceae*, *Xyridaceae*, *Eriocaulaceae* und *Bromeliaceae*) und BARROS (2) die *Cyperaceae*.

Literatur.

ADAMSON, R. S. u. T. M. SALTER: Flora of the Cape Peninsula. Cape Town and Johannesburg, 889 S. 1950. — AELLEN, P.: Candollea **12**, 157—162 (1949). — AFZELIUS, K.: Acta Horti Bergiani **15**, Nr. 4, 67—77 (1949). — AIRY-SHAW, H. K.: (1) Kew Bull. **1940**, 306—330; (2) **1950**, 145. — ARÈNES, J.: Bull. Jard. Bot. Bruxelles **20**, 67—156 (1950). — AUGUSTO, I.: Flora do Rio Grande do Sul, Brasil, Porto Alegre 1946 (n. v.).

BABCOCK, E. B.: (1) Univ. California Publ. Bot. **21**, 1—198; **22**, 199—1030 (1947) — (2) Amer. Naturalist **78**, 385—409 (1944). — BABCOCK, E. B. u. G. L. STEBBINS jr.: Univ. California Publ. Bot. **18**, 235—240 (1943). — BABCOCK,

E. B. u. J. A. JENKINS: Univ. California Publ. Bot. **18**, 241—292 (1943). — BAB-COCK, E. B., G. L. STEBBINS jr. u. J. A. JENKINS: Amer. Naturalist **76**, 337—363 (1942). — BACKER, C. A.: (1) Blumea Suppl. **3**, 45—55 (1946); (2) **6**, 381—82 (1950); (3) **5**, 492 (1945). — BAEHNI, CH.: Candollea **9**, 147—476 (1942). — BAEHNI, CH. n. C. E. B. BONNER: Candollea **11**, 305—322 (1947/48). — BAILEY, J. W. u. R. A. HOWARD: J. Arnold Arboretum **22**, 125—132, 171—187, 432—442, 556—568 (1941). — BAILEY, J. W. u. CH. G. NAST: (1) J. Arnold Arboretum **24**, 340—346, 472—481 (1943); **25**, 97—103, 215—221, 342—348, 454—466 (1944); **26**, 37—47 (1945); (2) **29**, 77—89 (1948); (3) **26**, 143—154 (1945). — BAILEY, J. W., CH. G. NAST u. A. S. SMITH: J. Arnold Arboretum **24**, 190—206 (1943). — BAILEY, J. W. u. A. C. SMITH: J. Arnold Arboretum **23**, 256—365 (1942). — BAILEY, J. W. u. B. G. L. SWAMY: (1) J. Arnold Arboretum **30**, 211—226 (1949); (2) **29**, 245—254 (1948). — BAILEY, L. H.: (1) Gentes Herbarum **6**, 266—322 (1943); **7**, 448—477 (1948); (2) **6**, 1—48 (1942); (3) **6**, 50—104; (4) **7**, 352—445 (1947); (5) **6**, 176—264, 366—459, 186—251 (1943/44); **8**, 92—205 (1949); (6) **5**, 128—918 (1941/45); **6**, 324—364 (1944); **7**, 193—349, 480—526, 240—262 (1947, 1949). — BAKHUIZEN VAN DEN BRINK, R. C.: Blumea **6**, 392 (1950). — BARROS, M. (1) An. Mus. Argentino Ci. Nat. **39**, 253—381 (1938); **41**, 323—479 (1945) — (2) *Cyperaceae*, in H. R. DESCOLE: Genera et Species Plantarum Argentinarum IV, 1—530 (1947). — BASTO FOLQUE, N. A. P. DE: Melhoramento, Elvas Portugal **1**, Nr. 2, 11—121 (1949). — BERNIS, F.: Bol. Soc. Broteriana **23**, 225—263 (1949). — BLAKE, S. F. u. A. C. ATWOOD: Geographical Guide to Floras of the World. An annotated list with special reference to useful plants and common plant names. Part I Africa, Australia, North America, South America and Islands of the Atlantic, Pacific, and Indian Oceans. — U. S. Dept. of Agric. Misc. Publ. **401**, 336 (1942). — BLAKE, S. T.: Blumea Suppl. **3**, 56—62 (1946). — BOEKE, J. E.: Blumea **5**, 47—65 (1942). — BOELCKE, O.: Darwiniana **7**, 240—321 (1946). — BOIVIN, B.: Proc. roy. Soc. Queensland **60**, 1948, 99—110 (1950). — BOR, N. L.: Kew Bull. **1949**, 176—178. — BORNMÜLLER, J.: Feddes Repert. Spec. nov. Beih. **89**, 2. Liefg 7—8, 309—420 (1944). — BORSINI, O. E.: Lilloa **8**, 199—230 (1942). — BRADE, A. C.: (1) Arquivos Jardin Bot. Rio de Janeiro **7**, 11—32 (1947) — (2) Rodri-guesia **7**, Nr. 16, 27—28 (1944). — BREMECAMP, C. E. B.: (1) Englers Bot. Jb. **73**, 126—150 (1943) — (2) Sv. bot. Tidskr. **42**, 386 (1948). — BUCHNER, L.: Österr. bot. Z. **95**, 428—450 (1949). — BULARD, C. u. H. GAUSSEN: Trav. Labor. Forest. de Toulouse Tome I, Vol. **4**, Art. XXXI, 1—8 (1949). — BURKART, A.: (1) Las Leguminosas Argentinas. Buenos Aires 590 S. (1942) — (2) Darwiniana **8**, 9—231 (1948); (3) **9**, 1—23 (1949). — BURTT, B. L.: Kew Bull. **1949**, 495—496.— BURTT, B. L. u. P. H. DAVIS: Kew Bull. **1949**, 225—230. — BURTT, B. L. u. P. LE-WIS: Kew Bull. **1949**, 497—515. — BUXBAUM, F.: (1) Österr. bot. Z. **95**, 336—340 (1948); (2) **96**, 5—14 (1949); (3) **95**, 451—469 (1949).

CABRERA, A. L.: (1) Revista del Museo de La Plata (N. Ser.) **4**, Secc. Bot., 1—450 (1941) — (2) Darwiniana **6**, 265—379 (1944) — (3) Notas del Museo de La Plata **11**, Bot. No. 53, 349—358 (1946) — (4) Revista del Museo de La Plata (N. Ser.) Secc. Bot. **6**, 343—355 (1946) — (5) Bol. Soc. Argentina Bot. **1**, 48—58 (1945) — (6) Lilloa **15**, 27—501 (1949); (7) **5**, 65—126 (1940). — CAMP, W. H.: (1) Brittonia **4**, 189—204; (2) **4**, 205—247 (1942). — CAMP, W. H. u. C. L. GILLY: Brittonia **4**, 323 bis 385 (1943). — CAMP, W. H., H. W. RICKETT u. C. A. WEATHERBY: (1) Inter-national rules of botanical Nomenclature, New York 1948; auch in: Brittonia **6**, No. 1 (1948) — (2) Proposed changes in the international Rules of botanical Nomen-clature, Brittonia **7**, 1—51 (1949). — CAMUS, A.: Bull. Mus. Nat. Hist. Nat. Paris 2. sér. **22**, 404—405 (1950). — CASTELLANOS, A.: (1) Lilloa **10**, 445—467 (1944); **11**, 135—151 (1945) — (2) in H. R. DESCOLE: Genera et Species Plantarum Argentinarum **3**, 1—383 (1945). — CASTELLANOS, A. u. H. V. LELONG: An. Mus. Argentino Ci. Nat. **39**, 383—420 (1937/38). — CAVACO, A.: Bull. Mus. Nat. Hist. Nat. Paris 2. sér. **21**, 272—278 (1949). — CAVE, M. S. u. LINCOLN C.: Univ. California Publ. Bot. **18**, Nr. 9 (1942), Nr. 13 (1944), Nr. 20 (1947). — CHESNAIS, F.: Bull. Mus. Nat. Hist. Nat. Paris 2. sér. **16**, 514—518 (1944). — CONSTANCE, L.: Univ. California Publ. Bot. **19**, Nr. 10, 341—398 (1941). — CONSTANCE, L. u. REN HWA SHAN: Univ. California Publ. Bot. **23**, Nr. 3, 111—156 (1948). — COPELAND, H. F.: Madroño **9**, 65—102 (1947). — COZZO, D.: (1) Revista Inst.

Nac. Investig. Ci. Nat., Ci. Botanicas **1**, Nr. 3, 56—85. — (2) Lilloa **16**, 97—124 (1948). — CROIZAT, L.: Lilloa **13**, 31—43 (1947). — CUATRECASAS, J.: (1) Caldasia **6**, 5—9 (1943); **8**, 209—240 (1943); Revista Acad. Colombiana Ci. Exact. Fisic. y Natur. Bogota **3**, 247—250, 425—438 (1940); **4**, 158—169, 337 bis 343 (1941); **5**, 16—39 (1942) — Trab. Comis. Bot. Secr. Agric. y Fomento Escuela Sup. Agric. Trop. Republ. Colombia, Deptm. Valle del Cauca **1944**, 16 S. — (2) Rev. Acad. Colombiana Ci. Exact. Fisic. y Natural. Bogota **6**, 274—299 (1945); **6**, 533 bis 546 (1946).

DÄNIKER, A. U.: Mitt. Bot. Mus. Univ. Zürich **142**, 397—507 (1943) — Vjschr. naturforsch. Ges. Zürich **78**, Beibl. Nr. 19 (1943). — DANSER, B. H.: Physis **1**, 52—63 (1942). — DAVIDSON, J. F.: Univ. California Publ. Bot. **23**, Nr. 5, 209 bis 282 (1950). — DAVIS, H. A. u. T. DAVIS: Castanea **14**, 53—87 (1949). — DAWSON, G. u. A. L. CABRERA: Reglas Internacionales de Nomenclatura Botanica. Bol. Soc. Argentina Bot. **2**, 129—168 (1948), 207—252 (1949). — DEGENER, O.: Flora Hawaiiensis or The New Illustrated Flora of the Hawaiian Islands, 2. Aufl. 1946, Forts. 1949. — DESCOLE, H. R., C. A. O'DONELL u. A. LOURTEIG: Lilloa **5**, 257—352 (1940). — DOBZHANSKY, T.: Genetics and the Origin of Species. 2. Aufl. New York: Columbia Univ. Press 1941. — DUCKE, A.: (1) Bol. Tecnico Inst. Agron. do Norte, Belem **4**, 5—7 (1945); (2) 27—29; (3) **10**, 1—24 (1946). — DU RIETZ, G. E.: Sv. bot. Tidskr. **42**, 99—115 (1948).

EHRENDORFER, F.: Österr. bot. Z. **96**, 109—138 (1949). — EINSET, J.: Gentes Herbarum **7**, 181—192 (1947). — EMBERGER, L.: Les plantes fossiles dans leur rapports avec les végétaux vivantes. Paris 1944. — EPLING, C.: Univ. California Publ. Bot. **20**, Nr. 1, 1—146 (1942). — ERLANDSSON, ST.: Acta Hort. Berg. **13**, Nr. 4, 117—148 (1942). — ESCALANTE, M. G.: (1) Bol. Soc. Argentina Bot. **1**, 44—46 (1945); (2) **1**, 209—231 (1946). — EWAN, J.: Contr. U.S. Nat. Herb. **29**, Pt. 5, 209—251 (1948). — EXELL, A. W.: Lilloa **5**, 123—130 (1940).

FAGERLIND, F.: (1) Ark. Bot. (schwed.) **33**A, Nr. 8, 1—57 (1947); (2) **31**A, Nr. 11, 1—71 (1944) — (3) Sv. bot. Tidskr. **42**, 195—229 (1948) — (4) Acta Horti Berg. **14**, Nr. 1, 7—37 (1945) — (5) Sv. bot. Tidski. **42**, 143—152 (1948). — FEIN-BRUN, N. u. M. ZOHARY: Iconographia Florae terrae Israelis. Hierosolymis 1949. — FERNANDES, A.: Bol. Soc. Broteriana **17**, 5—48 (1943) — Flore du Congo Belge et du Ruanda-Urundi, préparée par le Comité exécutif de la Flore du Congo belge et le Jardin Botanique de l'Etat. Spermatophytes **1**, 446 S. Bruxelles (1948). — FLORIN, R.: (1) Acta Horti Berg. **14**, Nr. 9, 385—395 (1948); (2) **15**, Nr. 6, 111 bis 134 (1950). — FONT QUER, P.: Collectanea Botanica Barcinone **2**, 201 (1949). — FRANCO, J. DO AMARAL: Anais Inst. Super. Agron. Lisboa **17**, 260 S. (1950). — FURTADO, C. X.: (1) Gardens Bull. Singapore **12**, 378—403 (1949) — (2) A further commentary on the Rules of Nomenclature. Gardens Bull. Singapore **12**, 311—377 (1949).

GAISER, L. O.: Rhodora **48**, 165—183, 216—263, 273—326, 331—382, 393—412 (1946). — GERASIMOVA, H.: C. r. Acad. Sci. UdSSR. **25**, 148—154 (1939). — GOLDSCHMIDT, R.: The Material Basis of Evolution. Yale Univ. Press. 1940. — GOODSPEED, T. H.: (1) Univ. California Publ. Bot. **18**, Nr. 15, 335—344 (1945); (2) Nr. 16, 345—368 (1945) — (3) Botan. Rev. **11**, Nr. 10, 533—592 (1945) — (4) Proc. Acad. Sci. California 4. ser. **25**, 291—299 (1944). — GOUWS, J. B.: Plant Life **5** (Herbertia Edition), 54—81 (1949). — GRABHERR, W.: Mitt. Forstwirtsch. u. Forstwiss. **1942**, Heft 2, 172—196. — GRANT, E. u. C. EPLING: Univ. California Publ. Bot. **20**, Nr. 3, 195—240 (1943). — GREBENSCIKOV, I.: Züchter **19**, 302—311 (1949). — GRONDONA, E. M.: (1) Darwiniana **7**, 1—37 (1945); (2) **8**, 279—405 (1948); (3) **8**, 411—414 (1949). — GUILLAUMIN, A.: Acta Horti Gotoburg. **18** (1948), 253 (1950). — GUSTAFSSON, Å.: Lunds Univ. Årsskr. N. F. Avd. 2, Bd. **39**, Nr. 6 — Kungl. Fysiogr. Sällsk. Handl. N. F. **54**, Nr. 6, 200 S. (1943).

HAMEL, J. L.: Bull. Mus. Nat. Hist. Nat. Paris 2. sér. **21**, 752—756 (1949). — HANSEN, I.: Engler Bot. Jb. **75**, 1—81 (1950). — HARA, H.: Enumeratio Spermatophytarum Japonicarum vel A Bibliographic Enumeration of Flowering Plants indigenous to or long cultivated in Japan and its adjacent Islands. Pars Prima *Angiospermae-Dicotyledoneae-Metachlamydeae: Pyrolaceae-Plantaginaceae.* Tokyo 1948. 300 S. — HARLING, G.: Acta Horti Berg. **15**, Nr. 7, 135—168 (1950). — HAUMAN, L.: Bull. Jard. Bot. de l'Etat Bruxelles **17**, 165—176 (1944). — HEIMSCH, CH.:

Lilloa 8, 83—198 (1942). — Heiser, Ch.: B. Univ. California Publ. Bot. 23, Nr. 4, 157—208 (1949). — Henderson, M. R.: Garden's Bull. Singapore 12, 1—293 (1944). — Hering, E.M.: Eight Internat. Congr. of Entomology, Stockholm 1950, 1—6. — Hitchcock, L. C.: Lilloa 11 75—134 (1945). — Hoehne, F. C.: Orchidaceae, in F. C. Hoehne: Flora Brasilica 12 (1945), 389 S. (n. v.). — Holthuis, L. B.: Blumea 5, 188—192 (1942). — Holttum, R. E.: (1) Bot. Rev. 14, Nı. 8, 525—541 (1948) — ₍2) Gardens Bull. Singapore 13, 1—249 (1950). — Howell, J. Th.: Proc. Acad. Sci. California 4. sér. 25, Nr. 15, 357—376 (1944). — Hubbard, C. E.: (1) Blumea Suppl. 3, 10—21 (1946) — (2) Kew Bull. 1949, 363—365. — Huber, B.: Sv. bot. Tidskr. 43, 376—382 (1949). — Hultén, E.: (1) Sv. bot. Tidskr. 43, 383 bis 406 (1949) — (2) Flora of Alaska and Yukon. Lunds Univ. Arsskr. N. F. Avd. 2, 37/45, 1481 S. (1941/49). — Hunt, T. E. u. H. M. R. Rupp: Proc. roy. Soc. Queensland 60, 1948, 55—68 (1950). — Hunziker, J. H.: Lilloa 17, 147—174 (1949).— Hutchinson, J.: (1) A Botanist in Southern Africa. London 1946, 686 S., vgl. bes. S. 648—661 u. Stammbaumtafel — (2) The Rhododendron Year Book of the Royal Horticultural Society 1946, 42—47.

Index Kewensis Plantarum Phanerogamarum, Supplementum Decimum 1936 bis 1940. 251 S. Oxonii 1947. — Irmscher, E.: Englers Bot. Jb. 74, 569—632 (1949).

Jalas, J.: Acta bot. fenn. 39, 92 S. (1947). — Janchen, E.: Österr. bot. Z. 97, 129—167 (1950). — Janssonius, H. H.: Blumea 6, 407—461 (1950). — Jenkins, J. A.: Univ. California Publ. Agr. Sci. 6, 369—400 (1939). — Jovet, P.: Bull. Soc. Hist. Nat. Toulouse 82, 1—72 (1947) — Trav. Lab. Forest. de Toulouse Tome I Vol. 4, Art. 14, 1—72.

Kalela, A.: Ann. bot. Soc. zool. bot. fenn. Vanamo 19, Nr. 3, 1—218 (1944). — Kausel, E.: Lilloa 13, 125—149 (1947). — Karasawa, K.: Jap. J. of Bot. 12, 475—503 (1943). — Keay, R. W. J.: Kew Bull. 1950, 255—257. — Keck, D. D.: (1) Proc. Acad. Sci. California 4. ser. 25, 421—468 (1946) — (2) Amer. Midland Natural. 33, 128—206 (1945). — Kitamura, S.: Jap. J. of Bot. 13, 487 bis 502 (1948). — Komarov, V. L. u. B. K. Schischkin: Flora Uniosis Rerumpublicarum, Sovieticarum Socialisticarum, Editio Acad. Sci. UdSSR., Mosqua et Leningrad 11, 432 S. (1945); 12, 915 S. (1946). — Krapovickas, A.: Lilloa 17, 179—221 (1949). — Krukoff, B. A. u. J. Monachino: Darwiniana 7, 185—193 (1946). Kükenthal, G.: (1) Feddes Repert. spec. nov. 52, 52—111 (1943); 53, 85—100 (1944); (2) 53, 187—219 (1944) — (3) Englers Bot. J. 74, 375—509 (1949); (4) 75, 90—126 (1950).

Lam, H. J.: (1) Acta Biotheoretica 8, Nr. 4, 109—154 (1948) — Blumea 6, 282 bis 289 (1948); (2) 5, 1—46 (1942). — Langdon, L. M.: Bot. Gaz. 108, 350—371 (1947). — Lasser, T.: Ministerio de Agric. y Cria Boletim Tecnico Nr. 3. Caracas 1942, 19 S. — Lawalree, A.: Bull. Jard. Bot. de l'Etat Bruxelles 18, 249—254 (1947). — Lawrence, G. H. M. u. A.E. Schulze: Gentes Herbarum 6, 106—173 (1942). — Legrand, D.: Lilloa 17, 311—376 (1949). — Leon, H.: Flora de Cuba. Contrib. Ocas. Mus. Hist. Nat. Col. de la Salle 1946, 441 S. (n. v.). — Leonhardt, R.: Österr. bot. Z. 96, 293—324 (1949). — Leonard, J.: (1) Bull. Jard. Bot. de l'Etat Bruxelles 19, 383—408 (1949); (2) 20, 31—40 (1950). — Leroy, J.-F.: Bull. Mus. Nat. Hist. Nat. Paris 2. sér. 18, 118—123, 180—184 (1946). — Li, H.-L.: (1) Proc. Acad. natur. Sci. Philad. 100, 205—378 (1948) — (2) Quarterly J. Taiwan Museum 2, 45—154 (1949). — Lindquist, B.: (1) Acta Horti Berg. 14, Nr. 4, 19 bis 132 (1946); (2) Nr. 7, 249—342 (1948). — Litardière, R. de: Portug. Acta Biol. (B) Vol. J. Henriques, 113—116 (1949). — Löve, A. u. D. Löve: Chromosome Numbers of Northern Plant Species. Reykjavik 1948, 131 S., Univ. Inst. Appl.Sci. Dptm. Agric., Reports, Series B Nr. 3. — Lombardo, A.: Flora Arborea y Arborescente del Uruguay. Montevideo 1946, 220 S. (n. v.). — Lopes, J. P.: Agronomia Lusitanica 6, 129—212 (1944). — Lourteig, A.: (1) Lilloa 9, 317—421 (1943); (2) 8, 231—267 (1942). — Lourteig, A. u. C. A. O'Donell: (1) Lilloa 9, 77—173 (1943); (2) 8, 273—333 (1942); (3) 6, 347—380 (1941). — Luces, Z.: Ministerio Agric. y Crio Boletim Tecnico Nr. 4. Caracas 1942, 149 S.

Maheswari, P. u. B. Singh: Proc. nat. Inst. Sci. India 9, Nr. 2, 311—322 (1943). — Mansfeld, R.: (1) Biol. Zbl. 67, 320—331 (1948) — (2) Züchter 20, 8—24 (1950) — (3) Die Technik der wissenschaftlichen Pflanzenbenennung. Einführung in die Internationalen Regeln der Botanischen Nomenklatur. Berlin 1949.—

MARIE-VICTORIN, FRÈRE: Contr. Inst. Bot. Univ. Montréal **46**, 7—38 (1943). — MARKGRAF-DANNENBERG, J.: Ber. bayer. bot. Ges. **28**, 195—211 (1950). — MARSDEN-JONES, E. M. u. W. B. TURRILL: Kew Bull. **1949**, 319—339; **1950**, 35—127. — MARTINEZ CROVETTO, R.: Bol. Soc. Argentina Bot. **2**, 84—92 (1947). — McCLINTOCK, E. u. C. EPLING: Univ. California Publ. Bot. **20**, Nr. 2, 147—194 (1942). — McCLURE, F. A.: J. Acad. Sci. Washington **32**, 167—183 (1942). — McMINN, H. E.: Proc. Acad. Sci. California 4. sér., **25**, Nr. 14, 323—356 (1944). — MERILL, E. D.: Arnoldia **8**, Nr. 1, 1—8 (1948). — MERXMÜLLER, H.: (1) Naturwiss. Rdsch. **1949**, Heft 2, 68—73 — (2) Ber. bayr. bot. Ges. **28**, 219—238 (1950). — METCALFE, C. R. u. L. CHALK: Anatomy of the Dicotyledons, Leaves, Stem and Wood in relation to Taxonomy with notes on economic uses. Oxford: Clarendon Press 1950. 1500 S. — MEYER, T?.: (1) Lilloa **9**, 5—72 (1943)(2) 423—456; (1943); (3) **8**, 5—36 (1942); (4) 379—394 (1942). — MILNE-REDHEAD, E.: Kew Bull. **1950**, 157 bis 163. — MIYABE, K.: Acta Phytotax. et Geobot. Kyoto **13**, 1—16 (1943). — MÖSCHL, W.: (1) Mem. Soc. Brot. **5**, 120 S. (1949) — (2) Portug. Acta Biol. (B) Vol. J. Henriques, 235—299 (1949). — MONACHINO, J.: (1) Lilloa **11**, 19—48 (1945) — (2) Lloydia **12**, 1—29 (1949). — MONTEIRO FILHO, H. DA C.: Lilloa **17**, 501—522 (1949). — MUKHERJI, S.: Lloydia **12**, 73—136 (1949). — MULLER, C.H.: The Central American Species of *Quercus*. Misc Publ. Nr. **477**, U.S. Deptm. Agric. 1942. 216 S. — MUNZ, PH. A.: (1) Gentes Herbarum **7**, 1—150 (1946); (2) **6**, 462—506 (1945) — (3) Proc. Acad. Sci. California 4. ser. **25**, Nr. 1, 1—105 (1943) — (4) Onagraceas, in F. C. HOEHNE, Flora Brasilica **41**, 1947: (n. v.). 62 S.

NAKAI, T.: Acta Phytotax. et Geobot. Kyoto **13**, 20—32 (1943). — NAST, CH. G. u. J. W. BAILEY: (1) J. Arnold Arboretum **26**, 267—276; (2) **27**, 186—192 (1946). — NEL, G. C.: *Lithops*. Plantae succulentae, rarissimae, in terra obscuratae, e familia *Aizoaceae*, ex Africa australi. Cape Town (1946). — NELMES, E.: Kew Bull. **1949**, 139—140. — NILSSON, H.: Hereditas (Lund) **33**, 119—142 (1947).

OCCHIONI, P.: Lilloa **17**, 419—487 (1949). — O'DONELL, C. A.: (1) Lilloa **6**, 207—212 (1941); (2) 467—554; **5**, 35—64 (1940). — O'DONELL, C. A. u. A. LOUR-TEIG: (1) Lilloa **9**, 221—316 (1943); (2) **8**, 37—81; (3) **8**, 545—592 (1942). — OLIVEIRA, M. L. DE: Bull. Soc. Portugaise Sci. Nat. **13**, Nr. 25, 135—147 (1941). — OOSTSTROOM, S. J. VAN: (1) Blumea **5**, 339—411 (1943); (2) **6**, 337—348 (1950).

PARODI, LORENZO R.: (1) Darwiniana **8**, 415—472 (1949) — (2) Lilloa **17**, 289 bis 302 (1949) — (3) Darwiniana **7**, 369—395 (1947) — (4) Gramineas bonarienses. Clave para la determinacion de los géneros y enumeración de las especies. Cuarta edición. Buenos Aires. 112 S. 1946 (n. v.) — (5) Bol. Soc. Argentina Bot. **1**, 119 bis 122 (1946); (6) **1**, 293—297 (1946). — PENNELL, F. W.: (1) Proc. Acad. natur. Sci. Philad. **97**, 137—177 (1945); (2) **98**, 83—98 (1946). — PERRIER DE LA BÂTHIE, H. Bull. Mus. Nat. Hist. Nat. 2. sér. **22**, 285 (1950). — PICHON, M.: (1) Bull. Mus. Nat. Hist. Nat. 2. sér. **19**, 205—212, 294—301, 362—369, 409—416 (1947); (2) **20**, 101 bis 108 (1948); (3) 190—197; (4) **21**, 140—146; (5) 266—269; (6) 600—602; (7) 975 bis 977 (1949). — PILGER, R.: (1) Englers Bot. J. **74**, 1—27 (1945); (2) **74**, 199—265 (1948); (3) **74**, Literaturber. S. 11; (4) **74**, 554—567 (1949); (5) **73**, 99—101 (1943). — PITTIER, H.: Ministerio de Agricultura y Cria, Servicio Botanico, Boletin Técnico Nr. 5. Caracas (1944). — PITTIER, H., T. LASSER, L. SCHANEE, Z. LUCES DE FEBRES u. V. BADILLO: Catálogo de la Flora Venezolana **1**, Conf. Interamer. Agric. **20**, 1—423 (1945) (n. v.). — POELLNITZ, K. VON: (1) Bol. Soc. Broteriana **17**, 55—91, 147—158 (1943) — (2) Feddes Repert. spec. nov. **52**, 231—262 (1943). — POLUNIN, N.: National Museum of Canada Bull. Nr. **92**, Biolog. Ser. Nr. **24**, Ottawa, 408 S. (1940). — POUCQUES, M. L. DE: Bull. Mus. Nat. Hist. Nat. Paris 2. sér. **21**, 482—486 (1949). — PUGSLEY, H. W.: J. Linnean Soc. London (Botany) **54**, 356 S. (1948).

RECHINGER, K. H.: (1) Österr. bot. Z. **94**, 152—234 (1947) — (2) Candollea **12**, 1—152 (1949) — (3) Phyton **2**, 124—133 (1950). — REHDER, A.: Manual of Cultivated Trees and Shrubs Hardy in North America. Second Edition revised and enlarged. New York, 996 S. 1940. — REICHWALDT, E.: Bibl. Bot. **120** 98 S. (1945). — RESENDE, F.: Mem. Soc. Broteriana **2**, 119 S. (1943). — RIZZINI, C. T. u. P. OCCHIONI: Lilloa **17**, 243—286 (1949). — ROBERTY, GUY: Candollea **9**, 19—103 (1942); (1) **11**, 39—108; (2) **11**, 113—174 (1947/48). — ROBYNS, W.: (1) Jaarboek Kon. Vl. Akad. voor Wet. Lett. Sch. Kunsten **1947**, 171—180 — (2) Bull. Soc. roy. bot. Belgique **77**, 14—24 (1945) — (3) Bull. Jard. Bot. Bruxelles **17**, 27—30

(1943) — (4) Flore des Spermatophytes du Parc National Albert. I. Gymnospermes et Choripétales. Bruxelles, 743 S. 1948. — II. Sympétales. Bruxelles, 626 S. 1947. — (5) Flore du Congo Belge et du Ruanda-Urundi. Spermatophytes Vol. I 446 S. (1948). — ROBYNS, W. u. R. WILCZEK: Bull. Jard. Bot. de l'Etat Bruxelles **19**, 457—507 (1949). — RÖSSLER, L.: Beih. Bot. Cbl. **62** Abt. B, 97—171 (1943). — ROSÉN, W.: Acta Horti Gotoburg. **16**, 235—249 (1946). — ROSENDAHL, C. O.: Amer. J. Bot. **36**, 24—27 (1949). — ROTHMALER, W.: (1) Feddes Repert. spec. nov. **53**, 137—150 (1944); (2) **52**, 16—39 (1943) — (3) Englers Bot. J. **74**, 271—287 (1948). — International Rules of Botanical Nomenclature, Brittonia **6**, 1—120 (1947).

SATO, D.: Jap. J. of Bot. **12**, 57—161 (1942). — SCHLITTLER, J.: (1) Vjschr. naturforsch. Ges. Zürich **94**, Beiheft 1 (1949) — (2) Blumea **6**, 200—228 (1948). — SCHNACK, B. u. G. COVAS: Bol. Soc. Argentina Bot. **1**, 282—284 (1947). — Darwiniana **6**, 469—476 (1942/44). — SCHNARF, K.: Österr. bot. Z. **95**, 257—269 (1948). — SCHULTES, R. E.: Bot. Mus. Leafl. Harvard Univ. **12**, Nr. 1 (1945); **13**, Nr. 1 (1947), Nr. 5 (1948); **14**, Nr. 4 (1950). — SCHULZ, AUGUSTO G.: Lilloa **5**, 131—158 (1940). — SCHUMACHER, A.: Arch. f. Hydrobiol. **41**, 112—195 (1945). — SCHWABE, H.: (1) Lilloa **16**, 141—160 (1948) — (2) Bol. Soc. Argentina Bot. **2**, 253—270 (1949). — SCHWEICKERDT, H. G.: Blumea Suppl. **3**, 71—82 (1946). — SCOGGAN, H. J.: The Flora of Bic and the Gaspé Peninsula, Quebec. National Museum of Canada Bull. Nr. **115**, Biolog. Ser. Nr. **39**, 399 S. Ottawa 1950. — SEALY, J. R.: Kew Bull. **1950**, 273—297. — SHERMAN, M.: Univ. California Publ. Bot. **18**, 369—408 (1946). — SHERFF, C. E.: Brittonia **5**, 308—335 (1945). — SIRJAEV, G.: Feddes Repert. spec. nov. **53**, 220—253 (1944). — SKOTTSBERG, C.: (1) Acta Horti Gotoburg. **17**, 1—47 (1947); (2) **18**, 29—79 (1950); (3) **15**, 275—531 (1944). — SLEUMER, H.: Engl. Bot. Jb. **74**, 511—553 (1949). — SMITH, A. C.: Sargentia **7** (Jamaica Plain, Mass.) (1947). — SMITH, L. B.: Lilloa **6**, 288—417 (1941). — SORIANO, A.: Darwiniana **8**, 233—262 (1948). — SPARRE, B.: Lilloa **17**, 377—416 (1949). — SPORNE, KENNETH R.: Proc. Linnean Soc. London **160**, 40—47 (1948). — ST. JOHN, H.: Proc. California Acad. Sci. 4. ser. **25**, Nr. 16, 377—420 (1946). — STEBBINS jr. u. G. LEDYARD: Proc. Amer. philos. Soc. Philad. **93**, Nr. 6, 501—513 (1949). — STEENIS, C. G. G. J. VAN: (1) Blumea **6**, 244—245 (1948) — (2) Bull. Bot. Garden Buitenzorg ser. 3, **18**^{2}, 213—227 (1949); (3) ser. 3, **17**, 407—408 (1948) — (4) Flora Malesiana Ser. I Vol. **4**, Part 1, Batavia 1948. — STERNER, R.: Acta Horti Gotoburg. **15**, 187—233 (1944). — SUESSENGUTH, K.: Englers Bot. Jb. **73**, 113—125 (1943). — SUMMERHAYES, V. S.: Kew Bull. **1949**, 435—439. — SWAMY, B. G. L.: J. Arnold Arboretum **30**, 10—38 (1949). — SWAMY, B. G. L. u. J. W. BAILEY: (1) J. Arnold Arboretum **30**, 187—210 (1949); (2) **13**, 117—129 (1950).

TISCHLER, G.: Die Chromosomenzahlen der Gefäßpflanzen Mitteleuropas. 263 S. 's-Gravenhage 1950. — TOBGY, H. A.: J. Genet. **45**, 67—111 (1943). — TROUPIN, G.: Bull. Jard. Bot. de l'Etat Bruxelles **19**, 419 (1949). — TSCHERMAK-WOESS, E.: Österr. bot. Z. **96**, 56—63 (1949).

UNRUH, M.: Englers Bot. Jb. **73**, 191—258 (1943).

VAROSSIEAU, W. W.: Blumea **5**, 81—92 (1942). — VASCONCELOS, J. DE CARVALHOE u. J. DO AMARAL-FRANCO: Portugaliae Acta Biolog. Ser. B **2**, 289—425 (1948). — VELARDE NUÑEZ, O.: Lilloa **17**, 489—500 (1949). — VERDCOURT, B.: (1) Kew Bull. **1950**, 233—244. — (2) J. Linnean Soc. London, Bot. **53**, 383—412 (1950).

WALTHER, E.: Mitt. Thür. bot. Ges., Beiheft **1** (1949). — WEBBER, I. E.: Lilloa **6**, 441—465 (1941). — WEEVERS, TH: Blumea **5**, 412—422 (1943). — WHITE, A., R. A. DYER u. B. L. SLOANE: The Succulent *Euphorbieae* (Southern Africa). 2 Vol., California: Pasadena, 990 S. 1941. — WIEDENBRUG, W.: Lilloa **16** 263—375 (1948). — WIGGINS, I. L.: Proc. California Acad. Sci. 4. ser. **25**, 189—206 (1944). — WIMMER, F. E.: (1) *Campanulaceae — Lobelioideae.* „Das Pflanzenreich" **106**. Leipzig, 260 S. 1943 — (2) Ann. naturhist. Mus. Wien **56**, 317—374 (1948). — WIT, H. C. D. DE: Bull. Bot. Garden Buitenzorg ser. 3, **18**^{1}, 5—82 (1949). — WOODSON, R. E., R. W. SCHERY u. Collab.: Flora of Panama, Part V Fasc. 1, in Ann. Missouri Bot. Gard. **35**, 1—106 (1948).

ZIEGENSPECK, H.: Feddes Repert. spec. nov. **53**, 151—173 (1944). — ZIMMERMANN, W.: (1) Grundfragen der Evolution. Frankfurt a. M. 1948. — (2) Geschichte der Pflanzen. 111 S. Stuttgart 1949.

6. Paläobotanik.

Von K. MÄGDEFRAU, München.

Der Beitrag folgt in Band XIV.

7. Systematische und genetische Pflanzengeographie.

Von FRANZ FIRBAS, Göttingen.

Der Beitrag folgt in Band XIV.

8. Ökologische Pflanzengeographie.

Von HEINRICH WALTER, Stuttgart-Hohenheim.

Mit 3 Abbildungen.

I. Standortslehre.

1. Größere Werke. H. LUNDEGÅRDHS „Klima und Boden in ihrer Wirkung auf das Pflanzenleben" ist in 3. Auflage erschienen (Jena 1949). Verf. hat keine Neubearbeitung des Werkes beabsichtigt, vielmehr fügte er die 1930—1944 erschienene Literatur hauptsächlich als Fußnoten ein. Die Drucklegung des Manuskripts hat sich stark verzögert. Von A. A. BORISSOW sind die „Klimate der U.d.S.S.R." (russisch, Moskau 1948) auf 223 Seiten mit vielen Tabellen, Diagrammen und 5 Karten dargestellt, wobei der asiatische Teil gebührend berücksichtigt wird. Im ersten Teil des 722 Seiten umfassenden Werkes von L. TSCHERMAK, „Waldbau auf pflanzengeographisch-ökologischer Grundlage" (Wien 1950), werden auf 105 Seiten die Standortsfaktoren unter Hervorhebung der Verhältnisse in Österreich behandelt. „Boden und Wald, unter besonderer Berücksichtigung des nordeuropäischen Waldbaus" ist der Titel einer Zusammenfassung von V. T. AALTONEN (457 Seiten, Berlin 1948). Fragen der Einwirkung des Waldes auf den Boden, die Fruchtbarkeit des Waldbodens und der Beziehung des Bodens zum Waldbau stehen im Vordergrund der Betrachtung. Das Standardwerk von A. G. TANSLEY, „The British Islands and their vegetation", ist als Neudruck in 2 Bänden (930 Seiten, Cambridge 1949) erschienen. Teil 1 behandelt die klimatischen, edaphischen und biotischen Faktoren; aber auch die übrigen, mehr vegetationskundlichen Teile zeigen neben der historisch-dynamischen die stark ökologische Einstellung des Verfassers. Schließlich sei auch auf die „Grundzüge der terrestrischen Tierökologie" von W. TISCHLER (220 Seiten, Braunschweig 1949) hingewiesen, die als erster Versuch in dieser Art einen Schritt in der Richtung der Biozönotik bedeuten, in der sowohl pflanzliche als auch tierische Organismen Berücksichtigung finden sollen.

2. Der Wärmefaktor (Temperatur). Das natürliche Wärmeklima der Tropen versuchen wir in unseren Warmhäusern nachzuahmen. Die Grundlagen einer solchen naturgemäßen Gewächshauskultur untersucht STOCKER, indem er die Standortsbedingungen und die physiologischen Leistungen der Pflanzen im Tropenhaus mit seinen Feststellungen in den Tropen (Java) vergleicht. Es kommt dabei nicht nur auf die Temperatur an, sondern auch auf alle anderen Faktoren, vor allen Dingen auf die Feuchtigkeit. Sehr zahlreiche Kurven geben ein anschauliches Bild davon, inwieweit es uns gelingt, künstlich Bedingungen zu schaffen, die den tropischen Arten eine möglichst optimale Entwicklung in unserer Klimazone ermöglichen.

Die Einwirkung tiefer Temperaturen einerseits auf die Kälteresistenz und andererseits auf den osmotischen Wert, den Zuckerspiegel des Preßsaftes und andere Komponenten (organische Säuren, Kationen) sowie den Stärke- und Wassergehalt wird von PISEK bei *Rhododendron ferrugineum*, *Pinus cembra* und *Picea excelsa* verfolgt. Der Ionengehalt schwankt wenig. Der Zuckerspiegel reagiert, jedenfalls bei *Rhododendron*, in allen Versuchen mit den Resistenzänderungen gleichsinnigen Ausschlägen, wenn auch die Übereinstimmung in der Größe der Ausschläge im Vorwinter und Nachwinter ganz verschieden ist. Das spricht dafür, daß der Übergang zur Winterruhe und deren Aufhebung hauptsächlich auf einer inneren Periodizität beruht und die Zuckeranreicherung mehr eine sekundäre Erscheinung ist, was aber ihren Zeigerwert nicht zu schmälern braucht. Der Zucker wird dabei aus Stärke gebildet, die im Winter in den Blättern fast verschwindet.

Frostschäden an Kulturpflanzen, Waldbäumen und Sträuchern sind bei uns nicht selten. Aber diese Pflanzen wachsen meist nicht an ihren natürlichen Standorten, oder das Standortsklima ist durch menschliche Eingriffe in der Umgebung (Kaltluftbildung) verändert. Deshalb ist es interessant festzustellen, daß Frostschäden auch an wilden Pflanzen in ihrer natürlichen Umgebung vorkommen. KOTILAINEN hat entsprechende Beobachtungen in Finnland gesammelt. Es sind sehr häufig Arten mit unterirdischen Speicherorganen, die den Frostschaden an ihren oberirdischen Organen leichter überstehen als andere. Die Frostschäden kommen in der Nähe der nördlichen Verbreitungsgrenze vor (im Hochsommer), aber auch an der südlichen, wo die Arten relativ früh austreiben und dann durch Spätfröste geschädigt werden.

WENT (1) setzt seine Versuche zur Feststellung der Keimungstemperaturen von Wüstenpflanzen fort. Bodenproben (oberste 5 mm) von verschiedenen Wüstenstandorten wurden in Kästen über Sand ausgebreitet und nach stärkerer oder schwächerer Befeuchtung verschiedenen

Tages- und Nachttemperaturen ausgesetzt, um die im Boden vorhandenen Samen zur Entwicklung anzuregen. Starke Anfeuchtung bringt 3—4mal mehr Samen zum Keimen als schwächere. Bei 27° am Tage und 26° in der Nacht kommt eine typische Vegetation von Sommerannuellen auf, bei 18° am Tage und 13° oder 8° in der Nacht wachsen aus demselben Boden ausschließlich Winterannuelle heran. Der Wettbewerb spielt nur eine geringe Rolle. Selbst bei 5000 Keimlingen pro Quadratmeter gelangten noch 56% zur Fruchtreife. Die Bodenproben aus „Death Valley" — dem Hitzepol der Welt (1945 bis 52° im Schatten) — enthielten keine Samen von Sommerannuellen (WENT 2), da die

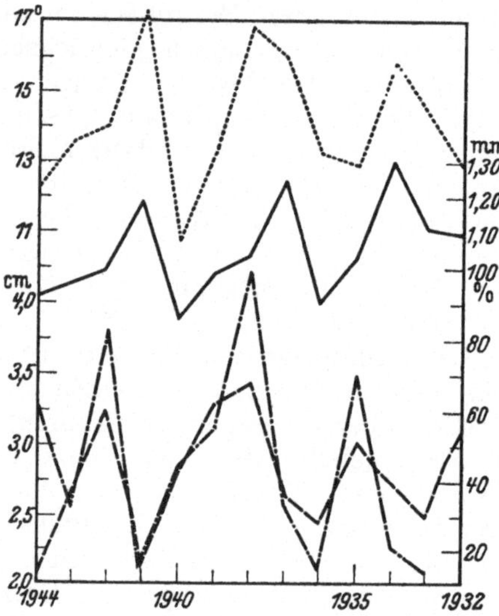

Abb. 40. Wachstum der Kiefer in Utsjoki (Finnland, 69° 30′ N) verglichen mit den Julitemperaturen (punktierte Kurve) in Inari (68° 57′ N), nach HUSTICH.
—— Dickenwachstum in mm, — — — Länge der Jahrestriebe in cm, — · — · — · Blühintensität in % (1938 = 100%).

Temperaturen im Sommer für deren Gedeihen zu hoch sind. Die Temperatur nach einem starken Regen bestimmt die Zusammensetzung der Keimlingsflora in diesem Tal: Bei über 30° keimt nichts, bei 15—16° keimt der Kreosotbusch (*Larrea*), bei 8—10° keimen alle Winterannuellen.

Die Jahresringbreite bei Kiefern an der polaren Baumgrenze zeigt eine sehr enge Korrelation mit den Julitemperaturen (Abb. 40), während das Längenwachstum um ein Jahr nachhinkt (Endknospen im Jahr vorher angelegt). Die Niederschläge haben im Gegensatz zu den subtropischen Gebieten keinen Einfluß. Jahresringmessungen aus verschiedenen Klimagebieten sind deshalb nicht vergleichbar. In den zwanziger und dreißiger Jahren läßt sich ein stärkeres Wachstum der Kiefern feststellen, was mit den günstigeren Temperaturverhältnissen im Norden übereinstimmt (HUSTICH). Auch REGEL macht darauf aufmerksam, daß seit 1920 die polare Nordgrenze sich nordwärts zu verlagern scheint. Das gilt namentlich für die Kiefer und in Ostasien auch für *Larix dahurica*.

Im Rahmen seiner eingehenden mikroklimatischen Messungen auf der Schinige-platte (2000 m, Berner Alpen) schildert LÜDI (1) seine Erfahrungen mit der Zuckerampullen-Methode zur Messung mittlerer Temperaturwerte über größere Zeiträume. 15 ccm einer sterilen Zucker-Pufferlösung werden in 20 ccm-Glas-ampullen eingeschmolzen und aus der eingetretenen Inversion am Schluß der Beobachtungszeit die Mitteltemperatur berechnet. Es zeigt sich, daß man nur dann mit Thermometermessungen übereinstimmende Werte erhält, wenn die Am-pullen vor Strahlung und vor kurzfristigen, hohen Temperaturen geschützt sind. Die Methode eignet sich also mehr für Messungen im Boden.

Eine transportable Meßbrücke für mikroklimatische Temperaturbestimmungen mit einem Widerstands- oder Elektrolytthermometer, sowie für Messungen der relativen Feuchtigkeit durch Taupunktbestimmung oder unter Verwendung von Glaswolle als hygroskopische Substanz beschreibt KØIE.

3. Der Wasserfaktor (Hydratur). Mit den sehr interessanten und bisher kaum bekannten Wasserverhältnissen der „Campos Cerrados" im Staat São Paulo (Brasilien) beschäftigt sich RAWITSCHER. Es han-delt sich um ein subtropisches Sommerregengebiet mit 1400 mm Jahres-niederschlag. Die Vegetation trägt Savannencharakter, was aber durch die ständigen Grasbrände bedingt sein dürfte. Die Böden sind sehr tief-gründig und bis zum Grundwasser in 18 m Tiefe gut durchfeuchtet. Nur die oberen $2-2^{1}/_{2}$ m verlieren während der Dürrezeit alles Wasser bis zum Welkungskoeffizienten. Trotzdem behalten viele Arten ihre nicht xeromorphen Blätter die ganze Trockenzeit über und transpirieren uneingeschränkt durch oder zeigen nur eine geringe Einschränkung um die Mittagszeit. Ausgrabungen des Wurzelsystems ergaben, daß diese Arten sehr tief wurzeln und zum Teil das Grundwasser erreichen können. Flacher wurzelnde Arten sind sommergrün. Aber einige von ihnen treiben noch vor Beginn der Regenzeit aus, da sie in ihren unterirdischen Stäm-men große Wasserspeicher besitzen (z. B. *Aristolochia Giberti*). Unter diesen Flachwurzlern gibt es verschiedene Typen, zum Teil auch xero-morphe. Sehr merkwürdig sind einige Palmen, deren Stamm zunächst $^{1}/_{2}$ m abwärts in den Boden wächst, um dann erst eine Wendung um 180° zu machen, worauf der Blütenstand direkt an der Erdoberfläche zur Entwicklung kommt. Nur die Gräser zeigen keinerlei Anpassungen an die Trockenzeit und überdauern diese im dürren Zustand. Ihre bis zu 1,5 m tief gehenden Wurzeln besitzen charakteristische „Scheiden", die man auch bei den afrikanischen Gräsern findet. Es werden außer-dem Angaben über den Tagesgang der Transpiration während der Regen- und Trockenzeit, über Stomatadichte, Sukkulenzgrad usw. ge-macht. Der Wind übt auf die Transpiration der Sklerophyllen nur einen geringen Einfluß aus.

Die Transpirationswerte der Bäume in einem subtropischen Hart-laub-Regenwald der Drakensberge (Natal) werden von HENRICI durch viele Tabellen belegt. In diesem Sommerregengebiet beträgt die Nieder-schlagshöhe 1150 mm. Die Frischgewichtstranspiration ist bei den ein-zelnen Arten sehr verschieden. Hohe Werte weisen hauptsächlich kleine Bäume an Waldrändern auf; niedrige Werte findet man bei großen Bäumen im Waldinnern, die dafür eine sehr große Blattmasse besitzen.

Deswegen ist die Wasserabgabe pro Bodenfläche[1], in Millimeter berechnet, nicht so verschieden. Sie beträgt pro Jahr bei den Holzarten im Waldinnern etwa 60—90 mm, bei denen der Waldränder etwa 280 mm und erreicht hier bei kleinen *Buddleia-Leucosidea*-Beständen 810 mm. Für dichte, angepflanzte Bestände werden zum Teil viel höhere Werte errechnet: Für *Pinus pinaster*, *Cupressus* und *Callitris* nur 140 bis 186 mm, dagegen für *Acacia mollissima* bis 1050 mm und für *Eucalyptus diversicolor* bis 1250 mm.

Bei unseren wichtigsten Laub- und Nadelbäumen werden die Transpirationsverhältnisse durch POLSTER untersucht. Er findet folgenden mittleren Tagesverbrauch der Blattorgane an Wasser:

	Birke	Buche	Eiche	Lärche	Douglasie	Fichte	Kiefer
pro Frischgewicht in mg/g · min	9,50	4,83	6,02	3,24	1,33	1,39	1,88
pro Blattfläche in mg/dm² · min	8,48	3,12	5,02	3,60	2,20	2,53	3,42

Verf. berechnet auch die Transpiration ganzer Bäume und Bestände. Da jedoch die Versuchspflanzen 7—8jährige Bäumchen (im Forstgarten in 2 m Abstand) sind, für die Blattmasse pro Baum oder pro Bodenfläche dagegen für alte Bestände gültige Zahlen benutzt werden, so dürften die erhaltenen Zahlen viel zu hoch und auch als Relativwerte kaum zu verwerten sein.

Gegen die Schnellwägemethode zur Transpirationsbestimmung äußern IVANOW, SILINA und CELNIKER erneut Bedenken. Die Versuchsfehler können 100% übersteigen und sind nur vermeidbar, wenn das Abschneiden in geschmolzenem Paraffin vorgenommen wird.

Die Zusammenfassung der neueren Arbeiten über den Wasserfaktor von WALTER ist jetzt erschienen. Es werden die groß- und kleinklimatische Verteilung des Wassers, das Wasser im Boden und die Wasseraufnahme, die Evaporation und Transpiration sowie das Xerophytenproblem besprochen. Alle erreichbaren, mit dem Piche-Evaporimeter von der Arktis bis in die Tropen gemessenen Verdunstungswerte werden verglichen und die vielen Tausende von kryoskopisch ermittelten osmotischen Werte in „osmotischen Spektra", getrennt nach ökologischen Typen für Europa, Nordamerika und Afrika, dargestellt.

Großes Aufsehen erregen die gigantischen Pläne zur Verbesserung der Wasserverhältnisse in den Trockengebieten der Sowjetunion durch Windschutzstreifen und Bewässerungsanlagen. Eine Übersicht über diesen „Kampf gegen die Dürre" gibt BUCHHOLZ (vgl. auch SIEGEL und LEIMBACH).

4. Assimilathaushalt. Auf die Bedeutung der Stoffproduktion der Pflanzen für den Wettbewerb macht BOYSEN JENSEN (1, 2) aufmerksam. In geschlossenen Gesellschaften kann nur die Art dominant wer-

---

[1] Unter 100 m² sind (100 m)² = 1 ha zu verstehen.

den, die die größte Höhe erreicht, also am meisten Stoffe produziert.
Verf. bespricht deshalb eingehend den Assimilathaushalt und die Einwirkung der verschiedenen Faktoren auf denselben. Wie wir wissen,
hängt die Höhe der Stoffproduktion sehr stark davon ab, welchen Anteil der Assimilate die Pflanze für die Vergrößerung der produzierenden
Blattfläche verwendet. Er wird auch sehr stark von der Tageslänge beeinflußt (s. Tabelle nach RASUMOV):

	Tageslänge in Stunden	Prozent des Gesamtgewichtes			
		Blätter	Wurzeln	Stengel	Ähren
Langtagpflanzen	18	12	11	55	22
(Gerste)	12	30	32	37	1
Kurztagpflanzen	12	19	10	26	45
(Hirse)	18	25	17	40	18

Mit der Stoffproduktion unserer wichtigsten Waldbäume beschäftigt
sich sehr ausführlich POLSTER. Zunächst wird am Standort der Tages-
verlauf der apparenten Assimilation bei verschiedener Witterung bestimmt und kurvenmäßig dargestellt. Sehr auffallend ist an klaren
Tagen die mittägliche Depression, die Verf. als physiologische „Er-
müdungserscheinung" deuten will. Da jedoch die Transpirationskurve
häufig mittags einen teilweisen Spaltenschluß erkennen läßt, andererseits die Atmung gerade mittags stark ansteigt, so scheinen uns diese
Faktoren viel eher in Frage zu kommen. Verf. mißt zwar auch die Atmung
von verdunkelten Blättern, jedoch braucht diese nicht mit der Licht-
atmung übereinzustimmen, so daß die Kurven der Bruttoassimilation
durchaus nicht gesichert sind. Zudem hat Verf. die Temperatur in der
Assimilationskammer selbst nicht gemessen. An klaren Tagen dürfte
eine Überhitzung mittags leicht eintreten. Gegen „Ermüdungserschei-
nungen" spricht außerdem die Tatsache, daß die Tiefe der Depression
keinerlei Beziehung zur Höhe des Maximums am Morgen zeigt. Die
Höchstwerte der Assimilation werden schon bei $^1/_5$—$^1/_{10}$ des maximalen Tageslichtes zu $^3/_4$ erreicht. Das Verhältnis der Assimilations-
intensitäten kann je nach der Witterung variieren: Die Buche verlangt
ähnlich wie Fichte und Douglasie hohe Luftfeuchtigkeit; die Birke liebt
trockenes Wetter und starkes Licht, ähnlich wie die Kiefer; die Eiche
ist gegen hohe Temperaturen wenig empfindlich.

Die mittlere Tagesintensität der Assimilation (A) und Dunkelatmung
(R) beträgt:

	Birke	Buche	Eiche	Lärche	Douglasie	Fichte	Kiefer
A pro Blattgewicht (mg CO_2/g · h)	3,88	3,74	2,51	1,83	1,00	0,87	0,91
A pro Blattfläche (mg CO_2/dm² · h)	3,46	2,41	2,09	2,33	1,54	1,58	1,65
R pro Blattgewicht (mg CO_2/g · h)	2,01	1,00	1,64	0,73	0,64	0,46	0,78

Soweit die gesicherten Ergebnisse. Verf. benützt nun diese Zahlen, um die verschiedensten Berechnungen durchzuführen, er setzt die Transpiration in Beziehung zur Assimilation, erhält Zahlen für die Stoff-

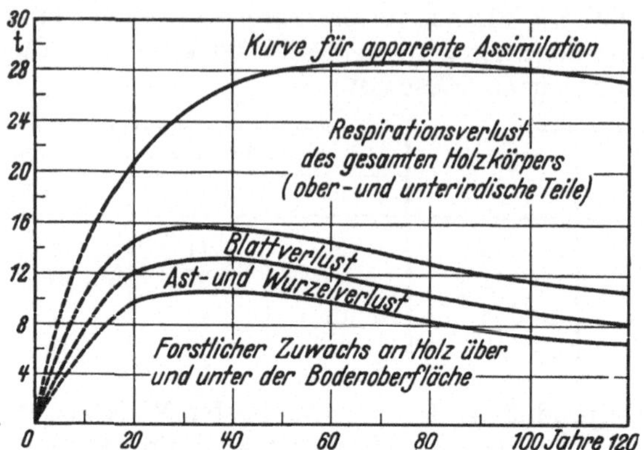

Abb. 41. Stoffbilanz der Buchenbestände in Dänemark, nach MÖLLER. Ordinate: Trockensubstanz in Tonnen je ha und Jahr; Abszisse: Alter der Bestände.

produktion von Bäumen und Beständen, für Derbholzzuwachs und Rindenatmung. Wir können ihm hierbei nicht ganz folgen und bringen nur nach MÖLLER schematisch die Stoffbilanz verschiedenaltriger Buchenbestände, aus der man einen Begriff von der Größenordnung der einzelnen Posten erhält und erkennt, ein wie kleiner Teil der assimilierten organischen Substanz von der Forstwirtschaft als Derbholz genutzt wird (Abb. 41).

5. Bodenverhältnisse. In seiner „Bodenbiologie" (368 Seiten, Wien 1950) geht W. KÜHNELT sehr ausführlich auf die Tierwelt des Bodens, auf ihre Bedeutung für die Erhaltung der Bodenfruchtbarkeit, auf ihre Herkunft und auf ihre geographische Verbreitung ein.

Die Mikrofauna und -flora des Bodens zusammen mit den Pflanzenwurzeln bedingen die „Bodenatmung", die an Bodenproben aus verschiedener Tiefe und unter einer verschiedenen Pflanzendecke von PENNINGSFELD untersucht wird. Eine merkliche CO_2-Ausscheidung findet nur bei Proben aus den obersten 20 cm statt. In den tieferen Schichten steigt der CO_2-Gehalt der Bodenluft rasch an und kann über 1%, ja selbst 4% betragen.

RICHARDS (2) mißt die Bodensaugkraft mit seinem bereits früher beschriebenen Druck-Membran-Apparat (1) bei maximalem Haftwassergehalt (Feldkapazität) und erhält einen Wert von $^1/_3$ Atm., während der Tensiometerwert nur $^1/_{40}$—$^1/_8$ Atm. beträgt. Daher dürfte der Wert 15 Atm. beim Welkungskoeffizienten fraglich sein, zumal Verf. selbst sagt, daß schon bei 3—5 Atm. im Boden kaum noch ausnutzbares Wasser vorhanden ist. Methodische Versuche zur Leitfähigkeitsmethode nach BOUYOUCOS [Fortschr. Bot. **12**, 140 (1949)] führen mit dichten und porösen Gipsblöcken KÖHN und PERSSON durch.

Daß die SCHIMPERsche Theorie der physiologischen Trockenheit kalter Böden nicht stimmt, ist wiederholt bewiesen worden. DADYKIN findet das gleiche im subarktischen Gebiet bei Bodentemperaturen von 0,5—1°. Es gelingt ihm andererseits durch Kulturversuche der Nachweis, daß die Wurzeln bei tiefen Temperaturen nur wenig N-Salze aus dem Boden aufnehmen, so daß Pflanzen auf kalten Böden unter N-Mangel leiden. Das würde uns auch die Xeromorphie der Pflanzen kalter Standorte erklären [Fortschr. Bot. 12, 138 (1949)].

Auch bei Buchenkeimlingen, die auf kalk- und nährstoffreichen Böden einerseits und kalkarmen Böden andererseits kultiviert werden, zeigte es sich, daß auf letzteren die Pflanzen nicht nur kleiner blieben, sondern daß der Wurzelanteil am Gesamttrockengewicht größer war, als man es von Trockenpflanzen her kennt (HARLEY). Vielleicht spielt auch hierbei N-Mangel eine Rolle.

Auf die Bedeutung einer genauen Kenntnis der Durchwurzelung für waldbauliche Fragen macht GROSSKOPF aufmerksam und versucht eine Methode zur Feststellung der Verteilung der Wurzeln im Waldboden und der profilbezogenen Feinwurzelintensitäten auszuarbeiten. Aus der Stammzwischenfläche im Walde werden Bodenblöcke (400 qcm Grundfläche) bis zur Wurzeltiefe (selten über 75 cm) entnommen, in die einzelnen Bodenhorizonte zerlegt und aus diesen die lebenden Wurzeln nach Holzarten getrennt herausgelesen. Darauf wird eine Trennung in Grob- und Feinwurzeln (unter 2 mm Durchmesser) vorgenommen und jeweils die Gesamtlänge festgestellt. Am Beispiel von Eichen-, Fichten-, Buchen- und Kiefernreinbeständen und eines Fichten-Eichen-Mischbestandes wird die Bedeutung der Methode für forstliche und ökologische Untersuchungen gezeigt.

Über den derzeitigen Stand des noch ganz im Fluß befindlichen Humusproblems gibt LAATSCH eine Übersicht. Er bespricht die Beeinflussung des Gefüges der Bodentypen durch Humin- und Fulvosäuren sowie die Bedeutung der Humusstoffe für den Nährstoffhaushalt.

Unter Benutzung der Vegetation als Indikator wird von KALELA (1) eine großräumige Gliederung Ostkareliens in Fruchtbarkeitsgebiete gegeben. Auf kleinstem Raum versucht dasselbe ELLENBERG (1) zu erreichen unter Verwendung der Unkrautgemeinschaften als Zeiger für Klima und Boden. Seine ausführliche Darstellung liegt jetzt vor. Auf die Berechnung der Reaktionszahl hatten wir bereits hingewiesen [Fortschr. Bot. 12, 142 (1949)]. Auf ähnliche Weise läßt sich eine Wasserhaushaltszahl, eine Stickstoffzahl und auch eine Temperaturzahl erhalten. Für letztere werden die Wärmeansprüche der einzelnen Arten zugrunde gelegt, die man aus der Lage der nördlichen Verbreitungsgrenzen ermitteln kann. Unkrautarten mit ähnlichen ökologischen Ansprüchen werden zu ökologischen Gruppen zusammengestellt, die zur Standortscharakterisierung dienen. In einer Tabelle mit 244 Unkrautarten sind die ökologischen Ansprüche jeder Art durch Zahlen gekennzeichnet.

Die Reaktionszahlen für die Waldbodenpflanzen und Waldmoose in Württemberg und einige Wasserhaushaltszahlen hat SCHÖNHAR ermittelt.

6. Halophyten. Mit den Halophyten der niederländischen und mediterranen französischen Küste beschäftigt sich ADRIANI. Zunächst werden die einzelnen Gesellschaften und Sukzessionen beschrieben und dann deren Böden charakterisiert (Wasser- und Luftgehalt, Porenvolumen, Kalk- und CO_2-Gehalt, Durchlässigkeit, Humusgehalt). Während an der Mittelmeerküste die Salzkonzentration im Sommer sehr stark ansteigen kann, bleibt sie an der niederländischen Küste infolge der vielen Regen immer niedrig. Bei der Besprechung des Wasserhaushalts versucht Verf. den Nachweis zu erbringen, daß die Halophyten im SCHIMPERschen Sinne Xerophyten sind. Es scheint uns richtiger zu sein, diese beiden Begriffe nicht zu vermengen und die Halophyten als eine gesonderte ökologische Gruppe zu behandeln. Standortsuntersuchungen auf einem Vorlandsrasen an der schleswig-holsteinischen Westküste führte KÖNIG durch.

Viel extremer als an der Meeresküste sind die Umweltsbedingungen der Halophyten in der nördlichen Sahara. Entsprechend ergibt auch die Untersuchung ihres Wasser- und Salzhaushalts, daß die besonderen Halophytenmerkmale viel stärker ausgeprägt sind. Morphologisch gehören sie verschiedenen Typen an, von Sukkulenten und Halbsukkulenten bis zu Ericoiden. Physiologisch akkumulieren die einen Salze im Preßsaft, während die anderen absalzen (KILLIAN 1). Vgl. auch S. 169 ZOHARY und ORSHANSKY.

7. Mechanische Faktoren. Die Fähigkeit, Verbiß zu ertragen, ist bei den einzelnen Arten in sehr verschiedenem Grade ausgeprägt. Deshalb ruft Beweidung stets eine gewisse Veränderung der Pflanzendecke hervor. Das gilt auch für die *Erica cinerea-Calluna*-Heide in Schottland. Wie experimentell gezeigt wird, bildet *Calluna* leicht widerstandsfähige Verbißformen und wird deshalb durch Beweidung mit Schafen gegenüber *Erica* gefördert (GIMINGHAM).

Auf der Hochebene der westlichen USA sind *Agropyrum cristatum* und *Balsamorhiza sagittata* die besten Weidepflanzen, und ihre Erhaltung ist erwünscht. Versuche mit kurzem Schnitt, der dem Verbiß durch Weidetiere entspricht, in verschiedenen Entwicklungsphasen, ergaben, daß die Pflanzen am meisten an Wuchskraft verlieren, wenn die Entfernung der Sproßanteile im Mai und Anfang Juni erfolgt (BLAISDELL und PECHENEC). Dieselbe mechanische Schädigung kann im Präriegebiet auch durch wilde Nagetiere erfolgen. Die jetzt im Aussterben begriffenen Präriehunde (*Cynomis ludovicianus*) bilden große gemeinsame Bauten. Um diese herum zeigt sich eine deutliche Zonierung der Vegetation vom nackten Boden um die Bauten im Zentrum über vier verschiedene Zonen mit allmählich üppiger werdender Vegetation bis zur typischen Langgrasprärie in etwa 150 m Entfernung (OSBORN und ALLAN). Der Schaden, den die Nagetiere im kalifornischen Längstal durch Ertragsminderung der Weidefläche zufügen, beträgt etwa 16—35%, wie Versuche mit ausgesetzten Nagetieren auf eingezäunten Probeflächen bei normalem Besatz zeigten (FITCH und BENTLEY).

Man kann aber auch die mechanische Beschädigung durch Schädlinge in den Dienst der biologischen Bekämpfung von Unkräutern stellen. *Hypericum perforatum* ist z. B. zu einem höchst lästigen Unkraut auf etwa 160000 ha Weideland in Kalifornien geworden. Versuche, es durch Aussetzen von Käfern (*Chrysomela*-Arten) einzudämmen, scheinen erfolgversprechend zu sein (HUFFAKER und HOLLOWAY).

Die forstlich besonders wertvollen Kiefernwälder (*Pinus rigida* und *P. echinata*) in New Jersey lassen sich als Reinbestände nur durch wiederholtes leichtes Abbrennen erhalten. Ohne diese Maßnahme kommt unter den Kiefern leicht Eichenjungwuchs auf, der zum Klimaxlaubwald überleitet. Andere forstliche Eingriffe sind unrentabel (LITTLE und MOORE). Die Anwendung von Feuer wird auch empfohlen, um in Süd-Idaho bessere Gräser auf Flächen auszusäen, von denen *Bromus tectorum* Besitz ergriffen hat. Diese eingeschleppte Grasart hat Millionen von Hektar erobert und breitet sich überall aus, wo offene Stellen in der Pflanzendecke entstehen. Ihr Futterwert ist geringer als der von einheimischen Gräsern (STEWART und HULL).

Nachdem die Präriebrände seit der Besiedlung vor 100 Jahren in Südwest-Wisconsin aufgehört haben, hat sich die Zusammensetzung der angrenzenden Wälder stark verändert. Aus Waldaufnahmen, die zur Zeit der Erstbesiedlung gemacht wurden, geht hervor, daß es sich damals um lichte Wälder von *Quercus macrocarpa* gehandelt hat. In einzelnen bis heute unberührt gebliebenen Waldbeständen in diesem Gebiet findet man jedoch diese Eichenart nur schwach vertreten; es herrschen vielmehr *Quercus alba* und *Qu. velutina* stark vor. Zugleich sind die Wälder dichter geworden; die Stammzahl hat sich verzehnfacht. Einzelne Vertreter des Zuckerahorn-Linden-Klimaxwaldes zeigen, daß die durch das Aufhören der Feuereinwirkung eingeleitete Sukzession noch weitergeht und, falls keine Eingriffe der Menschen erfolgen, zum Klimax hinführt (COTTAM). Ähnliche Studien weiter nördlich in einem ursprünglichen Mischwald aus *Acer saccharum, Tsuga canadensis, Betula lutea* u. a. zeigen, daß der Anteil des Zuckerahorns in den letzten neun Jahrzehnten stark zugenommen hat; auch die stärkeren Stammklassen sind jetzt viel besser vertreten. Es wäre jedoch falsch, daraus zu schließen, daß unter natürlichen Verhältnissen der Zuckerahorn die absolute Herrschaft erlangen würde. Er tut es nur in Altbeständen, die dann aber durch Naturkatastrophen wieder vernichtet werden, worauf die Sukzession von neuem beginnt. Nur spielt in diesem Laubwaldgebiet das Feuer keine Rolle, sondern es ist der Wind, der auf großen Flächen die überalterten Bestände vernichtet. Auf solche ausgedehnte Windwürfe wird in den Berichten aus der Pionierzeit immer wieder hingewiesen (STEARNS).

Durch einseitig aus einer Richtung wehenden Wind entstehen windgeformte Bäume. RUNGE (1) untersuchte 115 Bäume oder Baumgruppen um den Höhenzug der Stemmer Berge, an denen die Windwirkung sich besonders deutlich bemerkbar machte. Unter den 115 Holzgewächsen waren 85 Schwarzpappeln, 17 Schwarzerlen, 6 Weiden, 2 Fichten, 1 Birke, 1 Eiche, 1 Apfelbaum, 1 Kieferngruppe, 1 Holunder. Die Bäume ließen eine Windrichtung von W bis SSW erkennen, entsprechend der Ablenkung durch den Höhenzug, so daß man auf diese einfache Weise die im Jahr oder wenigstens während einer bestimmten Jahreszeit vorherrschende Windrichtung feststellen kann.

8. Verschiedenes. Für das Alter, das Steppenpflanzen erreichen, hatte man bisher keine sicheren Anhaltspunkte. Doch lassen sich bei vielen Arten an Stämmchen, Pfahlwurzeln oder Rhizomen deutliche Jahresringe erkennen. Auf diese Weise wurde im Wallis bei *Hippocrepis* ein Alter von 20—25 Jahren, bei *Fumana* von 9—14 Jahren, bei *Teucrium montanum* von 18 Jahren, bei *Artemisia campestris* von 4—5 Jahren, bei *Stachys recta* von 7 Jahren usw. festgestellt (ZOLLER).

Die spezifische Ausbreitungskraft einiger Trockenrasen wird nicht durch besonders hohe mittlere Keimfähigkeit der Arten bedingt; vielmehr nutzen die Angehörigen expansionsfähiger Gesellschaften die günstigen Bedingungen auf Brachland durch rasches Wachstum und frühes Blühen aus (KRAUSE 1).

II. Vegetationskunde.

1. Allgemeine Vegetationskunde. Auf die Bedeutung der Pflanzensoziologie für die praktischen Probleme wird von verschiedener Seite hingewiesen: In seiner kurzen „Einführung in die Pflanzensoziologie" bringt R. KNAPP in Heft 3 (Stuttgart-Ludwigsburg 1949) die „Angewandte Pflanzensoziologie"; auf ELLENBERG (1) hatten wir bereits hingewiesen; in der Schrift von E. KLAPP, „Landwirtschaftliche Anwendungen der Pflanzensoziologie" (Stuttgart-Ludwigsburg 1949), werden anschauliche Beispiele der Nutzanwendung hauptsächlich aus der Grünlandwirtschaft angeführt (vgl. auch KLAPP 1 und 2), während J. L. LUTZ in „Ausschnitte pflanzensoziologischer Forschung im Blickfeld der Landwirtschaft" die Moore und Moorkulturflächen in den Vordergrund stellt; H. WAGNER (1) schließlich bespricht ganz kurz „Die Bedeutung der Vegetationskartierung für Forschung und Praxis" und „Die Bedeutung der Pflanzensoziologie für kulturtechnische Planungen". ELLENBERG (2) betont die Notwendigkeit, die kausale Fragestellung in der Pflanzensoziologie bewußt in den Vordergrund zu stellen, und erläutert das an dem Beispiel der Halmfrucht- und Hackfrucht-Ackerunkrautgesellschaften.

Ebenso macht KRAUSE (2) auf die Vegetationskarten als Hilfsmittel kausalanalytischer Untersuchungen der Pflanzendecke aufmerksam und geht mehr auf die Wald- und Heidegesellschaften sowie auf Kontakt- und Ersatzgesellschaften ein.

2. Spezielle Vegetationskunde (Pflanzensoziologie). In der neuen Zeitschrift „Vegetatio" findet man in Bd. 1 und Bd. 2 (1948—1950) eine Zusammenstellung der pflanzensoziologischen Arbeiten aus den Jahren 1938—1946 für folgende Länder: Niederlande, Tschechoslowakei, Schweiz, Italien, Frankreich, Spanien, Portugal und Ägypten.

a) Europa. Eine erschöpfende Übersicht der Pflanzengesellschaften einschließlich der Subassoziationen Rätiens, die alle Höhenstufen bis in die nivale Stufe umfaßt, bringt BRAUN-BLANQUET (1). Obgleich zu jeder Gesellschaft nur kurze Bemerkungen hinzugefügt und nur Charakterarten sowie Differentialarten angeführt werden, umfaßt die Übersicht doch weit über 1000 Seiten.

Eine monographische Behandlung auf 400 Seiten haben die Pflanzengesellschaften der Schinigeplatte (2000 m) bei Interlaken durch LÜDI (1) erfahren. Infolge der Einrichtung eines Alpengartens findet man eine durch den Menschen nur wenig beeinflußte Vegetation. An die Beschreibung der Assoziationen schließen sich eingehende Untersuchungen der Boden- und Mikroklimaverhältnisse an.

Die Vegetationsentwicklung auf Felsschutt in der alpinen und subalpinen Stufe des Wettersteingebirges untersuchte ZÖTTL.

Der größte Kiefernwald der Schweiz, der Pfynwald im Wallis, mit seinen drei Typen *Ericosum* (Hanglage), *Astragalosum* (unterste Lagen) und *Pyrolosum* (oberste Lagen) wird von HEUER einer Strukturanalyse (nach E. SCHMID) unterworfen. Die günstigsten Verhältnisse findet man im *Ericosum*-Typ, während der *Pyrolosum*-Typ unter Nährstoffarmut und der *Astragalosum*-Typ unter Trockenheit leiden. Ursprünglich war wohl auch *Quercus pubescens* stark vertreten. Von MEYER wird ein *Mastigobryeto-Piceetum Abietosum* aus dem Schweizer Mittelland beschrieben.

Die höchste Erhebung des Schwarzwaldes, der Feldberg, ist unter Mitwirkung zahlreicher Forscher monographisch bearbeitet worden, wobei MÜLLER die Vegetationsverhältnisse und die Geschichte behandelt. Diese Studien ergeben, daß an einzelnen lokalklimatisch ungünstigen Stellen ursprüngliche Fichtenwälder, wie auch Holzkohlenuntersuchungen alter Kohlenmeiler bestätigen, vorkommen; die weitaus meisten Fichtenwälder sind künstliche Forsten. Eine natürliche Baumgrenze ist am Feldberg nicht vorhanden. Die heute kahle Kuppe entstand durch Anlegen von Weideplätzen wohl im 12. Jahrhundert; ursprünglich war sie von Mischwäldern mit vorherrschender Fichte bedeckt. Das Vorkommen alpiner Arten spricht aber für stellenweise Waldlosigkeit auf dem Bergrücken unter dem Einfluß starker Stürme. Die Wutachschlucht im Osten des Südschwarzwaldes ist pflanzensoziologisch von OBERDORFER bearbeitet worden. Beide Gebiete stehen heute unter Naturschutz.

Auf Grund von vergleichend pflanzensoziologischen und bodenkundlichen Untersuchungen kommt RUNGE (2) zu dem Schluß, daß die heute im Sauerland so weit verbreiteten Eichen-Niederwälder aus Buchenwäldern hervorgegangen sind.

Bei den Dauerweiden West- und Südwestdeutschlands unterscheidet KLAPP (1 und 2) eine Reihe ökologisch gut gekennzeichneter Gesellschaftseinheiten. Je nach Standort und Bewirtschaftung liegen sie zwischen der guten typischen Weidelgrasweide (*Lolietum typicum*) mit *Lolium, Poa*-Arten, *Festuca pratensis* u. a. und der armen Rotschwingel-Straußgrasweide (*Festuceto-Cynosuretum*), in der *Festuca rubra, Agrostis vulgaris, Anthoxanthum, Cynosurus, Trifolium pratense, Plantago lanceolata* und *Achillea millefolium* zunehmen. Recht indifferent sind *Phleum, Trisetum, Taraxacum, Dactylis, Holcus lanatus* und *Trifolium repens*. Steppenheidegesellschaften mit östlichen und südlichen Elementen auf früherem Kulturland der Insel Mön (Dänemark) beschreibt BÖCHER (1).

Eine der verbreitetsten Flechtengesellschaften auf Baumstämmen ist das *Physcietum ascendentis*; sie zerfällt in fünf Subassoziationen mit verschiedenen ökologischen Ansprüchen, die man somit als Anzeiger für die Beurteilung mikroklimatischer Standortsverhältnisse, z. B. Bodennebel, benützen kann (KLEMENT 1).

Die Pflasterflora unserer Städte bildet charakteristische Trittpflanzengesellschaften, die von der Art der Pflasterung und der Verkehrsdichte abhängen. Da die meisten Arten Kosmopoliten sind, haben diese Gesellschaften eine weltweite Verbreitung. An schattigen Standorten dominiert *Poa annua*, an besonnten *Polygonum aviculare*, bei weniger dichtem Füllmaterial kann *Capsella* vorherrschen (KLEMENT 2).

Eine eigenartige Vegetation findet man auch auf Steinmauern. Sie wechselt je nach Konstruktion und Exposition der Mauern. In Cambridge findet man an diesem Standort 186 Blütenpflanzen (RISHBETH) und unter diesen 15% Phanerophyten, 4% Chamaephyten, 49% Hemikryptophyten, 5% Geophyten und 27% Therophyten. Letztere sind besonders charakteristisch; ihr Anteil ist auf jungen Mauern und auf Bombenruinen von London bis auf 44% erhöht. Die Phanerophyten stammen meist aus den benachbarten Gärten.

Bei der Beschreibung der Vegetation auf den Kalkfelswänden östlich von Sheffield machen JACKSON und SHELDON darauf aufmerksam, daß die unmittelbar am Steilrand wachsenden Bäume, namentlich *Taxus*, die Abtragung der Felsen beschleunigen. Ihre in Felsspalten eindringenden Wurzeln wachsen in die Dicke, drücken auf diese Weise größere Felsblöcke über den Rand und bewirken den Abbruch.

Die Vegetation von Conway Valley in North Wales wird von HYGHES bearbeitet. Bisher ist der erste Teil mit den Umweltsbedingungen, Klima (Niederschlag 800 bis über 2000 mm) und Boden, veröffentlicht. Ein Bericht über Irland mit der durch das extrem maritime Klima bedingten oligotrophen Pflanzenwelt mit stark vorherrschenden baumlosen Deckmooren und Zwergstrauchheiden gibt KALELA (3). Von den ursprünglich weiter verbreiteten Eichenwäldern sind nur geringe Reste verblieben, obgleich klimatisch ein Baumwuchs möglich ist (vgl. auch LÜDI 2). Auch in den über 1000 m hohen Cairngorms in Schottland läßt sich die natürliche Baumgrenze heute nicht mehr feststellen (WATT und JONES). Bis 1000 m haben wir es mit einer *Calluna*-Höhenstufe zu tun, darüber mit einer *Empetrum-Vaccinium*-Stufe. *Racomitrium lanuginosum* und *Juncus trifidus* nehmen die exponierten Stellen ein. Die St. Hilda-Inseln (westlich der Hebriden) waren ursprünglich, wie die Pollenanalyse zeigt, bewaldet (*Pinus, Betula, Alnus*). Der Wald wurde vom Menschen vernichtet, und der größte Teil ist jetzt von Moor bedeckt. Seit 1930 sind die Inseln nicht mehr besiedelt (nur leicht beweidet), und man hat die Möglichkeit, das Verhalten der Unkräuter auf früherem Kulturland zu studieren. *Stellaria media* und *Poa annua* halten sich in der Nähe von Vogelnistplätzen (POORE und ROBERTSON).

Im Anschluß an den VII. Internationalen Botanikerkongreß in Stockholm haben die schwedischen Pflanzengeographen eine Reihe ausgezeichneter Exkursionsführer herausgegeben, auf die hier generell hingewiesen sei. Die Vegetation an der polaren Waldgrenze in Lappland beschreiben PERSSON und RUNEMARK, während GJAEREVOLL eine Übersicht über die Pflanzengesellschaften der Schneeböden gibt.

Die karelische Landenge hat als Einwanderungsweg für die Pflanzenarten nach Finnland eine besondere Bedeutung. Deshalb haben sich finnische Forscher wiederholt mit diesem Gebiet beschäftigt, neuerdings wieder HIITONEN, der auch die Hauptzüge der Vegetation schildert. 70—80% sind Wald, meist kiefernreicher Heidewald; die Hainwälder mit fruchtbarem Boden sind zum größten Teil gerodet; 10 bis 20% der Fläche sind Moore. Der Hauptteil dieser Arbeit ist historischen und arealkundlichen Fragen gewidmet. Eine Schilderung der im baltischen Raum so typischen Laubwiesen gibt GREHN.

Aus dem Donauraum wären folgende Arbeiten zu nennen: eine Kartierung der

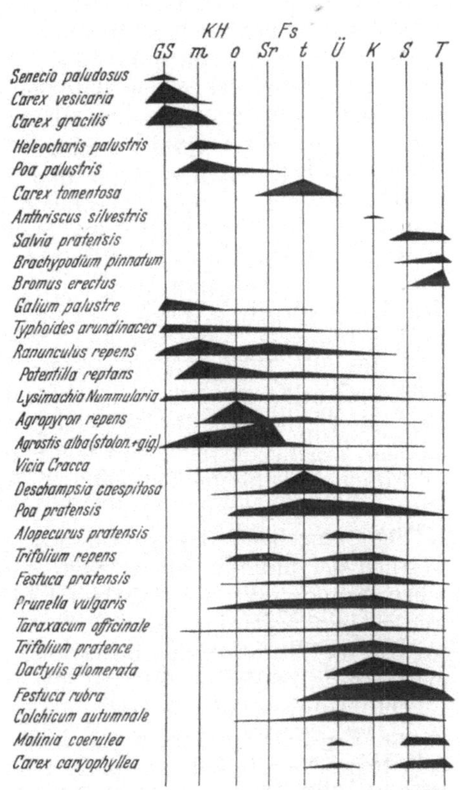

Abb. 42. Deckungsgrad der wichtigsten Wiesenarten in der Auniederung der Donau (Machland). Standorte nach rechts trockener werdend (nach WAGNER). GS = Großseggen; KH = Kriechhahnenfußges. mit (*m*) und ohne (*o*) Großseggen; FS = Filsseggenwiese mit Sumpfrispengras (*Sr*) oder typisch ausgebildet (*t*); Ü = Übergang zur Knauelgraswiese; R = Knauelgraswiese; S = Salbeiwiese; T = Trespenwiese.

Donauniederung des Machlandes für eine praktische Auswertung von WAGNER (2) und eine Übersicht über die Pflanzengesellschaften Mitteltranssylvaniens mit ausführlichen Tabellen von Soó. Die erste umfaßt hauptsächlich Wiesengesellschaften von ganz nassen Magnocariceten bis zu Mesobrometen. Die ökologische Amplitude einzelner Arten bei zunehmender Tiefe des Grundwassers geht aus Abb. 42 hervor.

Bei der zweiten Arbeit handelt es sich um die Fortsetzung früherer Untersuchungen von Soó, wobei jetzt die Moore, Wiesen und Steppen behandelt werden. Von WAGNER (3) wird außerdem noch das *Molinietum*, die Pfeifengraswiese, des Wiener Beckens beschrieben.

Aus dem Mittelmeergebiet liegt als Frucht durch viele Jahre fortgesetzter Untersuchungen das große Werk von BRAUN-BLANQUET (2) über die alpine Vegetation der östlichen Pyrenäen vor, wobei dem Verf. seine ausgezeichneten Kenntnisse der Alpenvegetation für vergleichende Betrachtungen zugute kommen. Zahlreiche Profilzeichnungen durch die Vegetationsdecke und den Boden bis zu dem anstehenden Gestein machen die Ausführungen besonders anschaulich. Ungeachtet der südlichen Lage gehören die Pyrenäen ihrer Vegetation nach mehr zu den Alpen und Karpathen als zu den Iberischen Gebirgen. Die alpine Stufe bildet einen 500—700 m breiten Gürtel und reicht bis zu den 2900 m hohen Gipfeln. Die nivale Stufe fehlt ganz. Alle Höhenstufen liegen höher als in den Alpen. Eine Bergkiefer wurde noch bei 2740 m gefunden. Von den 39 alpinen Assoziationen der Pyrenäen sind 8 mit solchen der Alpen identisch, 14 durch nahe verwandte ersetzt, doch sehen sie in den Pyrenäen xerischer aus. Nur die restlichen 17 Assoziationen sind für die Pyrenäen spezifisch; sie enthalten viele Endemismen sowie mediterrane Felspflanzen und sind meist Gesteinsbewohner. Verf. stellt deshalb die Pyrenäen noch zum boreo-arktischen und alpinen Vegetationsreich und nicht zum mediterranen.

Einige endemische Felsgesellschaften der Südwestalpen behandeln RIOUX und QUETZEL.

Sehr eingehend hat TCHOU auf über 100 Seiten die Auenwälder westlich der unteren Rhone vom soziologischen, aber auch ökologischen Standpunkt aus bearbeitet. Klima, Boden und Sukzessionen werden berücksichtigt. Jahreskurven des osmotischen Wertes von den wichtigsten Arten wurden ermittelt. Die Vegetation zeigt nur wenige mediterrane Züge.

Die gesamten Mittelmeerländer umfaßt das dreibändige Werk von RIKLI. Es stellt eine stark erweiterte Ausgabe der 1913 erschienenen Schrift des Verf., „Lebensbedingungen und Vegetationsverhältnisse der Mittelmeerländer und atlantischen Inseln", dar und erscheint gleich als 1. und 2. Auflage. Auf 23 Studienfahrten hat Verf. den größten Teil des Gebietes bereist und gibt nun von diesem eine umfassende Beschreibung. Das Literaturverzeichnis umfaßt 200 Seiten.

Von Vegetationsgürteln ausgehend, die auf der Typenbildung nach Arealen beruhen, führt SCHMID eine natürliche Gliederung der Vegetation des Mediterrangebietes durch. Erst eine mehr historische Betrachtung erlaubt es uns, dessen „Flora und Vegetation als die eines der am stärksten veränderten und gestörten Teiles der Erdoberfläche" zu verstehen. Zunächst läßt sich eine Hauptgliederung in drei mesophile Standardgürtel erkennen, den subtropischen *Laurocerasus-Cupresseen*-Gürtel und die temperierten *Quercus-Tilia-Acer*-Laubmischwald- sowie *Fagus-Abies*-Gürtel. Sie sind nur in Fragmenten erhalten geblieben. Im atlantischen Gebiet kommen hinzu als Refugiengürtel der *Quercus robur-Calluna*-Gürtel, der *Genisteen-Ericoideen*-Gürtel und der *Argania*-Gürtel. Den größten Teil nehmen die Xeromorphosen-Gürtel ein mit Arten, die sich unter dem Einfluß eines trockenen Klimas im Mittelmeergebiet entwickelt haben: der subtropische *Quercus ilex*-Gürtel und die jüngeren temperierten *Quercus pubescens-*, *Stipa tortilis-*, *Acantholimon-Tragacantha-* und die mediterranen Gebirgssteppengürtel. Diese Betrachtungsweise führt somit zu einer der üblichen durchaus entsprechenden Gliederung, gibt uns jedoch zugleich ein vertieftes Verständnis für die heute bestehenden Verhältnisse.

Das Klima und die Vegetation der Athos-Halbinsel und der ostägäischen Inseln schildert mehr in Form einer Reisebeschreibung RAUH.

Eine neue Höhenstufenkarte der Vegetation Albaniens wird von MARKGRAF vorgelegt. Sie ist besonders wichtig, da quer durch dieses Gebiet in verschiedener Höhenlage die wichtige Grenze zwischen der mitteleuropäischen und der mediterranen Vegetation verläuft. Auf seine Erfahrungen in Albanien fußend, zeigt der Verf. die Verzahnung dieser beiden Zonen von Italien bis zur Krim, was auf Grund von Literaturstudien auch KÜMMEL tut, die zwei Nord-Süd-Profile zeichnet: 1. von der Krim über Nordanatolien und den Taurus bis nach Syrien und Palästina und 2. von den Vogesen über die Cevennen und Pyrenäen sowie die Sierra Nevada bis Marokko und den Hohen Atlas.

b) **Asien.** Aus Palästina liegen eine Reihe vegetationskundlicher Arbeiten vor. Das Gebiet am Toten Meer ist mit 392 m unter dem Meeresspiegel die tiefste Depression auf der Erde und ist zugleich durch die extreme Salzanreicherung bemerkenswert. Die Niederschläge betragen 65—140 mm, die Monatsmittel der Temperatur 9,8—38,1 ° C. Von den 187 Arten (Blütenpflanzen) dieses Gebietes sind 82% Therophyten. ZOHARY und ORSHANSKY untersuchen die Bewurzelung und die osmotischen Werte der Pflanzen in Beziehung zur Salzkonzentration des Bodens und unterscheiden eine Reihe von Pflanzengesellschaften, die sie kartographisch aufnehmen. In extremen Wüsten spielen die Dominanten die Hauptrolle; die nach Regen auftretenden Therophyten sind nicht an bestimmte Gesellschaften gebunden, sondern mehr an das Mikrorelief. Ihre Verbreitungsgrenzen schwanken je nach den Niederschlägen stark (BOYKO). Das Halbwüstengebiet des Negev, südlich von Palästina, ist in hohem Grade überweidet, wodurch *Artemisia herba alba* und *Anabasis articulata* überhandgenommen haben, doch gelingt es BOYKO, folgende Klimaxzonen zu rekonstruieren: 1. Das *Aristideto-Stipetum* (200 mm Niederschlag), 2. das *Aristidetum obtusae* (200—150 mm) und 3. die Wüstenrandgebiete mit unter 150 mm Regen — *Calligoneto-Haloxylonetum persici* (auf Sand) und *Zilleto-Zygophylletum* (auf Kalk), 4. die echten Wüstengebiete mit *Haloxylon salicornicum*. *Haloxylon persicum* (= *ammodendron*) ist fast ausgerottet, doch wurden sehr alte Stümpfe gefunden. Die Vegetation am Rubin-Fluß beschreibt OPPENHEIMER.

c) **Afrika.** In einem zweibändigen Werk behandelt LEBRUN, der hervorragende Kenner Afrikas, die Vegetation des Albert-Nationalparks südlich vom Eduard-See in Zentralafrika. Die Besiedelung der Granitfelsen im Nioka-Gebiet (Kongo) untersucht TATON. In Nord-Nigerien gehört die Vegetation noch zur Sudan-Zone (KEAY). Es ist eine offene Savanne mit einzelstehenden Bäumen, die etwa zu gleichen Teilen kleinblättrig, dornig und breitblättrig sind. Die Savanne ist nicht natürlich. Als Klimax ist ein sommergrüner Wald zu betrachten, wie man ihn heute noch im unteren Teil von felsigen Hängen findet. Die sehr undurchsichtige Gliederung der Vegetation im südwestlichen anglo-ägyptischen Sudan entwirren MORISON, HOYLE und HOPE-SIMPSON durch Anwendung des „Catena-Prinzips". Sie gehen davon aus, daß die Böden drei Komplexen angehören, die sich kettenförmig aneinanderreihen: 1. eluviale Böden in erhöhter Lage, 2. colluviale Böden am Hang und 3. illuviale Böden in Muldenlagen. Diesen Bodenkomplexen entsprechen bestimmte Vegetationstypen. Eine weitere Differenzierung der jeweiligen „Catenas" kommt durch den Grad der Hangneigung, die Bodentextur, die Niederschlagshöhe usw. zustande, wodurch die große Mannigfaltigkeit von Baum- und Grasland seine Erklärung findet. Diese Methode erweist sich für die Erforschung der tropischen Vegetation als äußerst fruchtbar. In seinen biogeographischen Notizen über Westafrika gibt MONOD eine kurze Übersicht der einschlägigen Vegetationsstudien.

Die günstige Entwicklung der Vegetation der Weideflächen in Algerien nach Schutz vor Beweidung verfolgt KILLIAN (2). Selbst gute Futterpflanzen, die fast verschwunden waren, erholen sich wieder aus den unterirdischen Organen heraus. Die Pflanzen sind erstaunlich resistent. Gleichzeitig tritt auch eine Verbesserung der Bodenverhältnisse ein, so daß auch die Annuellen begünstigt werden.

d) Amerika. 65 Reliktprärien in Wisconsin (USA) werden von CURTIS und GREENE nach der BRAUN-BLANQUETschen Methode getrennt nach „Low prairie", „High prairie", „Lime prairie" und „Sand prairie" aufgenommen. Der Vergleich der Florenlisten ergibt, daß die floristischen Unterschiede verhältnismäßig gering sind, was wohl darauf zurückzuführen ist, daß die Probeflächen mit 16000 qm viel zu groß waren, um homogen zu sein.

Eine Übersicht über die Steppen- und Wüstenvegetation von Patagonien gibt KALELA (2).

Sehr interessante Einzelheiten über die Gliederung der westgrönländischen Vegetation enthält die Arbeit von BÖCHER (2). Es lassen sich drei Zonen unterscheiden: die Birken-Gebüschzone, die Erlen-Gebüschzone und eine Steppenzone mit *Artemisia borealis*. In dieser herrschen so kontinentale Verhältnisse, daß es zu Lößbildung, Salzanreicherung und der Ausbildung von Salzseen (mit pH bis 9,5) in nächster Nähe von mächtigem Inlandeis kommt.

Literatur.

ADRIANI, M. J.: Comm. Stat. Int. Geobot. Medit. et Alpine, Nr. 88 (1945).

BLAISDELL, J. P. u. J. F. PECHANEC: Ecology **30**, 298 (1949). — BÖCHER, T. W.: (1) Sv. bot. Tidskr. **48**, 1 (1946) — (2) Meddel. om Grönland **147**, Nr. 2 (1949). —

BOYKO, H.: Palest. J. Bot. (R) **7**, 17 u. 41 (1949). — BOYSEN-JENSEN, P.:
(1) Kgl. Danske Vidensk. Selskab, Biol. Medd. **21**, Nr. 2 (1949) — (2) Nr. 3 (1949). —
BRAUN-BLANQUET, J.: (1) Vegetatio **1**, 29 (1948/49); **2**, 20 (1949/50) — (2) La
végétation alpine des Pyrénées Orientale. Barcelona 1948. — BUCHHOLZ, E.:
Mitt. Bundesanst. f. Forst- u. Holzw. Nr. 12 (1950).

COTTAM, G.: Ecology **30**, 271 (1949). — CURTIS, J. T. u. H. C. GREENE: Ecology
30, 83 (1949).

DADYKIN, V. P.: Dokl. Akad. Nauk SSSR (russisch) **70**, 1073 (1950).

ELLENBERG, H.: (1) Landw. Pflanzensoziologie Bd. I (Stuttgart-Ludwigsburg
1950) — (2) Ber. dtsch. bot. Ges. **63**, 24 (1950).

FITCH, H. S. u. J. R. BENTLEY: Ecology **30**, 306 (1949).

GIMINGAM, C. H.: J. Ecology **37**, 100 (1949). — GJAEREVOLL, O.: Sv. bot. Tidskr.
44, 387 (1950). — GREHN, I.: Senkenb. Naturf. Ges. **80**, 111 (1950). — GROSSKOPF, W.:
Mitt. Bundesanst. f. Forst- u. Holzwirtsch. Nr. 11 (1950).

HARLEY, J. L.: J. Ecology **37**, 28 (1949). — HENRICI, M.: Dep. Agric. Sc. Bull.
No. 247 (1945/46). — HEUER, I.: Beitr. geobot. Landaufn. Schweiz **28** (1949). —
HIITONEN, I.: Ann. Bot. Soc. Zool.-Bot. Fenn. Vanamo **22**, No. 1 (1946). —
HUFFAKER, C. B. u. J. K. HOLLOWAY: Ecology **30**, 167 (1949). — HUGHES,
R. E.: J. Ecology **36**, 306 (1948). — HUSTICH, I.: Geograf. Annales H.
1—2, 90 (1949).

IVANOV, L. A., A. A. SILINA u. J. L. CELNIKER: Bot. Žurn. (russisch) **35**, 171
(1950).

JACKSON, G. u. J. SHELDON: J. Ecology **37**, 38 (1949).

KALELA, A.: (1) Arch. Soc. Zool. Bot. Fenn. Vanamo **4**, 74 (1950) — (2) Finn.
Akad. Wiss. 1945, 161 (1946) — (3) Arch. Soc. Zool.-Bot. Fenn. Vanamo **2**, 148
(1949). — KEAY, W. J.: J. Ecology **36**, 335 (1948). — KILLIAN, CH.: (1) Rev.
gén. Bot. **55**, 376 (1948) — (2) Ann. Inst. Agric. de l'Algérie **4**, Fasc. 9 (1949). —
KLAPP, E.: (1) Z. Acker- u. Pflanzenbau **91**, 346 (1950); (2) **92**, 265 (1950). —
KLEMENT, O.: (1) Ber. Naturf.-Ges. Augsburg 1948; (2) 1949. — KÖHN, M. u.
H. PERSON: Über die Bestimmung der Bodenfeuchtigkeit auf elektrischem Wege.
Abh. d. Bad. Landeswetterd. 1950, S. 77. — KØIE, M.: J. Ecology **36**, 269 (1948). —
KÖNIG, D.: Biol. Zbl. **68**, 452 (1949). — KOTILAINEN, M. J.: Sitzgsber. Finn. Akad.
Wiss. **1948**, 135 (1950). — KRAUSE, W.: (1) Planta **38**, 132 (1950); (2) **38**, 296
(1950). — KÜMMEL, K.: Die Stellung Südfrankreichs und der Krim im west- und
ostmediterranen Vegetationsprofil. Bonn 1949.

LAATSCH, W.: Z. Acker- u. Pflanzenbau **91**, 491 (1950). — LEBRUN, J.: La végétation de la plaine alluviale au sud du Lac Edouard. Bruxelles 1947. — LEIM-
BACH, W.: Z. Erdkundeunterr. **1**, 145 (1949). — LITTLE, S. u. E. B. MOORE: Ecology **30**, 223 (1949). — LÜDI, W.: (1) Veröff. Geobot. Inst. Rübel H. **23** (1948) —
(2) Irish Naturalist. J. **10**, 9 (1950). — LUTZ, J. L.: Landw. Jb. f. Bayern H. **1—2**,
50 (1949).

MARKGRAF, F.: Ber. Geobot. Forsch.inst. Rübel **1948**, 109 (1949). — MEYER, P.
Vegetatio **1**, 203 (1948/49). — MÖLLER, C. M.: Untersuchungen über Laubmenge,
Stoffverlust und Stoffproduktion des Waldes. Kopenhagen 1945. — MONOD, TH.:
Portugalia Acta Biol. **2**, 208 (1947). — MORISON, C. G. T., A. C. HOYLE u. J. F.
HOPE-SIMPSON: J. Ecology **36**, 1 (1948). — MÜLLER, K.: Der Feldberg im Schwarz-
wald. Freiburg i. Br. 1948. S. 211 u. 493.

OBERDORFER, E.: Beitr. z. naturkundl. Forsch. in SW-Deutschland **8** (1943
bis 1949). — OPPENHEIMER, H. R.: Vegetatio **1**, 155 (1948/49). — OSBORN, B. u.
PH. ALLAN: Ecology **30**, 322 (1949).

PERSSON, A. u. H. RUNEMARK: Bot. Notiser H. **2**, 223 (1950). — PISEK, A.:
Protoplasma (Berl.) **39**, 129 (1950). — POLSTER, H.: Die physiologischen Grundlagen
der Stofferzeugung im Walde. München 1950. — POORE, M. E. D. u. V. C. ROBERT-
SON: J. Ecology **37**, 82 (1949).

RAUH, W.: Sitzgsb. Heidelb. Akad. Wiss., Math.-naturw. Kl. **12**, 511 (1949). —
RAWITSCHER, F.: J. Ecology **36**, 237 (1948). — REGEL, C.: Ber. Geobot. Forsch.inst.

Rübel **1949**, 11 (1950). — RICHARDS, L. A.: (1) Agr. Engin. **28**, 451 (1947) — (2) Soil Sci. **68**, 95 (1949). — RIKLI, M.: Das Pflanzenkleid der Mittelmeerländer. 3 Bde. Bern 1943/48. — RIOUX, I. u. P. QUETZEL: Vegetatio **2**, 1 (1949/50). — RISHBETH, J.: J. Ecology **36**, 136 (1948). — RUNGE, F.: Natur u. Heimat **9**, H. 1 (1949) — (2) Abh. Landesm. Naturk., Münster/Westf. **13**, 1 (1950).

SCHMID, E.: Ber. schweiz. bot. Ges. **59**, 169 (1949). — SCHÖNHAR, S.: Diss. Stuttgart 1950. — SIEGEL, J.: Beih. Erdkunde **2**, 1 (1949). — Soó, R. DE: Acta Geobot. Hungarica **6**, 1 (1949). — STEARNS, F. W.: Ecology **30**, 350 (1949). — STEWART, G. u. A. C. HULL: Ecology **30**, 58 (1949). — STOCKER, O.: Grundlagen einer naturgemäßen Gewächshauskultur. Stuttgart-Ludwigsburg 1949.

TATON, A.: Vegetatio **1**, 317 (1948/49). — TCHOU, Y. T.: Vegetatio **1**, 2 (1948/49).

WAGNER, H.: (1) Jb. Hochsch. Bodenkult. Wien **2**, 23 u. 385 (1948) — (2) Bundesinst. f. Kulturtechnik u. Bodenkunde, 5. Mitt. Wien 1950 — (3) Vegetatio **2**, 128 (1949/50). — WALTER, H.: Einführung in die Phytologie (Bd. III, Lief. 2): Der Wasserfaktor oder die Hydraturverhältnisse. Stuttgart-Ludwigsburg 1950. — WATT, A. S. u. E. W. JONES: J. Ecology **36**, 283 (1948). — WENT, F. W.: (1) Ecology **30**, 1 (1949); (2) **30**, 26 (1949).

ZOHARY, M. u. G. ORSHANSKY: Palest. J. Bot. (I) **4**, 177 (1949). — ZOLLER, H.: Ber. Geobot. Forsch.inst. Rübel **1948**, 61 (1949). — ZÖTTL, H.: Diss. München 1950.

9. Ökologie (1942—1949).

Von THEODOR SCHMUCKER, Hann.-Münden.

Blütenbiologie, Symbiosen, Verbreitungsökologie u. a.

Ein großer Teil der hier üblicherweise behandelten Probleme ist in neuester Zeit Gegenstand umfassender kausaler Forschung geworden und wird daher in anderen Abschnitten dieses Bandes behandelt werden. Das soll nicht heißen, daß die Ökologie nicht kausal forschen soll. Aber mit eingehender Kausalanalyse, z. B. der Physiologie der Selbst-Sterilität bestimmter Blütenpflanzen, verschiebt sich das unmittelbare Hauptinteresse aus dem Bereich der Blütenbiologie in den der Wachstums- und Entwicklungsphysiologie oder der Genetik. Die Endergebnisse bereichern dann wieder die Ökologie. Diese Vertiefung ökologischer Probleme ist mit besonderer Freude zu begrüßen. Denn der rein deskriptiv-finalen Betrachtungsweise haftet bei aller Wertschätzung der Charakter des Unvollständigen, Vorläufigen, Ergänzungsbedürftigen an, was nur durch die Kausalforschung zu beheben ist. Geradezu zu selbständigen, in stürmischer Entwicklung befindlichen Teilwissenschaften sind einige Fragen aus dem Gesichtskreis der Symbioseforschung geworden, z. B. die Lehre von den Viren, den antibiotischen und Hilfsstoffen, die Pflanzenpathologie usw. Alle diese Gebiete werden hier nur gestreift.

Blütenbiologie.

K. v. FRISCH (3) hat seine klassischen Untersuchungen über Bienen als Blütenbesucher in einem allgemeinverständlichen Buch über das Leben der Bienen zusammengefaßt. An das Wunderbare grenzen seine neuen Versuche über die Orientierung der Bienen beim Flug und das Mitteilungsvermögen an die Stockgenossen (4). Aus noch nicht abgeschlossenen Versuchen geht die erstaunliche Tatsache hervor, daß auch die Polarisation des Himmelslichtes für die Orientierung der Bienen von Bedeutung ist (5). Schon früher hat er (1, 2) die Dressurfähigkeit der Bienen auf bestimmte Düfte praktisch ausgenutzt. Verfüttert man an Bienen Duftlauge, d. h. Zuckerwasser, das durch vorheriges Einlegen frischer Blüten deren Duft angenommen hat, oder reicht man ihnen an frischen Blüten Zuckerwasser, so werden die Bienen geradezu stur auf die betreffenden Blüten bei der Tracht dressiert. So ist eine erhebliche Steigerung des Besuchs dieser Blüten zu erreichen und damit auch eine Steigerung des Samenertrags bestimmter Nutzpflanzen, zuweilen auch des Honigertrags; mindestens beim Rotklee ist die Methode oft wirtschaftlich zu empfehlen. In Rußland wird sie bereits in großem Umfang angewendet. Neues über die Tänze der Bienen zwecks Verständigung berichtet LINDAUER. KUGLER (2) hat seine langjährigen Versuche über Hummeln als Blütenbesucher monographisch zusammengestellt. Er hat nachgewiesen (3), daß die Hummeln gleich den Bienen Ultraviolett $(300-400\ \mathrm{m}\mu)$ wahrnehmen und daß Hummelblüten diesen Spektralbezirk tatsächlich reflektieren. Der Samt- bzw. Seidenglanz von Blüten kommt als optischer Nahewirkungsfaktor durchaus in Betracht (1). Ein höchst merkwürdiges Verhalten junger, erstmals ausfliegender Hummelmännchen schildert HAAS. Sie kehren nach dem Abflug nicht ins Nest zurück, sondern durchfliegen wochenlang Tag für Tag bestimmte geschlossene Bahnen, wobei der Duft sie lenkt.

Man hat es zuweilen als rätselhaft empfunden, wie die Riesenblüten von *Rafflesia* bestäubt werden; denn sie sind zweihäusig und sollen sehr diffus verteilt auf dem Urwaldboden auftreten. BÜNNING (1) hat nun gezeigt, daß die Blüten zur Hauptblütezeit (Mitte der Regenzeit) ziemlich reichlich in nicht allzu großer Entfernung voneinander auftreten und je etwa eine Woche lang blühen. Der starke Geruch, der besonders abends und nachts auftritt, lockt die Hauptbesucher (Fliegen) über die in Betracht kommenden Entfernungen sicher an. Der bis 30 cm lange Sporn der Orchidee *Angraecum sesquipedale* (Madagaskar) schien als schädliche Übertreibung wie so manch andere Gestaltung der Orchideenblüten. Aber nach WERTH kommt in der Heimat ein Schwärmer mit 40 cm langem Rüssel vor. Jene naturphilosophisch und deszendenztheoretisch bedeutsame Meinung kann hier also keinen Beweis finden. Der gleiche Autor zeigt, daß die bekannte *Bougainvillea* mit ihren lebhaft gefärbten Hochblättern eine Tagfalterblüte ist und von einem schwalbenschwanzähnlichen Falter im Schwebeflug besucht wird. Die Blüten der Tomate bestäuben sich in der Regel selbst, ohne daß besonders wirksame Einrichtungen hierfür vorhanden wären. Die Bedeutung des Windes dabei als Überträger ist gering; Insektenbesuch wurde an den nektarlosen Blüten nicht beobachtet (MORGANDO). Weil die Sache nicht immer hinreichend funktioniert, haben, nebenbei bemerkt, die Holländer in ihren Gewächshäusern das Fehlen des Rüttelns durch den Wind ersetzt durch gelegentliches Beklopfen der blühenden Pflanzen mit einem Stock. Ein ähnliches Verfahren wird bei geeigneten Kulturpflanzen (z. B. Roggen, Luzerne) seit längerem in Rußland mit gutem wirtschaftlichem Erfolg angewendet (MUSSIJKO). Man führt ein mit Lappen od. dgl. besetztes Seil in geeigneter Höhe flach über das blühende Feld; der erhebliche Mehrertrag übertrifft die ohnehin geringen Kosten bei weitem. Bei Mais, Sonnenblume usw. hat man auch im großen eingesammelten Pollen mit weichen Bürsten oder Handschuhen mit Erfolg künstlich aufgebracht. MOEWUS fand entgegen älteren Angaben *Valeriana dioica* an zwei Standorten streng diözisch. Merkwürdigerweise überwogen an einem die Weibchen (80%), am anderen die Männchen (91%). Ausgesprochener sekundärer Geschlechtsdimorphismus ist wie selten im Pflanzenreich vorhanden. Die Männchen sind weit niedriger, mit viel kürzeren Blättern, ihre Blüten indessen viel größer und meist rötlich, statt weiß. Bei *Echium* wird unmittelbare Nachbarbestäubung dadurch verhindert, daß an einem Teilblütenstand stets nur zwei der kurzlebigen Blüten gleichzeitig geöffnet sind und sich infolge Protandrie in verschiedenem Zustand befinden (JAEGER). Die Ligularfortsätze, die den Fruchtknoten der *Balsaminen*-Blüten umgeben, verhindern nach STEFFEN die Selbstbestäubung und helfen mit, beim Übergang vom männlichen zum weiblichen Zustand die Antherenkappe zu entfernen. Ein schönes Beispiel für außerordentliche Mannigfaltigkeit einer Spezialeinrichtung bei gleichem Grundplan sind nach VOLK die Einrichtungen (Leitschienen, Klemmkörper, Pollinien usw.) der *Asclepiadaceen*-Blüte. Wollte man kaufmännisch denken, so könnte man wohl sagen, der erhebliche Mehraufwand gestatte durch höchste Spezialisierung die Reduktion der Pollenmenge. Für den zum größten Teil selbststerilen, kaulifloren Kakaobaum sind nach MÜNTZING Läuse und Ameisen als Bestäuber wichtig. Das bekannte Schwellen der Fruchtknoten von Orchideenblüten erfolgt nach GESSNER auf Kosten der Blütenblätter (*Cymbidium*) oder des Labellums allein (*Coelogyne*). Sie nehmen nicht nur an Frischgewicht, sondern auch an Trockengewicht und besonders an Stickstoff ab.

Viele unserer Waldbäume (z. B. Kiefer, Eiche, auch Lärche usw.) ergeben nach verschiedenen Autoren bei Selbstung wenig oder keine Samen und oft sehr schwächliche Nachkommen. Sie sind also im wesentlichen Fremdbestäuber, was für die allmählich in Gang kommende Forstpflanzenzüchtung zu wissen wichtig ist. Die ungeheure Pollenerzeugung unserer Kiefer und die durch hohe Flugfähigkeit ermöglichte starke Fernverbreitung des Pollens lassen eine Vermischung weit voneinander entfernter Lokalrassen wohl möglich erscheinen, was für die praktisch wichtige Gewinnung von reinem Saatgut dieser Lokalrassen wesentlich ist (DENGLER und SCAMONI). Die Gefahr wird nach SCAMONI z. B. bei der Fichte in den verschiedenen Höhenlagen eines Gebirges mit ihren verschiedenen Höhenrassen dadurch vermindert, daß die Blütezeit in einer bestimmten Höhenlage nur etwa eine Woche dauert, also einen Höhenunterschied von etwa 800 m (im Riesengebirge) in etwa drei Wochen durchläuft. Wohl gelangt der Pollen durch Wind in verschiedene Höhenschichten, aber anscheinend nur innerhalb einer Zone von etwa 200 m in wesentlich wirksamer Weise. Über die pollenbiologischen Verhältnisse im Walde enthält auch das Buch von ZANDER mancherlei Wissenswertes. FIRBAS und SAGROMSKY schließen aus ihren Untersuchungen, daß in Mitteleuropa in Gegenden mit dichter Vegetation je Quadratzentimeter und Jahr etliche tausend Baumpollenkörner niederfallen, wozu unter Umständen noch ebensoviel Nichtbaumpollen kommt. Erlen und Haseln enthalten je Flächeneinheit Standraum in ihrem Pollen etwa ein Zehntel der Eiweiß- und annähernd die Hälfte der Fettmenge wie ein gleich großes Roggenfeld. Der durchschnittliche Pollenniederschlag je Hektar ergibt viel geringere Werte, ungefähr 10 kg je Hektar mit je 1 kg Eiweiß und Fett. Auch diese Werte sind noch eindrucksvoll genug. Die hierdurch, etwa auf Hochmooren, verursachte Stoffzufuhr ist indessen doch ziemlich bedeutungslos. Der Befund von HJELMQUIST, daß die Blüten der *Amentiferen* als primitiv, hergeleitet aus Ständen recht einfacher Blüten, zu betrachten seien, also als Pseudanthien, wie das in etwas anderer Weise schon R. V. WETTSTEIN lehrte, hat, mit Rücksicht auf die Einschätzung der Windbestäubung, auch blütenbiologisches Interesse. STEBER hat neuerdings die geographische Verbreitung der Blütenfarbe untersucht und gefunden, daß Weiß in der Arktis und Subarktis überwiegt, Gelb in Wüstengebieten, während Blau in trockenheißen Gebieten stark zurücktritt. Wenn Pflanzen aus gemäßigten Zonen wohl auf tropischen Gebirgen blühen, im Tiefland hingegen nicht, so wohl mit deshalb, weil auf ersteren die niedrigere Temperatur die kritische Tageslänge im Sinne des Photoperiodismus der Langtagspflanzen herabsetzt (BÜNNING 3). Nach dem gleichen Autor (1) blühen auf Sumatra die *Dipterocarpaceen*-Wälder oft nur selten, und zwar nach besonders trockenen Zeiten. Der Schmarotzer *Cuscuta Gronovii* ist anscheinend zwar ziemlich tagneutral, blüht aber auf photoperiodisch reagierenden Wirten in zeitlichem Zusammenhang mit diesen; er bezieht also offenbar von diesen auch die Blühhormone (v. DENFFER 2). In sehr ausgesprochenem Maße hat sich bei *Orobanche minor* gleiches gezeigt. Den oft recht komplizierten Erbgang der ziemlich verbreiteten Apomixis hat GUSTAFSSON (1) ausführlich dargestellt. Bei manchen Polyploiden ist nur noch vegetative Fortpflanzung möglich. Die Zahl der Selbststerilitätsallele ist nach BATEMAN schon in einer einzigen Rotkleepopulation unerwartet hoch und beträgt einige Hundert. STRAUB (2) zeigte, daß die Selbststerilität mindestens bei *Petunia*-Sippen nicht nach Art der Hemmstofftheorie von EAST zu erklären sei; es handelt sich darum, ob Stoffe, die aus dem Pollen stammen und nur in bestimmter Menge vorhanden sind, im Griffelgewebe beim Pollenschlauchwachstum ökonomisch verbraucht werden oder nicht. Letzteres ist z. B. bei Selbstung der Fall, und der Pollen erreicht sein Ziel nicht; denn nach Verbrauch jener Stoffe wächst der Schlauch nicht weiter.

SCHANDERL (2) verhindert bei Kreuzungsversuchen mit Obstbäumen spontane Bestäubung ohne Pergaminhüllen od. dgl. dadurch, daß er kurz vor dem Aufblühen die Narben reichlich mit dem gewünschten Pollen belegt und darüber einen Vaselineabschluß bringt. Nach BREDEMANN und Mitarbeitern sinkt die Keimfähigkeit des Pollens von *Lupinus* nach dreimonatiger Aufbewahrung bei − 190° nicht ab gegenüber kurzfristiger Einwirkung dieses Kältegrades (78%). Der Pollen scheint also bei − 190° unbegrenzt keimfähig zu bleiben. Es läßt sich errechnen, daß bei − 80° die Keimfähigkeit etwa 10 Jahre erhalten bleibt. Diese Befunde können für Züchtungszwecke wichtig werden. Die Bestäubungstechnik bei Waldbäumen im Dienste der z. B. in Schweden schon erheblich fortgeschrittenen Forstpflanzenzucht erfordert besondere Maßnahmen, ist aber schon recht gut ausgebildet (vgl. z. B. KIELLANDER).

Ausbreitung, Vermehrung.

Ergebnisse und Probleme der Keimungsphysiologie hat RUGE kurz zusammengestellt, BALDWIN ausführlich alles, was über die Samen der Forstbäume der nördlichen gemäßigten Zone wissenswert erscheint. Im einzelnen hat z. B. DARMER angegeben, daß im Gegensatz zu älteren Angaben die Beeren des Sanddorns von Vögeln (besonders Drosseln und Krähen) reichlich gefressen werden. Trotzdem die Keimkraft der Samen nachher ausgezeichnet ist, kann im Einzelfall bei dem raschen

Durchgang durch den Vogelkörper nicht mit Verbreitung über große Strecken hin gerechnet werden. Während Haselnüsse bei Binnendrucken von etwa 3 atm zerspringen, mußten CROCKER und Mitarbeiter bei *Carya*-Nüssen dazu 10—20 atm anwenden, bei *Juglans* sogar an 30 atm. Da beim natürlichen Vorgang, Zersprengen durch Quellungsdruck, die Druckzunahme langsam und kontinuierlich erfolgt, sind dabei sicher noch höhere Drucke nötig. Die Tätigkeit von Bodenbakterien setzt die Widerstandsfähigkeit herab; doch dürfte zuweilen die Samenschale rein druckmechanisch die Keimung verhindern. LAWRENCE erwähnt neuerdings, daß die „fliegerpfeilähnlich" gestalteten Embryonen der *Rhizophora* keineswegs überwiegend, wie man das wohl dachte, beim Herabfallen aufrecht im Schlammboden steckenbleiben, sich also sozusagen selbst einpflanzen, sondern daß sie meist zuerst flach liegen, sich hinten bewurzeln und dann vorne aufrichten. BÜNNING (1) sah, daß das Abfallen meist während der Ebbe erfolgte. Im Walddunkel der Regenwälder fand er sehr wenige Baumkeimlinge; vegetative Vermehrung überwiegt, Samen gehen unter den herrschenden Bedingungen am Boden bald zugrunde. Offenbar wirkt der starke Ultrarotanteil des Urwaldbodenlichtes auch keimhemmend, obwohl (weißes) Licht an sich fördert. Daß auch bei uns die Keimung der Waldbäume ganz besondere Anforderungen stellt, keineswegs klaglos verläuft, zeigt sehr schön MAYER-WEGELIN. Auch sonst sind die Dinge oft recht komplex. Es ist z. B. unbekannt, warum *Allium vineale*, das seit zwei Jahrhunderten in weiten Gebieten Amerikas ein weitverbreitetes Unkraut besonders der Weizenfelder geworden ist, in der europäischen Heimat höchst selten solche Massenentwicklung zeigt. Die Pflanze vermehrt sich gleichzeitig stark durch Samen und Bulbillen aus dem Blütenstand und weiter durch unterirdische Brutzwiebel auch rasenförmig. Erstgenannte Bulbillen des lästigen Unkrauts werden durch Wasser, zum Teil auch durch den Wind verbreitet (ILTIS). NYGREN konnte die Befunde von LAWRENCE, der angab, daß schwedische und finnische Sippen von *Deschampsia* in Kalifornien vivipar wurden, nur teilweise bestätigen; nur nördlichste Herkünfte wurden unter Kurztagsbedingungen vivipar, während sich die natürliche Tendenz dazu sonst höchstens steigerte. Nach GUSTAFS-SON (2) besteht ein Zusammenhang zwischen Polyploidie und Lebensrhythmus bzw. Fortpflanzung. Annuelle sind meist diploid und oft autogam, Perennierende oft diploid mit hoher Chromosomenzahl oder polyploid. Letztere besitzen recht häufig vegetative Vermehrung und auch Apomixis. Vivipar-apomiktische Arten sind meist polyploid. Bei Uferpflanzen geht hoher Prozentsatz vegetativer Vermehrung mit starkem Polyploidenanteil parallel. Bei Unkräutern ist der Anteil an Polyploiden in der Gruppe mit starker vegetativer Vermehrung am größten. LEH-MANN fand bei *Veronica*-Arten keine Korrelation zwischen Selbststerilität und Grad der vegetativen Vermehrungsfähigkeit.

Entgegen einer weitverbreiteten Meinung überwiegt *Penicillium* unter den Sporen in der Luft nicht so sehr. RENNERFELT fand, daß bei Stockholm bei weitem die Sporen von *Imperfekten* überwiegen; *Cladosporium* allein mit 33%, während *Penicillium* nur um 7% ausmachte.

Unbekannt sind nach GALTSOFF die Ursachen, welche durch plötzliche Massenvermehrung von Planktonten, besonders *Dinoflagellaten*, die Färbung von Meeresteilen bewirken.

Symbiosen.

RIPPEL-BALDES (1) weist darauf hin, daß Parasitismus und Symbiose Parallelentwicklungen darstellen; bei letzterer sind die schädigenden Auswirkungen durch fördernde kompensiert oder überkompensiert. WINTER gibt dazu ein gutes Beispiel. Zwischen dem Pilz *Ophiobolus* und anderen Bodenpilzen gibt es alle Übergänge von zerstörendem Parasitismus des einen auf dem anderen und umgekehrt, mehr oder minder symbiontische Zustände dazwischen mit gegenseitiger Duldung oder Förderung. Die Probleme der experimentellen Symbioseforschung hat KOCH kurz dargestellt. MANGOLD legt in seiner Monographie über die Magen- und Darmsymbionten der Wirbeltiere dar, daß im großen ganzen die Mageninfusorien der Wiederkäuer zwar nicht unbedingt lebensnotwendig, aber durch Aufschluß der Pflanzenstoffe und Umwandlung des pflanzlichen Eiweißes in höherwertige Form förderlich seien. Zum Aufschluß der Rohfaser gibt es keine bessere Form als das Wiederkäuen, gepaart mit der Tätigkeit der Bakterien im Magen. Die Zelle wird mikrobiell aufgeschlossen, Eiweiß auch aus andersartigen N-Verbindungen aufgebaut. Bei Blattläusen (*Aphiden*) hat man schon seit langem bläschenförmige Gebilde in den Epithelzellen des Mitteldarms wahrgenommen. Nach SCHANDERL und Mitarbeitern handelt es sich um offenbar symbiontische Hefen (*Mycoderma*), die isoliert und in Reinkultur gezüchtet werden konnten. Neben den Bakterien-Myzetomen ist hier also ein Symbioseorgan von bisher noch unbekannter Art vorhanden. Hingegen konnte GABLER die Bakteriensymbionten der Schabe *Periplaneta* trotz vieler Versuche nicht in vitro züchten. Auch die grünen *Chlorella*-Symbionten von *Stentor* sind nach HÄMMERLING nicht mehr selbständig lebensfähig. Das Infusor bezieht von der Alge deren Assimilate, was wenigstens zum Überstehen von Hungerperioden wichtig erscheint; sonst dürfte die Bedeutung nicht sehr groß sein. Austausch der *Chlorellen* mit jenen von *Paramaecium* ist möglich; doch sind die Symbionten weitgehend für ihren Wirt spezialisiert.

SCHANDERL (1) hat seine viel umstrittenen Beobachtungen buchmäßig zusammengestellt. Die Kritiker [z. B. SIMONIS: Z. Naturforsch. **2** (1947) oder RIPPEL-BALDES: Naturwiss. **34** (1947)] blieben im allgemeinen mindestens skeptisch. Als gesichert wird meist zugegeben, daß Bakterien im gesunden Gewebe von Samen und Früchten recht oft vorkommen, während das als regelmäßige Erscheinung in anderen Geweben mindestens unbewiesen sei. Erst recht sei der Beweis für wirkliche Symbiose nicht erbracht, vor allem auch nicht für die Stickstoffbindung durch diese Bakterien. Insbesondere RIPPEL-BALDES (3) hält die Versuche zum Nachweis des generellen Vermögens höherer Pflanzen, derart ihre N-Verbindungen zu erhalten, für gänzlich unzulänglich, zumal die allgemeinen Ergebnisse der Stickstoffernährungslehre dagegen sprechen. BURCIK seinerseits lehnt es ab, daß in den Zellen die Bakterien in sehr veränderter Form vorhanden seien, sich aber wieder normalisieren könnten. Schon früher hatte MARCUS angegeben, daß in gesunden Früchten wohl Pilze, Hefen und Bakterien vorhanden sein könnten, vielleicht auch bei der Samenkeimung eine gewisse Förderung verursachten, während von allgemeiner Symbiose nicht die Rede sein kann.

VIRTANEN und Mitarbeiter haben gefunden, daß eine Leguminosenpflanze immun gegen Sippen von Knöllchenbakterien geworden ist, wenn sie bereits solche besitzt. Die Hydrierung des Stickstoffs zu NH_3 erfolgt durch Wasserstoff, der bei der Atmung frei wird, mit Hilfe eines Katalysators Leghämoglobin, der dem Hämoglobin des Blutes nahe verwandt ist. Die Aktivität der Stickstoffbindung ist dem Gehalt an Leghämoglobin weitgehend proportional. PAYNE gibt an, daß moderne Unkrautvertilgungsmittel (Herbicide) schon in recht geringen Konzentrationen, erst recht in den Gebrauchskonzentrationen, die Knöllchenbildung weitgehend unterbinden. Auch das bekannte Insektizid DDF wirkt ähnlich, wenn auch schärfer.

Über die Symbiose der Pflanzen hat SCHAEDE (5) alles wesentliche sehr gut zusammengestellt. Er selbst (4) hat neuerdings vermutet, daß die symbiontischen Blaualgen, die in Blatthöhlen des Wasserfarns *Azolla* reichlich und regelmäßig zwischen verzweigten Schleimhaaren leben, nicht bedeutungslos seien, sondern vielleicht Wirkstoffe übertragen. TOBLER (1) hat für *Cladonia*-artige Konsortien gezeigt, daß das Gleichgewicht der Partner labil sein kann und z. B. mit dem Wechsel der Jahreszeiten wechsle. Das kann man ohne weiteres sehen, weil z. B. zeitweise der Pilz rein auswächst, um vielleicht späterhin sich wieder mit Algen zu vergesellschaften. Er hat (2) darauf hingewiesen, daß die Keimung der Flechtenpilzsporen mehr oder minder von der Zufuhr von Wirkstoffen abhängig sei, daß aber im allgemeinen der Flechtenpilz nicht für sich allein die Entwicklung beginne. Im Verhältnis der Flechtenpartner dürften die Wirkstoffe wesentliche Bedeutung haben.

Das Mykorrhiza-Problem hat BURGEFF kurz und treffend erörtert; über Baum-Mykorrhizen hat SCHMIDT ein Übersichtsreferat vorgelegt. Auf diesem Gebiet bedeutet die Arbeit von BJÖRKMAN (1) einen wesentlichen Fortschritt. Durch vergleichende Untersuchung der Verbreitung und Ausbildung der Mykorrhiza bei Fichte und Kiefer hat er festgestellt, daß die Ausbildung, gemessen durch das Verhältnis zwischen typisch verpilzten Kurzwurzeln zu deren Gesamtheit, je nach Standortverhältnissen, aber auch auf kleinstem Raum, stark schwankt. Durch Gefäßversuche mit verschiedenen Humusarten, mit oder ohne Zusatz bestimmter Mineralsubstanzen, zeigte sich, daß der Gehalt der jungen Pflanzen an Aschenbestandteilen, trotz sehr verschiedenartiger Ausbildung der Mykorrhiza, nicht erheblich schwankt. Es liegt nahe, zu vermuten, daß unter diesen Verhältnissen die Mineralstofftheorie von HATCH nicht zureichend sein kann; wiewohl die Dinge offenbar recht komplex gestaltet sind. Entscheidend scheint der Gehalt der Wurzeln an disponiblen Kohlehydraten zu sein; je mehr davon, um so besser die Mykorrhiza. Günstige Lichtverhältnisse der Krone fördern also, insbesondere bei nicht reichlicher Versorgung mit Aschenbestandteilen.

Denn dann sind Kohlehydrate sozusagen im Überschuß vorhanden. Demgemäß hemmt gute N-Versorgung; das gut wachsende Bäumchen bildet reichlich eigene Substanz und kann die erzeugten Kohlehydrate selbst verwenden. Geringe N-Versorgung fördert; sehr geringe wirkt aber störend, weil dann der Baum zu schwach bleibt und auch die Assimilation leidet. Im Einklang damit gibt es bei schwacher Beleuchtung nur bei recht geringer mineralischer Ernährung, besonders mit N, reichliche Mykorrhiza; sonst ist die mineralische Ernährung relativ zu reichlich, die Kohlehydrate kommen in Rückstand. Zusatz von Glukose zur Nährlösung fördert bei hohem Gehalt auch an P und N. Der Einfluß dieser beiden Elemente steht in enger Wechselbeziehung. Trotz all dieser Erkenntnisse erscheinen dem Autor die Beziehungen zwischen Pilz und Wirt noch ziemlich unklar. Deshalb bedeutet es einen erheblichen Fortschritt, wenn MELIN und NYMAN (1) nachweisen konnten, daß eine ganze Reihe von Mykorrhiza-Pilzen der Waldbäume, freilich nicht durchweg, hochgradig wuchsstoffheterotroph sind, besonders bezüglich Aneurin. BJÖRKMAN allerdings fand keinen wesentlichen Einfluß von Aneurin, Biotin und Heteroauxin. Aber die erstgenannten Autoren konnten zeigen (2), daß selbst verschiedene Sippen von *Boletus granulatus* diesbezüglich verschieden sind. How fand, daß der typische Symbiont der Lärche, *Boletus elegans*, auf Nähragar erst dann wachsen will, wenn man sterile Stückchen von Lärchenwurzeln zugab. Der Förderstoff läßt sich mit Wasser ausziehen; in Kiefernwurzeln ist er nicht vorhanden. Zur weiteren Analyse der Probleme eröffnen sich Aussichten durch den Erfolg von SLANKIS, der isolierte Kiefernwurzeln (bei ungewöhnlich hoher Zuckerkonzentration) in vitro kultivieren konnte. BÜNNING (1) fand im Tropenklima Sumatras auf armem, trockenem Standort die dort heimische *Pinus Merkusii* stark mykotroph. Bei der *Ericacee Kalmia* fand FLEMER stets eine ektendotrophe Verpilzung; eine ganze Reihe von Pilztypen konnte isoliert werden, darunter auch der offenbar wichtigste Symbiont, der das Wachstum erheblich fördern kann. Die Samenkeimung ist schwierig, eine zyklische Symbiose ist auch hier nicht vorhanden. Die Wurzelknöllchen von *Podocarpus* entstehen nach SCHAEDE (1 u. 3) spontan ohne Zutun anderer Organismen und werden später von einem Pilz infiziert, so daß eine Art Mykorrhiza entsteht. Keinesfalls handelt es sich um Bakterienknöllchen. Der Pilz, ein *Phycomycet* (*Albugo*-Verwandtschaft?), erscheint als harmloser Parasit. Er bildet Vesikeln und Arbuskeln und wird schließlich bis auf spärliche Reste verdaut, was als Abwehrreaktion gegen einen Parasiten gedeutet wird. Auch in den Korallenwurzeln der *Cycadeen*, ob mit oder ohne Algen, gibt es keine Bakterien (SCHAEDE 2).

Die Mykorrhiza bei Lebermoosen hat STAHL untersucht. Bei Lebermoosen finden sich im Gegensatz zu den Laubmoosen „Mykorrhizen" im Sinn eines symbiotischen Zusammenlebens mit Pilzen; indessen einigermaßen konstant nur bei bestimmten Arten, während sie anderen auch am gleichen Standort fehlen. Die Pilze dringen durch die Rhizoiden ein und leben vorwiegend in der Mittelrippe, bei foliosen Formen auch im Stämmchen. Die Typen ähneln meist jenen bei höheren Pflanzen.

Bei allen *Marchantiales* gibt es, meist mit der gleichen Pilzart, nur die thamniskophage Form (mit Arbuskelverdauung). Reine tolypophage Form (mit Knäuelverdauung) wurde nur bei *Aneura* gefunden; doch gibt es auch Arten mit Vesikelverdauung. Bei den *acrogynen Jungermanniaceen* beschränkt sich sonst die Verpilzung auf ein pseudoparenchymatisches Geflecht in der Rhizoidbasis, von wo aus ungegliederte Haustorialfortsätze in andere Zellen abgehen („haplohaustorialer Typ"). Diese Haustorien werden zum Teil verdaut. Synthesen wurden erzielt. Die *Aneura*-Symbionten gleichen sehr den *Rhizoctonien* von tolypophagen Orchideenmykorrhizen. Die Verpilzung fördert das Wachstum des Lebermooses. Die Reinkultur der sonst vorhandenen phycomycetoiden Formen ist noch nicht völlig gelungen.

Ökologie der Mikroben.

RIPPEL-BALDES (2) hat in seinem Grundriß der Mikrobiologie ein übersichtliches Bild entworfen und dabei alles damals Erreichbare eingearbeitet, MEYER gab eine kurze Darstellung der Bodenmikrobiologie, und FOSTER hat auch für die Ökologie in seiner umfassenden Bearbeitung des rasch anwachsenden Gebietes der chemischen Physiologie der Pilze eine wichtige Grundlage geschaffen. Bei aller Wertschätzung der reinen physiologischen Laboratoriumsarbeit darf man bei komplexen Wirkungszusammenhängen im Boden nicht diese eine, wenn auch unerläßliche, Methode unbedacht anwenden, sondern sich stets die Verhältnisse in der Natur vor Augen halten (WINOGRADSKY).

WALLACE und LOCHHEAD wiesen neuerdings die Mikrobenanreicherung in der Rhizosphaere nach und zeigten in sehr erwünschter Weise, daß nicht nur die Zerfallsprodukte von Wurzelhaaren usw. dafür verantwortlich sind, sondern auch Ausscheidungen der Wurzeln, wobei auch Wirkstoffe wie Aneurin und Biotin wirksam sein können. Für Koniferen hat DANIEL starke Wurzelausscheidungen nachgewiesen. Auch ROULET stellte das Vorkommen einer Menge von Wirkstoffen (Biotin, Mesoinosit) im Boden fest. Sie stammen zum Teil von den Blütenpflanzen, zum großen Teil aber von diesbezüglich autotrophen Bakterien. Die Auxo-Heterotrophen müssen sich ihrer bedienen, um wachsen zu können. Nach dem herbstlichen Laubfall wird z. B. der Biotingehalt des Bodens merklich erhöht; aber auch in unerwartet großer Tiefe findet man Biotin. Nach WINTER und RÜMKER dürfte die Rhizosphaere durch ihre besonderen Verhältnisse die Wurzeln aber auch gegen den Befall durch parasitische Pilze schützen können. Schon die erhöhte Konkurrenz verhindert das Vordringen bis zur Wurzel. In steriler Kultur können sonst harmlose Wurzelbegleiter bei normal mykotrophen Nadelhölzern zu Parasiten werden, wofür es freilich verschiedene Erklärungen gibt. Antagonistische Wechselbeziehungen erachten LOCHHEAD und LANDERKIN als sehr bedeutsam für die Gestaltung des Lebens im Boden. Nach STARC können manche Bakterien (wie *Bact. fluorescens*) *Azotobacter* aus der Rhizosphaere verdrängen. Die Lehre von den „antibiotischen Stoffen" ist seit der Entdeckung des Penicillins, Aureomycetins usw. in den Brennpunkt des Interesses gerückt. JENSEN gab eine kurze

Übersicht über deren Bedeutung für Symbiose und Antibiose. Antibiotische, also meist für das Mikrobenleben irgendwelcher Art hemmende, gewöhnlich hochwirksame Stoffe wurden in vielen Gruppen des Pflanzenreiches gefunden. Hier nur einige Beispiele. WILKINS hat Hunderte von *Basidiomyceten* untersucht und dabei oft 20% der Sippen als Produzenten stark antibakterieller Stoffe erkannt, wozu noch ebensoviel mit schwächerer Produktion kommen. Nach BRIAN und Mitarbeiter erzeugen *Imperfecti* zum Teil pilz- oder bakterienhemmende Stoffe, was er bei *Phycomyceten* nicht fand; bei Flechten wies VARTIA für 60% der untersuchten 82 Arten antibakterielle Stoffe nach, STOLL und Mitarbeiter bei 66% von 58 schweizerischen Arten (d- und l-Usninsäure, Vulpinsäure usw.). Bei 46 von 200 Blütenpflanzenarten fand HAYES im Auszug antibakterielle Wirkstoffe, aber nur bei 18 solche von hoher Wirksamkeit, bei keiner von genereller Wirkung. Im Samen von Rettich und etlichen anderen *Cruciferen* ist nach HOWATH und IVANOVICS ein antibakterieller Stoff (Raphanin) vorhanden, der durch das Ferment Myrosinase aus der nativen Substanz frei gemacht wird. Schließlich entdeckte KLOSA in den Grünalgen auf Buchenrinde ein hochwirksames Antibiotikum von noch unbekannter Konstitution. Bereits vorher hatten ROBERTSON und Mitarbeiter aus *Chlorella* ein Antibiotikum (Chorellin) gewonnen. Der von KLOSA gefundene Stoff war stark wirksam gegen *Kokken* verschiedener Art, auch *Colibakterien*. Er ließ sich bei Zusatz zu Salben gegen Hautkrankheiten verwenden, dürfte aber auch bei anderen parasitären Krankheiten dienlich sein. Wenn der äußerst aggressive Baumschädling *Polyporus annosus* meist im Boden nur schlecht wächst, so könnte das durch Antiwirkung von Bodenmikroben bedingt sein. BJÖRKMAN (2) konnte in der Tat mit Auszügen aus mikrobiellen Organismen der betreffenden Böden hemmende Wirkung erzielen. Aber weder *Penicillien* noch *Actinomyceten oder Bakterien* ergaben eine hinreichende Dauerwirkung. Nach NICKELL und BURKHOLDER wird aber *Azotobacter* durch viele *Actinomyceten* gehemmt und oft unterdrückt. Mit *Azotobacter*-Präparaten, z. B. auch als Saatbeizmittel, sind in neuerer Zeit in Rußland erhebliche Erfolge erzielt worden, besonders mit sterilen Bakterienfiltraten. ALLISON weist darauf hin, daß anderwärts die Ergebnisse oft weniger günstig ausfielen; er selbst hat mit Mitarbeitern bei Beimpfung mit Azotogen und ähnlichem keine Ertragssteigerung finden können.

Schädlinge.

Die nordamerikanische *Cuscuta Gronovii* wird nach sehr interessanten Untersuchungen von v. DENFFER beim Ansetzen auf *Euphorbia Lathyris* nach heftigem Befall überwallt; aber nach einigen Wochen brechen aus dem Tumor die Blüten des Parasiten hervor. Aus dem Ektoparasiten ist ein Endoparasit geworden, der sich kaum anders verhält wie eine endoparasitische *Rafflesiacee*. In Analogie mit *Arceuthobium* ruft *Cuscuta* auch Bildung eines Hexenbesens hervor. NILSSON säte *Orobanche maior* aus, wobei *Centaurea Scabiosa* als Wirt vorhanden war. Schon 4—5 Jahre nach der Saat blühte der Schmarotzer, allerdings nur in wenigen Exemplaren.

Das große Gebiet der Pflanzenpathologie kann hier nur durch Nennung einiger moderner Zusammenfassungen berührt werden. Zuerst ist zu nennen die „Pflanzliche Infektionslehre" von GÄUMANN (1), eine ebenso umfassende wie gediegene Übersicht. Eingehend behandelt das Gebiet auch HEALD, und der Mcmillan-Verlag hat eine sehr umfangreiche Bearbeitung der Pflanzenkrankheiten von BUTLER und JONES angezeigt. Die Bedeutung der Insekten als Überträger von Pflanzenkrankheiten behandelt sehr eingehend LEACH. An Einzelheiten sei nur weniges angefügt. STEPHAN sieht in den Haaren höherer Pflanzen nicht nur Organe für Transpirationsschutz, sondern auch Taufänger; die dadurch geschaffenen Oberflächenverhältnisse der Feuchtigkeit können für den Befall durch pilzliche Schädlinge bedeutungsvoll sein. Nach STAPP können Pflanzentumoren, wie sie etwa *Pseudomonas tumefaciens* erzeugt, mit gutem Recht als echte Krebse bezeichnet werden, ohne daß damit der sattsam bekannte Mißbrauch eines Terminus zu befürchten wäre. Daß Virus-Krankeiten von einem Wirt zum anderen auch durch *Cuscata* übertragen werden können, zeigte SAKIMURA. Daß mindestens in einzelnen Fällen die Beförderung des Virus im Xylem erfolgt, wiesen HOUSTON und Mitarbeiter nach. Zwergzikaden stechen meist das Xylem an; nur wenn dieses erreicht wird, erfolgt Übertragung gewisser Virus-Krankheiten, z. B. bei Luzerne und Weinstock. Auch die überaus rasche Leitung weist auf den Wasserstrom als Träger hin. Im Blattparenchym wird bei der Kartoffel Virus nur langsam geleitet, nur 0,1—0,3 mm je Stunde, im Nervenparenchym schneller (KOEHLER). Die Aufnahme des Virus in die saugenden Läuse erfolgt erwartungsgemäß sehr schnell. SYLVESTER sah, daß schon nach einer halben Minute Saugzeit ausgehungerte Läuse wenigstens in der Hälfte der Fälle infektionsfähig waren, während ohne vorherige Hungerperiode das nur vereinzelt der Fall war. D. JENSEN fand ebenfalls für eine *Myzodes*-Art, die sich auf *Papaya* im Gegensatz zu verwandten Arten ungeheuer rasch vermehrt und eine üble Ringfleckenkrankheit überträgt, daß nach 2 Minuten Saugzeit bereits Virus aufgenommen worden war und nach 5 Minuten schon Infektion erfolgen konnte.

Tiere und Pflanzen.

Die große Bedeutung der Regenwürmer, lange bekannt und doch meist nicht richtig gewürdigt, hebt neuerdings THORP hervor, der auch Entsprechendes über Ameisen, Nagetiere usw. berichtet. Genaueres über die umwandelnde Tätigkeit der Regenwürmer vom modernen Standpunkt legte L. MEYER dar. Ihm folgten neuerdings FRANZ und LEITENBERGER, die feststellten, daß die Exkremente von Regenwürmern, Insektenlarven, Tausendfüßlern usw. einen viel höheren Zersetzungsgrad aufweisen als das aufgenommene Fallaub und daß derart sehr erheblich zum Fortschritt der Humifizierung beigetragen werde; auch die Abgänge nach Fraß von lebenden Pflanzenteilen enthalten bereits humose Stoffe. Die Mitwirkung von Bakterien usw. ist noch nicht hinreichend geklärt. STAEGER (2) legt dar, wie in Hochlagen der Aufbau der Ameisennester in besonders enger Beziehung zu den vorkommenden

Pflanzen steht. Der oberirdische Teil wird spezifisch beeinflußt durch die Architektur der basalen Teile der Pflanzen, z. B. Spaliersträucher, Tunikagräser usw.; dichte Polster (*Silene acaulis* usw.) werden in ihren inneren Teilen durch Ausbau von Gängen und Kammern geradezu zu Ameisennestern. Andererseits zeigt er (1), wie Ameisen als Indikatoren für das Vorkommen von Zuckerausscheidungen der Pflanzen gelten können; überall, wo sich welcher findet, wird er ausgebeutet, es sei denn, daß klebrige Stengel usw. das verhindern. Wie vollkommen manchmal der Schutz von Pflanzen durch entsprechende Inhaltstoffe ist, zeigen Kuhn und Gauke durch den Befund, daß *Solanum demissum* durch das Alkaloidglykosid Demissin gegen Kartoffelkäferfraß völlig geschützt ist. *Solanum tuberosum* enthält in den Blättern zwar den ähnlichen Stoff Solanin zu etwa 0,01%; aber auch das Hundertfache dieses Betrages würde noch nicht hinreichend schützen. Über die Alkaloide berichtet Manske in einer großen Monographie und kommt zu dem Ergebnis, über die Bedeutung dieser Stoffe sei noch nicht allzuviel Sicheres bekannt. Über ein altbekanntes Schutzorgan, das Brennesselhaar, wissen wir nunmehr durch Emmelin und Feldberg viel Neues. Es enthält weder Ameisensäure als wirksamen Bestandteil, wie man vordem glaubte, noch einen Stoff, der in der Haut das Freiwerden von Histamin verursacht; sondern es enthält selbst Histamin (1:500) und Azethylcholin (1:100) neben einer Substanz, die muskelkontrahierend wirkt. Im Versuch erwiesen sich beide Substanzen allein als unwirksam, gemischt in Konzentrationen, die den natürlichen etwa gleichen, rufen sie hingegen das charakteristische Brennen usw. hervor. Ameisensäure in möglicher Konzentration vermag das nicht. Es ist von ganz besonderem Interesse, daß die wirksamen Stoffe nicht nur im Brennhaar, sondern auch im Blattgewebe, wenn auch weniger konzentriert, vorhanden sind.

Daß auch Pilze Tiere fangen, war bekannt. Drechsler stellte alles in sehr erwünschter Weise zusammen. Unter etwa 50 bekannten Arten sind etwa die Hälfte miteinander nahe verwandte *Hyphomyceten*, die meist *Nematoden* mit besonderen Einrichtungen (Schlingen, netzartigen Gebilden usw.) fangen. Die übrigen sind *Phycomyceten* (*Zoophagaceen*), die meist *Amöben* mit Klebevorrichtungen fangen oder solche einfach mit besonderen Hyphen durchwuchern. Wasserlebende Formen aus dieser Gruppe erbeuten meist *Rotatorien*, die sich in kurzen Seitenhyphen verfangen und klebenbleiben und dann durchwachsen werden. Obwohl über Physiologie und Ökologie noch wenig bekannt ist, macht man sich bereits Gedanken über praktische Verwendungsmöglichkeiten zur Vernichtung von Schädlingen. Von karnivoren Pflanzen, über die F. E. Lloyd eine Monographie geschrieben hat, berichtet Bünning (1), daß nach seinen Beobachtungen in Sumatra *Nepenthes* anscheinend nur auf schlechten, besonders auf N-armen Böden Insektennahrung zu gutem Wachstum nötig habe und daß die zweifellose Bedeutung der Kannen als Wasserreservoire ebenfalls je nach Standort von verschiedener Wichtigkeit sei. Er gibt ausgezeichnete Bilder vom Leben im Urwald, über dessen Tierwelt in Zusammenhang mit der Vegetation auch Mertens berichtet.

Pflanzengemeinschaften.
(Innere und äußere Bedingtheiten.)

Neue Lehrbücher der allgemeinen Botanik [TROLL, WALTER (1)] berücksichtigen in steigendem Maße die Ökologie; insbesondere WALTER widmet einen großen Teil seines 3. Bandes derselben und füllt damit eine wirkliche Lücke aus. BOAS bringt in der 3. Auflage seines bekannten, individuellen Buches viele originelle Gedanken auch für die Ökologie. „Boden und Klima" von LUNDEGARDH, ein grundlegendes Werk, ist neu erschienen. Wenn hier auch nicht umfassend über Soziologie berichtet werden soll, so sei doch darauf hingewiesen, daß der oft genannte Programmpunkt derselben, die Ökologie der Pflanzenvereine zum Hauptgegenstand zu machen, in einigen Darstellungen erfüllt wurde (z. B. HEUER für Kiefernbestände, LÜDI Alpenmatten). Nirgends wird aber so sehr um Einsicht in die Ökologie der Pflanzenvereine gerungen wie in der Forstwissenschaft, weil hier wichtige praktische Belange und die Abkehr von bisherigen Methoden es fordern, nirgends zeigt sich aber auch die Schwierigkeit der Sache so deutlich. Die neueren Waldbaulehrbücher (DENGLER, KÖSTLER, TSCHERMAK) sind Zeuge hierfür. Um was es dabei u. a. geht, vermag z. B. die Arbeit von WIEDEMANN auch dem Nichtfachmann zu zeigen: Ist es möglich, durch zweischichtigen Aufbau des Waldes den Ertrag zu steigern, wenn ja, auch wertmäßig? Das Ergebnis ist, unter günstigen Umständen bei genauer Einsicht in die Verhältnisse sei es wohl möglich; sonst bleibt das Problem mindestens unsicher. Für das Verständnis der Stoffproduktion im Walde sind grundlegend die Arbeiten der Schweizer Forstlichen Versuchsanstalt [z. B. BURGER (1—3), BADOUX], in denen der Assimilationsapparat der Wälder und seine Leistung eingehend quantitativ erforscht wird. In einem Einzelfall zeigt GÄUMANN (2), wie die Beschaffenheit des Lärchenholzes von der Meereshöhe beeinflußt wird; solches aus 1100—1700 m ist am dauerhaftesten, vermorscht am wenigsten, solches aus niedrigeren oder höheren Lagen rascher. Wohl nimmt an sich die Inkrustierung und damit die Vermorschung durch den Rotfäulepilz zu mit der Meereshöhe, aber in höherem Alter des Baumes ab. Hochgebirgslärchen schlagbaren Alters sind also meist überaltert.

Zum Verständnis der Populationen auf Grund der inneren Eigenschaften der Teilnehmer tragen LUDWIG und SCHELLING bei. Sie berechnen den Inzuchtgrad in kleineren, isolierten, panmiktischen Populationen und weisen nach, daß die genetischen Folgen geringer sind, als es scheinen möchte. Die Bedeutung der „Edifikatoren", der den Bestand im wesentlichen aufbauenden, entscheidenden Arten, hebt an Hand von umfassendem Material aus Rußland LAVRENKO hervor. Viel ist über Physiologie und Ökologie dieser Arten freilich noch nicht bekannt. Arten, die auf großen Flächen vorherrschen, sind meist anemogam und anemochor. Erst ganz neuerdings hat man die Wichtigkeit des inneren Rhythmus der Arten für Verbreitung und Verhalten erkannt [vgl. z. B. BÜNNING (5) und MURNEEK]. Besonders BÜNNING (1) hebt diesen Umstand bei der Betrachtung der Urwälder immer wieder hervor und weist z. B. darauf hin, daß schon die rhythmische Veranlagung (z. B. Photoperiode)

die kosmopolitische Verbreitung einer Art ausschließen kann. Auch die
Samen zahlreicher Pflanzen weisen endogene Rhythmik der Keimfähigkeit und Keimgeschwindigkeit auf. Die Nachreifeerscheinungen von
Samen sind vielfach nichts anderes als Ausdruck dieser Rhythmik, d. h.
die Samen setzen den Rhythmus der Mutterpflanze synchron fort, ver-
fallen also in eine Inaktivitätsperiode in der gleichen Zeit, in der eine
solche auch für die Mutterpflanze besteht (Bünning 2 und 4). Ebenfalls ein moderner Gesichtspunkt ist der der Beachtung der Polyploidie.
Tischler weist nochmals nachdrücklich auf die meist größere ökologische Kraft der Polyploiden hin, wozu Melchers und Straub (1) die
theoretische Erklärung geben, soweit derzeit möglich. Wieweit hormonale
Beziehungen in den Pflanzenvereinen vielleicht eine Rolle spielen, wird
man erst in Zukunft ermessen können. Jedenfalls kann der Mensch heute
schon mit relativ einfachen Mitteln mit hormonähnlicher Wirkung bei
kleinster Konzentration z. B. auf Getreidefeldern selektiv alles dikotyle
Unkraut vernichten (Avery und Johnson), ein Faktum, das nicht nur
zu erfreulichen Ausblicken Anlaß geben könnte.

Einige wenige instruktive Beispiele ökologischer Wirkung anorganischer Faktoren seien angefügt. Wichtig sind dabei natürlich die „Klima-
faktoren", so daß Werke wie die Bioklimatologie von Berg und besonders die Neuauflage des Buches von Geiger besondere Beachtung verdienen. Wie eigenartig aber die Verhältnisse sein können, zeigt noch
einmal Bortels. Danach beruht die starke Abhängigkeit der Aktivität
von Mikroorganismen von der Wetterlage offenbar auf der Wirkung
noch unbekannter Strahlungen. Eine weichere, also längerwellige Strahlung, die in Tiefdruckgebieten auftritt, fördert die biologischen Reduktionen sowie das Wachstum, hemmt aber die Oxydationen und z. B. auch
sexuelle Vorgänge. Die härtere Strahlung bei Hochdrucklage soll entgegengesetzt wirken oder wirkungslos sein. Das letzte Wort darüber
dürfte noch nicht gesprochen sein. Die Lichtstrahlung scheint im
großen ganzen in den Tropen nicht wesentlich höher zu sein als bei
uns, bedingt durch die Beschaffenheit der Atmosphäre. Bünning (1)
weist neuerdings darauf hin. Er fand, daß am Urwaldboden noch
bei 0,2% des freien Lichtes *Selaginella* ganz gut wuchs, bei wenig
mehr schon verschiedene Blütenpflanzen (*Begonia* usw.), was sich ungefähr mit Befunden von Orth in Zentralafrika und Seybold in unseren
Wäldern deckt. Während Moose und Farne sich noch mit 0,05% be-
gnügen können, erzielt eine Lichtpflanze wie *Pinus Merkusii* auf Sumatra
schon bei 20% Licht keinen Assimilationsüberschuß mehr; allerdings
bei 30° Temperatur und damit gesteigerter Atmungsintensität. Wie
sollen dann aber z. B. Blaualgen warmer Gewässer existenzfähig sein
können? Bünning (1) fand solche in Malesien noch bei 70° Wasser-
temperatur, die gleichen Arten interessanterweise auch in Schwefel-
quellen bei 20—35°. Versuche ergaben nun, daß bei derartigen Formen
die Atmung längst nicht in dem Maße mit der Temperatur ansteigt wie
bei anderen Pflanzen; offenbar wird das und gleichzeitig die Toleranz
gegen die Gifte der Schwefelwässer bedingt durch einen besonders
stabilen, wohl wasserarmen Plasmazustand. Dadurch wird aber auch

die Intensität der Lebensprozesse, insbesondere das Wachstum herabgesetzt. Solche Arten sind also unter den genannten extremen Bedingungen existenzfähig, unter normalen aber nicht konkurrenzfähig (BÜNNING und HERDTLE). Ähnliches scheint vorzuliegen bei den Wurzeln von Kraterbodenpflanzen (*Vaccinium* usw.), die bei 40—50° leben (BÜNNING 1). Keine isolierende Hülle könnte sie auf die Dauer vor dieser Wärme schützen. Bei uns stellen nach WALTER (2) immergrüne Kräuter die Assimilation schon bei etwa — 2° ein, die Atmung oft bei etwa — 6°, so daß eine eigentliche Winterruhe nicht eintritt. Merkwürdigerweise hört aber bei der Fichte der Gaswechsel schon bei 0° auf, wenigstens nach längeren Kälteperioden. Noch weniger ist diesbezüglich der Kirschlorbeer an die Winterkälte angepaßt; denn nach längeren Kälteperioden assimilierten unbeschädigte, durchaus lebendige Blätter noch bei + 4,5° nicht. Bei tropischen Pflanzen fordert der größere Reichtum des Lichtes an Ultraviolett, besonders an kurzwelligem, einen besonderen Schutz. Es scheinen besondere Stoffe in den Zellmembranen dafür wirksam zu sein, außerdem auch Wachsbeläge der Oberflächen (BÜNNING 1). Letztere brauchen also nicht unmittelbar im Dienste der Transpirationshemmung zu stehen. SCHMUCKER (2) fand denn auch, daß bei Nadelhölzern blaubereifte Sippen und Arten keineswegs immer schwächer transpirieren als grüne. Der Wachsbelag dient hier wohl als Schutz gegen den Ultraviolettreichtum des Lichtes im Hochgebirge. In diesem Zusammenhang sei auf die Erklärung von SEYBOLD für das Phänomen hingewiesen, warum Nadelwälder dunkler, insbesondere auf Infrarotplatten sehr viel dunkler als Laubwälder erscheinen; die Nadeloberflächen reflektieren an sich sogar oft stärker, wobei der Wachsbelag mitwirken kann. Es ist die räumliche Anordnung, durch die bei flächigem Laub eine weit einheitlichere, reflektierende Gesamtoberfläche zustande kommt, während bei den Nadelbäumen das Licht in der Krone wiederholt reflektiert und schließlich immer mehr verschluckt wird.

BÜNNING (1) sah, daß tropische Farne, auch wenn sie auf sehr feuchtem Boden stehen, um die Mittagsstunde welken können. Entweder reicht der Zufuhrapparat nicht aus oder die Regulation. Ähnliches muß man nach FILZER schon für die ältesten Landpflanzen, die *Rhynien* des Devon, annehmen; sie sind xeromorph gebaut. Nach BÜNNING sterben so extreme Schattenpflanzen wie Hautfarne (*Hymenophyllaceen*) schon bei 93—95% relativer Feuchte nach etwa 2 Stunden ab. Die Wasserabgabe ganzer Bestände zu kennen, wäre theoretisch interessant und praktisch, besonders in der Forstwirtschaft, wichtig. PISEK und CARTELLIERI haben aus der Transpiration einzelner Blätter usw. diese Größen zu berechnen versucht. Nachdem HUBER (1) bereits auf die Möglichkeit hingewiesen hatte, vielleicht durch Messung des Dampfdruckgefälles über Beständen deren Wasserdampfabgabe direkt zu bestimmen, hat BERGER-LANDEFELDT mit ähnlicher Methode Erfolge erzielt. Seine Ergebnisse stimmen mit jenen von PISEK und CARTELLIERI ziemlich gut zusammen.

In welch charakteristischer Weise die Gestaltung des Wurzelwerks in verschiedenen Bodentypen des flachen Sandstrandes ausgebildet ist, legt STEUBING (1) dar. Nach ihr (2) spielt die Tauaufnahme eine Rolle. Auch bei xerophytischen Strandpflanzen ist nach einer Taunacht unter bestimmten Bedingungen ein Inversionsstrom bis in die Gefäße hinein nachweisbar. Die Hauptmasse der Wurzeln im Tropenwald verläuft dicht unter dem Boden (BÜNNING 1), was ökologisch in verschiedener Beziehung, auch für Unter- und Jungwuchs, von großer Bedeutung ist; demgemäß kommt es unter Bäumen zu sehr deutlicher „Tellerbildung". Im Sumpfwald, nicht nur in der Mangrove, sind sogar ausgeprägte Luftwurzeln bei vielen Baumarten recht häufig. In der Mangrove wird die bekannte, oft sehr deutliche Zonierung der Bestandestypen nach BÜNNING (1) viel weniger durch die Salzkonzentration hervorgerufen, wie man wohl bislang glaubte, als durch Einfluß der Wassertiefe, Boden- und Wasserbeschaffenheit, insbesondere den Azidität sgrad des Wassers. Auf den Zusammenhang zwischen CO_2-Assimilation und Xeromorphie der Hochmoorpflanzen, auf Einfluß von Wassergehalt und Stickstoffernährung hat SIMONIS hingewiesen.

Wie die wechselnden Lebensverhältnisse, also vor allem die Klimazustände im Zeitenlauf, in den Jahrringen der Bäume geradezu dokumentarisch festgehalten werden, über das reizvolle Gebiet der Jahrringchronologie hat HUBER (2) kurz berichtet. Zusammen mit Mitarbeitern hat er gezeigt, wie sich aus den Jahrringen der berühmten Spessarteichen bis zurück etwa zum Jahr 1500 die historisch bekannten Jahre großer Überschwemmungen durch große, Dürreperioden durch enge Jahrringbreiten deutlich herausheben. Für die Wirtschaftsführung des Menschen wird immer wichtiger die hinreichend genaue Kenntnis der Bedeutung der Vegetationstypen. Für die Wälder gibt KITTREDGE eine schöne Zusammenfassung. Ob die Erde imstande sein wird, die anwachsende Menschheit zu ernähren, über dieses oft behandelte, so verschieden beantwortete Thema hat sich DE TURK neuerdings geäußert.

Biologisch und darüber hinaus naturphilosophisch ist kaum ein Problem interessanter und auch geheimnisvoller als das, wie komplizierte, aus zahlreichen selbständigen Gestaltungen polygen bedingte „Anpassungen" phylogenetisch zustande gekommen sind. Es gibt zahllose Beispiele, besonders klare auch in der Zoologie (Schmetterlingsflügel nach SÜFFERT). Haben sie doch erst dann wesentlichen Funktions- und damit Selektionswert, wenn sie sozusagen schon fertig sind. F. v. WETTSTEIN hat eine Erklärung gesucht in der Möglichkeit der Anreicherung von rezessiven Genen im diploiden Zustand. Wäre es möglich, das Problem endgültig zu lösen, so wäre unsere Naturerkenntnis ein gut Stück weiter vorgedrungen.

Literatur.

ALLISON, F. E.: Soil Sci. **64**, 413—429 (1947). — ALLISON, F. E., V. L. GADDY, L. A. PINK u. W. H. ARMIGER: Soil Sci. **64**, 489—497 (1947). — AVERY, S. u. E. B. JOHNSON: Hormones and Horticulture. London 1947. 326 S.

BADOUX, E.: Mitt. Schweiz. Anstalt Forstwiss. Versuchswesen **24**, 405—516 (1946). — BALDWIN, H. I.: Forest Tree seed of the North Temperate Regions. Waltham (USA) 1942. 240 S. — BATEMAN, A. J.: Nature (Lond.) **160**, 337 (1947). — BERG, H.: Einführung in die Bioklimatologie. Bonn 1947. 131 S. — BERGER-LANDE-

FELDT, U.: Planta (Berl.) **37**, 6—11 (1949). — BJÖRKMAN, E.: (1) Symbolae bot. upsalienses, Bd. 6, H. 2. Upsala 1942. 191 S. — (2) Physiol. plantarum (Copenhagen) **2**, 1—10 (1949). — BOAS, F.: Dynamische Botanik. 3. Aufl. München 1949. 287 S. — BORTELS, H.: Arch. Mikrobiol. **14**, 450—508 (1949). — BREDEMANN, G., K. GARBER, P. HARTECK u. KL. SUHR: Naturwiss. **34**, 279—280 (1947). — BRIAN, P. W. u. H. G. HEMMING: J. gen. Microbiol. **1**, 158—167 (1947). — BÜNNING, E.: (1) In den Wäldern Nordsumatras. Bonn 1947. 187 S. — (2) Planta (Berl.) **35**, 352—359 (1947) — (3) Biol. Zbl. **67**, 3—6 (1948) — (4) Z. Naturforschg **4b**, 167—176 (1949) — (5) Studium generale **2**, 73—78 (1949). — BÜNNING, E. u. H. HERDTLE: Z. Naturforschg **1**, 93—99 (1946). — BURCIK, E.: Arch. Mikrobiol. **14**, 309—333 (1949). — BURGEFF, H.: Naturwiss. **31**, 558—567 (1943). — BURGER, H.: Mitt. Schweiz. Anstalt Forstwiss. Versuchswesen **20**, 101—114 (1937); (2) **24**, 7—103 (1945); (3) **25**, 435—493 (1947). — BUTLER, E. J. u. S. G. JONES: Plant Pathology. London 1949. 979 S.

CROCKER, W., N. C. THORNTON u. E. M. SCHROETER: Contrib. Boyce Thompson Inst. **14**, 173—201 (1947).

DANIEL, T. W.: Plant Physiol. **24**, 327—332 (1949). — DARMER, G.: Biol. Zbl. **67**, 342—361 (1948). — DENFFER, D. v.: (1) Nachr. Akad. Wiss. Göttingen, Math.-physikal. Kl. **1947**, 21—23 — (2) Biol. Zbl. **67**, 175—189 (1948). — DENGLER, A.: Waldbau auf ökologischer Grundlage. Berlin 1944. 596 S. — DENGLER u. SCAMONI: Z. Forstwesen **76**, 136—155 (1944). — DE TURK, E. E.: A Survey of the Possibility of Meeting the World's Food Needs. Waltham (USA) 1948. 80 S. — DRECHSLER, CH.: Biol. Rev. Cambridge philos. Soc. **16**, 265—290 (1941).

EMMELIN, N. u. W. FELDBERG: J. of Physiol. **106**, 440—455 (1947).

FILZER, P.: Biol. Zbl. **67**, 13—17 (1948). — FIRBAS, F. u. H. SAGROMSKY: Biol. Zbl. **66**, 129—140 (1947). — FLEMER, W.: Bull. Torrey bot. Club **76**, 12—16 (1949). — FOSTER, J. W.: Chemical activities of fungi. New York 1949. 648 S. — FRANZ, H. u. L. LEITENBERGER: Österr. Zool. Z. **1**, 498—518 (1948). — FRISCH, K. V.: (1) Naturwiss. **31**, 445—460 (1943) — (2) Biol. Zbl. **64**, 237—266 (1944) — (3) Aus dem Leben der Bienen. 4. Aufl. Wien: Springer 1948. 196 S. — (4) Naturwiss. **35**, 12—23 u. 38—43 (1948) — (5) Experientia (Basel) **5**, 142—148 (1949).

GALTSOFF, P. S.: Sci. Monthly **68**, 109—117 (1949). — GÄUMANN, E.: (1) Pflanzliche Infektionslehre. Basel 1946. 612 S. — (2) Mitt. Schweiz. Anstalt Forstwiss. Versuchswesen **25**, 327—393 (1947). — GEIGER, R.: Das Klima der bodennahen Luftschichten. Braunschweig 1942. 435 S. — GESSNER, F.: Biol. Zbl. **67**, 457—477 (1948). — GUBLER, H. N.: Schweiz. Z. Path. Bakteriol. **11**, 489—493 (1948). — GUSTAFSSON, A.: (1) Lunds Univ. Årsskr. N. F. Avd. 2. Bd. 43. Nr. 2, Kungl. Fysiograf. Sällskapets Handl. N. F. Bd. 58, Nr. 2. Lund 1947. S. 71—178 — (2) Hereditas (Lund) **34**, 1—22 (1948).

HAAS, A.: Z. vergl. Physiol. **31**, 281—307 (1949). — HÄMMERLING, J.: Biol. Zbl. **65**, 52—61 (1946). — HAYES, L. E.: Bot. Gaz. **108**, 408—414 (1947). — HEALD, F. D.: Introduction to Plant Pathology. London 1943. 603 S. — HEUER, I.: Beitr. zur geobot. Landesaufnahme der Schweiz. H. 28. Bern 1949. — HJELMQUIST, H.: Botaniska Notiser. Suppl. Vol. 2/1 Lund (1948). 171 S. — HORVATH, ST. u. G. IVANOVICS: Experientia (Basel) **5**, 7 (1949). — HOUSTON, B. R., K. ESAU u. W. B. HEWITT: Phytopathology **37**, 247—253 (1947). — How, J. E.: Ann. of Bot. N. S. **5**, 121—131 (1941). — HUBER, B.: (1) Sitzgsber. Akad. Wiss. Wien, Math.-naturwiss. Kl. (Abt. I) **155**, 97 (1947) — (2) Naturwiss. **35**, 151—154 (1948). — HUBER, B., W. V. JAZEWITSCH, A. J. u. W. WELLENHOFER: Forstwiss. Zbl. **68**, 706—715 (1949).

JAEGER, P.: C. r. Acad. Sci. Paris **226**, 1137—1138 (1948). — JENSEN, J.: Naturw. Rundschau **2**, 167—171 (1949). — JENSEN, D. D.: Phytopathology **39**, 212—220 (1949).

ILTIS, H.: Sci. Monthly **68**, 122—128 (1949).

KIELLANDER, C. L.: Z. Weltforstwirtsch. **13**, 173—183 (1950). — KITTREDGE, J.: Forest influences. New York 1948. 394 S. — KLOSA, J.: Z. Naturforschg **4b**, 187 (1949). — KOCH, A.: Naturw. Rundschau **1**, 166—171 (1948). — KÖHLER, E.: Z. Naturforschg **2b**, 29—34 (1947). — KÖSTLER, J.: Waldbau. Berlin u. Hamburg 1950. 418 S. — KUGLER, H.: (1) Planta (Berl.) **32**, 268—285 (1942) — (2) Erg. Biol. **19**, 143—323 (1943) — (3) Naturwiss. **34**, 315—316 (1947). — KUHN, R. u. A. GAUKE: Z. Naturforschg **2b**, 407—409 (1947).

LAVRENKO, E. M.: Sovetsk. Bot. **15**, 5—16 (1947). — LAWRENCE, D. B.: Amer. J. Bot. **36**, 426—427 (1949). — LEACH, J. G.: Insect Transmission of Plant Diseases. London 1940. 615 S. — LEHMANN, E.: Jb. wiss. Bot. **91**, 395—403 (1944). — LINDAUER, M.: Z. vergl. Physiol. **31**, 348—412 (1949). — LLOYD, F. E.: The carnivorous Plants. Waltham (USA) 1942. 352 S. — LOCKHEAD, A. G. u. G. B. LANDERKIN: Plant and Soil **1**, 271—276 (1949). — LUDWIG, W. u. H. v. SCHELLING: Biol. Zbl. **67**, 268—275 (1948). — LÜDI, W.: Die Pflanzengesellschaften der Schynigenplatte bei Interlaken und ihre Beziehung zur Umwelt. Bern 1948. 400 S. — LUNDEGARDH, H.: Klima u. Boden in ihrer Wirkung auf d. Pflanzenleben. 3. Aufl. Jena: G. Fischer 1949. 484 S.

MANGOLD, E.: Erg. Biol. **19**, 1—81 (1943). — MANSKE, R. H. u. H. L. HOLMES: The alkaloids. Vol. I. New York 1950. 525 S. — MARCUS, O.: Arch. Mikrobiol. **13**, 1—44 (1942). — MAYER-WEGELIN, H.: Forst u. Holz **4**, 341—348 (1949). — MELCHERS, G.: Z. Naturforschg **1**, 160—165 (1946). — MELIN, E. u. B. NYMAN: (1) Arch. Mikrobiol. **11**, 318—328 (1940); (2) **12**, 254—259 (1941). — MERTENS, R.: Die Tierwelt des tropischen Regenwalds. Frankfurt 1948. 144 S. — MEYER, L.: Bodenkunde u. Pflanzenernährung **29**, 119—140 (1943). — MEYER, R.: Naturw. Rundschau **2**, 315—320 (1949). — MOEWUS, F.: Z. Naturforschg **2b**, 313—316 (1947). — MORGANDO, A.: Sci. genet. (Torino) **3**, 183—193 (1949). — MÜNTZING, A.: Hereditas (Lund) **33**, 397—404 (1947). — MURNEEK, A. E. u. Mitarbeiter: Vernalisation and Photoperiodism. Waltham (USA) 1947. 196 S. — MUSSIJKO, A.: Blick in die sowjetische Landwirtschaft. Berlin: Deutscher Bauernverlag.

NICKELL, L. G. u. P. R. BURKHOLDER: J. amer. Soc. Agron. **39**, 771—779 (1947). — NILSSON, H.: Bot. Not. (Lund) **1947**, 79—80. — NYGREN, A.: Hereditas (Lund) **35**, 27—32 (1949).

PAYNE, M. G. u. J. L. FULTS: J. amer. Soc. Agron. **39**, 52—55 (1947). — PISEK, A. u. E. CARTELLIERI: Jb. wiss. Bot. **90**, 255—290 (1942).

RENNERFELT, E.: Sv. bot. Tidskr. **41**, 283—294 (1947). — RIPPEL-BALDES, A.: (1) Naturwiss. **33**, 305—311 (1947) — (2) Grundriß d. Mikrobiologie. Berlin, Göttingen, Heidelberg; Springer 1947. 378 S. — (3) Arch. Mikrobiol. **14**, 334—342 (1949). — ROULET, M. A.: Experientia (Basel) **4**, 149—150 (1948). — RUGE, U.: Naturw. Rundschau **1**, 217—221 (1948).

SAKIMURA, K.: Phytopathology **37**, 66—67 (1947). — SCAMONI, A.: Forstwiss. Zbl. **68**, 735—751 (1949). — SCHAEDE, R.: (1) Planta (Berl.) **33**, 703—720 (1942); (2) **34**, 98—124 (1944) — (3) Ber. dtsch. bot. Ges. **61**, 39—41 (1943) — (4) Planta (Berl.) **35**, 319—330 (1947) — (5) Die pflanzlichen Symbiosen. 2. Aufl. Jena 1948. 187 S. — SCHANDERL, H. : (1) Botanische Bakteriologie und Stickstoffhaushalt der Pflanzen auf neuer Grundlage. Stuttgart 1946. 198 S. — (2) Züchter **19**, 191—192 (1949). — SCHANDERL, H., G. LAUFF u. H. BECKER: Z. Naturforschg **4b**, 50—53 (1949). — SCHMIDT, E. L.: Soil Sci. **64**, 459—468 (1947). — SCHMUCKER, TH.: Biol. Zbl. **67**, 65—71 (1948). — SEYBOLD, A.: Biol. Zbl. **67**, 71—77 (1948). — SIMONIS, W.: Biol. Zbl. **67**, 77—83 (1948). — SLANKIS, N.: Physiologia Plantarum **1**, 278 (1948). — STÄGER, R. K.: (1) Blütennektar und Lausexkremente als Nahrungsmittel für die Ameisen. Mit besonderer Berücksichtigung der Gebirge. Bern 1942. 72 S. — (2) Beziehungen unserer einheimischen Ameisenarten zur Pflanzenwelt beim Nestbau. Bern 1942. 90 S. — STAPP, C.: Naturwiss. **34**, 81—87 (1947). — STAHL, M.: Planta (Berl.) **37**, 103—148 (1949). — STARC, A.: Arch. Mikrobiol. **13**, 164—181 (1942). — STEBER, L.: Naturw. Rundschau **2**, 171—174 (1949). — STEFFEN, K.: Biol. Zbl. **67**, 547—550 (1948). — STEPHAN, J.: Biol. generalis (Wien) **17**, 204—209 (1943). — STEUBING, L.: (1) Z. Naturforschg **4b**, 114—123 (1949) — (2) Biol. Zbl. **68**, 252—259 (1949). — STOLL, A., J. RENZ u. A. BRACK: Experientia (Basel) **3**, 111—114 (1947). — STRAUB, J.: (1) Z. Naturforschg **1**, 342—345 (1946); (2) **2b**, 433—444 (1947). — SYLVESTER, E. S.: Phytopathology **37**, 528—530 (1947).

THORP, J.: Sci. Monthly **68**, 180—191 (1949). — TISCHLER, G.: Z. Naturforschg **1**, 157—159 (1946). — TOBLER, F.: (1) Arch. Mikrobiol. **13**, 150—158 (1942) — (2) Planta (Berl.) **34**, 34—40 (1944). — TROLL, W.: Allgemeine Botanik. Stuttgart 1948. 742 S. — TSCHERMAK, L.: Waldbau. Wien 1950. 722 S.

VARTIA, K. O.: Ann. méd. exper. et biol. fenn. **27**, 46—54 (1949). — VIRTANEN, A. J., J. ERKAMA u. H. LINKOLA: Acta chem. scand. **1**, 861—870 (1947). —

VIRTANEN, A. J. u. H. LINKOLA: J. Microbiol. and Serol. 12, 65—77 (1947). — VOLK, O. H.: Ber. dtsch. bot. Ges. 62, 68—72 (1949).

WALLACE, R. H. u. A. G. LOCHHEAD: Soil Sci. 67, 63—69 (1949). — WALTER, H.: (1) Grundlagen der Pflanzenverbreitung III, 1: Standortlehre. (Analytisch-ökologische Geobotanik.) Stuttgart 1949. 332 S. — (2) Ber. dtsch. bot. Ges. 62, 47—50 (1949). — WERTH, E.: Ber. dtsch. bot. Ges. 60, 473—494 (1943). — WETTSTEIN, F. v.: Naturwiss. 31, 574—577 (1943). — WIEDEMANN, E.: Forstwiss. Zbl. 68, 640—647 (1949). — WILKINS, W. H.: Brit. J. exp. Path. 28, 416—417 (1947). — WINOGRADSKY, S.: J. Microbiol. and Serol. 12, 5—16 (1947). — WINTER, A. G.: Arch. Mikrobiol. 14, 240—270 (1949). — WINTER, A. G. u. R. v. RÜMKER: Naturwiss. 36, 30—31 (1949).

ZANDER, E.: Studien zur Herkunftsbestimmung bei Waldhonigen. München: Ehrenwirth 1949. 267 S.

C. Physiologie des Stoffwechsels.

10. Physikalisch-chemische Grundlagen der biologischen Vorgänge.

Von Erwin Bünning, Tübingen.

Der Beitrag folgt in Band XIV.

11. Zellphysiologie und Protoplasmatik.

Von Hans Joachim Bogen, Marburg a. d. Lahn.

Das vorliegende Referat umfaßt Arbeiten der Jahre 1941—1949. Für seine Abfassung standen nur wenige Wochen zur Verfügung, so daß in einigen Fällen auf die Einsichtnahme in die Originalarbeiten verzichtet werden mußte und nur die Referate in den Biological Abstracts verwendet werden konnten. Die betreffenden Arbeiten sind im Literaturverzeichnis durch (*) gekennzeichnet. Bei der gebotenen Raumbeschränkung war es zudem nicht möglich, alle Publikationen mit gleicher Ausführlichkeit zu referieren. Der Referent hat sich daher darauf beschränkt, einige im Brennpunkt der Untersuchungen liegende Stoffgebiete herauszugreifen, um sie eingehender zu behandeln, mit dem Vorbehalt, die heute vernachlässigten Kapitel im nächsten Bande in größeren Zusammenhängen darzustellen.

Die Stoffeinteilung hat der Referent zunächst von seinem Vorgänger übernommen; sie läuft im wesentlichen auf eine Teilung in Strukturanalyse (Cytoplasma, Kern usw.) und Prozeßanalyse (Stoffaufnahme, Wirkung chemischer Agentien usw.) hinaus. Es hat allerdings den Anschein, als ob in Zukunft diese Sonderung immer schwieriger werden würde, denn einer der wichtigsten Gesichtspunkte der modernen Zellphysiologie ist die Einsicht, daß Strukturen und Prozesse einander wechselseitig beeinflussen bzw. formen. — Nicht berücksichtigt wurden die elektronenoptischen Untersuchungen (Zellwand, Plastiden usw.), da diese in dem Kapitel über sublichtmikroskopische Morphologie gesondert und ausführlich gewürdigt werden. (Abgeschlossen am 15. 9. 1950.)

Zusammenfassende Werke: Dangeard (2), Frey-Wyssling (1), Guilliermond, Höber (1), Küster (10), Strugger (3a).

I. Cytoplasma.

1. Chemische Konstitution. Neben den Proteinen und Lipoiden sind in den letzten Jahren die Nucleotide als strukturbildende Bestandteile in den Vordergrund gerückt (Brachet, Caspersson). Sie werden zwar im Kern bzw. an dessen Oberfläche aus Desoxyribosenucleinsäure (DNS) gebildet (Prophasenkerne und Tapetumzellen, Sparrow und Hammond), treten aber dann in Form von kugeligen Körperchen als Ribosenucleinsäure (RNS) in das Cytoplasma über. Monnet vermutet, daß sie in das Proteingerüst des Cytoplasmas eingebaut werden, und zwar regelmäßig abwechselnd mit Polypeptiden.

Nach BRACHET, CASPERSSON und neuerdings NOLTE (Säugetierepidermis) sind sie für die Basophilie des Cytoplasmas verantwortlich: das Verschwinden der RNS geht dem Abnehmen der Basophilie parallel. WIAME hat jedoch in Hefezellen noch eine weitere Substanz gefunden, die gleichfalls zur Basophilie beiträgt. Eine Anreicherung dieser einstweilen noch unbekannten Substanz in der lebenden Zelle ist möglich durch Phosphormangel- und anschließende phosphorreiche Kultur. Danach wird die Hefe stark metachromatisch; die Zunahme der Basophilie ist linear proportional der Atmung, woraus auf eine der ATP ähnliche Bedeutung der Substanz für die Energieübertragung geschlossen wird.

Über die Bindung von Ionen an Proteine berichten OLSEN (1, 2) (Kalium) und KLOTZ, WALKER und PIVAN (Farbstoffionen), ferner KLEMENT, der am Serum nachweist, daß die „komplexe" Bindung des Calciums, falls sie überhaupt auftritt, äußerst gering ist.

2. Physikalische Untersuchungen. Eines ihrer Ziele ist, durch Verfeinerung der optischen Methoden weitere mikroskopische Strukturen aufzudecken. ULLRICH (1), ULLRICH und VAN VEEN widmen sich dem Studium der dichroitischen Effekte, die durch anastigmatische Beleuchtung gesteigert werden können, während nach PFEIFFER (9) die Beobachtung in monochromatischem und polarisiertem Licht erlaubt, geringe Lichtbrechungsunterschiede zu verstärken. Besonders aufschlußreich versprechen die Untersuchungen nach dem Phasenkontrastverfahren zu werden, worüber STRUGGER (5, 6) erste Berichte vorlegt. Wie WOLTER nachweist, ist allerdings bei der Deutung der Kontraste Vorsicht geboten, weil breite Objekte einen Hof und eine Innenstruktur zeigen, die nur vorgetäuscht ist.

Des weiteren ermöglichen die Doppelbrechungseffekte Aussagen über Gestalt und Anordnung sublichtmikroskopischer Bestandteile. Hierüber berichtet SCHMIDT in seinem 3. Sammelreferat. PFEIFFER (1) findet an ausgespannten Gymnoplasten (*Chara, Urtica*-Brennhaare) und an gedehnten Eiweißspindeln aus dem Plasma der Fruchtknotenhaare von *Impatiens* eine Zunahme der Doppelbrechung und führt sie auf verstärkte Aggregation und gleichzeitige Parallelorientierung „leptonischer" Elemente zurück (vgl. auch PFEIFFER 2—7). Das Auftreten lamellarer und fibrillärer Strukturen, wie es nach FREY-WYSSLING anzunehmen ist, erfährt damit eine Bestätigung, doch ist diese im pflanzlichen Plasma und seinen Einschlüssen einstweilen nur bei besonders günstigen Objekten, nicht aber generell möglich.

Von physikalisch-chemischer und medizinischer Seite wird demgegenüber betont, daß gestreckte Polypeptidketten keinesfalls die einzige Erscheinungsform der Plasmaproteine sind. SCHEIBE, JORDAN u. a. treten für das Vorkommen von Blockproteinen, Tripeptolstrukturen usw. ein, deren Kriterium eine gitterähnliche Anordnung von Aminosäuren ohne Peptidbindung ist. Diese seien als die eigentlich nativen Proteine anzusprechen, während das Auftreten der Peptidbindung als Anzeichen für eine beginnende oder vollständige Denaturierung gewertet wird. Solche strengen Ordnungsschemata mögen für die kristalli-

sierten Proteine (Insulin, möglicherweise Aleuron?) gelten; die Plasmaproteine mit der hohen Individualität ihrer Bauelemente dürften wohl
notwendigerweise aperiodisch gebaut sein, und zwar aus Polypeptidketten. Auch für diese gilt allerdings, daß keine gestreckten Ketten,
sondern Knäuelungs- und Faltungsformen vorliegen, d. h. keine
Linearproteine, sondern Sphäroproteine, bzw. Formen, die zwischen
diesen beiden Extremen liegen (FREY-WYSSLING 1). Die Überführung
von Sphäroproteinen in Linearproteine wurde durch Filmbildung nachgewiesen (BULL, ROTHEN); diese hat große Ähnlichkeit mit der Denaturierung (wenn sie nicht sogar damit identisch ist) und hat Verlust bzw.
Verminderung gewisser spezifischer Eigenschaften zur Folge (Fällungs-
reaktionen bei Serumalbuminen, Aktivitätsverlust bei Fermenten und
Hormonen u. dgl.). Es ergab sich ferner, daß von den nahezu unbegrenz-
ten Faltungsmöglichkeiten („Konstellationsisomerien", KUHN) nur
wenige, ganz bestimmte, „spezifische" Formen auftreten und über lange
Zeiträume festgehalten werden (HAUROWITZ, dort weitere Literatur).
Es handelt sich dabei um Faltungsschemata; ihre Einhaltung wird im
wesentlichen durch zwischenmolekulare Kräfte (VAN DER WAALS-,
LONDON-SLATER-, short-range- und long-range-Kräfte) sowie durch die
Ladungsverteilung über die einzelnen Molekeln bestimmt. Änderungen
der Faltungsschemata bedingen Veränderungen der Aktivität und des
„physiologischen" Zustandes.

Die Faktoren Faltungsschemata und zwischenmolekulare Kräfte
spielen nicht nur bei Proteinen eine Rolle, sondern bei nahezu allen
Hochpolymeren (Kautschuk, Pektine, DEUEL und HUBER); sie sind
wesentlich mitbestimmend für die Phänomene der Hydratation, Viscosität, Elastizität usw. Allerdings können sie an der Pflanzenzelle vorläufig nur indirekt erschlossen werden. Einige Versuche in dieser Richtung hat BOGEN (3, 4) unternommen, (Resistenz, Permeabilität). Speziell
für die Hydratation wird es vielleicht möglich sein, die Kontroverse
über das aufgequollene „Kappenplasma" (HÖFLER/FREY-WYSSLING)
unter diesem Gesichtspunkt aufzulösen. — Auch die Kontraktilität des
Plasmas (PFEIFFER 2, 3, SEIFRIZ, LOEWY, DE BRUYN) dürfte als Faltung
von Polypeptidketten aufzufassen sein.

Eine Sonderstellung nehmen die fortgesetzten Untersuchungen LEPESCHKINS
(1—5) über die Vitaide der Hefe ein. Verfasser versucht, mit Hilfe der Longitudinal-
streuung ultraroten Lichtes, des PLOTNIKOW- und TYNDALL-Effektes Aussagen über
die Protein-Lipoid-Komplexe (Vitaide) zu machen. Diese sollen unter Normalbedin-
gungen als primäre Vitaide mit einem Molekulargewicht bis zu 107 Millionen (Hefe)
vorliegen, bei Schädigungseffekten (starke Bestrahlung, hypertonische Lösungen,
in überalterten Kulturen usw.) aber in sekundäre Vitaide von viel geringerem
Molekulargewicht (8,7 Millionen) zerfallen. Außerdem treten bei Erythrocyten je
nach Species Vitaide mit wechselndem Molekulargewicht auf (Frosch 1mal, Rind
10 mal, Katze 20 mal, Mensch 70 mal 600000), so daß von einer Evolution der
Molekeln gesprochen wird (2).

In einer neuen Studie (6) wendet sich Verfasser gegen die Polypeptidketten-
struktur des Cytoplasmas (FREY-WYSSLING, SEIFRIZ) und stellt ihr die „Fluoid"-
Struktur entgegen, die etwa den Koazervaten ähnlich ist.

3. Über das physikalisch-chemische Verhalten liegt ein Sammelbericht
von FREY-WYSSLING (2) vor.

Hydratation, Viscosität, Plasmaströmung: Die Gesamt-hydratation berechnet HOMÈS nach der Formel

$$H = \frac{(F-f)\,s}{(F-s)\,f} \cdot 100,$$

worin F das Maximalgewicht der Gewebsportion in Wasser, f das Frischgewicht und s das Trockengewicht ist.

NICLOUX unterscheidet zwischen „gebundenem" und freiem Wasser auf Grund seiner Versuche mit Meeresalgen: werden diese in Seewasser mit Zusatz von 0,2% Äthanol untergetaucht, so erreichen sie nicht den Konzentrationsausgleich, weil ein Teil des Wassers „gebunden" vorliegt. — Die Wasserbindung durch Proteine besteht nach PAULING in der Anheftung je einer Wassermolekel an jede polare Aminosäure-Seitenkette. Ebenso können Carbonylgruppen Wasser binden, jedoch nur, wenn sie nicht durch H-Brücken mit Imidgruppen gekoppelt sind.

Einen anderen Weg, die Gesamthydratation in ihre Komponenten zu zerlegen, schlägt BOGEN (4) ein. Er vergleicht hydratationsabhängige Größen wie Kernvolumen, Permeabilität und Hitzeresistenz bei *Rhoeo* in ihrer Beeinflußbarkeit durch Ionen gleicher Art und Konzentration. Diese Ionen ordnen sich je nach der Testreaktion zu Ionenreihen an, die nicht nur nach der Richtung, sondern auch nach den Abständen ihrer Glieder verschieden sind. Er schließt hieraus, daß die einzelnen Komponenten der Hydratation durch Ionen unterschiedlich beeinflußt werden, und daß die Testreaktionen nicht von der Gesamthydratation, sondern von deren verschiedenen Komponenten abhängen. Ferner wird versucht, aus der Ionenspreizung Angaben über die Ladungsdichte zu machen. Vergleiche mit Ionenreihen bei *Gentiana* ergeben gute Übereinstimmung.

SEIFRIZ (1) untersucht mit einer neuartigen Methode (Schwingung des freien Endes einer an *Physarum*-Protoplasma angehefteten Mikronadel) die Tordierfähigkeit des Plasmas. Er vermutet, daß ihr eine spiralige Anordnung von Strukturelementen zugrunde liegt.

KELLER berichtet über elektrophysiologische Phänomene im Drüsenplasma, UMRATH (2, 4, 5) und OSTERHOUT (1, 4) über Aktionsströme und Potentialdifferenzen. Diese Erscheinungen sollen im nächsten Bande besprochen werden.

Eine theoretische Fundierung der Vorstellungen SEIFRIZ' über rhythmische Kontraktionen von Polypeptidketten als Ursache von Plasmaströmungen versucht LOEWY unter Einbeziehung von H-Brücken, die die Polypeptidketten wechselweise an Grenzflächen fixieren sollen. DE BRUYN berichtet zusammenfassend über Plasmaströmungen auf der Basis der Kontraktilität des lebenden Protoplasmas. E. N. HARVEY untersucht die Abhängigkeit der Plasmaströmung vom hydrostatischen Druck und der Temperatur bei *Chara flexilis*. Im allgemeinen reagiert die Zelle auf einen plötzlichen erheblichen Druckanstieg nicht mit einem Einstellen der Plasmaströmung, wohl aber, wenn die Temperatur schnell verändert wird.

13*

In einer Reihe von Untersuchungen berichten STÅLFELT (1—3) und VIRGIN (1, 2) über Viscositätsänderungen, meist an *Helodea*. Durch Zentrifugierungsversuche lassen sich in normalen, belichteten Zellen unregelmäßige Viscositätsschwankungen feststellen. Diese Schwankungen verschwinden bei längerer Verdunkelung. Nach Wiederbelichtung treten Viscositätsänderungen auf, die als Photoreaktion gedeutet werden und von der Beleuchtungsintensität abhängen. Als Ursache werden zwei Stoffe bzw. Stoffgruppen angesehen, die in allen lebenden Zellen (als Plasmakonstituenten?) nachgewiesen werden können. Sie wirken in der Viscositätsbeeinflussung antagonistisch und werden von STÅLFELT als Regulatoren nicht nur der Viscosität, sondern auch der davon abhängigen physiologischen Aktivität angesprochen. VIRGIN verfolgt die Rückwanderung der durch Zentrifugierung verlagerten Chloroplasten, indem er die Zellen in verschiedenen Zeitabständen nach Beendigung der Behandlung fixiert. Er kommt zu dem überraschenden Ergebnis, daß bei gleicher Viscosität die absolute Geschwindigkeit der Plasmaströmung der Zellänge proportional ist. Die Weiterverfolgung der Beziehungen zwischen physiologischen Meßdaten und Längenmaßen der Zelle — die übrigens auch für die Permeabilität bestehen — läßt weitere wertvolle Aufschlüsse erwarten.

Die Untersuchungen STÅLFELTs berühren sich mit dem Ergebnis UMRATHs (1, 3), wonach die Ausbreitung der durch Verwundung bedingten Viscositätsverminderung bei *Spirogyra* nicht auf Erregungsleitung zurückzuführen ist, sondern eine stoffliche Grundlage hat (Kochextrakte). — In diesem Zusammenhange müssen auch die Befunde OLSONs und DU BUYs erwähnt werden. In der Haferkoleoptile wird die Geschwindigkeit der Plasmaströmung durch verschiedene Stoffe (Äther, Heteroauxin, 2, 4-Dichlorphenol, Methylenblau, KCN) meist stark verringert.

BLAESS beobachtet pseudopodienähnliche bewegliche Plasmakugeln bei *Phycomyces*; BRANDT weist in seinen Untersuchungen, auf die noch weiter unten einzugehen sein wird, darauf hin, daß mit Viscositätsmessungen auf Grund der BROWNschen Molekularbewegung wahrscheinlich nur die Viscosität in paraplasmatischen Räumen erfaßt wird. Um dem zu entgehen, wurde von zoologischer Seite der Viscositätsmessung die Bewegung sehr großer plasmatischer Einschlüsse zugrunde gelegt (SCHWÖBEL, im Druck).

4. Einschlüsse. Über die Veränderung der Chondriosomen durch Kationen berichtet CERUTI, während BUVAL ein Hypertrophieren der Chondriosomen feststellt, wenn Zellen von *Cichorium*, Chicoree und *Scorzonera* mehrere Tage in destilliertem Wasser liegen. Allerdings treten diese Veränderungen nur an einem Teil des gesamten Chondriosomenbestandes einer Zelle auf. Außerdem finden bei Plasmaströmung Chondriosomenteilungen statt; in ruhendem Plasma dagegen können sich Chondriosomen vereinigen. Danach dürften die Chondriosomen Körperchen von recht unterschiedlicher Funktion und Zusammensetzung sein. VALKANOV untersucht die osmophile Substanz der Characeen, die bei der Zellteilung gleichmäßig auf beide Tochterzellen verteilt wird und mit dem Vakuom nicht identisch ist. Über die Bildung der Aleuronkörner legt WIELER eine Untersuchung vor; POLITIS weist das Vorhandensein eines tanninbildenden Körpers (Tanninoplasten) in Orchideen und *Acacia*-Zellen nach. KÜSTER (3) unterzieht die ROSANOFFschen Kristalle (*Ficus*) einer Bearbeitung, die zum Problem der zellulosigen Degeneration des Cytoplasmas in Beziehung stehen, sowie die verwandten kristallinen Anthocyankörper (*Fuchsia*). Interessant sind die Eiweißspindeln der Fruchtknotenhaare von *Impatiens* (KÜSTER, 8).

Sie sind schwach positiv doppelbrechend zur Längsachse, deformierbar, und können durch Plasmolyse oder nach längerem Verweilen unter dem Deckglas zu kugeligen Gebilden kontrahieren. Umgekehrt vermag sie PFEIFFER (4) mikrurgisch zu dehnen und damit eine Verstärkung der Doppelbrechung hervorzurufen.

Über eine merkwürdige Degenerationserscheinung berichtet GERM: in maceriertem Fruchtfleisch reifer Tomaten liegt das Plasma in Form von lipoidreichen, vakuolenfreien Plasmakugeln vor.

II. Zellkern.

BANG trägt in einem Sammelreferat (1941) alle Argumente zusammen, die für eine Komplexkoazervatnatur des Zellkernes sprechen. — Direkte Beobachtungen an pflanzlichen Spermatozoiden auf polarisationsoptischer Grundlage hat PFEIFFER (2, 6) an *Chara* und verschiedenen Pteridophyten gemacht. Das Chromatin erweist sich als negativ, der plasmatische Anteil als schwach positiv doppelbrechend. An Hand dieser Befunde werden Form und Anordnung der leptonischen Elemente besprochen. Die Doppelbrechung des plasmatischen Anteils entsteht erst im Laufe der Reifung und kann auf Entquellung zurückgeführt werden. Über die Kernmembran liegt eine Beobachtung an Leberzellen vor: BAUD schließt aus Färbungen mit Sudanschwarz, daß sie aus bimolekularen Lipoidfilmen von etwa 50 Å Dicke aufgebaut seien, die zwischen Proteinzonen eingelagert sind.

Das Phasenkontrastverfahren ist nach STRUGGER (4) besonders geeignet, die Struktur des Ruhekernes aufzuklären. Da DNS- und Lipoidsubstanzen (Modellversuche) den stärksten Phasenkontrast liefern, sind die Chromomeren und Nucleolen klar zu erkennen. ZOLLINGER untersucht mit gleicher Methodik die Kernveränderungen in geschädigten Hefezellen. Er unterscheidet nach dem optischen Verhalten mehrere Typen: 1. Einen hellglänzenden Kern; er ist nach Hitzetötung, Fixierung und in alternden Zellen zu beobachten und kann als verläßliches Zeichen für den Zelltod gelten. 2. Einen dunklen Kern — tot — nach Behandlung mit $NaCl$, NH_3, Alkali und nach mechanischen Beschädigungen. 3. Einen ebenfalls dunklen, aber lebenden Kern, in destilliertem Wasser; hier sind die Zellen noch voll lebensfähig. Schließlich tritt in 3% $K_2Cr_2O_7$ ein „intermediärer" Typ auf. An diesen Befunden ist bemerkenswert, daß der optische Aspekt des Zellkernes offenbar keine Rückschlüsse auf seine Struktur bzw. die vorher abgelaufenen Strukturveränderungen zu ziehen erlaubt (vgl. aber STRUGGER 1930).

BRACHET diskutiert alle Möglichkeiten von Wechselbeziehungen zwischen Kern und Cytoplasma, besonders unter dem Gesichtspunkt der Entwicklung. Vorzüglich die Überführung DNS—RNS sei geeignet, die Proteinsynthese wie auch die Differenzierung im Cytoplasma zu „steuern".

GÄUMANN bestimmt die Geschwindigkeit der Kernwanderung in Pilzhyphen zu $1,1-1,4 \cdot 10^{-4}$ cm/sec. Sie liegt damit in der Größenordnung der Ionenwanderungsgeschwindigkeiten und kann durch polare Ausscheidung einer organischen Säure erklärt werden, welche die Grenzflächenspannung am hinteren Ende herabsetzt und so die Vorwärtsbewegung ermöglicht.

III. Plastiden.

Auch die Analyse des Plastidenfeinbaues konnte — neben der elektronenoptischen Untersuchungsmethode — mit Hilfe des Phasenkontrastverfahrens weitergetrieben werden. STRUGGER (4) beobachtet unter der Einwirkung von KCNS ein Aufquellen der Plastiden, wobei eine Lamellenstruktur des ganzen Chloroplasten auftritt. Die Lipoidlamellen werden durch die aufgequollenen Proteinschichten wie ein Buch aufgeblättert; die autochthone Stärke kann nur in der Proteinkomponente gefunden werden. In späteren Untersuchungen konnte der gleiche Autor (6) auch die Granastruktur erkennen; die Grana sind danach geldrollenähnlich in mehreren Partien angeordnet. Entwicklungsgeschichtlich läßt sich wahrscheinlich machen, daß sich die Proplastiden von den Chondriosomen nicht nur durch ihre Größe unterscheiden, sondern auch durch den Besitz eines scheibenförmigen Einschlußkörpers, des Primärgranums, das STRUGGER als Plastidogenkomplex bezeichnet. Durch rasch aufeinanderfolgende Reduplikationen entstehen dann die säulchenförmigen Scheibenketten, die im fertigen Chloroplasten die Geldrollenstruktur der Granagruppen bewirken. Möglicherweise ist auch die oben beschriebene Lamellenstruktur des Gesamtplastids daraus abzuleiten, doch fehlt hier noch ein Glied der Beweiskette.

PFEIFFER (5) berichtet über die Temperaturabhängigkeit der Doppelbrechung im Chloroplasten. CHADEFAUD bespricht in einer umfangreichen Veröffentlichung die Algenpyrenoide und ihre Entwicklung. Jedes Pyrenoid besteht aus dem Pyrenophor, das mit einem Plastidencentriol verbunden ist. Im Inneren finden sich um das Centriol ein oder mehrere Pyrenosomen. Die Centriolen werden als kinetische Organe aufgefaßt, die zusammen mit dem Cytoplasma und dem Kern die Zelle konstituieren.

Mit den Formveränderungen und -restitutionen funktionsfähiger Plastiden beschäftigt sich OSTERHOUT sowie EIBL. OSTERHOUT (2, 3, 5, 6) beschreibt Plastidenkontraktionen bei *Nitella* (durch Bleiacetat, Ferrichlorid, Digitonin) und *Spirogyra* (durch mehrere anorganische Salze). Der gleiche Effekt kann durch einen in die Zelle gerichteten (osmotisch erzeugten) Wasserstrom erhalten werden; eine Umkehr der Stromrichtung bewirkt Wiederausdehnung der Chloroplasten. Verf. vermutet, daß durch den einwärts gerichteten Wasserstrom eine Substanz aus den Chloroplasten ausgewaschen wird, während der austretende Strom Substanzen aus dem Zellsaft mitreißt. Ferner läßt sich zeigen, daß Chloroplasten, die durch Zentrifugieren aus dem hyalinen, peripheren Plasma entfernt wurden, sich ebenfalls kontrahieren; die Chloroplasten sollen also durch das periphere Cytoplasma gedehnt werden. Zu ähnlichen Schlußfolgerungen gelangt EIBL für die *Micrasterias*-Chromatophoren: die Deformierung der geschleuderten Plastiden wird ausschließlich durch die Tätigkeit des Cytoplasmas rückgängig gemacht. Aus der Brücken-, Zungen- und Fadenbildung läßt sich erkennen, daß die Plastiden „aufgehängt" und expandiert werden. Auch die Energie zur Rückverlagerung wird vom Cytoplasma geliefert.

HÖFLER (1a) betrachtet an zentrifugierten *Closterium*- und *Pleurotaenium*-Zellen, daß die Rückverlagerung der Chromatophoren zum Teil nach einer Woche noch nicht beendet ist. Zugleich lassen sich an ausgeflossenen Plastiden Membranen erkennen. DANGEARD (1) beschreibt, wie an Cucurbitaceen- und Solanaceen-Zellen in den Chloroplasten nach Behandlung mit Essigsäure eine vakuolige Degeneration eintritt, wobei Plastidenmembranen sichtbar werden, welche durch das strömende Plasma zu langen Fäden ausgezogen werden.

LÄRZ berichtet über Plastidengifte: Kaliumchromat bewirkt Chlorophyllverlust, Rubidium- und Caesiumchlorid stören die Plastidenteilung in jungen, wachsenden Blättern von Helodea. L. BAUER (1) bestätigt diese Befunde für Laubmoose; es gelang ihm jedoch nicht, auf diese Weise Apoplastidie zu erzielen. BEYRICH (2) beschreibt mutationsähnliche Plastidenreduktion bei *Oedogonium*; in den beobachteten Fällen ist zugleich der osmotische Wert erniedrigt und die Harnstoffpermeabilität erhöht. Verschiedene Formen degenerierter Plastiden beobachtet PLASS. In diesem Zusammenhang mögen auch die merkwürdigen Degenerationserscheinungen an Aggregatamyloplasten von *Dorstenia alata* erwähnt werden, die LANZ (2) untersucht hat. Durch mechanische Eingriffe, Jodlösung oder Chloraljod löst sich die bis dahin einheitliche Stärke in mehrere hundert Einzelkörnchen auf, die aber innerhalb des Chloroplasten verbleiben und, soweit sie nicht zu dicht liegen, BROWNSCHE Molekularbewegung zeigen. Der Chloroplast quillt dabei zu großen, farblosen Massen auf; durch hypertonische Lösung kann eine ,,Entschwellung'' eingeleitet werden.

IV. Vakuolenbildung.

K. F. BAUER stellte fest, daß die im Laufe der Entwicklung fortschreitende Vakuolisation parallel mit einer ansteigenden Acidität im Plasma abläuft, während GONÇALES DA CUNHA im Zellsaft eine Abnahme der Acidität bis zu neutraler Reaktion beobachtet (*Chara, Helodea*). Diese Aciditätsänderung, an Hand von mikrochemischen Reaktionen und Vitalfärbungen verfolgt, soll auf einem Wechsel in der Zusammensetzung des Zellsaftes beruhen.

V. Membran.

Über Sonderfälle der Membranbildung liegen mehrere Beobachtungen vor. KÜSTER (1) beschreibt die Umhäutung von Protoplasten bei *Basidiobolus* sowie Restitutionsmembranen, durch die sich die Protoplasten von *Codium* nach zellulosiger Degeneration von den degenerierten Plasmamassen abtrennen. Da sich die Bedingungen für die Art der Degeneration im Laufe der Vernarbungsvorgänge offensichtlich ändern, sind die Plasmamassen häufig aus unterschiedlichen Partien zusammengesetzt. Über lokale Verkieselung bei *Ficus carica* berichtet BEYRICH (1); z. T. können verkieselte Schichten mit unverkieselten abwechseln. Die Kappensysteme der Oedogonien sind Gegenstand einer Untersuchung von BARG (2). Rhythmische Ablagerungen cystolithenähnlicher Natur beobachtet LANZ (5) an *Carica*-Zellen. HÄRTEL findet Unterschiede im Quellungsvermögen der Blattmasse, die auf Änderungen der intermicellaren Porensysteme zurückgeführt werden. Den Diffusionswiderstand der Zellulosewände untersucht SKENE; er ist für Rohrzucker und Glukose 50000-, für KNO_3 16000- und für Glycerin 1500—1700mal geringer als der des Protoplasten.

VI. Stoffaufnahme.

Zusammenfassungen: BROOKS, DAVSON und DANIELLI, HOAGLAND, ULLRICH (3).

Es ist schon seit langer Zeit bekannt, daß das Ausmaß der Elektrolytaufnahme ganz überwiegend von Adsorptionsvorgängen und energetischen Verhältnissen abhängt, von Prozessen also, die sich entweder

„hinter" der semipermeablen Membran abspielen oder die (als Ionenaustausch) mit deren „passiver" Durchlässigkeit nichts zu tun haben. Messungen der Elektrolytaufnahme sind also nur sehr bedingt geeignet, Aussagen über die Permeabilität der plasmatischen Grenzschichten zu machen. Ähnlich liegen die Verhältnisse bei den Vitalfarbstoffen: auch hier ist die Permeabilität nur die Voraussetzung für eine Stoffaufnahme; die letztere übersteigt jedoch in den meisten Fällen ganz erheblich das durch den Konzentrationsausgleich bestimmte Maß infolge von Speicherungsvorgängen im Binnenplasma und in der Vakuole. In den Jahren, über die hier zu berichten ist, sind nun mehrere Tatsachen bekanntgeworden, die es wahrscheinlich machen, daß auch die Anelektrolyte und selbst das Wasser nicht ausschließlich auf dem Wege der „passiven" Permeation bzw. Diffusion aufgenommen werden, sondern gleichfalls unter Beteiligung von andersartigen Prozessen wie Atmung, Adsorption, Lösung u. a. Da diese Prozesse für die einzelnen Stoffgruppen aber nicht immer die gleichen sind, erscheint es zweckmäßig, die Trennung Permeabilität/Stoffaufnahme nicht generell durchzuführen, sondern für Wasser, Anelektrolyte, Farbstoffe und Elektrolyte gesondert.

Die Nomenklatur dieser Vorgänge bzw. Eigenschaften ist verworren und wenig glücklich; man stellt gewöhnlich der „passiven" Permeabilität, Diffusionspermeabilität oder Penetration [HÖBER (1)] die „aktive" Stoffaufnahme, „physiologische" Permeabilität (HÖBER) oder „adenoide" Tätigkeit [OVERTON, COLLANDER (1)] gegenüber, wodurch allerdings gelegentlich die Vorstellung eines zweckgerichteten Eingreifens oder einer „aktiven Steuerung" geweckt worden ist. Um diese für die kausalanalytische Forschung höchst bedenklichen Folgen zu vermeiden, möchte sich der Ref. bis zur Schaffung einer anerkannten Terminologie der neutralen Ausdrücke „osmotische Stoffaufnahme" (= Permeation als Ausgleich osmotischer Potentiale) und „metaosmotische Stoffaufnahme" (= über den Ausgleich osmotischer Potentiale hinaus erfolgende Aufnahme) bedienen.

1. Die Wasseraufnahme und die Wasserverhältnisse in der Zelle. (Zusammenstellung: CRAFTS, CURRIER und STOCKING.) Hier müssen mehrere Effekte voneinander getrennt werden. CURRIER (2) bestätigt in einer sorgfältigen und kritischen Studie, daß zwischen plasmolytisch und kryoskopisch [mit einer neuen, für kleinste Flüssigkeitsmengen verwendbaren Methode, (1)] bestimmten osmotischen Werten des Zellsaftes erhebliche Differenzen bestehen können. Er weist nach, daß der Zellsaft beim Auspressen durch Wasser bzw. wäßrige Lösungen aus dem Cytoplasma verunreinigt werden kann. Der Betrag und die Konzentration dieser Verunreinigungen wechselt je nach dem physiologischen Zustande der Pflanzen bzw. Zellen. LYON berechnet unter der üblichen Annahme einer linearen Beziehung zwischen Turgor und Zellvolumen den osmotischen Wert in Kartoffelgewebe zu 13,8 at, während der beobachtete Wert nur 8,7 at beträgt, und schließt hieraus auf eine nichtosmotische Komponente des Turgors. URSPRUNG und BLUM (2) haben die Ergebnisse nachgeprüft und „grobe Versuchsfehler" festgestellt: die Fehlerbreiten der Meßwerte LYONs betragen über 20 at, d. h. mehr als die postulierten nichtosmotischen Kräfte. HAINES wendet sich gleichfalls gegen die Schlußfolgerungen LYONs. Da das Vakuolenvolumen nicht identisch mit dem Gesamtvolumen des Gewebes ist, kann die Beziehung zwischen Turgor und Zellvolumen auch nicht linear sein, sondern nur hyperbolisch. Unter Verwendung der Zahlen LYONs weist er nach, daß die Differenz anstatt 5 nur 2 at beträgt, wenn das (allein veränderliche) Vakuolenvolumen mit 50% des Gesamtvolumens angesetzt wird; bei nur 38% wird die Differenz gleich Null.

Während aus diesen Versuchen der Nachweis einer nichtosmotischen Komponente noch als zweifelhaft bezeichnet werden muß, lassen die nachfolgend besprochenen Arbeiten die Existenz einer solchen klar erkennen. Je nachdem, ob man die Bestimmung des osmotischen Wertes mit Anelektrolyten (Rohrzucker) oder mit Elektrolyten ausführt, gelangt man zu ganz verschiedenen Werten. Dabei liegen die im Rohrzucker erhaltenen Werte durchweg höher, zum Teil bis zu 4 at [BRAUNER und HASMAN (1—3), BENNET-CLARK und BEXON (2), STUDENER, vgl. auch HUBER, Fortschr. Bot. 12], gleichgültig, ob an turgeszenten Zellen, bei Grenzplasmolyse, bei starker Plasmolyse oder an isolierten Protoplasten. Dementsprechend kann man Volumexpansion bzw. -kontraktion plasmolysierter Protoplaste erzielen, wenn man diese aus einer Salzlösung (bzw. Rohrzucker + Salzzusatz) in eine isotonische Lösung reinen Rohrzuckers überträgt, und umgekehrt.

Damit ist zunächst sichergestellt, daß der Wassergehalt des Zellsaftes nicht ausschließlich von der Konzentration an im Zellsaft gelöster („osmotisch wirksamer") Substanz abhängt. Die Wasserkonzentration einer Zelle, die sich in reinem Wasser bzw. in reiner Rohrzuckerlösung befindet, ist relativ höher als in einer elektrolythaltigen Lösung. Die in der Vakuole über den Betrag des „osmotischen Wassers" hinaus vorhandene Wassermenge kann durch eine Rohrzuckerlösung nicht entzogen werden, wohl aber durch Elektrolytlösungen. Da solche zugleich die zwischen Plasmagrenzschicht (bzw. Vakuole) und Außenlösung bestehenden elektrischen Adsorptions- und Konzentrationspotentiale teilweise vernichten, wird der Faktor als elektroosmotische Komponente des osmotischen Potentials (BRAUNER) bzw. als anomale Komponente des Turgors (STUDENER, BENNET-CLARK) bezeichnet. — Andererseits rechnet LEVITT (2) nach, daß derartige nichtosmotische Potentiale höchstens zu Überwerten von 1—2 at führen können; es dürften also noch andere Erscheinungen nichtosmotischer (metaosmotischer) Art beteiligt sein. Vielleicht muß hier noch an (Plasma- und) Vakuolenkolloide gebundenes Wasser in Rechnung gestellt werden [CURRIER (2), NICLOUX, GUILLIERMOND (2)].

Eine weitere Möglichkeit, Wasser metaosmotisch in die Zelle zu befördern bzw. dort festzuhalten, liegt in der Beteiligung der Atmung, wie sie REINDERS, KELLY und LEVITT (2) nachgewiesen haben: die Wasseraufnahme von Gewebsstücken verläuft unter anaeroben Bedingungen erheblich langsamer, als wenn normale Atmung (auf Kosten des Trockengewichtes) stattfinden kann. BRAUNER vermutet, daß die Atmung zur Erhaltung der Membranladung dient.

Alle bisher genannten Faktoren betreffen mit Sicherheit das Ausmaß der Wasseraufnahme, aber nicht notwendigerweise auch die Wasserpermeabilität. Bevor Aussagen über die Durchlässigkeitseigenschaften — und darauf fußend über die Struktur — der plasmatischen Grenzschichten gemacht werden (etwa an Hand von Plasmolyse- bzw. Deplasmolyseversuchen oder nach Messungen der Gewichtsveränderungen von Gewebestücken), muß also schon beim Wasser zwischen Permeation und metaosmotischer Aufnahme getrennt werden. Unter diesem Gesichtspunkt mögen die im folgenden besprochenen Arbeiten betrachtet werden.

BRAUNER und BRAUNER (2) finden, daß die Hydratation der Membran und der Grenzschichten maßgeblichen Einfluß auf die Geschwindigkeit der Wasseraufnahme („Wasserpermeabilität") haben: an Modellen (Cellophan, Kalbsblase) kann eine ladungsabhängige elektrostatische Bremswirkung abgetrennt werden von dem entgegengesetzt wirkenden Einfluß des Quellungsgrades auf den Querschnitt der Membranporen; an der lebenden (*Allium*-) Zelle wird ferner die Adhäsion des Plasmas, seine Viscosität sowie der Diffusionswiderstand für Wasser am geringsten am IEP (p_H 5,3), so daß hier die Geschwindigkeit der Kontraktion maximal ist. Merkwürdigerweise liegen bei der Expansion die Verhältnisse gerade umgekehrt. HASMAN schließt aus ähnlichen Befunden auf das Bestehen polarer Strömungswiderstände und damit auf eine Differenz zwischen „Eintritts"- und „Austritts"-Permeabilität.

SEEMANN, der die c_H-Abhängigkeit der „Wasserpermeabilität" an Algen und Wasserfarnen untersucht, kann diese Befunde nur zum Teil bestätigen. Er findet ebenfalls eingipflige Abhängigkeitskurven, glaubt aber nachweisen zu können, daß das Maximum in der Nähe des Neutralpunktes, nicht des IEP liegt. Wichtig ist ferner, daß zwischen plasmolytisch und deplasmolytisch bestimmten Werten kein Unterschied festgestellt wird. Andererseits hat ROTTENBURG an mehreren Objekten gefunden, daß die Harnstoff- und Glycerinpermeabilität bei p_H 4—6 ein Minimum aufweist. Ähnliche Diskrepanzen zwischen Wasserpermeabilität und Anelektrolytpermeabilität zeigt HÖFLER (6) an *Gentiana Sturmiana* auf: hier ist die Harnstoffpermeabilität bei Epidermis- und Parenchymzellen extrem verschieden, während die Wasserpermeabilität in der gleichen Größenordnung liegt. Verf. glaubt diese Tatsache nur mit der Hypothese erklären zu können, daß für den Wasserdurchtritt das Binnenplasma begrenzend wirke, für den Durchtritt der Anelektrolyte aber die Grenzschicht. SEEMANN interpretiert seine Befunde in gleicher Weise.

AYKIN mißt die Wasseraufnahme von Zellen, die mit verschieden stark hypertonischen Rohrzuckerlösungen vorbehandelt worden waren: sie ist am langsamsten in den Geweben, die mit den stärksten Lösungen vorbehandelt wurden. Der erste Effekt hypertonischer Lösungen bestünde danach in einer Dehydratisierung und Erhöhung des Diffusionswiderstandes. HOMÈS (2) findet analog an *Dahlia*-Wurzeln, daß die Geschwindigkeit der Wasseraufnahme proportional der Plasmahydratation ansteigt. LEVITT (1) schließlich untersucht die Wasseraufnahme von isolierten Plasmaproteinen und findet, daß die Geschwindigkeit der Wasseraufnahme bei Proteinen aus aktivem Gewebe größer ist als bei solchen aus ruhenden Zellen. Als Ursache wird das geringere Molekulargewicht und die größere Hydratation der Proteine angesehen.

Die neueren mathematischen Behandlungsweisen der Wasserbewegung suchen zum Teil diesen Einsichten gerecht zu werden. Die von MEYER ausgearbeiteten und in den USA seither eingeführten Begriffe osmotic pressure (OP = osmotischer Wert), diffusion-pressure-deficit (DPD = Saugkraft) und turgor pressure (TP = Turgor) sind in gewissem Sinne umfassender als unsere konventionellen Symbole: OP schließt alle Kräfte ein, die zu einer Wasserabsorption der Zelle führen und damit den Diffusionsdruck vermindern können, und DPD stellt die nach Abzug von TP verbleibende aktuelle, osmotische und nicht-osmotische Saugkraft der Zelle dar. Zu noch klareren Beziehungen kommen EDLEFSEN, EDLEFSEN und ANDERSON, THODAY und insbesondere BROYER (1—3), die die Wasserbewegung thermodynamisch auf der Grundlage der spezifischen freien Energie (osmotisch, hydrostatisch und kolloid) formulieren. Den abgeleiteten, recht umständlich zu handhabenden Formeln wird man jedoch in vielen Fällen die von MEYER aufgestellte Beziehung vorziehen dürfen.

Demgegenüber stehen die mathematischen Ableitungen von FREY-WYSSLING und BOCHSLER. Sie definieren die Wasserpermeabilität genau wie die Permeabilität für gelöste Stoffe auf Grund des FICKschen Diffusionsgesetzes, beziehen sie also lediglich auf die Konzentrationsdifferenz für Wasser:

$$dx = P_w \cdot Q(x - C) \cdot dt,$$

wobei P_w die Permeationskonstante des Wassers, Q die Oberfläche der Zelle, t die Zeit und $(x - C)$ die Differenz der Wasserkonzentration ist. Demgemäß gilt, wie Verff. betonen, die Formel auch nur, wenn die gegenseitige Beeinflussung der Wassermolekeln (bzw. deren freie Energie!) zu beiden Seiten etwa gleich groß ist. In diesem Falle erhält man in der Tat Werte für die Wasserpermeabilität, nicht die Wasseraufnahme. — Über BURSTRÖMs Formulierung des potentiellen Turgordruckes vgl. HUBER, Fortschr. Bot. **12**.

Weitere Ergebnisse: Der Temperaturkoeffizient der Wasserpermeabilität ist um so höher, je niedriger die Permeabilität ist (IRMAK) — in Übereinstimmung mit den theoretischen Ableitungen von DAVSON und DANIELLI. FREY-WYSSLING und V. RECHENBERG-ERNST prüfen die Ergebnisse HOFMEISTERs an Epithemzellen von Hydathoden nach. HOFMEISTER (Fortschr. Bot. **9**) hatte gefunden, daß die Wasserpermeabilität der Epithemzellen etwa 3mal höher ist als die der Palisadenzellen. Verff. zeigen, daß die Anwendung der von HOFMEISTER benutzten Formel nicht statthaft ist, weil die Zellgrößen der beiden Gewebe verschieden sind. Nach BACHMANN (Fortschr. Bot. **9**, vgl. hierzu die kritischen Einwände HUBERS, 2) berechnet, ist die Wasserpermeabilität beider Zellsorten gleich groß. Verff. nehmen die Untersuchung zum Anlaß, die verschiedenen Berechnungsweisen der Konstanten der Wasserpermeabilität auf ihre Dimension und Bezugsgröße zu vergleichen.

URSPRUNG und BLUM (1) legen neue experimentelle Daten vor, die die früher gemessenen hohen osmotischen Drucke in Zellen bestätigen. PATTERSON berichtet über osmotische Werte in Moospflanzen; OSTERHOUT (7) findet, daß das Plasma von *Nitella*-Zellen in charakteristische Spalten zerklüftet wird, wenn durch schwach hypertonische Lösungen ein Wasserstrom im Plasma erzeugt wird. Der Autor erklärt die vielfach irreversible Schädigung mit einer mechanischen Zerstörung der nichtwäßrigen Oberflächenfilme. In einer weiteren Arbeit (6) zeigt der gleiche Verf., daß man durch polar applizierte Rohrzuckerlösung den osmotischen Wert des Zellsaftes lokal erhöhen kann. Wieder in Wasser zurückgebracht, nimmt die Zelle nur an diesem Pole Wasser auf, während am anderen Ende Wasser ausgepreßt wird. Dabei ist es gleichgültig, ob der wasserabgebende Pol sich in Wasser, Luft oder Mineralöl befindet. Damit wird gewissermaßen an einer einzelnen Zelle die MÜNCH-sche Druckstrombewegung demonstriert.

2. Anelektrolytaufnahme. Einige neuere Befunde lassen es als möglich erscheinen, daß auch die Aufnahme der Anelektrolyte nicht ausschließlich von den Durchlässigkeitseigenschaften der Plasmagrenzschichten abhängt, sondern durch Speicherungsvorgänge u. ä. in der Vakuole mit bedingt wird. BAZIN (4) weist durch mikrochemische Fällungen nach, daß gewisse Aminoalkohole (Novocain, Tutocain, Cocain u. a. m.) bis zum 20fachen der Außenkonzentration im *Chara*-Zellsaft akkumuliert werden können. DRAWERT (3) dehnt seine aus Versuchen mit basischen Farbstoffen gewonnenen Einsichten auf alle basischen Stoffe aus. Er nimmt an, daß beispielsweise für die Aufnahme des Harnstoffs im wesentlichen der Verteilungskoeffizient Außenmedium/Zellsaft entscheidet. Dieser Verteilungskoeffizient wird durch das c_H-Gefälle und den Dissoziationsgrad verändert in dem Sinne, daß sich der Harnstoff in der stärker sauren Phase anreichern muß, bei alkalischem Medium also in der Vakuole. Damit würden „Permeabilitätsmessungen" für Harnstoff keine Schlüsse auf die Permeabilität erlauben, sondern in der Hauptsache der Ermittlung von Verteilungskoeffizienten dienen. BOGEN (5) weist jedoch darauf hin, daß 1. die Dissoziationskonstante des Harnstoffs mit $1{,}8 \cdot 10^{-14}$ viel zu gering sei, als daß durch Dissoziationsveränderungen meßbare Differenzen der Verteilungskoeffizienten erzielt werden könnten, und daß 2. zwischen direkten (und lediglich qualitativen) Vitalfärbungen und indirekten, auf Grund der osmotischen Wasserbewegung durchgeführten (quantitativen) Messungen grundsätzlich unterschieden werden müsse. Gleichwohl muß natürlich bei künftigen Permeabilitätsuntersuchungen berücksichtigt werden, daß Permeationskonstanten u. a. durch Speicherungsvorgänge in der Vakuole verfälscht werden können.

Eine zweite Gruppe von Arbeiten befaßt sich eingehend mit den Veränderungen der Permeabilität durch Alkalimetallionen und Wasserstoffionen. BOGEN (1) erweitert seine an *Rhoeo* begonnenen Versuche über die Harnstoff- und Glycerinpermeabilität an *Gentiana cruciata*. Die Harnstoffpermeabilität wird auch bei diesem Objekt durch Kationen in anderer Weise beeinflußt als die Glycerinpermeabilität, woraus auf eine Interferenz von Quellungseffekten der beiden Diosmotika geschlossen wird. Allerdings sind diese anderer Art als bei *Rhoeo* — entsprechend dem anderen Zahlenverhältnis der Permeationskonstanten für Harnstoff und Glycerin. HÖFLER (1) lehnt freilich diese Folgerung ab, einmal, weil derartige Quellungseffekte sichtbar sein müßten, zum anderen, weil schon BÄRLUND für *Rhoeo* die Konstanz der „Permeabilitätsgröße" (Gültigkeit des FICKschen Diffusionsgesetzes) nachgewiesen habe. Demgegenüber muß jedoch festgehalten werden, daß beispielsweise eine durch Glycerin in ihrer Hydratation veränderte

Grenzschicht natürlich ebenfalls konstante Zahlenwerte liefern kann — nur eben andere als die unveränderte.

KREUZ untersucht gering, mittel- und hochpermeable Objekte auf die Veränderung ihrer Harnstoff- und Glycerinpermeabilität durch KCl und vor allem $CaCl_2$; auch er findet Permeabilitätsherabsetzung: für niedrigpermeable Objekte ist sie gering und ereignet sich für Harnstoff und Glycerin etwa gleichmäßig, bei mittelpermeablen Objekten ist sie stärker, und zwar wird die Glycerinpermeabilität weniger betroffen als die Harnstoffpermeabilität, und bei hochpermeablen Objekten ist sie am stärksten. Leider wurde hier nur die Harnstoffpermeabilität untersucht, so daß es offen bleibt, ob die bereits bei den mittleren Objekten bewirkte Quotientenveränderung (Harnstoff : Glycerin) bei den hochpermeablen noch deutlicher wird. Die Übereinstimmung mit den früheren Befunden SCHMIDTs (Fortschr. Bot. 9) und BOGENs (Fortschr. Bot. **10**) ist befriedigend.

ROTTENBURG prüft gleichfalls mehrere Objekte auf ihre Harnstoff- und Glycerinpermeabilität, jedoch in ihrer Abhängigkeit von der c_H. Das Verhältnis der beiden Permeationskonstanten ($Q_{Ha/Gl}$) von sechs Objekten, nach dem p_H-Wert des Zellsaftes geordnet, ergeben eine Kurve, die ähnlich verläuft wie die seinerzeit von BOGEN ermittelte, jedoch ist sie seitlich stark verschoben, so daß von einer Übereinstimmung nicht gesprochen werden kann. Die Ursache dieser Diskrepanz dürfte u. a. darin zu suchen sein, daß weder BOGEN noch ROTTENBURG ihre Kurvenpunkte statistisch gesichert haben; hier müssen noch weitere Untersuchungen ausgeführt werden. Das zweite und wesentlichere Ergebnis der ROTTENBURGschen Arbeit ist, daß mit steigendem p_H-Wert der Außenlösung eine Erhöhung der Permeabilität festzustellen ist, und daß diese Permeabilitätserhöhung für die beiden Stoffe meist nicht gleichmäßig eintritt. In der graphischen Darstellung ergeben sich einander überkreuzende Kurven, aus denen abzuleiten ist, daß weder die absolute Größe von Permeationskonstanten noch deren Verhältnis „spezifisch" ist („Harnstoff"- und „Glycerin"-Typ), sondern allein schon durch die c_H der Außenlösung durchgreifend verändert werden kann (z. B. *Taraxacum*).

Ähnlich können einige Befunde HOFMEISTERs (3) ausgewertet werden. HOFMEISTER beobachtet, wie durch Chrysoidinfärbung die Harnstoffpermeabilität von *Narcissus* auf das 2—5fache der Kontrollen erhöht wird. In der Blattstielepidermis der Kartoffel („rapider Harnstofftyp") wird die Harnstoffpermeabilität auf 7—25% der Kontrollen herabgesetzt, die Erythrit-, Glycerin- und Malonamidpermeabilität aber erhöht. Auch hier ist also das Verhältnis $Q_{Ha/Gl}$ durch äußere Faktoren stark modifizierbar.

Alle diese Ergebnisse sind aber für die Diskussion der spezifischen Permeabilitätsreihen von größter Bedeutung: Wie HUBER (2) in seiner Erwiderung auf die theoretische Untersuchung BOGENs (2) zu diesem Thema ausspricht, hat die Zellphysiologie im 4. Jahrzehnt unseres Jahrhunderts im Zeichen der von HÖFLER begründeten „vergleichenden Permeabilitätsforschung" gestanden. Ihr Kernstück, die Theorie der

„spezifischen Permeabilitätsreihen", die im Zentrum der von RUHLAND ausgehenden Kritik und der daran anschließenden Kontroversen stand, hat sich jedoch seither als weniger umfassend erwiesen, als ursprünglich angenommen wurde. Der Ref. glaubt, nicht zuletzt auf Grund seiner Mitarbeit auf diesem Gebiete, wie folgt resümieren zu können:

Es besteht Einigkeit darüber, daß man der einzelnen Permeabilitätsreihe nicht ansehen kann, welche Faktoren (genotypische, entwicklungsdifferenzierte und modifikative, HUBER 2) an ihrem Zustandekommen beteiligt waren (HUBER 2). Damit erfährt aber die „Spezifität" der Reihen eine starke Einschränkung, um so mehr, als die durch die modifikativen [BOGEN (1), KREUZ, ROTTENBURG, HOFMEISTER] und entwicklungsdifferenzierten Faktoren (HOFMEISTER, Fortschr. Bot. 8) gesetzten Veränderungen von Permeationskonstanten erheblich stärker zu sein pflegen als die der genotypischen [VON DELLINGSHAUSEN, EHRENSBERGER, BOGEN (5), s. u.]. Da obendrein der Verdacht besteht, die als Permeationskonstanten ausgedrückte Stoffaufnahme könne möglicherweise zum Teil metaosmotisch bedingt sein, läßt sich von einer spezifischen Permeabilität kaum noch sprechen, allenfalls von einer spezifischen Stoffaufnahme. Unterschiede zwischen den Permeationskonstanten eines Stoffes an verschiedenen Objekten gestatten also nicht ohne weiteres Aussagen über Unterschiede der Permeation, sondern besagen lediglich, daß die stoffaufnehmenden Systeme verschieden sind, auf Grund von c_H-Differenzen, Quellungseffekten, Speicherungsvorgängen und anderen unspezifischen Faktoren (sowie möglicherweise auch spezifischen Faktoren). Eine Stellungnahme zu den Permeabilitätstheorien, welche ja die Mechanismen der Permeation zum Gegenstand haben, darf daher nicht auf einfache Permeabilitätsreihen gegründet werden — womit der Einwand RUHLANDs erneut bekräftigt wird.

Wenn sich das Ausmaß der Stoffaufnahme nicht mit den bestehenden Permeabilitätstheorien in Einklang bringen läßt, so ist das lediglich ein Anlaß, die interferierenden Faktoren experimentell zu analysieren, die u. a. auch von genotypischen („spezifischen") Struktureigentümlichkeiten abhängen mögen; es ist aber kein Grund, Permeabilitätstheorien abzulehnen. Die Permeabilität hat mit der metaosmotischen Stoffaufnahme ebensowenig zu tun, wie man aus dem Ausmaß der Stärkebildung auf einen „spezifischen" Mechanismus der Photosynthese zu schließen gewillt ist, denn die Mechanismen der Ultrafiltration oder der Diasolyse sind weitgehend unabhängig von der Menge aufgenommenen Stoffes, und umgekehrt.

Die Abhängigkeit der Grenzschichtstrukturen von inneren Bedingungen versuchen VON DELLINGSHAUSFN und BOGEN (5) zu analysieren. VON DELLINGSHAUSEN befaßt sich mit plasmatischen Differenzen solcher Zellen, die sich bei gleicher genomatischer Komponente im Cytoplasmaidiotyp unterscheiden (*Epilobium*-Keimlinge mit gleichem Genom in verschiedenen Plasmen). Sie findet teils gesicherte (Monacetin, Malonamid), teils nicht gesicherte (Monacetin, Glycerin, Wasser) Permeabilitätsunterschiede sowie Differenzen im IEP, in der Viscosität und im Lipoidgehalt, der Porengröße und -zahl und der Lipoidphase. BOGEN (5) arbeitet mit der umgekehrten Kombination: gleiches Cytoplasma, aber quantitativ verschiedener Genotyp, d. h. Zellen diploider und tetraploider Pflanzen (*Oenothera*). Er beobachtet bei den Tetraploiden eine höhere Permeabilität für lipoidlösliche Stoffe, während die Permeabilität für lipoidunlösliche Stoffe geringer ist. Er interpretiert diese Differenzen jedoch nicht damit, daß bei den Tetraploiden die „Poren"permeabilität verringert, die „Lipoid"permeabilität hingegen erhöht sei, sondern vermutet einen dichteren Bau der Grenzschichten bei mindestens gleichbleibender Dicke. Schon vorher hatte EHRENS-BERGER an 2n- und 4n-*Epilobium* und *Rhoeo* festgestellt, die Permeabilität sei umgekehrt proportional der Protoplastenoberfläche. Rechnet man die Werte auf die Einheit der Protoplastenoberfläche um, so stimmen die Ergebnisse EHRENSBERGERs und BOGENs im wesentlichen überein.

Vom entwicklungsphysiologischen Gesichtspunkt aus ist zunächst eine Arbeit von H. STERN zu erwähnen. In dieser wird nachgewiesen, daß während der Kernteilung eine kräftige Erhöhung der Zellpermeabilität für Harnstoff, Traubenzucker, Rohrzucker und Sulfonthaleinfarbstoffe stattfindet. Dabei handele es sich nicht um metaosmotische Stoffaufnahme, sondern um die „passive" Permeabilität. — RUGE vergleicht junge und ausdifferenzierte Zellen des *Rhoeo*-Blattes auf ihre Permeabilität (π-Werte nach BÄRLUND); die letzteren zeigen erhöhte Permeabilität für Erythrit und Glycerin, während Amide langsamer aufgenommen werden. Verf. wertet dies als ein Anzeichen für eine „gruppengebundene" Permeabilitätsänderung (die Diskussion geht allerdings von der irrigen Voraussetzung aus, das Glycerin sei lipophil; in Wirklichkeit ist es, wie der Erythrit, einer der am wenigsten in Lipoiden löslichen Stoffe).

Auf einen wichtigen Befund ØRSKOVs an *Bacterium coli* muß noch hingewiesen werden: diese Zellen sind hochpermeabel, deplasmolysieren aber in Mannit, Glukose u. a. nur sehr langsam, wenn die Lösung K˙-frei ist. Nach Zusatz von K˙ jedoch ist die Deplasmolyse in wenigen Minuten perfekt. Diese Deplasmolyse beruht auf einer K˙-Akkumulation und kann demgemäß durch Auswaschen des K˙ wieder rückgängig gemacht werden. Auch diese Tatsachen lassen es als möglich erscheinen, daß eine Permeationskonstante durch Mitwirkung metaosmotischer Prozesse (die in diesem Falle durch Fermentinhibitoren hemmbar sind!) höher gemessen werden, als der osmotischen Stoffaufnahme entspricht.

Methodisches: REUTER (3) gibt eine Methode an, um an Schließzellen aus dem Grad der Zunahme der Turgordehnung die Drucksteigerung im Zellinneren und damit die Menge des eingedrungenen Stoffes annähernd quantitativ zu bestimmen. HOFMEISTER (4) leitet eine Formel ab, nach der aus der Deplasmolysezeit die relative Permeationskonstante berechnet werden kann. Die so erhaltenen Werte liegen zwischen 87 und 116% der plasmometrischen Kontrollen.

Die Permeabilitätstheorien. Während DAVSON und DANIELLI in ihrer umfassenden Darstellung die Mitwirkung des Ultrafilterprinzips gänzlich ablehnen, weist COLLANDER (4, 5) nach, daß zumindest die kleinmolekularen Stoffe sowie Harnstoff und zum Teil Alkylharnstoffe schneller eindringen, als ihrem Verteilungskoeffizienten entspricht. Sie permeieren also auf dem Porenwege. Zu ähnlichen Schlüssen kommt WARTIOVAARA (1—3), doch macht dieser für das Auftreten des Siebeffektes einen Orientierungseffekt verantwortlich (*Tolypellopsis, Nitella*). Der Lipoidlöslichkeit widmet COLLANDER zwei ausführliche Studien (2, 3), wobei er als wichtigste Ursache der Lipoidlöslichkeit die Polarität und die Azidität bzw. Basizität der Molekeln anspricht. Auf Grund der abgeleiteten Gesetzmäßigkeiten vermag er die Verteilungskoeffizienten aus der Molekelgestalt vorauszuberechnen. Diese Untersuchungen ermöglichen es, die Permeationsvorgänge im molekularen Bereiche vorzustellen, wo ja von einer Lösung in Lipoiden eigentlich nicht mehr gesprochen werden kann; ihre Bedeutung soll im nächsten Bande ausführlich gewürdigt werden.

BOOJI und BUNGENBERG DE JONG gehen noch einen Schritt weiter. An Hand von Modellversuchen (Einwirkung von Fettsäureanionen auf Natriumoleat-Koazervate) kommen sie zu dem Schluß, daß — wenigstens für Koazervat-Grenzschichten — im molekularen Bereich die Diskrepanz zwischen Ultrafiltertheorie und Lipoidtheorie aufgehoben wird, weil dann der Lipoidpermeation räumliche Verhältnisse (Durchdringungsstrukturen) zugrunde liegen. Auch BOGEN (6) kommt zu dem gleichen Ergebnis. Er ordnet 31 aus der Literatur bekannte Permeabilitätsreihen nach steigenden Permeationskonstanten des Malonamids und findet, daß sich dann die Permeationskonstanten von weiteren sechs Stoffen auf sechs Geraden anordnen lassen, die gegen die Gebiete hoher Permeabilität konvergieren. An Hand früherer Modellversuche COLLANDERs und unter Einbeziehung der zwischenmolekularen Kräfte glaubt er nachweisen zu können, daß auch die Permeation der lipoidlöslichen Stoffe auf rein räumlichen Prinzipien beruht. Die Permeationskonstanten für lipoidlösliche und lipoidunlösliche Stoffe sind proportional dem Verteilungskoeffizienten und umgekehrt proportional der Molekularefraktion. Die Proportionalität zum Verteilungskoeffizienten beweist jedoch nicht die Mitwirkung eines Lösungsmechanismus; vielmehr ist — ähnlich wie bei COLLANDER — der Verteilungskoeffizient seinerseits die Folge der zwischenmolekularen Kräfte an der Molekeloberfläche, die Permeationskonstante also letztlich eine Funktion der zwischenmolekularen Kräfte.

Die Darstellung BOGENs ist als ein Versuch zu werten, nicht nur die unterschiedlichen Permeabilitätsreihen auf einen gemeinsamen Nenner zu bringen, sondern auch die beiden Permeationsprinzipien im molekularen Bereich auf das Prinzip der räumlichen Durchdringungsstrukturen zurückzuführen.

3. Farbstoffaufnahme. Obgleich kein grundsätzlicher Unterschied zwischen den Diachromen und Fluorochromen (STRUGGER) besteht, erscheint es wegen der z. T. abgeänderten Methodik zweckmäßig, die beiden Stoffgruppen getrennt zu behandeln.

a) Vitalfärbung [Übersicht: STRUGGER (3a, 5, 7)]. Es kann nunmehr als sichergestellt gelten, daß die Farbstoffe von der lebenden Zelle in überwiegendem Maße metaosmotisch aufgenommen werden; die Mechanismen sind hauptsächlich Speicherung durch Lösung, Adsorption oder Dissoziation („Ionenfalle"). Die Permeabilität ist hierbei nur die Voraussetzung, nicht aber der quantitativ entscheidende Faktor.

Soweit es gelingt, den Anteil der Permeabilität getrennt zu analysieren, ergibt sich für pflanzliche [DRAWERT (1), PERNER] wie für tierische Zellen (GORDON und CHAMBERS) die klare Gültigkeit des Ultrafilterprinzips. Die Forschung hat sich daher immer mehr der Analyse der Speicherungsphänomene zugewendet.

Hier sind zunächst die Ergebnisse qualitativ durchgeführter Untersuchungen anzuführen. DRAWERT (4) weist für basische Farbstoffe nach, daß diese bei c_H-Unterschieden zwischen Außen- und Innenmedium (Vakuole) stets nach der saureren Seite wandern. An Modellversuchen ließ sich zeigen, daß hierfür der Dissoziationsgrad des Farbstoffes entscheidet: er dissoziiert im sauren Medium stärker und wird darin festgehalten, weil im allgemeinen nur undissoziierte Molekeln permeieren. Membranfärbung tritt ein, wenn der p_H-Wert der Außenlösung unter dem IEP der Membran liegt, vorausgesetzt, daß bei dieser c_H genügend Farbstoffkationen vorhanden sind. Die Membranfärbung kommt also durch die elektrostatische Adsorption an die umladbare Membransubstanz zustande. Maßgebend für die Vakuolen- und Membranfärbung sind mithin die p_H-Werte in Außenmedium und Vakuole, die p_H-abhängigen Dissoziations- (Ladungs-) Verhältnisse der Farbstoffe und die Ladungsverhältnisse der Membran. Daneben spielt noch ein weiterer Faktor eine Rolle, nämlich die Löslichkeit der Farbstoffe in hydrophilen und hydrophoben Systemen. Da sich Farbkationen und Farbsalz- bzw. Farbbasenmolekeln in ihrer Löslichkeit unterscheiden, bestimmt der p_H-Wert auch das Ausmaß der Lösungsphänomene. — Das ist besonders wichtig für die Plasmafärbung. Mit Neutralrot konnte lange Zeit keine Anfärbung des Plasmas beobachtet werden, bis STRUGGER mit der wesentlich empfindlicheren fluoreszenzmikroskopischen Methode Neutralrot auch im Cytoplasma nachweisen konnte (Fortschr. Bot. **10**). Über den Mechanismus der Plasmafärbung herrscht einstweilen noch keine Klarheit (s. u. sowie den Abschnitt Vitalfluorochromierung).

Zu ähnlichen Ergebnissen kommen BAZIN (1—3), die noch die chemische Konstitution der Farbstoffe in Rechnung stellt (daneben beobachtet sie bei *Chara* Cytoplasmafärbung und Stoppen der Plasmaströmung durch Viktoriablau), sowie BRANDT. Dieser Autor findet allerdings bei Hefezellen z. T. eine ungleichmäßige Vakuolenfärbung: diese ist am Rande stärker als in der Mitte.

Vielseitig waren die Bemühungen, eine quantitative Analyse der Vitalfärbung durchzuführen.

Es ist vorerst noch zweifelhaft, inwieweit man aus der Färbungsintensität Schlüsse auf die Farbstoffkonzentration ziehen darf, denn es wechselt ja sogar der Farbton je nach Dissoziation (DRAWERT, KÖLBEL), der Konzentration (STRUGGER an Acridinorange) und dem Oxydationsvermögen der Zellbestandteile. Zu letzterem liegt ein Beitrag von JOYET-LAVERGNE vor, der an Indigosolgrün IB fünf verschiedene Farbtöne von Hellorange bis Tiefgrün unterscheidet, je nach dem Redoxpotential der Adsorbentien, und hieraus weitgehende Folgerungen für Oxydationsdifferenzen zwischen Zellkern, Plasma und Chondriosomen zieht. Bei Algen, Pilzen und Hefen sind sogar geschlechtsgebundene Unterschiede färberisch nachzuweisen.

Sehr zu begrüßen sind die Versuche von BUCHY und KÖLBEL (1, 2). Beide Autoren bestimmen die Farbstoffaufnahme von Hefezellen quantitativ durch Kolorimetrieren der Restlösung. Wenn hierbei auch Vakuolen-, Plasma- und Membranfärbung aus methodischen Gründen nicht mehr exakt getrennt werden können, so sind die Ergebnisse doch bedeutsam genug. BUCHY, der mit 2,5—5 mg% Neutralrot und drei weiteren Farbstoffen in SCHÖNs Medium bei leicht alkalischen p_H-Werten (7—9) arbeitet, beobachtet eine Aufnahmemaximum nach 10 Minuten Dauer; anschließend setzt eine deutliche Wiederausscheidung des Farbstoffes ein, die nach etwa 60 Minuten zu vollständiger Entfärbung führt. Erst dann beginnt die Knospung der Hefe. In Naphthylblau wird hauptsächlich das Plasma gefärbt; es findet keine Exkretion statt, und nur ungefärbte Zellen überleben. Ebenfalls eine Farbstoffexkretion stellen GUILLIERMOND und GAUTHERET (1—4) für Hefezellen fest (qualitativ); die Geschwindigkeit der Exkretion ist bei p_H 10 größer als bei p_H 4.

KÖLBEL (1) verwendete $0,5 \cdot 10^{-3}$ mol/l Neutralrot (u. a.) und bricht die Färbung nach 10 Minuten ab; er beobachtet daher keine Exkretion (wobei es offen bleiben muß, ob nicht möglicherweise die Exkretion schon zu Versuchsbeginn in geringem Ausmaße einsetzt). Er verwendet p_H-Stufen von 1—11 und vergleicht die Hefeversuche mit Modellversuchen an Gelatine (für das Cytoplasma) und Watte (für die Cellulosemembran).

Zugleich, entwirft KÖLBEL auf Grund einer gegenüber DRAWERT verbesserten elektrophoretischen Methode ein neues Dissoziationsschema für Neutralrot. Der Vergleich führt ihn zu wesentlich anderen Schlußfolgerungen als DRAWERT. Vakuolenfärbung soll zustande kommen 1. durch chemische Bindung an Gerbstoffe, 2. durch Lösung in Fettsäuren und 3. durch elektroadsorptive Bindung an Vakuolenkolloide; die Funktion der („leeren") Vakuolen als „Ionenfallen" [HÖFLER (2—6), s. u., DRAWERT] wird abgelehnt. Analog dem dritten Speicherungsmechanismus in der Vakuole soll auch die Plasmafärbung erfolgen, nämlich als adsorptive Bindung, wobei — ähnlich wie in der Membran — die Auf- bzw. Umladung der Plasmakolloide (sic!) über die Adsorptionsmöglichkeiten entscheidet. Lipoide sollen dabei keinerlei Rolle spielen, weil Färbeversuche mit lipoidfreier Gelatine gleiche Resultate wie die Plasmafärbung ergaben. Das würde eine vollkommene Analogie zu den Acridinorangeversuchen STRUGGERs (s. u.) darstellen, während STRUGGER selbst die Plasmafärbung mit Neutralrot auf dessen Lösung in lipoiden Phasen zurückführt. DRAWERT (4) schließlich betrachtet das Cytoplasma als nach außen hin reaktionsträges System, dessen dissoziierte Gruppen durch Lipoide vollkommen abgeschirmt seien; die Plasmafärbung mit Neutralrot wird von ihm als Imbibitionsfärbung gedeutet.

Es fällt schwer, zu diesen außerordentlichen Widersprüchen in den Anschauungen über das Cytoplasma Stellung zu nehmen, da sie ja aus Versuchen mit denselben Farbstoffen und z. T. an den gleichen Objekten gewonnen wurden. Der Ref. vermutet, daß dabei verschiedene Faktoren übersehen worden sind. Zunächst ist offenbar noch nicht sicher bekannt, in welcher Form die Dissoziation des Neutralrots (und anderer basischer Farbstoffe, vgl. KÖLBEL) von der c_H abhängt, und in welchen Mengenverhältnissen Ionen und undissoziierte Molekeln in den verschiedenen p_H-Stufen vorliegen; ferner sind wir noch ungenügend informiert, wie die Färbung durch Adsorption, Lösung u. dgl. in *Zellbestandteilen* verändert werden kann, und endlich müßten wir die sterischen Verhältnisse genauer kennen [vgl. hierzu die überraschenden Unstetigkeiten der Farbaufnahmekurven bei Hefe in der Nähe des IEP, die KÖLBEL (2) aufgedeckt und mit sterischen Faktoren begründet hat]. Es ist daher nicht eigentlich zu verwundern, daß die Strukturanalyse des unbekannten Systems Cytoplasma (bzw. Protoplast) mit Hilfe des unzureichend bekannten Experimentalfaktors Farbstoff zu Widersprüchen führt.

COLLANDER, LÖNEGREEN und ARKIMO haben sich ebenfalls bemüht, die Neutralrotaufnahme quantitativ zu erfassen. Sie kommen auf Grund chemischer (*Chara, Tolypellopsis*) bzw. kolorimetrischer Zellsaftanalyse zu dem erstaunlichen Ergebnis, daß die Neutralrot-,,Permeabilität" bei Chara 140mal, bei Tolypellopsis 800mal und bei Allium bis 20 000mal höher sei als die Harnstoffpermeabilität.

MEITÈS berichtet über merkwürdige elektroadsorptive Verhältnisse in und an der äußersten Spitze der *Helodea*-Blattzähne, JOHANNES über Rhodaminfärbungen an Pilzmycelien.

Der Aufnahme von insgesamt 60 sauren Farbstoffen aus stark hypotonischen Lösungen widmet DRAWERT (1) eine umfassende Studie. Er kommt zu dem Schluß, daß über Aufnahme oder Nichtaufnahme die Permeabilität der Grenzschichten im Sinne der Ultrafiltertheorie entscheide; das Ausmaß der Stoffaufnahme hingegen werde bestimmt a) für lipoidlösliche Farbstoffe durch deren Verteilungskoeffizienten (Lösung in zelleigenen neutralen hydrophoben Phasen), b) für die kaum oder nicht chloroformlöslichen Farbstoffe durch kurzlebige Zwischenprodukte der Atmung (echte chemische Reaktion). Die metaosmotische Aufnahme der zweiten Stoffgruppe wird als adenoide ,,Tätigkeit" im Sinne COLLANDERs bezeichnet, allerdings nicht in energetischer Hinsicht, da nicht die Energie der Atmung, sondern die durch die Atmung bedingten Stoffwechselprodukte maßgebend sind.

b) Vitalfluorochromierung [Zusammenfassung: STRUGGER (3a, 5, 7)]. Die von STRUGGER und unabhängig von ihm von BUKATSCH und HAITINGER (Fortschr. Bot. **10**) begonnene Verwendung fluoreszierender Farbstoffe .für die Analyse von Zellvorgängen ist in den vergangenen Jahren weiter geübt worden: STRUGGER, KÖLBEL, BUKATSCH, aber auch Zoologen, Bakteriologen und Mediziner haben den Erfahrungsschatz wesentlich bereichert, wozu zuletzt auch HÖFLER in mehreren Arbeiten beigetragen hat.

Für die morphologischen Fragestellungen ist die Anfärbung des Tonoplasten und der Kernmembran mit Pyronin wichtig [STRUGGER (1)], wie überhaupt die Pyroninfärbung Aussagen über die Lipoidverteilung in der Zelle zu gestatten scheint. Im sauren bzw. schwach alkalischen Bereich entspricht die gelbe Fluoreszenzfarbe der des Kations, woraus nicht nur eine Kationenadsorption an Proteinen, sondern auch eine Kationenpermeabilität abgeleitet wird (vgl. aber S. 213); von p_H 10 ab aber, d. h. oberhalb des Umschlagsbereiches des Pyronins, tritt blaue Fluoreszenzfarbe auf, die den lipoidgelösten Farbbasenmolekeln zukommt.

Auramin wird als Kation in hydrophilen Phasen elektroadsorptiv gespeichert, aber auch als Farbbasenmolekel in Lipoiden [STRUGGER (3)]. Da Auramin mit KCNS sofort einen wasserunlöslichen mikrokristallinen

Niderschlag von grell goldgelber Farbe bildet, werden die Vorgänge der Salzintrameation und -permeation bei KCNS-Kappenplasmolyse verfolgt und für die HÖFLER-STRUGGERsche Theorie ausgewertet.

Die Färbung mit Acridinorange war wiederum Gegenstand zahlreicher Untersuchungen. BUKATSCH und gleichzeitig STRUGGER (s. 3a) berichten über vitale Fluorochromierung von Chormosomen (junge Blattzellen bzw. Staubfadenhaare von *Tradescantia*). Sie ist meist völlig unschädlich: gefärbte Hefezellen sprossen weiter, gefärbte Spermatozoen sind zur Besamung und Erzielung gesunder Nachkommenschaft geeignet. HELMCKE (s. u.) ist jedoch anderer Ansicht. — Benzopyren, mit dem COTTET arbeitet, sensibilisiert *Allium*-Zellen für Röntgenstrahlen.

Durch die von STRUGGER mitgeteilte Konzentrationsmetachromasie (Abhängigkeit der Fluoreszenzfarbe von der Konzentration: von Grün — $^1/_{10000}$ — über Gelb zu Kupferrot — $^1/_{100}$) erscheint die Acridinorangefärbung geeignet, auch quantitative Angaben zu machen. STRUGGER (2) erhält seine *Allium*-Befunde auch an Hefezellen: hier färben sich gleichfalls die lebenden Zellen schwächer an (grüne Fluoreszenz) als die toten (rote Fluoreszenz). KÖLBEL (1) bestätigt diese Ergebnisse durch quantitative Messungen aufs beste. Dies veranlaßte STRUGGER, die Acridinorangefärbung zu einer sicheren Methode auszubauen, um an Hand der grünen Fluoreszenz lebende Zellen von den rot fluoreszierenden toten Zellen zu unterscheiden. Sie ist insbesondere für mikrobiologische Zwecke geeignet [Bodenbakterien, pathogene Bakterien; Zusammenfassung bei STRUGGER (6)].

In weiteren Ausarbeitungen hat STRUGGER (5, 7) auf die leichte Anlagerungsmöglichkeit der Acridinfarbstoffe hingewiesen, welche darauf schließen lassen, daß die Molekelform dieser Stoffe dem submikroskopischen Aufbau des Protoplasmas, speziell seiner Proteine, sowohl dimensional als auch gestaltlich adäquat sei. Sie sollen daher spezifische Strukturen eindeutig anzuzeigen imstande sein. Er leitet folgende, nach ihrer Anfärbbarkeit wohlunterscheidbare plasmatische Zustände ab:

I. den strukturdynamischen Zustand: a) Zustand der vollen Lebensaktivität: Fluoreszenz homogen dunkelgrün. b) Zustand der beschränkten Lebensaktivität: Fl. gelbgrün.

II. den strukturstatischen Zustand: a) die reversible Strukturstatik: Fl. (erst nach Quellung) grün. b) die irreversible Strukturstatik: Fl. gleißend kupferrot.

STRUGGERs Methode fand verbreitet Anwendung, doch wurden mehrfach auffällige Abweichungen beobachtet. Nach SCHÜMMELFELDER verhalten sich zwar Herzmuskelzellen gemäß STRUGGERs Voraussage; Bindegewebszellen dagegen fluoreszieren im Leben überhaupt nicht, tot mit grüner Farbe, und Carcinomzellen endlich zeigen lebend und tot Rotfluoreszenz. Immerhin steigt bei allen drei Typen das Speicherungsvermögen nach der Abtötung an. KREBS beobachtet einen „Umkehreffekt": wenn genügend Zeit für die Auswirkung von Quell- und Diffusionsvorgängen bleibt, können tote Zellen die beim Absterben angenommene Rotfluoreszenz wieder verlieren und wie lebende Zellen permanent grün fluoreszieren. Über einen weiteren Fall berichtet SCHNEIDER [zit. nach STRUGGER (6)]: Tuberkelbakterien, die eine Stunde lang mit 90prozentigem Alkohol behandelt wurden, fluoreszieren nach wie vor grün. STRUGGER folgert: „Das Protoplasma der Tuberkelbakterien wird durch den Alkohol strukturell nicht so weit verändert, daß es als abgestorben betrachtet werden muß. Es ist daher anzunehmen, daß durch die Alkoholwirkung lediglich das Wachstumsvermögen irreversibel sistiert wird." Umgekehrt hat BUCHERER an rotfluorchromierten Hefezellen Sprossung nachweisen können (1943).

HELMCKE[1] hat an Protozoen sehr interessante Beobachtungen gemacht, die vielleicht die oben angeführten Widersprüche aufklären können. Es gelang ihm, Protozoen wochenlang in Acridinorangelösung 1 : 20000 zu kultivieren. Dabei zeigen die Einzeller rote Fluoreszenzfarbe; Voraussetzung ist allerdings, daß die Kulturen dunkel gehalten werden. Bei stärkerer Vergrößerung läßt sich erkennen, daß nur die Mitochondrien den Farbstoff speichern. Belichtet man diese Zellen, so tritt Entfärbung der Mitochondrien, Anfärbung des Grundplasmas und — nach wenigen Augenblicken — der Zelltod ein. Verf. vermutet, daß die Zellen sich nicht darum rot färben, weil sie abgestorben sind, sondern umgekehrt absterben (bei Lichteinwirkung), weil bzw. wenn sie Farbstoff bis zur Rotfluoreszenz an bestimmten Organellen akkumuliert haben. Nun verhalten sich zwar tierische Zellen gegenüber Farbstoffen oft anders als Pflanzenzellen; immerhin decken sich diese Ansichten in gewisser Weise mit den Ergebnissen BUCHYs (Naphthylblaufärbung von Hefezellen, vgl. S. 210).

Schließlich hat auch HÖFLER (2, 4, 5) an *Allium*-Zellen u. a. abweichende Befunde erhoben. Nach ihm sind nur „Koagulationsnekrosen" rotfluoreszierend; bei „Quellungsnekrosen" tritt Grünfluoreszenz auf. In einer ausführlichen theoretischen Betrachtung kommt er zu Anschauungen, die denen STRUGGERs nicht entsprechen. Zunächst führt er die Farbunterschiede nicht auf Konzentrationsmetachromasie zurück, sondern auf Differenzen der Bindungsart: rote Fluoreszenz soll durch Ionen zustande kommen, während die gelbgrüne Fluoreszenz auf chemisch gebundenem Farbstoff beruht [nach KÖLBEL (2) jedoch „eine unbewiesene Annahme"]. Bei der Vakuolenfärbung habe man zwischen zwei Typen zu unterscheiden: 1. den „vollen" und 2. den „leeren" Zellsäften. Die „vollen" Zellsäfte binden den Farbstoff chemisch an zelleigene Stoffe; diese Speicherung ist unabhängig vom p_H-Wert; die „leeren" Zellsäfte dagegen funktionieren (für basische Stoffe) als „Ionenfallen"; die undissoziiert permeierten Molekeln dissoziieren hier unter Polymerisation und werden in dieser Form festgehalten, weil das Plasma für Ionen nicht permeabel sei. STRUGGERs Lehre von der Kationenpermeabilität der Pflanzenzelle sei also abzulehnen. Ebenso lehnt HÖFLER (5) die STRUGGERschen Vorstellungen von einer „Abschirmung" der hydrophilen Eiweißphase als experimentell völlig unbegründet ab. Statt dessen wird („bisher bloß aus dem physiologischen Verhalten erschlossen") ein neues Dissoziationsschema des Acridinorange entworfen.

Die Ablehnung der Farbionenpermeabilität begründet PECKSIEDER nochmals ausführlich; sie stehe — weil kurzfristig — nicht im Wider-

---

[1] Die Ergebnisse konnten bisher nicht publiziert werden; ich möchte auch an dieser Stelle Herrn Dr. habil. HELMCKE für die freundliche Überlassung der Manuskripte meinen Dank aussprechen.

spruch zu der in länger dauernden Versuchen erwiesenen Ionenpermeabilität.

Über die Aufnahme fluoreszierender saurer Farbstoffe (deren Nachweis wesentlich empfindlicher ist als bei den Diachromen) berichtet PERNER. Im Gegensatz zu DRAWERT betrachtet er die Speicherung durch Lösung in Lipoiden oder durch echte chemische Bindung als nicht möglich; für den optischen Nachweis sei nur der Gehalt des Zellsaftes an Biokolloiden und deren Ladungszustand maßgebend.

Wir stoßen hier offenbar auf ähnliche Unstimmigkeiten wie beim Neutralrot, vermutlich aus gleichen Ursachen: wir wissen noch zu wenig über das Fluoreszenzverhalten der Stoffe in reinen Lösungen und im multivarianten System des Protoplasten, als daß wir Farbe und Intensität voraussagen bzw. aus dem Auftreten der Fluoreszenz auf den Zustand der Zellkomponenten schließen könnten. Nach FÖRSTER (2) hat z. B. das Farbstoffion des Dinatriumfluoreszeins im Grundzustand eine ebene Atomanordnung, im Anregungszustand dagegen eine Drehung um 90° erfahren. Dabei kann der Anregungszustand in einen metastabilen Diradikalzustand übergehen, in dem der Farbstoff nicht fluoresziert, sondern seine Energie durch Reaktionen mit den Molekeln bzw. Ionen des Lösungsmittels verbraucht; er fluoresziert nur, wenn die auxochrome Gruppe an ihrer freien Drehbarkeit gehindert wird. Ebenfalls nach FÖRSTER (3) existieren bei gegebener c_H verschiedene prototrope Molekelformen in beiden Zuständen, so daß das Absorptionsspektrum dem einen, das Fluoreszenzspektrum dem anderen Zustand angehören kann. Die Umschlagspunkte beider Spektren liegen bei verschiedenen p_H-Werten. Rechnen wir noch die verschiedenen Möglichkeiten der Fluoreszenzlöschung sowie der Farbstoffpolymerisation hinzu [FÖRSTER, (1)], so müssen wir zugeben, daß wir von einem ausreichenden Verständnis der bei der Vitalfluorochromierung auftretenden Phänomene noch weit entfernt sind.

Gleichwohl lassen sich manche interessanten Effekte beobachten. Während z. B. bei den Zellwänden der Blütenpflanzen die Farbumschläge zwischen p_H 2,5 und 1,9 auftreten, in welchem Bereich ungefähr der IEP liegen soll, findet der Umschlag bei *Russula*-Arten erst bei p_H 4 statt. Da die grüne Fluoreszenz als Imbibitionsfärbung, die Rotfluoreszenz jedoch als Adsorptionsfärbung angesprochen wird, müßte der IEP der Chitinmembran der Pilze höher liegen (HÖFLER und PECKSIEDER). Bei lebenden Hefezellen ermittelte STRUGGER (2) den Umschlagsbereich der Membranfärbung von grün nach rötlich oberhalb p_H 4,38.

c) Fluorochrome und das Problem der Stoffleitung. Die Probleme der Assimilat- und Farbstoffleitung über größere Strecken hinweg, die in den Kontroversen MÜNCH-SCHUMACHER immer wieder diskutiert worden sind, bieten auch unter dem zellphysiologischen Aspekt manches Bedeutungsvolle. Soweit hier darauf eingegangen werden kann, soll in keiner Weise dem Referat HUBERs vorgegriffen werden.

Nachdem ROUSCHAL (Fortschr. Bot. **10**) mit konzentriertem Glycerin eine Umkehr des osmotischen Gefälles erzielen und dabei auch eine Umkehr der Wanderungsrichtung für Kaliumfloureszein beobachten konnte, schien damit das experimentum crucis für die Koppelung von osmotischer Massenströmung und Stoffleitung vorzuliegen. Demgegenüber hat SCHUMACHER (3) nachgewiesen, daß diese Umkehr nicht osmotisch, sondern durch eine Besonderheit des konzentrierten Glycerins bewirkt wird: andere osmotisch wirksame Substanzen ergeben diesen Umkehreffekt ebensowenig wie verdünntes Glycerin (dessen osmotische Wirksamkeit immer noch ausreichend gewesen wäre, um die Umkehr hervorzurufen). Hier spielen offenbar Polaritätserscheinungen unbekannter Natur eine Rolle. Ebenso muß wohl die Beobachtung SCHUMACHERS (2) ausgewertet werden, wonach die Ausbreitung des K-Fluoreszeins entgegen der Plasmaströmung erfolgen kann. Möglicherweise kann sie aber auch in den Befunden BAUERs (2) eine Erklärung finden. Diese sprechen dafür, daß die Speicherung im Plasma erst sekundär, nach vorangegangener Vakuolenfärbung, erfolge. Allerdings tritt die Vakuolenfärbung erst bei recht hoher Farbstoffkonzentration ein.

Es fragt sich, ob nach den oben angegebenen Erfahrungen über Vitalfluorochromierung überhaupt schon Entscheidungen getroffen werden können, welcher Effekt der primäre ist, die Vakuolenfärbung oder die Plasmafärbung. Hier müssen überdies die abgewandelten Adsorptionsverhältnisse der plasmatischen „slime bodies" (ESAU) berücksichtigt werden. Vgl. auch die Untersuchungen HÜLSBRUCHs über die Beteiligung des Plasmas an der Ausbreitung der Farbstoffe in den Membranen.

Zusammenfassende Darstellungen des Gesamtproblems: HUBER (1), SCHUMACHER (2).

4. Salz- und Ionenaufnahme. Hierüber hat BURSTRÖM (Fortschr. Bot. 12) ausführlich berichtet und dabei die ganz überwiegend metaosmotisch erfolgende Aufnahme dieser Stoffe eingehend besprochen. Die speziellen zellphysiologischen Aspekte sollen im nächsten Bande zusammenhängend behandelt werden.

VI. Die Einwirkung chemischer Agentien.

1. Salz- und Ionenwirkungen (einschließlich Plasmolyse, Kappenplasmolyse und Vakuolenkontraktion). Nach DANIELLI (1, 2) ist nicht nur der p_H-Wert an der Oberfläche ein anderer als im Binnenplasma bzw. im Inneren gefalteter Molekeln, sondern (2) auch die Kationenkonzentration verändert: Während in der Lösung das Verhältnis Na : Ca, das einen bestimmten Effekt erzeugt, 50 : 1 ist, wird es durch unterschiedliche Adsorption der Ionen an der Grenzfläche fast genau 1 : 1, so daß der Ionenantagonismus lediglich die Folge unterschiedlicher Bindungsfähigkeit sein würde.

Plasmolyseform. H. FISCHER untersucht die Zusammenhänge zwischen Plasmolyseform und Mineralsalzgehalt in jungen und alten Blattzellen. Jüngere Zellen zeigen durchweg konkave, Zellen älterer und vergilbender Blätter mehr konvexe Plasmolyseformen. Gleichzeitig sinkt der aus Aschegehaltsbestimmungen gewonnene Quotient K : Ca. Unter der konventionellen Annahme, daß die Plasmolyseform Schlüsse auf die Viskosität der Grenzschichten erlaube und der Kationenquotient annähernd das Ionenverhältnis im Cytoplasma widerspiegele, werden die im Laufe der Entwicklung möglichen Zusammenhänge zwischen Ionengehalt, Hydratation und Viskosität besprochen.

Zu anderen Vorstellungen über die Ätiologie der Plasmolyseform kommen BENNET-CLARK und BEXON (1) auf Grund experimenteller Untersuchungen. Glukose, KCl, $CaCl_2$ u. a. bewirken in Gewebsscheiben von Rübenwurzeln Konkavplasmolyse, die etwa 15—30 Minuten anhält. Während dieser Zeitspanne ist die Atmung des Gewebes erheblich gesteigert. Die daran anschließende Phase konvexer Plasmolyse fällt zusammen mit einer Atmungsdepression (etwa 80% des Kontrollwertes). Da für die Veränderung der Atmung C_4-Säuren verantwortlich gemacht werden können, erscheint der Schluß berechtigt, daß die Plasmolyseform wesentlich mitbestimmt wird durch die im Atmungsstoffwechsel auftretenden Zwischenprodukte.

Auch aus KÜSTERs (2) Untersuchungen geht hervor, daß die Zusammenhänge zwischen Plasmolyseform und Ionen nicht eben einfach sind. So erhielt er an *Rhoeo* mit dem gewöhnlich als „stark quellend" bezeichneten KCNS (0,1 mol) Konkavplasmolyse. Weitere Beobachtungen betreffen die Plasmolyse- und Deplasmolyseformen, die dann auftreten, wenn nach vorangegangener KNO_3-Plasmolyse Wasser zugegeben wird. Es entwickeln sich dann starke Kappen („Kappendeplasmolyse"). Die Plasmaaufquellung kann jedoch verhindert werden, wenn das Wasser langsam zugeführt wird. Bemerkenswert ist ferner, daß solche „Kappendeplasmolysen" auch in Rohrzucker- und $Ca(NO_3)_2$-Lösung auftreten.

Kappenplasmolyse. Dieser Befund ist nicht recht in Einklang zu bringen mit den Ergebnissen, die HOUSKA in einer ausführlichen Arbeit niedergelegt hat. Verf.n untersucht zunächst (an *Allium Cepa*) die Bedingungen der Kappenentstehung. Durch längeres Wässern kann die Kappenbildung unterdrückt werden, während tiefe Temperaturen einheitliche Kappen begünstigen. Ein Längsgradient ist hinsichtlich der Geschwindigkeit der Kappenbildung festzustellen (Basiszellen ⟩ Spitze ⟩ Mitte). Besondere Aufmerksamkeit widmet Verf.n der Reversibilität der Kappenplasmolyse. Etwa 15—18 Stunden nach Eintritt kann die Kappenplasmolyse noch rückgängig gemacht werden, wenn man die Schnitte in $CaCl_2$-Lösung bzw. verschiedene Mischungsverhältnisse $KCl : CaCl_2$ überträgt. Ein Zusatz von 5—20% Ca reicht in den meisten Fällen aus. Zu einem späteren Zeitpunkt jedoch geht die Kappenplasmolyse in Ca-Lösung nicht mehr zurück. — Die Rückbildung der Kappen wird auf die „entquellende", „abdichtende" Wirkung des Ca·· zurückgeführt. Nach KÜSTER kann jedoch in $CaCl_2$-Lösung augenscheinlich sogar Plasmaaufquellung eintreten. Da diese offenbar von den osmotischen Verhältnissen abhängt, müssen wohl unsere Vorstellungen über den Mechanismus der Plasmaaufquellung in einigen Punkten revidiert werden. Darüber soll im nächsten Bande berichtet werden.

Zur Vakuolenkontraktion (VK) schließlich liegen folgende Untersuchungen vor: ARENS und DE LAURO zeigen an Hydropoten von *Sagittaria* die Abhängigkeit der VK von der p_H-Differenz zwischen Außenlösung und Vakuole, von der Neutralroteinwirkung, von der Verwundung u. a.; sie gelangen zu dem Schluß, daß alle diese sowie andere in der Literatur aufgeführte Ursachen enge Beziehung zur Atmung haben; die VK werde somit durch Redoxprozesse verursacht.

KÜSTER (11) berichtet über VK in $AlCl_3$-gegerbten Zellen von *Allium Cepa*: hier können sehr weitgehende Kontraktionen beobachtet werden, die zu kleinen, stern- oder netzförmigen Vakuolenformen führen. Der Vakuoleninhalt erstarrt dabei so vollständig, daß er zerbrechen kann. Offenbar ist auch in *Allium*-Zellen der Kolloidgehalt der Vakuole größer, als bisher angenommen wurde, und es besteht Grund zu vermuten, daß die VK nicht ausschließlich vom Cytoplasma ausgeht (KEIL 1930, HENNER 1934), sondern durch Ladungs- und Hydratationsänderungen der Vakuolenkolloide hervorgerufen werden kann.

Daß gewisse Vakuolenkolloide allein durch Veränderungen der osmotischen Verhältnisse, aber auch durch Neutralrot und Säure reversible Volumänderungen durchmachen können, zeigt Bünning an *Iris*-Blattzellen. Allerdings reagieren diese Kolloide auf Plasmolyse mit einer beträchtlichen Volumzunahme, die bei Deplasmolyse wieder zurückgeht. Als unmittelbare Ursache werden Ladungsänderungen angesehen, die sich u. a. auch in der Fähigkeit der Anthocyanbindung auswirken. Die Kenntnis dieser Vorgänge dürfte für das Verständnis der Kappenplasmolyse wie der VK von größter Bedeutung sein.

Durch verschiedene Herbicide konnte Currier (3) an mehreren Objekten ebenfalls VK auslösen (vgl. unter 4).

2. Narkose, Erregung. Seifriz (2), Seifriz und Pollack (1, 2) betrachten auf Grund ihrer Untersuchungen an *Physarum polycephalum* Narkose und Erregung als Hydratationsänderung des Protoplasmas: alle „verfestigend" bzw. thixotrop wirkenden Agentien rufen Narkoseerscheinungen hervor (getestet am Aufhören der Plasmaströmung) und führen bei Überdosierung zu Erstarrung und Tod (CO_2, Cyclopropan, Chloroform, Äther, Aceton usw.). Umgekehrt wirken die erregenden Substanzen (Xanthin-Derivate, Coffein, Theobromin, Theophyllin, Morphin, K- und Na-Nitrat bzw. -Nitrit) über eine Plasmaverflüssigung. Bei intensiver Einwirkung löst sich das Protoplasma vollständig auf. Diese Beziehungen werden in einem Schema dargestellt, das vom Gel bis zum Sol reicht und Tod — Erregung — Normalzustand — Narkose — Sklerotium — Tod umfaßt.

Gavadou, Dodè und Poussel vertreten demgegenüber die Auffassung, der Angriffspunkt der Narkotika seien die Lipoproteidbindungen; ihre Wirkung soll auf der Ausfällung einer lipoidlöslichen Komponente basieren. Die oft beobachteten Beziehungen zwischen Narkose einerseits und Viscosität, Hydratation, Denaturierung usw. andererseits müßten mit der Veränderung der Lipoproteidbindung durch diese Faktoren erklärt werden; erst auf diesem Umwege entstünden veränderte Angriffsmöglichkeiten für die Stoffe.

Diannelidis schließlich kommt zu noch anderen Vorstellungen: Da die Rückverlagerung zentrifugierter Plastiden durch Äthernarkose unterbunden wird, nach Verdunstung des Äthers aber wieder vonstatten geht, vermutet er, daß es sich nicht um eine Viscositätsänderung handele, sondern um eine Beeinflussung der „aktiven Leistungen" des Protoplasmas, das allein die Plastidenverlagerung bewirke.

Schließlich sei noch ein interessanter Befund Weilands zu erwähnen, der im Zusammenhange mit Paechs Untersuchungen (Fortschr. Bot. 10) Bedeutung erhält: Auch an abgetötetem pflanzlichem Gewebe kann nach der Einwirkung von Äthyläther ein starker Abfall der Leitfähigkeit gemessen werden. Verf. äußert sich allerdings nicht, inwieweit dieser Abfall mit dem im lebenden Gewebe auftretenden Absinken der Leitfähigkeit zu parallelisieren ist.

3. Heteroauxinwirkungen. Reinders bestätigt ihre bereits 1938 gemachten Beobachtungen, daß Heteroauxin (HA) die Wasseraufnahme von Kartoffelparenchym (nach der Methode von Stiles und Jörgen-

SEN 1917) um etwa 50% steigern kann. Diese Erhöhung ist nur möglich in aeroben Versuchen; gleichzeitig ist eine Abnahme des Trockengewichts festzustellen, die nicht auf Exosmose, sondern auf dem Verschwinden von Atmungsmaterial beruht. Verf.n sieht demnach den Primäreffekt der HA-Wirkung in einer Atmungssteigerung. COMMONER, FOGEL und MULLER kommen zu dem gleichen Ergebnis, während VAN OVERBEEK als Faktoren der HA-Wirkung eine Herabsetzung der Wandspannung und eine Erhöhung der nichtosmotischen Komponente der Saugspannung betrachtet. LEVITT (1) schließlich weist nach, daß weder eine Änderung des osmotischen Druckes noch ein Anwachsen der Plasmahydratation statthaben kann; es bliebe damit nur die Erhöhung der Wanddehnbarkeit als Folge der HA-Wirkung.

VON GUTTENBERG und KROEPELIN, KONINGSBERGER sowie POHL rechnen jedoch mit einer Erhöhung der Wasserpermeabilität durch HA. Insbesondere POHL weist in seinen Versuchen mit *Avena*-Koleoptilen nach, daß keine Erhöhung der Membranplastizität stattfindet, dagegen tritt in niedrigen bzw. mittleren Konzentrationen eine Erhöhung, in hohen Konzentrationen eine Erniedrigung der Wasserpermeabilität ein, in letzterem Falle überlagert durch eine elektroosmotische Komponente. BRAUNER und HASMAN (3) schließlich kommen — wiederum an Kartoffelgewebe — zu dem Schluß, in den ersten 6 Stunden werde die Wasserpermeabilität erhöht, nach 24—48 Stunden die Wanddehnbarkeit. Durch die gesteigerte Wasseraufnahme sinkt die Saugkraft des HA-behandelten Gewebes zunächst unter den Kontroll- (Wasser-) Wert, übersteigt ihn aber im Verlaufe der zweiten Periode. Direkte Messungen der Wanddehnbarkeit bestätigen diese Ergebnisse.

Damit dürfte eine gewisse Klärung der Tatsachen herbeigeführt sein; der Ref. hat jedoch Bedenken, wenn die Erhöhung der Wasseraufnahme auf eine Permeabilitätserhöhung zurückgeführt wird. Wenn die osmotisch wirksame Substanzmenge in der Vakuole und damit die Wasserkonzentration nicht geändert wird (LEVITT), vermag eine Permeabilitätserhöhung natürlich auch nicht die osmotisch aufnehmbare Wassermenge zu erhöhen, sondern nur die Zeit zu verkürzen, in der diese Menge aufgenommen wird bzw. in der ein Wasserdefizit ausgeglichen wird. Besteht Wassersättigung, so wird durch eine Permeabilitätserhöhung überhaupt nichts geändert — es sei denn, es käme zu einer Exosmose von gelösten Substanzen. Umgekehrt kann eine Erniedrigung der Wasserpermeabilität auch nicht zu einer Verringerung der Wassermenge oder gar zu Turgeszenzabnahme führen (POHL, der diese Schwierigkeit wohl bemerkt hat, nimmt daher für diesen Fall auch eine Überlagerung durch elektroosmotische Phänomene an).

Wenn daher nach HA-Gabe die in die Zelle beförderte Wassermenge erhöht wird, so dürfte das nur auf metaosmotischem Wege geschehen. Eine direkte Einwirkung des HA auf die Permeabilität der Grenzschichten kann daraus nicht abgeleitet werden.

Auch die Untersuchungen von BOOJI und VELDSTRA über die Einwirkung von Pflanzenwuchsstoffen auf Oleatkoazervate sind hier zu berücksichtigen. Die Verff. hatten zunächst vermutet, die Wuchsstoffwirkung mache sich ähnlich wie die der Fettsäuren hauptsächlich in den Koazervaten der Plasmamembran als Permeabilitätsänderung bemerkbar. Es zeigt sich jedoch, daß die „Koazervataktivität" der Wuchsstoffe geringer ist als die der Fettsäuren, während ihre physiologische Aktivität (hinsichtlich des Streckungswachstums) größer ist. Hiernach muß angenommen werden, daß die Wuchsstoffwirkung sich vorwiegend im Binnenplasma entfaltet (oder aber, daß die Plasmagrenzschichten nicht aus Koazervaten aufgebaut sind).

4. Gifte, sonstige Stoffe. Seifriz (3) gibt eine kurze Übersicht über die Zusammenhänge zwischen der Giftwirkung der Ionen und deren physikalischen Daten; die Giftwirkung metallischer Ionen auf das Myxamöbenprotoplasma ist im allgemeinen direkt proportional dem Atomgewicht, der Wertigkeit, der elektrischen Ladung, der Grenzflächenaktivität, der Adsorption, dem Ionendurchmesser, der Hydratation, der Beweglichkeit und der Elektronegativität. Bezüglich der Einzelheiten muß auf die Originalarbeit verwiesen werden.

Thümmler untersucht in einer umfangreichen Studie die Physiologie der Rauchschäden, die im wesentlichen auf der Einwirkung schwefliger Säure beruhen. Er unternimmt hauptsächlich Versuche, die Plasmastruktur, die Permeabilität usw. durch SO_2 zu beeinflussen. Die Ergebnisse lassen sich vorerst nicht vollständig deuten. — Beck und Meier studieren die Einwirkung von Invertseifen auf Hefezellen, Erythrozyten und Lecithin. Bei den Hefezellen sollen Adsorptionsphänomene eine Rolle spielen, während in Erythrozyten andersartige Reaktionen mit Lipoiden ablaufen. — Currier (3) berichtet über den Einfluß verschiedener Herbicide (2, 4-Dichlorphenoxyessigsäure, Pentachlorophenol u. a.) auf *Allium-*, *Beta-*, *Anacharis-*, *Hordeum-* und *Tradescantia*-Zellen. Er beobachtet Vakuolenkontraktion, Vakuolisierung, Plasmolyseformen, Reizplasmolyse und andere Phänomene. Diese lassen sich für jeden Stoff gruppieren unter die Begriffe Stimulation (a) — reversible Schädigung (b) — irreversible Schädigungen (c), wobei vermutlich bei a) eine Erhöhung, bei b) eine geringe und bei c) eine starke Herabsetzung der Hydratation stattfindet. — An colchicinierten Pflanzen (*Helodea*, *Allium*, *Spirogyra*) beobachtet Mairold eine Verkürzung der Plasmolysezeit.

VIII. Strahlenwirkungen.

Von zoologischer Seite konnte mehrfach nachgewiesen werden, daß die UV-Wirkung im Plasma auf der Absorption einer großen Zahl von Einzelquanten beruht, die ziemlich gleichmäßig über die ganze Zelle verteilt sind (Lacassagne, Graue), während die Röntgenwirkung auf eine Trefferreaktion zurückgeht. Soweit die UV-Absorption durch Nukleoproteide erfolgt, beeinflußt sie unterhalb 2200 Å die Atmung und die Färbbarkeit mit Methylenblau auf direktem Wege, bei 2650 Å werden die Nukleoproteide nur so weit verändert, daß zwar noch gewisse Zellbestandteile gebildet werden können, doch sind diese weniger stabil und werden durch Wärmeeinwirkung leicht zerstört (Anderson und Duggar an Hefe). Aber auch Proteine können eingestrahlte Energie absorbieren, wobei die absorbierten Quanten weit vom Absorptionsort entfernt ihre Wirkung ausüben (CO-Myoglobin, Bücher und Kaspers).

Die Absorption ist nicht immer konstant; nach längerer Bestrahlung kann ein merklicher Abfall oder auch ein Anstieg auf über das Doppelte beobachtet werden (Bradfield und Errera).

Falls wir berechtigt sind, das Auftreten derartiger Phänomene auch in den bestrahlten Zellen höherer Pflanzen anzunehmen, würde uns das die Vielfalt der Auswirkungen einer UV-Bestrahlung verständlich machen können, von der BIEBL (1—3) und TOTH berichten. BIEBL beschreibt an *Allium* vielgestaltige Plasmolysebilder in CaCl$_2$ und KCl und beobachtet Vakuolenkontraktion, schnelleren Plasmolyseeintritt und kürzere Absterbezeiten. TOTH hat am gleichen Objekt Permeabilitätsmessungen ausgeführt. Die Ergebnisse sind sehr uneinheitlich: bei subletalen Dosen Erhöhung für Harnstoff, Glykol, Methylharnstoff und Sulfoharnstoff, Herabsetzung für Glycerin und Wasser. Nach längerer Bestrahlung Permeabilitätsherabsetzung für Glycerin, Harnstoff, Methylharnstoff, Erhöhung für Glykol. Gesicherte kausale Interpretationen können daraus nicht abgeleitet werden, zumal die Reproduzierbarkeit der Befunde nicht festzustehen scheint.

Über die unterschiedliche Wirkung von α-Strahlen auf Kern und Plasma s. PETROVA (1—3).

IX. Resistenz.

1. Kälte- und Frostresistenz.

Sammelbericht: ULLRICH (3). JENSEN bemüht sich um die Reproduzierbarkeit der Versuchsergebnisse LUYETS, der *Allium*-Epidermen nach vorangegangener Plasmolyse so schnell wie möglich in flüssige Luft eintaucht, wodurch eine Vitrifizierung erreicht wird, die die Zellen lebend überstehen. Verf. kann sich überzeugen, daß das Cytoplasma solcher Zellen nach dieser Behandlung deutlich koaguliert ist, hingegen zeigt der Tonoplast noch postmortale Semipermeabilität. Er leitet daraus ab, daß weder die Plasmolysierfähigkeit noch die Anfärbbarkeit der Vakuolen ein sicheres Kriterium sei, den Zustand der Zelle zu beurteilen.

LUYET und GEHENIO verfolgen Eisbildung und Vitrifikation bei schneller Abkühlung. OSTERWALDER beobachtet einen Zusammenhang zwischen Frostempfindlichkeit der Tomatenblüten (von denen zuerst die Griffel absterben) und Wasserversorgung. Sie vertragen Temperaturen von —3° C über 1 Stunde lang, wenn sie trocken gehalten waren, während die reichlich bewässerten Vergleichspflanzen erfroren.

WHITE und HORNER finden, daß die Kälteresistenz verschiedener Gräser proportional dem Alter ansteigt; AREKARI und SCHMID bestätigen diese Befunde für Leguminosen sowie weitere Grasarten mit der Einschränkung, daß in den meisten Fällen die Kälteresistenz noch einmal absinkt, wenn die Keimlinge zwei Blätter ausgebildet haben; danach liegt sie wieder höher.

Neben diesen mehr ökologischen Fragestellungen wurden auch die physikalisch-chemischen Probleme weiter bearbeitet. LEVITT und SIMINOVITCH, SIMINOVITCH und LEVITT bemühen sich erneut, an den Standardobjekten *Catalpa*- und *Cornus*-Rinde die differierenden Befunde zu klären (LEVITT und SCARTH, KESSLER und RUHLAND, Fortschr. Bot. 8). Sie lehnen die Anwendung der Zentrifugiermethode für Viscositäts- und Hydratationsbestimmungen ab, weil die spezifischen Gewichte der Chloroplasten und des Cytoplasmas durch Hydratationsverschiebungen ungleich verändert werden. Plasmolytische Untersuchungen ergeben folgendes: Die Plasmolysezeit gehärteter Zellen ist geringer als bei enthärteten, doch wird der gleiche Plasmolysegrad von enthärteten Zellen schneller erreicht. Deplasmolysiert man stark (200 at) vorplasmolysierte Zellen vorsichtig, so platzen die enthärteten Protoplaste, die gehärteten nicht. Dies wird auf eine Verfestigung der Protoplastenoberfläche zurückgeführt, die in gehärteten Zellen erst nach starker Dehydratisierung einsetzt. Daraus wird der Schluß gezogen, daß das Ektoplasma im gehärteten Zustand eine gesteigerte Hydratation aufweist bzw. das Wasser fester bindet. Im Binnenplasma dagegen treten bei „normaler Hydratation" und bei Plasmolyse nur geringe Konsistenzunterschiede zwischen gehärtetem und enthärtetem Material auf, doch ist das enthärtete Plasma gegen mechanische Schädigungen empfindlicher. Mikromanipulatorversuche (u. a. Rückbildung eingedrückter Furchen) scheinen diese Auffassung zu bestätigen.

PISEK versucht die Zusammenhänge zwischen der Frostresistenz und der Zusammensetzung des Zellsaftes zu klären. Bei *Rhododendron* kann in Frühjahr- und Sommerversuchen durch künstliche Fröste eine Ausschüttung osmotisch wirksamer Substanz erzielt werden (Zucker auf Kosten der Stärke; K·, Ca··, Mg··, Äpfel- und Zitronensäure zeigen keine geordnete Beziehung zur Härtung), doch bewirkt diese nur eine geringe Frosthärtung. Im Laufe der natürlichen Härtung (Herbst) tritt ebenfalls eine Erhöhung des osmotischen Wertes ein; diese ist meist geringer als im Sommerexperiment, jedoch von einer bedeutenden Resistenzsteigerung begleitet. Bei Koniferen verlaufen die Kurven für die Frostresistenz und den osmotischen Wert ziemlich unabhängig voneinander. Soweit hier vereinzelt eine Steigerung des osmotischen Wertes beobachtet wird, kommt sie durch Wasserverlust zustande. Danach ist offenbar die Zuckeranreicherung nur eine Begleiterscheinung der Frosthärtung; entscheidend ist die Phase der inneren Periodizität.

2. Dürreresistenz. (Methodisches: ASHBY und MAY.) Über Änderungen der Dürreresistenz im Laufe der Differenzierung berichtet MILTHORPE: meristematische Zellen sind resistenter als gestreckte. MIGAHID vermutet, daß für die Trockenresistenz der Xerophyten die Wasserbindungsfähigkeit des Protoplasmas entscheidend ist. Ihr osmotischer Wert ist im Vergleich zu den Mesophyten höher; er soll jedoch nicht direkt die Dürreresistenz bestimmen, sondern seinerseits von dem höheren Verhältnis gebundenes Wasser : freies Wasser abhängen. — Über Aufhebung der Zuckerpermeabilität des Zuckerrübengewebes nach leichter Austrocknung berichten BELVAL und LEMOYNE, über mechanische Schäden beim Austrocknen von Hefezellen LEPESCHKIN (4).

STOCKER (1, 2) entwickelt aus seinen experimentellen Untersuchungen eine umfassende Theorie der Dürreresistenz. Die für unser Kapitel wichtige plasmatische Dürreresistenz (die von der konstitutionellen Dürreresistenz abgesetzt wird) hat ihre Ursache in plasmatischen Strukturen. Der plasmatische Dürreeffekt entsteht beim Austrocknen der ungleich quellbaren Teile des Proteingerüstes; es treten mechanische Spannungen auf, die schließlich zum Zerreißen intraplasmatischer Bindungen führen. Die Verschiebung des Strukturgleichgewichtes löst zahlreiche Reaktionskomplexe aus („Reaktionsphase"), von denen hier Permeabilitätserhöhung, Erhöhung der Quellfähigkeit und Freisetzung von Fermenten des dissimilatorischen Stoffwechsels genannt sein mögen. Diese leiten durch Erhöhung der CO_2-Konzentration die „Restitutionsphase" ein, die durch Überkompensation in eine „Abhärtungsphase" übergeführt werden kann. — Die Theorie gründet sich

zunächst auf Untersuchungen an stark geschüttelten Pflanzenteilen:
an ihnen können die oben angegebenen Reaktionen messend verfolgt
werden. Der vermutlich zugrunde liegende thixotrope Effekt dient gewissermaßen als Modell für die bei der Austrocknung auftretenden
Spannungen und Zerreißungen im Plasma.

3. Hitzeresistenz. Zu ähnlichen Vorstellungen gelangt BOGEN (3),
der die Veränderung der Hitzeresistenz (gemessen als mittlere Tötungszeit nach dem Einbringen von Schnitten in 60° C-Lösungen) durch verschiedene Faktoren an *Rhoeo* und *Gentiana* untersucht. Auch er sieht
als Ursache des Hitzetodes intra- und intermolekulare Zerreißungen im
Proteingerüst an, legt aber größeres Gewicht auf die Molekelform und
die zwischenmolekularen Kräfte (vgl. S. 194). Temperaturerhöhungen
führen zu einer ungleichmäßigen Dislozierung von Hydratationswasser,
damit zu Änderungen der Molekelgestalt und zu intermolekularen Spannungen. Demgemäß wird auch die Hitzeresistenz durch Ionen in dem
Maße beeinflußt, wie diese — bei Adsorption unter Ladungserhaltung —
die Ladungs- und Hydratations-„Muster" verändern. Als resistenzerhöhend würde danach nicht die Gesamthydratation anzusehen sein,
sondern die Fähigkeit, jede Veränderung der Ladungs- und Hydratationsmuster möglichst gering zu halten, weil nur so die Formstabilität der
Einzelmolekeln wie die ursprüngliche Gerüststruktur aufrechterhalten
werden kann. In einer zweiten Gruppe von Versuchen werden Faktoren
analysiert, die bei Zimmertemperatur „schädigend" wirken (Plasmolyse,
Deplasmolyse, Wässerung, Behandlung mit Einsalzlösungen u. a.).
Diese ergeben ebenfalls eine Herabsetzung der Hitzeresistenz in dem
Maß, wie Dislozierungen von Wasser stattfinden, so daß sich die Schädigungsmechanismen bei mittlerer und höherer Temperatur vermutlich
gleichen. Damit kann die Hitzeresistenzbestimmung als Test für Strukturstörungen dienen, die sich bei normaler Temperatur ereignen.

X. Protoplasmatik.

BAUCH und OVERBECK berichten über die Möglichkeit, aus Pflanzengewebe
einzelne Zellen zu isolieren; durch Pektinase-Einwirkung werden die Mittellamellen
so weit aufgelöst, daß ein leichter Druck auf das Deckglas genügt, um große Mengen
von ungeschädigten Einzelzellen zu gewinnen. — NIETHAMMER stellt einen gewissen
Zusammenhang fest zwischen der Keimfähigkeit von Samenproben und der Plasmolysierfähigkeit der Embryo- und Endospermzellen.

Eine Übersicht über den derzeitigen Stand der Protoplasmatik gibt REUTER (5).

Algen: DRAWERT (5) behandelt in einer umfassenden und sehr sorgfältigen
Untersuchung den Bau der Zellen von Oscillatoria Borneti. Es ist unmöglich, über
die Fülle des Beobachtungsmaterials in Kürze zu referieren; bezüglich der Einzelheiten muß daher auf die Originalarbeit verwiesen werden. Als wichtiger Befund
sei herausgehoben, daß der Turgor der Zellen nicht durch ein osmotisch wirksames
System bedingt wird, sondern durch einen unbegrenzt quellbaren Zentralkörper,
der vermutlich mit der „Zentralsubstanz" identisch ist; er gibt Glykogen-Reaktion.—
LANZ (4) beschreibt das Auftreten von Schwefelkristallen bei Cyanophyceen, KO
PETZKY referiert über Zellbau und Zelleinschlüsse bei Conjugaten, KOVIATKOWSKY
empfiehlt *Mesogerron* als zellphysiologisches Objekt. TOTH, GRAF und RICHTER
beobachten das Vorkommen von „Plasmaamöben" in geschleuderten Spirogyrazellen. GEITLER (1, 2) widmet den Diatomeen einige Studien, die die Raphenstruktur,
das Plasmoptyseverhalten sowie die Differenzierung der Protoplasten zum Gegen-

stand haben, während BARG (1) das Verquellen der Diatomeenschalen in Kalilauge und Ammoniak untersucht. KÜSTER (5) beschreibt ungewöhnliche Nekroseformen bei *Porphyra* mit quellender Membran, wobei der Protoplast schrumpft und homogen-faiblos wird. Über die Indifferenzstreifen der Characeen: BARG (3), über das Plasmolyseverhalten von Süßwasseralgen: LOTHRING; über die zentral- und randständigen Vakuolen bei *Cladophora*: LANZ (3); an *Cladophora fracta* beobachtet MOSER, daß plasmolysierte Teilprotoplaste sich bei der Deplasmolyse nicht wieder vereinigen.

Archegoniaten: HÖFLER vergleicht die Austrocknungsfähigkeit mehrerer *Jungermanniales* und weist die Existenz verschiedener vitaler Trockengrenzen für verschiedene Plasmen nach. Einen auffallenden Antogonismus in der Wirkung von Zn und B auf Resistenz, Plasmolyseform usw. bei *Mnium rostratum* hat BIEBL (5) feststellen können. Die Protoplasmatik der Spaltöffnungen von *Polypodium vulgare* studiert REUTER (2).

Angiospermen: Die Einwirkung verschiedener Salze (Zn, B, Mn, V) auf die protoplasmatischen Testreaktionen prüft BIEBL (6—9). Die Resistenzgrenzen sind sehr verschieden: gegen $VOSO_4$ bei Blütenpflanzen beispielsweise 1—0,0001%, während Moose sogar bis zu 10% während 48 Stunden ohne merkliche Schädigungen ertragen können. Untersuchungen über die Protoplasmatik der Blattepidermis von *Pisum sativum*, der Schließzellen von *Lemna minor* und der Keimblattzellen von *Soja* legt REUTER vor (1, 4, 6), über die Fruchtfleischzellen von *Ligustrum* CHOLNOKY. KÜSTER (7) teilt interessante morphologische und entwicklungsphysiologische Einzelheiten von den *Delphinium*-Drüsenhaaren mit. GAGETTI findet an Hand von Zentrifugen- und Plasmolyseform-Untersuchungen an zahlreichen Pflanzen, daß die Viscosität des Plasmas der Mesophyllzellen größei ist als in der Epidermis; sie schließt daraus auf eine höhere Trockenresistenz der Mesophyllzellen, als deren Träger Mucoproteide angesehen werden. In diesem Zusammenhange ist auch die Mucophanerose TONZIGS zu erwähnen. BECK und ANDRUS ermitteln verschiedene plasmatische Gradienten im *Helianthus*-Hypokotyl: junge Zellen haben höhere Viscosität, stärkeres Quellungsvermögen, höhere elektrische Potentiale, höheren osmotischen Wert und höhere Saugkräfte.

Literatur.

ANDERSON, TH. F. u. B. M. DUGGAR: Proc. Amer. phil. Soc. 84, 661 (1941). — ARAKERI, H. R. u. R. A. SCHMID: J. Agronomy 41, 182 (1949). — ARENS, K. u. F. DE LAURO: (*) Summa Brasiliensis Biol. 1, 45 (1946). — ASHBY, E. u. V. MAY: (*) Proc. Linnean Soc. N. S. W. 14, 107 (1941). — AYKIN, S.: Rev. Fac. Sci. Univ. Istanbul (Ser. B) 11, 271 (1946).

BANK, O.: Protoplasma (Berl.) 35, 419 (1941). — BARG, T.: (1) Protoplasma (Berl.) 36, 120 (1942); (2) 36, 161 (1942); (3) 37, 293 (1943). — BAUCH, R. u. H. J. OVERBECK: Züchter 19, 272 (1949). — BAUD, C. A.: Nature (Lond.) 161, 559 (1948). — BAUER, L.: (1) Flora (Jena) 136, 30 (1942) — (2) Planta (Berl.) 37, 221 (1948). — BAUER, K. F.: Z. Anat. 112, 653 (1943). — BAZIN, S.: (1) C. r. Soc. Biol. Paris 138, 117 (1944); (2) 138, 79 (1944); (3) 140, 210 (1946); (4) 141, 224 (1947). — BECK, W. A. u. B. ANDRUS: (*) Bull. Torrey bot. Club 70, 563 (1943). — BECK, G. E. u. R. MEIER: Experientia (Basel) 3, 371 (1947). — BELVAL, H. u. S. LEMOYNE: Bull. Soc. Chim. biol. Paris 29, 667 (1947). — BENNET-CLARK, T. A. u. D. BEXON: (1) New Phytologist 42, 65 (1943); (2) 45, 5 (1946). — BEYRICH, H.: (1) Flora (Jena) 136, 313 (1942) — (2) Ber. dtsch. bot. Ges. 61, 231 (1943). — BIEBL, R.: (1) Protoplasma (Berl.) 36, 490 (1941); (2) 37, 1 (1942); (3) 37, 566 (1943) — (4) Sitzgsber. Akad. Wiss. Wien, Math.-naturwiss. Kl. Abt. 1 155, 145 (1947) — (5) Österr. bot. Z. 94, 61 (1947); (6) 95, 129 (1948) — (7) Protoplasma (Wien) 39, 251 (1949) — (8) Biolog. generalis (Wien) 19, 236 (1950). — BLAESS, H.: Protoplasma (Berl.) 36, 177 (1942). — BOCHSLER, A.: Ber. Schweiz. bot. Ges. 58, 73 (1948). — BOGEN, H. J.: (1) Planta (Berl.) 32, 150 (1941) — (2) Biol. Zbl. 62, 511 (1942) — (3) Planta (Berl.) 36, 298 (1948) — (4) Biol. Zbl. 67, 490 (1948) — (5) Z. Vererbgsl. 83, 93 (1949) — (6) P.anta (Berl.) 38, 65 (1950). — BOOJI, H. L. u. H. BUNGENBERG DE JONG: Biochim. et Biophysica Acta 3, 242 (1949). — BOOJI, H. L. u. A. VELDSTRA: Biochim. et Biophysica Acta 3, 260 (1949). — BOUILLIENNE, R. E.: Arch. Inst. bot. Univ. Liège 16,

11 (1940). — Brachet, J.: (*) Growth 11, 309 (1947). — Bradfield, I. R. G. u. M. Errera: Anat. Rec. 103, 428 (1949). — Brandt, M. K.: Protoplasma (Berl.) 36, 77 (1942). — Brauner, L.: (1) Rec. Fac. Sci. Istanbul (Ser. B) 7, 46 (1942); (2) 8, 264 (1943) — (3) Naturwiss. Fak. Univ. Istanbul, Jubiläumsband 1933/43, 113 (1943). — Brauner, L. u. M. Hasman: (1) Rec. Fac. Sci. Istanbul (Ser. B) 11, 1 (1946); (2) 12, 210 (1947) — (3) Bull. Fac. Med. Istanbul 12, 57 (1949). — Briggs, G. E. u. R. N. Robertson: New Phytologist 47, 265 (1948). — Brooks, S. C. u. M.: The permeability of living cells. Berlin 1942. — Broyer, T. C.: (1) Bot. Rev. 13 1 u. 126 (1947) — (2) Science (N. Y.) 105, 67 (1947). — Bucherer, H.: Zbl. Bakteriol. II, 106, 81 (1943). — Buchy, A.: Rev. Cytol. et Cytophysiol. Vég. 5, 265 (1941). — Bücher, T. u. J. Kaspers: Biochim. et Biophysica Acta 1, 21 (1947). — Bukatsch, F.: Z. ges. Naturwiss. 7, 288 (1941). — Bull, H. B.: Adv. protein chemistry 3, 95 (1947). — Bünning, E.: Planta (Berl.) 37, 431 (1949). — Bünning, E. u. D. Glatzle: Planta (Berl.) 36, 199 (1949). — Bünning, E. u. H. Herdtle: Z. Naturforschg 1, 93 (1946). — Burström, H.: Physiol. Plantarum 1, 57 (1948). — Buvat, R.: C. R. Acad. Sci. Paris 224, 359 u. 668 (1947).

Caspersson, T.: Naturwiss. 29, 33 (1941). — Ceruti, A.: Atti Accad. Lincei (Roma) Rend. Cl. Sci. Fis. Mat.-nat. Ser. 8A 5, 452 (1948). — Chadefaud, M.: Ann. Sci. Nat. Bot. et Biol. 11, 1 (1941). — Cholnoky, B. J. v.: Protoplasma (Berl.) 37, 415 (1943). — Collander, R.: (1) Naturwiss. 30, 484 (1942) — (2) Acta physiol. Scand. 13, 363 (1947) — (3) Acta Chemica Scand. 3, 717 (1949) — (4) Physiol. Plantarum 2, 235 (1949); (5) 2, 300 (1949). — Collander, R., H. Lönegren u. E. Arkimo: Protoplasma (Berl.) 37, 527 (1942). — Collander, R. u. B. Wikström: Planta (Berl.) 2, 235 (1949). — Commoner, B., S. Fogel u. H. W. Muller: Amer. J. Bot. 30, 23 (1943). — Cottet, P.: Experientia (Basel) 3, 199 (1947). — Cottet, P. u. W. Minder: (*) Schweiz. med. Wschr. 77, 195 (1947). — Crafts, A. S., H. B. Currier u. C. R. Stocking: Water in the Physiology of Plants. Waltham (Mass.) 1949. — Currier, H. B.: (1) Plant Physiol. 19, 544 (1944) — (2) Amer. J. Bot. 31, 378 (1944) — (3) Plant Physiol. 24, 601 (1949).

Dangeard, P.: (1) C. r. Acad. Sci. Paris 213, 884 (1941) — (2) Cytologie végétale et cytologie générale. Paris 1947. — Danielli, J. F.: (1) Biochemic. J. 35, 470 (1941) — (2) J. exp. Biol. 20, 167 (1944). — Davson, H. u. J. F. Danielli: The Permeability of Natural Membrans. Cambridge 1943. — De Bruyn, P. P. H.: Quart. Rev. Biol. 22, 1 (1947). — Dellingshausen, M. v.: Planta (Berl.) 34, 17 (1942). — Deuel, H. u. G. Huber: Helvet. chim. Acta 33, 10 (1950). — Diannelidis, T.: Protoplasma (Wien) 39, 244 (1950). — Drawert, H.: (1) Flora (Jena) 135, 21 (1941); (2) 135, 303 (1941) — (3) Planta (Berl.) 35, 579 (1948) — (4) Z. Naturforschg 3b, 111 (1948) — (5) Planta (Berl.) 37, 161 (1949) — (6) Z. Naturforschg 4b, 35 (1949).

Edlefsen, N. E.: Amer. Geophys. Union Trans. III 28, 917 (1941). — Edlefsen, N. E. u. A. B. C. Andersson: Hilgardia 15, 31 (1943). — Ehrensberger, R.: Z. Naturforschg 3b, 120 (1948). — Eibl, K.: Protoplasma (Berl.) 35, 545 (1941). — Esau, K.: Amer. J. Bot. 34, 224 (1947).

Fischer, H.: Planta (Berl.) 35, 513 u. 37, 244 (1948/49). — Förster, Th.: (1) Naturwiss. 33, 166 (1946); (2) 33, 220 (1946); (3) 36, 186 (1949). — Freudenberger, H.: Protoplasma (Berl.) 35, 15 (1941). — Frey-Wyssling, A.: (1) The Submiscroscopic Morphology of Protoplasm and its Derivatives. NewYork 1948 — (2) Research 2, 300 (1949). — Frey-Wyssling, A. u. A. Bochsler: Experientia (Basel) 3, 30 (1947). — Frey-Wyssling, A. u. V. v. Rechenberg-Ernst: Flora (Jena) 137, 192 (1943).

Gagetti, A.: Lavori di Bot. 1947, 413. — Gasser, R.: (*) Ber. Schweiz. bot. Ges. 52, 47 (1942). — Gäumann, E.: Ber. dtsch. bot. Ges. 59, 283 (1941). — Gavadou, P., M. Dodé u. H. Poussel: Rec. Trav. Tox. et Pharmacodynam. Cellulaire 2, 1 (1946). — Geitler, L.: (1) Ber. dtsch. bot. Ges. 59, 10 (1941) — (2) Österr. bot. Z. 95, 17 (1949). — Germ, H.: Mikroskopie 2, 357 (1947). — Gonçalves da Cunha: (*) Bol. Soc. Broteriana 22, 97 (1948). — Gordon, K. u. R. Chambers: J. cell. a. comp. Physiol. 17, 97 (1941). — Graue, E. H.: Klin. Wschr. 24/25, 789 (1947). — Guilliermond, A.: The Cytoplasm of the Plant Cell. Waltham (Mass.) 1941. — Guilliermond, A. u. R. Gautheret: Rev. gén. Bot. 53, 25, 80, 121, 212 (1946). — Guttenberg, H. v. u. L. Kroepelin: Planta (Berl.) 35, 257 (1943).

HAINES, F. M.: Ann. Bot. 14, 385 (1950). — HÄRTEL, O.: Protoplasma (Berl.) 37, 330 (1942). — HARVEY, E. N.: (*) J. gen. Physiol. 25, 855 (1942). — HASMAN, M.: (1) Rev. Fac. Sci. Univ. Istanbul (Ser. B) Sci. Nat. 8, 167 (1943); (2) 14,97 (1949). — HAUROWITZ, F.: Fortschr. d. Biochemie 1938—47. Basel 1948. — HERRLINGER, F., u. F. KIERMAIER: Biochem. Z. 318, 413 (1948). — HOAGLAND, D. R.: Inorganic Plant Nutrition. Waltham (Mass.) 1948. — HÖBER, R.: (1) Physikalische Chemie der Zellen und Gewebe. Bern 1947 — (2) Naturwiss. 34, 144 (1947). — HOF-MEISTER, L.: (1) Protoplasma (Berl.) 35, 65 (1941); (2) 35, 161 (1941) — (3) Sitzgsber. Österr. Akad. Wiss. Wien, Math.-naturwiss. Kl. (Abt. I) 157, 55 (1949); (4) 157, 83 (1949). — HÖFLER, K.: (1) Ber. dtsch. bot. Ges. 60, 94 (1942) u. 179 (1942) — (1a) Protoplasma (Berl.) 37, 283 (1942) — (2) C. r. Acad. Sci. Paris 223, 335 (1946) — (3) Mikroskopie 2, 13 (1947) — (4) Sitzgsber. Akad. Wiss. Wien, Math.-naturwiss. Kl. (Abt. 1) 156, 585 (1947) — (5) Biol. generalis (Wien) 19, 90 (1949) — (6) Phyton 1, 105 (1949). — HÖFLER, K. u. E. PECKSIEDER: Österr. bot. Z. 94, 99 (1947). — HÖFLER, K., A. TOTH u. M. LUBAN: Protoplasma (Wien) 39, 62 (1949). — HOMÈS, M. V. L.: (1) Bull. Soc. Roy. bot. Belgique 74, 178 (1941); (2) 75, 70 (1943). — HOUSKA, H.: Protoplasma (Berl.) 36, 11 (1943). — HUBER, B.: (1) Ber. dtsch. bot. Ges. 59, 181 (1941) — (2) Protoplasma (Berl.) 37, 439 (1943). — HÜLSBRUCH, M.: Planta (Berl.) 34, 221 (1945).

IRMAK, L. R.: Rev. Fac. Sci. Univ. Istanbul (Ser. B) 8, 201 (1943).

JENSEN, A. B.: Protoplasma (Berl.) 36, 195 (1941). — JOHANNES, H.: Proto-plasma (Berl.) 36, 181 (1941). — JONES, D. P.: (*) J. labor. a. chim. Med. 32, 701 (1947). — JORDAN, P.: (1) Naturwiss. 28, 69 (1940); (2) 32, 20 (1944). — JOYET-LAVERGNE, PH.: Bull. chim. biol. Paris 29, 258 (1947).

KELLER, R.: Protoplasma (Wien) 39, 176 (1950). — KELLY, S. M.: Amer. J. Bot. 33, 230 (1946). — KLEMENT, K.: Naturwiss. 37, 211 (1950). — KLOTZ, J. M., F. M. WALKER u. R. B. PIVAN· (*) J. amer. chem. Soc. 68, 1486 (1946). — KÖLBEL, H.: Z. Naturf. 2b, 382 (1947); 3b, 442 (1948). — KONINGSBERGER, V. J.: Meded. Kon. Vlaam. Akad. Wetensch. 13, 5 (1947). — KOPETZKY, O.: Protoplasma (Wien) 39, 121 (1949). — KOVIATKOWSKY, G.: Protoplasma (Wien) 39, 289 (1949). — KRANTZ, H.: Z. Naturforschg 2b, 428 (1947). — KREBS, A.: Naturwiss. 34, 59 (1947). — KREUZ, J.: Österr. bot. Z. 90, 1 (1941). — KUHN, W. u. H.: Helvet. chim. Acta 28, 1539 (1945). — KÜSTER, E.: (1) Protoplasma (Berl.) 36, 134 (1941); (2) 36, 169 (1941) — (3) Flora (Jena) 136, 101 (1942) — (3) Z. Mikrosk. 58, 245 (1942) — (5) Protoplasma (Berl.) 37, 321 (1942); (6) 38, 13 (1943) — (7) Flora (Jena) 138, 11 (1943) — (8) Biol. Zbl. 67, 27 (1948) — (9) Planta (Berl.) 37, 210 (1948) — (10) Ex-perimentelle Zellforschung. Jena 1948 — (11) Protoplasma (Wien) 39, 14 (1949).

LACASSAGNE, A.: (*) Acta radiol. (Stockh.) 28, 461 (1947). — LANZ, I.: (1) Proto-plasma (Berl.) 36, 381 (1942); (2) 36, 619 (1942) — (3) Ber. dtsch. bot. Ges. 60, 37 (1942); (4) 60, 469 (1942) — (5) Protoplasma (Berl.) 37, 337 (1942). — LÄRZ, H.: Flora (Jena) 135, 319 (1942). — LEPESCHKIN, W.: (1) Protoplasma (Berl.) 35, 95 (1941); (2) 36, 52 (1942); (3) 36, 414 (1942); (4) 37, 404 (1942); (5) 38, 25 (1943); (6) 39, 222 (1950). — LEVITT, J.: (1) Plant Physiol. 21, 562 (1946); (2) 23, 505 (1948). — LEVITT, J. u. D. SIMINOVITCH: Canad. J. Res. Sect. C 18, 551 (1940). — LOEWY, A. G.: Amer. phil. Soc. 93, 326 (1949). — LOTHRING, H.: Planta (Berl.) 32, 600 (1942). — LUNDEGÅRDH, H.: (1) Arkiv Bot. 31 A, 1 (1944) — (2) Protoplasma (Berl.) 35, 548 (1941). — LUYET, B. I. u. P. M. GEHENIO: (*) Federation Proc. 6, 157 (1947). — LYON, C. J.: Plant Physiol. 17, 250 (1942).

MAIROLD, F.: Protoplasma (Berl.) 37, 445 (1943). — MEITÈS, M.: Bull. Soc. bot. France 90, 187 (1943). — MEYER, B. S.: (*) Plant Physiol. 20, 142 (1945). — MIGAHID, A. M.: (*) Bull. Fac. Sci. Fouad I Univ. 25, 83 (1945). — MILTHORPE, F. L.: Ann. Bot. 14, 79 (1941). — MONNÈ, L.: Ark. Zool. 39 A, 7, 1 (1947). — MOSER, M.: Österr. bot. Z. 91, 131 (1943). — MULLINS, L. J.: Proc. Soc. exp. Biol. a. Med. 64, 296 (1947). — MÜNCH, E.: Flora (Jena) 136, 223 (1941). — MUSFELD, W.: Ber. Schweiz. bot. Ges. 52, 583 (1942).

NICLOUX, M.: (*) Trav. Membres Bull. Soc. Chim. Biol. 23, 1194 (1941). — NIETHAMMER, A.: Gartenbauwiss. 17, 91 (1942). — NILSSON, R.: Naturwiss. 31, 25 (1943). — NOLTE, A.: Z. Naturforschg 2b, 295 (1947).

OLSEN, C.: (1) Physiol. Plantarum 1, 136 (1948) — (2) C. r. trav. Lab. Carlsberg (Sér. chim.) 25, 361 (1948). — ØRSKOV, S. L.: Acta path. scand. 25, 277 (1947). —

OSTERHOUT, W. J. V.: (1) J. gen. Physiol. **26**, 699; (2) **29**, 73; (3) **29**, 181; (4) **30**, 47; (5) **30**, 229; (6) **30**, 439; (7) **31**, 291 (1946/47). — OSTERWALDER, A.: Schweiz. Z. Obst- u. Weinbau **52**, 324 (1943). — OVERBEEK, J. v.: Amer. J. Bot. **31**, 265 (1944). PATTERSON, P. H.: Amer. J. Bot. **31**, 45 (1944). — PAULING, L.: Amer. Chem. Soc. **67**, 555 (1945). — PECKSIEDER, M. E.: Biol. generalis **19**, 224 (1950). — PERNER, E. S.: Protoplasma (Wien) **39**, 180 (1950). — PETROVÀ, J.: (1) Ber. dtsch. bot. Ges. **60**, 148 (1942) — (2) u. (3) Beih. bot. Cbl. A **61**, 399/431 (1942). — PFEIFFER, H. H.: (1) Ber. dtsch. bot. Ges. **59**, 288 (1941) — (2) Chromosoma **2**, 334 (1942) — (3) Protoplasma (Berl.) **35**, 265 (1941); (4) **36**, 616 (1942) — (5) Naturwiss. **31**, 418 (1943) — (6) Planta (Berl.) **37**, 96 (1948) — (7) Protoplasma (Berl.) **39**, 141 (1949) — (8) Phyton **1**, 180 (1949) — (9) Naturwiss. **36**, 318 (1950). — PISEK, A.: Protoplasma (Wien) **39**, 129 (1950). — PLASS, H.: Protoplasma (Berl.) **36**, 230 (1948). — POHL, R.: Planta (Berl.) **36**, 230 (1948). — POLITIS, H.: C. r. Acad. Sci. Paris **226**, 1389 (1948).

REINDERS, D. E.: Rec. Trav. Bot. Néerl. **39**, 1 (1942). — REUTER, L.: (1) Protoplasma (Berl.) **35**, 330 (1941); (2) **36**, 321 (1942); (3) **37**, 538 (1942) — (4) Phyton **1**, 76 (1948); (5) **1**, 229 (1949). — ROBERTSON, R. N., J. S. THURNER u. M. J. WILKINS: (*) Austr. J. exp. Biol. a. Med. Sci. **25**, 1 (1947). — ROTHEN, A.: Adv. protein chemistry **3**, 123 (1947). — ROTTENBURG, W.: Flora (Jena) **137**, 230 (1941). — ROUSCHAL, F.: Flora (Jena) **135**, 135 (1941). — RUGE, U.: Planta (Berl.) **33**, 589 (1943).

SCHEIBE, G.: Naturwiss. **35**, 168 (1948). — SCHMIDT, W. J.: Protoplasma (Berl.) **37**, 86 (1942). — SCHNEIDER, C. H.: 1944 zit. nach STRUGGER (5). — SCHUMACHER, W.: (1) Jb. Bot. **90**, 530 (1941) — (2) Naturwiss. **34**, 176 (1947) — (3) Planta (Berl.) **37**, 626 (1950). — SCHÜMMELFELDER, N.: Naturwiss. **35**, 346 (1948). — SEEMANN, F.: Protoplasma (Wien) **39**, 147 (1950). — SEIFRIZ, W.: (1) J. Colloid Sci. **1**, 27 (1946) — (2) Anesthesiology **2**, 300 (1941) — (3) Science **110**, 193 (1949). — SEIFRIZ, W. u. H. L. POLLACK: (1) Arch. des Sciences **2**, 9 (1949) — (2) Protoplasma (Wien) **39**, 55 (1949). — SIMINOVITCH, D. u. J. LEVITT: Canad. Res. Sect. C **19**, 9 (1941). — SKENE, M.: (*) Ann. Bot. **7**, 261 (1943). — SPARROW, A. H. u. M. R. HAMMOND: Amer. J. Bot. **34**, 439 (1947). — STÅLFELT, M. G.: (1) Sv. bot. Tidskr. **41**, 391 (1947) — (2) Ark. Bot. 33 A, **2**, 1 (1947) — (3) Physiol. Plantarum **2**, 341 (1949). — STERN, H.: (*) Trans. roy. Soc. Canada, Sect. 5, **40**, 141 (1946). — STOCKER, O.: (1) Naturwiss. **34**, 362 (1947) — (2) Planta (Berl.) **35**, 445 (1948). — STRUGGER, S.: (1) Flora (Jena) **135**, 101 (1941); (2) **137**, 73 (1944) — (3) Protoplasma (Berl.) **37**, 429 (1943) — (3a) Zellphysiologie und Protoplasmatik 1946, Fiat-Reviews — (4) Z. Naturforschg **2b**, 146 (1947) — (5) Naturwiss. **34**, 267 (1947) — (6) Fluoreszenzmikr. und Mikrobiologie. Hannover 1948 — (7) Praktikum der Zell- und Gewebephysiologie der Pflanzen. Berlin 1949 — (8) Naturwiss. **37**, 166 (1950). — STUDENER. O.: Planta (Berl.) **35**, 427 (1948).

THODAY, D.: Ann. Bot. **14**, 1 (1950). — THÜMMLER, R.: Protoplasma (Berl.) **36**, 254 (1942). — TONZIG, S.: Nuovo giorn. bot. ital. **49**, 32 (1942). — TOTH, A.: Österr. bot. Z. 96, 162 (1949). — TOTH, A., G. GRAF u. G. RICHTER: Protoplasma (Berl.) **37**, 300 (1943).

ULLRICH, H.: (1) Z. Mikrosk. **59**, 8 (1943) — (2) Protoplasma (Berl.) **38**, 165 (1943) — (3) Naturwiss. **35**, 111 (1948). — ULLRICH, H., u. P. VAN VEEN: Naturwiss. **30**, 733 (1942). — UMRATH, K.: (1) Protoplasma (Berl.) **36**, 410 (1942); (2) **36**, 584 (1942) ; (3) **37**, 346 (1943); (4) **37**, 398 (1943) — (5) Planta (Berl.) **34**, 86 (1944). — URSPRUNG, A. u. G. BLUM: (1) Comment. Pontificiae Acad. Sci. **6**, 687; (2) **12**, 69 (1948).

VALKANOV, A.: Protoplasma (Berl.) **36**, 247 (1942). — VIRGIN, H.: (1) Physiol. Plantarum **1**, 156 (1948); (2) **2**, 157 (1949).

WARTIOVAARA, V.: (1) Ann. Bot. Soc. Zool. Bot. Vanamo **16**, 1 (1942) — (2) Acta bot. fenn. **34** 1 (1944) — (3) Physiol. Plantarum **2**, 184 (1949). — WEBER, F: Protoplasma (Berl.) **35**, 140 (1941). — WEILAND, E.: Planta (Berl.) **34**, 293 (1945). — WHITE, W. J., u. W. H. HORNO: (*) Sci. Agricult. **23**, 399 (1943). — WIAME, J. M.: (*) Biochim. et Biophysica Acta **1**, 234 (1947). — WIELER, A.: Protoplasma (Berl.) **38**, 21 (1943). — WOLTER, H.: Naturwiss. **37**, 272 (1950). ZOLLINGER, H. U.: Amer. J. Path. **23**, 1039 (1948).

12. Wasserumsatz und Stoffbewegungen.

Von Bruno Huber, München.

Mit 3 Abbildungen.

1. Allgemeines.

Über den Wasserhaushalt der Pflanzen sind zwei sich glücklich ergänzende Gesamtdarstellungen erschienen: Im Buche von Crafts, Currier und Stocking liegt der Schwerpunkt auf der Behandlung der physikalisch-chemischen Eigenschaften des Wassers und der Lösungen einschließlich der osmotischen Zustandsgrößen der Zelle[1], während der eigentliche Wasserhaushalt (Aufnahme, Leitung und Abgabe bzw. Abgabehemmung) in zwei Kapiteln verhältnismäßig knapp dargestellt wird. Gerade diesen Fragen gilt nun umgekehrt die zweite Lieferung von Walters „Grundlagen der Pflanzenverbreitung", die der Betrachtung des Wasserfaktors über 200 Seiten widmet. Dadurch, daß Verf. hier wichtige Teile seiner Reiseergebnisse aus Afrika und Amerika erstmals veröffentlicht, gewinnt die Veröffentlichung den Charakter einer Originalarbeit, auf die wir bei Behandlung der osmotischen Zustandsgrößen nochmals zurückkommen.

Unter den Allgemeindarstellungen rühmend hervorgehoben zu werden verdient trotz ihrer Kürze auch die geistvoll überlegene Darstellung, welche Van den Honert vor der Faraday Society dem „Wassertransport der Pflanzen als Kettenprozeß" gewidmet hat: An die bekannte Darstellung H. Gradmanns von 1928 anknüpfend, betrachtet er die Einschaltung der Pflanze in die Potentialdifferenz der Dampfspannung zwischen Boden und Luft, wobei der weitaus größte Übergangswiderstand von der flüssigen zur Gasphase besteht (da bereits 50% relative Luftfeuchtigkeit fast 1000 Atmosphären Saugkraft entsprechen, erweist sich bei Umrechnung auf gleiche Spannung bereits der Evaporationswiderstand einer freien Wasserfläche je nach Luftbewegung als 20—500mal so groß wie der Filtrationswiderstand des Salvinia-Plasmas nach Huber und Höfler). Daraus ergibt sich nun aber auch, daß eine Regulierung des Transpirationsstromes sinnvoll nur an diesem „Engpaß" angreifen kann, wodurch die Leistung des Spaltöffnungsapparates in neuem Licht erscheint. Auf die anschließende erfolgreiche physikalische Analyse der Spaltöffnungstranspiration gehen wir später ein.

---

[1] Einen Sammelbericht über osmotische Zustandsgrößen der Zellen und Gewebe geben auch Kramer und Currier in der neu erscheinenden Annual Review of Plant Physiology.

Die durch ihre wertvollen Sammelreferate angesehene Botanical Review bringt im zweiten Jahrzehnt ihres Bestehens mehrfach Ergänzungsberichte zu früher erschienenen Referaten. So berichtet uns auch Frl. ESAU (1) mit gewohnter Gewissenhaftigkeit über die Fortschritte der Phloemforschung seit ihrem ersten, 1939 erschienenen Sammelreferat[1]; da über diese Fortschritte auch hier laufend berichtet wurde, brauchen nur wenige Punkte nachgetragen zu werden, welche der Aufmerksamkeit des Ref. bisher entgangen waren: Die von so vielen Seiten unternommenen gründlichen Untersuchungen des Siebröhreninhalts haben wenigstens die Natur eines Inhaltskörpers überraschend aufklären können: Wie zunächst ENGARD bei *Rubus* erkannte und ESAU (2) für weitere Objekte bestätigen konnte, erweisen sich gewisse längst gesehene und auch abgebildete „Eiweißkügelchen" als die den Kernschwund der Siebröhren überdauernden Nukleolen; ob sie in diesem Zustande noch eine Funktion haben, was ihre weite Verbreitung vermuten läßt (sie sind kürzlich auch in den Milchröhren von *Hevea* nachgewiesen worden), ist vorläufig unbekannt. Über Verbreitung, Natur und Bedeutung des Siebröhrenschleims gehen dagegen die Angaben der Autoren trotz einer umfangreichen Spezialuntersuchung SALMONs stark auseinander (vermutlich Eiweiß, nicht Fett); die weitverbreitete Siebröhrenstärke färbt sich mit Jod rot, ist also Erythrodextrin. MARTENS und PIGNEUR konnten in einer eigens darauf gerichteten Untersuchung nur bei 11 von 25 Objekten im tätigen Phloem Interzellularen nachweisen. Von Bedeutung ist vielleicht auch die Beobachtung, daß sich das Plasma in den Siebporen viel stärker färbt als das der Längswände.

2. Wasserpermeabilität.

a) Grundsätzliches. Wie schon im letzten Bericht angekündigt, möchte ich diesmal zusammenfassend auf die in den letzten Jahren erschienenen Arbeiten über Wasserpermeabilität des Protoplasmas (weiterhin abgekürzt als W.P. bezeichnet) eingehen: Als HUBER und HÖFLER 1930 ihre große Arbeit über dieses Thema veröffentlichten, galt es erst einmal zu beweisen, daß bzw. in welchen Fällen die Plasmolyse- und Deplasmolysegeschwindigkeit gerade durch diese Größe begrenzt wird und somit zur Bestimmung der W.P. dienen kann. Dieser Beweis ist offenbar so überzeugend gelungen, daß er mit einer einzigen Ausnahme[2] nirgends angezweifelt wurde; im Gegenteil wurde uns eher eine zu zögernde Auswertung unserer Unterlagen vorgehalten, weil wir nur in einem besonders klar liegenden Fall — *Salvinia natans* — die aus- und eintretenden Wasservolumina auf die Protoplastenoberfläche

---

[1] Ein weiteres Referat über die Physiologie des Assimilatstromes von CRAFTS ist soeben in Bot. Rev. **17**, 203 (1951) erschienen, eines von ARISZ in Ann. Rev. Plant Physiol. **3** (1952) angekündigt (Anmerkung bei der Korrektur).

[2] Auf die Unwahrscheinlichkeit der durch keinerlei Befunde gestützten Hypothese BACHMANNs, daß unterschiedliche Plasmolysegeschwindigkeiten nicht auf verschiedener Wasserpermeabilität des Plasmas, sondern verschiedener Vakuolendurchmischung und damit Unterschieden im Konzentrationsgefälle beruhen, hat Ref. schon 1943 (Protoplasma **37**, 439) hingewiesen.

reduziert und damit lineare Filtrationsgeschwindigkeiten berechnet hatten, welche bekanntlich in der Größenordnung von 10 bis 100 μ/Atmosphäre und Stunde liegen. 1933 hatte dann Ref. — was FREY-WYSSLING entgangen ist — beim Vergleich der W.P. der Epidermis- und Mesophyllzellen von *Vallisneria* ausdrücklich darauf hingewiesen, daß man beim Vergleich verschieden großer Zellen die Oberfläche berücksichtigen muß, ehe man aus verschiedenen Plasmolysegeschwindigkeiten auf verschiedene W.P. schließen darf. Seit 1943 hat nun FREY-WYSSLING mit seinen Schülern V. RECHENBERG-ERNST und BOCHSLER in einer ganzen Reihe von Arbeiten die theoretischen Grundlagen der W.P.-Berechnung aus Plasmolyse und Deplasmolyseversuchen weiter analysiert und ganz wesentlich vertieft.

Den Ausgangspunkt bildet die Angabe HOFMEISTERs, daß die W.P. der Epithemzellen in den Hydathoden von *Saxifraga*-Blättern 3—8mal höher sei als die der benachbarten Palisadenzellen. Eine Nachprüfung ergab, daß dieser Befund nur für die „Eintrittskonstanten" der Plasmolyse gilt, daß sich die Unterschiede aber völlig verwischen, sobald man die unterschiedliche Zellgröße — die Epithemzellen sind viel kleiner — berücksichtigt. Dies veranlaßte Verff., den unterschiedlichen Berechnungsweisen für Permeabilitätswerte überhaupt nachzuspüren. Auf der Hand liegt dabei, wie schon gesagt, die Notwendigkeit einer Oberflächenreduktion, sobald an Stelle von Permeabilitätsreihen einer Zellsorte gegenüber verschiedenen Stoffen Permeabilitätsunterschiede verschiedener Objekte gegenüber demselben Stoff (in unserm speziellen Fall: Wasser) ermittelt werden sollen. Sie bereitet auch praktisch in einfachen Fällen, besonders bei den von der Plasmometrie bevorzugten zylindrischen Zellen, kaum Schwierigkeiten.

Anschließend wenden sich nun Verff., besonders BOCHSLER, dem viel größeren Problem eines zahlenmäßig exakten Vergleichs der Permeabilität für Wasser und gelöste Stoffe zu. Nach gewissenhaftem Durchdenken aller Möglichkeiten, deren Darlegung hier zu weit führen würde, ringen sich Verff. schrittweise zu der Auffassung durch, daß die W.P. nicht auf das osmotische Gefälle der gelösten Stoffe, sondern das Gefälle der Wasserkonzentration selbst bezogen werden sollte[1]. Diese Entscheidung wird durch den wichtigen experi-

---

[1] Um was es sich bei diesem Zwiespalt handelt, möge ein konkretes Beispiel zeigen: In einer 10molaren Methylalkohollösung nimmt das Wasser rund 60%, in einer 10molaren Glycerinlösung aber nur 27% des Gesamtvolumens ein; gegen letztere besteht also von reinem Wasser aus bei gleichem molarem ein fast doppelt so hohes Wasserkonzentrationsgefälle. Da anderseits aber auch die osmotischen Gesetze experimentell gesichert sind, erhebt sich ein scheinbarer Widerspruch, der sich löst, wenn man berücksichtigt, daß im Bereich so hoher Konzentrationen z. T. starke Abweichungen im osmotischen Druck verschiedener äquimolarer Lösungen auftreten und außerdem der osmotische Konzentrationsausgleich der Protoplasten bei der Plasmolyse zugleich von Volumänderungen begleitet ist; es tritt daher tatsächlich mehr Wasser aus als bei einem Konzentrationsausgleich unter Volumkonstanz. Wenn man diesen Umständen Rechnung trägt, verschwindet, wenn Ref. recht versteht, mit dem Zwiespalt auch der sachliche Unterschied; beide Berechnungsweisen liefern richtige, die neue aber mit den übrigen Permeabilitätswerten unmittelbarer vergleichbare Zahlen.

mentellen Befund WARTIOVAARAs nahegelegt, daß bei der Alge *Toly-pellopsis* (*Characeae*) der Austausch von schwerem gegen gewöhnliches Wasser dem FICKschen Diffusionsgesetz folgt; damit ist nämlich erwiesen, daß dieses Gesetz nicht nur für verdünnte Lösungen, wo sich die Moleküle gegenseitig nicht stören, sondern auch im Konzentrationsbereich von 50 Mol/Liter (wie beim Wasser) gilt, wenn die Konzentrationen beiderseits der Membran von derselben Größenordnung und daher die Störungsbedingungen beiderseits gleich sind. Der Vorzug der neuen Betrachtungsweise liegt darin, daß die Durchlässigkeit gegenüber Wasser nun ebenso wie die für jeden anderen Stoff in Bruchteilen der eigenen Konzentration (also in dieser Hinsicht dimensionslos) angegeben und nicht mehr auf ein stofffremdes Konzentrationsmaß (Mol der Lösung oder den entsprechenden Atmosphärenwert) bezogen wird. Die neuen Zahlen lauten daher nicht mehr auf cm/h · Mol bzw. cm/h · Atm., sondern einfach auf cm/h. Diese moderne Fassung liegt auf derselben Linie wie die neue Saugkraftterminologie (Fortschr. Bot. **12**, 191), welche den Eintritt von Wasser ins Osmometer nicht mehr dem osmotischen Druck bzw. der Saugkraft der Innenlösung, sondern dem höheren Diffusionsdruck der Außenlösung und dem entsprechenden Diffusionsdruckdefizit der Innenlösung zuschreibt. — Vgl. dazu oben S. 202f.

Die auf dieser Grundlage von BOCHSLER nach der Literatur und eigenen Versuchen berechneten Permeabilitätskonstanten liegen für Wasser je nach dem Objekt 2—4 Zehnerpotenzen über denen für Harnstoff und Glycerin[1] und differieren untereinander trotz Oberflächenreduktion im Verhältnis 1 : 400.

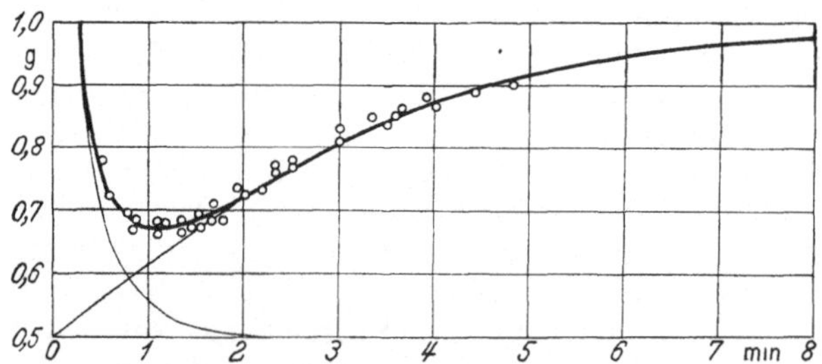

Abb. 43. Plasmolyse und Deplasmolyse eines Zygnema in 0,6 molarer Glykollösung. Die Zeit des stärksten Plasmolysegrades (etwa 1 Minute) wird als „Stoßzeit" bezeichnet. Aus BOCHSLER.

Die praktischen Möglichkeiten einer W.P.-Bestimmung werden von FREY-WYSSLING und BOCHSLER noch durch eine genaue mathematische Analyse der Volumänderungen des Protoplasten beim Vorgang der „gegensinnigen Permeation" erweitert (Abb. 43): Plasmolysieren wir mit einer verhältnismäßig leicht permeierenden Lösung, z. B. Glykol, so erreicht die Plasmolyse schon nach wenigen Minuten ihren stärksten Grad, um dann langsam wieder zurückzugehen; je geringer der Unterschied in der Permeabilität für Wasser und den gelösten Stoff, desto früher wird diese „Stoßzeit" erreicht; ist die Permeabilität gar umgekehrt für den gelösten Stoff größer, so kommt es zunächst zu einer Expansion (u. U. Plasmoptyse),

[1] In der Stengelepidermis von *Gentiana Sturmiana* ist nach HÖFLER die W.P. nur etwa zehnmal höher als die Harnstoffpermeabilität, da der rapiden Harnstoffpermeabilität dieser Schicht merkwürdigerweise eine gegenüber dem Hypoderm kaum erhöhte W.P. entspricht.

die wiederum nach einer Stoßzeit abflaut. Es leuchtet demnach ein, daß sich aus der
Stoßzeit das Verhältnis der Permeabilitäten und, wenn eine der beiden bekannt, die
andere berechnen läßt; doch muß wegen der mathematischen Einzelheiten — es handelt sich um eine Exponentialfunktion — auf die Originalarbeiten verwiesen werden.

Trotz dieser Verfeinerungen sehen auch FREY-WYSSLING und Mitarbeiter noch keine begründete Möglichkeit, der Forderung BACHMANNs Rechnung zu tragen und die Permeabilitätswerte auf die wirksame Schichtdicke und damit erst das wahre Konzentrationsgefälle (das ja die Kenntnis des Diffusionsweges voraussetzt) zu reduzieren. Sie ziehen es vor, die Schichtdicke, wie bei der Kennzeichnung von Filtern allgemein üblich, als „Materialkonstante" in die Permeabilitätskonstante einzubeziehen; sie neigen allerdings wie Ref. angesichts der stark erhöhten W.P. der Tonoplasten zur Auffassung HÖFLERs, daß für den Permeationswiderstand gegenüber Wasser das Gesamtplasma und nicht nur die Hautschichten maßgebend sind.

Solange eine solche Schichtdickenreduktion nicht möglich ist, läßt sich leider auch BACHMANNs geistvolle und physiologisch höchst bedeutsame Frage nicht beantworten, ob die Höchstwerte der W.P. einer freien Diffusion entsprechen, was bei einem so wasserreichen Körper wie dem Plasma angesichts der Erfahrungen mit multiperforaten Septen durchaus möglich erscheint. Wohl aber darf gegenüber BACHMANNs Zweifeln durch die Versuche BOCHSLERs erneut als gesichert gelten, daß das Plasma niedrigpermeabler Objekte auch dem Wasser einen beträchtlichen Diffusionswiderstand entgegensetzt. Zur Erklärung dieses wechselnden Widerstandes reicht wohl die Annahme verschieden weiter, aber auf jeden Fall sehr enger Poren (Durchmesser der Größenordnung von $\mu\mu$) aus.

In diesem Zusammenhang darf wohl auch von hier aus ein Blick auf den theoretischen Stand der allgemeinen Permeabilitätsforschung geworfen werden (vgl. im übrigen den Abschnitt Zellphysiologie!): In einem großartigen Syntheseversuch hat BOGEN das gesamte in den „spezifischen Permeabilitätsreihen" von nicht weniger als 31 Objekten niedergelegte Beobachtungsmaterial zusammengefaßt. Über Einzelheiten hinwegsehend, ergibt sich dabei als auffällige Gesamttendenz, daß die Ausgleichsgeraden für die Permeation bestimmter Stoffe gegenüber der Malonamid-Permeabliität als Abszisse im logarithmischen Netz mit steigender Permeabilität (also nach rechts) konvergieren (Abb. 44); d. h. die relativen

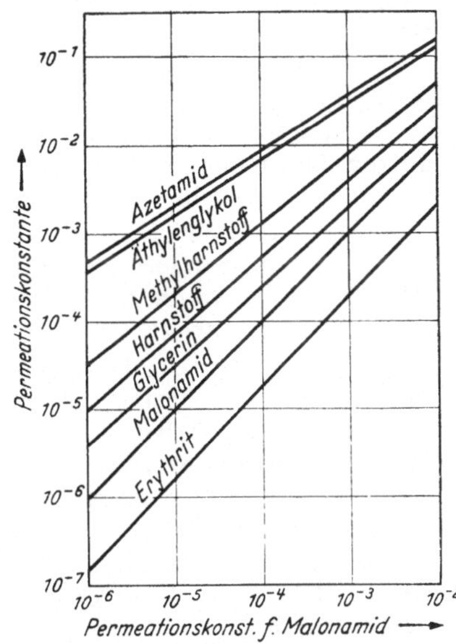

Abb. 44. Permeationsgeraden für die Stoffreihe Azetamid bis Erythrit bezogen auf die Permeationskonstanten für Malonamid (Abszisse); die Permeationsgeraden wurden aus den einzelnen Permeationskonstanten für den betreffenden Stoff bei 31 Objekten durch Ausgleich erhalten. Logarithmischer Maßstab. Nach BOGEN.

Permeabilitätsunterschiede werden mit steigender Permeabilität geringer, mit sinkender größer, wie das bei einer Porenfiltration zu erwarten und von COLLANDER modellmäßig für Kollodiummembranen verschiedener Dichte schon 1926 festgestellt worden ist. Die Reihenfolge der Permeationsgeraden entspricht aber nicht ohne weiteres der Molekülgröße, wie das bei reiner Ultrafiltration zu erwarten wäre, sondern eher dem Verteilungsquotienten Öl : Wasser. Damit ist zunächst der Tatbestand der Lipoidfiltertheorie COLLANDERS, für welche dieser auch seinerseits speziell zum Permeationsverhältnis Wasser : Alkohol und Harnstoff : Methylharnstoff neues Belegmaterial beibringt[1], von der Gegenseite ausdrücklich anerkannt. In der Interpretation dieser Tatsachen sucht aber BOGEN mit Erfolg nach einer noch engeren Verknüpfung von Lipoid- und Filtertheorie, indem er das Verhältnis von Verteilungskoeffizient Olivenöl/Wasser zur Molekularrefraktion (Maß der Molekülgröße) als Maß der „zwischenmolekularen Kräfte" einführt. Da die Permeabilitätsreihen dieser Verhältniszahl noch besser folgen als dem Verteilungskoeffizienten allein, schließt Verf., daß im gesamten Bereich Lipophilie und Molekülgröße vereint die Höhe der Permeabilität bestimmen. Das erscheint nur dann verständlich, wenn der Durchtritt aller Stoffe durch dieselben Poren erfolgt, der „freie" Porenweg aber für hydrophile Stoffe dadurch eingeengt wird, daß sie in den Adsorptionsbereich der Porenwände geraten[2]. Die Unterscheidung eines verschiedenen Poren- und Lipoidweges würde damit hinfällig, was die Permeabilitätsvorstellungen wesentlich vereinfachen und vereinheitlichen würde. Inzwischen hat RUHLAND für diese Auffassung, daß dieselben Poren für hydrophile Stoffe „enger" sind als für lipophile, eine wichtige experimentelle Stütze beibringen können: Bei *Beggiatoa mirabilis* gelingt es mit höherwertigen Alkoholen (bis zum Nonylalkohol), die Poren schrittweise so zu blockieren, daß die Permeabilität bei immer kleineren Molekeln abgeschnitten erscheint. Auf der anderen Seite bestreitet auch BOGEN nicht, daß sich zahlreiche Einzelbefunde (besonders der Schule HÖFLERS) noch nicht ohne weiteres diesem einheitlichen Rahmen einfügen; er meint aber, daß es auch für die Analyse solcher Sonderfälle nur ein Gewinn ist, wenn sie sich klarer als bisher als Abweichungen von einer Grundregel fassen lassen.

b) Vergleichendes. Das umfangreichste Versuchsmaterial zur Frage der experimentellen Veränderlichkeit der Wasserpermeabilität verdanken wir HÖFLERs Schüler SEEMANN. Er arbeitet mit den bewährten Methoden und Objekten (hauptsächlich den Wasserblättern von *Salvinia*) und kommt zu folgenden, meist durch mehr als hundertfache Wiederholung gesicherten Feststellungen: Vorbehandlung mit hypertonischen Salzlösungen erhöht, wie schon DE HAAN angegeben hatte, die W.P. (vielfach auf mehr als das Doppelte), und zwar gilt das unterschiedslos sowohl für K wie für Mg, Ca und Sr; eine gleiche Behandlung mit Anelektrolyten (Traubenzucker, Harnstoff) setzt dagegen die W.P. deutlich herunter; Ähnliches gilt — und zwar reversibel — für die Narkotika Äther und Chloroform. In Pufferlösungen abgestufter Wasserstoffionenkonzentration ergeben sich in Übereinstimmung mit L. und M. BRAUNER eingipfelige Optimumkurven, doch findet SEEMANN bei dichterer Probefolge das (etwa dreifach überhöhte) Optimum stets beim Neutralpunkt ($p_H = 7$), während es L. und M. BRAUNER beim isoelektrischen Punkt des Plasmas (etwa p_H 5) vermuteten. Die Verdoppelung der W.P., welche SEEMANN in 150 Versuchen mit *Majanthemum* und *Convallaria* auf dem heizbaren Objekttisch bei 36—42° gegenüber Zimmertemperatur beobachtet, dürfte im Gegensatz zu älteren zoologischen Feststellungen von LUCKÉ und McCUTCHEON im

---

[1] Die hohe Permeabilität für das lipophobe, aber kleinmolekulare Wasser gehört, wie schon OVERTON betonte, zu den auffälligsten Ausnahmen vom strengen Lipoid-Prinzip der Permeabilität.

[2] Ob in diesen molekularen Bereichen noch von Lösung oder nur noch von Adsorption gesprochen werden soll, ist physiologisch gleichgültig und darf wohl den Physikochemikern zur Entscheidung überlassen werden.

Rahmen der rein physikalischen Diffusionsbeschleunigung liegen und keine Erhöhung der Wegsamkeit beweisen. UV-Strahlung bewirkt eine reversible W.P.-Erhöhung. — Vgl. dazu oben S. 202, 218.

Während alle bisher referierten Arbeiten die W.P. einzelner Zellen mit zellphysiologischer Methodik messen, gibt es daneben seit KRABBE (1896) einen beachtenswerten Erfahrungsschatz, der Schwellung und Schrumpfung von Geweben volum- und gewichtsmäßig verfolgt und daraus zwar nicht auf die absolute Höhe, wohl aber Veränderungen der W.P. schließt. Im letzten Jahrzehnt sind auf diese Weise vor allem die nachhaltigen Schwellungen analysiert worden, welche untergetauchte Parenchyme (z. B. Kartoffelscheibchen) unter aeroben Bedingungen (ständige gute Durchlüftung) bei Zusatz von Heteroauxin zeigen (zuletzt BRAUNER u. HASMAN; vgl. auch die dort angeführte Literatur und unsern letzten Bericht Fortschr. Bot. **12**, 186). BRAUNER u. HASMAN zeigen überzeugend, daß die Heteroauxin-Wirkung in erster Linie auf Erhöhung der W.P. und nicht, wie von anderer Seite vermutet, Erhöhung des osmotischen Wertes oder der Saugkraft beruht, denn bei gravimetrischen Saugkraftbestimmungen erweist sich im Heteroauxin sowohl die Wasserabgabe an hypertonische, wie die Aufnahme aus hypotonischen Lösungen als beschleunigt. Die reizphysiologische Literatur, besonders die über Variationsbewegungen, enthält — freilich verstreut — manche ähnliche Angaben, deren Sichtung für die Permeabilitätsforschung verdienstlich wäre (vgl. aus letzter Zeit besonders die Arbeiten von GUTTENBERG u. KRÖPELIN sowie POHL).

c) Membran-Permeabilität. Nachdem im letzten Bericht die originellen Versuche von SKENE über die gegenüber dem Cytoplasma vielmals höhere Permeabilität der Zellmembranen referiert wurden, sei diesmal auf eine noch ungedruckte Dissertation meiner Tharandter Schülerin HARTMANN-DICK über die Permeabilität der verholzten Zellwände hingewiesen, welche in erster Linie der Schutztränkung praktische Unterlagen liefern will: Wasser und verschiedene wässerige wie ölige Lösungen werden mit Hilfe der THIESSENschen Druckfiltrationsapparatur unter zwei Atmosphären Überdruck durch etwa 1 mm dicke Nadel- und Laubholzplättchen gedrückt. Am auffälligsten ist dabei der gewaltige Unterschied zwischen der leidlichen Wegsamkeit des Splints gegenüber der fast völligen Unwegsamkeit des Kernholzes, dessen submikroskopische Poren beim Vorgang der Verkernung offenbar weitgehend verstopft werden (vgl. u. S. 238f.). So sinkt bei Kiefer die radiale Wegsamkeit für Wasser unter den angegebenen Bedingungen von 330 auf 0,7 μ/min. Wohl nur dank dieser radialen Isolierung läßt sich der Kohäsionszug im Splint fortpflanzen, ohne daß Luft aus dem Kern angesogen wird. Salzlösungen filtrieren, soweit überhaupt eine Wasserwegsamkeit besteht, ohne Konzentrationsänderung, sie verändern aber die Wasserdurchlässigkeit nach der lyotropen Reihe (K durch Quellung hemmend, Al durch Entquellung fördernd). Nach SCHULZE und THEDEN sind für die radiale Filtration in erster Linie die Markstrahlen mit ihren radial zur Oberfläche (den Lentizellen) verlaufenden Interzellularen verantwortlich.

3. Osmotische Zustandsgrößen.

Wie eingangs erwähnt, hat WALTER in seinen „Grundlagen der Pflanzenverbreitung" u. a. das überaus reichhaltige Material mit einheitlicher Methode (Preßsaft-Kryoskopie) ermittelter osmotischer Werte gebiets- und gesellschaftsweise zu „osmotischen Spektren" zusammengefaßt. Als Beispiel geben wir das stark gestaffelte Spektrum der Arizonawüste wieder (Abb. 45), das von den niedrigen Werten (4—24 Atm.) der Sukkulenten und Winterephemeren bis zu den Höchstwerten der Xeromorphen (57 Atm.) reicht. Ähnliche Spektren werden

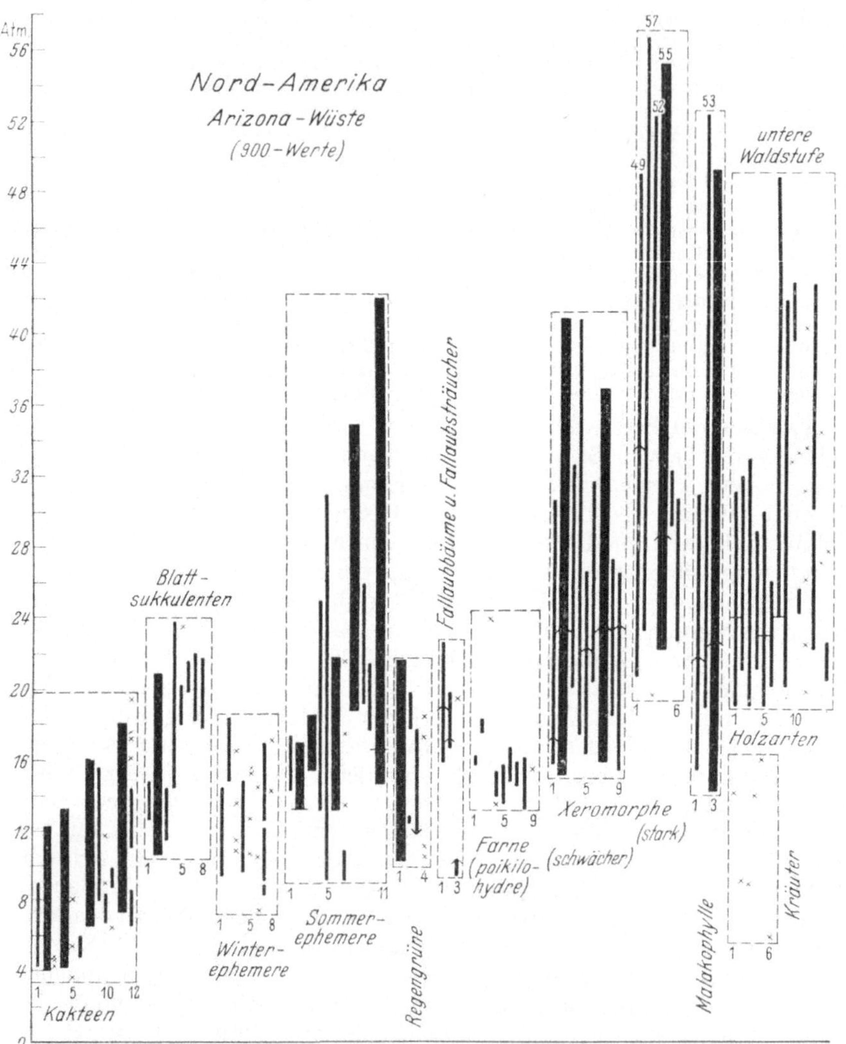

Abb. 45. Osmotische Spektra der verschiedenen ökologischen Gruppen aus der Kakteenwüste und der unteren Waldstufe Arizonas. Aus WALTER.

auch für die Pflanzengesellschaften Mitteleuropas, des Mittelmeergebietes, die nordamerikanische Prärie und — wenigstens in Stichproben — für den afrikanischen Regenwald und afrikanische Trockengebiete wie die Namib mitgeteilt. Bei aller Bewunderung für die konsequente Beibringung und Auswertung dieses gewaltigen Zahlenmaterials möchte aber Ref. einen Primat der Preßsaft-Kryoskopie im Rahmen der

Wasserhaushaltforschung nicht anerkennen; namentlich der Nachwuchs ist immer wieder darauf hinzuweisen, daß Reiz und Schwierigkeit der Ökologie als Haushaltforschung im gewissenhaften Abwägen möglichst aller Faktoren besteht, eine Betrachtungsweise, für die WALTER in der vorliegenden Darstellung selbst das schönste Vorbild liefert.

Daß es aber für bestimmte Fragen durchaus sinnvoll sein kann, sich auf die Ermittlung osmotischer Werte zu konzentrieren, lehren jüngste Erfahrungen aus der (zunächst zoologischen) Großschädlingsforschung: Man weiß schon lange, daß Borkenkäfer, aber auch viele andere Schädlinge (von Pilzen besonders der Hallimasch, *Armillaria mellea*) als Sekundärschädlinge irgendwie geschwächte Pflanzen anfallen; mit Vorliebe setzen sie nach Dürrejahren und auf Standorten mit labilem Wasserhaushalt ein. Auf der Suche nach Maßstäben für die Befallsdisposition gegenüber Borkenkäfern bewährt sich nach KRAEMER bei Tanne und Fichte der osmotische Wert der lebenden Rinde. Er liegt bei gesunder Tanne etwas über 10 Atm., während er bei kränkelnder Tanne infolge des Ausbleibens von Assimilaten auf etwa 7 Atm. sinkt. Werden große Tannenborkenkäfer (*Pityokteines curvidens*) in kleinen Käfigen an die Stämme gebracht, so bohren sie kränkelnde Tannen mit etwa 7 Atm. o.W. erfolgreich an, während sie bei gesunden mit höheren osmotischen Werten aus noch nicht analysierten Gründen (Turgordruck, Harzfluß, Chemikalien?) an der Grenze zwischen Borke und Bast aufgehalten werden. Nachprüfungen aus einem anderen Institut (MERKER, BRAUER und ZINECKER) bestätigen die niedrigen osmotischen Werte befallener Bäume, erblicken in ihnen aber erst eine Folge des Befalls, weil Fichten von eingezwingerten Käfern zunächst unterschiedslos angenommen werden. Man wird den weiteren Erfahrungen, ob sich die Befallsdisposition von Pflanzen für Sekundärschädlinge osmotisch kennzeichnen läßt, schon im Hinblick auf die ungeheure wirtschaftliche Tragweite mit Spannung entgegensehen.

In einem anderen Falle haben solche, zunächst aussichtsreiche Untersuchungen enttäuscht: Bei der Fortsetzung der Untersuchungen des Innsbrucker Institutes über die Frosthärte von Alpenpflanzen kommt PISEK bei genauer Betrachtung zum Schluß, daß osmotischer Wert, besonders Zuckergehalt, und Frosthärte nur statistisch vielfach zusammenlaufen, aber nicht ursächlich verknüpft sind: So steigen im Frühsommer osmotische Werte und Zuckerspiegel ohne Resistenzerhöhung an, während im Herbst dann die Frosthärte ohne osmotisches Korrelat „aufholt“. — Als empfindliches Vitalitätsmaß bei Resistenz- und Schädigungsversuchen aller Art empfehlen MONTFORT u. HAHN die Verfolgung von Atmung und Assimilation.

4. Wasseraufnahme.

Unter den Problemen der Wasseraufnahme haben im Berichtszeitraum die kleinen Saugkräfte unter Atmosphärengröße von verschiedenen Seiten Beachtung gefunden. Der Anlaß dazu war zunächst ein rein methodischer: Für die fortlaufende Registrierung der Wassersättigung des Bodens als eines der wichtigsten Produktionsfaktoren der Land-, Forstwirtschaft und Gärtnerei[1] bewährt sich neben dem vergrabenen genormten Gipsblock von BOUYOUCOS und MICK,

---

[1] Vgl. dazu den Sammelbericht von VIEHMEYER u. HENDRICKSON.

dessen elektrische Leitfähigkeit registriert wird (vgl. Fortschr. Bot. 12, 140 und 194)[1], das Tensiometer, welches die Bodensaugkraft durch die Hubhöhe von Quecksilber mißt und damit notwendig auf den Bereich unter 1 Atm. beschränkt bleibt. Die erste ausführliche Untersuchung, welche mit diesem Instrument in deutschen Instituten durchgeführt wurde und sich über zwei Vegetationsperioden erstreckte (FLEISCHHAUER-BINZ) zeigte nun, daß dieser Meßbereich nicht nur in bewässertem Gartenland, sondern, wenn der Meßkörper nicht zu oberflächlich, sondern in 10—30 cm Tiefe liegt, sogar auf Acker, Wiese und Wald im allgemeinen ausreicht[2]. WALTER, der den hohen Angaben für Boden- und Wurzelsaugkräfte seit jeher mit guten Gründen mißtrauisch gegenübersteht, ist geneigt, die Saugkraftangaben anderer Methoden für etwa zehnfach überhöht zu halten.

Auf eine physiologische Bedeutung erstaunlich geringer Saugkraftdifferenzen ist gleichzeitig und unabhängig Frl. MERKENSCHLAGER in ganz anderem Zusammenhang aufmerksam geworden: In der Samenkontrolle ist es beim sogenannten JACOBSEN-Gerät üblich, die Sämereien 7 und 12 cm über einer Wasserfläche auszulegen und von dort aus durch einen Docht mit Wasser zu versorgen. Ref. hatte diese Anordnung für einen Aberglauben und es angesichts der hohen osmotischen Kräfte der Pflanze für ausgeschlossen gehalten, daß ein Unterschied in der Hubhöhe von 5 cm Wasser $= \frac{1}{200}$ Atm. auf die Keimung einen Einfluß haben könne. Tatsächlich konnte aber Frl. MERKENSCHLAGER zeigen, daß sogar noch kleinere Unterschiede von erheblichem Einfluß auf die Keimschnelligkeit sind; die Förderung setzt sich auch in den Bereich positiver Drucke fort. Ein primäres Keimungsoptimum bei etwas höheren Saugkräften konnte nur ausnahmsweise nachgewiesen werden, häufiger ein sekundäres, wenn bei bester Wassersättigung Pilzschäden überhandnehmen. Freilich beschränkt sich diese hohe Hydraturabhängigkeit auf die Quellungsphase (sie läßt sich modellmäßig auch für die Quellung von Glycerin gravimetrisch nachweisen); sie verschwindet, wenn man mit vorgequollenem Saatgut arbeitet.

Die hohe Bedeutung der Wälder für einen ausgeglichenen Wasserhaushalt der Erde wird neuerdings auch in der Öffentlichkeit erkannt und viel erörtert. Als eine der dabei wirksamen Komponenten bestimmen MÄGDEFRAU und WUTZ streng vergleichend das Wasseraufnahmevermögen von Moos- und Flechtenrasen. Da es sich dabei um das kapillare Festhalten von Wasser handelt, ist die „spezifische Wasserkapazität" der Trockengewichtseinheit bei Moosen mit perforierten Wasserspeicherzellen (*Sphagnum, Leucobryum*) am größten (durchschnittlich das 10—15fache des eigenen Trockengewichtes); es folgen Formen mit vielen kleinen Blättchen wie *Hypnum* (5—10faches des Trockengewichtes); am Ende stehen die groß und verhältnismäßig locker beblätterten Formen wie *Mnium* und *Polytrichum* (2—5faches)

---

[1] ALBRECHT arbeitet an einem Verfahren, den Wassergehalt des Bodens laufend auf Grund seiner Wärmekapazität zu messen.

[2] Im Dürresommer 1947 trocknete freilich der Boden selbst im Wald stellenweise metertief bis zur Staubtrockenheit aus (PRIEHÄUSSER).

und die Strauchflechten (2—3faches). Die Aufnahme der Flächeneinheit hängt außer von der spezifischen Wasserkapazität natürlich auch von Dichte und Höhe des Moosbestandes ab. Tiefe *Sphagnum*-Rasen können Niderschläge von zehn und mehr Millimetern leicht auffangen. Solche Angaben ergänzen die klassischen Angaben der Schweizer ENGLER und BURGER über den „Einfluß des Waldes auf den Stand der Gewässer". Nach BURGERs Verfahren bestimmte jüngst wieder MAGIN die Zeit, in der aus einem eingestochenen Stahlzylinder eine bestimmte Wassermenge im Boden versickert; sie nimmt in der Almregion als Folge der Bodenverdichtung beim Weidegang in verhängnisvoller Weise zu, d. h. ein Großteil der Gewitterniederschläge fließt, statt in den Boden zu dringen, oberflächlich ab und führt zu Erosionsschäden.

Nachdem wir im vorigen Bericht das Problem der „aktiven" Stoffbewegungen in den Vordergrund gestellt hatten, wollen wir es diesmal außer Betracht lassen, obwohl dazu wieder eine Reihe bemerkenswerter Arbeiten (u. a. von LUNDEGÅRDH, ROBERTSON und WANNER) erschienen sind.

5. Wasserabgabe.

a) Physik der Transpiration. Auf dem Gebiet der Physik der Transpiration ist nach langer Pause ein wichtiger Fortschritt zu verzeichnen: Ref. hatte 1930 im Rahmen seiner „Untersuchungen über die Gesetze der Porenverdunstung" empirisch ein Störungsgesetz (im englischen Schrifttum als „interference law" bezeichnet) gefunden und mathemathisch fassen, aber nicht erklären können. VAN DEN HONERT und sein Schüler BANGE bestätigten zunächst das Gesetz in Versuchen mit kreisförmig ausgestanzten *Tradescandia*-Blattstückchen für verschiedene Spaltenweiten; sie zeigten aber weiter, daß sich das Gesetz zwanglos aus der Summierung eines dem Porenareal umgekehrt proportionalen stomatären Widerstandes und des Zusatzwiderstandes der haftenden Dampfschicht erklärt, der bei steigendem Porenareal immer stärker begrenzend in den Vordergrund tritt[1]; aus dem Grade der Störung, welche in ruhiger Laboratoriumsluft bereits bei viel geringeren Spaltweiten bemerkbar wird als bei künstlichem Wind, läßt sich die Dicke dieser adhärierenden Dampfschicht berechnen: Sie nimmt von 10 mm in Ruhe (was der von WELTEN an senkrecht aufgesetztem Kobaltpapier beobachteten Rötungsgrenze entspricht) auf 0,4 mm bei der größten verwendeten Windstärke ab.

Bei der physikalisch so sauber erscheinenden Porometermethode zur Messung der Spaltweite haben HEATH u. WILLIAMS eine sehr ernste physiologische Fehlerquelle aufgedeckt: Der Abschluß der Porometerkammer von der Außenluft führt am Licht sehr rasch zu einer CO_2-Verarmung, welche als Reizerscheinung eine enorme Erweiterung der Spalten auslöst, so daß mit dem Porometer schon nach wenigen Minuten nicht mehr die normale Spaltweite gemessen wird und laufende Messungen völlig sinnlos erscheinen (nach Abnahme der Kammer durchgeführte Infiltrationsversuche zeigen im Kammerbereich ganz untypisch erhöhte Spaltweiten). Der Fehler läßt sich mildern, wenn man die Porometerglocke zwischen den Messungen abnimmt oder gründlich durchlüftet.

---

[1] Vermutlich spielt daneben auch noch die wechselnde innere Wegsamkeit der Interzellularen als Verdunstungswiderstand eine Rolle (vgl. das weiter unten über „incipient drying" Gesagte), doch läßt sich das mathematisch nicht erweisen, weil bereits mit zwei Variablen alle vorkommenden Transpirationswerte erklärt werden können.

b) Einfluß von ätherischen Ölen und Welkestoffen. Die alte Streitfrage nach der ökologischen Bedeutung ätherischer Öle erscheint durch einen eleganten Versuch HEILBRONNs in neuem Lichte: Verf. hängt auf die beiden Arme der Balkentorsionswaage zwei möglichst ähnliche Blätter einer selbst keine ätherischen Öle führenden Pflanze (Hauptobjekt die blattsukkulente *Peperomia Sandersii*) und verfolgt, welches der beiden Blätter einen kleinen Transpirationsvorsprung zeigt (Nullpunktmethode); sobald er dann dieses stärker transpirierende Blatt in eine Atmosphäre mit ätherischen Ölen bringt, sinkt die Transpiration schlagartig (innerhalb höchstens einer Minute) unter die des Kontrollblattes. Nach elektrischen Widerstandsmessungen beruht dies darauf, daß sich (auch in Modellversuchen mit Filtrierpapier) die Dampfspannung durch Bildung eines Oberflächenfilms ätherischer Öle erniedrigt. Es ist danach verständlich, daß Pflanzen mit ätherischen Ölen gerade in den Trockengürteln der Erde einen Selektionsvorteil besitzen und sich so deutlich anreichern. Die schöne Versuchsanordnung läßt vorläufig die Richtung der Transpirationsänderung erkennen; über ihr Ausmaß wird wohl die angekündigte Veröffentlichung Näheres bringen.

Bei der Fortsetzung ihrer schon im vorigen Bericht eingehend gewürdigten Untersuchungen über parasitogenes Welken bestätigen GÄUMANN und JAAG die Angaben der amerikanischen Autoren HODGSON, PETERSON und RIKER, daß es neben den chemisch auf die Semipermeabilität des Plasmas wirkenden Welkegiften zahlreiche Stoffe gibt, welche einfach auf Grund ihres Molekulargewichtes (etwa 3000—50000) die submikroskopischen Poren besonders in den Leitbündelendigungen verstopfen und so rein physikalisch ein Welken der Blätter erzwingen (ihre Wirkung steigt mit dem Molekulargewicht). Um sich vergleichsweise mit den Besonderheiten eines solchen physikalischen Welkens[1] bekannt zu machen, benützen GÄUMANN und JAAG Inulin mit einem Molekulargewicht von rund 5000 als Modellkörper; es wird abgeschnittenen Tomatensprossen in Konzentrationen von 10^{-3} bis 10^{-5} mol tagelang an Stelle von Wasser geboten. Die Welkungserscheinungen, die dabei auftreten, unterscheiden sich auffällig von den früher geschilderten Wirkungen des Welkegiftes Lycomarasmin: Während dieses bei bestimmten, dafür empfindlichen Pflanzen schon in hochgradiger Verdünnung unter bezeichnenden Schwankungen von Wasseraufnahme und -abgabe zum Zusammenbruch der Plasmasemipermeabilität und damit zum Turgorverlust führte, erfolgt beim physikalisch induzierten Welken unter dem Einfluß einer hundertmal höheren Konzentration unterschiedslos bei allen Pflanzen eine langsame und gleichmäßig fortschreitende Blockade des gesamten Wasserleitungssystems; da insbesondere Wasseraufnahme und -abgabe auffallend gleichmäßig sinken, nehmen Verff. an, daß sich die submikroskopische Embolie der Intermizellarräume nicht

---

[1] Die Priorität der Entdeckung dieses physikalischen Welkens durch Verstopfung submikroskopischer Kapillaren gebührt dabei eindeutig STRUGGER, welcher schon 1939 (Biol. Zbl. **59**, 434) feststellt: „Gröber disperse Farbstoffe verstopfen die submikroskopischen Kapillaren. Die Folge davon ist eine Hemmung der Wasserversorgung. Solche Blätter welken und beginnen partiell abzutrocknen."

nur auf die eigentlichen Wasserleitbahnen, sondern im Sinne STRUGGERs auf den gesamten Membranweg bis zur Blattoberfläche erstreckt und daher die Transpiration ebenso blockiert wie die Wasseraufnahme. Ref. zweifelt nicht, daß sich nach dieser grundsätzlichen Klärung manche länger bekannte Erscheinung als Intermizellarblockade erweisen wird; als solche dürfen wir ja nach dem oben Mitgeteilten bereits die natürliche Verkernung bezeichnen, nur daß diese so lange nicht stört, als sie für die Bedürfnisse der Leitung einen ausreichenden Splintzylinder offen läßt; wenn aber beim Ulmensterben und anderen Infektionskrankheiten die Verkernung vorzeitig bis zum Kambium dringt, kann neben Verthyllung der Gefäße sehr wohl auch eine Verstopfung der Intermizellarräume im Spiele sein, wie das DIMOND als Ursache des Einrollens der Ulmenblätter annimmt.

c) Rindengaswechsel. Eine fast beschämende Wissenslücke hat Frl. GEURTEN mit ihren mehrjährigen quantitativen Untersuchungen über den Gaswechsel der Rinden ausgefüllt: In den Hauptversuchen prüft sie durch stündliche Wägung das Transpirationsvermögen der Rinde gegenüber einer angedichteten Kammer, welche als Adsorbens Silikagel enthält. Da somit die Transpiration nicht gegen natürliche, sondern trockene Luft erfolgt, ist die Transpiration gegenüber der normalen nachts mehr, tagsüber weniger gesteigert. Die zahlreichen Tageskurven zeigen aber nun nicht den erwarteten sinusförmigen Verlauf, sondern fast regelmäßig bereits ab 10 Uhr vormittags einen mehr oder weniger deutlichen Transpirationsrückgang, der eine Erhöhung des Transpirationswiderstandes um diese Zeit erweist[1]. Da nichts auf eine kurzfristige Regulierbarkeit der Lentizellentranspiration deutet, für die jede anatomische Grundlage fehlt, kommt zur Erklärung dieser auffälligen Erscheinung nur das „incipient drying", der wachsende Kohäsionszug, einschließlich einer möglichen Verringerung des Interzellularvolumens infolge Turgorverlust (im Sinne von NIUS) in Frage. Die Wahrscheinlichkeit, daß durch Entquellung der Wände das Transpirationsvermögen wirksam herabgesetzt werden kann, ist durch die Befunde von SCOTT über die weite, vielleicht sogar allgemeine Verbreitung einer kutikulären Auskleidung der Interzellularen gestiegen (vgl. dazu auch die im vorigen Bericht erwähnten Untersuchungen von HÄUSERMANN); nur bei entsprechendem Membranwiderstand kann sich ja ein so steiles Dampfdruckgefälle ausbilden, daß an der Membranoberfläche eine wirksame Dampfdruckerniedrigung zustande kommt (eine Lösung von 100 Atm. osmotischem Druck entwickelt ja noch immer 93% rel. Feuchtigkeit).

Die Rindentranspiration beträgt im allgemeinen etwa 2—5% der Evaporation von Filtrierpapierscheiben; sie liegt bei glattrindigen Bäumen wie Birke, Buche und Fichte (*Betula, Fagus* und *Picea*) das ganze Jahr deutlich tiefer als bei der rissig-borkigen Eiche und Pappel (*Quercus* und *Populus*). Nach systematischen Verklebungsversuchen, wie sie

---

[1] Auch stammaufwärts nimmt die Rindentranspiration viel stärker ab, als nach Vergleichsversuchen mit verschieden dicken Stämmen zu erwarten wäre.

neben GEURTEN auch KOGLER ausgeführt hat, bestreiten die rund 2% der Fläche einnehmenden Lentizellen mindestens 20% der Gesamttranspiration; die „lentizelläre" ist demnach der „peridermalen Transpiration" ähnlich überlegen wie die stomatäre der kutikulären. Die peridermale sinkt bei Austrocknung auf praktisch Null ab, während sie nach Verklebung der Lentizellen durch Quellung stark ansteigen kann.

Durch Absorption von CO_2 wurde in grundsätzlich gleicher Weise auch die Rindenatmung untersucht: Zum Unterschied von den Laubblättern, wo diese nur Tausendstel der Transpiration beträgt, liegt die Rindenatmung bei etwa 20—50% der gleichzeitigen Transpiration, also relativ sehr hoch. Zweifellos sind ja die Lentizellen in erster Linie Atmungsorgane zur Sauerstoffversorgung der lebenden Gewebe in Rinde und Holz und nur nebenbei, wenn nicht gar nur zwangsläufig, auch Transpirationsorgane. Die hohe Atmung entspricht dabei durchaus dem vielmals höheren CO_2-Gefälle als dem bei Laubblättern gewohnten: Nach MacDOUGALS altbekannten Untersuchungen kann sich ja im Stamm die Kohlensäure bis zu 30%, also dem Tausendfachen der freien Luft anreichern; letzten Endes ist sie aber natürlich Ausdruck einer tatsächlich stärkeren flächenrelativen Atmung eines so tiefschichtigen Gewebes.

Über die Stomatoden mancher Nymphaeaceen und ihre Funktion berichten wir im Zusammenhang mit Besonderheiten ihres Wasserleitungssystems weiter unten.

d) Transpirations-Ökologie; Gaswechsel von Pflanzenbeständen. Das einzigartige Naturexperiment des Dürresommers 1947 wurde von PISEK (2) glücklicherweise rechtzeitig benützt, um den Wasserhaushalt einer frei stehenden Fichte in allen Kronenteilen zu verfolgen: Beginn und Ende der Vegetationszeit kennzeichnen sich durch raschen Anstieg bzw. Abfall der relativen Transpiration (Öffnen und Schließen der Spalten). Zunächst ist dann bei guter Wasserversorgung die Transpiration der unteren Kronenteile höher als die der oberen; schon eine geringe Trockenheit genügt aber, um die Schattennadeln zur Einschränkung zu zwingen und damit das Transpirationsverhältnis umzukehren. Die Sparmaßnahmen treffen also zunächst nur die weniger produktiven Teile; erst bei scharfer Trockenheit sinkt auch die Transpiration der Wipfelregion allmählich auf die niedrigen Werte der Kronenbasis. Grundsätzlich entspricht dieses verfeinerte Bild völlig dem, was Ref. 1923/24 festgestellt hat. Bemerkenswert ist, daß dank dieses vorsichtigen Haushaltens die Fichten auf dem untersuchten Innsbrucker Standort (Sonnenhang auf tiefgründigem Moränenboden) die Dürre völlig schadlos überstanden, was bekanntlich leider nicht überall zutrifft: Wassergehalte und osmotische Werte lagen am Ende der Dürre noch weit von der Schädigungsgrenze. Erfreulicherweise stellt uns Verf. eine ähnlich gerichtete Untersuchung über die Assimilationsverteilung im Baum in Aussicht, über die wir bekanntlich ganz unzureichend unterrichtet sind.

In diesem Zusammenhang sei auch auf die Buchveröffentlichung POLSTERs über „Die physiologischen Grundlagen der Stofferzeugung im Walde" hingewiesen, in der über hundert Tagesgänge von Assimilation, Atmung und Transpiration unserer Hauptholzarten ausgewertet werden. Der Hauptwert der Arbeit liegt in der gleichzeitigen Messung

dieser drei Gaswechselvorgänge, wodurch sich die bereits von EIDMANN
(vgl. Fortschr. Bot. 11, 152) angebahnten Einblicke in die Korrelation
dieser Größen weiter vertiefen (relativ sparsame Transpiration und
Atmung der Schattholzarten; die im Durchschnitt der Vegetationsperiode zu 1 g Trockensubstanz auf 250—1000 g Transpiration angegebene
Produktivität der Transpiration schwankt kurzfristig in viel
weiteren Grenzen, da es nachts Transpiration ohne Assimilation, im
dampfgesättigten Raum Assimilation fast ohne Transpiration gibt).

Eine streng vergleichende Untersuchung des Wasserhaushaltes
zahlreicher diploider Ausgangsrassen und ihrer Colchicin-
Tetraploiden verdanken wir SCHWANITZ: Die Zellvergrößerung der
Tetraploiden bewirkt, daß Haare und Spaltöffnungen spärlicher, zugleich allerdings die einzelnen Spaltareale größer, das Leitbündelnetz
lockerer, aber die Gefäße weiter, die Blätter dicker, aber interzellular-
ärmer werden. Als physiologische Folge dieser Veränderungen sinken
Transpiration, osmotische Werte und Wasserdefizite, während der
Wassergehalt steigt. In Versuchen mit dem Ultrarotabsorptionsschreiber
(s. u.) erweist sich auch die Atmung der Tetraploiden (offenbar infolge
der relativ kleineren Zelloberfläche) als deutlich herabgesetzt.

Von außereuropäischen Wasserhaushaltuntersuchungen seien die von
KILLIAN in Nordafrika, von OPPENHEIMER, EVENARI, BOYKO und ihren
Mitarbeitern MENDEL, SHMUELI u. a. in Palästina und von RAWITSCHER
in Brasilien hervorgehoben: KILLIAN hat an den Wüstenpflanzen der
Sahara jahrelang alle Einzelheiten ihres schwierigen Wasserhaushaltes
beobachtet und dabei ähnliche Mannigfaltigkeiten der Anpassung festgestellt wie andere Autoren in anderen Trockengebieten der Erde. Es wäre
ein großer Gewinn, wenn uns KILLIAN seinen unter schwierigsten klimatischen Bedingungen erarbeiteten, aber auf viele kleine Mitteilungen ver-
streuten einzigartigen Erfahrungsschatz in monographischer Zusammenfassung vorlegen würde. Besonders erschütternd sind seine Berichte über
die rasch fortschreitende Degradation und Erosion von Böden, welche
noch in geschichtlicher Zeit Steineichenwälder (*Quercus ilex*) trugen.

In Palästina steht und fällt die Bodenfruchtbarkeit mit der Möglichkeit künstlicher Bewässerung: Während im Obstgarten die Mandel
Stundentranspirationen bis zu 350% des Frischgewichtes erreicht, liegt
die Transpiration des Hartlaubs draußen mehrfach unter der Meßbar-
keitsschwelle der Schnellwägemethode[1]; in der Wüste werden die
Spalten meist nur am Morgen zu kurzer, aber kräftiger Assimilation
geöffnet. Eine Ausnahme machen hier nur *Alhagi Maurorum* und
Prosopis furcata, deren 15 und mehr Meter tiefgehende Wurzeln das
Grundwasser erreichen und so eine verschwenderische Transpiration
ermöglichen. Die osmotischen Werte dieser beiden Pflanzen schwanken

---

[1] Zur Geschichte der hier wie bei fast allen neueren Freilanduntersuchungen
der Transpiration angewendeten Schnellwägung abgeschnittener Zweige weist
OPPENHEIMER darauf hin, daß sie schon lange vor IWANOW (1918), HUBER (1923 bis
1927) und STOCKER (1929) von F. PFAFF (Sitzgsber. Bayer. Akad. 1, 27, 1870) bei
Untersuchungen über die Transpiration der Eiche angewendet wurde; freilich hat
die Balken-Torsionswaage die Technik solcher Wägungen sehr erleichtert.

daher in den Salzmarschen nördlich des Toten Meeres im Jahresgang nur zwischen 14 und 15 Atm., während die der viel träger transpirierenden Salzsukkulenten zwischen 36 und 91 Atm. liegen (SHMUELI). Dank der mannigfachen Anpassungen halten Trocken- und Hitzetod fast nur unter den Sämlingen Ernte[1]; die übrige natürliche Vegetation hat sich, wie auch WALTER betont, mit der Wasserversorgung ins Gleichgewicht gesetzt (Pflanzenmasse dem Niederschlag proportional), der Boden ist selbst in der Wüste entgegen dem Augenschein mit Pflanzen gesättigt, Nachwuchs nur in dem Maße möglich, wie Altes abstirbt.

Am weitesten aus dem europäischen Gesichts- und Erfahrungskreis führt uns RAWITSCHER mit seiner anschaulichen Schilderung der Besonderheiten des Wasserhaushaltes in den „Campos cerrados" Südbrasiliens: Bei 1400 mm Jahresniederschlag vermag die etwa viermonatige Wintertrockenheit den überaus tiefgründigen Boden höchstens 2 bis $2^1/_2$ m tief auszutrocknen, während tiefer unerschöpfliche Wasservorräte schlummern. Unter diesen Umständen hängt die Wasserbilanz der Vegetation ganz davon ab, ob sie diese Vorräte erreicht oder nicht. Es kann kein Zweifel darüber bestehen, daß die ursprüngliche Waldvegetation nicht unter Wassermangel litt und daß die heutige dürftige Savanne ein Kunstprodukt der Brandrodung ist. Natürlich hat sich auch die neue Vegetation in ihrer Weise den veränderten Verhältnissen angepaßt und manche eigenartige Anpassungstypen aufzuweisen, vor allem zu mächtigen Speichern führende Wurzelsukkulenz; der Stamm der Palme *Acanthococos* arbeitet sich nach der Keimung positiv geotropisch bis in 50 cm Tiefe, ehe er sich aufwärts wendet und Blätter über den Boden treibt.

Zu dem im letzten Bericht ausführlich behandelten Problem der Messung des Gaswechsels von Pflanzenbeständen braucht diesmal nur nachgetragen zu werden, daß mit Hilfe des hochempfindlichen Ultrarotabsorptionsschreibers der Badischen Anilinfabrik (weiterhin kurz URAS genannt) nunmehr auch die Registrierung des CO_2-Gefälles und damit des vertikalen Kohlensäurestromes gelang [HUBER (2)]. Das Gerät gründet sich auf eine starke spezifische Infrarotabsorption des Kohlendioxyds; da jedoch für diesen Wellenlängenbereich keine selektiven Filter existieren, wird an Stelle einer Thermosäule eine mit CO_2 gefüllte Kammer als selektiver Strahlungsempfänger verwendet (weitere methodische Einzelheiten bei EGLE und ERNST). In „Differenzschaltung" (unmittelbarer Vergleich zweier Kohlensäuregehalte) erreicht das Gerät eine Empfindlichkeit von 0,0001% = 1 Volummilliontel CO_2 oder 0,3% des natürlichen CO_2-Gehaltes der Luft. Das auf diese Weise endlich faßbare, ja in Minutenintervallen registrierbare CO_2-Gefälle liegt über kurzgeschnittenem Rasen (5 cm gegen 500 cm über Boden) in der Größenordnung weniger Zehntausendstel bis höchstens Tausendstel Prozent und wechselt innerhalb 24 Stunden zweimal sein Vorzeichen:

---

[1] Sehr eigenartig ist die von EVENARI für *Anabasis articulata* beschriebene Isolierung des Zentralzylinders durch Ablösen und Vertrocknen der gesamten Rinde, welche als isolierender Mantel erhalten bleibt. Ob und allenfalls wie dabei auf die Dauer die Wurzeln mit Assimilaten versorgt werden, bleibt unklar.

Während sich nämlich nachts bei weitgehender Luftruhe die Kohlensäure am Boden bis zu 0,0025 % Überschuß anhäuft, verschwindet dieser Überschuß unter dem Einfluß der einsetzenden Assimilation gleich nach Hellwerden und macht besonders während der intensiven Morgenassimilation am frühen Vormittag einem kräftigen, später nachlassenden CO_2-Defizit Platz; beim abendlichen Dunkelwerden kehrt sich dann das Verhältnis wieder um. Auf diese Weise ist nun grundsätzlich eine laufende Registrierung der Assimilation von Pflanzenbeständen möglich.

Für die Registrierung des Wasserdampfgefälles bedeutet der gleichfalls von der Bad. Anilinfabrik entwickelte Wasserdampfschreiber „Thermoflux" eine wesentliche Hilfe: Er registriert thermoelektrisch die Lösungswärme, welche bei der Berührung der angesogenen Luftproben mit Tropfen konzentrierter Schwefelsäure entsteht [HUBER (2)].

6. Transpirations- und Assimilatstrom.

a) Anatomisches. Was die faszikulären Stoffbewegungen betrifft, so liegt der Schwerpunkt der Forschung zur Zeit eindeutig bei den anatomischen Untersuchungen: Der Altmeister der phylogenetischen Holzanatomie, BAILEY, sucht mit seinen Schülern systematisch den Formenkreis der *Ranales* nach primitiven Typen ab. Dabei ist es gelungen, den acht, seit der Jahrhundertwende bekannten, gefäßlosen Angiospermenhölzern der Familien der *Winteraceae* (*Drimys, Pseudowintera, Bubbia, Belliolum, Exospermum, Zygogynum*), *Trochodendraceae* (*Trochodendron*) und *Tetracentraceae* (*Tetracentron*)[1] zwei weitere anzufügen, die Monimiacee *Amborella trichopoda* (BAILEY und SWAMY 1948) und überraschenderweise auch zwei Arten der bisher zu den *Piperales* gestellten Gattung *Chloranthus*, die nunmehr nach Feststellung ihrer Gefäßlosigkeit der Gattung *Sarcandra* zugewiesen werden (BAILEY und SWAMY 1950). In all diesen Fällen zeigen die Frühholztracheiden gleich den Farnen, Cycadeen und Bennettitales leiterförmige Tüpfelung (Treppentracheiden); nur in den engeren Spätholztracheiden nehmen die Hoftüpfel etwas rundlichere Gestalt an. Die leiterförmige Gefäßdurchbrechung aller primitiven, Tracheen besitzenden, Angiospermen weist gleichfalls auf Ahnenformen mit Treppentracheiden, und BAILEY spricht deshalb von der unüberbrückbaren Schranke, welche die holzanatomischen Befunde jedem Ableitungsversuch der Angiospermen von den auf runde Hoftüpfel spezialisierten Klassen der *Ginkgoales, Coniferales* und *Gnetales* entgegenstellen. Bemerkenswert ist, daß nicht weniger als sieben der zehn gefäßlosen Angiospermengattungen in dem Australien östlich vorgelagerten Neukaledonien vorkommen, drei sogar dort endemisch sind. In einer hinreißend geschriebenen Adresse für die Paläobotanische Sektion der Botanical Society of America (BAILEY 1948) appelliert BAILEY daher an den Forschernachwuchs, in diesem Gebiete planmäßig nach Angiospermenvorfahren, zunächst insbesondere nach Tertiär- und Kreideablagerungen Ausschau zu halten.

---

[1] VAN TIEGHEM wollte diese acht Gattungen als eigene Ordnung der *Homoxyleae* an die Spitze der Angiospermen stellen, während sie die Mehrzahl der Systematiker für eine polyphyletische Gruppe von Reliktpflanzen hält.

In Nord-Queensland (Australien) ist 1929 von Kajewski eine neue Gattung entdeckt und Bailey zu Ehren als *Austrobaileya* beschrieben worden, welche den *Monimiaceae* unter den *Ranales* nahesteht, wegen mehrsamiger Früchte aber auch als selbständige Vorläuferfamilie bewertet werden könnte. Von dieser interessanten Gattung, von der White 1948 noch eine zweite Art beschrieb, haben Bailey und Swamy (1949) u. a. auch die Phloem-Anatomie untersucht und dabei eine Reihe primitiver Züge festgestellt: Siebzellen (Siebfelder über die ganzen Radialwände gleichmäßig verteilt, ohne bevorzugte Ausbildung von Siebplatten an den Enden) ohne Geleitzellen wechseln in regelmäßigen einreihigen Bändern mit Phloemparenchym ab. Da nach unseren Befunden (Huber 1939, Holdheide) auch Vertreter der *Rosaceae* Siebzellen und offenbar noch nicht regelmäßig Geleitzellen[1], *Saxifragaceae* (*Ribes*) regelmäßige Bastbänderung aufweisen, verdient die Verbreitung dieser drei primitiven Phloemmerkmale eine planmäßige Untersuchung. Ebenso erwünscht wäre freilich, besonders an tropischem und Lianenmaterial eine planmäßige Suche nach den höchstdifferenzierten Siebröhren, da Ref. 1939 bereits unter einem Dutzend heimischer Rinden als bisherigen Rekord einen Typ mit bis 15 μ weiten Siebporen auffinden konnte, nämlich *Fraxinus excelsior*[2]. Wegen des Siebröhrenkollapses wären für solche Untersuchungen freilich an Ort und Stelle einwandfrei fixierte Safthäute (einjährige Bastzuwächse) erforderlich.

Wie im menschlichen Straßenverkehr, so ist auch im Leitungssystem der höheren Pflanze jede Verzweigung eine erhöht gefährdete Stelle, welche besonderer Sicherungen gegen mögliche Störungen bedarf. Während sich die Schulanatomie aus pädagogisch durchaus begreiflichen Gründen auf die Betrachtung der übersichtlicheren Verhältnisse in den glatt durchlaufenden Leitbahnen der Internodien beschränkt, verdient in der Forschung gerade die verwickelte Anatomie der Knoten eine planmäßige mikroskopische und funktionelle Prüfung. Schon Rouschal hatte durch fluoreszenzoptische Untersuchungen der Blattspurleitflächen sowie der Wasserleitung in den Grasknoten auf Besonderheiten dieser Übergangsregionen aufmerksam gemacht [vgl. Fortschr. Bot. **9**, 149 (1940) und **10**, 181 (1941)]; nunmehr beschäftigen sich Burkill und Happ mit den noch eigenartigeren Verhältnissen in den Dioscoreaceen-Knoten: Es handelt sich im wesentlichen darum, daß in jedem Knoten in etwas verschiedener Höhe nacheinander erst die Elemente des Xylems und etwas höher die des Phloems in „Staubecken" von mehr als zehnfachem Durchmesser einmünden und zugleich ihren Charakter verändern: Die Tracheen werden von Tracheiden,

---

[1] Als Hypothese möchte Ref. aussprechen, daß die Geleitzellen aus den schon bei den Gymnospermen vielfach mit den Siebzellen regelmäßig alternierenden Parenchymzellen hervorgegangen sind; nach dieser Auffassung wären radial zu den Siebröhren liegende und im Vergleich zur Länge der Siebröhrenglieder stärker unterteilte Geleitzellen primitiver als schief abgetrennte von gleicher Länge wie die Siebröhrenglieder.

[2] Da wir diesen Fall gerne im mikroskopischen Praktikum vorführen, sei darauf hingewiesen, daß *Fraxinus americana* und *ornus* keine so weitmaschigen Siebplatten besitzen.

die Siebröhren von kurzen, reichgetüpfelten, aber keine Siebplatten
führenden „Parenchymzellen" (wohl richtiger: Siebzellen) abgelöst. Die
Saftströme erfahren in diesen Staubecken eine starke Verlangsamung
(thermoelektrische Messungen des Transpirationsstromes; Fluoreszein-
versuche geplant). Quecksilber, das die Internodien glatt durchläuft,
vermag die Knoten nicht zu durchsetzen (keine Gefäßdurchbrechungen[1]).
Die merkwürdigen Bildungen sind ökologisch offenbar ähnlich zu bewerten wie die von ROUSCHAL untersuchten Staubecken am Grunde
der Blattspuren: Die Beschränkung der Tracheen auf das eigene Organ,
in unserm Falle sogar das einzelne Internodium, verringert die Gefahr,
daß bei Abgliederung von Blättern oder Zurücksterben von Sproß-
gliedern (wie es gerade in der afrikanischen Heimat der Dioscoreaceen
leicht vorkommen mag) die Leitbahnen über den nächsten Knoten
hinaus in Mitleidenschaft gezogen werden. Nachdem BAILEYs Schule,
besonders CHEADLE, so reiches Beweismaterial dafür beigebracht hat,
daß die Monokotylen ihre Tracheen unabhängig von den Dikotylen
erworben haben (vgl. den vorigen Bericht 12, 203), erhebt sich in diesem
Falle sogar die Frage, ob nicht die Knoten den ursprünglichen Bau
beibehalten und die Internodien Tracheen und Siebröhren neu erworben
haben könnten.

Als letzte Verästelungen des Assimilatleitungssystems haben die
stets an die tätigen Siebröhren anschließenden Markstrahlen[2] sowie
das von diesem abgehende Strangparenchym eingehende Neuunter-
suchungen erfahren; diese lassen vor allem die Strahlen entwicklungsgeschichtlich wesentlich wandelbarer erscheinen, als das der Bildaus-
schnitt eines einzelnen mikroskopischen Gesichtsfeldes vermuten läßt:
Wie der Amerikaner BARGHOORN in einer Reihe während des Krieges er-
schienener vorzüglicher Arbeiten und mein Schüler BRAUN zunächst
ohne Kenntnis dieser Untersuchungen übereinstimmend feststellen, beginnen die einschichtigen Koniferenstrahlen mit der Höhe einer einzigen
Zellreihe, vermehren sich aber bald durch Teilung der Markstrahl-
initiale auf 2, 4 und noch mehr Reihen. Dabei kommt es auch zu Ver-
schmelzungen übereinanderliegender Strahlen, während die entgegengesetzten Vorgänge einer Verringerung der Höhe durch Ausfall einzelner
Initialen oder Zerklüftung hoher Strahlen durch auswachsende Tracheiden[3] wesentlich seltener sind. Die Verteilungskurve der Markstrahl-
höhen verschiebt sich daher mit dem Alter anfangs schnell, später
immer langsamer nach größeren Durchschnitts- und Maximalhöhen.

---

[1] Knoten mit nur einem Blatt zeigen entsprechend dem anatomischen Befund
nur eine halbseitige, solche mit zwei oder drei Blättern eine vollständige Unterbrechung.

[2] Es ist bedauerlich, daß unser deutsches Schrifttum mit dem sachlich unrich-
tigen Ausdruck Mark-Strahlen vorbelastet ist. Vielleicht ist es noch nicht zu spät,
sich der englischen Terminologie anzuschließen und einfach von „Strahlen" (rays)
zu sprechen und im Bedarfsfall den holzseitigen Teil als Holz- oder Xylem-Strahl
(xylem ray), den rindenseitigen als Bast-, Rinden- oder Phloem-Strahl (phloem ray)
zu bezeichnen.

[3] Für das Wachstum von Tracheiden, Holz- und Bastfasern haben eine Reihe
gründlicher neuer Untersuchungen die noch immer in unseren Lehrbüchern spukende
Vorstellung eines gleitenden Wachstums widerlegt und bewiesen, daß die Ver-

Bei den Laubhölzern sind, wie übrigens bereits bei den Pteridophyten, die primären Markstrahlen (die einzigen, welche diesen Namen wirklich verdienen) von den sekundären zunächst wesentlich verschieden: Erstere sind breit, mehrschichtig (bisweilen in einschichtige Enden auslaufend), letztere einschichtig und gerade bei primitiven Typen meist aus stehenden Zellen bestehend, wodurch ihre Herkunft aus dem „fusifomen" Kambium und damit ihre Homologie zu den Tracheiden deutlich wird. Erst nach und nach bildet sich sowohl in der Phylogenie wie vielfach auch heute noch in der Ontogenie die geläufige Form der „liegenden" Strahlzellen heraus. Häufiger als bei uns ist dabei unter den Tropenhölzern der Typus des heterogenen Strahls mit einem meist einschichtigen, aber oft mehrreihigen Saum stehender Kantenzellen und einem mehrschichtigen Mittelteil liegender Zellen. Über diesen Typus sind 1949 unabhängig voneinander drei verschiedene Spezialuntersuchungen erschienen [HUBER (3), CHATTAWAY, REINDERS-GOUWENTAK).

Dieser anatomischen entspricht vielfach eine deutliche physiologische Differenzierung: Die stehenden Kantenzellen führen oft weniger geformten und gefärbten organischen Inhalt (Stärke, Öl u. dgl.), dafür mehr Kristallablagerungen. Bei den meisten Abietaceen sind die Randzellen des Strahls bekanntlich als Tracheiden, die Mittelzellen als Parenchym ausgebildet. Leider stehen diesen mannigfachen anatomischen Beobachtungen noch so gut wie keine wirklich physiologischen Untersuchungen gegenüber.

b) Physiologie der Saftströme. Daß der faszikuläre Transpirationsstrom nicht überall demselben Schema folgt, sondern in verschiedenen systematischen Gruppen eine beträchtliche Mannigfaltigkeit aufweisen kann, beweist neben den eben referierten anatomischen Untersuchungen eine elegante kleine Monographie GESSNERs über die Physiologie der Wasserleitung der Nymphaeaceen: Die überraschende Ausgangsbeobachtung war die bisher unbekannte Feststellung, daß die abgeschnittenen Blätter aller Nymphaeaceen im Potometerversuch nahezu kein Wasser saugen und, mit der Spreite aus dem Wasser gehoben, alsbald welken. Sie können über die Gefäßbahnen nicht durch

längerungen gegenüber dem Kambium ausschließlich durch streng örtliches Spitzenwachstum zustande kommen; dieses führt zunächst zu einer zunehmenden Neigung der neugebildeten Querwand und Vergrößerung der Berührungsfläche zwischen den Teilungsgeschwistern, anschließend aber auch zu einer Verlängerung der abgekehrten Enden. Stoßen die wachsenden Enden auf Hindernisse wie Markstrahlen, so schwellen sie an und umwachsen die Hindernisse schließlich einseitig oder gabelig (SINNOTT u. BLOCH, SCHOCH-BODMER u. HUBER, BANNAN u. WHALLEY). Die letztgenannten Autoren zeigen darüber hinaus an tangentialen Schnittserien von Nadelhölzern, daß sich die Abkömmlinge des Kambiums durch „pseudotransversale" Teilungen sehr unterschiedlich vermehren, die einen stark, andere schwächer, während besonders in den ersten Jahren eine überraschend große Zahl von Kambiumzellen aus dem Wettbewerb überhaupt ausscheidet und von Nachbarzellen überwachsen wird. — Im einzelnen Jahresring nimmt die Tracheidenbzw. Faserlänge vom Früh- zum Spätholz zu; die engeren Spätholzgefäße neigen zu primitiveren Durchbrechungsformen (leiterförmig statt einfach). Das Spätholz trägt demnach stammesgeschichtlich ältere Züge als das stärker spezialisierte Frühholz (BISSET, DADSWELL u. AMOS).

Transpirationsausgang, sondern nur durch Wurzeldruck mit Wasser versorgt werden. Diese zunächst fast unglaubliche Feststellung wird verständlich, wenn man bedenkt, daß auf dem Wasser schwimmende Blätter ihr Sättigungsdefizit zwangsläufig auf dem nächsten Wege durch die gesamte Blattunterseite ausgleichen müßten und kaum eine Möglichkeit hätten, eine Saugung auf weite Strecken über die Gefäßbahnen einzusetzen, wie das im Interesse einer Nährsalzversorgung durch die Wurzeln liegen mag; durch phylogenetische Trägheit bleibt dieses Verhalten dann auch bei nichtschwimmblättrigen Arten wie *Nelumbium* erhalten. Die physiologische Grundlage dieser demnach zweckmäßigen Eigentümlichkeit scheint zu sein, daß die Kohäsion des Füllwassers schon bei ganz geringen Zügen an einer anatomisch vorgebildeten Stelle im Verzweigungssystem der Nervatur abreißt (außerhalb dieser Zone fällt der Blattrand schlaff herab). Vielleicht hängt diese geringe Kohäsionsfestigkeit mit der überaus kleinen relativen Leitfläche (unter 0,05 mm²/dm² Blattfläche gegen durchschnittlich 0,5 mm²/dm² bei anderen Pflanzen) und der fast fehlenden Verholzung zusammen.

GESSNER (2) macht noch auf eine andere Eigentümlichkeit gewisser Nymphaeaceen-Schwimmblätter aufmerksam: Die Riesenblätter der *Victoria regia* sind bekanntlich gegen Überflutung durch einen aufgewölbten Blattrand leidlich geschützt. Aber auch in diesen Pfannen aufgefangenes Regenwasser oder absichtlich übergeschöpftes Teichwasser verschwindet in wenigen Minuten. Es filtriert durch die als „Stomatoden" bezeichneten Löcher, welche bei der Entwicklung des Blattes analog gewissen Fensterblättern und den Blattfiedern der Palmen als gesetzmäßige Absterbeherde entstehen. Die Stomatoden der *Victoria* haben etwa 100 μ Durchmesser und finden sich in einer Dichte von etwa zehn pro Quadratzentimeter.

Die Mechanik der Assimilatleitung ist nach wie vor unklar. SCHUMACHER hat die im vorigen Bericht S. 211 als Fußnote erwähnte Arbeit veröffentlicht, welche für die Fluoreszeinwanderung in den Siebröhren unter bestimmten Bedingungen die Beteiligung einer Massenströmung auszuschließen scheint: Das Fluoreszein wandert in abgeschnittenen Pelargonienblättern auch dann basal bis knapp an die Schnittfläche der Blattstiele, wenn die Gefäße durch Kakaobutter infiltriert sind; andererseits findet eine — allerdings vorwiegend apikal gerichtete — Fluoreszeinwanderung auch in den Rippen von Blättern statt, deren Spreiten entfernt sind. Man wird daher wohl nach einer den Siebröhren oder wenigstens den Phloemelementen (einschließlich der Bündelscheide) eigenen Mechanik suchen müssen, welche weder des Anschlusses an das Assimilationsparenchym noch eines Anschlusses an die abnehmenden Speicherzellen bedarf. Wird das Fluoreszein dem Blatt in zweimolarer Zuckerlösung verabreicht, so wandert das Fluoreszein entsprechend seinem Partialgefälle auch entgegen einem osmotisch angesaugten Wasserstrom in die Siebröhren ein. — Vgl. o. S. 214.

FREY-WYSSLING und AGTHE stellen fest, daß Nektarien, welche von nur noch Phloem führenden Leitbündelenden innerviert sind, wie

z. B. die von *Euphorbia* (*Poinsettia*) *pulcherrima*, einen hochkonzentrierten Nektar (etwa 50% Trockensubstanz) sezernieren[1], während solche, welche von einem vollständigen Leitbündel mit Xylem und Phloem innerviert sind, einen viel verdünnteren Nektar absondern (*Fritillaria* nur 8% Trockensubstanz). Verff. nehmen daher an, daß es sich im ersten Fall um reinen Siebröhrensaft handelt (der Konzentrationsmechanismus ist noch unklar, vielleicht liegt bloße Eindickung durch Verdunstung vor), im letzten Fall dagegen um einen durch Guttationswasser verdünnten Siebröhrensaft (da die dünnflüssige Sekretion auch nach dem Abschneiden anhält, handelt es sich um ,,aktive Hydathoden" im Sinne HABERLANDTs). Diese Auffassung wird durch Versuche mit Kalium-Fluoreszein gestützt: Während vor dem Aufblühen das Fluoreszein in den Siebröhren ausschließlich den wachsenden Organen zuströmt, tritt es mit Beginn der Nektarsekretion aus dem Nektarium aus. Das Nektarium erweist sich damit buchstäblich als ,,Saftventil"[2].

Literatur.

Vorbemerkung: Die Mitteilungen auf dem VII. Intern. Botanischen Kongreß in Stockholm Juli 1950 werden, solange die angekündigten ,,Proceedings" nicht erschienen sind, nach den dort hektographiert verteilten Autorreferaten ohne Paginierung als ,,Abstracts" zitiert.

ALBRECHT, F.: Arch. Meteorol. **1 B**, 149 (1948).

BANNAN, M. W.: Amer. J. Bot. **37**, 511 (1950). — BANNAN, M. W., u. B. E. WHALLEY: Canad. J. Res. **C 28**, 341 (1950). — BARGHOORN, E. S. jr.: (1) Bull. Torrey bot. Club **67**, 303 (1940); **68**, 317 (1941) — (2) Amer. J. Bot. **27**, 918 (1940); **28**, 273 (1941). — BISSET, I. J. W., H. E. DADSWELL u. G. L. AMOS: (1) Austral. Forestry **13**, 86 (1949) — (2) Nature (Lond.) **165**, 348 (1950). — BAILEY, I. W.: Amer. J. Bot. **30**, 64 (1949). — BAILEY, I. W., u. B. G. L. SWAMY: J. Arnold Arbor. **29**, 215 u. 245 (1948); **30**, 211 (1949); **31**, 117 (1950). — BLOCH, R.: Amer. J. Bot. **31**, 71 (1944); **33**, 544 (1946). — BOCHSLER, A.: Ber. schweiz. bot. Ges. **58**, 73 (1948). — BOGEN, H. J.: Planta (Berl.) **38**, 65 (1950). — BOYKO, H.: Palest. J. Bot., Rehovot Ser. **7**, 17 und 41 (1949). — BRAUN, H.: Staatsexamens-Arbeit München 1950. — BRAUNER, L., u. M.: Rev. Fac. Sc. Istanbul **8 B**, 30 (1943). — BRAUNER, L. u. M., u. M. HASMAN: Bull. Fac. Med. Istanbul **12**, 57 (1949). — BURGER, H.: Mitt Schweiz. Anst. f. d. forstl. Versuchsw. **23**, 167 (1943); **24**, 133 (1945). — BURKILL, I. H.: J. Linn. Soc. London **53**, 313 (1949).

CHATTAWAY, M. M.: Intern. Assoc. of Wood Anatomists, Newsletter, Sept. 1949. — COLLANDER, R.: Physiol. Plant. **2**, 300 (1949) und Acta Chem. Scand. **3**, 717 (1949). — COLLANDER, R., u. B. WIKSTRÖM: Physiol. Plant. **2**, 235 (1949). — CRAFTS, A. S., H. B. CURRIER u. C. R. STOCKING: Water in the Physiology of Plants. Chron. Bot. N. S. **21** (1949).

DIMOND, A. E.: Phytopathology **37**, 7 (1947).

EGLE, K., u. A. ERNST: Z. Naturforschg **4b**, 351 (1949). — ENGARD, C. J.: Univ. Hawaii, Res. Publ. **21** (1944). — ESAU, K.: (1) Bot. Rev. **16**, 67 (1950) — (2) Amer. J. Bot. **34**, 224 (1947). — EVENARI, M.: Rivista Argent. Agron. **16**, 121 (1949).

FLEISCHHAUER-BINZ, E.: Planta (Berl.) **37**, 565 (1949). — FREY-WYSSLING, A.: (1) Verh. Schweiz. Naturf. Ges. **1945**, 167 — (2) Experientia **2**, 132 (1946); **3**, 30

---

[1] Zur Bestimmung von Menge und Konzentration des Nektars beschreiben SWANSON u. SHUEL ein Zentrifugierungsverfahren, das den Nektar einzelner Blüten in kalibrierten Röhrchen aufzufangen gestattet.

[2] Angesichts solcher Befunde sind die Angaben über gelegentliche spontane (d. h. nicht durch Blattläuse erbohrte) Honigtau-Sekretion aus Blättern vielleicht doch nicht ganz unglaubwürdig; in den extrafloralen Nektarien findet ja eine solche Sekretion regelmäßig statt.

(1947). — Frey-Wyssling, A., u. C. Aghte: Verh. Schweiz. Naturf. Ges. **1950**, 175.
— Frey-Wyssling, A., u. A. Bochsler: Experientia **3**, 30 (1947). — Frey-Wyssling, A., u. V. v. Rechenberg-Ernst: Flora (Jena) **137**, 193 (1943).
Gäumann, E., u. O. Jaag: Phythopath. Z. **16**, 226 (1950). — Gessner, F.:
(1) Biol. generalis (Wien) **19**, 247 (1951) — (2) Planta (Berl.) **38**, 123 (1950). —
Geurten, I.: Forstw. Cbl. **69**, 704 (1950). — Guttenberg, H. v., u. L. Kröpelin:
Planta (Berl.) **35**, 257 (1948).

Happ, H.: Staatsexamens-Arbeit München 1950. — Hartmann-Dick, U.:
erscheint Forstw. Cbl. — Heath, O. V. S.: (1) Ann. of. Bot. N. S. **3**, 469 (1939):
5, 455 (1941) — (2) Nature (Lond.) **161**, 178 (1948) — (3) Abstr. VII. Intern. Bot.
Congr. Stockholm 1950. — Heilbronn, A.: Abstr. VII. Intern. Bot. Congr. Stockholm 1950. — Hodgson, R., W. H. Peterson u. A. J. Riker: Phytopathology **37**,
301 (1947); **39**, 47 (1949). — Höfler, K.: Phyton **1**, 105 (1949). — Hofmeister, L.:
Protoplasma (Berl.) **33**, 399 (1939). — Holdheide, W.: Handb. Mikroskopie in
d. Technik **5/1**, 193 (1951). — Huber, B.: (1) Ber. dtsch. bot. Ges. **51**, 53 (1933) —
(2) **63**, 52 (1950) — (3) Forstw. Cbl. **68**, 456 (1949).

Killian, Ch.: (1) Rev. gén. Bot. **54**, 81 (1947); **55**, 367 (1948); **57**, 389 (1950) —
(2) Abstr. VII. Intern. Bot. Congr. Stockholm 1950. — Kogler, I. M.: Phyton **3**
(1951). — Kraemer, G.-D.: Z. angew. Entomol. **31**, 349 (1949); **32**, Heft 4 (1950).
— Kramer, P. J., u. H. B. Currier: Ann. Rev. Plant Physiol. **1**, 265 (1950).
Lundegårdh, H.: Physiol. Plant. **2**, 388 (1949); **3**, 103 (1950).

Mägdefrau, K., u. A. Wutz: Forstw. Cbl. **70**, 103 (1951). — Magin, R.: Diss.
München 1949. — Martens, P., u. H. Pigneur: Cellule **51**, 185 (1947). —
Mendel, K.: Palest. J. Bot., Rehovot Series **5**, 59 (1945). — Merkenschlager, G.:
Diss. München 1950. — Merker, E.: Allg. Forst- u. Jagdz. **121**, 144 (1950). —
Merker, E., I. Brauer u. E. Zinecker: Desinfektion u. Schädlingsbekämpfg **41** B,
Heft 11 (1949). — Montfort, C., u. H. Hahn: Planta (Berl.) **38**, 503 (1950).

Oppenheimer, R. H.: (1) Abstr. VII. Intern. Bot. Congr. Stockholm 1950 —
(2) Palest. J. Bot., Rehovot Series **6**, 63 (1947); **7**, 63 (1949). — Oppenheimer, R. H.
u. K. Mendel: Palest. J. Bot., Rehovot Series **2**, 171 (1939).

Pisek, A.: (1) Protoplasma (Berl.) **39**, 129 (1950) — (2) Physiol. Plant. **4**, 1
(1951). — Pohl, R.: Planta (Berl.) **36**, 230 (1949). — Polster, H.: Die physiologischen Grundlagen der Stofferzeugung im Walde. München 1950. — Priehäusser, G.: Allg. Forstzg. **5**, 425 (1950).

Rawitscher, F.: J. Ecology **36**, 237 (1948). — Reinders-Gouwentak, C.:
Mededel. Landbouwhogelschool **49/6**, 217 (1949). — Robertson, R. B.: Ann. Rev.
Plant Physiol. **2** (1951). — Ruhland, W.: Planta **39**, 91 (1951).

Salmon, J.: Rev. Cytol. et Cytophysiol. Végét. **9**, 55 (1946/47). — Schoch-Bodmer, H., u. P. Huber: (1) Mitt. Naturf. Ges. Schaffhausen **21**, 29 (1946) —
(2) Vjschr. naturforsch. Ges. Zürich **94**, 188 (1949) — (3) Schweiz. Z. Forstw. **100**,
551 (1949). — Schulze, B., u. G. Theden: Holz **5**, 239 (1942). — Schumacher, W.:
Planta (Berl.) **37**, 626 (1950). — Schwanitz, F.: Züchter **19**, 221 (1949); **20**, 76
(1950). — Scott, F. M.: Bot. Gaz. **111**, 378 (1950). — Seemann, F. L.: Diss.
Wien 1949, z. T. gedruckt in Protoplasma (Wien) **39**, 147 u. 535. — Shmueli, E.:
Palest. J. Bot., Jerusalem Ser. **4**, 117 (1948). — Sinnott, E. W., u. R. Bloch:
(1) Amer. J. Bot. **26**, 625 (1939) — (2) Bot. Gaz. **105**, 90 (1943). — Swanson, C. A.,
u. R. W. Shuel: Plant Physiol. **25**, 513 (1950).

Van den Honert, T. H.: (1) Disc. Faraday Soc. **3**, 146 (1948) — (2) Abstr.
VII. Intern. Bot. Congr. Stockholm 1950. — Viehmeyer, F. J., u. A. H. Hendrickson: Ann. Rev. Plant Physiol. **1**, 285 (1950).

Walter, H.: Die Grundlagen der Pflanzenverbreitung. Stuttgart 1949ff. (erscheint in Lieferungen). — Wanner, H.: Ber. schweiz. bot. Ges. **58**, 123 u. 383
(1948). — Wartiovaara, V.: Acta bot. fenn. **34**, 1 (1944). — Whalley, B. E.:
Canad. J. Res. **C 28**, 331 (1950). — White, C. T.: J. Arnold Arbor. **4** (1933); **29**,
(1948). — Williams, W. T.: Ann. of Bot. **NS 12**, 34 u. 411 (1948); **13**, 309 (1949).

13. Mineralstoffwechsel.

Von Hans Burström, Lund (Schweden).

Mit 1 Abbildung.

Wie im vorigen Bericht (Fortschr. Bot. **12**, 216), so wird auch die folgende Literaturübersicht auf Fragen beschränkt, die allgemeineres theoretisches Interesse beanspruchen können. Viele Arbeiten enthalten Angaben über Mineralstoffgehalte und Ernteausschläge verschiedener Pflanzen unter künstlichen Bedingungen mit oder ohne Beschreibungen von Mangelerscheinungen oder anderen Eigenschaften der Pflanzen. Die Auswahl der angeführten Arbeiten ist manchmal schwierig gewesen und muß zum Teil willkürlich erscheinen. Andererseits ist namentlich solchen Arbeiten Aufmerksamkeit gewidmet worden, die Angaben über Pflanzen von natürlichen Standorten enthalten, weil über die Ökologie des Mineralstoffwechsels noch recht wenig bekannt ist. Im Vergleich mit dem vorigen Bericht ist ein Abschnitt ausgelassen worden, und zwar über rein anorganische Mineralstoffumsetzungen im Boden, die pflanzenphysiologisch von Bedeutung sind, aber doch nicht vollständig besprochen werden können und deshalb besser in bodenchemischem Zusammenhang behandelt werden.

Mechanismus der Ionenaufnahme.

Dieses Problem erscheint heute insofern klarer, als die von Lundegårdh entworfenen und danach besonders von Robertson entwickelten Prinzipien (Fortschr. Bot. **12**, 219ff.) allgemein als Grundlage der Diskussionen anerkannt werden, wenn auch Einzelheiten sich widersprechen und einer weiteren Klärung bedürfen. Die neuen Untersuchungen stützen sich vorwiegend auf Ergebnisse mit Wurzeln; Gewebescheiben sind als Versuchsmaterial meistens verlassen, wodurch das Problem schärfer abgegrenzt worden ist. Robertson (1, 2) hat die Entwicklung des Problems übersichtlich zusammengestellt, unter Hervorheben der Übereinstimmung zwischen der aktiven Ionenaufnahme der Pflanzen und der Sekretion von Salzsäure im Magen (vgl. Davis und Ogston). Eine schematische Darstellung, die sich der Lundegårdhschen Modifikation anschließt und daneben die Verknüpfung der Ionenaufnahme mit der Produktion von organischen Säuren berücksichtigt, ist von Burström (3) (vgl. auch Sandström) veröffentlicht worden; sie ist in Abb. 46 wiedergegeben. Laut diesem Schema sollte das ganze System der Salz- oder Anionenatmung vom Säurezyklus bis zur terminalen Oxydation in den Mechanismus der Ionenaufnahme eingeschaltet sein, was den innigen Zusammenhang zwischen Respiration und Ionenaufnahme veranschaulicht. Diese kann in drei Teile zerlegt werden. 1. Der primäre Austausch an der Wurzeloberfläche von Salzionen der Außenlösung gegen durch die Respiration gebildete Elektronen und Protonen. 2. Der Transport der Ionen durch das Plasma in einem Zytochromsystem, was für die LUNDE-GÅRDHschen Ansichten grundlegend ist. 3. Die Abgabe der Ionen an eine konzentrierte, anorganische Lösung, die vorläufig in den Zellsaft verlegt werden kann. Dies stellt die eigentliche aktive Salzspeicherung dar.

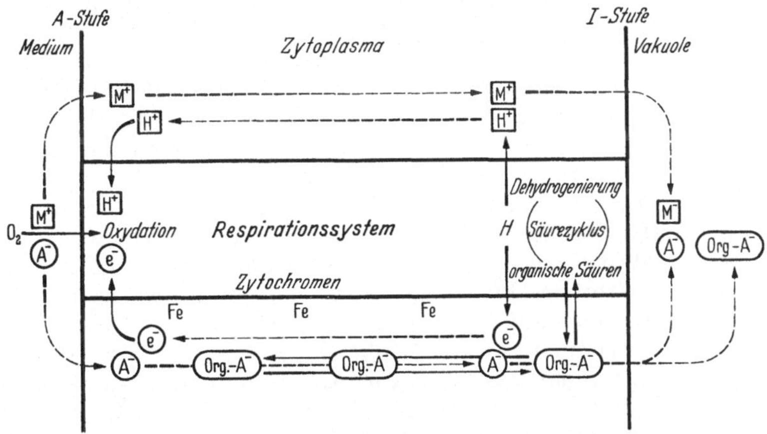

Abb. 46. Schema über die aktive Ionenaufnahme laut der Theorie von LUNDEGARDH, erweitert [BURSTRÖM (3)]. Links: Außenseite des Zytoplasmas mit der terminalen Oxydation; rechts: die Produktion organischer Säuren und die Salzabgabe an die Vakuole; oben: der Austausch der Kationen gegen H-Ionen; unten: der Transport der Anionen in einem Zytochromsystem unter Austausch gegen Elektronen oder organische Anionen.

Der reversible Kationenaustausch ist von ANDERSSON-KOTTÖ und HEVESY an *Neurospora* durch Zn* veranschaulicht worden, weil dieses schneller an eine inaktive Zn-Lösung als an eine Zn-freie abgegeben wird. WILLIAMS und COLEMAN meinen, daß eine Austauschdoppelschicht an der Zellwandoberfläche gelegen ist. Als Stütze hierfür führen sie Messungen der Oberflächenladung durch unmittelbaren Kontakt mit Glaselektroden an und zeigen, daß die Potentiale nicht nur von der Temperatur, sondern auch vom lebenden Zustand der Wurzeln unabhängig sind. Wenn auch solche Wandladungen, wahrscheinlich durch Pektine bedingt, vorhanden sind, so ist damit doch nicht gesagt, daß dieser Austausch mehr als mittelbar den Anfang des aktiven Ionentransportes darstellt, weil man sich das Atmungssystem, ohne das eine aktive Beförderung unmöglich ist, an das Zytoplasma gebunden denken muß. Besonderes Interesse im Zusammenhang mit der Aufladung der oberflächlichen Wurzelschichten mit Ionen verdient die Untersuchung von OLSEN. Sie zeigt, daß die Geschwindigkeit der Ionenaufnahme weitgehend von der Konzentration der Außenlösung unabhängig ist und erst dann abnimmt, wenn diese unter etwa 0,001 mmol pro Liter eines Stoffes gesunken ist. Die entgegengesetzten Ergebnisse, die man in der Literatur findet, sollten laut

OLSEN darauf beruhen, daß wegen unzureichenden Umrührens die Aufnahme durch die langsame Ionendiffusion begrenzt wird. Die Ergebnisse von OLSEN lassen sich unschwer mit dem Schema der aktiven Ionenaufnahme vereinigen, wenn angenommen wird, daß die Wurzeloberfläche schon bei niedrigen Konzentrationen der Außenlösung an Mineralionen adsorptiv gesättigt wird. Dieser Austausch, der die erste Stufe der Aufnahme darstellt, muß dann im Vergleich mit der darauffolgenden Beförderung der Ionen in die Wurzel schnell vor sich gehen, und die Gesamtaufnahme wird nur durch diese begrenzt.

Mehrere wichtige Arbeiten behandeln die Funktion und Lokalisierung des Salzatmungsmechanismus in der Wurzel. Laut LUNDEGÅRDH (3) hat sich in der Wurzel unter den angeführten Versuchsbedingungen der primäre Ionenaustausch nach 12—13 Minuten stabilisiert. Es ist jedoch eine Latenzperiode von etwa 35 Minuten erforderlich, ehe die Ionenaufnahme voll in Gang gekommen ist. Dies wird durch eine allmähliche Aktivierung des Salzatmungsmechanismus in weiter nach innen gelegenen Zellschichten der Wurzel erklärt. Es folgt hieraus, teils, daß der aktive Mechanismus an das ganze Rindenparenchym geknüpft ist, teils, daß die Ionen durch allmählich weiter nach innen gelegene Zellen unter Atmungsaktivierung aufgenommen und wieder nach innen abgegeben werden. Andere, unten zu besprechende Ergebnisse stimmen mit dieser Auffassung nicht ganz überein. Auf diese Weise erklärt aber LUNDEGÅRDH (2), daß das Verhältnis Anionenaufnahme zu Salzatmung, das nach ROBERTSON theoretisch gleich 4 sein sollte, in der Wurzel Werte von nur 1 erreicht. Nur etwa ein Viertel der Salzatmung soll durch die Aufnahme neuer Salzmengen hervorgerufen werden, ein Viertel wird durch den Transport innerhalb der Wurzel und die Hälfte durch Atmung vermittels nativer, organischer anstatt anorganischer Anionen bedingt (vgl. Abb. 46).

Die Mitwirkung des Zytochromsystems ist von LUNDEGÅRDH (5) direkt veranschaulicht worden. Spektrometrische Messungen an Wurzeln zeigen, daß die drei Zytochrome darin vorhanden sind. In destilliertem Wasser liegen sie nur zum Teil in oxydierter Form vor; werden aber die Wurzeln in eine verdünnte Neutralsalzlösung gebracht, so verstärkt sich die oxydierte Stufe. Daran knüpft sich eine Arbeit von WEEKS und ROBERTSON, welche zeigen, daß Ionenspeicherung und Salzatmung, nicht aber Grundatmung durch CO gehemmt werden. Die Hemmung wird durch blaues Licht ($\lambda = 436 \, \mathrm{m}\mu$), nicht aber durch rotes, aufgehoben, was alles auf die Mitwirkung von Zytochromoxydase hindeutet. Das bedeutet eine gute Bestätigung der grundlegenden Prinzipien der LUNDE-GÅRDHschen Theorie.

Durch Behandlung von Weizenwurzeln mit Di-n-amylessigsäure in verdünnten Lösungen wird das Streckungswachstum der Epidermiszellen gehemmt; dieses Gewebe wird deshalb zerrissen und abgestoßen, obwohl das Wachstum der ganzen Wurzel sich ziemlich unbehindert fortsetzen kann. In solchen Wurzeln soll laut SANDSTRÖM der Unterschied zwischen den Geschwindigkeiten der An- und Kationenaufnahme zu einem Ausgleich neigen oder verschwinden. Laut Abb. 46 sollte die

Selektivität der Ionenaufnahme durch Trennung der An- und Kationen an der ersten Stufe der Ionenaufnahme bedingt sein. Ihr Verschwinden deutet darauf hin, daß diese vorwiegend in der Epidermis stattfinden soll. Die Aufnahme durch epidermisfreie Wurzeln ähnelt einer passiven Verschleppung von Salz mit dem Transpirationsstrom. In diesem Zusammenhang ist es bedeutungsvoll, daß BROYER gezeigt hat, daß, wenn Wurzeln zuerst mit inaktivem Br gespeist wurden, dieses in den Geweben gespeichert wird, während nachträglich zugeführtes Br* unabhängig hiervon durch die Wurzel passiert und leichter in den Blutungsstrom gelangt als das zuerst gespeicherte Br. Das heißt, daß Br wahrscheinlich im Rindenparenchym gespeichert wird, teils aber mit einem Strom rings um die Speicherungsstätten befördert wird. BROYER nimmt einen Transport durch die Protoplasten an; ein Wandtransport kann aber kaum ausgeschlossen werden. Die Ergebnisse von SANDSTRÖM besagen diesbezüglich, daß für diesen Strom in der Epidermis eine selektive Bremse vorhanden ist. — Vorläufig dürfte angenommen werden können, daß die Unterschiede gegenüber den Ergebnissen von LUNDEGÅRDH auf verschiedener Vorbehandlung, Salzzustand usw., der verwendeten Versuchspflanzen beruhen können.

Hieran knüpft sich das Problem der Abgabe der Ionen von lebenden Zellen an die Holzelemente der Stele. Die umstrittene Frage ist, ob diese metabolischer Natur ist oder nicht. In einer früheren Arbeit behauptet LUNDEGÅRDH (1), daß diese Abgabe durch Jodessigsäure gehemmt wird, was auf eine Verknüpfung mit der Phosphorylierung hindeutet. Das heißt, daß die Abgabe durch die anaerobe Glykolysestufe der Atmung vermittelt werden sollte, was mit der Darstellung in Abb. 46 übereinstimmt. Auf Einzelheiten dieses Mechanismus wurde nicht eingegangen. Später hat LUNDEGÅRDH (4) selbst diese Ansicht verlassen, als er fand, daß die Abgabe durch Fluorid beschleunigt und durch Cyanid gehemmt wird; er nimmt an, daß sie einen nichtmetabolischen Ionenaustausch darstellt. Durch osmotisches Wassersaugen entsteht dann ein Blutungsstrom. In diesem Zusammenhang wichtig ist der Nachweis von KRAMER, daß Azid und Fluorid bei p_H 4,7 die Phosphorspeicherung unterdrücken, bei p_H 5,7 sie aber erhöhen. — Angesichts der erwähnten Arbeiten von SANDSTRÖM und BROYER ergibt sich die Frage, in welchem Ausmaß nichtmetabolische Austauschvorgänge und passiver Transport mit dem Transpirationsstrom für die fortlaufende Ionenaufnahme überhaupt verantwortlich sind. Der Chlortransport durch Thalli von *Ulva* ist laut STEEMANN NIELSEN eine passive Diffusion, weil die Geschwindigkeit dem Diffusionsgefälle einfach proportional ist. — Laut einer Arbeit von VAN NIE, HELDER und ARISZ ist die Ionenkonzentration des Xylemexsudats direkt von der äußeren Ionenkonzentration abhängig; wird diese verändert, so stellt sich nach einem Schockeffekt rasch ein neues Gleichgewicht zwischen Außenlösung und Exsudat ein. Dies ist mit den LUNDEGÅRDHschen Vorstellungen unvereinbar. Zuletzt hat BROYER eine gute Übereinstimmung zwischen den Ionengehalten des Wurzelpreßsaftes und jenem der Exsudate gefunden, was um so mehr überrascht, als diese als Durchschnitt für die ganze Versuchszeit, jene aber bei Versuchsende bestimmt wurden. Die Bedeutung der Übereinstimmung ist deshalb unklar, obwohl sie auf einen etwaigen osmotischen Zusammenhang zwischen Ionenspeicherung und Blutung hindeutet. — Im großen ganzen sind diese Untersuchungen mit solchen Unsicherheiten verbunden, daß man den vorgeschlagenen Deutungen gegenüber vorläufig am besten eine abwartende Stellung einnimmt.

Früher ist, hauptsächlich mit Hinblick auf die Ergebnisse mit Gewebescheiben, ein inniger Zusammenhang zwischen Ionenaufnahme und Wachstum angenommen worden; aber mit der Theorie der aktiven Ionenspeicherung ist dieser unvereinbar. Er wird auch von LUNDEGÅRDH auf Grund von Versuchsergebnissen mit Wurzeln verneint. Gegen die Annahme spricht auch eine Arbeit von HOPKINS, SPECHT und HENDRICKS. Sie haben gezeigt, daß eine Verminderung des Sauerstoffgehaltes um die Wurzeln auf 0,5% wohl das Wachstum, nicht aber die Ionenspeicherung verhindert. Der Salztransport von der Wurzel nach oben hin war von der Sauerstoffzufuhr unabhängig. Dies zeigt zwar, daß ein aerober Metabolismus als Triebkraft für die Ionenabgabe an die Leitungsbahnen ausgeschlossen werden kann, löst aber die Frage nicht, ob sie anaerober oder nichtmetabolischer Natur ist.

Eine Salzabgabe kommt sowohl von Wurzeln als auch von Sproßteilen vor. In jenem Fall dürfte sie zum Teil mit dem erwähnten Ionenaustausch im Zusammenhang stehen. JACOBSON, OVERSTREET, KING und HANDLEY nehmen an, daß Kalium reversibel an einen organischen Zellbestandteil gebunden wird; diese Verbindung ist vom p_H abhängig, so daß in saurer Lösung Kalium abgegeben wird, wenn das Verhältnis K : H im Außenmedium unter 17 : 1 herabsinkt. Diese Erscheinung erinnert an die Bilanzverhältnisse zwischen Metall- und Wasserstoffionen, die früher von OSTERHOUT und LUNDEGÅRDH behandelt worden sind. Weniger durchsichtige Ergebnisse werden von MALM vorgelegt. Sie hat gezeigt, daß Hefezellen bei Gegenwart von Fluorid oder Formiat Kalium abgeben, und erklärt das mit einer durch die Säureaufnahme verursachten p_H-Erniedrigung in den Zellen. Eine Abnahme des p_H des Zellsaftes sollte aber in der entgegengesetzten Richtung wirken; tatsächlich ist aber weder dieses noch die Zytoplasmaladung gemessen worden.

Die viel diskutierte und unerklärte kutikuläre Exkretion von Salzen ist von ihren Entdeckern ARENS und ARENS-LAUSBERG bei *Ricinus* bestätigt worden; es wurden Berechnungen der Größe der Salzabgabe mitgeteilt. Vgl. auch die von TAMM studierte Erhöhung der Salzgehalte unter Nadelbäumen.

Die Spezifität der Ionenaufnahme kann entweder als eine bevorzugte Aufnahme eines gewissen Ions oder als Artenspezifität zutage treten. Die beiden Erscheinungen können natürlich nicht ganz getrennt gehalten werden. GOODALL (2) hat aber durch Analysen verschiedener Unkräuter gefunden, daß Artenverschiedenheiten über Standortunterschiede überwiegen, wobei jedoch zu beachten ist, daß Ackerböden in guter Pflege verhältnismäßig gleichförmig sind. Die spezielle Bedeutung der Menge von austauschbarem Natrium ist von BOWER und WADLEIGH in Mischungen von Sand und Amberlithen untersucht worden.

Bohnen erwiesen sich als gegen hohen Natriumgehalt besonders empfindlich, und die Artenunterschiede waren überhaupt groß. Daß Artenunterschiede in der Natriumaufnahme öfters hervortretend sind, ist früher
erwähnt worden, und umgekehrt machen sich dann Standortunterschiede
weniger geltend. Das gilt laut McVicar sowohl für Kalium wie auch für
Natrium bei *Quercus Prinus*, während für Ca, Mg und P die Standortunterschiede in den Gehalten viel stärker hervortreten. Von besonderem
Interesse ist die Beobachtung von Smith, Reuther und Specht, daß
der Mineralstoffgehalt von Apfelsinenreisern von den Eigenschaften
der Unterlage abhängig ist und somit hauptsächlich der Tätigkeit der
Wurzeln zugeschrieben werden kann. Eine Ausnahme bildet in dieser
Hinsicht nur Na. Natrium nimmt also offenbar eine Sonderstellung ein,
aber das tut zum Teil auch Kalium. Eine ältere, von Bötticher und Beh-
ling vertretene Ansicht, daß die Bindung des Kaliums im Plasma licht-
empfindlich ist, wird jedoch von van Andel und Arisz bestritten.
Die Aufnahme des Kaliums wurde zwar im Licht erhöht, aber auch die
des Phosphors, und dies aus verschiedenen Gründen. Die Vermehrung
der Phosphoraufnahme im Licht sollte auf Kohlenhydratzufuhr beruhen,
während die Lichtwirkung auf die Kaliumaufnahme noch indirekterer
Natur sein sollte. Unter den von Blackman und Hutter eingehaltenen
Versuchsbedingungen wurde kein Einfluß des Lichtes auf die Kaliumaufnahme gefunden, wohl aber auf die des Stickstoffs und Phosphors,
was die Sonderstellung des Kaliums unterstreicht, aber auch gegen die
Annahme einer unmittelbaren Lichtwirkung spricht.

Laut Prat und Hamáková speichern Meeresalgen Kalzium verhältnismäßig stärker als Magnesium, aber sowohl die Arten — als auch
die Standortschwankungen sind groß. — *Aleurites* ist von Drosdoff
auf ihren Gehalt an Spurenelementen an verschiedenen Standorten analysiert. Wie in anderen derartigen Fällen wurden die kleinsten Schwankungen im Cu-Gehalt und größere für Fe und besonders Mn gefunden.
— *Yucca* soll laut Czaja besonders reich an Mangan sein.

Wadleigh und Bower berichten über neue Ergebnisse mit vergleichenden Kulturen in Nährlösungen und kolloiden Medien. Sonst
gibt es wenige neue Beiträge zum Problem der Bedeutung von Kolloiden
im Nährsubstrat. Elgabaly und Wiklander haben gefunden, daß
die Aufnahme von Ca und Na aus kolloiden Medien in Übereinstimmung
mit Donnangleichgewichten vor sich geht.

Anhangsweise kann erwähnt werden, daß Cooper (1, 2) seine früher besprochenen Theorien (Fortschr. Bot. **12**, 222) über die Zugänglichkeit der Mineralstoffe
weiterentwickelt hat. Er meint, daß nicht nur die Zugänglichkeit und Ausnützung
der Metalle, sondern auch ihre Funktion in der Pflanze durch die betreffenden
Normalpotentiale bestimmt werden. Diese, physiologisch betrachtet abstrakten
Ausführungen gipfeln z. B. in der Annahme, daß alle Salze in der Pflanze durch
die Lichtabsorption im Chlorophyll photochemisch in ihre Elemente gespalten
werden, und daß die Photosynthese nur einen Sonderfall dieser Erscheinung darstellt. Diese Arbeiten werden hier nur deshalb erwähnt, weil sie in einer angesehenen
Zeitschrift veröffentlicht worden sind und als warnendes Beispiel übertriebener
Anwendung physikalischer Gesichtspunkte auf physiologische Systeme ohne Berücksichtigung des elementarsten physiologischen Tatsachenmaterials dienen
können.

Vorkommen und Funktion der Elemente.

Einige Arbeiten behandeln allgemein das Vorkommen und die Wirkung mehrerer Elemente. Müller berichtet über den Zusammenhang zwischen Mangelerscheinungen und Beweglichkeit der Ionen in der Pflanze mit den üblichen Gesichtspunkten für dieses Problem. Die Ursachen gewisser allgemeiner Mangelerscheinungen, insbesondere „frenching", werden von Steinberg, Bowling und McMurtrey erörtert. Sie meinen, daß ein Mangel an K, Ca, P oder B toxische Konzentrationen von α-Aminosäuren hervorruft; bei B-Mangel soll eine Erhöhung auf das Siebenfache vorkommen. Es ist jedoch schwer einzusehen, wie es möglich ist, daß mehrere Nährstoffe dieselbe Störung primär hervorrufen können, und es muß vielleicht dahingestellt bleiben, ob nicht die Steigerung von löslichem Stickstoff die Folge eines gehemmten Zuwachses darstellt, gleichgültig, wie es zu diesem Zustand gekommen ist. — In *Ascophyllum* liegen laut Wassermann 80—90% der Mengen von Na, K, Ca und Mg in salzsäurelöslicher Form und reversibel adsorbiert vor, wahrscheinlich an Alginsäure gebunden.

Über die Funktion des Kaliums liegen einige wichtige Arbeiten vor. Daß Kalium die Photosynthese beschleunigt, ist von Pirson und Wilhelmi mit *Chlorella* bestätigt worden. Kaliummangelkulturen zeichnen sich durch niedrige Photosynthese aus, und nach Kaliumzufuhr tritt schnell Erhöhung ein. Der respiratorische Quotient wurde nicht geändert, und primär wirkt Kalium weder auf die Chlorophyllbildung noch auf die Nitratassimilation ein. Pirson und Wilhelmi nehmen deshalb an, daß Kalium unmittelbar in den Photosynthesemechanismus eingreift. Eine solche Wirkung muß jedoch in Zusammenhang mit zwei anderen Erscheinungen betrachtet werden. Kalium kann eine Hemmung der Atmung bewirken, was von Pirson und Seidel an *Lemna* bestätigt worden ist, und von Loustalot, Gilbert und Drosdoff liegen neue Beispiele dafür vor, daß Kalium in *Aleurites* eine Verminderung des Gehaltes an reduzierenden Zuckern verursacht. Dies wird wieder damit erklärt, daß Kalium die Synthese hochmolekularer Stoffe begünstigt. Auch in diesem Fall bewirkt es eine Steigerung der Photosynthese und der primären Saccharosebildung nebst einer verminderten Invertaseaktivität. Auch für *Elodea* liegen Angaben vor, laut denen eine Zufuhr von Kalium eine Verdoppelung der Geschwindigkeit der Photosynthese bewirkt (Baslavskaya und Zhuravloyva). Wenn dies alles summiert wird, so ergibt sich, daß ein beständig zunehmendes Tatsachenmaterial auf eine besondere Mitwirkung des Kaliums im Kohlenhydratumsatz hindeutet. Inwieweit der Einfluß auf die Photosynthese nur einen Sonderfall dieser allgemeinen Wirkung darstellt, bleibt unentschieden. Damit ist eine Bedeutung des Kaliums enger umschrieben als durch die übliche Feststellung, daß es die Zytoplasmastruktur regelt. — In Wurzeln bewirken laut Pirson und Seidel Kalium- sowie Kalziummangel, daß die Zellen schnell altern und daß hierbei der normale osmotische Gradient und der Permeabilitäts- oder Viskositätsgradient verkleinert werden. — Ferner verdient erwähnt zu werden, daß Mulder (1) in Kartoffeln bei Kaliummangel einen hohen Thyrosingehalt gefunden hat. — Die teilweise Ersetzbarkeit des Kaliums durch Natrium bei Spinat wird wiederum von LEHR hervorgehoben.

BERTRAND und BERTRAND (1, 2) haben ihre Untersuchung der natürlichen Vegetation auf Alkalimetalle fortgesetzt. Rubidium kommt laut ihren Angaben in Pilzen allgemein verbreitet vor, in *Tricholoma*- und *Cortinarius*-Arten in erheblichen Mengen, bis zu 2800 mg pro Kilogramm. Die Gentianacee *Chlora* speichert Rubidium, nicht Caesium, wie früher angegeben worden ist. Lithium ist nach D. BERTRAND (1) in Mengen zwischen 0,02 und 0,5 mg pro Kilogramm Trockensubstanz allgemein verbreitet; ein extrem hoher Gehalt von 1,33 mg wurde in *Colchicum* nachgewiesen.

In der strittigen Frage nach dem Bedarf niederer Pflanzen an Kalzium liegen zwei neue Beiträge vor. WINOKUR und ROBBINS verneinen, daß Kalzium eine günstige Wirkung auf *Chlorella* ausübt, während MEINKE und HOLLAND gezeigt haben, daß *Lactobacillus delbrückii* und *L. casei* Kalzium für die Ausnützung von Serin notwendig haben; Stämme von *L. arabinosus*, *Streptococcus faecalis* und *Leuconostoc mesenteroides* sind aber davon unabhängig. — In bezug auf den Bedarf höherer Pflanzen haben HAYNES und ROBBINS hervorgehoben, daß Kalzium gleich wie Bor für eine normale Entwicklung der Wurzeln stetig in der Nährlösung anwesend sein muß, während die übrigen Nährstoffe bekanntlich sehr gut abwechselnd zugeführt und ferngehalten werden können. Es ist nicht klar, ob dies nur der langsamen Bewegung des Kalziums oder auch seiner Wirkungsweise zugeschrieben werden muß. VLAMIS meint, daß Kalziummangel durch einen Antagonismus seitens Kalium und Magnesium bei niedriger Kalziumsättigung im Boden hervorgerufen wird. Der Antagonismus zwischen Ca und K beim Streckungswachstum ist oben erwähnt worden (PIRSON und SEIDEL). Im ganzen genommen vermißt man noch Angaben über mehr definierte Wirkungen als die der Entgiftung, Ausbalancierung usw.; es ist möglich, daß es keine anderen gibt.

Die Assimilation des Magnesiums im Chlorophyll wird in einer Arbeit von GRANICK beleuchtet, der in einer chlorotischen *Chlorella*-Mutante ein Mg-Protoporphyrin, möglicherweise eine Vorstufe des Chlorophylls, entdeckt hat. Laut MULDER (1) steigt der Thyrosingehalt der Kartoffel auch bei Mangel an Mg.

Einige Arbeiten berichten zusammenfassend über das Verhalten des Schwefels in der Pflanze. In einer Monographie von BERSIN wird die Chemie, Bildung und Bedeutung der pflanzlichen Schwefelverbindungen behandelt, und STARKEY gibt eine Übersicht über die bakteriellen Schwefelumsetzungen im Boden. Diese beiden Arbeiten erscheinen in einem Heft von Soil Science (Bd. 70, Nr. 1, 1950), das ausschließlich dem Schwefel gewidmet ist. Unter den übrigen Beiträgen kann erwähnt werden, daß THOMAS, HENDRICKS und HILL über etwa eintausend Schwefelanalysen an Pflanzen natürlicher Vegetation berichten. Erstaunlich niedrige Gehalte wurden durchweg gefunden, zwischen 0,2 und 0,4% der Trockensubstanz; zu den Schwefelärmsten gehören die Nadelbäume. Der Gehalt an Sulfat schwankt, wie zu erwarten ist. Luft-

verunreinigungen von Ortschaften erhöhen den Gehalt an flüchtigen
S-Verbindungen; auch in Salzböden ist er hoch. Halophyten enthalten
bis mehr als 3% Gesamtschwefel. TURELL und CHERVENAK haben die
Einwirkung einer Bestäubung mit Schwefel auf Orangen studiert und
dabei gefunden, daß H_2S und SO_4 gebildet werden. Elementarer Schwefel
wird auch assimiliert und in die normalen S-Umsetzungen einbezogen.
Schwefelwasserstoff entsteht aus Schwefel und Cystein oder Methionin.

Die Funktion des Phosphors nimmt in der Biochemie einen her-
vorragenden Platz ein, und nur wenige Arbeiten physiologischen In-
haltes können hier besprochen werden. Ein ganzes Heft von Soil Science
(Bd. 68, Nr. 2, 1949) behandelt ausschließlich Düngungsversuche mit P*.
EATON berichtet über die Einwirkung von Phosphormangel auf *Soya*,
der wie gewöhnlich mit einer Hemmung der Proteinsynthese und Speicherung von Kohlenhydraten verbunden ist. Dagegen glaubt er nicht,
daß P-Mangel allein die Reduktion des Nitrats bremst, wie früher angenommen worden ist; eine Anreicherung von Amid-N deutet gerade auf
eine Hemmung späterer Glieder des Stickstoffumsatzes. HAMY hat den
Phosphor in *Helianthus* während der Entwicklung fraktioniert und dabei
gefunden, daß der mit Mg fällbare Anteil dabei abnimmt und der lösliche konstant bleibt; ähnliche Verhältnisse liegen bei der Tomate vor.
Die Fraktionen können nicht direkt mit jenen von HEARD (Fortschr.
Bot. 12, 229) verglichen werden. — Die wichtigste Arbeit über dieses
Thema ist die von KANDLER, die zeigt, daß, wenn *Chlorella* während
30 Sekunden belichtet wird, der anorganische Phosphor mit 20% abnimmt und dies im Dunkeln wieder rückgängig gemacht wird. KANDLER
meint, daß die Phosphorylierung und die Bildung von ∼ Ph auch im Zentrum der Photosynthese steht. Die Einzelheiten gehören aber in den
Abschnitt über den Kohlenhydrat- und Energieumsatz. — PRATT hat
den Phosphorumsatz in Meereswasser in Zusammenhang mit der Planktonvegetation behandelt.

Die Wirkung von Bor ist noch unbekannt. Wie schon oben erwähnt,
muß es wie Kalzium in einer Nährlösung stets anwesend sein (HAYNES
und ROBBINS). Im Zuckerrohr soll Bor laut LAL und SHRIVASTAVA in
Mengen von 5—15 mg pro Kilogramm zugegeben zum Verschwinden
von Kalium- und Phosphormangelerscheinungen beitragen, was das
Problem kaum durchsichtiger macht. PATTANIK hat gezeigt, daß Bor
die Katalaseaktivität erhöht.

NASON hat bei *Neurospora* eine Erklärung für die Bedeutung von
Zink für die Auxinproduktion gefunden. Zink selbst ist für die Trypto-
phansynthese aus Indol und Serin notwendig. Bei Zinkmangel sank
der Tryptophangehalt auf ein Viertel; Mangan und Eisen waren dabei
wirkungslos. — Die Zinkaufnahme und der Zinkgehalt des Hafers werden
von WOOD und SILBY ausführlich beschrieben.

Besonderes Interesse ist wie gewöhnlich den drei Redoxkatalysatoren,
Eisen, Mangan und Molybdän, gewidmet worden. Bei *Aspergillus niger*
verursacht Eisen, laut ERKAMA, HÄGERSTRAND und JUNKKONEN, je
nach dem Stamm des Pilzes, eine Verminderung der Zitronensäure-
bildung um 60—75%, während der Gehalt an Oxalsäure bis auf 45%

steigen konnte. In bezug auf den bakteriellen Eisenumsatz haben SARTORY und MEYER bestätigt, daß *Gallionella ferruginea* rein chemoautotroph ist, während *Leptothrix ochracea* mixotroph ist und organischen Kohlenstoff nebst Fe und Mn benötigt; diese werden oxydiert. *Leptothrix* ist übrigens laut PRINGSHEIM mit *Sphaerotilus natans* und *Cladothrix dichotoma* identisch, alle drei sind Nahrungsmodifikationen derselben Art. Man sollte daher erwarten, daß auch die beiden letzterwähnten Formen mixotroph sind.

Die Diskussion über die Interferenz zwischen **Eisen und Mangan** ist fast zum Stillstand gekommen, und es scheint, als ob ihre Auffassung als ein Redoxpaar schon verlassen worden sei. MORRIS und PIERRE meinen, daß die Erscheinungen von Manganvergiftung mit denen des Eisenmangels nicht identisch sind und daß eine Eisenvergiftung auch nicht bei einem Quotienten für $Fe : Mn = 30 : 1$ in der Nährlösung zutage tritt. SIDERIS und YOUNG haben diese Bilanz in der Ananas studiert. Sie haben Optima bei 5,0 μg Mn und 0,5 μg Fe in der Nährlösung gefunden. Mit Nitrat als Stickstoffquelle wurde Proportionalität zwischen Zugabe und Gehalt der Pflanze gefunden. Mit Ammonium aber sinkt die Mn-Aufnahme, und die des Eisens steigt; dies wird durch einen Antagonismus von NH_4 mit Mn erklärt; aber es ist nicht einzusehen, warum ein solcher zwischen NH_4 und Fe fehlen soll. Eine Chlorose bei Manganvergiftung wird einer Verdrängung von Fe aus Porphyrinen, wahrscheinlich Protochlorophyll, zugeschrieben. In einer späteren Arbeit hat SIDERIS gezeigt, daß Eisen größtenteils durch eine Oxydation in der Exodermis der Wurzel festgelegt wird; diese Eisenbindung wird zwar durch Manganzusatz erhöht, nicht aber durch Mn hervorgerufen. Sie wird durch ein hohes p_H der Nährlösung begünstigt. Es konnte kein festes Optimum für den Quotienten Fe : Mn festgestellt werden. — STRUCKMEYER und BERGER haben die histologischen Veränderungen in der Kartoffelpflanze bei Manganvergiftung ausführlich beschrieben.

Mangan spielt offenbar eine wichtige Rolle bei den Redoxprozessen der Pflanze, obwohl die Einzelheiten unaufgeklärt sind. PIRSON und WILHELMI haben gezeigt, daß in manganhungernden *Chlorella*-Zellen die Photosynthese auf ein Drittel vermindert, aber schon zwei Stunden nach Zusatz von Mangan wieder auf normale Höhe gestiegen ist. Schwankungen des Chlorophyllgehaltes lagen nicht vor. Mit Hafer hat GERRETSEN (2) gefunden, daß Manganmangelpflanzen durch niedrige Photosynthese und auch Respiration gekennzeichnet sind. Die Mangelerscheinungen werden durch einen Assimilatmangel erklärt, und daraus sollte auch eine größere Empfindlichkeit gegen Infektionskrankheiten folgen. Andererseits hat PORTSMOUTH aus Versuchen mit der Blatthälftenmethode bei der Kartoffel geschlossen, daß die apparente Photosynthese durch Manganinjektionen sinkt. Zwei Möglichkeiten werden als Erklärung herangezogen, entweder ein beschleunigter Abtransport der Assimilate oder eine gesteigerte Respiration, was jedoch weniger wahrscheinlich ist, da die Photosynthese um bis 30% vermindert wird.

GERRETSEN (3) hat ferner versucht, die komplizierte Wirkung des Mangans auf Redoxsysteme durch Bestimmungen des Redoxpotentials in Suspensionen von zerriebenen Haferblättern zu erfassen. Normalerweise bewirkt Belichtung der Suspensionen einen Anstieg des Potentials um etwa 100 mv, bei Anwesenheit von Mn und Zucker steigt es dagegen bis auf 500 mv. Im Dunkeln ist Mangan wirkungslos; wird es kurz nach der Verdunkelung zugegeben, so erhöht es wieder das Potential. GERRETSEN erklärt dies damit, daß die Photosynthese in beleuchteten Suspensionen über ein intermediäres Reduktionsprodukt HX verläuft und daß dieses eine gewisse Stabilität besitzt. Die Bildung eines Peroxyds aus HX und O_2 wird durch Mangan beschleunigt. Mangan dient wahrscheinlich als O_2-Aktivator unter Valenzwechsel $Mn^{2+} \rightleftharpoons Mn^{3+}$. Es wird ferner angenommen, daß die Mangankatalyse der Peroxydbildung tatsächlich eine Katalyse der Photolyse darstellt, dadurch daß Mn^{3+} photochemisch OH^- oxydiert. Die Rückoxydation von Mn^{3+} wird auch photochemisch, diesmal durch Vermittlung von Fe^{3+}, bewirkt. GERRETSEN hat hier wieder die Redoxwechselbeziehung zwischen Fe und Mn mit in Rechnung gestellt, die Einzelheiten sind aber recht hypothetisch. Später hat GERRETSEN (4) versucht, diese Auffassung durch Bestimmungen des Sauerstoffverbrauchs zu bestätigen. Es zeigte sich, daß der respiratorische Sauerstoffverbrauch der Suspensionen durch Manganzusatz unter denselben Bedingungen wie das Redoxpotential ansteigt. Dieser Sauerstoffverbrauch ist von der Glucosezufuhr unabhängig, durch die Anwesenheit von Asparagin bedingt und unempfindlich gegen Cyanid. Was dieser Oxydation im intakten Blatt entspricht, ist nicht klar, die weitere Entwicklung dieser Arbeiten wird aber mit Interesse erwartet.

Die Bedeutung des Mangans als Oxydationskatalysator ist auch von KENTEN und MANN (1) studiert worden, die aus Meerrettich ein Peroxydasesystem isoliert haben, mit der Eigenschaft, mittels Wasserstoffperoxyd Mn^{2+} zu Mn^{3+} oder Mn^{4+} oxydieren zu können. KENTEN und MANN (2) haben dies dahin präzisiert, daß Mangan Oxydationsprodukte aus Phenolen, z. B. aus Phenol, p-Kresol, o-Kresol und Resorcinol, nicht aber aus Chinol, Catechol und Pyrogallol reduziert. Wenn der Gehalt an Wasserstoffperoxyd niedrig ist, so kann oxydiertes Mangan mit anderen Substanzen reagieren, wodurch ein durch Mn katalysiertes Oxydationssystem ohne Mitwirkung von Luftsauerstoff geschaffen wird.

Der Tierphysiologie kann entnommen werden, daß laut HARTMAN und KALNITZKY Mangan für die Oxydation des Zitrats in der Niere erforderlich ist. Ein anderes, mangankatalysiertes Enzymsystem haben STUMPFF und LOOMIS aus Kürbiskeimlingen isoliert; es katalysiert die Reaktion Glutamin + Hydroxylamin = Glutamohydroxamsäure + NH_3. Mangan kann hier nicht durch andere zweiwertige Metalle ersetzt werden.

Ob diese Redoxwirkungen mit dem behaupteten Eingreifen des Mangans in den Stickstoffumsatz etwas zu tun haben, muß dahingestellt bleiben. Bei der Erörterung dieses Problems muß auch Molybdän berücksichtigt werden, weil eine Hauptfrage darin besteht, welche Funktionen den beiden Elementen zugeschrieben werden sollen. Beide sind als Katalysatoren der Nitratassimilation vorgeschlagen worden. JONES, SHEPARDSON und PETERS haben gezeigt, daß *Soya* unter anaeroben Be dingungen Nitrit in der Nährlösung speichert, das jedoch bei Anwesenheit von Mangan verschwindet. Der Pilz *Hansenula* speichert dagegen Nitrit laut SAKAMURA und MAEDA nur bei Anwesenheit von Molybdän. Es ist natürlich unmöglich zu entscheiden, ob die Nitritspeicherung auf einer gesteigerten Reduktion oder einer gehemmten weiteren Verarbeitung beruht; die Beobachtungen bestätigen aber, daß hier Mn und Mo beteiligt sind. Die Speicherung von Nitrat bei Molybdänmangel ist eine allgemeine Erscheinung; so fanden WILSON dies in Mo-mangelnden Bohnen und EVANS, PURVIS und BEAR in Luzerne. VANSELOW und DATTA teilen dagegen mit, daß Mangelerscheinungen bei *Citrus*, durch 0,001 mg Mo pro Liter geheilt, ebenso deutlich in mit Nitrat und mit Ammon ernährten Pflanzen auftreten. WARINGTON hat den Molybdänbedarf von Klee und *Lactuca* verglichen und Verschiedenheiten gefunden, die vorläufig mit der Funktion verbunden werden. In Weizenwurzeln ohne funktionierende Epidermis hört die Assimilation von Nitrat auf, während die Speicherung zunimmt [BURSTRÖM (1, 2)]. Die Assimilation kann durch Zusatz von Mangan wiederhergestellt werden, während Molybdän keine Wirkung hat. Es wurde hervorgehoben, daß die Hemmung der Nitratassimilation bei niedrigeren Konzentrationen der wirksamen Di-n-amylessigsäure als Wegfall der Epidermis zutage tritt und daß Mangan die histologischen Beschädigungen nicht heilen kann. Es wurde deshalb geschlossen, daß der Einsatz des Mangans auf die Nitratassimilation mit den Wachstumsstörungen nichts zu tun hat. Später ist jedoch von SANDSTRÖM gezeigt worden, daß Interzellularen in der Epidermis schon bei niedrigeren Konzentrationen entstehen und daß dabei die selektive Bremse der Ionenaufnahme außer Funktion gesetzt wird. Es ist daher möglich, daß die Wirkung des Mangans auf die Nitratassimilation damit zusammenhängt, daß diese mit der selektiven, aktiven Ionenaufnahme durch die Epidermiszellen verknüpft ist und daß dieses System Mangan benötigt, obwohl wir darüber zur Zeit nichts wissen.

Eine andere Deutung der Funktionen von Mangan und Molybdän wird von HEWITT, JONES und WILLIAMS vorgeschlagen. Sie haben gefunden, daß Blumenkohl bei Abwesenheit von Mangan oder Molybdän Nitrat speichert. Weiter haben sie gezeigt, daß Molybdänmangel eine Verminderung des Gehaltes an Aminosäuren verursacht und daß Mangan entgegengesetzt wirkt. Molybdän ist bei niedrigem Mn-Gehalt und Mangan bei hohem Gehalt an Mo am wirksamsten. Hieraus schließen die Verff., daß Molybdän schon bei der Assimilation des Nitrats zu Aminosäuren eingreift, Mangan aber den weiteren Umsatz dieser bedingt. Wieder eine andere Auffassung ist von SAKAMURA und MATSUZAKI mitgeteilt worden. *Hansenula*, unter Mangel an Mo aufgezogen, enthält mehr Amid- und weniger Ammoniumstickstoff. Bei Abwesenheit von anorganischem Stickstoff hat Mo keinen Einfluß auf die Respiration, erhöht diese aber bei Gegenwart von entweder Nitrat- oder Ammonstickstoff. Demgemäß sollte Molybdän in oxydative Umsetzungen nach der Aminostufe eingreifen, und dieses Glied sollte die ganze Reaktionskette von der Nitratreduktion begrenzen können. Weiter haben SAKAMURA und MAEDA gezeigt, daß Mo die oxydative Amidbildung, nicht aber das nitratreduzierende System regelt. Molybdän begrenzt auch den Verbrauch von Glucose bei der Nitratassimilation. — Der einzige Schluß, der zur Zeit gezogen werden kann, ist, daß über die Beteiligung des Mangans und Molybdäns an der Stickstoffassimilation noch keine Einigkeit herrscht; es scheint aber, als ob Mo speziell darin eingreift, Mn dagegen vielleicht an tiefer greifenden, oxydoreduktiven Vorgängen beteiligt ist.

Nur eine Arbeit über Kupfer verdient erwähnt zu werden. Phenylthiocarbamide können laut EDMONDSON und THIMANN in niedrigen Konzentrationen die Anthocyanbildung in *Spirodela* verringern, nicht aber das Wachstum. Kupfer soll deshalb bei der Farbstoffbildung mitwirken.

Ein neuer, wenigstens für gewisse heterotrophe Pflanzen unentbehrlicher Spurennährstoff ist das Kobalt. Laut SMITH sowie BRINCK und FOLKERS enthält der Antiperniciosa-Anämie-Faktor, Vitamin B_{12}, Kobalt. Die Aufgabe dieses Vitamins liegt in der Synthese der Desoxyribosenukleinsäure, und Vitamin B_{12} kann durch diese ersetzt werden (HOFF-JÖRGENSEN). Laut HUTNER und Mitarbeitern (1, 2) brauchen *Lactobacillus*-Arten sowie Flagellaten B_{12}. *Euglena gracilis* braucht bis 0,1 mμg pro Liter Nährlösung. Für die Bildung von 880000 Zellen reicht 0,01 μg aus, was 4900 Molekeln pro Zelle entspricht. Der Kobaltbedarf von *Euglena* wird mehr als 30mal durch Verunreinigungen im zugeführten, spektralreinen Eisen gedeckt. Die Zellen verlangen also Kobalt in Mengen, die weit kleiner sind als die der gewöhnlichen Spurenelemente, und Kobalt bildet damit eine neue Klasse von Nährstoffen. — NICKERSON hat die Wirkung von hohen Kobaltgaben, um 10^{-4} M, auf Hefe studiert. Es wurde keine günstige Wirkung erhalten; Kobalt wurde in den Zellen in nichtdiffusibler Form gebunden, aus der es mit Trichloressigsäure herausgelöst werden konnte. Eine eigenartige Wirkung von Kobalt und Penicillin liegt nach NICKERSON und VAN RIJ darin, daß sie die Hefe in ein Myzelstadium überführen; Cu, Mn und As konnten Co darin nicht ersetzen.

Mit Hinblick auf die Entdeckung des Ultraspurenelements Kobalt kann Gallium mit größerem Recht unter den fraglichen Nährstoffen angeführt werden. STEINBERG hat in erneuten Versuchen mit hochgereinigten Substraten bei *Aspergillus* einen sofortigen Zuwachs nach Entzug des Galliums um 95—105% erhalten, nach 18 Umimpfungen in galliumfreien Medien war er aber auf 73—82% gesunken.

Eine allgemeine Übersicht über das Vorkommen von Vanadium in der Natur ist von D. BERTRAND (2) veröffentlicht worden. Die Pflanzen enthalten gewöhnlich etwa 1 mg pro Kilogramm Trockensubstanz; *Amanita muscaria* speichert Va und enthält im Durchschnitt 112 mg.

Die Giftwirkung von Chrom auf Planktonalgen ist von HERVEY untersucht worden. Die Chlorococcales erwiesen sich als am meisten resistent, danach kamen euglenoide Flagellaten, und am empfindlichsten sind die Diatomeen. Die Zahl der untersuchten Arten ist jedoch gering, so daß die Ergebnisse nur mit Vorsicht verallgemeinert werden dürfen.

Die Beobachtung, daß Chlor für die Zuckerrübe günstig ist, hat RALEIGH wieder bestätigt; auch hat er hervorgehoben, daß das Chlor des Kochsalzes in dieser Hinsicht wirksamer ist als das Natrium. In Übereinstimmung mit früheren Angaben haben ARNON und WHATLEY gefunden, daß Chloride und Bromide die Photosynthese in vitro in Suspensionen von isolierten Chloroplasten aktivieren. Die Erscheinung ist insofern merkwürdig, als die Halogene für die intakten Pflanzen entbehrlich sind. Verff. meinen aber, daß unter für die Photosynthese gestörten Bedingungen eine Substanz, die für den Ablauf der Photosynthese notwendig ist, zerstört wird und daß dies durch die Halogene verhindert wird. Falls diese Annahme richtig ist, so zeigt sie, daß man in bezug auf einzelne Funktionen der Mineralstoffe nur mit großer Vorsicht aus biochemischen Wirkungen Schlüsse auf ihre physiologische Bedeutung ziehen darf. Es empfiehlt sich in diesem Zusammenhang auf den eigentümlichen und unerklärten Umstand hinzuweisen, daß verschiedene isolierte Pflanzenteile in Reinkulturen zu ihrer Entwicklung Jod benötigen (Fortschr. Bot. 12, 239), obwohl die intakten Pflanzen davon keinen Gebrauch machen.

Arsenat ist laut BONNER ein spezifischer Hemmungsstoff für Auxin, während es die endogene Respiration nicht beeinflußt.

Ökologische Fragen.

Der mikrobielle Phosphatumsatz im Boden ist in mehreren Arbeiten behandelt worden. GERRETSEN (1) hat die Bedeutung einer Bakterieninfektion im Vergleich mit steril aufgezogenen Pflanzen für die Phosphataufnahme untersucht. Mehrere verschiedene Wirkungen wurden beobachtet und durch Reinkulturen der Bakterien auf Agar verfolgt. Die Bakterienformen bewirken Auflösung oder Fällung der Phosphate nebst Strukturänderungen der Fällungen. Die Methode ist aber von JOHNSTON kritisiert worden. — Laut KAILA enthält organische Substanz durchschnittlich 0,3% P. Die Phosphorassimilation der Bodenmikroorganismen beruht auf der Zufuhr von Energiematerial. Die Mineralisierung des organischen Phosphors in einer Bakterienpopulation ist abhängig vom Verhältnis zwischen Phosphor und organischer Substanz; wenn der Phosphorgehalt eine Grenze von 0,2% nicht übersteigt, so bleibt die Mineralisierung aus und der Phosphor wird in organischer Form festgehalten. Die Löslichkeit des Phosphors im Boden ist ferner laut STRUTHERS und SIELING vom Gehalt an organischen Säuren, insbesondere an Zitronen-, Oxal-, Wein-, Malon-, Äpfel- und Milchsäure abhängig, die bei saurer Reaktion stabile Fe- und Al-Komplexe bilden und dadurch die Ausfällung von Phosphaten verhindern. — Aride Kalkböden in Arizona enthalten laut FULLER und McGEORGE etwa ein Drittel des Gesamtphosphors organisch und salzsäurelöslich gebunden. Die Löslichkeit in kaltem Wasser stimmt annähernd mit der des anorganischen Phosphors überein.

Drei Arbeiten behandeln die Bedeutung der Mycorrhiza für die Phosphorversorgung der Nadelbäume. KRAMER und WILBUR haben gefunden, daß Mycorrhizen von *Pinus Taeda* und *P. resinosa* mehr Phosphor als pilzfreie Wurzeln aufnehmen, und MELIN und NILSSON, daß

Boletus variegatus Phosphor auf *Pinus silvestris* überführt. Die Rolle der Mycorrhiza dürfte in dieser Hinsicht somit ziemlich überzeugend bewiesen sein. KRAMER hat daneben gezeigt, daß die Phosphorspeicherung infizierter Wurzeln weniger empfindlich gegen Atmungsgifte als die pilzfreier Wurzeln ist.

Der bakterielle Manganumsatz im Boden (Fortschr. Bot. **12**, 225) ist von BROMFIELD und SHERMAN studiert worden. Sie zeigen, daß von GERRETSEN früher isolierte Bakterien unfähig sind, Mangan zu oxydieren, was aber sowohl biogen als auch nichtbiogen bewirkt werden kann. Bei hohem p_H wird Mangan durch Zitrat nichtbiogen oxydiert. Zwei assoziierte Organismen nehmen am Manganumsatz teil, ein farbloses *Corynebacterium* und ein gefärbtes *Chromo-* oder *Flavobacterium*, nebst gewissen Pilzen, wie *Cladosporium* und *Pleospora*. GERRETSEN (2) hat auch seine Untersuchungen über die Bedeutung des Mangans für die Infektion höherer Pflanzen fortgesetzt und dabei gefunden, daß Mangan die Bakterienflora der Rhizosphäre unterdrückt. — Durch Eisenbakterien verursachte Ausfällungen von Eisen sind schwach gelb bis orange gefärbt, nur bei Gegenwart von Manganoxyden werden sie braun (PRINGSHEIM). — HARVEY berichtet über den Mangangehalt im Meereswasser sowie in verschiedenen englischen Binnengewässern, besonders vom Lake District. Die höchsten Gehalte, bis 40 mg pro Kubikmeter, wurden durchgehend in den produktivsten Gewässern gefunden.

Die Oxydation von Schwefelverbindungen in Gyttjaböden in Mittelschweden ist von WIKLANDER, HALLGREN und JONSSON verfolgt worden. Die erste Stufe, d. h. die Oxydation des Schwefelwasserstoffs zu Schwefel, wird durch den Luftzutritt begrenzt und verläuft schnell. Dies ist ein vorwiegend nichtbiogener Prozeß. Die weitere Oxydation von Schwefel zu Sulfat ist dagegen hauptsächlich biogen und geht langsam vor sich. Kalk beschleunigt die Reaktion auch in so kleinen Mengen, die die durch die Säurebildung verursachte Ansäuerung des Bodens nicht aufheben können.

Die Bindung von Kupfer im Boden entspricht laut LEES dem, was quantitativ an Humussäuren komplex gebunden wird, oder 1 Cu auf etwa 60 C.

Einen eigentümlichen Fall von Kaliummangel beschreibt AIYAR für einen Boden mit einer ungewöhnlich starken Mikroflora. Kalium wurde organisch festgelegt, und trotz hohem Gehalt an Gesamtkalium herrschte Kaliummangel. Durch Ammoniumzufuhr wurde der organische Abbau beschleunigt und Kalium frei gemacht.

Die Ursachen der Kalkchlorose sind noch unaufgeklärt. McGEORGE hat für verschiedene Pflanzen bestätigt, daß die chlorotischen Pflanzen einen niedrigeren Gehalt an aktivem Eisen nebst weniger Oxalsäure und mehr Zitronensäure haben. Die Verschiebungen sind dieselben, die von ERKAMA und Mitarbeitern beobachtet worden sind, und mit Eiseninjektionen konnte McGEORGE den Zitronensäuregehalt vermindern. Diese Ergebnisse schließen sich an die von ILJIN an, da aber die Verschiebungen der Säuregehalte anscheinend durch Eisen hervorgerufen werden, so geht die Ursache der Chlorose daraus nicht hervor.

Der Salzgehalt des Regenwassers ist außerordentlich niedrig, laut Angaben von TAMM wird er aber unter Nadelbäumen an Ca, K und Na vielmals, an N und P weniger erhöht. Die Salzmengen müssen ökologisch für die Bodenschichten berücksichtigt werden. Es ist auch G. BERTRAND gelungen, Algen in Regenwasser ohne Zusatz von Mineralnährstoffen zu züchten.

Über den Einfluß von Wasserstandssenkungen auf den Nährstoffgehalt von Binnengewässern berichtet LILLIEROTH. Innerhalb eines einheitlichen Gebietes von Südschweden wurden zwei ungesenkte und drei gesenkte Seen untersucht. Jene enthielten 1,5—2,3 mg K, diese 1,9—2,0; für P wurden die Werte 9—14 bzw. 16—20 μg, für N 260—730 bzw. 310—470 μg und für Cl 11—12 bzw. 13—19 mg erhalten, alles pro Liter. Die Annahme, daß die bedeutenden Einwirkungen der Senkung auf die Planktonvegetation, die ausführlich beschrieben werden, auf einer Erhöhung des Nährstoffgehaltes beruhen, wird somit kaum gestützt, obwohl der Verf. an dieser Hypothese festhält.

Einige Arbeiten behandeln Vergiftungen durch Mineralstoffe. Die verbreitete Vergiftung durch Fe, Mn oder Al auf sauren Böden hängt laut SCHMEHL, PEECH und BRADFIELD mit den Mengen löslicher Metallsalze zusammen; die der Hydroxyde bedeuten wenig. Von größerem Interesse ist die Beobachtung, daß die Menge austauschbaren Kalziums oder Gesamtkalziums für den Ausfall der Vergiftung eine untergeordnete Rolle spielt. Die Molybdänvergiftung durch zu reichliche Düngung und ihr Zusammenhang mit einem Manganmangel ist von BRENCHLEY untersucht worden. Fluorvergiftung tritt spontan auf, und PRINCE, BEAR, BRENNAN, LEONE und DAINES haben die Bedingungen hierfür studiert. Ganz allgemein ist Fluor auf sauren Böden mit wenig Kalk und niedrigstem Phosphorgehalt am giftigsten. Später zeigten BRENNAN, LEONE und DAINES, daß Vergiftung via Luft und Boden unter denselben Bedingungen auftritt. Eine Fluorvergiftung kann entweder durch einen großen Überschuß oder einen großen Mangel an N und Ca nebst Mangel an P verhindert werden. Die Verhältnisse sind recht undurchsichtig.

Die Einwirkung von herbiziden Stoffen der Phenoxygruppe auf den Mineralstoffgehalt hat praktisches Interesse, während die theoretische Unterlage wegen der starken, primären Wachstumswirkung unklar ist. RHODES, TEMPELMAN und THRUSTON meinen, das 2-Methyl-4-chlorphenoxyessigsäure einen speziellen Einfluß auf den Kaliumtransport nebst der Kaliumaufnahme ausübt, nicht aber auf die Versorgung mit Ca, Na, Mn und Fe. NANCE hat gezeigt, daß 2,4-Dichlorphenoxyessigsäure die Nitrat- und Chloridaufnahme in Weizenwurzeln hemmt.

Methodisches.

Zu Studien der Ionenaufnahme werden radioaktive Isotopen so allgemein verwendet, daß nur auf zusammenfassende, methodische Darstellungen verwiesen werden kann. BURRIS hat einen solchen Bericht veröffentlicht und ebenso RUSSEL und MARTIN, die überdies die vorhandenen Fehlerquellen besonders anführen. BLUME, HAGEN und MACKIE haben Beschädigungen durch P^{32} beschrieben.

Zahlreiche Arbeiten behandeln wie üblich die Methoden der Pflanzenanalyse zur Feststellung des Nährungszustandes, so daß nur wenige Arbeiten von prinzipieller Bedeutung anzuführen sind. EMMERT hat besonders Literatur über Gemüse zusammengestellt; SHEAR, CRAIN und MYERS haben die Theorien der Blattdiagnose nebst der Rolle des Ionenantagonismus erörtert; diese ist auch von CHAPMAN und GRAY in einer umfassenden Arbeit über den Ernährungszustand der Ölpalme berücksichtigt worden. Ähnliche Arbeiten für Gerste liegen von GOODALL (1), für Apfelsine von CHAPMAN und BROWN und für Baumwolle von JOHAM vor. Einfache kolorimetrische Analysemethoden sind von MULDER (2) erörtert worden; über Schnellmethoden berichtet NICHOLAS (2). Dieser Verf. (1) verwendet Gewebeanalysen nicht nur zur Feststellung eines Mangels an Ca, Fe, Mg oder K, sondern auch einer Vergiftung durch Al, Cl, Mn und Zn. Pflanzen- und Bodenanalysen an P sind von ARNOLD und SCHMIDT verglichen worden, und eine mit dem Pflanzenalter wechselnde, aber überaus gute Übereinstimmung wurde gefunden. THOMAS und Mitarbeiter haben die Bedeutung der meteorologischen Verhältnisse für den Zn-Gehalt in Äpfeln hervorgehoben. Laut WALLACE, TOTH und BEAR besteht eine annähernde Bilanz zwischen An- und Kationenaufnahme, und die Jahresschwankungen der Ionengehalte, die für die Diagnose berücksichtigt werden müssen, sollen in der ansteigenden Kohlenhydratproduktion ihren Grund haben.

Literatur.

AIYAR, S. P.: Proc. Indian Acad. Sci. Sect. B. **28**, 202 (1948). — VAN ANDEL, O. M., W. H. ARISZ u. R. J. HELDER: Proc. Kon. Acad. Wet. (Amsterdam) **53**, 3 (1950). — ANDERSSON-KOTTÖ, I., u. G. C. HEVESY: Bioch. Journ. **44**, 407 (1949).— ARENS, K., u. TH. ARENS-LAUSBERG: Summa Brasil. Biol. **1**, 23 (1946). — ARNOLD, C. Y., u. W. A. SCHMIDT: Soil Sci. **71**, 105 (1951). — ARNON, D. I., u. F. R. WHATLEY: Science (N.Y.) **110**, 554 (1949).

BASLAVSKAYA, S. S., u. E. I. ZHURAVLOYVA: Bot. Zhurnal SSSR **33**, 420 (1948). — BERSIN, TH.: Adv. in Enzymology **10**, 223 (1950). — (1) BERTRAND, D.: Bull. Soc. Chim. biol. Paris **31**, 5 (1949). — (2) BERTRAND, D.: Ann. Mus. Nat. Hist. New York 1950. — BERTRAND, G.: C. r. Acad. Sci. Paris **225**, 169 (1947). — (1) BERTRAND, G., u. D. BERTRAND: C. r. Acad. Sci. Paris **225**, 1231 (1947). — (2) BERTRAND, G., u. D. BERTRAND: Ann. Agron. **19**, 327 (1949). — BLACKMAN, G. E., u. A. J. RUTTER: Ann. Bot. **13**, 453 (1949). — BLUME, J. M., C. E. HAGEN u. R. W. MACKIE: Soil Sci. **70**, 415 (1950). — BONNER, J.: Plant Phys. **25**, 181 (1950). — BOWER, C. A., u. C. H. WADLEIGH: Soil Sci. Soc. Amer. Proc. **13**, 218 (1948). — BRENCHLEY, W. E.: Ann. Appl. Biol. **35**, 139 (1948). — BRENNAN, E. G., I. A. LEONE u. R. H. DAINES: Plant Phys. **25**, 736 (1950). — BRINCK, N. G., u. K. FOLKERS: J. amer. chem. Soc. **71**, 2951 (1949). — BROMFIELD, S. M., u. B. D. SHERMAN: Soil Sci. **69**, 337 (1950). — BROYER, T. C.: Plant Phys. **25**, 367 (1950). — BURRIS, R. H.: Bot. Rev. **16**, 150 (1950). — (1) BURSTRÖM, H.: Arch. Biochem. **23**, 497 (1949). — (2) BURSTRÖM, H.: Physiol. Plant. **2**, 332 (1949). — (3) BURSTRÖM, H.: Sv. Sockerfabr. Dirig. Fören. **3** (1950).

CHAPMAN, G. W., u. H. M. GRAY: Ann. Bot. **13**, 415 (1949). — CHAPMAN, H. D., u. S. M. BROWN: Hilgardia **19**, 501 (1950). — (1) COOPER, H. P., J. H. MITCHELL u. N. R. PAGE: Soil Sci. Soc. Proc. Amer. **12**, 364 (1947). — (2) COOPER, H. P.: Soil Sci. **69**, 7 (1950). — CZAJA, A. TH.: Ber. dtsch. bot. Ges. **62**, 13 (1949).

DAVIES, R. E., u. A. G. OGSTON: Biochem. J. **46**, 324 (1950). — DROSDOFF, M.: Soil Sci. **70**, 91 (1950).

EATON, S. V.: Bot. Gaz. **11**, 426 (1950). — EDMOMDSON, Y. H., u. K. V. THIMANN: Arch. Biochem. **25**, 79 (1950). — ELGABALY, M. M., u. L. WIKLANDER:

Soil Sci. **67**, 419 (1949). — EMMERT, E. M.: Proc. Amer. Soc. Hort. Sci. **54**, 291 (1949). — ERKAMA, J., B. HÄGERSTRAND u. S. JUNKKONEN: Acta Chem. Scand. **3**, 862 (1949). — EVANS, H. J., E. R. PURVIS u. F. E. BEAR: Plant Phys. **25**, 555 (1950). FULLER, W. H., u. W. T. McGEORGE: Soil Sci. **71**, 45 (1951).

(1) GERRETSEN, F. C.: Plant a. Soil **1**, 51 (1948); (2) **1**, 346 (1949); (3) **2**, 159 (1950); (4) **2**, 323 (1950). — (1) GOODALL, D. W.: Ann. Appl. Biol. **35**, 605 (1948); (2) **36**, 352 (1949). — GRANICK, S.: J. of biol. Chem. **175**, 333 (1948).

HAMY, A.: Ann. Agron. **18**, 167 (1948). — HARTMANN, W. J., u. G. KALNITZKY: Arch. Biochem. **26**, 6 (1950). — HARVEY, H. W.: J. Mar. biol. Assoc. U. Kings. **28**, 155 (1949). — HAYNES, J. L., u. W. R. ROBBINS: J. amer. soc. Agr. **40**, 795 (1948). — HERVEY, R. J.: Bot. Gaz. **111**, 1 (1949). — HEWITT, E. J., E. W. JONES u. A. H. WILLIAMS: Nature (Lond.) **163**, 681 (1949). — HOFF-JÖRGENSEN, E.: J. of biol. Chem. **178**, 525 (1949). — HOPKINS, H. T., A. W. SPECHT u. S. B. HENDRICKS: Plant Phys. **25**, 193 (1950). — (1) HUTNER, S. H., L. PROVASOLI, A. SCHATZ u. C. P. HASKINS: Proc. Amer. Phil. Soc. **94**, 152 (1950). — (2) HUTNER, S. H., L. PROVASOLI, E. L. R. STOKSTAD, C. E. HOFFMANN, M. BELT, A. L. FRANKLIN u. T. H. JUKES: Proc. Soc. exper. Biol. a. Med. **70**, 118 (1949).

JACOBSON, L., R. OVERSTREET, H. M. KING u. R. HANDLEY: Plant Phys. **25**, 639 (1950). — JOHAM, H. E.: Plant Phys. **26**, 76 (1951). — JOHNSTON, H. W: Plant and Soil **3**, 94 (1951). — JONES, L. H., W. B. SHEPARDSON u. C. A. PETERS: Plant Phys. **24**, 300 (1949).

KAILA, A.: Soil Sci. **68**, 279 (1949). — KANDLER, O.: Z. f. Naturforschg **5b**, 423 (1950). — (1) KENTEN, R. H., u. P. J. G. MANN: Biochem. J. **44**, 255 (1949). — (2) KENTEN, R. H., u. P. J. G. MANN: Biochem. J. **46**, 67 (1950). — KRAMER, P. J.: Plant Phys. **26**, 30 (1951). — KRAMER, P. J., u. K. M. WILBUR: Science (N.Y.) **110**, 8 (1949).

LAL, K. N., u. S. SHRIVASTAVA: Proc. Ind. Acad. Sci. Sect. B **29**, 109 (1949). — LEES, H.: Biochem. J. **46**, 450 (1950). — LEHR, J. L.: Plant a. Soil **2**, 37 (1949). — LILLIEROTH, S.: Acta Limnolog. **3**, 1 (1950). — LOUSTALOT, A. J., S. G. GILBERT u. M. DROSDOFF: Plant Phys. **25**, 394 (1950). — (1) LUNDEGÅRDH, H.: Ann. Agr. Coll. Swed. **16**, 339 (1949); (2) **16**, 372 (1949); (3) Physiol. Plant **2**, 388 (1949); (4) **3**, 103 (1950); (5) Arkiv f. kemi **3**, 69 (1951).

MALM, M.: Physiol. Plant. **3**, 376 (1950). — McGEORGE, W. T.: Soil Sci. **68**, 381 (1949). — McVICAR, J. S.: Soil Sci. **68**, 317 (1949). — MEINKE, V. W., u. B. R. HOLLAND: J. of biol. Chem. **184**, 251 (1950). — MELIN, E., u. H. NILSSON: Physiol. Plant. **3**, 88 (1950). — MORRIS, H. D., u. W. H. PIERRE: Agron. Journ. **41**, 107 (1949). — (1) MULDER, E. G.: Plant a. Soil **2**, 59 (1949); (2) Med. Dir. Tuinbouw **12**, 810 (1949). — MÜLLER, D.: Physiol. Plant. **2**, 11 (1949).

NANCE, J. F.: Science (N.Y.) **109**, 174 (1949). — NASON, A.: Science (N.Y.) **112**, 111 (1950). — (1) NICHOLAS, D. J. D.: Chem. a. Industr. (London) **1948**, 707; (2) Sci. Hort. **9**, 50 (1949). — NICKERSON, W. J.: Bioch. Biophys. Acta **3**, 467 (1949). — NICKERSON, W. J., u. N. J. W. VAN RIJ: Bioch. Biophys. Acta **3**, 461 (1949). — VAN NIE, R., R. J. HELDER u. W. H. ARISZ: Proc. Kon. Wet. (Amsterdam) **53**, 3 (1950).

OLSEN, C.: Physiol. Plant. **3**, 152 (1950).

PATTANIK, S.: Current Sci. **19**, 153 (1950). — PIRSON, A., u. F. SEIDEL: Planta (Berl.) **38**, 431 (1950). — PIRSON, A., u. G. WILHELMI: Z. f. Naturforschg **5B**, 211 (1950). — PORTSMOUTH, G. B.: Ann. Bot. **13**, 113 (1949). — PRAT, S. u. J. HAMÁCKOVÁ: Studia Bot. Cěchia **7**, 112 (1946). — PRATT, D. M.: J. Mar. Res. **9**, 29 (1950). — PRINCE, A. L., F. E. BEAR, E. G. BRENNAN, I. A. LEONE, u. R. H. DAINES: Soil Sci. **67**, 269 (1949). — PRINGSHEIM, E. G.: Phil. Trans. R. Soc. (London) Ser. B **233**, 543 (1949).

RALEIGH, G. J.: Proc. Amer. Soc. Hort. Sci. **51**, 433 (1948). — RHODES, A., W. G. TEMPELMAN u. M. N. THRUSTON: Ann. Bot. **14**, 181 (1950). — (1) ROBERTSON, R. N.: Linn. Soc. N.S.W. **75**, 4 (1950). (2) School Sci. Rev. Nr. 115, 377 (1950). — RUSSEL, R. S., u. R. P. MARTIN: J. exper. Bot. **1**, 133 (1950).

SAKAMURA, T., u. K. MAEDA: J. Fac. Sci. Hokk. Univ. **7**, 79 (1950). — SAKAMURA, T., u. E. MATSUZAKI: Bot. Mag. (Tokyo) **62**, 733 (1949). — SANDSTRÖM, B.: Physiol. Plant. **3**, 496 (1950). — SARTORY, A., u. J. MEYER: C. r. Acad. Sci. Paris **225**, 541 (1947). — SHEAR, C. B., H. L. CRAIN u. A. T. MYERS: Proc. Amer. Soc.

Hort. Sci. **51**, 319 (1948). — SCHMEHL, W. R., M. PEECH u. R. BRADFIELD: Soil Sci. **70**, 393 (1950). — SIDERIS, C. P.: Plant Phys. **25**, 307 (1950). — SIDERIS, C. P., u. H. Y. YOUNG: Plant Phys. **24**, 416 (1949). — SMITH, E. L.: Nature (Lond.) **162**, 144 (1948). — SMITH, P. F., W. REUTHER u. A. W. SPECHT: Plant Phys. **24**, 455 (1949). — STARKEY, R. L.: Soil Sci. **70**, 55 (1950). — STEEMANN-NIELSEN, E.: Physiol. Plant. **4**, 189 (1951). — STEINBERG, R. A.: Arch. Biochem. **28**, 111 (1950). — STEINBERG, R. A., J. D. BOWLING u. J. E. McMURTREY jr.: Plant Phys. **25**, 279 (1950). — STRUCKMEYER, B. E., u. K. C. BERGER: Plant Phys. **25**, 114 (1950). — STRUTHERS, P. H., u. D. H. SIELING: Soil Sci. **69**, 209 (1950). — STUMPFF, P. K., u. W. D. LOOMIS: Arch. Biochem. **25**, 451 (1950).

TAMM, C. O.: Physiol. Plant. **4**, 184 (1951). — THOMAS, M. D., R. H. HENDRICKS u. G. R. HILL: Soil Sci. **70**, 9 (1950). — THOMAS, W., W. B. MACK, C. B. SMITH u. F. N. FAGAN: Proc. Amer. Soc. Hort. Sci. **53**, 6 (1949). — TURRELL, F. M., u. M. CHERVENAK: Bot. Gaz. **111**, 109 (1949).

VANSELOW, A. P., u. N. P. DATTA: Soil Sci. **67**, 363 (1949). — VLAMIS, J.: Soil Sci. **67**, 453 (1949).

WADLEIGH, C. H., u. C. A. BOWER: Plant Phys. **25**, 1 (1950). — WALLACE, A., S. J. TOTH u. F. A. BEAR: Agron. Journ. **41**, 66 (1949). — WARINGTON, K.: J. Ann. Appl. Biol. **37**, 607 (1950). — WASSERMANN, A.: Ann. Bot. **13**, 79 (1949). — WEEKS, D. C., u. R. N. ROBERTSON: Austr. J. Sci. Res. Ser. B. **3**, 487 (1950). — WIKLANDER, L., G. HALLGREN u. E. JONSSON: Lantbr. Högsk. Ann. (Schweden) **17**, 425 (1950). — WILLIAMS, D. E., u. N. T. COLEMAN: Plant a. Soil **2**, 243 (1950). — WILSON, R. D.: Austr. Journ. Sci. **11**, 209 (1949). — WINOKUR, W. M., u. H. ROBBINS: Biol. Rev. Coll. New York **10**, 23 (1948). — WOOD, J. G., u. P. M. SIBLY: Austr. J. Sci. Res. Ser. B **3**, 14 (1950).

14. Stoffwechsel organischer Verbindungen I (Photosynthese).

Von ANDRÉ PIRSON, Marburg a. d. Lahn.

Der Beitrag folgt in Bd. XIV.

15. Stoffwechsel organischer Verbindungen. II.

Von KARL PAECH, Tübingen.

1. Enzymatische Adaptation. Darunter versteht man bekanntlich
die Erscheinung, daß Zellen neue enzymatische Fähigkeiten erlangen
können, wenn sie eine Zeitlang, oft nur wenige Stunden, mit bestimmten,
ihnen zunächst nicht zugänglichen Substraten inkubiert werden [vgl.
Erg. Enzymforschg 7, 350 (1938)]. Die Entziehung dieses Substrates
führt gewöhnlich wieder zum Verlust der neugewonnenen Enzyme.
Solchen adaptiven Enzymen stehen die konstitutiven gegenüber,
die gebildet werden, ganz gleich, ob ihr Substrat anwesend ist oder
nicht.

Der Mechanismus der Adaptation schließt eine Modifikation deren
Apoenzymausstattung ein; Co-Enzymmangel ist nicht entscheidend. Die
Substratspezifität ist ja ganz allgemein an den Eiweißträger des Enzyms
gebunden. Wenn Hefezellen an die Vergärung von Galaktose gewöhnt
worden sind, kann man aus ihnen einen Saft gewinnen (LEBEDEW-Saft),
der Galaktose vergärt. Das adaptive Enzym ist also von der lebenden
Zelle abtrennbar (SPIEGELMANN und Mitarbeiter). Das Galaktozymase-
system ist insofern sehr unstabil, als es beim Fehlen des Substrates
unter anaeroben Verhältnissen sehr bald wieder verschwindet.

Was geht während der präadaptiven Phase vor sich, während der
das neue Gärungssystem aufgebaut wird? Das neue Substrat, die Galaktose, wird mit anderem Atmungsmaterial zusammen in einer der normalen Atmung völlig analogen Weise oxydativ abgebaut. Ungefähr
80 % des verbrauchten Zuckers können als CO_2, etwas Alkohol und Säuren
und als Polysaccharide wiedergefunden werden. In welche anderen
Fraktionen die fehlenden 20 % der Galaktose einbezogen werden, ob
diese noch unbekannten Fraktionen und die durch die Oxydation gewonnene Energie das Wesentliche für die Adaptation sind, bleibt noch
zu klären. Hefestämme, die sich nicht an die Vergärung von Galaktose
gewöhnen lassen, können doch Galaktose oxydieren. Diese Fähigkeit scheint also zur normalen Ausstattung der Hefezellen zu gehören.
Sie spricht gleichzeitig gegen eine in allen Fällen notwendige Verknüpfung von Gärung und oxydativem Abbau der Kohlenhydrate
(REINER und SPIEGELMANN). Für die höheren Pflanzen ist die Herkunft
der in den Pektinen der Mittellamellen universell verbreiteten Galakturonsäuren noch ungeklärt. Vielleicht sind sie das Produkt eines solchen
oxydativen Angriffs auf die Zucker, der unabhängig von einer Spaltung ist.

Aus galaktoseadaptierter Hefe wurde ein der Hexokinase analoges
Enzym isoliert, das den freien Zucker mit Hilfe einer aus ATP ent-

nommenen Phosphorsäure zu Galaktose-1-Phosphorsäure zu phosphorylieren vermag (TRUCCO). Das gleiche Enzym findet sich in einer von Natur aus Galaktose vergärenden Hefe (*Saccharomyces fragilis*).

Außer bei der lange bekannten Galaktoseadaptation der Hefe sind adaptive Enzyme bei niederen Organismen, wie es scheint, auf den verschiedensten Sektoren des Stoffwechsels möglich. Von *Botrytis cinerea* und *Aspergillus niger* wird Pektinase als konstitutives Enzym gebildet, während Pektase, welche Pektine demethoxyliert, nur bei Gegenwart von Pektinen im Substrat auftritt, also adaptiv hervorgebracht wird (GÄUMANN und BÖHNI).

Pseudomonas fluorescens und andere Bakterien können an den oxydativen Abbau verschiedener aromatischer Verbindungen adaptiert werden (STANIER). Dabei wurde eine neuartige Technik („simultane adaptation") zur Auflösung biochemischer Kettenprozesse in die einzelnen in der Zelle nicht ohne weiteres unterscheidbaren Schritte entwickelt. Daß Zellen bestimmte Benzolderivate abbauen und zum Aufbau ihres Zellkörpers verwerten können, bedeutet, daß sie auch alle dabei durchlaufenen Zwischenverbindungen verarbeiten, die den Ausgangszellen oder anders adaptierten Zellen nicht zugänglich sind. Sofern Intrabilität für die zu prüfenden Substanzen vorausgesetzt werden darf, kann man also durch Ausprobieren von vermuteten Zwischenstufen herausfinden, welche tatsächlich durchlaufen werden, denn nur diese können von den an eine bestimmte Ausgangssubstanz adaptierten Zellen in dem neugewonnenen System verarbeitet werden. Damit ließ sich zeigen, daß die Bakterien über mehrere Wege der Oxydation aromatischer Verbindungen verfügen, die nicht den in der organischen Chemie eingeschlagenen entsprechen.

Die Rohrzuckerphosphorylase (s. S. 272) ist ebenfalls ein adaptives Enzym (HASSID und DOUDOROFF 1950). Bei Stickstoffmangel bleibt die Bildung adaptiver Enzyme, z. B. von Lactase und Saccharase bei *Bact. coli*, aus, während die konstitutiven, z. B. Katalase und andere Atmungsenzyme, kaum beeinträchtigt werden (VIRTANEN; DELEY). Exakter formuliert heißt das wohl, daß eben nur solche Zellen überlebend gefunden werden, die trotz N-Mangel die lebenswichtigen konstitutiven Enzyme aufbauen können. Von anderen Formen, in denen auch diese Enzyme ausfallen, erfahren wir nichts, weil sie nicht lebensfähig sind (vgl. auch Fortschr. Bot. **12**, 174).

2. Kohlenhydrate. Allgemeines. Die Einsicht, daß die Zelle bei der Synthese von Rohrzucker, Stärke, Glykogen und offenbar auch von anderen polymeren Kohlenhydraten nicht mit den einfachen Hexosen als Bausteinen hantiert, sondern Phosphorsäureester, z. B. Glucose-1-Phosphat, verwendet, stellt den Schlüssel zur Lösung des alten Problems der Biogenese von polymeren Naturstoffen dar. (Neue Beiträge zum Umsatz solcher Kohlenhydrate siehe bei: DOUDOROFF und Mitarbeiter; BOURNE und Mitarbeiter; HEHRE und Mitarbeiter; STOJEW.)

Obwohl z. B. die Reaktion Rohrzucker + Wasser $\rightleftharpoons$ Glucose + + Fructose reversibel ist, liegt das Gleichgewicht so weit nach rechts verschoben, daß nur bei Anwesenheit von stark wasserentziehenden

Mitteln, die in der lebenstätigen Zelle niemals wirksam sein können, merkliche Mengen von Rohrzucker aus den beiden einfachen Komponenten entstehen könnten. Das gleiche gilt für alle ähnlichen Kondensationen, z. B. für die Stärkesynthese aus Glucose bzw. Maltose und die Eiweißsynthese aus Aminosäuren. Enzyme können solche Reaktionen nur von links nach rechts leicht auslösen, aber es ist aus thermodynamischen Gründen für ein Enzym unmöglich, in einem wäßrigen Medium den entgegengesetzten Weg zu ermöglichen. Die allgemeine Regel, daß das abbauende Enzym mit dem aufbauenden identisch sein muß, gilt nicht für den makromolekularen Stoffwechsel. Die Amylase vermag nur Stärke zu spalten, dem Aufbau dient die auf Glucoseester als Substrat angewiesene Phosphorylase. Die Verknüpfung von Grundmolekeln zum hochmolekularen Stoff muß durch eine Reaktion geschehen, deren freie Energie einen stark negativen Wert hat; als Ausgangsstoffe müssen energiereiche Verbindungen vorhanden sein, deren Energiegehalt bei der Kondensation wenigstens teilweise freigesetzt wird. Das sind in der Natur offenbar in weitem Ausmaße die Phosphorsäureverbindungen (vgl. dazu SCHULZ). Damit wird auch das erste Mal ein klar umschriebener Mechanismus für die der Zelle eigentümliche Kopplung von energieliefernden mit energieverbrauchenden Prozessen gegeben. Wenn auch am Ende die durch Gärung und Atmung freigesetzte Energie als Wärme entweicht, so gebraucht sie die Zelle doch zunächst in Form chemischer Energie, gebunden an bestimmte chemische Konfigurationen. Die zum Aufbau der Körpersubstanz benötigte Energie darf man nicht aus der Differenz der Verbrennungswärme der Nährstoffe und der Zellenbestandteile allein berechnen. Daraus lassen sich bei der Bildung von Substanzen durch lebende Zellen niemals Art, Umfang und Zwischenstufen der tatsächlich ablaufenden Stoffumsetzungen erschließen. Bestenfalls kann man das Mögliche vom Unmöglichen scheiden (GODDARD).

Poly- und Disaccharide. Über die physiologische Rolle der in vitro so gut erforschten Stärkephosphorylase ist noch recht wenig bekannt. Mit histochemischen Methoden wird an Samen von *Soja*, *Ricinus* und *Vicia faba* festgestellt, daß innerhalb der einzelnen Zelle die Stärkesynthese aus Glucose-1-Phosphat an die Plastiden gebunden ist, in denen der Aufbau von Stärkekörnern an verschiedenen Punkten beginnen kann. In Embryonen ist die Phosphorylaseaktivität in den Wurzel- und Sproßspitzen am höchsten. Auch in der Wurzelhaube der untersuchten Pflanzen läßt sich das Enzym besonders deutlich nachweisen, während in den Kotyledonen die Aktivität sehr schwach ist. Selbst in Fettsamen (*Ricinus*) ist Phosphorylase enthalten, und in den wachsenden Zonen wird auch hier Stärke gebildet. Alle diese Beobachtungen sprechen sehr stark dafür, daß die Phosphorylase das normale Mittel der Zelle zum Stärkeaufbau ist (YIN und SUN). Wenn Schnitte aus den genannten Samen mit Glucose und anderen nicht-phosphorylierten Zuckern behandelt wurden, trat nie Stärke auf.

In Weinreben soll die Synthese der Stärke in erster Linie über Rohrzucker, der Abbau jedoch über Maltose laufen, deren Rolle und Bedeutung im Stoffwechsel der höheren Pflanze gegenüber dem Rohrzucker immer etwas vernachlässigt worden ist (STOJEW). Ob die Bildung von Stärkekörnern in Glycerinextrakten aus unreifen Getreidekörnern tatsächlich eine Synthese aus einfachen Zuckern bedeutet oder ob nur eine experimentelle Unvollkommenheit eine solche vortäuscht, muß wohl erst noch geklärt werden (KNJAGINIČEV). Für die Tatsache, daß manche Monokotyledonen, z. B. *Allium* und Narzissen, in den Blättern keine Stärke bilden, sondern Rohrzucker anhäufen, wird ein Hemmungsstoff verantwortlich gemacht, denn Extrakte dieser Blätter hemmen die Synthese von Maisstärke (EYSTER). Stärke aus „Kräuselerbsen" ist fast reine Amylose (vgl. Fortschr. Bot. 12, 292), die Stärke aus „Wachsmais" und anderen „Wachs"varietäten von Getreide ist ausschließlich Amylopektin. Das Verhältnis von P : Q-Enzym bestimmt das Amylose-Amylopektin-Verhältnis des Endproduktes. Das Q-Enzym ist keine Phosphorylase, sondern eine Hydrolase (PEAT und BOURNE). Eine besondere Isophosphorylase existiert nicht in Kartoffeln. Sie war offenbar durch falsche Ausdeutung von Versuchen vorgetäuscht worden (BAILEY u. WHELAM).

Obwohl man schon vor langer Zeit beobachtet hatte, daß auch rohe, ungequollene Stärkekörner in vitro enzymatisch abgebaut werden können, war offenbar, daß Amylase allein solche Körner nicht angreift. Ein Gemisch aus Pankreasextrakt (= α-Amylase) und Extrakt aus *Aspergillus oryzae* vermag rohe Stärkekörner aufzuschließen, die dabei ähnliche Korrosionsfiguren wie in der lebenden Zelle zeigen (BALLS und SCHWIMMER). In beiden Komponenten des Extraktes ist ein thermolabiler Faktor, also ein Enzym wichtig, außerdem aber auch ein Mineralbestandteil. Die Stärke wird fast vollständig in Zucker umgesetzt, und zwar in der Hauptsache in Glucose, da der Pilzextrakt Maltase enthält, die eine der Ursachen für die fortlaufende Tätigkeit der Amylase bei rohen Stärkekörnern sein dürfte (SCHWIMMER).

Rohrzucker ist für das Wachstum isolierter Tomatenwurzeln besser ausnutzbar als Glucose. Zugabe von Hefesaft, der ATP[1] zur Phosphorylierung enthält, macht auch die Glucose zugänglich (DORNER und STREET). Daß von manchen Mikroorganismen Lactose viel rascher und ausgiebiger verwendet wird als ein Gemisch von Glucose und Galaktose, beruht wahrscheinlich auch darauf, daß die Lactose nicht durch eine Hydrolyse, sondern durch Phosphorolyse aufgeschlossen wird (SNELL und Mitarbeiter). Reduzierende Disaccharide werden allerdings auch ohne vorhergehende Spaltung oxydativ angegriffen, wie aus dem Nachweis von „Bionsäuren" bei *Pseudomonas graveolens* hervorgeht, die durch Oxydation der freien Aldehydgruppe des Disaccharids (Lactose, Maltose) entstehen (STODOLA und LOCKWOOD).

Die Rohrzuckerphosphorylase (Fortschr. Bot. 12, 295), deren Isolierung aus höheren Pflanzen offenbar besondere Schwierigkeiten bereitet, für deren Anwesenheit auch hier aber vieles spricht, hat die merkwürdige Eigenschaft, ganz spezifisch die α-Glucosidbindung zu über-

---

[1] Adenosintriphosphat (s. S. 279).

tragen. Nicht die freie Glucose, sondern die aus einem vorgegebenen Glucosid, z. B. aus Glucose-1-Phosphat, kann an recht verschiedene chemische Verbindungen weitergegeben werden. Mit Fructose wird dabei natürlich Rohrzucker gebildet (DOUDOROFF und Mitarbeiter; HASSID und Mitarbeiter). An Stelle der Fructose können andere Ketosen oder Arabinose treten. Die Glucose kann auch rückwärts aus Rohrzucker auf Phosphorsäure übertragen werden. Der Partner, an den die Glucose angeheftet wird, kann variieren, aber auf den Glucoseanteil ist das Enzym ganz spezifisch eingestellt. Es reiht sich als glucoseübertragendes System (Transglucosidase) in die Serie der gruppenübertragenden Enzyme ein (vgl. Fortschr. Bot. **12**, 287). Durch radioaktiven Phosphor wurde nachgewiesen, daß tatsächlich die Übertragung der Glucose und nicht etwa die der Phosphorsäure das Wesentliche ist. Die Transglucosidierung findet deshalb auch in Abwesenheit von freiem oder gebundenem Phosphat statt. Bei der Mischung von Rohrzucker mit einer Ketose stellt sich bei Gegenwart des Enzyms folgendes Gleichgewicht ein (vgl. dazu MEYERHOF):

Glucose-1-Fructosid + Sorbose ⇌ Glucose-1-Sorbosid + Fructose

(Rohrzucker)

Glykoside (Heteroside). Den Di- und Polysacchariden, die ja ebenfalls durch Glykosidbindungen verknüpft sind und die man als Holoside zusammenfaßt, stellt man die Heteroside oder eigentlichen Glykoside gegenüber, in denen ein Zucker mit einem anderen sehr verschieden gestalteten Aglykon verknüpft ist (vgl. PAECH). Es ist sehr anziehend, nach einer solchen Glucoseübertragung, wie sie im vorhergehenden Abschnitt für die α-Verknüpfung geschildert wurde (denn um eine solche handelt es sich sowohl beim Rohrzucker als auch bei der Stärke), auch bei den Glucosiden im engeren Sinne zu suchen, bei denen der Zucker ausnahmslos in der β-Form gebunden ist. Neben der Glucose treten dabei auch andere Zucker auf, zum Teil Monosen, zum Teil Biosen. Die Mannigfaltigkeit der Aglykone dieser Glykoside, wie sie ohne Rücksicht auf einen speziellen Zucker genannt werden, ist unübersehbar groß, demgegenüber tritt die Zahl der vorkommenden Zuckerarten ganz zurück. Die Spaltbarkeit durch Enzyme ist relativ einheitlich. Diese sind zunächst streng auf die β-Form des Zuckers und meist auch auf die sonstige Konfiguration des Zuckers eingestellt, z. B. Glucosidasen, Galaktosidasen (STIG und ÖSTRUP; VEIBEL und ÖSTRUP; HOFMANN und SCHECK), obwohl auch in dieser Beziehung noch eine größere Einheitlichkeit herrschen mag (HELFERICH). Die Beschaffenheit des Aglykons beeinflußt höchstens die Umsatzgeschwindigkeit etwas.

Der Mechanismus der Glykosidierung in pflanzlichen Zellen muß ein recht allgemeiner sein, der nicht nur auf bestimmte pflanzeneigene Aglykone eingestellt ist. Wenn fremde Substanzen, z. B. Äthylenchlorhydrin, Chlorphenol, zugeführt werden, so setzt die lebende Zelle diese in β-Glykoside um, überraschenderweise auch in solchen Pflanzen, die normalerweise gar keine Glykoside führen. Manchmal wird das gleiche künstlich zugeführte Aglykon mit verschiedenartigen Zuckern in der gleichen Pflanze verbunden, meist dient allerdings Glucose als Zuckerpaarling, aber in den untersuchten Solanaceen wurde auch Gentiobiose verwendet. Oft werden außerordentlich hohe Mengen des dargebotenen Aglykons absorbiert und als Glykosid deponiert. In Tabakblättern sammeln sich bis zu 12% des Trockengewichts an β-2-Trichloräthyl-Glucosid bzw. Gentiobiosid an, wenn die Tabakpflanzen mit Chloralhydrat behandelt werden (MILLER). Dabei wird Chloralhydrat zunächst zu Trichloräthanol reduziert, ein Beispiel dafür, daß Wasserstoff auch auf solche ungewöhnliche Akzeptoren übertragen werden kann. Diese organfremden Glykoside entstehen offenbar, weil ein Mechanismus vorgebildet ist, der das β-Isomere der Glucose und anderer Zucker auf Verbindungen geeigneter Konstitution (hydroxylhaltig!) unter Bildung von Glykosiden überträgt. Merkwürdig bleibt zunächst, daß die meisten dieser β-Glucoside nicht mehr in den Stoffwechsel einbezogen werden (Ausnahmen z. B. Salicin in manchen Weidenarten, WEEVERS), während die α-glucosidisch verknüpften, z. B. Rohrzucker und Stärke, als Reservestoffe dienen und leicht umgesetzt werden. Daß der Mechanismus der β-Glucosidierung mit der Bereitschaft, alle möglichen aktiven chemischen Verbindungen, seien sie Stoffwechselzwischenprodukte oder seien sie künstlich zugeführt, zu binden, für die „Entgiftung‟ besonders geeignet ist, liegt auf der Hand. Um den stoffwechselphysiologischen Sinn dieser Einrichtung richtig zu verstehen, muß man sich immer vor Augen halten, daß auch eine ganze Reihe nicht „giftiger‟ Verbindungen dem gleichen Mechanismus anheimfallen, z. B. Anthocyanidine, Flavone, die daneben frei in der Zelle vorkommen.

Monosaccharide. Über die Biogenese der Pentosen, die nicht nur frei, sondern weitverbreitet als Pentosane, z. B. Araban, Xylan, und ubiquitär in den Nucleinsäuren vorkommen, war bisher kaum etwas Sicheres bekannt. Mit zellfreien Enzymen aus Hefe und *Escherichia coli* ist es gelungen, aus Glucose-6-Phosphat bzw. 6-Phosphogluconat, also Hexosen, die am alkoholischen Ende phosphoryliert sind, Ribose-5-Phosphat herzustellen (SCOTT und COHEN). Ein frühes Zwischenprodukt ist dabei die am 2. C-Atom oxydierte 2-Keto-6-Phosphogluconsäure, die vielleicht auch für die Entstehung der Ascorbinsäure von Bedeutung sein kann (vgl. PAECH, S. 58). Verschiedene Bakterien (*Acetobacter, Pseudomonas*) bauen d-Glucose über eine andere Ketosäure, nämlich über 5-Ketogluconsäure zu Weinsäure, Glykolsäure, Ameisensäure und CO_2 ab. Andere Zucker werden von diesen Bakterien jedoch nicht zu Ketosäuren oxydiert (JACKSON und Mitarbeiter). Für höhere Pflanzen ist bisher noch kein Nachweis erbracht worden, daß Pentosen durch Decarboxylierung von Ketohexonsäuren entstehen. Es besteht daneben noch die Möglichkeit, ja sogar die Wahrscheinlichkeit, daß hier mit Hilfe der Aldolase (s. S. 278) durch Kondensation aus den primären Spaltprodukten des Hexoseabbaues, nämlich aus Dioxyaceton und Acetaldehyd oder anderen geeigneten Verbindungen, Pentosen sekundär aufgebaut werden (vgl. HASSID und PUTMAN).

Pektine. Die alte, lange Zeit als gültig angesehene Vorstellung, daß der Grundbaustein der nativen Pektine in der Mittellamelle eine ringförmig verknüpfte Tetragalakturonsäure sei, ist überholt, nachdem in den letzten 15 Jahren nachgewiesen wurde, daß die Pektine vorwiegend gestreckte polymere Moleküle besitzen, ähnlich wie die Cellulose (Linearkolloide). Man rechnet mit einer Kettenlänge bis zu 1800 Galakturonsäuren. Das Molekulargewicht von Apfel- und Citruspektin liegt zwischen 100000 und 200000 (HENGLEIN; SCHLUBACH und HOFFMANN; WALBECK).

Charakteristisch für Pektine ist ihr Gehalt an Methoxylgruppen. Bei schonendster Aufarbeitung (günstiger Reifezustand, Ausschaltung von Enzymtätigkeit, niedrige Extraktionstemperatur, geeignetes p_H zwischen 5 und 5,5) gelingt es, ein Pektin aus Äpfeln zu gewinnen, dessen Methoxylgehalt einer sehr hoch veresterten Polygalakturonsäure entspricht. Im nativen Pektin bleiben nur wenige Carboxylgruppen frei.

Der beständige Gehalt an Phosphor der Asche von Pektinpräparaten rührt nur zum Teil von anorganischen und organischen Verunreinigungen (z. B. Phosphatiden) her. Ein Teil der Phosphorsäure ist esterartig in den Pektinkettenmolekülen gebunden (HENGLEIN und Mitarbeiter). Dieser Phosphorsäuregehalt hilft vielleicht einmal, die Bahnen aufzudekken, auf denen die Zellen ihre Mittellamellen synthetisieren. Heute wissen wir über die Biogenese der Pektine noch gar nichts. In Analogie zu der Erkenntnis, daß die Polysaccharide Stärke und Glykogen aus Glucose-1-Phosphat kondensiert werden, dürfen wir fast annehmen, daß die Bausteine der Zellen für die Pektine phosphorylierte Galaktosen oder Galakturonsäuren sind und daß der Phosphorsäuregehalt der Mittellamellen noch davon zeugt. Auf der anderen Seite ist der Einbau von Phosphorsäuren in die Moleküle des Pektins von wesentlicher Bedeutung für dessen Eignung als Wandbaustoff. Ein Phosphorsäuremolekül kann mit zwei verschiedenen Galakturonsäuren verestert sein, und durch solche Esterbrücken zwischen zwei Ketten von Pektinmolekülen muß man sich im warserunlöslichen sogenannten Protopektin, dem nativen Pektin der Mittellamellen, die Moleküle zu größeren Verbänden vernetzt vorstellen. Weitere Möglichkeiten zum Aufbau eines Gerüstwerkes aus Pektinmolekülen bieten die allerdings relativ wenigen nicht mit Methylalkohol veresterten Carboxylgruppen der Galakturonsäuren, die durch mehrwertige Metallionen ($Ca^{..}$, $Mg^{..}$, $Fe^{...}$) abgesättigt werden, wobei jedes Metallatom zwei bzw. drei Ketten angehören kann. Auch durch solche „Metallbrücken" werden die Polygalakturonsäureketten durch Hauptvalenzbindungen zu einem Netzwerk verknüpft, das die Eignung der Pektine als Wandkitt besser verstehen läßt als die alte Vorstellung der Tetragalakturonsäure. Neben den Galakturonsäureketten finden sich in der Mittellamelle noch andere Anteile, wie Arabinose und ihre Polymeren, Polygalaktane u. ä., die zum Teil wohl nicht durch Hauptvalenzen, sondern durch VAN DER WAALSsche Kräfte (Nebenvalenzbindungen) gehalten werden. Als solche Mischpolymerisate oder Mischassoziate stehen die Pektine dem Lignin viel näher als der Cellulose, die ein recht einheitliches Polymeres der Glucose darstellt. Der Hauptteil des Lignins in den Coniferentracheiden ist merkwürdigerweise in den Mittellamellen gefunden worden, der relative Anteil in der Zellwand nimmt nach dem Lumen zu stark ab (LANGE). Die salz- und esterartigen Brücken im Pektin lassen Molekülverbände entstehen, die vielleicht so ausgedehnt sind, daß die Gerüstsubstanz der Mittellamelle einer ganzen Zelle oder von ganzen Geweben ein einziges solches „Übermolekül darstellt", das den festen Zusammenhalt der Zellverbände verständlich machen würde. Über die Verknüpfung der Mittellamellen mit der sekundären Cellulosewand sind noch keine genaueren Vorstellungen entwickelt worden.

Die verschiedenen Stufen des Pektinaufbaues und zugleich die heute übliche Nomenklatur bringt folgende Tabelle (nach HENGLEIN).

Pektinsäure: Makromeleküle aus einer Kette von Galakturonsäureresten
Pektate: Salze der Pektinsäuren
Pektin: teilweise oder voll methoxylierte Polygalakturonsäure
Pektinat: Salze von Pektinen
Pektinstoffe: physikalische Gemische von Pektinen mit Begleitstoffen (z. B. Pentosanen, Hexosanen)
Protopektin: wasserunlösliches, natives Pektin der Pflanzen (Vernetzung von Pektinketten durch mehrwertige Metallionen über die nicht veresterten COOH-Gruppen und Esterbrücken über Phosphorsäuremoleküle)
Pektin-Mischassoziate: Pektinmoleküle, an welche durch van der Waalssche Kräfte einfache Zucker oder Polyosen angelagert sind.

3. Atmung und Gärung. Allgemeines. Je weiter die Aufklärung der chemischen Vorgänge, die in der Zelle zwischen Aufnahme von Sauerstoff und Abgabe von Kohlendioxyd eingeschaltet sind, fortschreitet, um so schwieriger wird es, „die Atmung" als einen einfachen biologischen Vorgang abzugrenzen oder ihn auch nur scharf zu definieren. Eine der jüngsten Formulierungen, die sicher nicht vollständig ist und die wahrscheinlich nicht endgültig sein wird, lautet: Unter Atmung soll die Oxydation von organischen Verbindungen (in der Zelle) verstanden werden, wobei molekularer Sauerstoff als Akzeptor der Elektronen dient. Die Oxydation kann komplett sein und bis zu CO_2 und H_2O als Endprodukten führen, oder sie kann unvollständig bleiben und mit der Bildung von organischen Säuren enden. Im Gegensatz dazu soll die Zerlegung von Kohlenhydraten in zwei oder mehrere einfache Moleküle durch Oxydoreduktionen innerhalb des ursprünglichen Moleküls oder seiner Spaltprodukte als Gärung oder Glykolyse bezeichnet werden (GODDARD und MEEUSE). Der Begriff der oxydativen Gärung würde damit überflüssig werden. Als Überträger der Elektronen fungieren in der Zelle im allgemeinen H-Atome, deren Transport über eine Reihe von Enzymen bzw. Co-Enzymen führt und die am Ende unter Abgabe der Elektronen an Sauerstoff zu Wasser oxydiert werden. Aus dem Atmungsmaterial (den Bruchstücken von Kohlenhydraten, Fetten und anderen „mobilisierbaren" Zellbestandteilen) werden dabei der Reihe nach verschiedene Ketosäuren gebildet, die nach Decarboxylierung jeweils wieder ein Substrat für Wasserstoffentnahme abgeben.

So sehen wir mehrmals im Verlaufe des oxydativen Abbaues Decarboxylierung und Dehydrierung miteinander verbunden (vgl. im Tricarbonsäurekreislauf die Schritte von Isocitronensäure zu Ketoglutarsäure und von dieser zu Bernsteinsäure, s. S. 285).

Die chemischen Prozesse der Atmung, soweit sie die C-Verbindungen betreffen, kann man grob in drei Phasen aufteilen, nämlich a) die Vorbereitung der Zucker zu dem spaltbaren Material, der Fructose-1,6-Diphosphorsäure, b) die Spaltungs- und Oxydoreduktionsvorgänge, die am Ende zur Entstehung der Brenztraubensäure führen, und c) die völlige Oxydation der Brenztraubensäure (oder einer nahe verwandten Verbindung) zu CO_2 und H_2O (bzw. den intermediären Di- und Tricarbonsäuren (s. Tricarbonsäurekreislauf). Die Teilstücke a) und b) sind für Gärungen und Atmung identisch. Schließlich ist für die Atmung charakteristisch die Summe der Vorgänge und Enzyme, die den molekularen Sauerstoff aktivieren und ihn dem von den Dehydrasen beförderten Wasserstoff entgegenbringen, nämlich das System der „Endoxydasen“.

Der Weg des Zuckers bis zur Hexosediphosphorsäure ist im vorhergehenden Bericht (Fortschr. Bot. **12**, 294) schematisch aufgezeichnet worden. Das zweite an ein Monophosphat anzuhängende Phosphorsäuremolekül muß in Form einer (energiereichen) organischen Phosphorsäurebindung geliefert werden, also aus ATP oder ADP, denn kein Enzym ist fähig, anorganisches Phosphat mit einer freien Hydroxylgruppe der Kohlenhydrate zu verestern. Das hier eingreifende Enzym, die Phosphohexokinase, stellt aus Fructose-6-Phosphat mit Hilfe von ATP Fructose-Diphosphat her.

Glykolytische Vorgänge. Die Umwandlungen, die aus dem doppelt phosphorylierten Zucker schließlich Brenztraubensäure entstehen lassen, und die daran beteiligten Enzyme (gesperrte Namen) sind, soweit sie für höhere Pflanzen gesichert sind, in dem folgenden Schema zusammengestellt. Ursprünglich wurden diese Vorgänge in tierischen Geweben und in Mikroorganismen geklärt. Ihre Gültigkeit für höhere Pflanzen wird im allgemeinen durch Nachweis der beteiligten Enzyme oder der Zwischenprodukte erschlossen (STUMPF 1948, 1950; TEWFIK und STUMPF).

Warum bei der Aufklärung enzymatischer Vorgänge gerade bei höheren Pflanzen besondere Schwierigkeiten erwachsen, hat HULME am Beispiel der Untersuchung von Äpfeln erläutert. Zwei Ursachen sind dafür in erster Linie maßgebend: einmal die Anwesenheit der großen, mit allerlei Ausscheidungsprodukten angefüllten Vakuolen, wobei vor allem Säuren, Tannine, Saponine u. ä. nach Zerstörung der Zellen die plasmatischen Anteile irreversibel verändern. Zum anderen scheint das Plasma der Zellen höherer Pflanzen besonders empfindlich gegen ungeregelten Sauerstoffzutritt zu sein. Die Aufarbeitung unter Luftzutritt verursacht deshalb bei den meisten von ihnen schwerwiegende irreversible Veränderungen gegenüber dem normalen Zustand, wie z. B. an der Bräunung nach Verletzung der Äpfel deutlich vor Augen tritt.

$$H_2PO_3-O-\overset{\overset{\displaystyle H}{|}}{\underset{\underset{\displaystyle H}{|}}{C}}-\overset{\overset{\displaystyle O}{\|}}{C}-\overset{\overset{\displaystyle H}{|}}{\underset{\underset{\displaystyle OH}{|}}{C}} \quad\quad \overset{\overset{\displaystyle H}{|}}{\underset{\underset{\displaystyle HO}{|}}{C}}-\overset{\overset{\displaystyle H}{|}}{\underset{\underset{\displaystyle OH}{|}}{C}}-\overset{\overset{\displaystyle H}{|}}{\underset{\underset{\displaystyle H}{|}}{C}}-O-O_3PH_2$$

Fructose-1,6-Diphosphorsäure

Aldolase

$$H_2PO_3-O-\overset{\overset{\displaystyle H}{|}}{\underset{\underset{\displaystyle H}{|}}{C}}-\overset{\overset{\displaystyle O}{\|}}{C}-CH_2OH \quad + \quad O=\overset{}{C}-\overset{\overset{\displaystyle H}{|}}{\underset{\underset{\displaystyle H}{|}}{C}}-\overset{\overset{\displaystyle H}{|}}{\underset{\underset{\displaystyle H}{|}}{C}}-O-O_3PH_2$$

Dioxyacetonphosphorsäure $\rightleftharpoons$ 3-Phosphoglycerinaldehyd
(Ketotriose)   (Aldotriose)

Isomerase

$$H_2PO_3-O-\overset{\overset{\displaystyle H}{|}}{\underset{\underset{\displaystyle H}{|}}{C}}-\overset{\overset{\displaystyle H}{|}}{\underset{\underset{\displaystyle OH}{|}}{C}}-\overset{\nearrow OH}{\underset{\searrow OH}{C}}-H$$

3-Phosphoglycerinaldehyd $+ H_2O$

$+H_2 \quad \updownarrow \quad -H_2$ **Triosephosphat-Dehydrase**

$$H_2PO_3-O-\overset{\overset{\displaystyle H}{|}}{\underset{\underset{\displaystyle H}{|}}{C}}-\overset{\overset{\displaystyle H}{|}}{\underset{\underset{\displaystyle OH}{|}}{C}}-COOH$$

3-Phosphoglycerinsäure

$\downarrow$

$$HO-\overset{\overset{\displaystyle H}{|}}{\underset{\underset{\displaystyle H}{|}}{C}}-\overset{\overset{\displaystyle H}{|}}{\underset{\underset{\displaystyle O-O_3PH_2}{|}}{C}}-COOH$$

2-Phosphoglycerinsäure

$\downarrow \;\; -H_2O$ **Enolase**

$$H_2C=\overset{}{\underset{\underset{\displaystyle O-O_3PH_2}{|}}{C}}-COOH$$

Phosphobrenztraubensäure
(Enolform!)

$\downarrow$ **Phosphotransferase**

$$ADP \;\rightarrow\; ATP \;+\; H_2C=\overset{}{\underset{\underset{\displaystyle OH}{|}}{C}}-COOH$$

Adenosin-   Adenosin-   Brenztraubensäure
Diphosphat   Triphosphat   (Enolform!)

Das durch die Isomerase eingestellte Gleichgewicht zwischen den
beiden Triosen, in die das Zuckermolekül durch die Adolase zerbrochen
wird, ist unter den Bedingungen der Zelle weit zugunsten des Dioxy-
acetons verschoben, während die weiteren Umsetzungen am Glycerin-
aldehyd angreifen. Der bei dessen Oxydation zur Glycerinsäure entnommene Wasserstoff wird von der Co-Dehydrase auf geeignete Akzeptoren übertragen, entweder auf Acetaldehyd ($\rightarrow$ Äthylalkohol) oder
über „Atmungsfermente" auf O_2 ($\rightarrow H_2O$). In tierischen Geweben und
in bestimmten Mikroorganismen wird vor der Oxydation ein zweites
Molekül Phosphorsäure angelagert, so daß eine 1, 3-Diphosphoglycerin-

säure entsteht, deren durch die Oxydation „energiereich" gewordene Phosphorsäure ebenfalls wie die später von der Phosphorbrenztraubensäure entnommene in den Energiespeicher ATP fließen kann (MEYERHOF und Mitarbeiter). Für höhere Pflanzen ist dieser Schritt noch nicht sichergestellt, er ist deshalb hier ausgelassen. ATP ist inzwischen auch in höheren Pflanzen nachgewiesen worden (ALBAUM und Mitarbeiter). Die in der Phosphorsäurebindung der Phosphobrenztraubensäure konzentrierte Energie beträgt 16 kcal/Mol, während die energiereiche Phosphorsäurebindung ($\sim$ Ph) im ATP nur ungefähr 13 kcal/Mol ausmacht. Eine Reversibilität des letzten Schrittes im aufgezeigten Schema ist uns deshalb bisher noch nicht verständlich. Im Bild von der Resynthese der Kohlenhydrate aus unphosphorylierten C_3- oder C_2-Bruchstücken klafft hier noch eine Lücke.

Wenn die **doppelt** phosphorylierte Hexose das Ausgangsmaterial darstellt, setzt die Oxydation also erst an der Brenztraubensäure an. Ob und in welcher Weise auch einfach veresterte Hexosen (Glucose-1-bzw. Glucose-6-Phosphorsäure) oxydativ angegriffen werden, ist bisher noch recht wenig berücksichtigt worden (vgl. oben Pentosebildung). WARBURGs „Zwischenferment" oxydiert Glucose-6-Phosphat zu Phosphogluconsäure, die mit Hefeenzymen weiter zu Pentosen umgesetzt wird (WARBURG und CHRISTIAN).

Die Beobachtungen häufen sich, daß in jungen wachsenden Geweben, und zwar während der Zellstreckung, die glykolytische Spaltung der weiteren oxydativen Umsetzung überlegen ist, während sich in späteren Entwicklungsphasen der Organe das Verhältnis ausgleicht (GODDARD 1948; GODDARD unh MEEUSE). Damit werden nicht nur die älteren Befunde von RUHLAND und Mitarbeitern über eine „oxydative Gärung" in meristematischen Geweben erweitert, sondern es wird vorbereitend wahrscheinlich auch die Grundlage für die Aufhellung der Genese von allerlei sekundären Pflanzenstoffen, die gerade in wachsenden Geweben auftauchen, geschaffen (vgl. PAECH). Die Aldolase, das Enzym zur Zerlegung der Hexose in zwei C_3-Bruchstücke von einerseits Aldose-, andererseits Ketosecharakter, findet sich weitverbreitet in niederen und höheren Pflanzen. Besonders hohe Aktivität wurde in Wurzelspitzen und in jungen Sprossen gemessen (TEWFIK und STUMPF). Die Zone der Zellteilung weist eine geringere „Atmung" auf als die folgenden Regionen in Wurzelspitzen (KOPP), ebenso durchläuft die Atmung der Antheren im Stadium der Meiose und Mitose ein Minimum (ERICKSON; STERN und KIRK).

Beziehungen zwischen Atmung und Photosynthese. Trotz mancher neuer Angriffe auf dieses alte Problem ausgehend von den modernen Einsichten in den Chemismus des Kohlenhydratabbaues und der CO_2-Assimilation ist noch nichts Endgültiges über den Lichteinfluß auf die Atmung zu sagen (WARBURG und Mitarbeiter; BURK und Mitarbeiter; GABRIELSEN). Nachdem die Phosphoglycerinsäure als das erste faßbare Produkt der photosynthetischen CO_2-Assimilation sichergestellt ist (CALVIN und BENSON) und andere Zwischenprodukte des Kohlenhydratabbaues auch auf dem Wege der photosynthetischen Kohlenhydratbildung zu liegen scheinen, hätte man ein Hin- und Herfluten der gemeinsamen Zwischenprodukte der entgegengesetzt gerichteten Prozesse vermuten können. Tatsächlich fallen die Primärprodukte der Photosynthese aber während der Belichtung nicht der Oxydation etwa im Tricarbonsäurekreislauf anheim (BENSON und CALVIN; WEIGL). Bei sehr schwachen Lichtintensitäten und im Dunkeln werden jedoch die Vorstufen der Zuckersynthese rasch veratmet. Atmung und Photosynthese sind möglicherweise Prozesse, die einander ausschließen. Für einen tieferen Einblick in die Beziehungen zwischen beiden Prozessen müssen auch andere Stoffwechselsphären, z. B. der Stickstoffumsatz, berücksichtigt werden (STEWARD und THOMPSON).

Endoxydasen. Zwischen die oben beschriebene Spaltung der Hexose und die Oxydation durch Sauerstoff ist eine Stufenfolge von Reaktionen eingeschaltet, die als „Tricarbonsäurekreislauf" zusammengefaßt wird. In ihm wird CO_2 aus verschiedenen Ketosäuren ohne direkte Oxydation abgespalten, und Wasserstoff wird durch eine Reihe von Dehydrasen auf die beiden Co-Dehydrasen aufgeladen. Dieser Wasserstoff trifft über einige Zwischenträger (Diaphorase, gelbe Atmungsfermente) schließlich durch Enzyme, die in der Lage sind, den atmosphärischen Sauerstoff aufzunehmen, mit diesem zu einer endgültigen Vereinigung zusammen. Der aufgenommene O_2 erscheint also niemals im Atmungskohlendioxyd wieder. Für die Hereinnahme, „Aktivierung" des molekularen Sauerstoffs in den Atmungsumsatz der tierischen Zellen ist ausschließlich das Cytochrom-Cytochrom-Oxydase-System verantwortlich. Auch in den pflanzlichen Zellen scheint das Cytochromsystem häufiger, als bisher vermutet, vorzuherrschen (MEEUSE; LEVY und SCHADE; GODDARD und HOLTEN; J. BONNER 1948, 1949). Ebenfalls im Gegensatz zu früheren Vorstellungen findet man nun, daß das Cytochromsystem auch in älteren Organen funktioniert (STENLID). Es wurde auch in solchen Pflanzen nachgewiesen, in denen es wegen der sehr aktiven Polyphenolasen nicht vermutet wurde, z. B. in Spinatblättern. Welche Rolle diese anderen Endoxydasen daneben spielen, erscheint wieder etwas unklarer. Angesichts der Tatsache, daß auch die Peroxydasen auf Polyphenole als Substrat eingestellt sind, sollten die gewöhnlich als Polyphenoloxydasen, Polyphenolasen oder auch als Tyrosinase bezeichneten Enzyme im Gegensatz zu den auf Peroxyde als Sauerstoffquelle angewiesenen Peroxydasen vielleicht „einfache Oxydasen" oder ähnlich benannt werden, da sie den molekularen Sauerstoff aufnehmen können. Merkwürdig erscheint, daß in grünen Blättern diese einfachen Oxydasen vor allem in den Chloroplasten lokalisiert sind (ARNON). Als Substrat zwischen die Polyphenole und den Sauerstoff können in vitro Ascorbinsäure und Glutathion eingeschoben werden. In lebenden Zellen läßt sich jedoch in diesem Zusammenhang noch kein Platz für eine Funktion der Ascorbinsäure finden. Bei den bisher untersuchten Pflanzen findet der Transport der Elektronen überhaupt ohne eine Mitwirkung von „Polyphenol"- und Ascorbinsäureoxydasen statt (CLAGETT und Mitarbeiter). Auf der anderen Seite gelang es, aus Äpfeln, bei denen die Bräunung an der Luft die Anwesenheit solcher einfacher Oxydasen anzeigt, durch Anwendung schonendster

Methoden eine ganze Reihe von Enzymen des Atmungsstoffwechsels abzutrennen. Darunter befindet sich auch „Tyrosinase" in so' großer Menge, daß sie die gesamte O_2-Aufnahme der betreffenden Gewebe zu katalysieren vermag (HULME).

4. Organische Säuren. Die gesonderte Behandlung des Stoffwechsels organischer Säuren in den Pflanzen ist auch heute noch gerechtfertigt, obwohl sich herausgestellt hat, daß verschiedene der verbreitetsten „Pflanzensäuren" sowohl in der Pflanze als auch im Tier regelmäßige Zwischenprodukte des oxydativen Kohlenhydratabbaues sind. Einige von ihnen sind aber so eng auch mit dem Aminosäure- und Fettumsatz, wahrscheinlich auch mit anderen Stoffwechselsphären verzahnt, daß der Säureumsatz nicht allein dem Kohlenhydratstoffwechsel zugerechnet werden darf. Die meisten der biogenen organischen Säuren sind ganz allgemein Glieder des Umsatzes von C-Verbindungen. Sie bilden damit einen Mittelpunkt, um den sich Kohlenhydrate, Fette und andere Stoffwechselprodukte gruppieren.

Brenztraubensäure. Von der Seite der Kohlenhydrate her leitet die Brenztraubensäure in den Säurestoffwechsel über. Bis zu ihr verläuft der Kohlenhydratabbau für die meisten Organismen auf einheitlichen Bahnen, erst danach treten mannigfache Verzweigungen auf, die zu den speziellen Stoffwechseltypen der Mikroorganismen, höheren Pflanzen und Tiere führen. Früher hatte mehr die Milchsäure als Knotenpunkt der Glykolyse nicht nur im Tierreich die Aufmerksamkeit auf sich gezogen. Sie spielt heute nur die Rolle einer hydrierten Brenztraubensäure und kann auch nur über diese wieder in den Stoffumsatz eintreten. Die bisher erkannten wichtigsten anaeroben und aeroben Umwandlungen der Brenztraubensäure sind folgende (STOTZ).

1. CH_3—CO—COOH + $H_2 \rightleftharpoons CH_3$—CHOH—COOH Muskel, Milchsäurebakterien
   Brenztraubensäure   Milchsäure

2. CH_3—CO—COOH $\xrightarrow{\text{Decarboxylierung}}$ CH_3—CHO + CO_2 Hefe, höhere Pflanzen
                                   Acetaldehyd

3. CH_3—CO—COOH + H_2O → CH_3—COOH + H—COOH Bakterien
                          Essigsäure   Ameisensäure

4. CH_3—CO—COOH + H_2O → CH_3—C—O—PO_3H_2 + H—COOH *Escherichia*
   + H_3PO_4 ‖   Ameisen-   *coli*
                                    O   säure
                        Acetylphosphat

5. CH_3—CO—COOH (+ H_3PO_4) —→ CH_3—COOH + CO_2 + H_2 *Clostridium*
                              Essigsäure   *butylicum*

6. 2 CH_3—CO—COOH ——→ CH_3—CO—CHOH—CH_3 + 2 CO_2 Bakterien
                        Acetylmethylcarbinol = Acetoin

Diese Reaktion verläuft wahrscheinlich über die Decarboxylierung der Brenztraubensäure (Reaktion 2) und Kondensation von Acetaldehyd mit Brenztraubensäure (GROSS und WERKMAN).

7. CH_3—COH—COOH $\xrightarrow[\text{Oxydation !}]{-H_2}$ CH_3—C—O—PO_3H_2 + CO_2 Bakterien
                                            ‖
   | O
   OPO_3H_2 Acetylphosphat
   Phosphobrenztraubensäure

8. CH_3—CO—COOH + $CO_2 \rightleftharpoons$ HOOC—CO—CH_2—COOH   ubiquitär
                              Oxalessigsäure   (WOOD-WERKMAN-
                                                          Reaktion)

Der Vorgang 8 hat heute die umfassendste Stütze durch physiologische Belege erfahren, aber der Prozeß 7 oder eine ganz ähnliche Oxydation der Brenztraubensäure zu einem labilen C_2-Zwischenprodukt („aktives Acetat") scheint ihm an Verbreitung und Bedeutung nicht nachzustehen. Der Mechanismus gerade dieses Vorganges steht heute im Mittelpunkt der stoffwechselphysiologischen Bemühungen sowohl an der Pflanzen- als auch an der Tierzelle.

Über das gesuchte labile Zwischenprodukt tritt wahrscheinlich die Essigsäure meist in den Stoffwechsel ein, und aus ihm entsteht sie dort, wo sie als Endprodukt anfällt. Das Acetylproblem hat in den letzten Jahren einen vorher niemals geahnten Umfang angenommen (vgl. LIPMANN 1946). Allerdings legt man sich nicht mehr auf eine bestimmte faßbare Verbindung, etwa das Acetylphosphat, fest, sondern man rückt eher schon wieder davon ab (BENTLEY) und richtet das Augenmerk auf eine durch Oxydation und Decarboxylierung der Brenztraubensäure entstehende labile Intermediärverbindung, die nicht mehr allein als ein Abbauprodukt der Kohlenhydrate, sondern gleichzeitig auch als ein Baustein für andere Stoffwechselsphären anzusehen ist. Aufbau und Abbau können bei einem tieferen Einblick in den Umsatz der C-Verbindungen nicht mehr als entgegengesetzte Vorgänge streng getrennt werden. Gerade die Essigsäure oder die aktive verwandte Verbindung scheint ein Bindeglied zwischen verschiedenen Sphären zu sein.

Essigsäureumsatz. Der weitere oxydative Abbau der Essigsäure wird bei verschiedenen Organismen auf verschiedenen Wegen vorgenommen. Die wichtigsten sind folgende:

a) Essigsäure + Oxalessigsäure $\rightarrow$ Tricarbonsäurekreislauf (s. u.).

b) Essigsäure + Essigsäure $\xrightarrow{-H_2}$ Bernsteinsäure, die dann ebenfalls in einen Kreislauf eingeht.

c) Die Essigsäure kann über das Methyl-C oxydiert werden.

Mindestens die Hälfte der von Hefe oxydierten Glucose läuft über Essigsäure (WEINHOUSE und Mitarbeiter). An der oxydativen Verarbeitung des Acetats in der Hefe, wahrscheinlich auch in anderen Organismen, ist ein neues „Coenzym A" beteiligt, dessen wesentlicher Bestandteil Pantothensäure (Fortschr. Bot. **12**, 319) ist. Sie greift in die zweite Phase der Brenztraubensäureoxydation zur „aktiven Essigsäure" bzw. in die Aktivierung der stabilen Essigsäure ein. Wie in manche andere Coenzyme neben einem Wuchs- oder Wirkstoff noch Phosphorsäure eingebaut ist (Cocarboxylase, Codehydrase), so scheint auch die Pantothensäure an eine Phosphorsäure geknüpft zu sein (NOVELLI und LIPMANN; HEGSTED und LIPMANN; KAPLAN und LIPMANN).

In verschiedenen holzzerstörenden Pilzen, die spezifisch Cellulose angreifen und das Lignin fast unangetastet lassen (*Merulius*- und *Fomes*-Arten), führt wenigstens einer der Wege des Kohlenhydratabbaues von Cellulose über Glucose zum Acetat und weiter über Glykolsäure und Glyoxylsäure zur Oxalsäure (NORD und VITUCCI; SMITH). Ob das für niedere Organismen ein üblicher Weg zur Bildung der weitverbreiteten Oxalsäure ist, über deren Genese bisher so wenig bekannt war, bleibt noch zu entscheiden (vgl. dazu ALLSOPP). Andere Möglichkeiten, die Oxalsäure aus dem Tricarbonsäurekreislauf durch „Säurespaltung" der Oxalbernstein- und Oxalessigsäure herzuleiten, werden, gestützt auf Versuche über den Abbau der Essigsäure durch *Aspergillus niger*, diskutiert (LYNEN und LYNEN; LYNEN und SCHERER).

Stoffwechselphysiologisch noch wichtiger als der Abbau der Essigsäure sind die Vorgänge, in welche Essigsäure bzw. die aktivierte Form davon als Baustein eingeht. Mit Isotopen ist vor allem für tierisches Gewebe nachgewiesen worden, daß Acetat zum Aufbau von Glykogen, Cholesterin, Fettsäuren, Aminodicarbonsäuren, Porphyrinen, Harnsäure u. a. verwendet wird (PONTICORVO, RITTENBERG und BLOCH; BLOCH und KRAMER). Außerdem liefert die Essigsäure natürlich die Acetylgruppe für verschiedene Acetylierungen. Für Mikroorganismen und höhere Pflanzen hat Essigsäure sicher eine ähnlich weitgreifende Bedeutung. Alle *Escherischia*- und *Aerobacter*-Arten können mit Essigsäure als einziger C-Quelle gedeihen (CLAPPER und POE). Niedere Fettsäuren werden von verschiedenen Bakterien aus Essigsäure aufgebaut (WOOD und Mitarbeiter; BARKER und Mitarbeiter). Hefe wandelt Essigsäure in Citronensäure um (DEFFNER und ISSIDORIS) und baut Fett direkt aus Acetat auf, ohne daß das Essigsäuremolekül erst auf anderem Wege assimiliert und vielleicht nur sekundär in Fett umgewandelt würde. Das System der Fettsynthese konnte jedoch noch nicht von der lebenden Zelle abgetrennt werden (WHITE und WERKMAN). Auch für höhere Pflanzen liegen bereits eine ganze Reihe von Angaben darüber vor, daß Essigsäure in die verschiedensten Stoffwechselbereiche einbezogen wird. Tabakblätter verwerten Essigsäure im Dunkeln zur Bildung von Äpfel- und Citronensäure (TUTTLE). Abgeschnittene Blätter nehmen Acetat rasch durch den Stiel auf. Der damit eingeführte markierte Kohlenstoff taucht zunächst als wasserlösliche nichtflüchtige Carbonsäure auf, tritt dann in die alkohollösliche Fraktion (Zucker?) über und erscheint schließlich im unlöslichen Teil der Blattsubstanz (KROTKOV und BARKER). In zunehmendem Maße wird erst später der markierte Kohlenstoff als Atmungskohlendioxyd abgegeben, nachdem er ein höher zusammengesetztes Molekül durchlaufen hat. Auf Grund dieser Versuche läßt sich jedoch noch nicht mit Sicherheit entscheiden, ob die Essigsäure selbst ein Zwischenprodukt ist oder ob sie nur wegen der Verwandtschaft zu einem Zwischenprodukt in den Stoffwechsel übernommen werden kann. Hier muß wieder an die älteren Befunde von RUHLAND und Mitarbeitern erinnert werden, die vor allem in meristematischen Geweben Essigsäure nachgewiesen haben, deren Bedeutung damals aber nur geahnt werden konnte. Bei Koleoptilen und Erbsenkeimlingen ist Essigsäure oder eine nahe verwandte Substanz eine notwendige Durchgangsstufe des C-Umsatzes, die für das Wachstum unerläßlich ist (BONNER und THIMANN).

Überraschend und für die Genese der sekundären Pflanzenstoffe sehr aufschlußreich ist die Beobachtung, daß die Synthese von Kautschuk in *Parthenium argentatum* durch Zugabe von Acetat wesentlich gefördert wird (s. S. 291).

Tricarbonsäurekreislauf (vgl. Fortschr. Bot. **12**, 301). Es werden immer mehr Belege dafür beigebracht, daß die Oxydation der C-Verbindungen auch in höheren Pflanzen über einen Tricarbonsäurekreislauf geht (vgl. BONNER 1948; LATIES). Hingegen ist es noch umstritten, ob dieser Kreislauf bei der Kohlenhydratoxydation in der Hefe mitwirkt, weil die bisherigen Argumente sich auf Untersuchungen mit Hefe stützen, die durch andere Pilze (*Oidium lactis*) verunreinigt waren (KREBS; WIELAND; MARTIUS und LYNEN).

In dem bisherigen Bild von den gekoppelten Reaktionen, die das durch Spaltung entstandene Stück der Kohlenhydrate zu Ende oxydieren, war vor allen Dingen der Übergang dieses Bruchstückes selbst in den Kreislauf, den im Grunde eine C_4-Dicarbonsäure ausführt, noch nicht gesichert. Man hatte angenommen, die Brenztraubensäure würde als solche eintreten. Das ist nicht der Fall. Die genaue Natur des Bruchstückes ist auch heute noch nicht klar, aber es ist sicher nur eine C_2-Verbindung und ist wahrscheinlich derselbe labile Zwischenkörper, der beim Essigsäureumsatz erwähnt wurde und der durch oxydative Decarboxylierung aus der Brenztraubensäure hervorgeht. Es handelt sich um eine flüchtige Durchgangsstufe, ähnlich dem Acetaldehyd bei der alkoholischen Gärung, der ja auch erst durch ein geschicktes Abfangverfahren nachweisbar wurde. Vielleicht ist die fragliche Verbindung phosphoryliert. Manche Beobachtungen sprachen und sprechen auch hier noch für Acetylphosphat.

Daß die Brenztraubensäure durch eine oxydative Decarboxylierung für den nächsten Schritt im Tricarbonsäurecyclus vorbereitet wird, stellt eine unerwartete Übereinstimmung mit den übrigen Schritten der CO_2-Entbindung dar, denn auch der Decarboxylierung der Oxalbernsteinsäure und der Ketoglutarsäure geht jeweils eine Dehydrierung voraus: bei aller Mannigfaltigkeit der C-Verbindungen eine auffallende Einheitlichkeit des Systems, wobei allerdings streng spezifische, also verschiedenartige Enzyme wirksam sind (s. S. 285).

Das nach dehydrierender (oxydativer) Decarboxylierung aus der Brenztraubensäure anfallende Bruchstück $-CH_2-\overset{\textstyle|}{C}=O$ würde zur Oxalessigsäure addiert unmittelbar die cis-Aconitsäure ergeben (vgl. Fortschr. Bot. **12**, 302). Der Kreislauf in der dort aufgezeigten Form wäre geschlossen. Die genauere Untersuchung dieses Gliedes zeigt jedoch, daß nicht die Aconitsäure das Additionsprodukt sein kann, sondern daß (unter Einbeziehung der Elemente des Wassers) aus dem Acetylderivat und der Oxalessigsäure Citronensäure entsteht (STERN und OCHOA; MARTIUS; MARTIUS und LYNEN). Somit wäre also die ursprüngliche Vorstellung von einem „Citronensäurecyclus" wiederhergestellt, die Citronensäure liegt selbst im Kreislauf und nicht abseits. Wegen der Wichtigkeit dieser Umsetzungen sei nochmals ein Schema dieses Kreislaufes, wie es den jetzigen Kenntnissen entspricht, unter Einzeichnung der Orte der CO_2-Abgabe und der H_2-Entnahme gegeben.

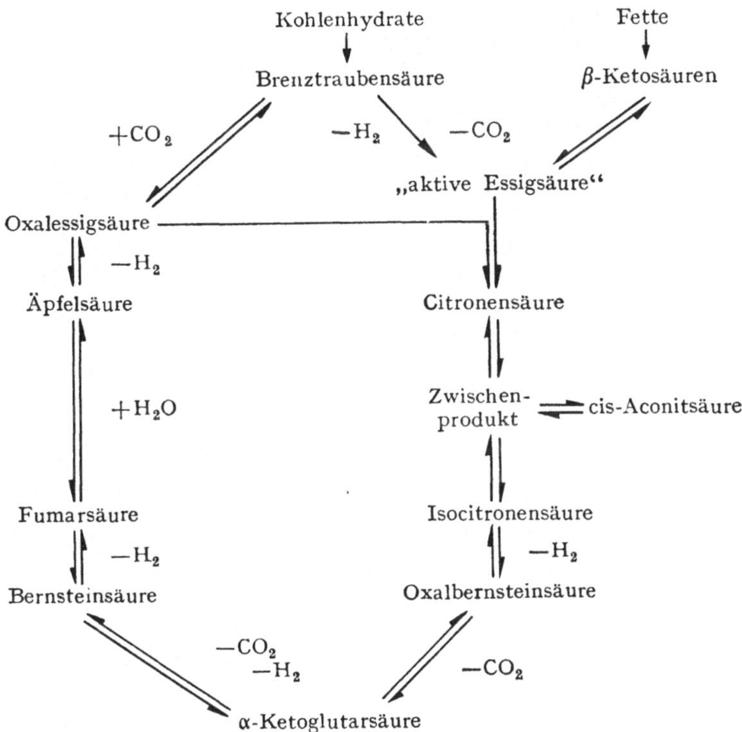

Die Umwandlung der Citronensäure in die Isocitronensäure, die Überführung des β-ständigen Hydroxyls in ein α-ständiges (vgl. Fortschr. Bot. **9**, 249) geht also nicht über die Aconitsäure, sondern an dieser vorbei (MARTIUS und LYNEN).

$$\text{Citronensäure} \rightleftharpoons \text{Zwischenprodukt} \rightleftharpoons \text{Isocitronensäure}$$
$$\Updownarrow$$
$$\text{cis-Aconitsäure}$$

An der Vorstellung von der einheitlichen Wirksamkeit der Aconitase hat sich dabei nichts geändert.

Die wichtigsten am Kreislauf beteiligten Enzyme neben den verschiedenen Dehydrasen sind die Decarboxylasen, deren Kinetik genauer studiert wurde (VENNESLAND; VENNESLAND und Mitarbeiter; CEITHAML und VENNESLAND). Es ist im Hinblick auf die bisher bekannten Funktionen der „Wuchsstoffe" sehr interessant, daß Biotin bei *Escherichia coli* und bei Hefe (wahrscheinlich in Form eines Coenzyms) bei der Carboxylierung von Brenztraubensäure → Oxalessigsäure und bei der Umwandlung von Oxalbernsteinsäure zu α-Ketoglutarsäure mitwirkt (SHIVE und ROGERS; LICHSTEIN und UMBREIT). Hingegen hat Pyridoxal-3-Phosphat keine Codecarboxylase-Funktion in den genannten Fällen, wie vorher vermutet worden war (GUNSALUS und UMBREIT). Eine von den bisher bekannten Decarboxylasen völlig verschiedene wurde in *Penicillium*-Arten gefunden. Sie decarboxyliert spezifisch β-Ketosäuren und kann damit vielleicht beim Abbau der höheren Fettsäuren eine Rolle spielen (KARRER und HAAB).

Die andere Nahtstelle, an der die C_4-Säuren mit dem Citronensäureumsatz verbunden sind, liegt zwischen der α-Ketoglutarsäure und der Bernsteinsäure. Der Übergang war bisher nur von jener zu dieser nachgewiesen. Es wäre der einzige irreversible Schritt im ganzen Kreislauf gewesen. Jetzt ist gezeigt worden, daß zellfreier Extrakt aus *Escherichia coli* α-Ketoglutarsäure oxydativ zu Bernsteinsäure $+ CO_2$ decarboxyliert und daß dieser Vorgang bei Anwesenheit von ATP umkehrbar ist, daß also CO_2 reduktiv an Bernsteinsäure unter Bildung von Ketoglutarsäure gebunden werden kann. Damit ist nicht nur die Reversibilität dieses wichtigen Schrittes im Kreislauf, sondern auch ein neuer Typ der CO_2-Bindung in Form einer $C_4 + C_1$-Kondensation nachgewiesen worden (AJL und WERKMAN).

Die Erkenntnis, daß auch in höheren Pflanzen CO_2 an verschiedene organische Säuren unter Bildung neuer, C-reicherer Säuren gebunden werden kann, hat die Aufmerksamkeit wieder auf den diurnalen Säurerhythmus, speziell in den Crassulaceen, gelenkt. Es ist jetzt möglich, ihn auf relativ einfache Weise zu verstehen (THOMAS; WOLF). Die Säureschwankungen werden durch die CO_2-Tension „an den Zentren der Säurebildung" bestimmt. Gemessen werden kann zunächst nur die Konzentration in der umgebenden Atmosphäre, von der aus vielleicht auf die Konzentration in den Interzellularen geschlossen werden darf. Die Fixierung von CO_2 an Brenztraubensäure, die WOOD-WERKMAN-Reaktion, bildet den ersten Schritt der Ansäuerung (THOMAS und BEEVERS). Da DE SAUSSURE in seinen klassischen quantitativen Untersuchungen zur Atmung der Pflanzen bereits beobachtet hat, daß sukkulente Pflanzen im Dunkeln aus einer mit CO_2 angereicherten Atmosphäre (7% CO_2) neben Sauerstoff auch Kohlendioxyd aufnehmen, wird vorgeschlagen, diese Dunkelfixierung von exogenem CO_2 als „DE SAUSSURE-Effekt" zu bezeichnen (THOMAS; WOLF). Um einem falschen Bild vom normalen Umsatz vorzubeugen, muß jedoch betont werden, daß diese Bindung bei einer so hohen CO_2-Tension der Außenatmosphäre ein durchaus künstlicher Effekt ist. Unter natürlichen Bedingungen bei 0,03% CO_2 dürfte es sich kaum um eine tatsächliche Aufnahme von CO_2 von außen handeln; jedenfalls hat noch niemand nachgewiesen, daß verdunkelte Blätter, außer unmittelbar nach Vorbelichtung, CO_2 aus der normalen Atmosphäre aufnehmen. Die natürliche CO_2-Quelle, aus der das CO_2 bei der Ansäuerung in verdunkelten Crassulaceen fließt, ist wahrscheinlich das endogene, das auf der einen Seite des Kreislaufes freigesetzt wird, aber im Reaktionsraum verbleibt, von Brenztraubensäure, die laufend aus dem Kohlenhydratabbau nachgeliefert wird, aufgenommen über Oxalessigsäure in den Säurebestand eingeht. Das quantitative Verhältnis der Prozesse zueinander wird erst nach der Klärung der Gleichgewichte der verschiedenen an der CO_2-Bindung bzw. -Entbindung beteiligten Vorgänge verständlich sein. Dem aus den Decarboxylierungen im Citronensäurekreislauf anfallenden CO_2 ist aus bisher noch nicht be-

kannten Gründen im Dunklen bei tiefen Temperaturen ein Riegel vor-
geschoben (Erschwerung der Diffusion bzw. Permeabilität, stärkere
Löslichkeit im Wasser?), der es in der Zelle hält und über eine durch
ein Massengleichgewicht bestimmte WOOD-WERKMAN-Reaktion als organische Säure speichert. Erst im Licht, bei hoher Temperatur und in
völlig CO_2-freier Atmosphäre schon im Dunklen findet das CO_2 die Bahn
frei und entweicht oder wird in die Photosynthese übernommen (vgl.
dazu GABRIELSEN). Hohe CO_2-Tension in der Umgebung kann auch im
Licht die Absäuerung aufhalten (WOLF). Der diurnale Säurerhythmus
wird also unmittelbar durch eine Massenwirkung des Kohlendioxyds
hervorgerufen (s. Tab. 1 nach BONNER und BONNER).

Tabelle 1. Änderung des Säuregehaltes der Blätter von *Bryophyllum crenatum* bei verschiedenem CO_2-Gehalt der Atmosphäre.

[2 Tage bei $+3°$ C im Dunklen; Zunahme ($+$) bzw. Abnahme ($-$) in Milliäquivalent je 100 g Trockengewicht].

	Gesamtsäure	Citronensäure	Iso-Citronensäure	Äpfelsäure
CO_2-freie Luft	$+$ 13	$+18$	-14	$+$ 5
Gewöhnliche Luft . .	$+$ 64	$+24$	$+14$	$+23$
10% CO_2 in der Luft	$+104$	$+29$	$+37$	$+56$

Die Summe der einzelnen Säuren stimmt nicht immer mit der Gesamtsäure überein,
weil noch andere als die analysierten Säuren anwesend sind.

Das aus einer mit Kohlendioxyd angereicherten Atmosphäre (5%)
von außen aufgenommene CO_2 erscheint nicht nur bei den Sukkulenten
sondern auch in Gersten-, Tabak- und Tomatenblättern in erster Linie
in der Apfelsäure, dann auch in Citronen- und Isocitronensäure und
legt damit Zeugnis vom Bestehen eines Tricarbonsäurekreislaufes ab
(THURLOV und BONNER; THIMANN und BONNER).

Für die Einordnung des Säureumsatzes in den Gesamtstoffwechsel
ist die Frage sehr wesentlich, ob beim Absäuern nicht nur CO_2 abgegeben,
sondern aus der nach der Umkehrung der WOOD-WERKMAN-Reaktion
anfallenden Brenztraubensäure etwa Kohlenhydrat aufgebaut wird. Die
zunächst positiven Angaben für *Bryophyllum*-Blätter, die mit einem
hohen Säuregehalt bei Dunkelheit in höhere Temperatur gebracht
parallel dem Säureschwund eine allerdings nur geringe Zunahme des
Stärkegehaltes zeigen sollen (PUCHER und Mitarbeiter), wurden nicht
bestätigt (VARNER und BURRELL). Die Frage bleibt noch offen.

Die Glykolsäure. Sie war vor allem aus Zuckerrohr, Rübensaft
und manchen Früchten bekannt, aber ihrer Bedeutung im Stoffwechsel
der Pflanzen war wenig Aufmerksamkeit geschenkt worden. „Man
könnte wohl an ein verbreitetes, aber größtenteils übersehenes Vorkommen denken." Nicht zuletzt hat die Suche nach dem aktiven
Zwischenprodukt, das oben bei der Essigsäure genauer besprochen
wurde und das in den Vorstellungen vom Chemismus der Photosynthese
eine große Rolle spielt, die Glykolsäure wieder mehr in den Vordergrund
gerückt. Überlegungen über ihre Entstehung, die die bisher ebenso un-
beachtete Weinsäure einschließen, sind hypothetisch (BURRIS und Mit-

arbeiter). Glykolsäure wird unter den Produkten einer kurz dauernden Photosynthese bei allen untersuchten Pflanzen mit Ausnahme von *Bryophyllum* gefunden (BENSON und CALVIN). Aus chlorophyllhaltigen Geweben wurde ein Enzym gewonnen, das α-Oxysäuren oxydativ abbaut und das z. B. Glykolsäure über Glyoxylsäure zu Ameisensäure und CO_2 zersetzt (TOLBERT, CLAGETT und BURRIS).

Die ökologische Bedeutung der Säuren. Die Säurebildung ist eine Funktion des allgemeinen Kohlenhydratabbaues. Säuren werden angehäuft, sobald und soweit die Teilprozesse des oxydativen Umsatzes von C-Verbindungen nicht vollständig aufeinander abgestimmt sind. Säuren können aus dem Umsatz abgefangen werden. Beim oxydativen Verbrauch von Essigsäure scheidet Hefe Citronensäure aus. Wird diese durch Calcium- oder Strontiumionen abgefangen, so fährt die Hefe fort, weiter Citronensäure abzugeben. Sind in der Nährlösung jedoch nur Natrium- und Kaliumionen, die lösliche Citrate ergeben, so bleiben die Salze gelöst und mit der Zelle in Verbindung, sie werden weiter umgesetzt, Citronensäuresalze sammeln sich nicht an (DEFFNER und ISSIDORIS). Die Säurebildung und -anhäufung kann der Pflanze im Kampf bzw. im Spiel mit den Faktoren der Umwelt unter bestimmten Bedingungen Vorteile bieten. Wir lernen mehr und mehr auf biochemischer Ebene eine ebenso feine Einpassung der Pflanze in ihre Umwelt kennen, wie sie uns in anatomisch-morphologischer Beziehung geläufig ist. So bestehen regelmäßige, auf den ersten Blick recht merkwürdige Verbindungen zwischen Säuregehalt und Stickstoffernährung bei niederen und höheren Pflanzen. Maiskeimlinge, Tomaten- und Tabakpflanzen enthalten bei NO_3-Düngung mehr organische Säuren (meist Oxalate) als bei Ammoniaksalzgaben (CLARK). Nicht nur die Gesamtmenge der Säuren, sondern auch das Verhältnis der verschiedenen Säuren zueinander wird durch die Art der N-Ernährung stark verändert [vgl. Ann. Rev. Plant Physiol. **1**, 80 (1950)]. Sogar *Bryophyllum calycinum* mit dem ausgesprochenen diurnalen Säurewechsel folgt der Regel, daß der Gehalt an organischen Säuren abnimmt, wenn der Pflanze Ammoniumsalze an Stelle von Nitraten geboten werden. Die Abnahme betrifft sowohl die Äpfel- als auch die Citronensäure (PUCHER und Mitarbeiter). Man kann die Zusammensetzung der Pflanzen in bezug auf die Säuren in weiten Grenzen einfach durch Abstimmung der Stickstoffdüngung modifizieren. Ausnahmen von dieser Regel bestehen natürlich, z. B. *Oxalis*. Die organischen Säuren werden also oft zur Neutralisierung der nach Verbrauch des Nitrates überschüssigen alkalischen Bestandteile der Nährsalze herangezogen. In Rharbarberblättern besteht während der ganzen Blattentwicklung ein ziemlich konstantes Verhältnis von Gesamtsäure zu Aschenmenge. Nicht zuletzt zeugen auch hier wieder Schimmelpilze, Hefen und Bakterien von einer engen Verknüpfung von Mineralstoff- und Säureumsatz.

5. Stickstoff-Umsatz. Die Biogenese der „Grundaminosäuren" Alanin, Asparginsäure und Glutaminsäure ist mit der Erkenntnis des Citronensäurekreislaufes hinreichend geklärt. Bei Anwesenheit von Ammoniumsalzen und bei der Funktion des Kreislaufes scheinen keine Hemmungen gegen die Bildung dieser Aminosäuren durch Abzweigung der nötigen C-Gerüste an den entsprechenden Stellen des Kreislaufes zu bestehen (Fortschr. Bot. **12**, 302). Alanin, Serin und Glykokoll, manchmal auch Asparaginsäure, erscheinen als frühe Produkte der Photosynthese, wenn NH_3 verfügbar ist, die 3 ersten z. B. nach 15 Sekunden Belichtung von jungen *Soja*-Blättern (VERNON und ARONOFF). Die Synthese anderer Aminosäuren ist bisher kaum geklärt. Serin, das seinerseits zum Aufbau des Tryptophans dient (Fortschr. Bot. **12**, 289), wird auch durch Kondensation von Glykokoll mit einer C_1-Verbindung (CO_2, Ameisensäure) unter Mitwirkung von Folinsäure (s. S. 293, wahrscheinlich in Form eines Coenzyms) gebildet (LASELLES und WOODS). Aus der einfachsten Aminosäure Glykokoll (CH_2NH_2COOH) wird in der Hefe nicht nur Serin, sondern auch Prolin aufgebaut. In den Vegetationspunkten von *Dryopteris* und *Equisetum* fanden sich in beträchtlichen Mengen nur Asparagin- und Glutaminsäure als freie Aminosäuren, daneben waren Tyrosin und Leucin nachweisbar (ALLSOPP 1948).

Keine der natürlichen Aminosäuren enthält den Pyridinring, und es war deshalb zunächst schwer, die in den Codehydrasen enthaltenen Pyridinderivate mit dem normalen N-Umsatz zu verbinden. Inzwischen hat sich aber die Nicotinsäure sowohl für tierische als auch für pflanzliche Gewebe aus dem Tryptophan ableiten lassen (s. u.), so daß jene für alle Dehydrierungen unerläßliche Verbindung ihren Anschluß an den N-Umsatz findet. Ob damit auch die Quelle für die Pyridinalkaloide, z. B. Nicotin, gefunden ist, bleibt noch zu klären.

Neben dem Problem der Biogenese der natürlichen Aminosäuren steht jetzt vor allem die Frage nach dem natürlichen Mechanismus der Eiweißsynthese im Vordergrund. Die Entdeckung der Glykogen- und Stärkesynthese aus phosphorylierten Zuckern eröffnet auch für die Kondensation von Aminosäuren unter den Bedingungen der lebenden Zellen ganz neue Ausblicke, und es besteht kein Zweifel, daß wir an der Schwelle wichtiger Entdeckungen auf dem bisher immer rätselhaft gebliebenen Gebiet der Biogenese der Eiweiße stehen. Alle Versuche, in vitro aus Aminosäuregemischen mit Enzymen Polypeptide oder gar Eiweiß herzustellen, waren erfolglos geblieben, und jetzt sehen wir ein, daß sie erfolglos bleiben mußten, solange nicht eine geeignete Energiequelle geboten werden konnte, denn die Knüpfung der Peptidbindungen ist ein endergonischer Prozeß genau so wie die Herstellung einer Glykosidbindung. Für die Zusammenfügung zweier Aminosäuren zu einem Peptid sind ungefähr 3000 cal/Mol nötig (BORSOOK und DUBNOFF). Die enzymatische Synthese von Peptiden durch Leberbrei bedarf der Gegenwart von energiereichen Phosphorbindungen in Form des ATP (JOHNSTON und BLOCH; COHEN). Auch für die Knüpfung einer Amidbindung, z. B. die Synthese von Glutamin aus Glutaminsäure $+ NH_3$, muß Energie aus dem Energiespeicher ATP bezogen werden (ELLIOTT). Obgleich der Energiegehalt einer energiereichen Phosphorsäurebindung für die Knüpfung mehrerer Peptidbindungen ausreichen würde, ist die Aufteilung der Energie aus thermodynamischen Gründen sehr unwahrscheinlich (LIPMANN 1949). Manches spricht dafür, daß die

Zelle auch zur Eiweißsynthese phosphorylierte Bausteine benutzt. Die Übertragung der von tierischen Geweben berichteten Versuche zur Aufklärung der Eiweißsynthese in Pflanzen steht bevor. Die in Pflanzen immer wieder bemerkten Zusammenhänge zwischen Eiweißsynthese und Atmungsintensität bzw. Kohlenhydratumsatz dürften außer auf der Lieferung der nötigen C-Gerüste für die Aminosäuren auch auf der Bereitstellung der für die Kondensation erforderlichen Energie beruhen.

Sehr enge Beziehungen zwischen Änderungen der Atmungsintensität und der Eiweißsynthese bestehen in reifenden Äpfeln (HULME). Wenn immer der charakteristische Atmungsanstieg des Klimakteriums einsetzt, ob am Baum, während der Lagerung oder künstlich durch Äthylen hervorgerufen, so ist er stets von einer Zunahme des Eiweißgehaltes der Früchte begleitet. Wenn der Atmungsanstieg verzögert oder die Höhe des Anstieges abgeflacht wird, z. B. durch 10% CO_2 in der umgebenden Atmosphäre, so resultiert eine entsprechende Verzögerung der Eiweißbildung oder eine geringere Zunahme.

Die physiologische Verknüpfung des Kohlenhydrat- und Eiweißumsatzes wird auch von der Seite der Zwischenprodukte der Photosynthese wieder in den Vordergrund gerückt. Es wird Nachdruck darauf gelegt, daß desaminierte Reste der Aminosäuren in den Citronensäurekreislauf eintreten und veratmet werden können, während die Aminogruppen erneut zum Eiweißaufbau beitragen unter Verwendung von Kohlenstoffgerüsten, die schließlich aus Zuckern entnommen sein müssen (STEWARD und THOMPSON). Die durch Zerschneiden von Kartoffelknollen eingeleitete Eiweißsynthese kann nicht einfach als eine Kondensation präformierter Aminosäuren gedeutet werden. Sie wird in Anaerobiose und von Ätherdämpfen stark verzögert und, was für das Verständnis der Eiweißsynthese nach dem Zerschneiden wohl am aufschlußreichsten ist, sie bleibt fast völlig aus, wenn die Schnittflächen abgespült werden (PROKOSHEV und DANCHEVA).

Das vermutete dynamische Gleichgewicht zwischen Ammoniak und Aminogruppen, das laufend zum Austausch der Aminogruppen auch im Struktureiweiß der Zellen führen soll, konnte für *Torulopsis* nicht zwischen Zelleiweiß und dem Ammoniak des umgebenden Mediums festgestellt werden (ABRAMS und Mitarbeiter).

Öl- und Proteingehalt sind in der Sojabohne negativ korreliert. Eine gleichzeitige Steigerung beider Komponenten hat sich bei der Züchtung als unmöglich erwiesen (WEISS).

6. Sekundäre Pflanzenstoffe. Neue Pflanzenstoffe werden beschrieben, bekannte werden an neuen Fundorten entdeckt, und ihre Verteilung in den einzelnen Organen der Pflanzen unter variierten Umweltbedingungen wird aufgezeichnet. Neben dieser umfassenden Registrierung und statistischen Bestandsaufnahme, die uns mit einem unüberschaubaren Material überschütten, sind die Bemühungen, die Biogenese dieser für die Pflanzen so charakteristischen Stoffe aufzudecken, immer noch sehr spärlich und oft von Voraussetzungen ausgehend, die nicht zu den modernen Erkenntnissen über den intermediären Stoffwechsel passen. Auch in anderer Hinsicht ist die Behandlung der vielgestaltigen sekundären Stoffe recht unzulänglich und unphysiologisch gewesen. Sie wurden unter praktischen Gesichtspunkten betrachtet und deshalb zu Gruppen zusammengefaßt, die nicht immer auch eine einheitliche Bedeutung im Stoffwechsel haben. Ein erster Versuch, das ganze Gebiet der sekundären Stoffe von einem zentralen Standpunkt aus zu ordnen und mit biologischen Blicken zu mustern, wurde unternommen (PAECH).

Die ausgesprochene Eintönigkeit des primären Stoffwechsels, z. B. des Kohlenhydratabbaues, in dem sich kaum Tier und Pflanze, viel weniger noch die einzelnen Familien und Gattungen des Pflanzenreichs unterscheiden, fordert geradezu, daß der Anschluß der sekundären Stoffe an die wenigen Glieder des „Zwischenstoffwechsels" gefunden werden muß. Ausgehend von solchen allgemeinen Prozessen, handelt es sich nun aber darum, gerade die in einzelnen Familien, Gattungen und Arten spezifischen Umsetzungen aufzudecken, die zu der speziellen chemischen Ausgestaltung der Individuen führen.

Ansätze in dieser Richtung haben bereits zu überraschenden Einsichten geführt. Für die Genese der aromatischen Körper im Pflanzenreich sind verschiedene Wege ins Auge gefaßt worden. Meist wurde eine C_6-Verbindung als Rohmaterial vermutet, besondere Vorliebe genoß der Inosit. Jetzt wird nachgewiesen, daß C_2-Verbindungen die Bausteine sein können. *Lentinus lepideus,* ein holzzerstörender Pilz, der durch Herauslösen der Cellulose aus dem Holz Braunfäule verursacht, bildet auf Glucose, Xylose und anderen niedermolekularen C-Quellen einen aromatischen Ester, das Methyl-p-methoxy-cinnamat, wobei Acetaldehyd als Zwischenprodukt auftritt. Wenn dieser abgefangen wird, fällt die Bildung des Esters aus, der im übrigen große Ähnlichkeit mit den Bausteinen des nativen Lignins hat (NORD und VITUCCI 1947).

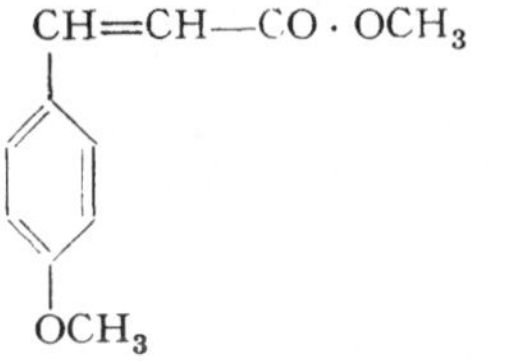

Für die Kautschukbildung in *Parthenium argentatum* können Rohrzucker und Pyruvat (brenztraubensaure Salze) in der Nährlösung nicht ausgenutzt werden, ebensowenig eine ganze Reihe anderer C-Verbindungen. Jedoch fördern Acetat und Aceton, ebenso wie Glycerin und Acetoacetat und schließlich β-Methylcrotonsäure (Seneciosäure) die Kautschuksynthese sehr. In den günstigsten Fällen wurde mit Acetat die Ausbeute an Kautschuk verdoppelt (BONNER und ARREGUIN). Vielleicht ist in den für die Kautschukbildung bestimmten Zellen der Schritt von der Brenztraubensäure zum „Acetat" der begrenzende Faktor, weil Pyruvat nicht nutzbar gemacht werden kann (optimale Bedingungen des Zutritts der betreffenden Verbindungen durch die Wurzeln jeweils vorausgesetzt!).

Für den tierischen Organismus liegen weitere Angaben über die Synthese von hochmolekularen Stoffen aus C_2-Verbindungen vor (s. S. 283). Vorstöße in dieser Richtung sind auch mit dem Stoffumsatz der Pilze gemacht worden (FOSTER). Hierbei stellt sich heraus, was bei höheren Pflanzen mehr statistisch hervortritt, daß nur eine reichliche

19*

Versorgung mit Nährstoffen, speziell Kohlenhydraten, die Voraussetzung für die Ansammlung von sekundären Stoffen ist, die also als die Produkte eines Luxusumsatzes anzusehen sind. Viele solche spezielle Stoffwechselprodukte werden von den Schimmelpilzen nur in der domestizierten Form der Kulturen in unseren Laboratorien gebildet und fehlen in den an ausnutzbaren Nährstoffen sehr armen Böden des natürlichen Biotops. Bei reichlicher Ernährung fließen Spaltprodukte des Kohlenhydratabbaues, die nicht zu Ende oxydiert werden, in andere normalerweise nicht betretene Bahnen und erscheinen nach Kondensationen und anderen Umwandlungen als die vielfältigen Endprodukte des Pilzstoffwechsels (vgl. auch TATUM).

Ein lange bekanntes, aber bisher nicht besonders beachtetes Flavonolglykosid, das Rutin (= Quercetin-3-Rutinosid), gewinnt jetzt erhöhtes Interesse, da es einerseits bei Tier und Mensch alle Wirkungen des Permeabilitätsvitamins P ausübt und andererseits als kopulationsverhinderndes Hormon bei Grünalgen erkannt worden ist (KÜHNAU; KUHN und LÖW). Damit wurde auch das erste Mal eine Flavonolglykosid aus einzelligen Algen isoliert. In höheren Pflanzen (*Sambucus canadensis*) nimmt der Rutingehalt der Blätter zunächst zu, er fällt später nach dem Blühen aber wieder ab (KING und SCHWARTING).

Die Nicotinbildung während der Keimung der nicotinfreien Tabaksamen wurde näher lokalisiert. Anfangs entsteht das Alkaloid im ganzen Keimling in der Nähe der Aleuronkörner offenbar als Nebenprodukt des Abbaues der Reserveeiweiße. Wenn der Keimling zur autotrophen Ernährung übergeht, bildet sich Nicotin nur noch in der Wurzel. Trotz einer gewissen Koinzidenz der Eiweiß- und Alkaloidsynthese kann dabei noch nicht von einem kausalen Zusammenhang zwischen diesen beiden Prozessen gesprochen werden (SCHMID und SERRANO).

Den bisher bekannten Reaktionen zum Aufbau N-haltiger Pflanzenstoffe unter „physiologischen Bedingungen", die ausgehend von zellmöglichen Rohstoffen bei Umgebungstemperatur, normalem Druck, den in der Zelle herrschenden Aciditätsverhältnissen und geringen Konzentrationen in kurzer Zeit ohne Anwesenheit von Enzymen gute Ausbeuten liefern, werden einige neue Typen für die Synthese von Tropinon-, Pyridin- und Pyrrolinkernen hinzugefügt (SCHÖPF). Unsere heutigen Kenntnisse von der Biogenese der Alkaloide sind kritisch gesichtet und mit Ausblicken auf die Weiterentwicklung der Untersuchungen zusammengestellt worden (DAWSON).

Über die Möglichkeit der Weiterverwendung von Alkaloiden, also Verbindungen, die den Stickstoff in einen Heterocyclus ihres Moleküls eingefügt enthalten, liegen noch keine genaueren Angaben vor. Zur Sprengung solcher Ringe, z. B. des Pyridinkerns, sind Proactinomyceten besonders befähigt, denn sie gedeihen allein mit Pyridin als einzigem organischem Nährstoff (MOORE). Tierisches Gewebe kann Nicotin abbauen, aber das Produkt der oxydativen Umwandlung, das auch aus Tabakblättern bekannt ist, konnte bisher noch nicht identifiziert werden (WERLE und Mitarbeiter; FRANKENBURG). Auch die Sprengung des Benzolkerns ist nach unseren jetzigen Kenntnissen vor

allem den Mikroorganismen möglich. Eine ganze Reihe von Bakterienarten aus Boden und Faeces können sich allein mit Benzol oder Benzoesäure als Kohlenstoffquelle ernähren, sie bauen diese Substrate völlig
ab (EVANS). An Phenol wird dabei zunächst eine zweite Hydroxylgruppe unter Bildung von Brenzcatechin angehängt. Nach Anfügen
der dritten Hydroxylgruppe erfolgt (wahrscheinlich hydrolytisch) die
Ringsprengung, und als erstes aliphatisches Produkt ist β-Ketoadipinsäure zu fassen (KILBY). Das weitere Schicksal dieser Säure ist
noch nicht erforscht, aber der Eintritt einer Ketosäure in den
bekannten Stoffwechsel ist nicht schwer zu verstehen. Für andere
Benzolkörper und andere Organismen konnten erst die Anfangsschritte
der Oxydation aufgedeckt werden (STANIER). Auch der Umsatz von
aliphatischen Kohlenwasserstoffen durch Bakterien ist in seiner Abhängigkeit von Außenbedingungen weiter geklärt worden (ROSENFELD;
JANKE).

7. Wuchs- und Wirkstoffe. Ein Blick auf die chemische Konstitution
der genauer bekannten „Wuchsstoffe" läßt die bisher wohl noch nicht
besonders gewürdigte Tatsache erkennen, daß sie mit wenigen Ausnahmen Nebenprodukte des N-Stoffwechsels der Pflanzen sind, z. B.
β-Indolylessigsäure, Aneurin, Nicotinsäureamid, Pantothensäure, Lactoflavin, Folsäure (s. Formel). Pflanzliche Quellen für Folsäure sind
grüne Blätter (Spinat), Hefe und andere Pilze.

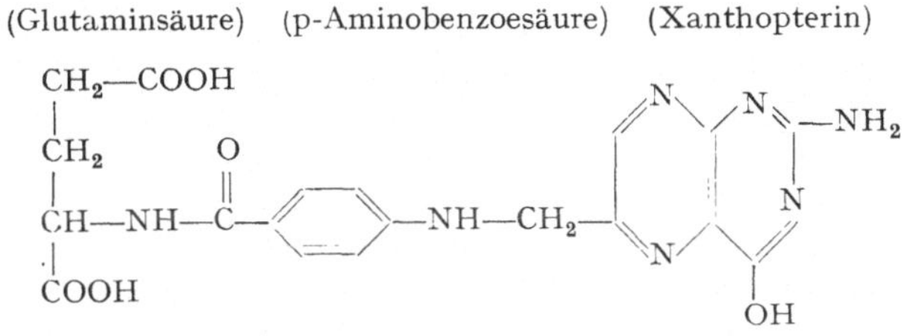

(Glutaminsäure)   (p-Aminobenzoesäure)   (Xanthopterin)

$$\underset{\text{Folsäure (= Pteroylglutaminsäure)}}{\begin{array}{l} CH_2\text{—COOH} \\ | \\ CH_2 \\ | \\ CH\text{—NH—C}\text{—}\langle\text{—}\rangle\text{—NH—CH}_2\text{—} \\ | \\ COOH \end{array}}$$

Folsäure (= Pteroylglutaminsäure)

Als wichtigste Ausnahme von der genannten Regel könnte die
Ascorbinsäure erscheinen, deren universelle Verbreitung im Pflanzenreich zusammen mit ihrer Vitaminfunktion im höheren Tier immer
wieder Vermutungen über ihre notwendige Mitwirkung im Entwicklungsgeschehen der Pflanzen nähren. Über ihre tatsächliche Funktion
wissen wir aber noch nichts (SEYBOLD und MEHNER).

Die Genese der β-Indolylessigsäure, des Heteroauxins, das aber der
angelsächsischen Literatur folgend heute besser den Namen Auxin
verdient, ist in den Hauptzügen geklärt. Die Muttersubstanz ist Tryptophan. Daß sich Zwischenprodukte nicht in bemerkenswerten Mengen
anhäufen, ist nicht verwunderlich. Sie sind sehr aktiv, und es besteht
eine tiefer reichende Analogie zur Decarboxylierung der Brenztraubensäure, bei welcher Acetaldehyd auch nicht in Erscheinung tritt. Überraschend ist, daß Tryptophan offenbar auch in höheren Pflanzen das
Rohmaterial für Pyridinderivate, z. B. Nicotinsäure, abgibt, so daß

folgende chemische Zusammenhänge wahrscheinlich sind (GALSTON; BEADLE; MITCHELL und NYC; NASON):

$$\text{β-Indolylbrenztraubensäure} \quad \text{β-Indolylacetaldehyd} \quad \text{β-Indolylessigsäure}$$

$$\text{Tryptophan} \quad \rightarrow \quad \text{Tryptamin}$$

$$\text{Kynurenin} \quad \text{Oxyanthranilsäure} \quad \text{Nicotinsäure}$$

In den jüngsten Blättern von Ananas kommt Indolylacetaldehyd vor und ein Enzymsystem, das Tryptophan über Indolylacetaldehyd in β-Indolylessigsäure umwandelt. Zwischenprodukte könnten sowohl Tryptamin als auch Indolylbrenztraubensäure sein. Ob der Weg über Tryptamin beschritten wird, ist noch ungeklärt, da über den Umsatz von Aminen in höheren Pflanzen so wenig bekannt ist (GORDON und NIEVA).

Wenn solche Zusammenhänge in den Versuchen nicht immer klar aufgedeckt werden können (vgl. z. B. AUDUS; TERROINE), so liegt das entweder daran, daß die Bedingungen zur Umwandlung des Tryptophans in die Nicotinsäure nicht ausreichend sind (Mangel an Coenzymen!), oder daran, daß z. B. Kotyledonen als pflanzeneigene Quelle für Nicotinsäure ausreichend davon liefern, so daß die jungen Pflanzen oder bestimmte Organe gesättigt sind und auf Zugabe nicht mehr reagieren. Hier kann die Technik der „Verarmung" der zu prüfenden Stoffe erst Aufschluß bringen. Auf der anderen Seite setzen Pilze bei reichlicher Versorgung mit der Ausgangssubstanz mehr um, als sie für ihren Eigenbedarf brauchen; oft können sie zu beliebig hohen Umsätzen gezwungen werden (vgl. FOSTER). *Neurospora crassa* gibt bei reichlicher Fütterung mit Tryptophan Nicotinsäure an das Substrat ab. Sterile Maisembryonen enthalten nach Tryptophangabe bedeutend mehr Niacin (= Nicotinsäureamid) als die Kontrollen (NASON).

Literatur.

ABRAMS, R. u. Mitarb.: J. gen. Physiol. **32**, 271 (1949). — AJL, S. J. u. C. H. WERKMAN: Proc. nat. Acad. Sci. USA **34**, 491 (1948). — ALBAUM, H. G. u. Mitarb.: Arch. Biochem. **27**, 130 (1950). — ALLSOPP, A.: Nature **161**, 833 (1948); J. exp. Bot. **1**, 71 (1950). — ARNON, D. J.: Plant Physiol. **24**, 1 (1949). — AUDUS, L. J.: Nature (Lond.) **162**, 811 (1948).

BAILEY, J. M. u. W. J. WHELAN: J. chem. Soc. **1950**, 3573. — BALLS, A. K. u. S. SCHWIMMER: J. of biol. Chem. **156**, 203 (1944). — BARKER, H. A. u. Mitarb.:

Proc. nat. Acad. Sci. USA **31**, 373 (1945). — BEADLE, A. W.: Fortschr. d. Chem. organ. Naturstoffe **5**, 300 (1948). — BEADLE, G. W. u. Mitarb.: Proc. nat. Acad. Sci. USA **33**, 155 (1947). — BENSON, A. A. u. M. CALVIN: (1) Cold Spring Harbor Symposia on Quant. Biol. **13**, 6 (1948) — (2) J. exp. Bot. **1**, 63 (1950). — BENTLEY, R.: J. amer. chem. Soc. **70**, 2183 (1948). — BLOCH, K. u. P. J. KRAMER: J. of biol. Chem. **173**, 811 (1948). — BONNER, J.: Arch. Biochem. **17**, 311 (1948) — Amer. J. Bot. **36**, 429 (1949). — BONNER, J. u. B. ARREGUIN: Arch. Biochem. **21**, 109 (1949). — BONNER, W. u. J. BONNER: Amer. J. Bot. **35**, 113 (1948). — BONNER, W. D. u. K. V. THIMANN: Amer. J. Bot. **37**, 66 (1950). — BORSOOK, H. u. J. W. DUBNOFF: J. of biol. Chem. **132**, 307 (1940). — BOURNE, E. J. u. Mitarb.: J. chem. Soc. Lond. **1949**, 1448. — BURK, D. u. Mitarb.: Science (N.Y.) **110**, 225 (1949). — BURRIS, R. H. u. Mitarb.: (zitiert bei CALVIN u. BENSON 1950).

CALVIN, M. u. A. A. BENSON: Ann. Rev. Plant Physiol. **1**, 25 (1950). — CEITHAML, J. u. B. VENNESLAND: J. of biol. Chem. **178**, 133 (1949). — CLAGETT, C. O. u. Mitarb.: J. of biol. Chem. **178**, 977 (1949). — CLAPPER, W. E. u. C. F. POE: J. Bacter. **53**, 363 (1947). — CLARK, E. H.: Plant Physiol. **11**, 5 (1936). — COHEN, P. P.: J. of biol. Chem. **171**, 121 (1947).

DAWSON, R. F.: Adv. Enzymol. **8**, 203 (1948). — DEFFNER, M. u. A. ISSIDORIS: Nature (Lond.) **159**, 879 (1947). — DE LEY, J.: Abstr. 1st Intern. Congr. of Biochem. Cambridge 1949, S. 342. — DORMER, K. F. u. H. E. STREET: Ann. of Botany **13**, 199 (1949). — DOUDOROFF, M. u. Mitarb.: J. of biol. Chem. **168**, 725, 733 (1947) — J. Bacter. **57**, 423 (1949).

ELLIOTT, W. H.: Nature (Lond.) **161**, 178 (1948). — ERICKSON, R. O.: Nature (Lond.) **159**, 275 (1947). — EVANS, W. C.: Biochem. J. **41**, 373 (1947). — EYSTER, H. C.: Science (N.Y.) **109**, 382 (1949).

FOSTER, J. W.: Bacteriol. Rev. **11**, 167 (1947) — Chemical Activities of Fungi. New York 1949. — FRANKENBURG, W.: Science (N.Y.) **107**, 426 (1948).

GABRIELSEN, E. K.: Nature (Lond.) **161**, 138 (1948); **163**, 359 (1949). — GÄUMANN, E. u. E. BÖHNI: Helvet. chim. Acta **30**, 1591 (1947). — GALSTON, A. W.: Plant Physiol. **24**, 577 (1949). — GODDARD, D. R.: Growth **12** (Suppl.), 17 (1948). — GODDARD, D. R. u. B. J. D. MEEUSE: Ann. Rev. Plant Physiol. **1**, 207 (1950). — GODDARD, D. R. u. C. HOLDEN: (zitiert bei GODDARD u. MEEUSE). — GORDON, S. A. u. F. S. NIERA: Arch. of Biochem. **20**, 356, 367 (1948). — [GROSS, N. H. u. C. H. WERKMAN: Arch. Biochem. **15**, 125 (1947). — GUNSALUS, J. C. u. W. W. UMBREIT: J. of biol. Chem. **170**,415 (1947).

HASSID, W. Z. u. M. DOUDOROFF: Adv. Enzymol. **10**, 123 (1950). — HASSID, W. Z. u. Mitarb.: Arch. of Biochem. **14**, 29 (1947). — HASSID, W. Z. u. E. W. PUTMAN: Ann. Rev. Plant Physiol. **1**, 109 (1950). — HEGSTED, D. M. u. F. LIPMANN: J. of biol. Chem. **174**, 89 (1948). — HEHRE, E. J. u. Mitarb.: J. of biol. Chem. **177**, 267 (1949). — HENGLEIN, A.: Forschgn u. Fortschr. **26**, 184 (1950). — HENGLEIN, A. u. Mitarb.: Makromolek. Chemie **4**, 78 (1949). — HOFMANN, E. u. H. SCHECK: Biochem. Z. **319**, 522 (1949). — HULME, A. C.: Abstr. 1st Intern. Congr. of Biochem. Cambridge 1949, S. 493.

JACKSON, R. W. u. Mitarb.: Abstr. 1st Intern. Congr. of Biochem. Cambridge 1949, S. 536. — JANKE, A.: Österr. bot. Z. **94**, 385 (1948). — JOHNSTON, R. B. u. K. BLOCH: J. of biol. Chem. **179**, 493 (1949).

KAPLAN, N. O. u. F. LIPMANN: J. of biol. Chem. **174**, 37 (1948). — KARRER, P. u. F. HAAB: Helvet. chim. Acta **31**, 795 (1948). — KILBY, B. A.: Abstr. 1st Intern. Congr. of Biochem. Cambridge 1949, S. 315. — KING, B. C. u. A. E. SCHWARTING: J. amer. pharmaceut. Assoc. **38**, 531 (1949). — KNJAGINIČEV, M. J.: Biochimija **14**, 249 (1949) (Ref. Ber. wiss. Biol. **68**, 179 (1950). — KOPP, M.: Ber. schweiz. Bot. Ges. **58**, 283 (1948). — KREBS, H. A.: Abstr. 1st Intern. Congr. of Biochem. Cambridge 1949, S. 336. — KROTKOV, G. u. H. A. BARKER: Amer. J. Bot. **35**, 12 (1948). — KÜHNAU, J.: Klin. Wschr. **1949**, 294. — KUHN, R. u. J. LÖW: Naturwiss. **34**, 283 (1947).

LANGE, P. W.: Abstr. 1st Intern. Congr. of Biochem. Cambridge 1949, S. 521. — LASELLES, J. u. D. D. WOODS: Nature (Lond.) **166**, 649 (1950). — LATIES, G. G.: Arch. Biochem. **20**, 284; **22**, 8 (1949). — LEVY, H. u. A. SCHADE: Arch. Biochem. **19**, 273 (1948); **20**, 211 (1949). — LICHSTEIN, H. C. u. W. W. UMBREIT: J. of biol. Chem. **170**, 329 (1947). — LIPMANN, F.: Adv. in Enzymol. **6**, 231 (1946) — Fed.

Proc. 8, 597 (1949). — Lynen, F. u. F. Lynen: Liebigs Ann. 560, 149 (1948). — Lynen, F. u. H. Scherer: Liebigs Ann. 560, 163 (1948).

Martius, C.: Liebigs Ann. 561, 227 (1949). — Martius, C. u. F. Lynen: Adv. Enzymol. 10, 167 (1950). — Meeuse, J. D.: vgl. Ann. Rev. Plant Physiol. 1, 207 (1950). — Meyerhof, O.: Experientia 4, 169 (1948). — Meyerhof, O. u. Mitarb.: J. of biol. Chem. 149, 71 (1943). — Miller, L. P.: Amer. J. Bot. 29, 145 (1942) — Contr. Boyce Thomps. Inst. 13, 185 (1943). — Mitchell, H. K. u. J. F. Nyc: Pioc. nat. Acad. Sci. USA 34, 1 (1948). — Moore, F. W.: J. gen. Microbiol. 3, 143 (1949).

Nason, A.: Science (N.Y.) 109, 170 (1949). — Nord, F. F. u. J. C. Vitucci: Arch. Biochem. 14, 229; 15, 465 (1947) — Adv. Enzymol. 8, 253 (1948). — Novelli, G. D. u. F. Lipmann: Arch. Biochem. 14, 23 (1947) — J. of biol. Chem. 167, 869; 171, 833 (1947).

Paech, K.: Biochemie und Physiologie der sekundären Pflanzenstoffe. Berlin-Göttingen-Heidelberg 1950. — Peat, S. u. E. J. Bourne: Abstr. 1st Intern. Congr. of Biochem. Cambridge 1949, S. 219. — Ponticorvo, L., D. Rittenberg u. K. Bloch: J. of biol. Chem. 179, 839 (1949). — Prokoshew, S. J. u. E. J. Dancheva: Biochimija 12, 356 (1947); (Ref. Ber. wiss. Biol. 64, 186 (1948). — Pucher, G. W. u. Mitarb.: Plant Physiol. 22, 360, 477 (1947).

Reiner, J. M. u. S. Spiegelmann: J. gen. Physiol. 31, 51 (1947). — Rosenfeld, W. D.: J. Bacteriol. 54, 664 (1947). — Ruhland, W. u. K. Ramshorn: Planta (Berl.) 28, 471 (1938).

Schlubach, H. H. u. H. P. Hoffmann-Walbeck: Makromol. Chemie 4, 5 (1949). — Schmid, H. u. M. Serrano: Experientia 4, 311 (1948). — Schöpf, C.: Angew. Chem. 61, 31 (1949). — Schulz, G. V.: Naturwiss. 37, 196, 223 (1950). — Schwimmer, S.: J. of biol. Chem. 161, 219 (1945). — Scott, D. B. u. S. S. Cohen: Abstr. 1st Intern. Congr. of Biochem. Cambridge 1949, S. 575. — Seybold, A. u. H. Mehner: Sitzgsber. Heidelberg. Akad. Wiss., Math.-naturwiss. Kl. Jg. 1948, S. 217. — Shive, W. u. L. L. Rogers: J. of biol. Chem. 169, 459 (1947). — Smith, V. M.: Arch. of Biochem. 22, 275 (1949). — Snell, E. E. u. Mitarb.: Arch. Biochem. 18, 495 (1948). — Spiegelmann, S. u. Mitarb.: Arch. Biochem. 13, 113 (1947). — Stanier, R. Y.: J. Bacter. 54, 339 (1947). — Stenlid, G.: Physiol. Plantarum 2, 61 (1949). — Stern, H. u. P. L. Kirk: J. gen. Physiol. 31, 243 (1948). — Stern, J. R. u. S. Ochoa: J. of biol. Chem. 179, 491 (1949). — Steward, F. C. u. J. F. Thompson: Nature (Lond.) 166, 593 (1950). — Stig, V. u. G. Östrup: Biochim. et Biophys. Acta 1, 1 (1947). — Stodola, F. H. u. L. B. Lockwood: J. of biol. Chem. 171, 213 (1947). — Stojew, K. D.: Biochimija 14, 5 (1949) [Ref. Ber. wiss. Biol. 67, 199 (1950)]. — Stotz, E.: Adv. in Enzymol. 5, 129 (1945). — Stumpf, P. K.: J. of biol. Chem. 176, 233 (1948); 182, 261 (1950).

Tatum, E. L.: Ann. Rev. of Bioch. 13, 667 (1944). — Terroine, Th.: C. r. Acad. Sci. Paris 226, 511 (1948). — Tewfik, S. u. P. K. Stumpf: Amer. J. Bot. 36, 567 (1949). — Thimann, K. V. u. W. D. Bonner: Ann. Rev. of Plant Physiol. 1, 75 (1950). — Thomas, M.: New Phytologist 48, 390 (1949). — Thomas, M. u. H. Beevers: New Phytologist 48, 421 (1949). — Thurlow, J. u. J. Bonner: Arch. Biochem. 19, 509 (1948). — Trucco, R. E.: Arch. Biochem. 18, 137 (1948). — Tuttle, L. W.: Thesis University of California 1948 [zit. Ann. Rev. Plant. Physiol. 1, 25 (1950)].

Varner, J. E. u. R. C. Burrell: Arch. of Biochem. 25, 280 (1949). — Veibel, S. u. G. Östrup: Biochim. et Biophysic. Acta 1, 126 (1947). — Vennesland, B.: J. of biol. Chem. 178, 591 (1949). — Vennesland, B. u. Mitarb.: J. of biol. Chem. 178, 301 (1949). — Vernon, L. P. u. S. Aronoff, Arch. Biochem. 29, 179 (1950). — Virtanen, A. J.: Abstr. 1st Intern. Congr. of Biochem. Cambridge 1949, S. 123.

Warburg, O. u. W. Christian: Biochem. Z. 292, 287 (1937). — Warburg, O. u. Mitarb.: Arch. of Bioch. 23, 331 (1949). — Weevers, T.: Rec. Trav. bot. néerl. 41, 101 (1948). — Weigl, L. W.: The Relation of Photosynthesis to Respiration. Thesis University of California 1949, zit. Ann. Rev. Plant Physiol. 1, 25 (1950). — Weinhouse, S. u. Mitarb.: J. amer. chem. Soc. 70, 3680 (1948). — Weiss, M. G.: Adv. Agronomy 1, 77 (1949). — Werle, E. u. Mitarb.: Biochem. Z. 320, 189 (1950). — White, A. W. C. u. C. H. Werkmann: Arch. of Biochem. 13, 27 (1947); 17, 475 (1948). — Wieland, H.: Naturwiss. 34, 111 (1947). — Wolf, J.: Planta (Berl.) 37, 510 (1949). — Wood, H. G. u. Mitarb.: Arch. Bioch. 6, 243 (1945).

Yin, H. C. u. C. N. Sun: Plant Physiol. 24, 103 (1949).

D. Physiologie der Organbildung.

16. Vererbung.

Von Hans Marquardt, Freiburg i. Br.

Bakterien-Genetik.

I. Mutationsforschung.

a) Resistenz-Mutationen. Ausgangspunkt für die Feststellung von Phänomenen, die mit den Begriffen der Erblichkeitsforschung beschrieben werden können, war die immer wieder beobachtete Tatsache, daß eine Art „Anpassung" der Bakterien an besondere, dem Nährboden beigesetzte Stoffe vorhanden sein müsse; Zusatz eines giftigen Stoffes in nicht zu hoher Konzentration tötet nicht alle Bakterien ganz ausnahmslos ab, sondern läßt einige wenige übrig, die sich in der Regel auch in den folgenden Passagen als unempfindlich gegen die betreffende Konzentration des Giftes erweisen. Dasselbe gilt für die Einwirkung von Bakteriophagen (Einzelheiten hierüber siehe in Weidels Beitrag) auf Bakterien, wobei *Escherichia coli* das Pionierobjekt war und heute noch ist. Übersprühen einer Bakterienagarplatte mit phagenhaltiger Flüssigkeit führt zu einer Lysis der Großzahl aller Bakterien (1); einige wenige bleiben aber am Leben und bilden kleine Kolonien aus phagenresistenten Individuen. Auf zweierlei Weise konnten diese „Resistenten" entstanden sein: Entweder durch einen echten Mutationsvorgang, der spontan in einer gewissen Häufigkeit erfolgt; die Übersprühung mit Phagen ist dann nur das Hilfsmittel, aus der Mischpopulation Nichtresistenter und spontan zu „resistent" mutierter Formen die Resistenten durch völlige Vernichtung der normalen, nichtresistenten Bakterien herauszuselektionieren. Oder aber es besteht eine geringe Wahrscheinlichkeit für einzelne Bakterien, einen Angriff der Bakteriophagen zu überstehen; diese wenigen Überlebenden müßten dann in einem zweiten Vorgang unter dem Einfluß der Bakteriophagen erblich resistent werden, so daß es sich in diesem Falle um eine erworbene, erblich gewordene Immunität handeln würde.

Es ist das Verdienst von Luria und Delbrück (2) und Delbrück (3), die mathematischen und experimentellen Methoden zur Entscheidung dieser Frage entwickelt zu haben. Handelt es sich nämlich um einen Mutationsvorgang, dann darf in Subkulturen von einer gegebenen Ausgangskultur kein reproduzierbarer, in den Grenzen zufälliger Schwankungsbreite sich haltender „Mutationsprozentsatz" existieren. Ist nämlich früh in der Ausgangskultur ein Mutationsschritt erfolgt, dann befinden sich durch die intensiven Zellteilungsvorgänge eine sehr große Zahl mutierter Resistenter in einer solchen Kultur. Sind dagegen erst kurz vor dem Test ein oder mehrere Mutationsschritte erfolgt, dann ist die Zahl der durch Phagen herausselektionierten Resistenten ganz gering, da die mutierten Individuen nur wenig Zeit zur Vermehrung hatten. — Bei der entgegengesetzten Deutung, der erworbenen Immunität, bei welcher die erblichen Änderungen erst unter dem Einfluß der Phagen an den Überlebenden sich vollziehen, kann bei identischen Kulturbedingungen die Zahl der Resistenten in den Subkulturen aus einer Ausgangskultur nur innerhalb der Fehlerbreite schwanken, da hierbei kein Anlaß für größere Schwankungen in der Zahl Resistenter denkbar ist.

Die Durchführung dieser Versuche ergab eine ganz klare Antwort zugunsten einer der Alternativen. Die Zahl Resistenter in den Subkulturen überschritt um mehr als das 100fache die statistisch erwartete Verteilung (0—107 Resistente pro Subkultur). Die Phagen wirken daher in diesen Versuchen nur als Hilfsmittel zur Selektion der Resistenten aus einem Populationsgemisch. Der Schritt phagenempfindlich zu phagenresistent muß also spontan, unabhängig von den Phagen geschehen. Zunächst konnte er nur mit Vorbehalt als „Mutation" im strengen Sinne der Genetik bezeichnet werden, doch sind unter dem Eindruck des außerordentlich rasch anschwellenden Tatsachenmaterials derartige Vorbehalte verschwunden.

Die Zahl der in derartigen Subkulturen auftretenden Mutanten ist also nicht nur abhängig von der Zahl erfolgter Mutationsschritte, sondern vielmehr von dem zeitlichen Abstand des Auftretens der Mutation von der Anlegung der Subkultur. Auf diese Weise ist daher ein „Mutationsprozentsatz" der Bakterien nicht zu bestimmen. Zu diesem Zweck sind von den genannten Autoren zwei Methoden entwickelt worden, die sich mathematischer Hilfsmittel bedienen müssen, da ja nicht einzelne Bakterien, sondern Kulturen von ihnen ausgewertet werden; sie sind in Kürze bei KAPLAN (4) dargestellt. Die erste Methode geht von der Zahl der keine Mutanten enthaltenden Kulturen aus, die zweite von der Durchschnittszahl resistenter Bakterien pro Kultur. Als Mutationsrate wird in beiden Fällen die Wahrscheinlichkeit angegeben, mit der ein Bacterium in der Zeit zwischen zwei Zellteilungen unter gegebenen Kulturbedingungen mutiert. In Ergänzung zu DELBRÜCK und LURIA, die mit dem Phagenstamm T_1 experimentiert haben, bestimmten DEMEREC und FANO (5) auch für T_{3-7} die entsprechenden Raten. In allen derartigen Berechnungen ergab sich die eigentümliche Tatsache, daß die Raten des ersten Rechenverfahrens stets niedrigere Werte als das zweite Verfahren ergaben (Spontane Mutationsrate von *Escherichia coli* gegen Phagenstamm T_1: $1,4 — 9,2 \cdot 10^{-8}$ gegenüber $4,2 — 31,6 \cdot 10^{-8}$). NEWCOMBE (6) fand in ähnlichen Versuchen mit einem strahlenresistenten Stamm von *Escherichia coli* als spontane Mutationsrate zu Phagenresistenz $0,4 \cdot 10^{-8}$ und $3,6 \cdot 10^{-8}$ mit den beiden Methoden, und nach einer dritten Methode ähnliche Werte wie nach Methode 2. Nach seinen Überlegungen kann für diese Diskrepanz entweder die Tatsache verantwortlich sein, daß die Mutationsrate während des Wachstums der Kolonie nicht konstant ist oder daß der Mutationsschritt nicht sofort zu einer phänotypisch feststellbaren Veränderung führt, sondern erst

nach einem gewissen Verzug von mehreren Zellteilungen. Im zweiten
Falle würden durch keines der Rechenverfahren alle Mutationen zahlenmäßig erfaßt. Da für strahleninduzierte Mutationen bereits ein solcher
Verzug nachgewiesen wurde (vgl. den späteren Abschnitt), lag der Verdacht auch für die Spontanmutationen nahe. NEWCOMBE konnte denn
auch auf indirektem Wege zeigen, daß tatsächlich auch für Spontanmutationen eine Verzug der phänotypischen Manifestation von mindestens zwei bis drei und höchstens sechs Zellteilungen eintritt. Erst
nach dieser Latenzzeit wird ein eingetretener Mutationsschritt an den
Tochterbakterien feststellbar. Dieser Verzug dauert wesentlich kürzer
als der bei Bestrahlungsexperimenten auftretende, so daß es sich dabei
möglicherweise um zwei verschiedenartige Ursachenkomplexe handelt,
welche diese Besonderheit hervorrufen. Während der Teilungsruhe der
Bakterien sammeln sich keine Mutationen an, so daß ihr Eintritt auf
die Periode intensiver Teilung beschränkt bleibt.

Resistenzmutationen können gegen alle sieben Phagensorten gefunden werden, nur T_2-Resistenz tritt erst an Bakterien ein, die bereits
gegen andere Stämme resistent sind. Ferner finden sich gesetzmäßige
Kombinationen von Resistenzen, indem z. B. T_1-Resistente gleichzeitig
auch gegen T_5 resistent sein können. Resistenz gegen T_6 tritt dagegen
isoliert auf und erlaubt keine Erweiterung, wenn sie als Mutationsschritt
auf einem sensiblen Bacterium erfolgte (5). Neben derartigen, verhältnismäßig einfachen Fällen sind auch seltene, komplexe Muster von Resistenz
gegen verschiedene Phagentypen gefunden worden (70, 71), so daß von
einer Massenumordnung genetischen Materials in der Bakterienzelle
gesprochen wurde, vergleichbar mit großen chromosomalen Umbauten
bei höheren Organismen. Hier tritt im Bereich der Bakterien somit der
Gedanke einer mit Kern und Chromosomen vergleichbaren Anordnung
des genetischen Materials auf. An einer späteren Stelle werden wir nochmals Anhaltspunkten für die Berechtigung einer solchen Hypothese
begegnen.

Das Problem der Bakterienresistenz wurde noch von einer anderen
Seite her bearbeitet: DEMEREC (7, 8) prüfte einen Stamm von *Staphylococcus aureus* auf sein Verhalten gegenüber Penicillin und fand, daß bei
0,012 Oxfordeinheiten/ccm die unterste Schwelle der Wirksamkeit lag
und ab 0,15 Einheiten kein normales Bakterienwachstum mehr möglich war. Impfung von Bakterien auf Nährböden mit dazwischenliegen-
den Konzentrationen ergab wenige Überlebende, die sich auch in der
Folgezeit als resistent gegen diese Konzentration erwiesen. Die Anwendung des Vorgehens von LURIA und DELBRÜCK erlaubte auch in diesem
Falle den Nachweis, daß es sich um Mutationen handelt. Auf 0,125 OE/ccm
Penicillin erhaltene Resistente wurden nun auf höhere Konzentrationen,
z. B. 0,25 OE/ccm übertragen. Wieder ging dabei die Mehrzahl der
Bakterien zugrunde, es konnten aber trotzdem einzelne zu kleinen
Kolonien heranwachsen, die 0,25 OE/ccm Penicillin ohne Schädigung
ertrugen. Impfung dieser Resistenten auf 0,50 OE/ccm ergab Mutanten,
welche gegenüber dieser Konzentration resistent waren; sie wieder ergaben auf 4 OE/ccm neue Resistente. Die hier Überlebenden ertrugen

schließlich 250 und mehr OE/ccm Penicillin, so daß sich die Staphylokokken praktisch in vier Stufen zur absoluten Penicillinresistenz „hinauf"mutieren ließen. Die Resistenz nimmt bei diesem stufenweisen Mutieren somit exponentiell zu. Direkte Übertragung von normalen Staphylokokken auf Konzentrationen von 0,15 OE/ccm führt stets zum Tode aller Bakterien. Die jeweils durch „Mutationsschritte" erworbene Eigenschaft hält sich über alle Passagen hin konstant (über das Phänomen der Rückmutationen vgl. später), so daß der Begriff der Modifikation nicht angewendet werden kann. Das Penicillin wirkt dabei nicht über den ganzen Individualzyklus der Bakterien gleichzeitig ein, sondern tötet nur wachsende Bakterien (9, 10).

Für das Standardobjekt *Escherichia coli* wurde NaCl-Resistenz und Schwermetallsalzresistenz bereits vor DEMERECS Arbeiten von DOUDOROFF (11) und SEVERENS und TANNER (12) erhalten. OAKBERG und LURIA (13) untersuchten ferner die Sulfonamidresistenz am Beispiel des Na-Sulfathiazols. Auch hier wurden die Resistenzstufen gegen hohe und höchste Konzentrationen nur durch schrittweises Hinausselektionieren der Sensiblen erhalten. Die Wirkung der Sulfonamide auf die Bakterien geschieht nach biochemischen Untersuchungen durch das Einrücken dieser Substanz an diejenige Stelle des Stoffwechsels, an der Para-Amino-Benzoesäure (PAB) auftritt. Es wäre vorstellbar, daß ein Mechanismus zur Resistenzerhöhung darin bestehen könnte, viel PAB zu bilden, so daß das Sulfonamid nur schwer an dieser Stelle sich in den Stoffwechsel einschalten kann. Eine Bestimmung des PAB-Gehaltes verschiedener Stämme sulfonamidresistenter *Escherichia coli* ergab kein eindeutiges Ergebnis; sie bildeten in sehr verschiedenem Umfange PAB, so daß nur für wenige Mutanten in einer PAB-Erhöhung eine Ursache für die mutativ zustande gekommene Resistenz gesehen werden kann.

Ähnliche Befunde wurden hinsichtlich einer Sulfonamidresistenz bei *Staphylococcus aureus* erhoben, wobei die resistenten Linien hinsichtlich anderer Eigenschaften sorgfältig untersucht wurden (14, 15, 16, 17). Sie besaßen eine verlängerte Wachstumspause, zeigten herabgesetzte Fähigkeit der Aminosäurensynthese, wenn Glukose fehlte, und ihr Tryptophan-Pyruvat-Stoffwechsel war gleichfalls gegenüber dem Wildtyp verändert. Auch elektronenoptisch (5750fache Vergrößerung) waren in der logarithmischen Wachstumspause befindliche resistente Bakterien statistisch gesichert größer als die normalen, empfindlichen Formen (17).

In letzter Zeit sind von DEMEREC (18) Befunde für Streptomycinresistenz von *Escherichia coli* veröffentlicht worden, die sich in ihren Grundlagen ganz an die Reaktionen auf Penicillin und Sulfonamide anschließen lassen.

Die Befunde der Bakterienresistenz gegen bakterizide Substanzen, die auch im lebenden Organismus verwendet werden können (Sulfonamide, Penicillin, Streptomycin usw.) sind für die Therapie der Infektionskrankheiten in der Human- und Veterinärmedizin von hoher Bedeutung: Sie zeigen, daß durch länger dauernde Verabreichung kleiner Dosen von derartigen antibakteriellen Substanzen eine Selektion von Resistenzmutanten im Organismus zustande kommen kann, so daß durch eine

Therapie mit niederen Dosen sulfonamid-, penicillin- usw. resistente Bakterien herangezüchtet werden, die gegen jede weitere Medikation unempfindlich sind. Die Infektionskrankheit wird dann „refraktär" gegen die Therapie. Aus diesem Grunde spielt die „Stoßtherapie" eine so große Rolle, bei welcher eine möglichst große Dosis von bakterizider Substanz dem Organismus verabreicht wird, um über die zur Bildung von Resistenten führende Konzentration hinauszukommen. Ferner liegt in diesen Befunden die Erklärung für die Tatsache, daß die Kombination von mehreren verschiedenen Chemotherapeutika wirksamer ist als die Verabreichung nur einer Komponente. Bei der Kombinationsbehandlung können nämlich nur die gleichzeitig gegen beide Agenzien resistent mutierten Bakterien überleben, und hierfür ist die Wahrscheinlichkeit sehr gering.

Die letzte große Gruppe von Resistenzmutationen sind die strahlenresistenten Bakterien. WITKIN (19) behandelte $5 \cdot 10^1$ *Escherichia coli*-Bakterien mit 1000 erg/qmm ergebender Ultraviolettquelle und erhielt vier Kolonien, aus vier überlebenden Bakterien hervorgegangen. Während in Kontrollkulturen bei 500 erg/qmm UV-Bestrahlung nur 0,4% überlebten, erwiesen sich die vier Kulturen des erwähnten UV-Versuches zu 37% resistent und hielten diesen Grad der Resistenz jetzt zwei Jahre unverändert bei. Genauere Untersuchungen zeigten einerseits, daß es sich dabei wieder um eine Spontanmutation handelt, die in einer Häufigkeit von 10^{-5} Bakterien in der Zeiteinheit einer Bakteriengeneration eintritt. 50 Resistenzmutationen wurden auf ihr Verhalten geprüft: Sie erwiesen sich resistent gegen Ultraviolett, aber auch gegen Röntgenstrahlen, ihre Verdoppelungszeit war in Fleischbrühe bei 37° einheitlich, und bei einer geringen UV-Dosis trat innerhalb einer Stunde eine normale Zellteilung ein, während die empfindlichen Kontrollbakterien zunächst $50—100\,\mu$ lange fadenförmige Bildungen formieren, die erst nach 3 bis 4 Stunden zur Zellteilung kommen. Während in diesen Punkten alle unabhängig voneinander entstandenen 50 Resistenzmutationen einheitliches Verhalten zeigten, fielen sie gegenüber Penicillin- und Sulfathiazolresistenz in vier Gruppen auseinander: 21 waren gegen Penicillin und Sulfathiazol resistent, 8 bzw. 5 nur gegen Penicillin bzw. Sulfathiazol, und 16 waren gegen beide Therapeutica empfindlich geblieben.

Hier ist eine in der Mutationsforschung niederer Pflanzen immer wieder auftretende Feststellung getroffen: In einem bestimmten Test als Mutanten festgestellte Formen sind bei Prüfung mit anderen Testen nicht einheitlicher Natur. In diesem Fall liegen somit mindestens vier verschiedene Mutationsschritte vor, deren Endergebnis die UV-Resistenz ist. Die Häufigkeitsverteilung auf die verschiedenen Klassen zeigt in praktisch allen Fällen, daß es sich nicht um die Kombination zweier oder dreier, voneinander unabhängiger Mutationsschritte handeln kann, sondern um eine Mutation mit pleiotropem Charakter.

Über den Zusammenhang der Strahlenresistenz einerseits und der Penicillinresistenz andererseits wurden von WITKIN (l. c.) noch weitere Feststellungen getroffen: Es wurden von *Escherichia coli* Stamm B ausgehend über drei Konzentrationsstufen penicillinresistente Mutanten isoliert (Bezeichnung B/p), dasselbe geschah mit einem bereits strahlenresistenten Stamm; die hieraus erhaltenen Penicillinresistenten wurden mit B/r/p bezeichnet. Da bereits B/r (die UV-resistente Mutation) einen gewissen Grad von Penicillinresistenz besitzt, erwies sich B/r/p resistenter als B/p, und zwar sind die Kurven von B/r/p ungefähr um denselben Betrag auf Resistenz verschoben, der zwischen B und B/r vorhanden ist. Es kann dies also so verstanden werden, daß B/r als Modifikator der unabhängig davon erfolgenden Mutation zur Penicillinresistenz wirkt.

So wie zwischen Penicillin- und Strahlenresistenz eine Verbindung besteht, indem die meisten Mutanten, die gegenüber dem einen Agens resistent sind, gleichzeitig auch gegenüber dem anderen Agens es sind, erwiesen sich auch Resistente gegen Stickstofflost (ein mutagenes Agens) gleichzeitig UV-resistent und umgekehrt (20).

b) Biochemische Mutationen. Die Feststellung biochemischer Mutanten setzt die Möglichkeit voraus, den betreffenden Organismus auf rein synthetischem Medium zu kultivieren. Im Normalfall wird ein derartiges Kulturmedium die lebensnotwendigen Stoffe in einem gewissen Überschuß enthalten. Es kann aber auch eine gerade ausreichende Konzentration lebensnotwendiger Stoffe so eingestellt werden, daß normal sich verhaltende Organismen gerade noch Wachstum zeigen; diese Medien werden als „Minimalmedien" bezeichnet, und erst ihre Anwendung ermöglichte die Auffindung der biochemischen Mutationen. Sie können in zwei Richtungen gehen; entweder sie werden heterotroph für bestimmte Stoffe oder Stoffgruppen, die zur Ermöglichung eines Wachstums dem Minimalnährboden ausgesetzt werden müssen, oder sie sind „anaphragmisch" (21), d. h. können mehr Stoffe in ihren Stoffwechsel einbeziehen als Normalformen. Es ist das Verdienst von BEADLE und TATUM (22), für *Neurospora* erstmals derartige biochemische Mutationen isoliert zu haben; die Bakteriengenetik konnte daher bereits zahlreiche Erfahrungen für ihr Objekt der *Neurospora*-Genetik entnehmen.

Zunächst fand ANDERSON (23, 24) ohne eine Anwendung besonderer Isolationstechniken biochemische Mutanten von *Escherichia coli*, indem er phagenresistente Formen auf Minimalnährboden übertrug und ihre Stoffbedürfnisse prüfte. Von 57 waren 28 Mutanten „defekt", indem sie nur auf Minimalmedium bei Zusatz von Fleischbrühe oder Hefeextrakt wuchsen. Wurden statt dieser summarischen Zusätze 21 Aminosäuren einzeln oder in Kombinationen zugesetzt, dann ergab sich, daß zwar 10 dieser Substanzen besonders wachstumsfördernd wirkten, aber d-, l-Norleucin hemmte. Außerdem bedurften verschiedene Mutanten des Zusatzes mehrerer Aminosäuren zum Minimalmedium, um normal zu wachsen. Es sind dabei Einfachmutanten (z. B. tryptophanbedürftige) und Mehrfachmutanten (tryptophan- + l-prolinbedürftige) gefunden worden. Durch eine einfache Rückmutation kann aus Tryptophanbedürftigkeit nicht sofort Tryptophanunabhängigkeit werden, es sind dann zwei unabhängig voneinander erfolgende Mutationsschritte notwendig (69). Unter Einsatz der besonders für biochemische Mutationen bei *Neurospora* entwickelten Techniken wurden sie, teils spontan, teils von mutagenen Agenzien induziert, von ROEPKE, LIBBY und SMALL (25) und GRAY und TATUM (26) an *Escherichia coli* gefunden, und die Literatur darüber ist fast unübersehbar seitdem geworden; *Azotobacter melanogenum* (26) *und agilis* (30, 74), *Clostridium septicum* (27), *Bacterium aerogenes* (28), *Achromobacter fischeri* (29, 75), *Salmonella*-Arten

(31, 32, 73), *Moraxella Lwoffii* (33, 34) sind einige weitere Bakterienformen, an denen derartige Mutationsversuche vorgenommen worden sind.

Zwei methodische Prinzipien sind bei derartigen Untersuchungen an Bakterien angewendet worden. Die auf biochemische Mutationen zu untersuchende Bakterienkolonie wird in entsprechender Verdünnung auf festen Minimalnährboden gebracht. Dort wachsen in den ersten Tagen nur die normal gebliebenen Bakterien zu Kolonien heran, die Defektmutanten dagegen nicht, weil sie heterotroph für eine Substanz geworden und dadurch den Normalen gegenüber unterlegen sind. Danach wird ein vollständiges Medium zugegeben. Erst jetzt beginnen auch die Defektmutanten zu wachsen und Mikrokolonien zu bilden. Sie werden abgeimpft und in drei Lösungen verteilt, von denen die eine keine Aminosäuren, die andere keine Purinderivate, die dritte keine Vitamine enthält. Auf diese Weise lassen sich die Defektmutanten aufteilen in die Gruppe der Aminosäuren, der Purinderivate- und der Vitamin-Bedürftigen. Nach diesem Schritt werden dann die zunächst grob geteilten Mutanten in Medien gebracht, denen nur eine einzelne Aminosäure oder Purinverbindung oder ein einzelnes Vitamin fehlt. Auf diese Weise läßt sich die unter normalen Bedingungen im Stoffwechsel der Bakterien gebildete, nach erfolgter biochemischer Mutation aber nicht mehr entstehende Substanz bestimmen, die nur noch in fertiger Form aus dem Medium bezogen werden kann. Eine methioninbedürftige Mutante wird daher nur in einem Minimalmedium mit Methioninzusatz wachsen können usw.

Eine zweite Technik zur Isolierung biochemischer Mutanten macht sich die Eigenschaft des Penicillins zunutze, nur wachsende, nicht aber in Ruhe, d. h. nicht in aktueller Teilung befindliche Bakterien selektiv abzutöten. Wird daher einem Minimalmedium mit einem Gemisch aus wachsenden Normalformen und nicht wachsenden, weil nicht teilungsfähigen biochemischen Mutanten eine geeignete Konzentration zugegeben (35, 36, 72), dann werden alle in Wachstum befindlichen Bakterien abgetötet und nur die Mutanten neben einigen anderen wachstumsgestörten Formen bleiben übrig. Sie können nach dem oben angeführten Selektionsverfahren weiter identifiziert werden.

So gibt bereits Tatum (26, 37) Defektmutanten für Threonin, Prolin, Phenylalanin, Methionin, Tryptophan, Arginin und Cystin unter den Aminosäuren an, Davis (35, 36) erweiterte die Liste für alle Aminosäuren außer Alanin, Asparaginsäure und Hydroxyprolin, während Prolinmutanten gefunden wurden (38). Unter den Vitaminen wurden Biotin, Niacin, p-Aminobenzoesäure, Thiamin, Pyridoxin (einschließlich seines Amins bzw. Aldehyds) und Pantothensäure als Substanzen identifiziert, deren Synthese durch einen Mutationsschritt unmöglich gemacht werden kann. Peptidbedürftige Mutationen entstanden trotz speziell darauf gerichteter Versuchsanordnung nicht, ebensowenig Riboflavin-Inositol-Cholin- und Haeminmutanten. Dagegen sind Defektmutanten gegenüber Purinen und Pyrimidinen nachgewiesen, ferner gegen anorganischen Schwefel, bei denen entweder die Reduktion von

SO_4 zu SO_3 oder von SO_3 zu S_2O_3 bzw. zum Sulfid unterbrochen ist (36). Die fehlenden Stoffe werden in 10^{-3} bis 5 mg/l zugesetzt; sie liegen für Vitamine niedriger als für die anderen Stoffe (39).

Neben den Einfachmutanten, die durch Ausfall der Synthesefähigkeit nur eines Stoffes ausgezeichnet sind, kommen auch Mehrfachmutanten vor. Bei zahlreichen läßt sowohl ihre Entstehungsweise wie ihr Verhalten den zwingenden Schluß zu, daß sie nur in einem einzigen Locus mutiert sind, so daß eine der Pleiotropie entsprechende Wirkungsweise dieses Locus angenommen werden muß; es seien hier nur von DAVIS (36) einige Fälle angeführt. Er fand Defiziente für Isoleucin + Valin, für Phenylalanin + Tyrosin und für Phenylalanin + Tyrosin + Tryptophan (in einem Fall noch + p-Aminobenzoesäure).

Die bisher besprochenen Typen biochemischer Mutationen zeigen bereits zwei Eigenschaften, welche bei den Resistenzmutationen nicht beobachtet werden konnten, für den Einsatz derartiger Formen zu speziellen Untersuchungen aber wichtig sind. Die erste Eigenschaft ist die Fähigkeit zu Rückmutationen: Eine etwa für Histidin defekte Mutante wächst auf festem Minimalnährboden mit Histidinzusatz verhältnismäßig gut; es treten aber innerhalb der Kolonie — offensichtlich von einem einzelnen Bacterium ausgehend — einzelne, viel rascher wachsende Teilkolonien auf. Werden sie abgeimpft und geprüft, dann erweisen sie sich der Wildform ähnlich, indem sie auch ohne Histidin auf dem Minimalnährboden wachsen können und somit Rückmutationen darstellen (40). Derartige Formen, welche die Fähigkeit wiedererlangt haben, auf Minimalnährboden normal zu wachsen, werden als „Prototrophe" bezeichnet. Hier wirkt sich somit wieder die besondere Eigenart der Bakterienkolonien, zusammengesetzt aus mehreren Millionen von Einzelindividuen, aus: So wie Normalkolonien durch die Mutabilität einzelner Bakterien und ihrer anschließenden Vervielfachung durch Teilung instabil erscheinen, ist dies auch bei den Mutanten durch das Phänomen der Rückmutationen der Fall. Der Prozentsatz der Rückmutationen und damit die Stabilität der Mutanten ist verschieden. Im allgemeinen liegt die Rate zwischen 10^{-7} bis 10^{-8} (39, 36); bei Histidindefekten beträgt sie für h^+ zu h^- (wild zu Histidindefekt) $7 \cdot 10^{-7}$, für h^- zu h^+ $5 \cdot 10^{-8}$, sie erfolgt somit 10mal seltener als die Mutation. Extrem verhält sich in dieser Hinsicht *Clostridium septicum* in seinem Verhalten gegenüber Uracil, einer Substanz, welche den Verlust der Synthesefähigkeit von Pyrimidin ausgleichen kann (41); hier stehen Mutations- und Rückmutationsrate in einem derartigen Verhältnis zueinander, daß in den Kolonien ein Gleichgewichtszustand zwischen Uracildefekten und Uracilunabhängigen sich einstellt. Die Bearbeitung der biochemischen Mutationen wird mit Rücksicht auf diese Verhältnisse daher auf festen, nicht auf flüssigen Medien vorgenommen, um ein unkontrollierbares Durcheinanderwachsen von Mutanten und Rückmutationen zu umgehen. Für die Natur der Mehrfachmutanten ist dabei von besonderer Bedeutung, daß bei Rückmutationen in der Regel eine Prototrophie für alle vorhandenen Defizienzen eintritt und Fälle von Prototrophie für nur eine der Defizienzen mühsam gesucht werden müssen.

Die zweite Eigenschaft ist der sogenannte Syntrophismus: Hierunter wird die Erscheinung verstanden, daß eine von benachbarten Bakterien ausgeschiedene Substanz einer anderen Form als lebensnotwendige, im Nährmedium nicht vorhandene Substanz dient. Der Syntrophismus vermag einzelne biochemische Mutanten an ihrer Manifestation und damit ihrer Erfassung zu verhindern: Ein einzelnes Bacterium hat etwa hinsichtlich eines Vitamins eine Defektmutation erfahren. Durch die Vitaminausscheidungen der vielen normal gebliebenen umliegenden Bakterien gelingt ihr aber eine vielleicht verlangsamte Teilung, so daß sie auch auf Minimalnährboden ohne den betreffenden Vitaminzusatz zu wachsen vermag. Mit der Penicillinmethode wird sie darum ausgeschieden, und dasselbe geschieht ihr beim „klassischen" Verfahren, da sie bereits vor Zufügung des Vollmediums eine Kolonie von einigem Umfang gebildet hat. Die einzige Begrenzung eines Syntrophismus stellt die Instabilität eines Stoffwechselproduktes dar, das sich zu einer unbrauchbaren Substanz zersetzt, ehe es von der Mutante aufgenommen werden kann, oder das Ausbleiben einer Exkretion der syntrophen Substanz in ausreichender Konzentration.

Durch Aufbringen verschiedener Mutanten auf Platten in unmittelbarer Nachbarschaft von Kolonien des Wildtyps sind syntrophische Beziehungen näher studiert worden (36). Während biotin-paraminbenzoesäure- und pantothendefekte Mutanten auf die Nachbarschaft von normalen Formen sehr stark ansprechen, reagieren nicotinamiddefekte nur wenig, andere Vitaminmutanten überhaupt nicht.

Es ist ohne weiteres einsichtig, daß in dieser großen Zahl verschiedener biochemischer Einfach- und Mehrfachmutanten sowie ihrer Rückmutationen ein ideales Material für die Aufdeckung der Stoffwechselvorgänge in Bakterien vorliegt. Tatsächlich verdankt hier die Biochemie der Genetik der Mikroorganismen eine neue, fruchtbare Untersuchungsmethodik, welche bereits zu einer Fülle von Einsichten geführt hat, die im Rahmen dieser Darstellung nicht einzeln aufgeführt werden kann; an einigen Beispielen soll lediglich das Prinzipielle derartiger Untersuchungen gezeigt werden.

Zunächst kann mit Defektmutationen geprüft werden, welche chemisch verwandte Stoffe die Defizienz ersetzen können. In den Fällen, wo die einzelnen Schritte der Synthese einer nicht mehr gebildeten Substanz bekannt sind, kann an verschiedenen Defektmutationen festgestellt werden, durch welche Vorstufen noch die Defizienz ersetzt wird. An der Stelle des Zyklus, an der plötzlich eine Substanz nicht mehr das Wachstum ermöglicht, befindet sich dann der Eingriff der Mutation, indem die diese Umwandlung bewirkenden Enzyme durch sie außer Funktion gesetzt sind. So sind von biochemischer Seite zahlreiche Aminosäuredefekte näher analysiert worden: neben Leucin- und Prolinmutanten (42, 38) sind auch phenylalanin- + tyrosin- sowie methionin- + biotinbedürftige näher analysiert worden (43, 44). Die letztgenannte Mutation wächst auch bei Zugabe von d- statt l-Methionin zum Minimalmedium, ebenso bei Gegenwart von d-, l-Homocystin, d-, l-Homocystein, l-Cystathion und d-Allocystothionin. Im Gegensatz dazu vermögen die untersuchten phenylalanin-, tyrosin- und leucinbedürftigen Mutanten d-Substanzen nicht zu verwenden. Stehen den methionindefekten sowohl die d- wie die l-Form zur Verfügung, bevorzugen sie die letztere. „Anpassung" an die Medien mit d-Substanzen im Sinne einer Bildung adaptiver Enzyme findet nicht statt, ebensowenig bewirkt Pyridoxal die bei *Lactobacillus arabinosus* beobachtete Erleichterung der d-Methioninaufnahme (45).

Da bei der Verwendung des d-Methionin ein Umbau zu l-Methionin wahrscheinlich stattfindet, der über die α-Keto-γ-Methiolbutylsäure geht, ist versucht worden, ob diese Zwischenstufe ebenfalls das l-Methionin ersetzen kann. Dies ist tatsächlich der Fall, so daß weitere Untersuchungen zeigen konnten, daß die relativ schlechte Verwendung der d-Form dabei weniger an den Schwierigkeiten der Aminierung zum l-Methionin als vielmehr an der Desaminierung der d-Form zur α-Ketosäure liegt.

Das l-Methionin kann ferner von folgenden links drehenden Substanzen ersetzt werden: Methionylglycin, Glycyl-Methionin, Methionyl-Glycylglycin und Glycyl-Methionylglycin; die entsprechenden Amide haben nur eine schwache Wirkung, die bei l-Methionin-Amid nur 15% von l-Methionin entspricht.

Methionin ist eine schwefelhaltige Aminosäure; zusammen mit cystin- und cysteindefekten Mutanten können sie verwendet werden, um über die Verwendung anorganischen (Sulfat-) Schwefels und organischen Schwefels aus zugesetzten Aminosäuren etwas auszusagen, wenn der Kunstgriff angewendet wird, den anorganischen Sulfatschwefel mit dem radioaktiven S^{35} zu markieren (44, 46, 47). Voruntersuchungen zeigten zunächst bei Wildtyp-*Escherichia coli*, daß bis 0,005 mg S*/ccm in SO_4-, SO_3- und S-Ionen in gleichem Maße aufgenommen werden, ab 0,01 mg S*/ccm jedoch Sulfit und Sulfid wachstumshemmend wirken. In 8 Minuten ist bei ruhenden Zellen ein Gleichgewicht zwischen S*-Gehalt im Medium und in der Zelle hergestellt, wobei der radioaktive S* chemisch in der Bakterienzelle nicht gebunden vorliegt, denn er kann ausgewaschen werden. Wachsende Zellen sind dagegen in einer echten S*-Aufnahme abhängig von dem Vorhandensein einer Kohlenhydratenergiequelle (47). Die methioninbedürftige Mutante ist nur in der Lage, den markierten anorganischen Schwefel einzubauen, wenn ihr eine Aminosäure-Schwefelquelle zur Verfügung gestellt wird. Aus methionin- und S^*O_4-haltigem Minimalmedium stammen 37% des aufgenommenen Schwefels aus dem anorganischen Sulfat. Im Gegensatz dazu nimmt eine cystinbedürftige Mutante bei Vorhandensein von Cystein und dem markierten anorganischen Schwefel kein S* auf.

Parallelversuche mit normalem *Escherichia coli* zeigen, daß auch hier die Menge des aufgenommenen anorganischen Schwefels abhängig ist von dem Methioningehalt des Mediums, der auch — allerdings mit geringerem Effekt — durch Homocystein ersetzt werden kann. Demgegenüber scheinen Cystin und Cystein als Schwefelquelle so günstig zu wirken, daß auch normale Bakterien keines anorganischen Schwefels darüber hinaus bedürfen und darum keinen S* aus zugegebenem S^*O_4 aufnehmen.

Außer der hier an einem Beispiel durchgeführten Methode, den Bereich der Ersatzstoffe für eine Defektmutante abzutasten, um den Weg der Biosynthese der betreffenden Substanz aufzuklären, wobei eventuell radioaktive Markierung unterstützend zugezogen wird, läßt sich auch der Syntrophismus für dasselbe Ziel einsetzen (36). So läßt sich der von ERB und HOROWITZ (48) nachgewiesene Ornithin-Citrullin-Arginin-Zyklus durch kreisförmiges Nebeneinanderimpfen der betreffenden Einzelmutanten in der richtigen Reihenfolge demonstrieren, indem die ausgeschiedene Substanz der einen Mutante als lebensnotwendiger Stoff von der benachbarten zweiten Mutante verwendet werden kann, die an dieser Nachbarflanke viel kräftiger wächst als an der entgegengesetzten.

Ferner läßt sich durch Syntrophismus eine „indirekte" Stoffversorgung erreichen. Eine isoleucinbedürftige Mutante kann mit der dieser Aminosäure zugehörigen Ketosäure nichts anfangen und wächst daher auf einem Minimalmedium mit Ketosäurezusatz im Überschuß nicht. Sie zeigt aber sofort Syntrophismus, wenn in unmittelbarer Nachbarschaft von ihr eine Wildform wächst; sie scheint in der Lage zu sein, die unbrauchbare Ketosäure so weit zu verarbeiten, daß die abgeschiedene Substanz von der Isoleucin-less-Mutante in ihr Stoffwechselgetriebe eingebaut werden kann. Ob es sich dabei um Isoleucin oder um eine Zwischenstufe zwischen ihm und der Ketosäure handelt, wurde noch nicht bestimmt.

Mit Hilfe der Penicillinmethode sind von DAVIS folgende pantothensäuredefizienten Mutanten isoliert worden, die an den Stellen durchstrichener Pfeile Blockierungen der normalen enzymatischen Funktion erfahren haben:

$$\left.\begin{array}{l}\text{Vorstufe}\!-\!|\!\rightarrow\!\text{Pantoin}\!-\!|\!\rightarrow\!\text{Pantoinsäure} \\ \text{Vorstufe}\!-\!|\!\rightarrow\!\beta\text{-Alanin}\end{array}\right\} -\!|\!\rightarrow\!\text{Pantothensäure}$$

Durch Nachbarkultur der pantoinsäure- und β-alaninbedürftigen Umbauten ergab sich nun ein einseitiger Syntrophismus, indem die β-Alaninmutante Förderung zeigte, nicht aber umgekehrt die Pantoinsäuremutante. Das Enzym zur Synthese der Pantothensäure sollte aber in beiden Formen vorhanden sein; aus dem Syntrophismusversuch ergibt sich daher, daß offensichtlich das Funktionieren eines Enzymsystems nicht allein an sein Vorhandensein, sondern auch an andere, noch unbekannte Voraussetzungen gebunden ist. Bei der Besprechung der Fermentationsumbauten (vgl. unten) werden wir auf einen ähnlichen Tatbestand stoßen.

Schließlich läßt sich aus Syntrophismusexperimenten an doppelten Defektmutanten noch eine weitere wichtige Schlußfolgerung ziehen: Isolation biochemischer Mutanten ergab für Isoleucin- und Valinbildung folgendes Schema:

$$\begin{array}{l}\text{Vorstufe} \rightarrow \text{Ketoisoleucin} \rightarrow \text{Isoleucin} \\ \text{Vorstufe} \rightarrow \text{Ketovalin} \quad\ \rightarrow \text{Valin}\end{array}$$

Wird nun durch einen Mutationsschritt die Bildung von Isoleucin unterbrochen, dann hemmt das hierdurch gebildete Produkt zwischen

Ketoisoleucin und Isoleucin gleichzeitig die Synthese von Valin und Ketovalin. Die Unterbrechung eines Synthesegangs hat daher entscheidende Rückwirkungen auf einen damit nicht in Zusammenhang stehenden zweiten Syntheseprozeß, und die beobachteten Isoleucinmutanten sind gleichzeitig für die Valinsynthese defekt. Es scheint hier ein entscheidendes Experiment dafür vorzuliegen, daß die Stoffwechselvorgänge in der Bakterienzelle nicht unabhängig nebeneinander verlaufen, sondern eine Korrelation zwischen ihnen besteht, die durch die Quantität der jeweils anfallenden Zwischenprodukte bewerkstelligt wird. Die Störung eines Stoffwechselprozesses an entscheidender Stelle kann daher mehrere andere in ihrem Ablauf unmöglich machen, und dies stellt eine der möglichen Interpretationen zum Verständnis der „Mehrfachmutanten" dar, die in Wirklichkeit nur an einem Locus mutiert sind.

Eine ähnliche Differenzierung des Syntheseganges, wie hier beispielhaft für einige wenige Aminosäuren erwähnt wurde, ist für purin- und pyrimidinbedürftige Mutanten noch nicht gelungen (36), denn alle purindefekten antworten ohne Ausnahme auf Adenin, Guanin, Hypoxanthin und ihre Riboside oder Nucleotide, und alle pyrimidindefekten gleichzeitig auf Cytosin, Thymin, Uracil und ihre Riboside und Nucleotide.

Über eine weitere Gruppe von biochemischen Mutanten, die auf den Mutations- und Rückmutationsvorgang weiteres Licht werfen, ist von DEMEREC (49) zusammenfassend berichtet worden (76, 77). Unter 248 streptomycinresistenten Mutationen erwiesen sich 60% gleichzeitig als streptomycinbedürftig, d. h. benötigten zu befriedigendem Wachstum einen Streptomycinzusatz zum Minimalmedium. Durch Kultur auf streptimycinfreiem Medium können aber wieder Rückmutationen zur Streptomycinunabhängigkeit isoliert werden (Rückmutationen erster Ordnung). Diese, auf streptomycinhaltige Nährböden gebracht, lassen aus sich erneut streptomycinabhängige Formen hervorgehen (abhängige zweiter Ordnung); sie wieder geben bei dem entsprechenden Versuch Rückmutationen zweiter Ordnung, und so ist das Spiel bis zu Mutationen und Rückmutationen vierter Ordnung getrieben worden. Die Mutationsraten sind dabei durchaus verschieden, ebenso ihre Wachstumsraten, die zwischen 24 und 72 Stunden bis zur Erreichung voller Koloniegröße liegen. Die Prüfung dieser streptomycinabhängigen und -bedürftigen Mutanten auf ihre Resistenz ergibt ganz verschiedene Resultate: So können z. B. von einigen streptomycinabhängigen Kulturen bald 100% resistent, bald 100% empfindliche, bald alle Werte dazwischen erhalten werden. Der Prozentsatz der durch Ultraviolettbestrahlung getöteten Bakterien der verschiedenen Mutanten ist ebenfalls weit verschieden, dagegen wird das Verhalten gegen Bakteriophagen bei allen Mutationen nie verändert.

Da Streptomycinbedürftigkeit genau so wie die Aminosäuremutanten nicht nur durch Unterbrechung an ein und derselben Stelle der komplizierten Synthese dieser Substanzen zustande kommen dürfte, sind 120 derartige Umbauten in ihrer Reaktion auf die verschiedenen, bisher bekannten Vorstufen dieser Substanz geprüft worden auf

1. Tetrahydro-anhydro-streptobiosamin-hydrochlorid,
2. Streptobiosamin-hydrochlorid,
3. Streptidin-dihydrochlorid,
4. Streptidinsulfat,
5. Streptamin-dihydrochlorid.

66 Mutanten waren streng an Streptomycin gebunden, hatten also den enzymatischen Block unmittelbar vor der endgültigen Bildung dieser Substanz, 44 sprachen noch auf die erste Vorstufe an, 9 auf die erste und zweite, wobei aber die eine Mutante nur auf 2, nicht auf 1 wuchs.

Die große Zahl der verschiedenen Mutanten hinsichtlich des Verhaltens gegen Streptomycin und ihre Prüfung auf ihr Verhalten gegenüber insgesamt sechs Testen läßt mit Deutlichkeit erkennen, daß unter den über 200 Mutanten kaum 2 in allen geprüften Eigenschaften einander gleich sind. Da ein großer Teil von ihnen Rückmutationen darstellen, ergibt sich somit, daß auch bei den Bakterien (ähnliche Befunde sind bei *Drosophila* erhoben worden) Rückmutation nicht Wiederherstellung des Ausgangszustandes bedeutet. Genau wie eine bestimmte Mutation an einer bestimmten Stelle eine komplexe Reaktionskette unterbricht, während eine andere an einer zweiten Stelle eingreift, wird bei einer Rückmutation nicht die unterbrochene Stelle geflickt. Wir müssen vielmehr annehmen, daß ohne Reparatur der mutativ gesetzten Unterbrechung der Weg des Reaktionsablaufs sich ändert, so daß die Synthese der Substanz auf einem neuen Wege möglich wird.

Während an den anderen, außer *Escherichia coli* bearbeiteten Bakterien in biochemischer Hinsicht ähnliche Befunde erhoben wurden, hat die Beschäftigung mit *Salmonella typhimurinum* noch eine weitere Gruppe von Mutationen erkennen lassen, welche an dieser Stelle eingereiht werden kann (31, 32). *Salmonella* ist ein pathogenes Bacterium, welches bei Nagetieren des Laboratoriums tödliche typhöse Erkrankungen und beim Menschen nach Genuß verdorbener, infizierter Nahrungsmittel entsprechende leichtere Symptome hervorruft. Diese Bakteriengruppe ist auf ihre antigenischen Eigenschaften recht genau untersucht. Unter Antigenen werden spezifische zelluläre Bausteine der Bakterien verstanden, die meist in der unmittelbaren Nähe der Zelloberfläche lokalisiert sind und im Tierkörper spezielle Antikörper auslösen. Diese gebildeten Antikörper sind außerordentlich empfindliche mikrochemische Reagenzien auf die Antigene; die Immunchemie hat spezielle Methoden ausgebildet, um derartige Reaktionen durchzuführen und zu deuten. *Salmonella* besitzt zwei Großgruppen von Antigenen, die O-Gruppe, welche Proteine der Zelle nahe der Zelloberfläche darstellen, und die H-Gruppe, die mit der Geißel zusammenhängen (78). Die Schwierigkeit im Arbeiten mit derartigen Mutationen liegt darin, daß teils spontan, teils unter verschiedenen Aufzuchtbedingungen die immunologischen Reaktionen sich ändern, um bei Rückkehr unter die gewohnten Bedingungen wieder zum Ausgangszustand zurückzukehren [vgl. die Zusammenfassung von DUBOS (50) und für *Salmonella* (51, 52, 53)]. Es steht daher bei derartigen Mutationsexperimenten die methodisch schwierige Frage zur Diskussion, inwieweit derartige Antigene genetisch bedingt sein können. Die ersten Anhaltspunkte, daß sowohl ein permanenter Verlust — eine Defektmutation — von O- wie von H-Antigenen oder mindestens Änderungen des Titers eintreten, sind von PLOUGH (31) bearbeitet worden. In der Diskussion dieses Vortrages ist von NEWTON eine Selektionsmethode für Antigenmutationen vorgeschlagen worden, der ein ähnliches Prinzip wie die Minimalmedien bzw. die Penicillinselektion zugrunde liegt. Ihre Anwendung wird voraussichtlich zu einer ähnlichen Vertiefung unserer Kenntnis von der genetischen Bedingtheit von Antigenen führen, wie dies für die übrigen biochemischen Mutationen der Fall war.

Auch bei den üblichen biochemischen Mutanten, die auf Minimalmedien nicht wachsen, ist ein Schritt weiter in der Charakterisierung ihrer Eigenschaften getan worden. Während der Zusatz bestimmter Aminosäuren, Vitamin- oder Purin- und Pyrimidinverbindungen ihr Wachstum ermöglicht, ergibt sich, daß umgekehrt derartige Substanzen das Wachstum hemmen; diese Hemmungen sind weiterhin abhängig von der Art der C-Quelle; so wird eine bestimmte Mutante nur in Gegenwart von Glycerin durch Tryptophan gehemmt, nicht aber bei Dextrose als C-Quelle. Obwohl derartige Untersuchungen erst am Beginn stehen, scheint bereits deutlich zu sein, daß Mutationsschritte nicht nur spezielle Enzymblockierungen bewirken, sondern einen großen Teil des Stoffwechsel„musters" beeinflussen können. Vielleicht gibt für diese Erscheinung der von DAVIS gefundene und oben dargestellte korrelative Einfluß von Stoffwechselprodukten auf unabhängig davon ablaufende biochemische Prozesse die Erklärung.

Schließlich sind auch bei *Salmonella* Mutationen aufgetreten, deren Typ bereits früher bei *Escherichia coli* gefunden wurde und die eine Änderung der Fermentierung von Kohlenstoffquellen bewirken. Während die Wildform Dextrose, Sorbitol und Glycerin zu fermentieren vermag und daher auf Minimalmedien mit Zusatz dieser Verbindungen wächst, gedeiht eine derartige Mutante auf Lactose überhaupt nicht und auf Natriumacetat nur beschränkt. Andererseits ist z. B. eine Mutante gefunden, die nur auf Lactose wild wächst, auf Glycerin und Dextrose nur mit einem Teilbetrag von Wachstum antwortet, während sie auf Sorbitol und Natriumacetat überhaupt nicht angeht. KRISTENSEN (54) konnte an seinem *Salmonella*-Material zeigen, daß es sich dabei um echte Mutationsschritte handelt. Praktisch dieselben Befunde sind an *Escherichia coli* erhoben worden, welche ebenfalls als Wildtyp Lactose nicht fermentiert (Lac$^-$), jedoch durch Selektion auf entsprechende Mutationsschritte diese Substanz als C-Quelle benutzen kann (Lac$^+$-Formen, 55, 56, 57, 58, 59). Durch Beigabe von Indikatorsubstanzen wie Eosin-Methylenblau (60) oder Triphenyl-Tetrazolium (61) läßt sich die Auffindung derartiger Mutanten erleichtern. Bei allen Autoren erwiesen sich die Lac$^+$-Mutanten sehr stabil. Dennoch unterschied sich die nach der Mutation wirksame Lactase von dem bereits im Wildtyp voll wirksamen „konstitutiven" Enzym: Auf einem Gemisch von Glucose und Lactose ergibt die L$^+$-Mutante eine zweigipflige Wachstumskurve (Phänomen der Diauxis, 62, 63, 64). Zunächst wird mit Hilfe von Glucose gewachsen, dann folgt ein Wachstumsstillstand, und erst in der folgenden zweiten Wachstumsphase wird Lactase mobilisiert und dadurch Lactose ausgenutzt. Ein gleicher Unterschied tritt auf bei der Messung des O_2-Verbrauches von Lac$^+$-Mutanten, die vorher auf Lactose wuchsen und hohen O_2-Verbrauch besitzen; Lac$^+$-Formen, die jedoch auf Glucose kultiviert waren, haben einen viel geringeren O_2-Verbrauch, welcher demjenigen der Lac$^-$-Wildformen entspricht. In der Versuchszeit wird von ihnen trotz Lac$^+$-Eigenschaft somit die Lactase noch nicht mobilisiert. MONOD deutet dieses Phänomen durch die Annahme, daß eine Vorstufe der Lactase von den Lac$^+$-Formen gebildet wird, deren endgültige Fertigstellung zum wirksamen Enzym von anderen Kohlenhydraten verhindert wird. Erst durch Kultur auf Lactose selbst gelingt nach einiger Zeit die Bildung der funktionstüchtigen Lactase (vgl. auch die zusammenfassende Darstellung in 21).

Eine noch ausgesprochenere Vielfältigkeit des Verhaltens von Lac$^-$-Mutanten bei *Escherichia coli* fand LEDERBERG (58, 59). Unter 100 Mutanten sind mindestens sieben verschiedene Klassen hinsichtlich des betroffenen Locus vorhanden, wobei zwei Klassen noch die Fermentationsfähigkeit von Maltose verloren haben, andere die Glucose und eine dritte Gluconat nicht mehr verwendet (65) und zudem noch in einem Fall eine sonst nicht vorhandene Temperaturempfindlichkeit besitzt. Schließlich konnte aus Lac$^-$-Formen auch noch eine Lac$_s$-Mutante isoliert werden, bei welcher die Fermentation sehr langsam vor sich geht. Durch Bestrahlung konnte sie weiter zu Lac$^+$ mutiert werden. Im Gegensatz zu MONOD, welcher einer relativ einfachen Beziehung vom Gen über eine Vorstufe zur Lactase zuneigt, ist LEDERBERG nach seinen Befunden zu einer Auffassung gekommen, die heute für fast alle biochemischen Mutationen zu gelten scheint: die genetische Steuerung der untersuchten Eigenschaft ist komplex, so daß Mutationen an den verschiedensten Stellen des betreffenden Stoffwechselgefüges eingreifen können. Die Auffindung von Zwischenformen zwischen Lac$^-$ und Lac$^+$ läßt ferner vermuten, das eventuell Suppressorgene am Werk sind und so weitere Komplikationen vorliegen, wie sie auch aus dem Mutationsgeschehen bei höheren Organismen bekannt sind.

Die Lactosemutanten bei *Salmonella* und *Escherichia* gehören aber zur zweiten, großen Gruppe von biochemischen Mutationen, den anaphragmischen, welche durch Auftreten neuer, bei der Wildform nicht bekannter Eigenschaften charakterisiert sind. Dies wäre an sich ein überraschender Tatbestand, denn durch Mutationen werden stets nur vorhandene Eigenschaften verändert, aber keine neuen hervorgerufen. Unter diesem Gesichtspunkt sind weitere derartige Fälle von MONOD und LWOFF untersucht worden, und zwar außer den Galactosemutanten von *Escherichia coli* vor allem die Dicarboxylsäuremutanten von *Moraxella Lwoffii*, einem unbeweglichen, nicht sporen- und kapselbildenden gramnegativen Bacterium. Es läßt sich ebenfalls auf Minimalmedium kultivieren, und zahlreiche organische Verbindungen dienen als C-Quelle (66, 67). Kultur auf bernsteinsauren, fumarsauren und maleinsauren Medien führte nach längerer Zeit zur Selektion von Mutanten, welche nunmehr im Gegensatz zum Wildtyp alle drei Säuren als C-Quelle verwenden konnten (68). Umfangreiche biochemische Untersuchungen und Messung der Atmungsintensität auf verschiedenen Medien, zum Teil auch unter Zusatz von Kulturfiltraten verschiedener Formen führten zu dem Schluß, daß die Neuerwerbung einer Eigenschaft nur eine scheinbare ist; es wird vielmehr durch den Mutationsschritt eine Hemmung beseitigt, welche die Wirkung des auch im Wildtyp vorhandenen Enzyms zwar dort verhindert, bei der Mutante es aber ungehindert zur Wirkung kommen läßt. Auf Grund desselben Mechanismus konnten ferner bei *Escherichia coli* eine Citratmutante gefunden werden (89), welche die Eigenschaft der Citratausnutzung in einem viel höherem Maße besitzt als die Wildform; unbekannte Stoffwechselprodukte hemmen dort das Wirksamwerden Zitratausnutzung ermöglichender Enzyme.

Die morphologischen Mutationen.

Feststellungen über morphologische Mutationen sind zunächst an Veränderungen der Koloniegröße, der Form des Koloniewachstums und der Farbe von Kolonien getroffen worden, erst in neuerer Zeit wurde auch auf Unterschiede an Einzelbakterien geachtet. Da die Koloniegröße bei konstanten Bedingungen von der Wachstumsgeschwindigkeit und Dauer der Wachstumsphase abhängig ist, enthalten die bisher behandelten Mutationsuntersuchungen bereits Wesentliches über diesen Typ morphologischer Mutationen; es lassen sich ja verschiedene Mutationsschritte, die zu scheinbar identischen biochemisch charakterisierbaren Endzuständen geführt haben, durch ihre Wachstumsgeschwindigkeit, d. h. Koloniegröße, voneinander unterscheiden. Der wichtige Befund, daß Rückmutationen nicht genau den Ausgangszustand wiederherstellen, beruht zum Teil auf den unterschiedlichen Wachstumsraten der Wildform und der Rückmutante.

Kombination von Resistenz- oder biochemischen Mutanten mit Änderungen des Aussehens der Kolonie sind ebenfalls häufig; so fanden schon LURIA und DELBRÜCK (2) in ihrer grundlegenden Arbeit über die Phagenresistenz von *Escherichia coli* zweierlei Kolonieformen unter den resistenten: Normalkolonien nach Art der sensiblen, und kleinere durchscheinende Kolonien. Noch feinere Unterschiede trafen DEMEREC und FANO (5) an denselben Formen: Sie fanden unter den resistenten neben dem Wildtyp und den durchscheinenden kleine Kolonien, die halb so groß waren, noch kümmerliche Kolonien, die weniger als $^1/_2$ mm maßen, und „nibbled" Kolonien mit unregelmäßigen Ecken der Koloniegrenze bei schwankender Größe. Derartige Beobachtungen finden sich verstreut in zahlreichen Arbeiten über die verschiedenen Mutationstypen; erst BRAUN und LEWIS (79) haben mit Schräglicht und speziellen festen Medien auf den Zusammenhang von biochemischen Eigenschaften und Kolonieaussehen besonders geachtet und gefunden, daß einmal alle untersuchten 36 biochemischen Mutanten unterscheidbare konstante Kolonieformeigentümlichkeiten haben, zum andern aber auch, daß ein Teil der „reinen" Wildtypen tatsächlich Mischungen verschiedener Wuchsformen darstellen; so gelang es aus streptomycinabhängigen und

-resistenten Formen eine Mutante zu isolieren, die hinsichtlich einer morphologischen Eigenschaft in einem konstanten 2 : 1-Verhältnis spaltete. Sie verhielt sich somit so, als ob sie eine heterozygote, diploide Form wäre, mit einem Rezessivenausfall bedingenden Letalfaktor. Im Kapitel „Kreuzungsanalyse" wird hierauf nochmals zurückzukommen sein.

Über Farbmutationen bei Bakterien, wie sie an gefärbten Kolonien beobachtet werden, liegen von angloamerikanischer Seite kaum speziell unter dem Aspekt der Mutationsforschung gesehene Untersuchungen vor; die meisten fallen zeitlich vor das Aufkommen der Genetik der Mikroorganismen (Zusammenfassung in 80). Dagegen sind in Deutschland von KAPLAN (81—86) ausgedehnte Experimente mit dem roten *Bacterium prodigiosum* unter rein morphologischen Aspekten unternommen worden. Hier treten zunächst kleine Kulturen (Zwergwuchs) auf, die in erster Linie durch geringere Wachstumsgeschwindigkeit entstehen und nicht selten — wenn sie ohne Konkurrenz mit normalen wachsen — die Standardkulturgröße erreichen. In Folgekulturen treten komplexe Phänomene auf, die ein Weitermutieren der ursprünglichen Zwergkulturen oder andere Zusatzannahmen fordern.

Ebenso fraglich sind die sogenannten „Schlierenkolonien", bei denen der Farbstoff unregelmäßig, in Schlieren über die Kolonien verteilt ist. Nachkulturen zeigten, daß nur ein geringer Teil wieder schlierenartig wuchs und die meisten Bakterien entweder normalrote oder weiße Kolonien ergaben. Der ungeklärt bleibenden Natur dieser beiden Mutantensorten wegen basieren die KAPLANschen Mutationsuntersuchungen vorwiegend auf den Auszählungen der Farbmutanten, denn aus den roten Kolonien spalten spontan oder induziert (vgl. das folgende Kapitel) weiße Mutanten heraus, die sich in allen folgenden Kulturen als konstant erweisen, sofern sie keine Rückmutationen entstehen lassen; sie sind zum Teil gleichzeitig Zwergwuchsformen. Als „weiß" werden dabei alle helleren Farben als das Rot der Normalkolonien betrachtet, auf die feineren Farbunterschiede, auf die von amerikanischer Seite am selben Objekt (dort als *Serratia marcescens* bezeichnet; synonym mit *Bact. prodigiosum*) ein besonderes Augenmerk gerichtet wurde (80), ist in den KAPLANschen Untersuchungen weniger geachtet worden.

Über die Morphologie der einzelnen Bakterien wurde bis jetzt im wesentlichen nur von HUNTER und Mitarbeiter (17) berichtet; sulfonamidresistente erwiesen sich im Elektronenmikroskop als statistisch gesichert größer als die empfindlichen. Sie sind auch leichter durch HCl hydrolysierbar und leichter anzufärben. Die Nucleoidstrukturen (Feulgenpositive Körper) sind in beiden Formen jedoch identisch an Größe und Anzahl.

Die experimentelle Mutationsauslösung bei Bakterien.

In der bisherigen Darstellung der verschiedenen beobachteten Mutationstypen ist vorwiegend von spontanem Auftreten von Mutationen gesprochen worden. Es ist aber klar, daß die Fülle der untersuchten Mutationen nicht ohne Einsatz von mutationsauslösenden Mitteln hätte gewonnen werden können. Die Bezeichnung dieser Varianten als Mutationen beruht ja neben den schon erwähnten Hinweisen gerade darauf, daß alle bei höheren Organismen als mutationsauslösend bekannten Agenzien auch auf Bakterien dieselbe Wirkung ausüben.

Es war daher naheliegend, daß zunächst mit Röntgenstrahlen und ultraviolettem Licht auf Bakterien eingewirkt wurde. Die ersten positiven Befunde in dieser Richtung erzielten CROLAND (87), ROEPKE, LIBBY und SMALL (25) und GRAY und TATUM (26) an *Moraxella Lwoffii*, *Escherichia coli* und *Azotobacter melanogenum*; die ergebnisreichsten Untersuchungen sind von DEMEREC (1) und DEMEREC und LATARJET (88) durchgeführt worden: Sie testeten die Strahlenwirkung an der Zahl der Resistenzmutationen gegen den T_1-Bakteriophagen, indem sie sowohl eine B/r- (strahlenresistente) wie B-Form (strahlenempfindlich) von *Escherichia coli* verwendeten. Die Bestimmung der Zahl der mutierten wurde durch einen geschickten Kunstgriff so gestaltet, daß sowohl die unmittelbar nach einer Bestrahlung vorhandenen wie die nach beliebig vielen Zellteilungen manifest werdenden Mutationen durch einfache Auszählung der Resistenten auf mit konstanter Bakterienzahl beschickten festen Platten bestimmt werden konnten. Dabei ergaben sich bei UV- und Röntgenbestrahlung sofort nicht vorhergesehene Komplikationen: Bei Ultraviolett stieg die Zahl der Nullpunkt-Mutanten, d. h. die Zahl der sofort nach Bestrahlung vor der ersten Teilung faßbaren Resistenten zunächst mit steigender Dosis an, um bei höherer Dosis deutlich abzufallen. Bei Röntgenbestrahlung dagegen nahm die Mutationsrate proportional zur Dosis zu. Überraschenderweise ergab aber die Prüfung der Mutationsrate zu einem späteren Zeitpunkt, also nach Ablauf mehrerer Zellteilungen, einen viel höheren Wert. Nach experimenteller Mutationsauslösung treten somit bei Bakterien sofort nach der Behandlung nur der kleinere Teil der Mutationen auf; der Hauptteil erscheint erst nach einigen Teilungsschritten, und erst nach etwa der dreizehnten Zellteilung ist die spontane Mutationsrate wieder erreicht! NEWCOMBE und SCOTT (107) widmeten diesem Phänomen bei UV-Bestrahlungen eine scharfsinnige spezielle Untersuchung und stellten fest, daß diese Verzögerung der Mutationsmanifestation (retardierte Genodispersion nach KAPLAN 86) nicht durch differente Wachstumsraten der normalen und mutierten zustande kommen kann und daß auch eine Phase genetischer Instabilität nicht vorliegt. Vielmehr beruht die Verzögerung sowohl auf einer verspäteten phänotypischen Ausprägung des Mutationsschrittes wie auf einer unter dem Einfluß der Bestrahlung verspätet einsetzenden Zellteilung. Mikroskopische Verfolgung geeignet angesetzter Einzelbakterienkulturen zeigten darüber hinaus, daß über die Hälfte der bestrahlten Bakterien zwar die erste Zellteilung durchmacht, aber dann stehenbleibt und stirbt. Diejenigen dagegen, die diese Krise überwinden und die zweite Teilung durchführen, wachsen ohne weitere Komplikationen normal weiter. Nur diese „Überlebenden" sind für den Verzug der Mutationsmanifestation verantwortlich; sie führen aber keine synchronen Teilungen mehr durch, sondern je nach dem Grad der Zellschädigung durch die Bestrahlung verhalten sie sich verschieden.

Über die Hälfte der Überlebenden teilt sich erstmals, wenn die schnellsten bereits die fünfte Teilung hinter sich haben, und eine weitere Zahl führt den ersten Teilungsschritt durch, wenn andere bereits den achten Teilungsschritt durchlaufen haben.

Somit ergibt sich als Schlußfolgerung aus diesen Befunden einmal, daß die Mutationen bereits durch die Bestrahlung ausgelöst waren, jedoch als resistente erst nach einer bis mehreren Zellteilungen phänotypisch faßbar werden, was zeitlich dadurch noch weiter hinausgezögert wird, daß zahlreiche Überlebende erst verspätet ihre Zellteilungen durchführen. Ferner läßt sich mit großer Sicherheit vermuten, daß enzymatische Umstellungen, die bis zur vollendeten phänotypischen Ausprägung der neuen Eigenschaft eine gewisse Zeitspanne benötigen, die Ursache der Verzögerung sind; ob eine beobachtete „Mehrkernigkeit" der Bakterien, d. h. der Besitz von mehr als einem desoxyribosenucleinsäurehaltigen Nucleoid dabei beteiligt ist, läßt sich nicht ganz ausschließen und erfordert weitere Untersuchungen.

Strahlung wirkt somit auf Bakterien ebenso ein wie auf die Zellen höherer Organismen: Mit steigender Dosis wird ein schnell zunehmender Anteil an Bakterien getötet, und unter den Überlebenden werden Mutationen ausgelöst. Während in allen Arbeiten über die Strahlentötung der Bakterien angenommen wurde, der Strahlentod träte direkt ein, und ebenfalls treffertheoretische Betrachtungen angestellt wurden (96), zeigt die NEWCOMBsche Untersuchung, daß auch hierbei die Parallele mit den höheren Organismen noch zutrifft, indem der Tod erst in Zusammenhang mit der — offenbar mißglückenden — Zellteilung erfolgt. Der Schluß ist daher naheliegend, daß auch die Nucleoid- (Kern)-Teilung der Bakterien nach einer Bestrahlung ähnliche Schwierigkeiten hat wie die echte Kernteilung. An dieser Stelle liegt unseres Erachtens wieder ein deutlicher Hinweis auf ein den echten Zellkernen vergleichbares Verhalten der desoxyribosenucleinsäurehaltigen, geformten Organellen der Bakterienzelle.

Die Dosisabhängigkeitskurven der Nullpunkt- und Endpunktmutanten sind innerhalb der Röntgen- und UV-Strahlen und beim Vergleich der beiden Strahlenarten grundverschieden. KAPLAN (83) hat diese Ergebnisse in die formale Sprache der Biophysik übertragen und findet bei den UV-Versuchen eine Zweitrefferkurve für die Endpunktmutationen, für die Nullpunktmutationen bei niederen Dosen eine Vier- und bei höheren Dosen eine Zehntrefferfunktion, Röntgenstrahlen führen dagegen sowohl bei End- wie bei Nullpunktmutationen zu einer Eintrefferkurve. Für die Mutation zu Strahlenresistenz führte WITKIN (19) ähnliche Berechnungen durch. Bei Röntgenstrahlen war die Dosisabhängigkeitskurve eine Eintrefferkurve, bei Ultraviolett dagegen handelt es sich um ein Mehrtrefferereignis.

An den Farbmutationen (rot → „weiß") von *Bacterium prodigiosum* untersuchte KAPLAN (l. c.) die Wirkung des Ultravioletts unter treffertheoretischen Gesichtspunkten und fand für diese Art von Mutationen eine Eintrefferfunktion; eine Abgrenzung der Wirkung von kurz- und langwelligem Ultraviolett ergab, daß unterhalb von 300 m μ keine mutagene Wirkung mehr vorliegt, was mit den Erfahrungen an höheren Organismen übereinstimmt.

Allen Arbeiten mit treffertheoretischen Auswertungen ist aber gemeinsam, daß die zur Zählung verwendeten Mutationen als einheitliche und untereinander vergleichbare Prozesse aufgefaßt werden. Die genauere Untersuchung aller Mutationstypen bei Bakterien hat aber gezeigt, daß diese Voraussetzung sicher nicht erfüllt ist, denn mit je mehr Testen eine einheitlich erscheinende Gruppe gleichartiger Mutationen untersucht wird, desto mehr stellt sich heraus, daß die einzelnen Mutationsschritte untereinander verschieden sind. Unter diesem Eindruck sind in angloamerikanischen Arbeiten daher treffertheoretische Interpretationen in den Hintergrund getreten. Zu diesem Effekt trugen auch die Arbeiten von Wyss und Mitarbeitern bei (90—95). Es wurde *Staphylococcus aureus* mit Ultraviolett bestrahlt und die Anzahl der penicillin- bzw. streptomycinresistenten Mutationen bestimmt. Wird nun allein das Nährmedium ohne Bakterien bestrahlt und erst danach unbehandelte Bakterien eingebracht, dann genügt bereits ein Aufenthalt von 30 Minuten auf dem bestrahlten Medium für eine deutliche Erhöhung der Mutationsrate. Wie bei den Röntgenstrahlen findet sich auch in diesen Versuchsreihen ein Manifestationsverzug der Mutationen. Außer den penicillin- (streptomycin-) resistenten wurden auch mannitol-nicht-fermentierende Mutationen erhalten, und zwar auf bestrahltem Medium 29 auf 30000 gegenüber einem Spontanwert von 6 auf 24000. Wurden umgekehrt solche mannitoldefekten Mutanten auf bestrahltes Medium gebracht, traten unter 14000 Mutanten 29 Rückmutationen auf gegenüber null spontanen unter 28719. Da bekannt ist, daß unter UV-Bestrahlung in wäßrigem, O_2-haltigem Medium H_2O_2 entsteht, wurde dem Nährboden H_2O_2 zugesetzt und ebenfalls Mutationsauslösung beobachtet, dagegen nicht, wenn Bakterien direkt in verdünntes H_2O_2 kamen. Daraus ergibt sich, daß es nicht das H_2O_2 allein ist, welches die Mutationsauslösung bewirkt, sondern eine Verbindung mit dem Nährmedium. Dies konnte auch an dem Ascomyceten *Neurospora* nachgewiesen werden, indem organische Peroxyde wesentlich höhere Mutationsraten bewirkten als einfaches H_2O_2. Die Zufügung von Katalase zum schnellen Abbau ebenfalls zugegebenen Peroxyds annullierte die Mutationsauslösung. Natriumacid, ein Gift für Katalase, erhöht dagegen die spontane Mutationsrate, da es offensichtlich die Beseitigung des Peroxyds verhindert. Es sind aber hier Vorbehalte notwendig, da diese Substanz noch andere enzymatische Prozesse stört und ihre Wirkung auch auf anderem Wege als über Peroxydabbauhemmung gehen kann.

Daß die Rolle von Peroxyd bei der Mutationsauslösung nicht nur außerhalb der Zellen nachweisbar ist, zeigen Katalasebestimmungen verschieden hoch mutabler Stämme von *Escherichia coli*; es scheint die Resistenz gegen UV als mutagenes Agens von einem hohen Katalasegehalt der Bakterien mitverursacht zu sein.

Mit diesen Befunden ist aber eine wesentliche Grundlage der formalen biophysikalischen Analyse des Mutationsgeschehens in Frage gestellt, denn hier wirken offensichtlich die UV-Strahlen nicht direkt auf einen strahlenempfindlichen Bereich eines gentragenden Chromosomenlocus ein, sondern eine indirekte Reaktion unter Zwischenschaltung von Peroxyden ist beteiligt. Wie schwierig darüber hinaus die Auswertung erhaltener Mutationsprozentsätze sein kann, zeigen WITKINs Experimente (95): Zusatz von Na-Ribosenucleat zum Nährmedium gibt einen höheren Prozentsatz von Mutationen als ohne diesen Zusatz. Es scheint daher eine einfache chemische Mutationsauslösung vorzuliegen. Tatsächlich wird aber die spontane Mutationsrate nicht erhöht, sondern nur die Verzögerung der Manifestation herabgesetzt, so daß die konstant bleibende Gesamtzahl der Mutationen bei Ribonucleatzusatz lediglich schon in dem ersten Teil des Wachstumsphase der Bakterien manifest wird. Dasselbe geschieht auch bei Kombination von UV-Bestrahlung und Ribonucleat. Damit ist aber ein weiterer Störfaktor der exakten Bestimmung eines Mutationsprozentsatzes gefaßt, nämlich die Abhängigkeit der Verzögerungsdauer einer Manifestation von äußeren Bedingungen; ohne Ausschaltung dieses Faktors erscheint daher eine biophysikalische Aussage, die Nullpunktmutanten beruhten auf einer anderen Trefferzahl oder veränderter Treffwahrscheinlichkeit als die Endpunktmutanten, biologisch gesehen wenig bedeutungsvoll.

Während in den bisherigen Röntgen- und UV-Experimenten nur ein Mutationstyp jeweils gefaßt wurde, liegen bei *Salmonella typhi murinum* umfangreichere Beobachtungen vor (31, 97): Am häufigsten sind hier Mutationen von Antigenen, speziell Verlustmutationen der O-Antigengruppe; darauf folgen Mutationen der Eigenschaft, organische C-Quellen fermentativ anzugreifen, sowie diejenigen, die auf Gegenwart von Aminosäuren durch Wachstumshemmung reagieren. Am seltensten treten schließlich die echten biochemischen Mutationen mit klarem Verlust der Fähigkeit zur Synthese bestimmter Aminosäuren, Vitamine oder Purinbzw. Pyrimidinderivate auf.

Seit durch OEHLKERS Urethane und durch AUERBACH Senfgas und seine Derivate als mutagene Agenzien erkannt worden sind, kann bei keinem Objekt die Mutationsforschung auf die Anwendung und Prüfung auch chemischer Agenzien mehr verzichtet werden. Es sind daher zahlreiche Untersuchungen dieser Art an Bakterien vorgenommen worden. Einen Grenzfall zwischen chemischer und strahleninduzierter Mutabilität bearbeitete KAPLAN an Zwergwuchs von *Bacterium prodigiosum* (86, 4). Ruhende Zellen wurden in Erythrosinlösung suspendiert und zunächst bei höheren Farbkonzentrationen ohne Zusatzbehandlung eine Zunahme der Zwergwuchskolonien beobachtet. Bei geringeren Konzentrationen bedurfte es einer intensiven Beleuchtung mit sichtbarem Licht, um bei geringer Teilungsrate eine Zweitrefferfunktion der Zwergwuchskolonien zu erhalten. Die Befunde sowohl der reinen Giftwirkung der Substanz wie der Wirkungserhöhung durch die Photosensibilisierung konnte bei Phagenresistenzmutationen von *Escherichia coli* bestätigt werden (98).

Bei der Verwendung von Chemikalien zu Bakterienmutationen ist zu unterscheiden einerseits zwischen selektiv wirkenden Chemikalien, wie z. B. Penicillin, Streptomycin oder Sulfonamiden, welche lediglich zur Scheidung von empfindlicher Wildform und resistenter Mutation dienen, und andererseits zwischen mutagenen Chemikalien, welche eine erhöhte Mutationsrate gegenüber der spontanen bewirken. Zunächst wurden die bereits bei höheren Organismen als mutagen bekannten Chemikalien auf ihre Wirkung auch bei Bakterien nachgeprüft, Stickstofflost (99, 100), Methyl- und Äthylurethan (101) an *Escherichia coli* und die erstere Substanz außerdem an *Achromobacterium fischeri* (102), wobei verhältnismäßig niedere Mutationsraten erhalten wurden. Es ergab sich somit aus den Strahlen- und Chemikalienversuchen, daß alle bei höheren Organismen als mutagen bekannten Agenzien auch auf Bakterien dieselbe Wirkung ausüben. Bei der Schnelligkeit der Durchführung eines solchen Testes mit Bakterien sind daher noch weitere Chemikalien auf eine derartige Wirkung untersucht worden. So führt DEMEREC (103) Coffein, Zephirolchlorid, basisches Fuchsin, Berylliumfluorid und Colchicin an, das jedoch in einer älteren Arbeit — vielleicht zu Unrecht — als nicht mutagen bezeichnet worden war (104).

Über weitere mutagene Substanzen berichtet WITKIN (105) in einer sorgfältig durchgeführten Arbeit unter Zählung der gegen den Phagen T_1 resistent mutierten *Escherichia coli*-Bakterien. Natriumdesoxycholat, ein Salz einer Gallensäure (Desoxycholsäure) und ein Lösungsmittel für Nucleoproteine, tötet in 5%iger Lösung bei einer Einwirkungsdauer von 3 Stunden 99% der Bakterien ab. Unter den überlebenden steigt die Zahl der Nullpunktmutanten vom Spontanwert 3,8 unter 10^8 Bakterien auf 60,2 unter 10^8 Bakterien an. Die Zahl der Mutanten bei Einwirkung von 5%iger Desoxycholatlösung während 30 Minuten, 1 Stunde 2 Stunden usw. nimmt linear zu, genau wie die Dosisabhängigkeitskurve bei Röntgenstrahlen nach Prüfung desselben Bakterienstammes auf dieselbe Mutation. Dabei entspricht die relativ hohe Dosis von 100000 r einer Einwirkungsdauer von 8 Stunden des 5%igen Natriumdesoxycholats.

Von basischen, d. h. nucleinsäureaffinen Farbstoffen wurde das Ribonucleinsäure färbende Pyronin und Methylgrün untersucht. Während Pyronin mutagen wirkte, konnte bei dem zweiten Farbstoff selbst bei 99,9%iger Toxizität keine gesicherte Erhöhung der Mutationsrate beobachtet werden. Das bakteriostatische, stark antibiotische neutrale Acriflavin, das mit Nucleaten auch in vitro stabile Komplexsalze bildet, zeigte ebenfalls deutliche mutagene Wirkung. Dosiseffektkurven konnten bei den letztgenannten zwei mutagenen Chemikalien nicht aufgenommen werden, da bei höheren Farbstoffkonzentrationen in Gegenwart von Bakterien Niederschläge auftreten, welche die Mutationsrate beeinflussen und größere Schwankungen in Parallelversuchen verursachen.

In einer Diskussionsbemerkung zu dieser bei einer Tagung vorgetragenen Arbeit ist im Hinblick auf den linearen Anstieg der Mutationsrate mit Recht darauf hingewiesen worden, daß derartige ansteigende Kurven nur unter Bezug auf die jeweils überlebenden Bakterien auftreten. Bezieht man die Zahl auf die ursprüngliche Anzahl behandelter Bakterien, dann ergibt sich, daß zwar bis etwa zur 50%igen Letalität die Zahl der Mutanten zunimmt, dann aber mit steigender Totenzahl ebenso stark abnimmt, mit anderen Worten, die beiden Phänomene der

Letalität und der Phagenmutation gegenseitig einander quantitativ beeinflussen.

Aus dieser Vorstellung einer Wechselwirkung zwischen toxischem und mutagenem Effekt leitete in derselben Diskussion KURNICK eine interessante Hypothese des Mechanismus der Mutationsentstehung ab: Er knüpft an den Befund WITKINS an, daß nach Tötung von etwa 99,9% der behandelten Bakterien in dem anschließenden Zeitraum der Einwirkung zwar keine weiteren Todesfälle mehr ausgelöst werden, wohl aber noch weitere Mutationen. Er hält es für möglich, daß in diesem Fall gar nicht die geprüfte Substanz mutagen wirkte, sondern von den Toten Stoffe abgegeben werden, welche die Mutationen bedingen. Die Zahl der Mutanten wäre dann abhängig von dem Umfang, in dem durch ein Agens ein bakterieneigener, mutagener Stoff in Freiheit gesetzt wird. Eine derartige Hypothese wäre durch geeignete Experimentplanung sogar nachprüfbar, doch sind unseres Wissens die vorgeschlagenen Verfahren noch nicht angewendet worden. Auf diese Weise wäre die auffällige Unspezifität der mutagen auf Bakterien wirkenden Chemikalien etwas verständlicher gemacht.

Eine spezielle Frage von seiten der medizinischen Krebsforschung an die Genetik ist von LATARJET (106) ebenfalls mit Hilfe der Phagenresistenzmutationen von *Escherichia coli* zu beantworten versucht worden. Es ist eine auffällige Tatsache, daß die meisten mutagenen Agenzien gleichzeitig sowohl cancerogen wie therapeutisch gegen Tumoren wirken. So wurden das stark cancerogen wirkende Methylcholanthren und die schwachen Cancerogene 1, 2, 5, 6-Dibenzanthracen-β-Endosuccinat-Natrium, das Styryl 430 und Na-Desoxycholat sowie das nicht cancerogene Na-Cholat auf Mutagenität bei Bakterien geprüft. Im Gegensatz zu den, allerdings zahlenmäßig nur sehr gering belegten, positiven Ergebnissen bei *Drosophila* erwies sich das Methylcholanthren als nicht mutagen, obwohl es durch Fluoreszenzbestimmungen als in die Bakterien eingedrungen nachgewiesen war, im Gegensatz zu den anderen Substanzen, die positive Wirkungen zeigten; umgekehrt war das nicht cancerogene Na-Cholat ebenso stark mutationserhöhend wie das Desoxycholat. LATARJET bezweifelt daher die Richtigkeit der Verallgemeinerung, daß alle mutagenen Substanzen gleichzeitig cancerogen wirkten.

Schließlich sind auch mit radioaktiven Substanzen Mutationen erzielt worden. Grundlage für das Verständnis dieser Phänomene ist die Feststellung, daß bei Verabreichung von P^{32} 75% des eingebauten radioaktiven Phosphors in der Ribonucleinsäurefraktion bei *Escherichia coli* wiedergefunden wird (108). Dies steht in Parallele zu den Befunden an höheren Organismen, wo ebenfalls fast allein der Ribosenucleinsäurestoffwechsel einen so intensiven Phosphorumsatz zeigt, daß rasch ein Einbau der markierten Phosphoratome erfolgt. Die Desoxyribosenucleinsäuren des Kerns zeigen dagegen außerhalb der Phase der Kernteilung eine hohe Stabilität und nehmen daher praktisch so gut wie keinen P^{32} auf. Je nach der chemischen Natur der verabreichten Verbindung mit P^{32} wird durch *Escherichia coli* in verschiedenem Grade der markierte Phosphor eingebaut. Bei Prüfung der Zahl der Streptomycinresistenten ergibt sich eine von der Menge eingebauten Phosphors abhängige Erhöhung der Mutationsrate (109). Rechnerisch läßt sich dabei zeigen, daß in der Bakterienzelle die Steigerung des aufgenommenen Phosphors keine derartige Erhöhung der Ionisationen bewirkt, daß die starke Zunahme der Mutationen daraus erklärt werden könnte. Es kann daher geschlossen werden, daß die Aufnahme von P^{32} noch weitere, zur Mutationsauslösung beitragende Effekte bewirken muß als nur die Abgabe von Ionisationen, die in trefferempfindliche Bereiche der erbtragenden Strukturen gelangen.

Anhangsweise sei hier noch angefügt, daß auch mit Actinomyceten, soweit sie zur Streptomycingewinnung von Bedeutung sind, Mutationsexperimente angestellt wurden. Zunächst wurden sieben antibiotisch unwirksame Stämme von Streptomycesarten mit Röntgen und Ultraviolett betrahlt (110). Bei fünf Stämmen traten in ausreichender Häufigkeit Mutanten auf, die offensichtlich verschiedene Antibiotika mit verschiedener Wirkungsstärke bildeten — eine neue Gruppe des von LWOFF als anaphragmisch bezeichneten Mutationstyps. Von anderer Seite ist der streptomycinbildende *Streptomyces griseus* mit Ultraviolett und Lost behandelt worden (111). Es traten Mutationen der Koloniegestalt, der Exsudatfarbe, der Menge und Farbe der Pigmente, der Sporenfarbe und der Sporenbildungsintensität auf. Diese erblichen Änderungen sind häufig, aber nicht immer mir erhöhter Streptomycinbildung verbunden. In den meisten Fällen, vor allem bei lostinduzierten Varianten, ist der letztere so erwünschte Effekt nur vorübergehender Natur, indem in den Folgekulturen die Streptomycinproduktion wieder zurückgeht. Immerhin sind unter den UV-induzierten Varianten auch echte Mutanten mit erhöhter Streptomycinbildung in allen Folgekulturen erhalten worden. Von anderer Seite sind dieselben Beobachtungen bei Einbeziehung auch der Röntgenstrahlen als mutagenen Agens erhoben worden (112); hier erwiesen sich nur 3 unter 3700 Isolierungen mit erhöhter Streptomycinproduktion als echte Mutanten, die in Folgekulturen die einmal erreichte Streptomycinbildungsintensität beibehielten.

Das Transformationsproblem.

Bei der Besprechung der Mutationen von Bakterien hinsichtlich ihrer antigenischen Eigenschaften haben wir darauf hingewiesen, daß hier die Abgrenzung von echtem Mutationsgeschehen einerseits und andersgearteten Veränderungen des antigenischen Verhaltens sehr schwer durchzuführen ist. Durch entsprechende Wahl von Kulturmedien und durch andere Maßnahmen ist es nämlich leicht möglich, eine Typenumwandlung der Bakterien zu erhalten. Antigeneigenschaften erscheinen daher bei diesen Versuchen stark labil und leicht durch Wechsel der Außenbedingungen — auch durch Alternlassen der Kulturen — beeinflußbar. Die Unterscheidung, ob eine unter kontrollierten Bedingungen herbeigeführte Typenumwandlung daher als Mutationsvorgang — eine bleibende Änderung der Erbträger der Bakterienzelle — oder als Folge einer Änderung des Reaktionssubstrates in der Zelle gedeutet werden kann, ist mit besonderen Schwierigkeiten bei dieser

Mutationsgruppe verbunden. Die bisherigen Befunde von Vorgängen, die zweifelsfrei Mutationen darstellen, sind daher bei den Antigeneigenschaften von den geschilderten Schwierigkeiten etwas beschattet.

Die kritische Situation dieses Problems wird noch weiter erhöht durch ein eigenartiges Geschehen, das bereits weitgehende Aufklärung gefunden hat und im Gegensatz zu Mutationen und offensichtlichen Modifikationen d. h. leicht reversiblen Änderungen als Transformation bezeichnet wird.

Ausgangspunkt ist dabei ein bereits 1928 erhobener Befund an Pneumokokken (113): Infektiöse Stämme dieser Bakteriengruppe besitzen eine Kapsel aus Polysacchariden; dieses Kapselmaterial ist bei verschiedenen „Typen" der Pneumokokken nicht einheitlich, sondern deutlich verschieden; so besitzt der Typ III z. B. als spezifisches Kohlenhydrat Glucose + Glucuronsäure im molaren Verhältnis von 1 : 1, und zwar handelt es sich um die 4-β-Glucuronosidoglucose, die β-glucosidisch über das C-Atom 3 der Glucuronsäure zu höheren Einheiten zusammentritt. Wir müssen annehmen, daß die Bildung der typeneigenen Polysaccharide als konstante Eigenschaft genetisch gesteuert wird.

Von den Polysacchariden ist aber gleichzeitig das serologische Verhalten der betreffenden Typen mitbestimmt, indem jeder Typ nur durch das homologe Antiserum agglutiniert wird; eine Immunisierung eines Organismus gegen Pneumokokken erfolgt daher streng nur gegen den einen Typ, der dazu verwendet wurde, so daß eine Infektion durch einen anderen Typ nicht gehindert wird (Zusammenfassung 120). Ferner ist die Tatsache der Kapselbildung für die Morphologie der Kolonie von Bedeutung, indem alle Kapselbildner mit glatter Oberfläche versehen sind und darum als S-Formen („smooth colonies") bezeichnet werden.

Aus Kulturen unter schlechten Bedingungen oder aus abgekapselten Entzündungsherden in einem Wirtsorganismus lassen sich nun atypische Stämme gewinnen, die nicht oder kaum virulent sind und die keine Typenspezifität mehr besitzen, da sie die Fähigkeit für Polysaccharid-, d. h. Kapselbildung verloren haben. Sie besitzen lediglich zwei artspezifische Antigene, ein Protein und ein Glykoproteid. Sie ergeben eine Kolonie mit rauher Oberfläche („rough colonies") und werden als R-Formen bezeichnet.

Die Charakterisierung der Pneumokokken in diesen Versuchen ist somit eine doppelte: S bzw. R bringen das Vorhandensein bzw. Fehlen der Kapsel und damit der auf diesen Polysacchariden beruhenden Eigenschaften zum Ausdruck. Die römischen Zahlen I, II, III usw. bezeichnen bei den S-Formen die jeweilige spezifische serologische Eigenart, hervorgerufen durch die jeweilige chemische Konstitution des Polysaccharids. Bei den R-Formen bedeuten jedoch die römischen Ziffern lediglich, aus welchem Typ (I, II, III usw.) einer S-Form die typenunspezifisch reagierende R-Form gewonnen worden ist.

Ausgangspunkt für die Bearbeitung des Transformationsproblems war folgender Befund (113): Mäusen wurden R-Typ II-Pneumokokken zusammen mit viel hitzegetöteten S I-Bakterien injiziert. Bei alleiniger Injektion sowohl von R- oder den verwendeten S-Formen

                    21

starb die Maus nicht, wohl aber bei der gewählten Kombination. Die aus dem Blut der tödlich infizierten Mäuse gewonnenen Pneumokokken waren nun überraschenderweise nicht S II-Formen, was ·durch Reaktivierung der R-Typ II-Bakterien unter den günstigen Bedingungen des Wirtsorganismus hätte vielleicht erwartet werden können und keine großen Schwierigkeiten bereitet hätte. Trotz der strengsten Vorsichtsmaßnahmen, daß keine lebenden S-Bakterien eingebracht werden konnten, erwiesen sich die herausgezüchteten Pneumokokken als dem S-Typ zugehörig, der in abgetöteter Form mitinjiziert worden war. Mit anderen Worten, es mußte unter dem Einfluß von Substanzen aus dem mitinjizierten S-Typ eine Transformation der R-Typ-Form in die entsprechende S-Form stattgefunden haben, in dem herangezogenen Beispiel von einer R-Typ II-Form in eine S-Typ I-Form. Dasselbe gelang ebenso bei der Verwendung toter S III-Pneumokokken und — ohne Zwischenschaltung einer Maus — wenn in vitro bei Gegenwart von Anti-R-Serum mit einem Überschuß von hitzegetöteten S-Bakterien oder mit einem zellfreien Extrakt dieser Bakterien gearbeitet wurde.

Unter Einsatz hochentwickelter biochemischer Methoden konnte der Arbeitskreis von AVERY (115—118) das transformierende Prinzip bei der Umwandlung von R-Typ II- zu S III-Pneumokokken chemisch charakterisieren. Es handelt sich um eine hochpolymere Form von Nucleinsäuren des Desoxytyps, wie sie durch vorsichtige Aufarbeitung der S III-Pneumokokken gewonnen werden konnte. Dabei ist das transformierende Prinzip nur ein kleiner Teil der DNS-Fraktion und hochwirksam, denn es genügen 0,003 mg der gesamten Fraktion, um die Transformation in Gang zu bringen. Unter guten Bedingungen werden bis zu 0,5% der R-Typen transformiert — gegenüber den Mutationsraten der Bakterien eine ungewöhnlich hohe Zahl. Ist durch die wirksame DNS-Fraktion die Transformation bewirkt, dann bleibt der neue Zustand in allen folgenden Passagen streng konstant, darüber hinaus scheint es sich sogar um einen irreversiblen Prozeß zu handeln, denn es ist in keinem Fall eine Rückkehr des induzierten S- zum originalen R-Zustand beobachtet worden. Hier liegt ein zweiter, scharfer Unterschied zu den typischen Mutationen, denn gerade bei den Bakterien sind anschließende, vereinzelte Rückmutationen ein geradezu charakteristisches Phänomen des Mutationsgeschehens. Schließlich ist noch von Bedeutung, daß nur in intensiver Zellteilung befindliche Bakterien einer Transformation fähig sind und als Voraussetzung stets Serum dem Nährmedium zugegeben werden muß. Es kann verschiedener Herkunft sein, vom Kaninchen oder von menschlichen serösen Flüssigkeiten nach Infektionen, doch muß es stets R-Antikörper enthalten. Es zeigt sich dabei, daß drei Faktoren aus dem Serum die notwendigen Voraussetzungen für die transformierende Wirkung der DNS schaffen: Die R-Antikörper, eine dialysierbare Serumkomponente und ein zusätzlicher Proteinfaktor (121). Die R-Antikörper schaffen dabei durch die Agglutination der Ausgangs-R-Form im flüssigen Medium klumpige Kolonien, und erst wenn diese Klumpenwuchsform hergestellt ist, setzt die Transformation ein. Bei Dialysierung des Serums gegen physiologische Kochsalzlösung, nicht gegen Wasser, geht proportional mit der Dialysierungsdauer die transformierende Wirkung des Serums bis zur völligen Unwirksamkeit zurück. Durch Phosphat- oder Neopeptonzugabe konnte in verschiedener Schnelligkeit das inaktive Serum wieder transformationswirksam gemacht werden, doch läßt sich aus diesen Befunden noch kein bindender Rückschluß auf die chemische Natur des dialysierbaren Faktors ziehen. Der dritte Faktor ist nicht dialysierbar und vorläufig als Protein angesprochen worden. Die bisherigen Ergebnisse lassen nicht mehr als Hypothesen über die Voraussetzungen einer Transformation zu — entscheidend ist in diesem Zusammenhang allein die Tatsache, daß nur ganz spezielle Voraussetzungen in der Umwelt und im physiologischen Zustand der Bakterien diesen Vorgang ermöglichen. Eine derartige strenge Abhängigkeit des Prozesses von ganz engen Bedingungskonstellationen ist aber wiederum für das typische Mutationsgeschehen nicht gegeben.

Genau entsprechende Ergebnisse sind auch an *Escherichia coli* von BOIVIN und Mitarbeitern erhalten worden (122—131, Zusammenfassung in 132). Aus einem S_2-Typ entstehen unter geeigneten Bedingungen unspezifische R_2-Formen. Von ihnen, die sich voneinander durch die Koloniegestalt unterscheiden, erwies sich nur ein besonders klein wachsender Stamm befähigt, unter der Wirkung von aufgearbeiteten Desoxy- und Ribonucleinsäuren aus S_1-Formen zu transformieren, indem aus R_2- sich S_1-Bakterien bildeten. Durch cytochemische Untersuchungen wurde sichergestellt, daß die entscheidende DNS sich ausschließlich in den Nucleoiden, den kernähnlichen, geformten Organellen der Bakterienzelle, befindet (133—136).

Weitere Fälle von Transformation sind an *Shigella paradysenteriae* in 3 von 225 vorgenommenen Experimenten gelungen (137), ferner bei *Proteus* OX_{19} (138) und wahrscheinlich auch bei *Bacillus mesentericus* zu *B. anthracis* (139). Es scheint somit kein Ausnahmephänomen vorzuliegen, sondern überall dort Transformation nachgewiesen zu werden, wo die Analyse der antigenischen Eigenschaften weit genug vorgetrieben ist und in der notwendigen Breite Versuche angestellt werden können.

Zusammenfassend folgt somit aus diesem reichen Beobachtungsmaterial, daß im Bereich der antigenischen Eigenschaften der Bakterien gerichtete Mutationen, die Transformationen, möglich sind. Sie kommen zustande, wenn unter geeigneten eng begrenzten Bedingungen Nucleoidmaterial — die DNS-Fraktion — auf eine unspezifische R-Form einwirkt. Offensichtlich genügt dabei die Aufnahme einer kleinen Menge der angebotenen DNS, um sich in dem R-Bacterium autokatalytisch zu vermehren und ihm die Eigenschaft einer ihm bisher fremden Polysaccharidbildung mit allen Konsequenzen zu ermöglichen. Da diese Eigenschaft beliebig lange Zeit streng konstant bleibt und höchstens in die entsprechende R-Form spontan umschlägt muß die neue Eigenschaft erblich fixiert sein. Während von allen Bakteriologen dabei angenommen wird, daß die transformierende DNS in die Nucleoidstruktur der R-Form eingeht und so ein neues Element in das Genom eingefügt wurde, hat GOLDSCHMIDT in einem Vortrag darauf hingewiesen, daß bei unveränderter genetischer Struktur auch das Reaktionssubstrat der Gene sich verändert haben könnte (140). Er zieht dabei als Vergleich die Ausbildung von Wasser- und Landblättern bei ein und demselben Individuum heran. Während dabei die Umwelt die Reaktionsnorm der Blattbildung beeinflußt, nimmt GOLDSCHMIDT bei den transformierten Bakterien eine analoge Umstimmung durch die Aufnahme von DNS in die Bakterienzelle an; die autokatalytische Weitervermehrung der aufgenommenen DNS *in der Zelle* schafft dann eine bleibende Umstimmung der Reaktionsnorm des unverändert gebliebenen Genoms.

Für die Chemie der Erbträger ergibt sich ferner, daß offensichtlich nicht nur eine Variabilität ihrer Konstitution durch die Unzahl der möglichen Proteine gegeben ist, sondern auch die Nucleinsäuren nicht nur art-, sondern sogar typenspezifisch sind. Gestützt wird dieser, die Biochemie etwas überraschende Befund durch die Tatsache, daß nur vorsichtig aufgearbeitete, in ihrem Polymerisationsgrad wenig veränderte DNS transformierend wirken und Depolymerisierung durch Desoxyribonuclease sofort die Transformationswirkung aufhebt. Es muß daher mit der Möglichkeit gerechnet werden, daß ganz allgemein die Unterschiede in aufeinanderfolgenden Chromosomenloci mit definierten Rückwirkungen auf Eigenschaften sowohl durch Verschiedenheit der Protein- wie der Nucleinsäurekomponenten hervorgerufen werden.

Die Bedeutung der Ergebnisse an Bakterienmutationen.

Die schon lange bekannten Phänomene der „Anpassung" der Bakterien an veränderte Kulturbedingungen waren im Rahmen der Genetik bisher störende Fremdkörper, die immer wieder für Lamarckistische Gedankengänge in Anspruch genommen wurden. Durch die bisher erarbeiteten Ergebnisse ist diese herausfallende Sonderstellung beseitigt worden. Aus der bisherigen Darstellung läßt sich noch nicht klar ersehen, mit welchem Recht die beobachteten Erscheinungen tatsächlich als Mutationen bezeichnet werden. Wir geben daher hier abschließend eine Zusammenstellung der zu dieser Interpretation zwingenden Tatsachen:

1. Ebenso wie bei höheren Organismen treten bei Bakterien Mutationen zufällig ein, wobei unter konstanten natürlichen oder experimentellen Bedingungen ein konstanter Wahrscheinlichkeitswert des Eintretens einer Mutation in einem Individuum angegeben werden kann. Er ist bei Bakterien und kernhaltigen Mikroorganismen (Hefe, *Neurospora*) größenordnungsmäßig gleich.

2. Die eingetretenen, offensichtlich erblichen Veränderungen sind in den meisten Fällen sprunghaft, d. h. zwischen normaler und mutierter Eigenschaft bestehen keine fließenden Übergänge.

3. Die mutativen Eigenschaften der Bakterien sind häufig dieselben, wie sie bei anderen, kernhaltigen Mikroorganismen, vor allem bei *Neurospora* auftreten. Gerade im Bereich der biochemischen Mutationen haben sich dadurch dieselben Typen von Stoffwechselabläufen bei Bakterien und kernhaltigen Mikroorganismen finden lassen.

4. Dieselben Agenzien — Strahlen und Chemikalien — die bei kernhaltigen Organismen beliebiger Organisationsstufe Mutationen auslösen, wirken auch bei Bakterien mutagen.

5. Mutationen zeigen mit einer, ihrem Zustandekommen ähnlichen Wahrscheinlichkeit das Phänomen der Rückmutation. Wie bei höheren Organismen wird dabei meist nicht genau der ursprüngliche Ausgangszustand wiederhergestellt.

6. Mutationen einer einzelnen Eigenschaft verändern häufig die „Vitalität", d. h. die Mutanten sind zum Teil in ihrer Wachstumsintensität der Ausgangsform unterlegen oder es liegt in anderer Hinsicht eine Pleiotropie vor.

7. Verschiedene Mutationen treten bei Bakterien ebenso wie bei höheren Organismen unabhängig voneinander ein und mutieren auch unabhängig wieder zurück.

8. Bei Ultraviolettbestrahlung liegt die Grenze der mutagenen Wirkung auf Bakterien und höhere Organismen bei derselben Wellenlänge $(300 \, \mathrm{m}\mu)$.

9. Vor allem bei Röntgenstrahlen sind die Dosisabhängigkeitskurven bestimmter Bakterienmutationen dieselben wie bei höheren Organismen. Treffertheoretische formale Interpretationen können daher auch bei Bakterienmutationen angestellt werden. Es lassen sich aber gegen sie dieselben Einwendungen erheben wie bei höheren Organismen, da in dieser Hinsicht entgegen bisherigen Vermutungen bei den Bakterien keine wesentlichen Vereinfachungen im Mutationsgeschehen vorhanden sind.

10. Die Transformation, d. h. der Einbau fremder Desoxyribosenucleinsäuren in die Zelle, die autokatalytische Reproduktion des transformierenden Prinzips in ihr und die Rückwirkung auf die Eigenschaften der transformierten Bakterienzelle, ist ein Sonderfall, der mit der Einzelligkeit und der Kleinheit der Bakterien sowie ihrer Besonderheit hinsichtlich antigenischer Eigenschaften zusammenzuhängen scheint. Er ist nur in einer Richtung, von einer defekten Form zu einem höher differenzierten Typ, möglich.

Es muß aber ausdrücklich darauf hingewiesen werden, daß nicht jede Bakterienvariation hinsichtlich morphologischer Eigenschaften, biochemischen und antigenischen Verhaltens unter dem Eindruck der umfangreichen Untersuchungen als Mutation bezeichnet werden darf. Wir haben vor allem bei den Antigeneigenschaften darauf hingewiesen, daß es sich hier um oft sehr labile Phänomene handelt und darum der exakte Nachweis einer abgelaufenen Mutation besonder schwerfällt. Dasselbe gilt auch für biochemische Variationen: Adaptive Enzyme können Mutationen vortäuschen, und LEDERBERG (65) erwähnt ausdrücklich Grenzfälle aus seinen Mutationsuntersuchungen, die zunächst wie Mutationen aussahen, bald aber zum Normalzustand zurückkehrten. Auch bei *Aerobacter aerogenes* sind nach UV-Bestrahlung 48 Kolonien mit abgeändertem Wuchsverhalten isoliert worden, die nach Subkulturen auf vollständigem Medium rasch normal wuchsen (141). Es sind diese Erscheinungen deutliche Parallelen zu den aus der physiologischen Genetik höherer Organismen bekannten Phänokopien, bei denen durch Änderungen äußerer Bedingungen das Substrat der Gene, d. h. der Zustand des Protoplasmas und seiner enzymatischen Prozesse, reversibel soweit abgeändert wurde, daß vorübergehend ein mutierter Phänotyp bewirkt wird.

II. Die Kreuzungsanalyse.

1. Morphologische Grundlagen. Es erscheint zunächst widersinnig, bei Bakterien an eine Kreuzungsanalyse zu denken. Nach den allgemeinen Vorstellungen besitzen sie keinen Zellkern, keine Sexualität, d. h. Zellverschmelzung und Meiosis, und damit keine jener Voraussetzungen für eine Anwendung von Begriffen und Methoden der klassischen Vererbungslehre. Mehrere Autoren haben aber experimentelle Ergebnisse publiziert, die sich als reproduzierbar erwiesen haben und welche eine Revision dieser so selbstverständlich klingenden negativen Feststellungen erfordern.

Zunächst ließ sich mit Sicherheit zeigen, daß fast alle untersuchten Bakterienzellen in Ein- und Mehrzahl vorhandene, geformte Bildungen enthalten, die chemisch und — soweit festgestellt — auch funktionell dem Zellkern der höheren Organismen entsprechen. In diesem Punkt sind sich alle neueren zusammenfassenden Darstellungen praktisch einig (142, 143, 144). Chemisch gleichen sie dem Zellkern insofern, als nur diese Bildungen Desoxyribosenucleinsäure in der Bakterienzellen enthalten. Sie sind mit der FEULGENschen Nuclealmethode oder mit GIEMSA-Färbung dann mit Sicherheit zu erhalten, wenn die Ribonucleinsäuren durch entsprechend ausgedehnte Salzsäurehydrolyse (145, 146) oder durch Ribonuclease entfernt worden ist (147, 148, 149). Ohne diese Vorbehandlung sind diese Bildungen durch die diffus verteilten Ribonucleinsäuren meist maskiert. Daß die gefärbte Struktur tatsächlich DNS enthält, ergibt sich aus dem Ausbleiben der Färbung nach Behandlung mit Desoxyribonuclease. Unter günstigen Umständen sind diese DNS-Körper (Nucleoide in der Terminologie von PIEKARSKI) auch mit dem Phasenkontrastverfahren (150) oder durch ultraviolettes Licht in einem Wellenbereich maximaler Absorption durch Nucleinsäuren (151, 152, 153) nachweisbar. Mit dem Elektronenmikroskop sind dagegen schwerer zu deutende Bilder erhalten worden; erst durch Kultur der Bakterien auf N-freiem Medium tritt eine Verarmung an Ribonucleinsäuren ein, und dadurch erhalten die DNS-Körper die notwendige Dichtedifferenz gegenüber dem umgebenden Plasma (Zusammenstellung der Literatur in 144). Bei den bekanntesten Bakteriengruppen bzw. -arten sind derartige DNS-Körper nachgewiesen worden; die häufigste Erscheinungsform gibt Abb. 47 wieder, in welcher in Zweizahl punktförmige derartige Bildungen in der Zelle vorhanden sind, die von verschiedenen Autoren auch als hantelförmig beschrieben werden (154, 155, 156).

Die Zahl der DNS-Körper in den Zellen einer Kultur ist sowohl von dem Zellwachstum wie von dem Zustand der Kultur abhängig, indem in alten Kulturen der Nachweis von DNS nur noch unsicher gelingt.

Außerdem scheinen sie bei zahlreichen Arten bald in größeren Zellen in Zweizahl, bald in kleineren Zellen in Einzahl auftreten zu können. Besonders schwierig liegen die Verhältnisse bei den Tuberkelbazillen, bei welchen an Stelle der meist um $0,2-0,5\ \mu$ großen Körper nur kleine DNS-Ganula ohne feste Zahl und Ordnung nachgewiesen sind (157, 158).

Eine Untergliederung der DNS-Körper in Teilbestandteile, etwa im Sinne von Chromosomen, ist bis jetzt noch nicht sicher gezeigt. Die französische Arbeitsgruppe um BOIVIN will daher den DNS-Körper als aus einem „Chromosom" bestehend interpretieren; nur ein einzelner Autor deutet seine Bilder, als sei der DNS-

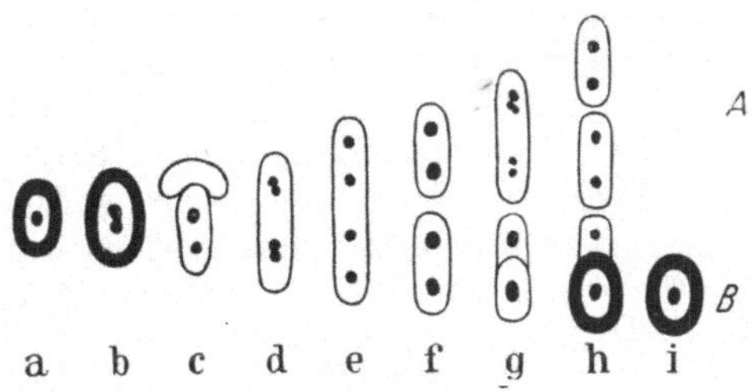

Abb. 47. Schematische Darstellung des Formwechsels der DNS-Körper sporenbildender Bakterien. *a* Ruhende Spore *b, c* Sporenkeimung; *d—h* Verhalten bei Zellteilung; *g—i* Sporenbildung. [Nach PIEKARSKI (144)].

Körper aus gepaarten Teilen zusammengesetzt; die Zahl dieser „Chromosomen" ist je nach dem Typ der Bakterien, z. B. bei S- und R-Formen, verschieden (159—164).

Funktionell haben sich mit cytochemischen Methoden Ähnlichkeiten zwischen DNS-Körpern bei Bakterien und echten Zellkernen aufdecken lassen. Mit CASPERSSONS Methode erweist sich der Nucleinsäuregehalt der Zellen von dem Entwicklungszustand der Bakterien abhängig (165, 166). Übertragung auf frischen Nährboden führt zu einem Zellwachstum und zu starkem Anstieg des RNS-Gehaltes der Zellen. Erst nach dieser Speicherphase setzt die Zellteilung ein, und ihr Maximum in einer Kultur fällt zusammen mit dem Höhepunkt des RNS-Gehaltes der Zellen. Dieselben Verhältnisse finden sich aber auch an sich teilenden Zellen höherer Organismen. Daß an derartigen Stoffwechselvorgängen gerade die DNS-Körper stark beteiligt sind, wird wahrscheinlich aus der Behandlung von *Escherichia coli* und *Salmonella typhi* mit Triphenyl-Tetrazoliumchlorid (153). Die Substanz wird nur in unmittelbarer Umgebung der DNS-Körper zum roten Triphenylformazan reduziert, so daß diese Körper Orte mit gesteigertem Reduktionsvermögen sein müssen.

Es ergibt sich somit aus diesen Befunden, daß die DNS in der Bakterienzelle sicher in geformten Bestandteilen lokalisiert ist, die als K e r n - ä q u i v a l e n t e bezeichnet werden können. Sie als echten Zellkern zu werten, ist jedoch noch nicht möglich, da bis jetzt keine Chromosomen, d. h. zahl- und formkonstante Elemente, nachgewiesen wurden, welche bei der Teilung der DNS-Körper einem mitoseähnlichen Ablauf unterworfen sind. Unter Einbeziehung der Mutationsergebnisse kann weiter geschlossen werden, daß diese wohl einfacher als echte Zellkerne gebauten DNS-Körper die Träger der in der Bakterienzelle lokalisierten Erbeinheiten darstellen. Die Tatsache, daß die Transformation im Wesentlichen durch die hochpolymere DNS-Fraktion bewirkt wird und daß zugeführtes P^{32} zu 75% in dem RNS- und nur begrenzt in dem DNS-

Anteil der Zelle aufgenommen wird, läßt ferner den Schluß zu, daß bei den Bakterien vor allem der DNS die Funktion einer erbtragenden Substanz zukommt.

Nachdem das Vorhandensein von Kernäquivalenten in der Bakterienzelle als sichergestellt gelten kann, ist der Gedanke an Sexualvorgänge bei diesen niedrigen Organismen nicht mehr abwegig. Anhaltspunkte für derartige Prozesse sind verschiedentlich gefunden worden (vgl. 142); so sind ältere Beobachtungen bei der Sporenbildung, die auf eine Art Autogamie hinweisen (167), neuerdings mit geringen Abweichungen wieder aufgewiesen worden (156). Die überzeugendsten, weil einwandfrei mikrophotographisch belegten Bilder sind von STAPP an *Bacterium tumefaciens* erhalten (168) und elektronenoptisch in Amerika bestätigt worden (169): Lange Stäbchen der Bakterien mit 1—2, selten 3—4 DNS-Körpern legen sich zu mehreren sternförmig zusammen. Die DNS-Körper wandern in das Zentrum des Sterns, wo sie zu einer einheitlich erscheinenden Bildung verschmelzen. Unregelmäßige Kontur dieses zentralen Körpers deutet eine kommende Auflösung an, die in einem Abwandern von je einem DNS-Körper in jede Bakterie des Sterns besteht. In den großen Stäbchenzellen teilt sich der „neue" DNS-Körper mehrmals, und durch Teilung verkleinert sich das Bacterium wieder zu seiner Normalgröße, wobei 1—2 DNS-Körper pro Zelle vorhanden sind.

Dieser Befund an einem phytopathogenen Bacterium kann sicher nicht verallgemeinert werden; dieser Vorgang, der sich an voll vitalen Kulturen abspielt, ist aber so auffällig, daß der sonst leicht mögliche Einwand, es handle sich um Degenerationsbilder alternder Zellen, wohl kaum wird erhoben werden können. Wir werten diese Ergebnisse daher als einen vollgültigen Hinweis der cytologischen Methodik auf die Existenz von Konjugationsprozessen der Bakterien mit einer Austauschmöglichkeit von DNS- und damit gentragendem Material. Ähnlich wie bei der Frage nach dem Kern läßt sich dieser Tatbestand wohl am ehesten als Sexualitätsäquivalent bezeichnen, da auch hier Einzelheiten der DNS-Körper-Verschmelzung und meiotischer Abläufe bis jetzt noch nicht haben gefaßt werden können.

2. Die Ergebnisse von Kreuzungsexperimenten. Die ersten Anhaltspunkte, daß bei der Mischung von Bakterien mit verschiedenen Eigenschaften „Bastarde", d. h. Individuen mit den Charakteristika beider „Eltern" entstehen können, sind von ALMQUIST bereits 1924 erhalten worden (170): Mischt man Bakterien der Colon-Typhus-Dysenterie-Gruppe verschiedener antigenischer Typen, so treten Formen mit einer Kombination von Antiserumreaktionen auf, die bei den einzelnen „elterlichen" Typen getrennt vorhanden waren. Bei der besonderen Schwierigkeit der Charakterisierung stabiler antigenischer Reaktionen wurde dieses Ergebnis jedoch nicht als beweisend angesehen (171).

Erst als die besser analysierbaren biochemischen Mutationen zur Verfügung standen, sind echte Kreuzungen gelungen, die auf eine überraschend komplexe Struktur des Genoms der Bakterien schließen lassen. Es wurden zunächst durch Einwirkung mutagener Agentien (vor allem

UV-Bestrahlung) Doppelmutationen hergestellt, indem z. B. eine biotinbedürftige Mutante zusätzlich methioninbedürftig (Bezeichnung B^-M^-) und eine prolinbedürftige zusätzlich threoninbedürftig gemacht wurde (Bezeichnung P^-T^-). Mischt man die beiden Formen der Konstitution $B^-M^-P^+T^+$ und $B^+M^+P^-T^-$ untereinander und bringt sie auf Minimalagar, dann dürfen keine Kolonien auftreten, denn selbst bei Einzelmutation von B^- zu B^+, von M^- zu M^+ usw. entstehen keine ,,prototrophen", d. h. wachsenden Bakterien, denn sowohl bei B^-M^- wie bei P^-T^- müssen beide Eigenschaften mutieren, wenn auf Minimalmedium Wachstum möglich sein soll. Da man die Rückmutationsraten von B^-, M^- usw. kennt, läßt sich mit Sicherheit sagen, daß Doppelrückmutationen bei den experimentell verwendeten Bakterienzahlen nicht eintreten werden (bei 10^{10} Zellen noch nicht ein einziges Mal).

Führt man aber bei dem Stamm K12 von *Escherichia coli* (bis jetzt sind die folgenden Ergebnisse bei keinem anderen Stamm gelungen) das geschilderte Experiment durch, dann treten bei 10^9 Zellen etwa 100 prototrophe Kolonien auf (172, 173, 174). Die einfachste Interpretation hierfür wäre die Annahme eines Syntrophismus: Durch das Zusammensein beider je doppelt bedürftigen Mutanten erhält jede auf dem Diffusionswege die ihr fehlenden, im Minimalmedium nicht vorhandenen Stoffe, und so wird Wachstum möglich. LEDERBERG und TATUM haben in sehr sorgfältigen Versuchsanstellungen diese Möglichkeit mit Sicherheit ausschließen können; so ergaben Einzelkulturen aus Prototrophenkolonien stets wieder Prototrophe, und hochletale UV-Bestrahlungen, welche die Syntrophieaggregate zerstören und damit ein weiteres Wachsen der Einzelbakterien verhindern sollten, ändern an dem weiteren prototrophen Wachstum nichts. Schließlich führt auch die Kombination dieser biochemischen Mutanten mit der Phagenresistenz (Bezeichnung r für resistente, s für sensible) die Syntrophismusauffassung ad absurdum: Eine Mischung von $B^-M^-P^+T^+$s mit $B^+M^+P^-T^-$s ergibt nur sensible Prototrophe, von $B^-M^-P^+T^+$r mit der entsprechenden r-Form nur resistente Prototrophe. Dagegen entstehen bei der Mischung von $B^+M^+P^-T^-$s $+$ $B^-M^-P^+T^+$r acht· resistente und zwei sensible prototrophe und bei der umgekehrten Kombination $B^+M^+P^-T^-$r $+$ $B^-M^-P^+T^+$s drei resistente und sieben sensible prototrophe Kolonien. Würde es sich hier tatsächlich um Syntrophie handeln, müßte jede Kolonie sowohl sensible wie resistente Bakterien besitzen, was in keinem Fall eintritt.

Bei der Bestrahlung einer Prototrophen aus der Mischung der stets verwendeten Doppelmutanten mit ultraviolettem Licht wurde außerdem eine nicotinamidbedürftige Mutante erhalten, die sich als konstant erwies. Es ist nicht vorstellbar, daß im Falle einer Syntrophie diese neue Mutante hätte entstehen können. Es muß vielmehr ein einzelnes echt prototrophes Bacterium diese Mutation erfahren haben.

Syntrophie scheidet somit zur Deutung des Auftretens von Prototrophen mit voller Sicherheit aus. Auch um ein Heterokaryon, entstanden durch das gemeinsame Vorhandensein eines DNS-Körpers der Konstitution $B^-M^-P^{\pm}T^+$ mit $B^+M^+P^-T^-$ in einer prototrophen Zelle, kann

es sich nicht handeln, da bei dieser Annahme die erwähnte Nicotin-
amidmutante nicht hätte auftreten dürfen: gleichzeitige Mutation beider
DNS-Körper in ein und demselben Bacterium am gleichen Chromosomenlocus mit derselben biochemischen Eigenschaftsausprägung ist
aus statistischen Gründen bei den verwendeten Zahlen unmöglich.

Es bleibt daher nur die Annahme übrig, daß die beobachteten Prototrophen die Konstitution $B^+M^+P^+T^+$ besitzen. In Analogie mit der
Genetik höherer Pflanzen ist aber dieses Ergebnis am leichtesten durch
einen crossing-over-Vorgang oder — vorsichtiger ausgedrückt — durch
ein crossing-over-Äquivalent zu erzielen. Es muß eine Heterozygote

$$\frac{B^-M^-P^+T^+}{B^+M^+P^-T^-}$$

entstanden sein. Bei der Aufspaltung sind die Elternkombinationen, die
auf einem Minimalmedium nicht wachsen, nicht zu fassen, ebensowenig
die Austauschklasse $B^-M^-P^-T^-$, sondern allein die zweite Austauschklasse $B^+M^+P^+T^+$! Andere, nachweisbare Austauschkombinationen,
z. B. $B^-M^+P^+T^+$ usw., sind hier von Rückmutationen nicht zu unterscheiden. Kreuzt man aber die Dreifachmutationen $B^-P^-C^-T^+L^+B_1^+$
und $B^+P^+C^+T^-L^-B_1^-$ (Bezeichnungen s. Tabelle 1) untereinander,
dann erhält man das folgende, von Rückmutationen sicher zu unterscheidende Spektrum von Austauschklassen (Tabelle 1).

Tabelle 1.

*Beobachtete Faktorenkombinationen bei Mischung der biochemischen Mutationen des
K 12-Stammes von Escherichia coli $B^-P^-C^-T^+L^+B_1^+$ und $B^+P^+C^+T^-L^-B_1^-$.*

Faßbare Faktorenkombination	Zahl isolierter Kulturen	Charakteristik
$B^+P^+C^+T^+L^+B_1^+$	86	Prototroph
$\ldots\ \ldots\ \ldots\ \ldots\ \ldots\ B_1^-$	36	Thiaminbedürftig
$\ldots\ \ldots\ \ldots\ T^-\ \ldots\ \ldots$	2	Threoninbedürftig
$\ldots\ \ldots\ \ldots\ \ldots\ L^-\ \ldots$	4	Leucinbedürftig
$B^-\ \ldots\ \ldots\ \ldots\ \ldots\ \ldots$	5	Biotinbedürftig
$\ldots\ P^-\ \ldots\ \ldots\ \ldots\ \ldots$	1	Phenylaminbedürftig
$\ldots\ \ldots\ C^-\ \ldots\ \ldots\ \ldots$	1	Cystinbedürftig
$\ldots\ \ldots\ \ldots\ \ldots\ L^-B_1^-$	3 ⎫	evtl. Rückmutation
$B^-P^-\ \ldots\ \ldots\ \ldots\ \ldots$	2 ⎭	
$B^-\ \ldots\ \ldots\ \ldots\ \ldots\ B_1^-$	3	doppelt heterotrophe Formen
$B^-\ \ldots\ \ldots\ T^-\ \ldots\ \ldots$ ⎫	aus einer zweiten	
$B^-\ \ldots\ \ldots\ \ldots\ L^-\ \ldots$ ⎭	Versuchsreihe	

Der Ausfall dieses Versuchs entspricht somit vollständig den Konsequenzen und der Vorstellung, es handle sich hierbei um Crossing-over-
Phänomene. Wenn dies aber richtig ist, dann müssen in korrespondierenden Kreuzungen des Typs $AB \times ab$ bzw. $Ab \times aB$ die faßbaren, prototrophen Rekombinationen in Häufigkeiten auftreten, die von der Eltern-
kombination abhängig sind. Auch dies hat sich in Auszählungen dadurch
nachweisen lassen, daß man korrespondierende Kreuzungen von bio-

chemischen Mutationen herstellte, die entweder phagenresistent (R) oder sensibel (s) waren (Tabelle 2).

Tabelle 2.

Die Zahl der rekombinierten Prototrophen aus korrespondierenden Kreuzungen mit biochemischen und T_1-Resistenzmutationen.

Kreuzung		Prototrophe resistent	sensibel
$B^-Pa^-C^-T^+P^+$ $\times$ $B^+Pa^+C^+T^-P^-$		$B^+Pa^+C^+T^+P^+$	
. . . . . R $\times$ . . . . . s		76	6
. . . . . s $\times$ . . . . . R		30	107
$B^-Pa^-C^-T^+L^+B_1^+$ $\times$ $Ba^+Pa^+C^+T^-L^-B_1^-$		$B^+Pa^+C^+T^+L^+B_1^+$	
. . . . . R $\times$ . . . . . . s		80	23
. . . . . s $\times$ . . . . . . R		53	133
$B^-M^-T^+P^+$ $\times$ $B^+M^+T^-P^-$			
. . . . R $\times$ . . . . s		49	8
. . . . s $\times$ . . . . R		5	19

Nachdem bei der vorher erwähnten Kreuzung von Dreifachmutanten qualitativ das Auftreten von Austauschklassen beobachtet wurde, welche nach der crossing-over-Hypothese zu erwarten waren, ist hier quantitativ eine ebensolche Übereinstimmung zwischen Beobachtung und Erwartung eingetreten. Darüber hinaus ergibt sich aus beiden Versuchen, daß die verwendeten Bakterienstämme bei Kreuzung nicht diploid bleiben, sondern sofort in der F_1 Aufspaltung und damit Rekombination erkennen lassen.

Da ein Teil dieser Ergebnisse auch von anderer Seite bestätigt werden konnte (175), besteht heute keine andere Möglichkeit, als sie im Sinne von Folgeerscheinungen Crossing-over-ähnlicher Prozesse aufzufassen; das hat aber zur Folge, daß die Kreuzungsexperimente zunächst so interpretiert werden, als ob die Bakterien eine den höheren Organismen unmittelbar vergleichbare Genomstruktur besäßen, Chromosomen mit der Fähigkeit zu Segmentaustauschen und damit Koppelungsbrüchen, Kernverschmelzung, Zygote und Meiosis mit Aufspaltung der Anlagen usw. Ein Ausweichen auf eine Interpretation als Transformationsphänomene ist dabei nicht möglich, weil weder mit zellfreien Extrakten Erfolge erzielt worden sind, noch die beiden geschilderten Versuche mit ihren vielfältigen „Austauschklassen" ohne eine Fülle von Zusatzannahmen als Transformationen verstanden werden können.

Die experimentelle Grundlage für die Auffassung von koppelungsähnlichen Erscheinungen bei Bakterien sind somit gut gesichert. Damit ist aber der methodische Weg prinzipiell frei geworden, um nun die Zahl der Koppelungsgruppen, das Vorhandensein oder Nichtvorhandensein linearer Anordnung der Gene und die Festlegung ihres Abstandes in MORGAN-Einheiten zu bestimmen. Die Erfassung nur eines Teiles der Genotypen aus einer Kreuzung von Bakterien schränkt aber die Exaktheit der möglichen Aussagen über diese Punkte stark ein. Es ist zunächst die Zahl der bei Mischung verschiedener Bakterienstämme entstehenden

Zygoten nicht bestimmbar, ebensowenig die bei Aufspaltung auftretenden Elternkombinationen. Von den Austauschklassen sind ebenfalls nur
wenige auszählbar, wie dies oben für die Kreuzung $B^-M^-P^+T^+ \times$
$B^+M^+P^-T^-$ bereits gezeigt wurde.

Trotzdem ist von LEDERBERG (176), ausgehend von der Kreuzung
$B^-M^-T^+L^+B_1{}^+ \times B^+M^+T^-L^-B_1{}^-$, versucht worden, zunächst über
die Koppelung der betreffenden Gene Aussagen zu machen. Die Zahlen-
ergebnisse der F_1 dieser Kreuzung sind in Tabelle 3 zusammengefaßt.

Tabelle 3.
Relative Häufigkeit verschiedener Austauschklassen der Kreuzung
$B^-M^-T^+L^+B_1{}^+ \times B^+M^+T^-L^-B_1{}^-$

Aus Platten mit Zugabe von	Anzahl Kolonien	Austauschklassen	
Biotin	70	B^- 10	B^+ 60
Threonin	46	T^- 9	T^+ 37
Leucin	56	L^- 5	L^+ 51
Thiamin	87	$B_1{}^-$ 79	$B_1{}^+$ 8

Daraus lassen sich folgende drei Schlüsse ziehen:

1. Da $B^+M^+T^+L^+B_1{}^+$ häufiger ist als $B^-M^+T^+L^+B_1{}^+$, sind B und
M gekoppelt.

2. Da $T^+L^+B^+M^+B_1{}^+$ häufiger ist als T^-L^+ oder T^+L^-, sind T und
L gekoppelt.

3. Da $B_1{}^-B^+M^+T^+L^+$ häufiger ist als $B_1{}^+M^+T^+L^+$, ist B_1 mit B
und M gekoppelt, liegt aber vermutlich nicht zwischen ihnen.

Durch Einbeziehung weiterer Mutationen in dieses Kreuzungs-
schema läßt sich die „Chromosomenkarte" der Abb. 48 entwerfen. Es

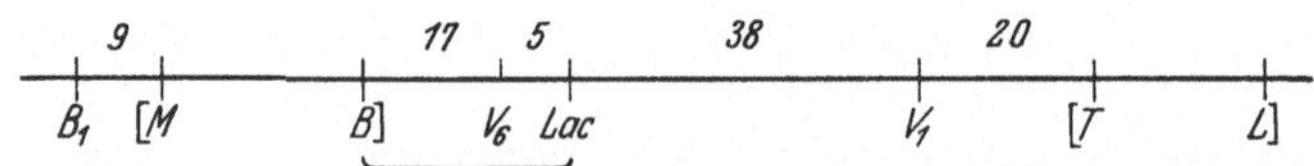

Abb. 48. Genetische Karte der bis 1947 untersuchten Faktoren von Escherichia coli, Stamm K 11.
[Nach LEDERBBRG (176)].

stellt sich nämlich heraus, daß die einzeln analysierten acht Eigenschaften einer einzigen Koppelungsgruppe angehören. Die Zahlen der Abbildung sind größenordnungsmäßige Schätzungen der map-distance
zwischen den einzelnen Genen. Genaue Daten lassen sich aus den genannten Gründen nicht gewinnen. Da weiterhin der Beweis für eine
lineare Genanordnung aus dem additiven Charakter der map-distance
zwischen einzelnen Loci zu erbringen ist, kann für die hier untersuchten
Gene nur eine Linearität im Sinne der Abb. 48 wahrscheinlich gemacht werden. Am besten gelingt der Nachweis hierfür bei Lac- und
R-Spaltungen, indem die Häufigkeit eines Austausches zwischen (BM)
und Lac abhängig ist von der Austauschhäufigkeit von (BM) und R.
Ein derartiger Zusammenhang zwischen Austauschhäufigkeiten läßt

sich am einfachsten durch die Lokalisation der betreffenden Faktoren auf einem linearen Segment eines Erbträgers verstehen.

Da die verschiedenen, für Kreuzungsversuche verwendbaren Mutationen mehrmals zur Verfügung stehen, sind mehrere Lac^--Stämme, die durch unabhängige Mutationsschritte entstanden, untereinander gekreuzt worden (58). Da sie sich zunächst durch ihre Neigung zur Rückmutation unterschieden, wurde Lac^-, leicht rückmutierend, mit einem stabilen Lac^--Stamm gekreuzt. Es ergab sich eine deutliche Spaltung bei der Prüfung der Nachkommenschaft. Ferner wurde eine Lac^+-Rückmutation aus dem verhältnismäßig instabilen Lac^--Stamm mit dem Lac^+-Wildtyp gekreuzt. Da unter 31000 Nachkommenschaftskolonien nur eine einzige nicht Lac^+ war, wird auf strenge Allelie der beiden Lac^+-Loci geschlossen.

Während bisher neben biochemischen Mutationen nur die Phagenresistenz in die Kreuzungsanalyse einbezogen war, ist neuerdings auch die Streptomycinresistenz und -bedürftigkeit beobachtet worden (177, 178); es haben sich außer streptomycinempfindlichen Wildformen (Bezeichnung ss) streptomycinresistente (sr) und streptomycinbedürftige (sd) Stämme gewinnen lassen, die je nach Stamm zwischen 1—2 Einheiten und 500 E/ccm Nährlösung zum normalen Wachstum benötigen (179, 180); es kommen noch hinzu Rückmutationen von sd zu ss (Bezeichnung sd/ss) und von sd zu sr (sd/sr). Zur Markierung wurden diese „Gene" wieder mit biochemischen Umbauten (M^-B^-R und $M^+B^+B_1^-T^-L^-Lac^-$) kombiniert und durch Bestimmung der Prototrophen der Grad der Rekombination abgeschätzt. Dabei ergab sich, daß Streptomycinresistenz (sr) mit M^+B^+ gekoppelt ist, dabei aber aus der Kombination mit B^-M^- keine M^+B^+sr-Rekombinanten auftreten. Dieser Befund und noch unveröffentlichte Arbeiten LEDERBERGS weisen darauf hin, daß wohl hier ein Ausfall von Genkombinationen zwischen Zygotenbildung und Kolonieauszählung stattfindet. sr ist ferner weder mit Lac noch mit R (Phagenresistenz) noch mit T gekoppelt; zu Galactose-Arabinose-Xylose- und Maltosefermentation besteht dagegen eine Koppelung, doch lassen die Zahlen nicht auf eine klare lineare Beziehung schließen.

Kreuzungen verschiedener sd- und sr-Stämme jeweils untereinander zeigten, daß in allen geprüften Mutationen derselbe Locus oder mindestens sehr nahe benachbarte Loci mutiert sein mußten. Dasselbe Ergebnis stellte sich auch bei der Prüfung der Mutanten sd/ss und sd/sr heraus, doch ergab unter vier derartigen Stämmen ein einzelner (sd/sr) abweichende Spaltungzahlen; dabei traten bei der Kreuzung $M^-B^-B_1^+T^+Lac^+ss \times M^+B^+B_1^-T^-Lac^-sd/sr$ „potentielle sd"-Kolonien auf, die gegen hohe Streptomycinkonzentrationen und vollständiges Medium empfindlich reagierten und erst auf Minimalmedium + mäßiger Streptomycinkonzentration typische sd-Eigenschaften zeigten. Ferner erwies sich hier das Streptomycinverhalten mit dem Locus für Lactosefermentation gekoppelt, was sonst nicht beobachtet wurde, und eine bestimmte Eigenschaftskombination unter den Prototrophen fehlte vollständig.

Dieses auffällige Kreuzungsergebnis ist von NEWCOMBE und NYHOLM so interpretiert worden, daß die Eigenschaft sd/sr nicht nur von einem einzigen Locus, sondern zusätzlich noch von Modifikatorgenen gesteuert wird und der Mutationsschritt von sd zu sd/sr durch Mutation in Modifikatorloci zustande kam. Damit ist aber im Bereich kreuzungsanalytischer Arbeit ein ähnliches Ergebnis erzielt wie im Rahmen der Mutationsanalyse bei Bakterien: Mit einfacheren Vorstellungen als bei höheren Organismen ist das genetische Verhalten der Bakterien nicht zu interpretieren; auch hier werden analysierbare Eigenschaften häufig nicht von einzelnen Loci gesteuert, sondern durch das Zusammenwirken von mehreren, unabhängigen Einheiten.

Während bisher nur das Verhalten der Bakterien gegen Streptomycin kreuzungsanalytisch behandelt wurde, ist von LEDERBERG auch Streptomycinresistenz zusammen mit Natriumacidresistenz kombiniert worden (181). Auf einem Nährboden, der sowohl Streptomycin wie Natriumacid enthält, ist es dann möglich, bei Mischung streptomycinresistenter, natriumacidempfindlicher mit acidresistenten oder streptomycinempfindlichen Formen wieder Prototrophe, d. h. gegen beide Substanzen, resistente Bakterien herauszuselektionieren und durch Kombination verschiedener biochemischer Mutationen eine der Tabelle 1 ähnliche Aufstellung von Rekombinationstypen zu erhalten.

Das Auftreten von Resistenten gleichzeitig gegen zwei Substanzen durch Rekombination kann aber von erheblicher praktischer Bedeutung in der Medizin sein (181, 182): Liegt eine Mischinfektion verschiedener Stämme derselben Art vor und werden therapeutisch bei Kombinationsbehandlung verschiedener Chemotherapeutika bald resistente gegen die eine, bald gegen die andere chemotherapeutische Komponente gebildet, dann können mit Hilfe von Rekombinationsvorgängen auch gegen beide Komponenten resistente Bakterien zustande kommen und auf diese Weise auch gegen kombinierte Chemotherapeutika refraktäre Stämme „gezüchtet" werden.

Während nach allen bisherigen Ergebnissen *Escherichia coli* K11 als haploid erschien, sind neuerdings auch „Ausnahmediploide" nachgewiesen worden (183). Aus der Kreuzung $B^-M^-Lac^+R_{1c} \times T^-L^-B_1^-Lac^-R_1$ (R_1 und R_{1c} durch zwei Mutationschritte erhaltene Resistenzfaktoren gegen T_1-Bakteriophagen) entstand eine Prototrophenkolonie, die auf Minimalmedium Lac^+ und phagensensibel war, auf vollständigem Medium dagegen nährstoffbedürftige Lac^-- und phagenresistente Formen abspaltete. Dabei handelte es sich sicher nicht um Syntrophismus; auch heterokaryotischer Zustand ließ sich ausscheiden, da bei geeigneter Merkmalskombination Austausch nachgewiesen ist. Die Spaltungszahlen, auch unabhängig von einer Beeinflussung durch Faktorenaustausch, sind nicht immer normal. Einen Hinweis auf eine mögliche Ursache dieser Störung gibt das Verhalten der Maltosefermentationsfähigkeit. Es finden sich fast ausschließlich Kulturen mit Mal^-. Sie mutieren gelegentlich zu Mal^+ zurück, ohne daß jemals eine Spaltung nach Mal^- bzw. Mal^+ aufträte. Es kann daher die nichtmaltosefermentierende Heterozygote nicht Mal^-/Mal^- gewesen sein, denn dann hätte nach Rückmutation eine Spaltung eintreten müssen. LEDERBERG nimmt hier eine Deletion des Mal^+-Locus an, der im haploiden Zustand letal wirkt und so auch die Spaltung anderer Eigenschaften (z. B. Lac^--Überschuß bei Spaltung nach Lac^+ bzw. Lac^-) beeinflußt. Im diploiden Zustand erweisen sich die $+$-Allele bei den biochemischen Mutationen über die $-$-Allele sowie die Phagenempfindlichkeit über die Resistenz dominant. Während diese Ergebnisse mit Hilfe der genannten aufgefundenen Mutation erzielt wurden, konnte mit einer scharfsinnigen Versuchsanstellung auch bei anderen Kreuzungen das Auftreten von Heterozygoten nachgewiesen werden: Bei Kreuzung von $B^-M^-Lac_1{}^-Lac_4{}^+ \times T^-L^-B_1{}^-Lac_1{}^+Lac_4{}^-$ (Lac_1 und Lac_4 benachbarte, aber weniger als 1% Rekombination aufweisende Loci für Lactosefermentation) werden nur wenige Lac^+-Prototrophe gefunden, eine Eigenschaft, welche aber auch diploide Formen besitzen müssen. Genauere Untersuchung dieser Prototrophen zeigte, daß sie tatsächlich Diploide sind, von denen unter geeigneten Bedingungen nur 0,1% spalten. Warum in diesen Fällen eine Persistenz des diploiden Zustandes gewährleistet wird und die Aufspaltung durch Medienwechsel bald leichter, bald schwerer gelingt, ist nicht geklärt.

3. Die Problematik der Kreuzungsexperimente. Zwei Teilvorgänge sind aus den Kreuzungsexperimenten als notwendige Voraussetzung für eine sinnvolle Interpretation zu erschließen: die Kopulation zweier genetisch verschiedener Bakterien und eine Umordnung des genetischen Materials zu irgendeinem Zeitpunkt nach vollzogener Kopulation.

Für den tatsächlichen Ablauf des ersten Vorgangs liegen einige Anhaltspunkte durch cytologische Beobachtungen vor. Über die Bedingungen seines Zustandekommens ist dagegen noch wenig bekannt, indem die Kreuzungsmethoden seit ihrer erstmaligen Anwendung nur wenig modifiziert wurden. Es liegen nur Hinweise ohne publizierte, systematische Versuchsreihen vor, nach denen zu dichte Impfung von Platten mit dem Bakteriengemisch, hohe Salzkonzentration, extreme Temperatur, verdünnte Medien, geringe Pufferwirkung in den Lösungen und niederes p_H den Rekombinationsvorgang beeinträchtigen (176).

Über den zweiten Vorgang, die Umordnungsprozesse im Genom, ist dagegen cytologisch noch nichts bekannt, da die DNS-Körper, das Kernäquivalent der Bakterien, optisch sich noch nicht haben auflösen lassen. Bei der genetischen Arbeit wurde zunächst so interpretiert, als ob die volle Kerndifferenzierung mit Chromosomen, linearen Genkarten usw. realisiert wäre. Dies ist aber eine reine Arbeitshypothese. Experimentell gesichert erscheinen uns lediglich die folgenden Erscheinungen:

1. Nur in Ausnahmefällen persistiert der nach Kopulation hergestellte diploide, nicht heterokaryotische Zustand, so daß die Bakterien normalerweise „haploid" sind. 2. Das Genom der Bakterien ist in Untereinheiten, „Loci", untergegliedert. 3. Diese Loci scheinen in einer konstanten räumlichen Beziehung zueinander zu stehen; bestimmte Loci verhalten sich dabei, als ob sie den Gesetzmäßigkeiten der Koppelung folgten, andere erscheinen unabhängig voneinander. 4. Die räumliche Beziehung der „gekoppelten" Loci scheint nicht in allen Fällen linear zu sein. 5. Störungen der normalen räumlichen Beziehung der Loci

im Sinne von „Chromosomenmutationen" erscheint nach neueren experimentellen Befunden möglich.

Austauschphänomene treten aber nicht nur bei Bakterien, sondern auch bei Bakteriophagen auf. Hier hat sich aber ergeben, daß der genetische Austausch wahrscheinlich nicht reziprok erfolgt. Eine auf die speziellen Verhältnisse der Bakteriophagen zugeschnittene Interpretation dieses Ergebnisses ist von HERSHEY und ROTMANN gegeben worden (184). Es muß daher die Möglichkeit offengelassen werden, daß auch für die Interpretation der Austauschvorgänge bei *Escherichia coli* eine andere Basis gefunden werden kann als die Annahme des Vorhandenseins eines den höheren Organismen praktisch entsprechenden Chromosomenmechanismus.

Bei der geringen Kenntnis über den zweiten Grundvorgang einer Umordnung des genetischen Materials ist es auch noch nicht möglich, die Ergebnisse über die experimentelle Beeinflussung der Häufigkeit auftretender prototropher Rekombinationen bei entsprechender Kreuzung zu deuten; werden die zu Kreuzungszwecken frisch hergestellten Bakteriengemische mit ultraviolettem Licht bestrahlt, dann wird bei verhältnismäßig niederer Dosis die Zahl der Prototrophen um das 20fache erhöht, um bei steigender Dosis wieder abzunehmen (185). Derselbe Effekt kann durch Zugabe einer geeigneten Konzentration von H_2O_2 oder Natriumacid (vorwiegend Katalasegift) erzielt werden (186). Mutationen, die durch derartige Behandlungen ausgelöst werden, können mit Sicherheit als Ursache der abweichenden Prototrophenzahl ausgeschlossen werden. Ob durch diese experimentellen Einwirkungen der erste Vorgang der Kopulation oder der zweite Vorgang der Umordnung des genetischen Materials verändert wird oder beide beeinflußt werden, läßt sich noch nicht entscheiden. Hier durch Schaffung einer entsprechenden Methodik die notwendige Klärung herbeizuführen, dürfte fruchtbringender sein, als durch stete Neuanwendung bekannter Methoden die Vielfältigkeit der Spaltungs- und Rekombinationszahlen zu erweitern.

Literaturverzeichnis.

1. DEMEREC, M.: Proc. nat. Acad. Sci. U.S.A. **32**, 36 (1946).
2. LURIA, S. E., u. M. DELBRÜCK: Genetics **28**, 491 (1943).
3. DELBRÜCK, M.: Ann. Miss. bot. Garden **32**, 223 (1945).
4. KAPLAN, R.: Naturwiss. **37**, 276 (1950).
5. DEMEREC, M., u. V. FANO: Genetics **30**, 119 (1945).
6. NEWCOMBE, H. B.: Genetics **33**, 447 (1948).
7. DEMEREC, M.: Proc. nat. Acad. Sci. U.S.A. **31**, 16 (1945).
8. — Ann. Miss. bot. Garden **32**, 131 (1945).
9. HOBBY, G. L., K. MEYER u. E. CHAFFEE: Proc. Soc. exper. Biol. a. Med. **50**, 281 (1942).
10. CHANI, E., u. E. S. DUTHIE: Lancet **1**, 652 (1945).
11. DOUDOROFF, M.: J. gen. Physiol. **23**, 585 (1940).
12. SEVERENS, J. M., u. F. W. TANNER: J. Bacter. **49**, 383 (1945).
13. OAKBERG, E. F., u. S. E. LURIA: Genetics **32**, 249 (1947).
14. STEERS, E., u. M. G. SEVAG: Arch. Biochem. **24**, 129 (1949).
15. SEVAG, M. G., u. E. STEERS: Arch. Biochem. **24**, 144 (1949).
16. SEVAG, M. G., E. STEERS u. M. FORBES: Arch. Biochem. **25**, 185 (1950).

17. HUNTER, M. E., ST. MUDD u. M. A. WOODBURN: J. Bacter. **60**, 315 (1950)
18. DEMEREC, M.: Amer. Naturalist **84**, 1 (1950).
19. WITKIN, E. M.: Genetics **32**, 221 (1947).
20. BRYSON, V.: Genetics **33**, 99 (1948).
21. LWOFF, A.: C. Spr. Harb. Symp. Qu. Biol. **11**, 139 (1946).
22. BEADLE u. E. TATUM: Proc. nat. Acad. Sci. U.S.A. **27**, 499 (1941).
23. ANDERSON, E. H.: Proc. nat. Acad. Sci. U.S.A. **30**, 397 (1944).
24. — Proc. nat. Acad. Sci. U.S.A. **32**, 120 (1946).
25. ROEPKE, R. R., R. L. LIBBY u. M. H. SMALL: J. Bacter. **48**, 401 (1944).
26. GRAY, C. H., u. E. L. TATUM: Proc. nat. Acad. Sci. U.S.A. **30**, 404 (1944).
27. RYAN, F. J., L. K. SCHNEIDER u. R. BALLENTINE: Science (N.Y.) **32**, 261 (1946).
28. DEVI, P., G. PONTECORVO u. C. HIGGINBOTTOM: Nature (Lond.) **160**, 503 (1947).
29. McELROY, W. D., u. A. H. FARGHALY: Arch. Biochem. **17**, 379 (1942).
30. KARLSSON, J. L., u. H. A. BARKER: J. Bacter. **56**, 671 (1948).
31. PLOUGH, H. H.: Symp. Rad. Gen. Journ. Cell. Comp. Phys. **35**, Suppl. 1, 141 (1950).
32. — Genetics **35**, 129 (1950).
33. LWOFF, A., u. A. ANDUREAU: Ann. Inst. Pasteur **70**, 451 (1945).
34. — C. Spr. Harb. Symp. Qu Biol. **11**, 139 (1946).
35. DAVIS, B. D.: Proc. nat. Acad. Sci. **35**, 1 (1949).
36. — Experientia **6**, 41 (1949).
37. TATUM, E. L.: C. Spr. Harb Symp. Qu. Biol. **11**, 278 (1946).
38. SIMMONDS, S., u. J. S. J. FRIETOW: Biol. Chem. **174**, 705 (1948).
39. LURIA: Bact. Rev. **11**, 1 (1947).
40. LIEB, M.: Genetics **35**, 121 (1950).
41. RYAN, F. J., L. K. SCHNEIDER u. R. BALLENTINE: Proc. nat. Acad. Sci. U.S.A. **32**, 261 (1946).
42. SIMMONDS, S., E. L. TATUM u. J. S. FRUTON: J. of Biochem. **170**, 483 (1947).
43. — J. of Biochem. **169**, 91 (1947).
44. — J. of biol. Chem. **174**, 717 (1948).
45. CAMIEN, M. N., u. M. S. DUNN: J. of biol. Chem. **182**, 119 (1950).
46. LAMPEN, J. O., R. R. ROEPKE u. M. J. JONES: Arch. Biochem. **13**, 55 (1947).
47. COWIE, D. B., E. T. BOLTON u. M. K. SANDS: J. Bacter. **60**, 233 (1950).
48. SRB, A. M., u. N. H. HOROWITZ: J. of biol. Chem. **154**, 129 (1944).
49. DEMEREC, M.: Amer. Naturalist **81**, 1 (1950).
50. DUBOS, R. J.: C. Spr. Harb. Symp. Qu.. Biol. **11**, 60 (1946).
51. GOWEN, J. W.: Ann. Miss. bot. Garden **32**, 187 (1945).
52. ZELLE, M. R.: J. inf. Dis. **71**, 131 (1942).
53. BRUNER, D. W., u. P. R. EDWARDS: J. Bacter. **53**, 359 (1947).
54. KRISTENSEN, M.: Acta path. microbiol. scand. **21**, 957 (1944).
55. MONOD, J., u. A. ANDUREAU: Ann. Inst. Pasteur (nach 21 im **Druck**).
56. — Growth **11**, 223 (1947).
57. —, A. M. TORRIANI u. J. GRIBETZ: C. r. Acad. Sci. Paris **227**, 315 (1948).
58. LEDERBERG, J.: Genetics **33**, 617 (1948).
59. — Genetics **35** 46, (1950).
60. LEOME, M., u. H. W. SCHÖNLEIN: Computation of Cult. med. for the cultivation of Microorgan. Baltimore 1930.
61. LEDERBERG, J. M.: J. Bacter. **56**, 695 (1948).
62. MONOD, J.: C. r. Acad. Sci. Paris **212**, 924 (1942).
63. — Ann. Inst. Pasteur **68**, 444 (1942).
64. — Recherches sur la croissance des cultures bactériennes. Paris 1942.
65. LEDERBERG, J.: Ann. Rev. Microbiol. 1949.
66. AUDUREAU, A.: Ann. Inst. Pasteur **64**, 126 (1940).
67. LWOFF, A., u. A. AUDUREAU: Ann. Inst. Pasteur **66**, 147 (1941).
68. — Ann. Inst. Pasteur **67**, 94 (1941).
69. WOLLMAN, E.: Ann. Inst. Pasteur **73**, 1082 (1947).
70. BEALE, G. H.: J. gen. Microbiol. **2**, 131 (1948).
71. LURIA, S. E.: C. Spr. Harb. Symp. Qu. Biol. **11**, 130 (1946).
72. LEDERBERG, J., u. N. J. ZINDER: Amer. Chem. Soc. **70**, 4267 (1948).

73. PLOUGH, H. H., u. M. R. GRIMM: Science (N. Y.) **109**, 173 (1949).
74. LINDSTROM, S. E.: Proc. Soc. Amer. Bact. **1**, 3 (1948).
75. GIESE, A. C.: J. Bacter. **46**, 323 (1943).
76. MILLER, S. P., u. M. BOHNHOFF: J. Bacter. **54**, 467 (1947).
77. PAINE, T. F., u. M. FINLAND: J. Bacter. **56**, 207 (1948).
78. HARRISON, J. A.: Ann. Rev. Microbiol. **1**, 19 (1947).
79. BRAUN, W., u. K. H. LEWIS: Genetics **35**, 97 (1950).
80. BUNTING, M. J.: C. Spr. Harb. Symp. Qu. Biol. **11**, 25 (1946).
81. KAPLAN, R.: Z. f. Naturforschg **2**b, 308 (1947).
82. — Z. f. Naturforschg **3**b, 29 (1948).
83. — Naturwiss. **35**, 127 (1948).
84. — Zbl. f. Bakteriol. I, **153**, 129 (1949).
85. — Nature (Lond.) **163**, 573 (1949).
86. — Arch. Mikrobiol. **15**, 152 (1950).
87. CROLAND, R.: C. r. Acad. Sci. Paris **216**, 616 (1943).
88. DEMEREC, M., u. R. LATARJET: C. Spr. Harb. Symp. Qu. Biol. **11**, 38 (1946).
89. ZAMENHOF, S.: J. Bacter. **51**, 351 (1946).
90. WYSS, O., W. S. STONE u. J. B. CLARK: J. Bacter. **54**, 767 (1947).
91. STONE, W. S., O. WYSS u. F HAAS: Proc. nat. Acad. Sci. Paris **33**, 59 (1947).
92. WYSS, CLARK, HAAS u. STONE: J. Bacter. **56**, 51 (1948).
93. STONE, W. S., F. HAAS, J. B. CLARK u. O. WYSS: Proc. nat. Acad. Sci. U.S.A. **34**, 142 (1948).
94. WYSS, O., F. HAAS, J. B. CLARK u. W. S. STONE: J. Cell. Comp. Phys. **35**, Suppl. 1, 133 (1950).
95. WITKIN, E.: Genetics **35**, 141 (1950).
96. CAVALLI, L. L., u. N. DI MODRONE: Proc. 8. Int. Congr. Gen. 1949, S. 550.
97. PLOUGH, H. H., u. M. GRIMM: Proc. 8. Int. Congr. Gen. 1949, S. 641.
98. KAPLAN, R.: Naturwiss. **37**, 308 (1950).
99. GILMAN u. PHILIPS: Science (N.Y.) **103**, 409 (1946).
100. BRYSON, V.: J. Bacter. **56**, 423 (1948).
101. — Proc. 8. Int. Congr. Gen. 1949, S. 545.
102. MILLER, H., A. H. FARGHALY u. W. D. McELROY: J. Bacter. **57**, 595 (1949).
103. DEMEREC, M.: Proc. 8. Int. Congr. Gen. 1949, S. 201.
104. WALKER, A. W., u. G. P. YONMANS: Proc. Soc. exper. Biol. a Med. **44**, 271 (1940).
105. WITKIN, E. M.: C. Spr. Harb. Symp. Qu. Biol. **12**, 256 (1947).
106. LATARJET, R.: C. r. Soc. Biol. Paris **142**, 453 (1948).
107. NEWCOMBE, H. O., u. G. W. SCOTT: Genetics **34**, 475 (1949).
108. MORSE, M. L., u. C. E. CARTER: J. Bacter. **58**, 317 (1949).
109. RUBIN, B. A.: Genetics **35**, 133 (1950).
110. KELNER, A.: J. Bacter. **57**, 73 (1949).
111. DULANEY, E. L., M. RUGER u. CH. HLAVAC: Mycologia (N.Y.) **41**, 388 (1949).
112. SAVAGE, G. M.: J. Bacter. **57**, 429 (1949).
113. GRIFFITH, F.: J. of Hyg. **27**, 113 (1928).
114. DAWSON, M. H., u. R. H. P. SIA: J. of exper. Med. **54**, 681 (1931).
115. AVERY, O. T., C. M. McLEOD u. M. McCARTY: J. of exper. Med. **79**, 137 (1944).
116. McCARTY, M., u. O. T. AVERY: J. of exper. Med. **83**, 89 (1946).
117. — J. of exper. Med. **83**, 97 (1946).
118. McCARTY, M.: Bact. Rev. **10**, 63 (1946).
119. McLEOD, C. M., u. M. R. KRAUSS: J. of exper. Med. 86, 439 (1948).
120. WESTPHAL, O.: Angew. Chem. A **59**, 69 (1947).
121. McCARTY, M., H. E. TAYLOR u. O. T. AVERY: C. Spr. Harb. Symp. Qu. Biol. **11**, 177 (1946).
122. BOIVIN, A.: Schweiz. Z. Path. Bakt. **9**, 505 (1946).
123. — Algérie Méd. **1**, 17 (1947).
124. BOIVIN, A., A. DELAUNAY, R. VENDRELY u. Y. LEHOULT: C. r. Acad. Sci. Paris **221**, 718 (1945).
125. BOIVIN, DELAUNAY, VENDRELY u. LEHOULT: C. r. Soc. Biol. Paris **139**, 1046 (1945).
126. — — — — Experientia **1**, 334 (1945).
127. — — — — Experientia **2**, 139 (1946).

128. Boivin, A., u. R. Vendrely: Helvet. chim. Acta **29**, 1338 (1946).
129. — — Experientia **3**, 32 (1947).
130. Boivin, Vendrely u. Tulasne: Bull. Acad. Méd. Paris **131**, 39 (1947).
131. — — — Arch. Sci. Physiol. **1**, 35 (1947).
132. Boivin, A.: C. Spr. Harb. Symp. Qu. Biol. **12**, 7 (1947).
133. Tulasne, R.: C. r. Soc. Biol. Paris **141**, 411 (1947).
134. — u. R. Vendrely: C. r. Soc. Biol. Paris **141**, 674 (1947).
135. Vendrely, R.: Experientia **3**, 196 (1947).
136. — u. J. Lipardy: C. r. Acad. Sci. Paris **223**, 342 (1946).
137. Weil, A. J.: Proc. Soc. exper. Biol. a Med. **64**, (1947).
138. Dianzani, B.: Experientia **6**, 332 (1950).
139. Manninger, R., u. A. Nogradi: Experientia **4**, 226 (1948).
140. Goldschmidt, R.: Amer. Naturalist **84**, 313 (1950).
141. Peacocke, A. R., u. C. N. Hinshelwood: Proc. roy. Soc. Lond. B, **135**, 454 (1948).
142. Dubos, R. I.: The Bacterial Cell. Cambridge (Mass.) 1947.
143. Knaysi, E.: Botan. Rev. **15**, 106 (1949).
144. Piekarski, G.: Erg. Hyg. **26**, 323 (1949).
145. Stille, B.: Arch. Mikrobiol. **8**, 125 (1937).
146. Piekarski, G.: Arch. Mikrobiol. **8**, 428 (1937).
147. Vendrely, R., u. J. Lipardy: C. r. Acad. Sci. Paris **223**, 342 (1946).
148. Boivin, A., R. Tulasne, R. Vendrely u. R. Minck: Arch. Sci. Physiol. **1**, 307 (1947).
149. Boivin, A.: Le Noyau des Bactéries. Presse méd. Nr. 37. 1948.
150. Stempen, H.: J. Bacter. **60**, 81 (1950).
151. Piekarski, G.: Zbl. Bakter. I, **142**, 69 (1938).
152. — Zbl. Bakter. I, **144**, 140 (1939).
153. Bielig, H. J., G. A. Kausche u. H. Hardick: Z. f. Naturforschg **4 b**, 80 (1949).
154. Robinow, C. F.: Proc. roy. Soc. Lond. B, **130**, 229 (1942).
155. — J. of Hyg. (Cambridge) **43**, 413 (1944).
156. Klieneberger-Nobel: Schweiz. Z. Path. Bakter. **10**, 480 (1947).
157. Epstein, G. W., E. D. Ravich-Birger u. A. Svinkia: G. Batt. Immun. **16**, 1 (1936).
158. Brieger, E. M., u. C. F. Robinow: J. of Hyg. **45**, 413 (1947).
159+160. Bisset, K. A.: J. of Hyg. **46**, 173 u. 264 (1948).
161—164. — J. gen. Microbiol. **2**, 83, 126 u. 248 (1948), ferner **3**, 93 (1949).
165. Malmgren, B., u. C. G. Hedén: Nature (Lond.) **159**, 577 (1947).
166. — — Acta path. scand. (Kobenh.) **24**, 418 (1947).
167. Badian, J.: Arch. Mikrobiol. **4**, 409 (1933).
168. Stapp, C.: Zbl. Bakter. II, **105**, 1 (1942).
169. Braun, A. C., u. R. P. Elrod: J. Bacter. **52**, 695 (1946).
170. Almquist, E.: J. inf. Dis. **35**, 341 (1924).
171. Kaufmann, F.: Ann. Arbor. Mich. 1945.
172. Lederberg, I., u. E. L. Tatum: Nature (Lond.) **158**, 558 (1946).
173. — — C. Spr. Harb. Symp. Qu. Biol. **11**, 113 (1946).
174. Tatum, E. L., u. I. Lederberg: J. Bacter. **53**, 673 (1947).
175. Haas, G., O. Wyss u. W. S. Stone: Proc. nat. Acad. Sci. U.S.A. **34**, 229 (1948)
176. Lederberg, I.: Genetics **32**, 505 (1947).
177. Newcombe, H. B., u. M. H. Nyholm: Genetics **35**, 126 (1950).
178. — — Genetics **35**, 607 (1950).
179. Scott, G. W.: Brit. J. exper. Path. **30**, 501 (1949).
180. Newcombe, H. B., u. G. Hawirko: J. Bacter. **57**, 565 (1949).
181. Lederberg, J.: J. Bacter. **59**, 211 (1950).
182. Pontecorvo, G.: Schweiz. Z. Path. u. Bakt. **11**, 395 (1948).
183. Lederberg, J.: Proc. nat. Acad. Sci. U.S.A. **35**, 178 (1949).
184. Hershey, A. D., u. R. Rotmann: Genetics **34**, 44 (1944).
185. Haas, F. O., O. Wyss u. W. S. Stone: Proc. nat. Acad. Sci. U.S.A. **34**, 229 (1948).
186. Clark, I., F. Haas, W. S. Stone u. O. Wyss: J. Bacter. **59**, 375 (1950).

17. Cytogenetik.

Von Joseph Straub, Köln-Riehl.

Der Beitrag folgt in Band XIV.

18. Wachstum und Bewegung.

Von Hermann von Guttenberg, Rostock.

Der Beitrag folgt in Band XIV.

19. Entwicklungsphysiologie.

Von Anton Lang, Pasadena (California).

Der Beitrag folgt in Band XIV.

20. Viren.

Von W. Weidel, Tübingen.

Bakteriophagen[1].

Mit 5 Abbildungen.

1. Einführung. Auf den ersten Blick scheint der Entwicklungszyklus eines Phagenteilchens einfach zu sein. Es heftet sich an ein Bakterium an und vermehrt sich in dessen Innerem. Nach kurzer Zeit, etwa 20 Minuten, platzt das Bakterium, und mehrere 100 Phagenteilchen werden in Freiheit gesetzt. Bisher betrachtete man diesen Entwicklungszyklus von zwei verschiedenen Gesichtspunkten her:

(1) In Analogie zu Enzymvorstufen. Das Phagenteilchen wird als komplexes Nucleoproteidmolekül angesehen. Vom Bakterium wird angenommen, es enthalte einen reichlichen Vorrat an Molekülvorstufen, die dem infizierenden Teilchen so ähnlich sind, daß sie durch eine relativ einfache Reaktion in Phagen umgewandelt werden können, analog der Umwandlung von Trypsinogen in Trypsin.

(2) In Analogie zu intracellulären Parasiten. Der Phage wird als Mikroorganismus betrachtet, der überaus hohe Ansprüche an sein

---

[1] Aus: Viruses 1950. Edited by M. Delbrück. Published by the Division of Biology of the California Institute of Technology, Pasadena 1950. Englischer Titel: A Syllabus on Procedures, Facts, and Interpretations in Phage, von S. Benzer, M. Delbrück, R. Dulbecco, W. Hudson, G. S. Stent, J. D. Watson, W. Weidel, J. J. Weigle, E. L. Wollman. Übersetzt von W. Weidel.

Wachstumsmilieu stellt, welche nur innerhalb lebender Zellen befriedigt werden können. Insbesondere stellt man sich also vor, daß der Phage seine gesamte assimilatorische Ausrüstung verloren hat. Er benutzt deshalb nicht nur im Inneren des Bakteriums befindliche Nährstoffe, sondern dessen gesamte organisierte Ausstattung an Enzymen.

Die Phagenforschung der letzten 10 Jahre hat gezeigt, daß die zweite Betrachtungsweise der Wahrheit näherkommt. Die Vorstufenhypothese verträgt sich nicht mit der Tatsache, daß sich die verschiedensten Phagentypen in der gleichen Bakterienart vermehren können, und auch nicht damit, daß der größte Teil der Substanz eines neuentstandenen Phagenteilchens dem Material des Kulturmediums entstammt und erst nach der Infektion assimiliert wurde. Die Parasitenhypothese ist jedoch auch zu extrem. Das Phagenteilchen verschmilzt nach seinem Eindringen in den Wirt mit diesem aufs engste. Im Verlauf des Vermehrungszyklus eines jeden Phagen gibt es ein Stadium, in welchem er so grundlegend geändert oder verwandelt ist, daß man ihn aus seinem Wirt nicht mehr als infektiöses Teilchen zu isolieren vermag. In diesem Stadium scheint sich die genetische Rekombinierung von Untereinheiten der Phagen abzuspielen. Bei den lysogenen Bakterienstämmen dürfte dieser Zustand (das „Prophagenstadium") für die zugehörigen Phagen durch viele Generationen des Wirts hindurch erhalten bleiben, sie verhalten sich hier also wie genetisches Material des Wirtes.

Es gibt kein gutes biologisches Analogon für die im vorstehenden skizzierte Situation, und das ist kaum verwunderlich, da wir hier auf eine intracelluläre, funktionelle Organisation stoßen, die bisher nur von seiten der Genetik sondiert wurde. (Vgl. dazu den zusammenfassenden Artikel von Luria 1950.)

In der vorliegenden Zusammenstellung sollen die Methoden der Phagenforschung, wie sie zur Zeit in Gebrauch sind, sowie die damit erarbeiteten, grundlegenden und neuartigen Ergebnisse und Tatsachen bezüglich der Bakteriophagen etwas ausführlicher dargestellt werden. Ursprünglich wurde dieser „Syllabus" für die Teilnehmer eines kleinen Virussymposions geschrieben, das im März 1950 am California Institute of Technology abgehalten wurde, und dann im Tagungsbericht („Viruses 1950") veröffentlicht. Die deutsche Übersetzung enthält einige Abänderungen und Verbesserungen, die sich inzwischen als nötig erwiesen und von den Autoren in gemeinsamer Arbeit eingefügt wurden.

I. Freie Phagen.

2. Wir beginnen mit einer Beschreibung verschiedener Eigenschaften, durch welche die Phagen, als freie Phagen, in ihrer extracellulären Existenz charakterisiert werden. Einige davon sind physikalischer, physikochemischer und chemischer Art. Bei anderen handelt es sich um biologische Charakteristika, wie Infektivitätsbereich und Aktivierung durch Co-Faktoren, welche nur beim Zusammenbringen von Phagen mit ihren Wirtszellen bemerkbar werden. Sie können trotzdem dazu dienen, verschiedene Zustände zu unterscheiden, in denen sich ein Phagenteilchen außerhalb des Bakteriums befinden kann.

3. Identifizierung der infektiösen Einheiten mit morphologisch definierten Teilchen. Es gibt fünf verschiedene Methoden, um den Titer einer Suspension infektiöser Phagen zu messen. Drei davon sind biologisch, nämlich:

(1) Titration durch Reihenverdünnung bis zur Aktivitätsgrenze.

(2) Titration durch Plaquezählung (vgl. S. 366).

Es konnte gezeigt werden, daß die Zahl der Plaques über einen weiten Konzentrationsbereich genau umgekehrt proportional zum Verdünnungsfaktor ist (ELLIS und DELBRÜCK 1939).

(3) Titration durch Töten von Bakterien.

Wenn man die Anzahl überlebender Bakterien in einer infizierten Kultur auszählt und die POISSONSche Formel anwendet, erhält man die durchschnittlich pro Bakterium adsorbierte Zahl von Phagenteilchen und dadurch die Gesamtzahl der Phagenteilchen, wenn die ursprüngliche Zahl der Bakterien bekannt ist (LURIA und DULBECCO 1949).

Die 4. und die 5. Methode sind physikalischer Art.

(4) Auszählung der Teilchen unter dem Elektronenmikroskop.

Gewisse Suspensionen von Polystyrol-Latex bestehen aus sehr kleinen, sphärischen Teilchen, die alle genau den gleichen Durchmesser haben (BACKUS und WILLIAMS 1948). Dies erlaubt die Bestimmung der absoluten Teilchenkonzentration im Latex durch einfaches Auswägen. LURIA und WILLIAMS (persönliche Mitteilung) machten elektronenmikroskopische Präparate einer Mischung von Phagen mit Latexsuspensionen bekannter Konzentration. Sie zählten darauf das Verhältnis der Phagenteilchen zur Anzahl der Latexkügelchen aus und erhielten auf diese Weise den relativen Titer der Phagensuspension.

Die Resultate der drei biologischen Methoden stimmen gewöhnlich überein. Sie passen auch zu denen der physikalischen Methode innerhalb eines Faktors 2 (T2 ergab zweimal so viel Teilchen im Elektronenmikroskop, wie infektiöse Einheiten durch biologische Methoden nachgewiesen werden konnten, T4 ergab 20% weniger und T6 30% mehr Teilchen als infektiöse Einheiten).

Da diese vier gänzlich verschiedenen Methoden zum gleichen Resultat führen, kann man den aus ihnen sich ergebenden Titer die absolute Konzentration nennen.

Manchmal kann jedoch die Plaquezahl bei einem vom normalen Wirtsstamm verschiedenen Bakterienstamm zu niedrig sein. Ein solcher Stamm hat dann definitionsgemäß eine niedrige „Plattenwirksamkeit" (plating efficiency).

(5) Sichtbarmachung im Dunkelfeldmikroskop.

Die Lichtstreuung macht Phagenteilchen im Dunkelfeldmikroskop sichtbar. Um die kleineren Phagen T1, T3 und T7 sehen zu können, benötigt man eine wesentlich stärkere Lichtquelle als für die größeren T2, T4, T5 und T6. Man kann die Konzentration einer Suspension grob abschätzen, indem man sie unter dem Mikroskop betrachtet. Die Adsorption eines einzelnen Phagenteilchens an ein Bakterium läßt sich infolge der heftigen BROWNschen Bewegung der Teilchen nur schwer beobachten, aber man kann den Absorptionsvorgang als Ganzes verfolgen, indem man das allmähliche Verschwinden der Phagenteilchen nach ihrer Mischung mit Bakterien unter dem Mikroskop betrachtet. Zur Zeit der Lyse platzen die Bakterien auf und setzen mehrere 100 Teilchen von der gleichen Streukraft wie die infizierenden Phagen in Freiheit. (Die Entlassung von T1-Teilchen bei der Lyse kann nur bei Verwendung einer sehr starken Lichtquelle gesehen werden.) Diese in Freiheit gesetzten Teilchen verschwinden durch Diffusion und Adsorption an andere Bakterien langsam aus dem Gesichtsfeld. Es besteht also kein Zweifel, daß es infektiöse Einheiten gibt (WEIGLE unveröffentlicht).

4. Morphologie. (a) Elektronenmikroskopische Bilder. Danach haben die Phagen das folgende Aussehen (vgl. S. 347):

T1: runder Kopf, 45—50 mμ Durchmesser, keine strukturellen Einzelheiten. Dünner Schwanz, 150 mμ lang, nicht mehr als 15 mμ dick. Schwanz scheint gerade oder leicht gekrümmt (WYCKOFF 1949; LURIA und WILLIAMS, persönliche Mitteilung).

T2: großer Kopf, 65 × 80 mμ, oval oder in Form eines kurzen Stäbchens mit konischen oder abgerundeten Enden. Dünner, gerader Schwanz, 120 mμ lang und 20 mμ dick, Ende etwas aufgetrieben. Der Kopf scheint eine innere Struktur zu besitzen (HOOK u. Mitarb. 1946).

T4 und T6 sind von T2 nicht zu unterscheiden. Bei allen dreien sieht man leere Hüllen („ghosts") in älteren Suspensionen und in mit destilliertem Wasser gewaschenen Präparaten (osmotische Zerreißung) sowie in Präparaten, die mit NaOH, Ultraschall oder starker UV-Bestrahlung behandelt wurden. Diese Hüllen scheinen leere Membranen zu sein (s. u.: osmotischer Schock) (ANDERSON 1949).

T5: runder Kopf von 100 mμ Durchmesser, deutlicher Schwanz (ANDERSON 1946).

T3: runder Kopf von 45 mμ Durchmesser, kein Schwanz (ANDERSON 1946).

T7: runder (aber nicht glatter) Kopf von 51 mμ. Die Köpfe scheinen eine zweilappige Struktur zu enthalten. Mit dieser Ausnahme scheinen die Teilchen im wesentlichen homogen ohne umhüllendes Material. Kein Schwanz (KERBY u. Mitarb. 1949).

Es ist behauptet worden, daß in synthetischem Medium vermehrte T2-Phagen größer sind als solche aus Bouillon (ungefähr 10%) (SHARP u. Mitarb. 1946), daß T3 einen Durchmesser von 35 mμ besitzt, daß sowohl T3 wie T7 in einigen Präparaten sehr dünne Schwänze aufweisen (WYCKOFF 1949) und daß der Durchmesser von T7 bei Schattierung mit Chrom 73 mμ beträgt (SHARP u. Mitarb. 1949).

Man darf nicht vergessen, daß alle elektronenmikroskopischen Präparate scharf getrocknet worden sind.

Indirekte Methoden (Sedimentierung in der Zentrifuge, Diffusion usw.) ergaben Werte für die Dimensionen der Phagenteilchen, welche mit den elektronenmikroskopischen vergleichbar sind.

(b) Osmotischer Schock. T2, T4 und T6, welche nach den elektromikroskopischen Bildern Membranen zu besitzen scheinen, können durch „osmotischen Schock" desintegriert werden. Ein osmotischer Schock wird hervorgerufen, indem man die Viren zunächst in 4 m-NaCl suspendiert und die Suspension darauf schnell mit destilliertem Wasser verdünnt. Die Viren werden hierdurch inaktiviert, und die elektronenoptischen Bilder der Suspensionen zeigen dann Hüllen, d. h. leere Kopfmembranen, an denen noch die Schwänze hängen.

T1, T3 und T7 zeigen unter dem Elektronenmikroskop keine Membranen und werden durch einen osmotischen Schock nicht inaktiviert (ANDERSON 1949). Stark mit Ultraschall behandelte Viren zeigen den gleichen Zerreißungseffekt (ANDERSON u. Mitarb. 1948).

5. Chemische Zusammensetzung von Phagen. Analytisch-biochemisch wurden untersucht T2 [COHEN 1946 (b); TAYLOR 1946], T4 [POLSON u. Mitarb. 1948; COHEN 1946 (a)], T6 (PUTNAM u. Mitarb. 1950) und T7 (KERBY u. Mitarb. 1949). Die einfachste und verläßlichste Methode für die Reinigung der Phagen besteht in differentieller Zentrifugierung der Lysate bei niedriger und hoher Tourenzahl. Die Einheitlichkeit der Präparate wird durch elektronenmikroskopische Bilder oder in der analytischen Ultrazentifuge kontrolliert. In vielen Fällen ist es schwierig sicherzustellen, daß man homogenes Material in der Hand hat, besonders wenn es sich um kleine Proben handelt. Ganz allgemein findet man Proteine und große Mengen von Nucleinsäure in den Phagen, und letztere besteht gänzlich oder fast ausschließlich aus Desoxyribonucleinsäure (DNS). Die quantitative Zusammensetzung eines Bakteriophagen scheint mit dem Medium zu variieren, in welchem man die infizierten Bakterienzellen hielt. Phagenteilchen eines bestimmten Stammes sind offensichtlich nicht nur einheitliche Moleküle einer hochkomplizierten chemischen Substanz. Allein aus diesem Grunde hat eine detaillierte Untersuchung über quantitative Unterschiede in der Zusammensetzung zwischen verschiedenen Phagenstämmen kein allzu großes Gewicht, und im übrigen wissen wir nichts über die mögliche Bedeutung solcher Unterschiede. Die Aminosäuren von T4 weichen in ihren proportionalen Anteilen nicht wesentlich von den Verhältnissen beim Wirt E. coli ab (POLSON und WYCKOFF 1948). Ein wichtiger und bedeutsamer Unterschied besteht jedoch hinsichtlich des Nucleinsäuretyps: der Ribopentosetyp herrscht im Bakterium vor.

6. Stabilität. Viele Faktoren beeinflussen die Stabilität von Phagen. Temperatur, Druck, chemische Beeinflussung, Bestrahlung und Ionenmilieu stellen nur ein paar Beispiele dar. Untersuchungen wurden im allgemeinen auf solche Bedingungen beschränkt, wie sie beim experimentellen Arbeiten mit Phagen vorkommen.

Die detailliertesten Untersuchungen stammen von ADAMS (1949).

Die sieben T-Phagen sind in Bouillon relativ stabil. Bei Temperaturen bis zu 50° C läßt sich die Inaktivierungsgeschwindigkeit kaum messen. Oberhalb von 50° C erhöht sich dieselbe. Sie folgt den Bedingungen einer Reaktion 1. Ordnung.

In verdünnten Natriumsalzlösungen werden die meisten Phagen bei Zimmertemperatur mit meßbarer Geschwindigkeit inaktiviert. Zum Beispiel werden in 0,1 n-NaCl bei 20° C ungefähr 78% des Phagen T5 in 60 Minuten inaktiviert und bei 30° ungefähr 95% des gleichen Phagen in der gleichen Zeit unter den gleichen Bedingungen.

Die Inaktivierungsgeschwindigkeiten sind nicht deutlich verschieden, gleich ob das Anion Chlorid, Citrat oder Phosphat ist. Wenn man die Konzentration der Natriumionen über 0,1 n bringt, vermindert sich die Inaktivierungsgeschwindigkeit der Phagen schnell. Bei einer Konzentration der Natriumionen von 1 n hat die Geschwindigkeit um einen Faktor 10^7 abgenommen, und der Phage T5 ist dann so stabil wie in Bouillon.

Die Inaktivierung von T5 und von den übrigen Phagen kann verhindert werden durch verschiedene zweiwertige Kationen, wobei deren Konzentration viel niedriger liegen kann als die stabilisierende Konzentration des Natriumions. Proben haben gezeigt, daß alle zweiwertigen Metallionen außer Blei und Quecksilber einen Schutzeffekt auf die Phagen ausüben. Die Konzentration, welche maximalen Schutz ergibt, beträgt 10^{-3} m. Calcium zeigt einen beträchtlichen Schutzeffekt bei 10^{-4} m. Die Änderung der Stabilität mit der Änderung der Konzentration zweiwertiger Kationen ist sehr viel weniger ausgeprägt als im Falle des Natriumions.

Der Grund für diese Kationeneffekte hinsichtlich der Stabilität ist nicht klar.

Untersuchungen über die Stabilität von Phagen bei hohem Druck sind angestellt worden (FOSTER u. Mitarb. 1949). Die Ergebnisse sollen hier nicht angeführt werden.

Die Inaktivierungsgeschwindigkeit von T2 ist nicht genau untersucht worden, weil die Inaktivierungskurven häufig Unregelmäßigkeiten zeigen, welche schwierig zu reproduzieren und deshalb auch schwierig zu analysieren sind. Dieses Verhalten mag eine Folge von Verklumpungen der Phagen zu Gruppen von zwei oder mehr sein.

Die Wirkung der Wasserstoffionenkonzentration auf die Inaktivierungsgeschwindigkeit ist für T5 gemessen worden (ADAMS 1949), außerdem für T7 (KERBY u. Mitarb. 1949). Über den Bereich von p_H 5,5 bis 7,5 scheint die Inaktivierungsgeschwindigkeit unabhängig von der Wasserstoffionenkonzentration zu sein, unterhalb von 5 und oberhalb von 9 wird sie jedoch stark beschleunigt.

Die sieben T-Phagen werden an der Phasengrenzfläche flüssig-gasförmig schnell inaktiviert (ADAMS 1948). Die kleineren Phagen T1, T3 und T7 werden schneller inaktiviert als die übrigen. Diese Inaktivierung ist mehr physikalischer als chemischer Natur. Ihre Geschwindigkeit wird nicht beeinflußt durch Änderung der Gasphase (Stickstoff, Sauerstoff und Kohlendioxyd), mit der die Phagensuspension geschüttelt oder durchblasen wird. Die Kinetik dieser Inaktivierung ist ebenfalls von der ersten Ordnung. Man kann die Inaktivierung verhindern durch Zugabe kleiner Mengen von Protein. Gelatine gibt von den verschiedenen untersuchten Proteinen die beste Schutzwirkung.

7. Serologie. a) **Bakteriophagen als Antigene.** Bakteriophagen sind im allgemeinen gute Antigene. Sie zeigen strenge serologische Autonomie.

(a) Antisera gegen die Bakterienwirte haben keine Wirkung auf die Bakteriophagen.

(b) Zuvor mit den Bakterienwirten absorbierte und so erschöpfte Antiphagensera behalten ihre volle Aktivität gegenüber den Bakteriophagen, mit deren Hilfe sie hergestellt wurden.

Die serologische Spezifität eines gegebenen Phagenstammes bleibt erhalten, ganz gleich auf welchem Bakterienstamme er vermehrt wurde. Diese Spezifität steht nicht in Beziehung zum Wirts- bzw. „Infektivitätsbereich" (host range) der Bakteriophagen. Phagenstämme, die für das gleiche Bakterium infektiös sind, können zu sehr verschiedenen serologischen Gruppen gehören. Es ließ sich z. B. zeigen, daß die sieben Phagen der T-Serie, die alle für E. coli, Stamm B, infektiös sind, zu vier serologischen Gruppen gehören (s. Tab. I). Phagen derselben Gruppe zeigen serologische Kreuzreaktion mit einem Serum, das gegen irgendeinen von ihnen hergestellt wurde. Der Titer eines solchen Serums ist gewöhnlich 5—100mal niedriger bei der Austestung an einem heterologen Stamm, verglichen mit dem homologen.

Die serologische Klassifizierung der Phagen hat sich als die einzig bedeutsame und zuverlässige erwiesen (BURNET u. Mitarb. 1937, DELBRÜCK 1946). Zur gleichen serologischen Klasse gehörige Phagen sind hinsichtlich ihrer Größe, ihres Aussehens und anderer morphologischer Eigenschaften im allgemeinen eng verwandt (vgl. Taxonomie). Mutationen, welche Änderungen der Plaquegröße, des Wirtsbereichs usw. betreffen, sind wohlbekannt (vgl. Mutanten), doch wurde bisher keine Mutation bei irgendeinem Bakteriophagenstamm gefunden, welche nachweisbare Änderungen der antigenen Eigenschaften betraf.

b) **Reaktion zwischen Phagen und entsprechendem Antiserum.** In einer Mischung von Virus und Antiserum nimmt in vielen, aber nicht in allen Fällen der Bruchteil aktiven Virus' exponentiell mit der Zeit ab (ANDREWES und ELFORD 1933; HERSHEY 1943). Die Inaktivierungsgeschwindigkeit ist proportional zur Konzentration des Serums.

Die Geschwindigkeitskonstante der Inaktivierung ist für die Aktivität eines gegebenen Antiserums gegen einen gegebenen Phagen charakteristisch. Ein gutes Antiserum inaktiviert bei einer Verdünnung von 1 : 100 99% einer Phagensuspension in einer Minute.

Die Verbindung des Antikörpers mit dem Phagen ist irreversibel in dem Sinne, daß der Komplex durch Verdünnung nicht dissoziiert werden kann. Die Aktivität neutralisierter Phagen scheint jedoch wiederherstellbar durch Behandlung des Komplexes mit Papain (KALMANSON und BRONFENBRENNER 1943). Seruminaktiviertes T 3 kann auch durch Ultraschall reaktiviert werden (DOERMANN und ANDERSON 1950, unveröffentlicht).

Es konnte gezeigt werden, daß ein Bakteriophagenteilchen bis zu 5000 Antikörpermoleküle zu adsorbieren vermag, jedoch ist die Adsorption von durchschnittlich 90 Molekülen ausreichend, um die Vermehrung des Virus zu unterdrücken. Da die Inaktivierungskurve annähernd einer Ein-Treffer-Kurve entspricht, muß man annehmen, daß von den 90 Antikörpermolekülen, die im Augenblick der Inaktivierung adsorbiert sind, nur eins oder zwei an wirklich entscheidenden Punkten

Tabelle I. *Eigenschaften der T-Phagen.*

	T 2	T 4	T 6	T 5	T 1	T 3	T 7
Serologische Gruppierung (siehe § 7)							
Größe und Form $\times$ 40 000							
Mindestlatenzzeit in Brühe bei 37° C (Minuten)	21	24	25	40	13	13	13
Plaque-Größe	klein	klein	klein	klein	mittel	groß	groß
Physikalische Charakterisierung	Empfindlich gegen Ultraschall und osmotischen Shock			Empfindlich gegen Ultraschall	Im trockenen Zustand stabil		
% adsorbiert/Min an 5×10^7 B/ml in Brühe bei 37° C	20	20	20	1	10	10	10
Empfindlichkeit gegenüber UV (Dosis in 10^3 erg/cm² für 10^{-3} Überlebende)	18	36	18	24	114	138	138
Photoreaktivierbarer Sektor (siehe § 33)	.56	.20	.44	.20	.68	.39	.35
Mehrfachreaktivierung (siehe § 34)	++++	++++	++++	++	+	—	—
Wichtigste Mutanten	h, r (verschiedene Arten)	r (verschiedene Arten) Co-Faktor	r, Co-Faktor		h	h	h

auf der Phagenoberfläche haften. Gerade eben neutralisierte Teilchen können sich noch an das empfängliche Bakterium anheften (HERSHEY 1948). In diesem Falle hemmt der Antikörper irgendeine Stufe der Vermehrung des Virus, die auf dessen Anheftung an die Bakterienzelle folgt. Bakteriophagen, die teilweise mit Antikörper bedeckt sind, wobei sich dieser jedoch nicht an den entscheidenden Punkten befindet, werden nicht nur von Bakterien adsorbiert, sondern vermehren sich auch (BURNET u. Mitarb. 1937). Um diese Ergebnisse zu erklären, wurde angenommen (BURNET 1937), daß es auf der Phagenoberfläche zwei Arten von Receptoren gibt: solche für den Antikörper und solche für die Bakterienoberfläche.

Wenn ein Phagenteilchen bereits an seinen empfänglichen Wirt adsorbiert ist, dann wird seine Vermehrung durch nachträgliche Antiserumbehandlung nicht mehr gehemmt [DELBRÜCK 1945 (a)]. Die Latenzzeit und die Ausbeute bleiben ungeändert. Diese Tatsache erwies sich als nützliches Mittel für die genaue Abschätzung der Menge von freien und adsorbierten Phagenteilchen in einer Phagen-Bakterien-Mischung. Wenn die nicht adsorbierten Phagen einer solchen Adsorptionsmischung durch Zugabe von Antiphagenserum neutralisiert wurden, dann ergibt das Verhältnis der nach Zugabe des Serums gefundenen Plaquezahl zu der anfänglich vorhandenen den Anteil von „Infektionszentren" (infective centers), welcher auf adsorbierte Phagen, d. h. infizierte Bakterien entfällt.

Experimente von BURNET haben gezeigt, daß formalingetötete, mit zahlreichen adsorbierten Phagen bedeckte Bakterien mit homologem Antiphagenserum agglutiniert werden, aber nicht mit heterologem. Daraus ergibt sich, daß Phagen noch mit Antiserum reagieren können, wenn sie an ein getötetes Bakterium adsorbiert sind.

8. Virusmutanten. Alle hier zu betrachtenden Mutationen sind Spontanmutationen. Über induzierte Mutationen liegen keine verläßlichen Daten vor. Alle hier erwähnten Mutationen treten (vermutlich) während der Vermehrung der Phagen auf, nicht aber in aufbewahrten Suspensionen.

Die wichtigen Mutanten sind: (1) Infektivitätsmutanten (host range mutants), bezeichnet durch den Buchstaben h [LURIA 1945; HERSHEY 1946 (a)].

(2) Eine Klasse von Plaquetypmutanten, welche einen größeren Plaque liefern als Wildtyp. Der Plaque zeigt außerdem einen klaren an Stelle eines trüben Hofes. Dieser Typ wird durch den Buchstaben r bezeichnet [HERSHEY 1946 (a, b)]. Es gibt viele genetisch verschiedene, aber phänotypisch gleiche Mutanten vom r-Typ, und diese werden, wenn nötig, unterschieden durch auf r folgende Bezifferung (HERSHEY und ROTMAN 1948).

Es bedeutet also:

T 2 = Wildtyp dieses Stammes.

T 2h = Infektivitätsmutante, in den meisten Fällen eine Mutante, welche sich auf dem Bakterienstamm B/2 vermehren kann (vgl. Allgemeine Methodik).

T 2 r = Mutante, welche größere Plaques (mit klarem Hof) liefert als Wildtyp.

T 2 r 7 = eine besondere 7. Mutante dieses Typs.

T 2 r 7 r 13 = ein Phagenteilchen, von dem man weiß, daß es die r-Mutation an den zwei angegebenen Loci trägt (erhalten durch passende genetische Kreuzung).

T 2 h r 7 = ein Phagenteilchen, welches sowohl die h- wie die r 7-Mutation enthält.

Wenn man hervorheben will, daß ein Phage an einem gegebenen Locus keine Mutation enthält, dann zeigt man dies an, indem man zum Symbol des Stammes das Symbol der Mutation mit einem + als Exponent hinzufügt, z. B. ist T 2 h+ r 13 eine Mutante, welche am h-Locus das Wildtypallel und am r 13-Locus das mutierte Allel enthält.

Es sind mehrere Wildtypstämme von T 2 in Gebrauch, welche durch Großbuchstaben unterschieden werden. Die wichtigsten sind T 2 H und T 2 L.

Es wurde noch eine weitere Klasse von Mutationen, „biochemische Mutationen", festgestellt (ANDERSON 1948; DELBRÜCK 1948). Die genetischen Zusammenhänge wurden hier nicht bearbeitet, insbesondere wurden sie nicht systematisch zu Rekombinationsuntersuchungen benutzt.

Die Annahme besonderer „Gene" oder „Loci" in „genetischem Material" der Phagen ergab sich aus HERSHEYs Untersuchungen über das Mutierungsmuster (mutational pattern) von T 2 [HERSHEY 1946 (a, b)]. HERSHEY benutzte außer den oben angeführten Mutanten auch einige weitere und zeigte, daß jeder dieser Mutationsschritte unabhängig vom Vorhandensein der übrigen Mutationen im Phagen auftritt.

9. Taxonomie. Der wesentlichste Hinweis auf verwandtschaftliche Zusammenhänge zwischen Bakteriophagen ergibt sich aus ihren serologischen Kreuzreaktionen. Durch dieses Kriterium sind die sieben T-Phagen in folgende vier Gruppen einzuteilen:

T 1; T 3, T 7; T 5; und T 2, T 4, T 6 (die „geradzahligen" Phagen). Phagen aus verschiedenen Gruppen geben überhaupt keine Kreuzreaktionen, wohl dagegen innerhalb einer Gruppe (s. Serologie). Innerhalb jeder Gruppe gleichen sich die Phagen morphologisch, Phagen, die zu verschiedenen Gruppen gehören, unterscheiden sich dagegen auch morphologisch (s. Tab. I).

Im Gegensatz zu früheren Ansichten ist der Wirtsbereich (Infektionsbereich) kein geeignetes Einteilungsprinzip. T 3 und T 4 haben z. B. einen sehr ähnlichen Wirts- bzw. Infektionsbereich, sind jedoch von jedem anderen Gesichtspunkt aus nicht miteinander verwandt. Andererseits sind T 2 und T 2 h, die sich in ihrem Wirtsbereich unterscheiden, offensichtlich sehr nahe verwandt.

Der Plaquetyp hat taxonomischen Wert, wenn man vorsichtig vorgeht. Allgemein läßt sich sagen, daß kleine Phagen große Plaques ergeben, doch die Plaquegröße hängt auch von Mutationen ab.

Die geradzahligen Phagen repräsentieren die Gruppe mit weitester Verbreitung. Viele der in älteren Arbeiten untersuchten Coliphagen gehören in diese Gruppe.

10. Co-Faktor-Aktivierungen. [T. F. ANDERSON 1945, 1948 (b); HERSHEY und DELBRÜCK, unveröffentlicht; WOLLMAN und STENT 1950). Man fand, daß T 4 und T 6 in zwei Zuständen existieren, „aktiv" und „inaktiv", in Abhängigkeit von der Gegenwart bestimmter Aminosäuren, die als Co-Faktoren bezeichnet werden. Solche Phagen sind, wenn man sie in Co-Faktor-freiem synthetischem Medium suspendiert, im inaktiven Zustande und werden an ihre Wirtsbakterien nicht adsorbiert. Wenn Co-Faktor in genügender Konzentration zugefügt wird, werden die Phagen aktiv und können sich dann an die Wirtszellen adsorbieren, welche sie später lysieren.

l-Tryptophan ist der aktivste bisher gefundene Co-Faktor, und seine Wirkung wurde bis in alle Einzelheiten untersucht. Andere aromatische Aminosäuren, wie z. B. Phenylalanin, zeigen geringere Wirkung. Nur die l-Formen scheinen wirksam zu sein. Bei einigen, doch nicht bei allen Mutanten von T 4 hemmt Indol die Aktivierung durch l-Tryptophan (DELBRÜCK 1948 unveröffentlicht), und man muß annehmen, daß es sich hierbei um ein Konkurrenzphänomen zwischen Co-Faktor und Hemmstoff auf spezifischen Punkten der Phagenoberfläche handelt.

Man hat geschätzt, daß die Anzahl der durch jedes Phagenteilchen gebundenen Co-Faktor-Moleküle von der Größenordnung 200 ist.

Der Aktivierungsprozeß ist reversibel, und es können die Reaktionsgeschwindigkeiten, mit welchen Aktivierung und Desaktivierung ablaufen, je nachdem, ob man Co-Faktor hinzufügt oder entfernt, untersucht werden. Folgende Ergebnisse wurden erhalten:

(1) Aktivierung und Desaktivierung scheinen wie eine Reaktion 1. Ordnung abzulaufen und Ein-Treffer-Prozesse zu sein.

(2) Die Aktivierungsgeschwindigkeit ist bei niedrigen Co-Faktor-Konzentrationen annähernd proportional der 5. Potenz der Co-Faktor-Konzentration und bei hoher Co-Faktor-Konzentration unabhängig von dieser.

(3) Die Desaktivierungsgeschwindigkeit wird erheblich verlangsamt durch Co-Faktor-Konzentrationen, welche nur sehr geringe Aktivierung hervorrufen, wenn man sie auf inaktive Phagen einwirken läßt.

Ein Modell des Aktivierungsmechanismus, welches diese Befunde verknüpft, ließ sich aufstellen. Man kann annehmen, daß das Phagenteilchen „Schlüsselstellen" enthält, welche entweder in aktivem oder inaktivem Zustande sein können. Jedes Phagenteilchen hat entweder genau eine oder eine große Anzahl solcher Schlüsselstellen. Diese werden aktiv durch eine Reaktion, für die die gleichzeitige Anwesenheit von 5 Co-Faktor-Molekülen notwendig ist. Bei niedrigen Co-Faktor-Konzentrationen, bei denen nur ein kleiner Bruchteil der Schlüsselstellen mit den nötigen 5 Co-Faktor-Molekülen versehen ist, wird die Anzahl der aktiv werdenden Schlüsselstellen in der Zeiteinheit anwachsen mit der 5. Potenz der Co-Faktor-Konzentration. Bei hohen Co-Faktor-Konzentrationen, bei denen alle Schlüsselstellen über wenigstens 5 Co-Faktor-Moleküle verfügen, wird die Aktivierungsgeschwindigkeit von der Co-Faktor-Konzentration unabhängig sein. Desaktivierung erfolgt nach dieser Theorie, wenn eines der 5 Co-Faktor-Moleküle auf einer aktiven Schlüsselstelle sich loslöst. Es ist jedoch für ein anderes, von außen herantretendes Co-Faktor-Molekül möglich, den Platz des in Verlust gegangenen einzunehmen, wenn es rechtzeitig mit den 4 übrigbleibenden Molekülen einer soeben desaktivierten Schlüsselstelle zu reagieren vermag. Daher ist die Wirksamkeit niedriger Co-Faktor-Konzentrationen hinsichtlich einer Verlangsamung der Desaktivierung proportional zur Co-Faktor-Konzentration und nicht, wie im Falle der Aktivierung, zu ihrer 5. Potenz.

Die Wirksamkeit einer bestimmten, niedrigen Co-Faktor-Konzentration hinsichtlich der Aktivierung von Phagen wird stark reduziert, wenn man die Temperatur erniedrigt. Dies läßt sich an Hand obigen Modells leicht verstehen. Wenn die Wahrscheinlichkeit, ein Co-Faktor-Molekül bei einer gegebenen Co-Faktor-Konzentration innerhalb einer Schlüsselstelle zu finden, bei niedrigerer Temperatur etwas geringer ist, etwa weil eine schwache Bindung sich weniger leicht ausbildet, dann kommt diese Herabsetzung bei der beobachteten Aktivierungsgeschwindigkeit mit der 5. Potenz zum Ausdruck.

Puck u. Mitarb. (1951) haben gefunden, daß die Aktivierung der Co-Faktor benötigenden Mutanten diese nicht nur zur Adsorption an die empfänglichen Wirtszellen befähigt, sondern auch an die Oberfläche von Glas. Dieser Befund macht es sehr wahrscheinlich, daß die Aktivierung hauptsächlich in einer drastischen Änderung der elektrischen Eigenschaften der Phagenoberfläche besteht.

11. Strahlungsinaktivierung. Ein Phagenteilchen wird in diesem Zusammenhange als inaktiv definiert, wenn es keine Phagenvermehrung auszulösen vermag; gewöhnlich wird diese Fähigkeit an Hand der Plaquebildung ausgetestet. Der inaktivierende Einfluß von Strahlungen wird untersucht, indem man „Überlebenskurven" (survival curves) festlegt, d. h. Kurven, die man erhält, wenn man den Logarithmus des Bruchteils der nach einer Strahlungsdosis D noch aktiven Phagenteilchen aufträgt. Häufig sind diese Kurven gerade Linien, woraus hervorgeht, daß die Inaktivierung das Resultat eines einzelnen „Treffers" ist. In diesen Fällen nennt man die Dosis, welche e^{-1} (0,367) als Bruchteil der Überlebenden ergibt, die „Inaktivierungsdosis", und der negative, natürliche Logarithmus des Anteils überlebender Teilchen gibt die durchschnittliche Anzahl von Treffern pro Teilchen.

(a) Inaktivierung durch Röntgenstrahlen. Zwei Inaktivierungstypen, durch direkte und durch indirekte Wirkung (Luria und Exner 1941; Watson 1950).

(1) Inaktivierung durch direkte Wirkung. Hierunter versteht man die Inaktivierung infolge Absorption der Strahlungsenergie innerhalb des Phagenteilchens. Man erhält den Effekt, wenn die Phagen während der Bestrahlung in einem schützenden Medium suspendiert sind (Bouillon, Gelatinelösung, Tryptophanlösung usw.). Die Überlebenskurve ist vollkommen gerade, was einen Ein-Treffer-Inaktivierungsmechanismus anzeigt. Die Inaktivierungsgeschwindigkeit hängt nur von der Dosis ab. Sie ist unabhängig von der Intensität, Fraktionierung der Dosis, der Gegenwart von Sauerstoff und der während der Bestrah-

lung herrschenden Temperatur. Die Quantenausbeute pro Ionisation ist beträchtlich kleiner als 1. Eine kürzlich vorgenommene Bestimmung für T2 ergab eine Ausbeute von 1/20 (WATSON 1950).

(2) Inaktivierung durch indirekte Wirkung. Dieser Effekt ist auf infolge der Strahlung im umgebenden Medium entstehende toxische Substanzen zurückzuführen und kann erhalten werden, wenn man die Phagen während der Bestrahlung in einem von schützenden Substanzen freien Medium suspendiert. In diesem Falle überwiegt die Inaktivierung indirekter Art erheblich über die direkte. Indirekte Inaktivierung wird durch wenigstens zwei verschiedene Agenzien oder Gruppen von Agenzien hervorgerufen: ein kurzlebiges ist nur durch seine Wirkung während der eigentlichen Bestrahlung der Phagensuspension nachzuweisen. Das andere, relativ langlebige, zeigt sich an der Beständigkeit seiner Wirkung über die Bestrahlungsperiode hinaus (WATSON 1950).

Die Überlebenskurve, welche dem kurzlebigen, indirekten Agens zuzuschreiben ist, ist nicht gerade, sondern zeigt eine nach abwärts gerichtete Konkavität bei niedrigen Dosen und wird erst bei höheren Dosen gerade. Die Krümmung wird hervorgerufen durch eine stufenweise Abtötung der Phagen (Watson 1950). Die Inaktivierungsgeschwindigkeit ist unabhängig davon, ob während der Bestrahlung Sauerstoff zugegen war (DOERMANN, persönliche Mitteilung).

Die Gegenwart langlebiger, indirekter Agenzien wird nachgewiesen durch die Inaktivierung von Phagen, welche man in vorher bestrahlte Lösungen hineinbringt. Die Inaktivierungsgeschwindigkeit ist stark abhängig von der Temperatur und der Chlorionenkonzentration (WATSON 1950).

(b) Inaktivierung durch Ultraviolettbestrahlung (UV). Die Inaktivierung von in Wasser oder in einer Pufferlösung suspendierten Phagen wird hervorgerufen durch Licht von Wellenlängen von 3130 Å oder kürzer. Eine äußerst geringe Inaktivierung durch Licht der Wellenlänge 3600 Å oder länger wurde von WAHL und LATARJET (1947) gefunden. Das Wirkungsspektrum der Inaktivierung gleicht dem Absorptionsspektrum, und die Quantenausbeute bei 2537 Å ist von der Größenordnung 10^{-4} (ZELLE und HOLLÄNDER, persönliche Mitteilung).

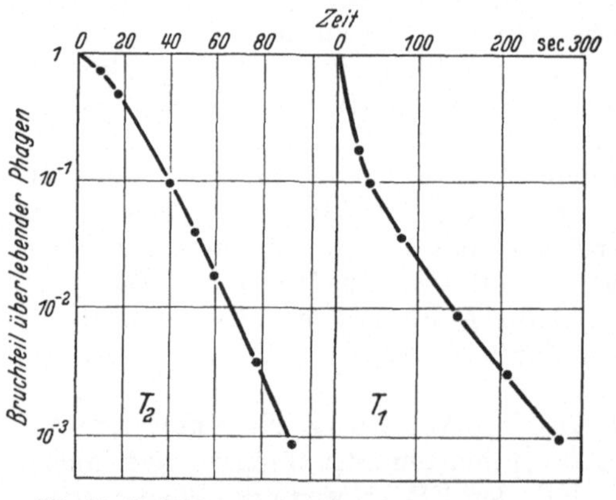

Abb. 49. Inaktivierung der Phagen $T2$ und $T1$ durch UV-Bestrahlung; log des Bruchteils überlebender Phagenteilchen als Funktion der Bestrahlungszeit (G. E.-Entkeimungslampe, 82 cm Abstand).

Die Inaktivierungskurven der sieben Phagen der T-Gruppe nähern sich bei hohen Dosen einer Geraden an (LURIA und LATARJET 1947), bei niedrigen Dosen sind die Inaktivierungskurven der Phagen T2, T4, T5 und T6 nach abwärts gekrümmt und die der Phagen T1, T3 und T7 nach aufwärts (siehe Abb. 49). Der Grund für diese Krümmungen ist unbekannt (DULBECCO 1950).

UV-Inaktivierung konnte bei getrockneten T1-Phagen beobachtet werden (FLUKE und POLLARD 1949).

UV-Inaktivierung hängt nur von der Dosis ab und ist unabhängig von der Intensität, Dosisfraktionierung und der Temperatur während der Bestrahlung.

(c) Inaktivierung durch radioaktiven Zerfall von in die Phagenstruktur eingebautem P^{32} (HERSHEY u. Mitarb. 1951). Teilchen von T4 und von verwandten Phagen enthalten je etwa 500000 Phosphoratome. Dieser Phosphor kann dadurch markiert werden, daß man für die Phagenvermehrung Nährmedien benutzt, welche radioaktiven P^{32} enthalten. Markierte Phagenteilchen zeigen infolge radioaktiven Zerfalls des assimilierten P^{32} eine gewisse Spontaninaktivierung. Deren Geschwindigkeit ist genau proportional zur spezifischen Radioaktivität des eingebauten Phosphors, und im Bereich zwischen 30 und 300 P^{32}-Atomen auf 1 Million P^{31} läßt sich die Inaktivierungsgeschwindigkeit zur Messung des Anteils von assimiliertem P^{32} benutzen. Die Inaktivierung folgt einer Ein-Treffer-Kurve, und jeder Atomzerfall führt mit einer Wahrscheinlichkeit von 0,09 zur Inaktivierung. Nur ein kleiner Bruchteil der Gesamtinaktivierung läßt sich auf die bei der Atomumwandlung ausgeschleuderten β-Teilchen zurückführen.

II. Allgemeine Methodik.

12. Zwecks unmißverständlicher Beschreibung der Standardmethoden zur experimentellen Behandlung von Phagen wurde eine Anzahl von Fachausdrücken eingeführt, welche jetzt zu definieren sind.

Wenn man mit einem bestimmten Bakterienstamm und einem bestimmten Phagenstamm arbeitet, können die Bedingungen so gewählt werden, daß die meisten Bakterien einer gegebenen Kultur entweder nur durch ein Phagenteilchen infiziert werden oder durch mehr als eines. Der erste Fall wird „Einfachinfektion" genannt (single infection), der zweite „Mehrfachinfektion" (multiple infection), und das Verhältnis der adsorbierten Phagenteilchen zu der in der Kultur vorhandenen Bakterienzahl heißt „Infektionszahl" (multiplicity of infection).

Es besteht keine Möglichkeit, direkt eine genaue und gewünschte Anzahl von Phagenteilchen in individuelle Bakterien einzuführen. Man infiziert, indem man eine Suspension einer bekannten Anzahl von Phagen mit einer Suspension einer bekannten Anzahl von Bakterien mischt. Das Verhältnis dieser beiden ergibt ungefähr die Infektionszahl. Da die Phagen niemals zu 100% adsorbiert werden, muß die tatsächliche Infektionszahl bei jedem Experiment gesondert bestimmt werden, indem man z. B. die Plaquezahl nach der Adsorption in Vergleich setzt zu der gesamten eingetragenen Virusmenge. Nicht jedes Bakterium erhält genau die gleiche Anzahl infizierender Phagenteilchen. Infolge statistischer Fluktuationen bekommen einige mehr, andere weniger. Diese Art von Fluktuationen gehorcht dem Poisson-Gesetz

$$p(r) = n^r e^{-n}/r! \,,$$

welches die Wahrscheinlichkeit $p(r)$ für die Anwesenheit von r Objekten in einer gegebenen Probe zeigt, wenn die Durchschnittsanzahl von Objekten in dieser Probe n ist. Wenn z. B. $n = 4$, dann ist der Anteil der Bakterien, welche durch genau $r = 4$ Phagenteilchen infiziert werden, $p(4) = 4^4 e^{-4}/4! = 0,2$. Nur 20% aller Bakterien wurden also unter diesen Bedingungen mit genau 4 Phagenteilchen infiziert. In ähnlicher Weise können die Prozente für alle Werte von r berechnet werden. Man kann Bakterien nicht nur einfach oder mehrfach mit nur einem Phagentyp infizieren, sondern auch mit zwei oder mehr verschiedenen Stämmen. Dies nennt man Mischinfektion (mixed infection). Die tatsächlich bei einem solchen Experiment vorliegenden Bedingungen müssen wiederum jeweils in der oben geschilderten Weise bestimmt und berechnet werden.

Für die Analyse von Mischinfektionsexperimenten benutzt man „Indikatorstämme" (indicator strains) von Bakterien, welche gegenüber bestimmten Phagen resistent sind. Man erhält sie als Mutanten des E. coli-Stammes B, welcher gewöhnlich bei all diesen Experimenten Verwendung findet und gegenüber allen sieben T-Phagen empfindlich ist. Das Resistenzmuster jeder Bakterienmutante wird auf folgende Weise angegeben: B/2 bedeutet einen Stamm, der gegenüber T2 resistent ist; B/3, 4, 7 bedeutet einen Stamm, der gegenüber T3, T4 und T7 beständig ist usw.

Eine Mischung von T2 und T4 ergibt nur T4-Plaques, wenn man sie mit B/2 auf die Agarplatte bringt, und nur T2-Plaques mit B/4. Wenn B/2 und B/4 gemischt werden und mit einer Mischung von T2 und T4 auf die Platte kommen, dann bilden beide Phagenstämme Plaques auf der gleichen Platte, doch sind die Plaques im allgemeinen trübe, da in jedem von ihnen nur der eine der beiden Bakterienstämme durch Lyse eliminiert wurde. Wo jedoch ein T2- und ein T4-Plaque einander überschneiden, bildet sich eine klare Zone, da in diesem Gebiet beide Bakterienstämme lysiert werden. Vollständig klare Plaques werden auf „gemischten Indikatoren" (mixed indicators) gebildet durch Bakterien, welche gemischt infiziert wurden und eine gemischte Phagenausbeute ergeben, da in einem solchen Plaque beide Indikatoren lysiert werden.

Für Experimente mit einem Phagen und seiner Infektivitätsmutante benutzt man zweckmäßigerweise eine Mischung von B und einem Indikatorstamm. Hier bildet der Wildtyp einen trüben Plaque, und die Infektivitäsmutante einen klaren Plaque.

Um die Zeit zwischen Infektion und Lyse und die durchschnittliche Phagenausbeute von einfach oder mehrfach infizierten Bakterien zu bestimmen, wird die „Einstufentechnik" (one step growth technique) benutzt. Man mischt Bakterien und Phagen im gewünschten Verhältnis und läßt ein paar Minuten zwecks Adsorption stehen. Dann kann man nicht adsorbierte bzw. freie Phagen (und nur solche!) durch Phagenantiserum inaktivieren. Hierauf wird die Mischung stark verdünnt, so daß die auf die Platte zu bringende Probe nur ein paar 100 infizierte Bakterien enthält. Jedes infizierte Bakterium ergibt einen einzelnen Plaque, sofern es noch nicht platzte, bevor es auf die Platte gelangte. Wenn die freien Phagen zuvor nicht durch Antiserum inaktiviert wurden, dann gibt es auf der Platte tatsächlich zwei (nicht voneinander unterscheidbare) Arten von Plaques, die von zwei Arten von „Infektionszentren" (infective centers) herrühren, nämlich einerseits von den infizierten und noch nicht lysierten Bakterien und andererseits von den frei gebliebenen Phagen. Wenn man Proben dieser verdünnten Mischung in kurzen Zeitabständen auf die Platte bringt, erhält man für eine gewisse Zeit konstante Plaquezahlen, dann steigt deren Zahl plötzlich von Platte zu Platte an, bis sie schließlich einen neuen, viel höheren Wert erreicht, der dann konstant bleibt. Der plötzliche Anstieg der Plaquezahl kommt zustande durch die ersten lysierten Bakterien, welche die von ihnen produzierten Phagen gleichmäßig im Medium des Verdünnungsgefäßes verteilen und hierdurch die Anzahl von Infektionszentren erhöhen, da jedes in Freiheit gesetzte Phagenteilchen jetzt seinen eigenen Plaque bilden kann. Der neue, höhere und konstante Wert der Plaquezahl wird erreicht, wenn das letzte infizierte Bakterium geplatzt ist. Das Zeitintervall zwischen Infektion und Lysebeginn heißt Latenzzeit (latent period), die Zeit zwischen dem Anfang und dem Ende der Lyse „Anstiegszeit" (rise period) und das Verhältnis der Plaquezahl am Ende zu der am Beginn die „Stufenhöhe" (step size). Aus letzterer kann man leicht die „Durchschnittsausbeute" (average burst size) eines infizierten Bakteriums berechnen. Man kann die erhaltenen Zahlen (Plaquezahl gegen Zeit) auf Millimeterpapier auftragen, um so eine „Einstufenkurve" bzw. „einstufige Vermehrungskurve" (one step growth curve) zu erhalten.

„Einzelausbeuten" (individual burst sizes) werden nach einer anderen Methode bestimmt. Man verdünnt die infizierte Bakteriensuspension so weit, daß ein einzelner Tropfen der Suspension durchschnittlich wesentlich weniger als ein Bakterium enthält. Man verteilt einzelne Tropfen in eine große Anzahl von Röhrchen und bringt den Inhalt derselben nach Ablauf der Latenzzeit auf die Platte. Die meisten Platten zeigen dann keinerlei Plaques, die übrigen enthalten zum größten Teil die Phagenausbeuten einzelner Bakterien. Wiederum dient das POISSON-Gesetz für die detaillierte Analyse dieses „Einzellyseexperimentes" (single burst experiment).

Bei vielen Experimenten erweist es sich als nötig, freie Phagen und infizierte Bakterien getrennt zu zählen. Man kann dies entweder durch Benutzung von Phagenantiserum erreichen, welches, wie oben erwähnt, nur nicht adsorbierte Phagen inaktiviert, oder durch kurzes Zentrifugieren, wobei nur die Bakterien sedimentieren und die Phagen in der überstehenden Flüssigkeit verbleiben.

III. Adsorption.

13. PUCK u. Mitarb. (1951) haben gezeigt, daß sich einige Phagentypen in einem bestimmten, engen Bereich der Ionenkonzentration reversibel an die Bakterien anheften können. Die reversible Bindung

hängt von den elektrostatischen Eigenschaften der Phagen- und Bakterienoberflächen ab. In ihr ist der erste Schritt der Wechselwirkungen zwischen Wirt und Virus gegeben. Bei manchen durch Mutation phagenresistent gewordenen Bakterienstämmen ist gerade dieser Schritt blokkiert. Mutation von B zu B/1 liefert ein Beispiel dafür. Der Phage T1 wird nicht einmal reversibel von·den Bakterien des B/1-Stammes gebunden.

Im Zustande der reversiblen Bindung sind Phagen nicht photoreaktivierbar (s. 33) (DULBECCO, unveröffentlicht).

Der Ausdruck „Adsorption" bezieht sich auf jenen Abschnitt des Vermehrungszyklus, in welchem Phage und Bakterium eine irreversible Bindung eingehen. Experimente mit röntgenbestrahlten Phagen (s. 14) zeigen, daß dieser Schritt empirisch abgrenzbar ist und gewisse Nebeneffekte einbegreift (s. 38, 39).

Ob es zwischen einem bestimmten Phagen und einem bestimmten Bakterium zu einer irreversiblen Bindung kommen kann, hängt von hochspezifischen Faktoren ab. Empfängliche Bakterien können sich mit den entsprechenden Phagen selbst unter Bedingungen vereinigen, unter denen die Phagenproduktion unmöglich ist. Adsorption findet z. B. statt, wenn Phagen und Bakterien in Puffer suspendiert sind, der keinerlei Substrate für den Stoffwechsel enthält. Selbst nach unglimpflicher Behandlung der Zellen oder Viren etwa durch Röntgen- oder UV-Bestrahlung, Hitzeeinwirkung, Abtötung durch Alkohol vermag die Adsorption noch abzulaufen. Man kann tatsächlich Extrakte aus Bakterien gewinnen, die gewisse Komponenten enthalten, welche sich in vitro mit aktiven Phagen irreversibel und spezifisch vereinigen (s. 17).

Der Adsorptionsvorgang erfordert daher außer der Einhaltung gewisser elektrostatischer Bedingungen das Vorhandensein irgendwelcher spezifischer Strukturen auf den Oberflächen von Wirt und Virus, die vielleicht analog denen sind, welche das sterische Aufeinanderpassen von Antigen und Antikörper bewirken. Stoffwechselvorgänge von seiten des Bakteriums sind nicht daran beteiligt.

14. Adsorption ohne Abtötung des Bakteriums. WATSON (1950) entdeckte, daß ein großer Bruchteil von mit Röntgenstrahlen inaktivierten Phagenteilchen von Bakterien adsorbiert wird, ohne diese zu töten. Der Nachweis, daß diese tatsächlich adsorbiert werden, wurde geführt, indem man zeigte, daß diese Teilchen die „Adsorptionskapazität" der Bakterien abzusättigen vermögen. Hitzegetötete Bakterien (eine Stunde bei 60° C) vermögen maximal etwa 500 Teilchen pro Bakterium zu adsorbieren; WATSON konnte zeigen, daß die Adsorptionskapazität von hitzegetöteten Bakterien abgesättigt werden kann, indem man sie mit röntgeninaktivierten Phagen zusammenbringt. Diese Absättigung wurde dadurch nachgewiesen, daß nun ihre Adsorptionskapazität für aktive Phagen reduziert war.

15. Mechanismus des Adsorptionsvorganges. Die Untersuchung der Geschwindigkeit, mit der aktive Phagen an empfängliche Bakterienzellen adsorbiert werden, zeigt, daß der frei bleibende Bruchteil der anwesenden Phagen exponentiell mit der Zeit abnimmt. In einem gewissen Bereich der Bakterienkonzentration ist weiterhin die Adsorptionsgeschwindigkeit proportional zur Zellkonzentration. Man muß deshalb schließen, daß die Adsorption nach Art einer (Pseudo-) Reaktion 1. Ordnung abläuft, d. h. daß ein Zusammenstoß zwischen zwei Körpern erfolgt, von denen die einen (die bakteriellen Rezeptoren) in großem Überschuß über die andern (die Phagen) vorhanden sind.

Falls weder die Bakterien noch die Phagen Eigenbewegung haben, läßt sich die ungefähre Stoßhäufigkeit der zwei Körper infolge der BROWNschen Bewegung in Suspensionen von bekannter Konzentration berechnen (SCHLESINGER 1932). Diese berechnete Häufigkeit ist von derselben Größenordnung wie die unter günstigsten Bedingungen beobachtete Adsorptionsgeschwindigkeit. Es muß daher nahezu jeder Zusammenstoß zwischen Phage und Wirt zu einer spezifischen Bindung führen.

Man kann jedoch zeigen, daß aktive Phagen unter anderen Bedingungen mit an sich empfänglichen Bakterien zusammenstoßen können, ohne adsorbiert zu werden. Experimente mit ausgehungerten Bakterien [DELBRÜCK 1940 (a)] und bei niedriger Temperatur (WOLLMAN und STENT 1950) zeigen, daß der beobachtete Rückgang der Adsorptionsgeschwindigkeit viel größer ist, als man z. B. aus der Abnahme der Stoßhäufigkeit erwarten sollte. Unter ungünstigen Bedingungen kann deshalb der zur Adsorption führende Stoßanteil stark reduziert werden.

Man findet, daß die Adsorptionsgeschwindigkeit von Phagen nicht länger mit der Bakterienkonzentration wächst, nachdem diese eine gewisse Grenze überschritten hat (ANDERSON 1949; WOLLMAN und STENT 1950). Da die Stoßhäufigkeit unter diesen Bedingungen weiter anwachsen müßte, sieht man sich veranlaßt, einen zweiten, geschwindigkeitsbegrenzenden Schritt bei der Adsorptionsreaktion zu postulieren.

Der Befund, daß überhaupt keine Adsorption stattfindet, wenn man die Phagen-Bakterien-Mischung heftig rührt (ANDERSON 1949), läßt sich durch die Annahme deuten, daß das Rühren Phagen und Wirt daran hindert, für die Herstellung einer sterisch einwandfreien Bindung lange genug zusammenzubleiben.

16. Übergang des Bakteriums von der Empfänglichkeit zur Phagenresistenz. Bakterien können sich durch Mutation aus einer Form, in der sie für einen gegebenen Phagen empfänglich sind, umwandeln in eine solche, in der sie sich ihm gegenüber resistent zeigen. Unter Resistenz soll hier verstanden werden, daß die Vermehrungsfähigkeit des Bakteriums durch den Phagen unbeeinflußt bleibt. Das Wort wird manchmal auch in weniger eindeutigem Sinne benutzt. Zum Beispiel in dem Sinne, daß das Bakterium für die Vermehrung des Phagen ungeeignet geworden ist, obwohl es von diesem noch angegriffen und getötet wird.

Bei Stamm B und den Phagen der T-Serie ist Resistenz im strengen Sinne stets verknüpft mit der Unfähigkeit der resistenten Bakterien, den Phagen zu adsorbieren, demgegenüber sie resistent sind. Diese resistenten Mutanten erhält man, indem man 100 oder 1000 Millionen Bakterien des empfänglichen Stammes mit einem Überschuß von Phagen auf die Agarplatte bringt. Die empfänglichen Bakterien werden hierdurch zerstört, die resistenten überleben und bilden Kolonien. Da die resistenten Mutanten, die man so erhält, stets unfähig sind, die Phagen zu adsorbieren, denen gegenüber sie resistent wurden, kann man vernünftigerweise annehmen (was aber schwer zu beweisen ist) daß Resistenz allein auf einer Störung des Adsorptionsmechanismus beruht. Man kann sich vorstellen, daß die Mutation zur Bildung veränderter Oberflächenelemente geführt hat, die nun nicht imstande sind, den Phagen zu adsorbieren. Dieser Gesichtspunkt soll in größerer Ausführlichkeit im nächsten Abschnitt behandelt werden.

In einem Falle gibt es einen deutlichen Hinweis darauf, daß es tatsächlich nur ein Versagen des Adsorptionsmechanismus ist, welcher das Bakterium resistent macht, und nicht ein Versagen der Fähigkeit des Bakteriums, den fraglichen Phagen zu synthetisieren. Dieser Hinweis ergibt sich aus folgendem Fall: Wenn man das Bakterium B mit T2 und T4 gemischt infiziert, ergeben sich Teilchen vom Elterntyp, außerdem einige genetische Bastarde, was später beschrieben werden soll, und schließlich Teilchen besonderer Art, welche durch das Symbol T2(4) bezeichnet werden. Solche Teilchen besitzen die folgenden Eigenschaften (SZILARD und NOVICK, persönliche Mitteilung; DELBRÜCK, unveröffentlicht):

1) Sie werden durch B/2 adsorbiert, als seien sie T4-Teilchen.

2) Sie vermehren sich innerhalb von B/2, doch ihre Nachkommenschaft besteht gänzlich aus T2-Teilchen.

Die T2(4)-Teilchen haben also vermutlich den Genotyp T2, besitzen jedoch phänotypisch einige der T4-Eigenschaften, und gerade auf Grund dieser T4-Eigenschaften sind sie imstande, sich an B/2 zu adsorbieren und darin einzudringen.

Dieser Fall ist wichtig, weil er zeigt, daß der B/2-Stamm trotz seiner Unfähigkeit, T2 zu adsorbieren, nichtsdestoweniger T2 zu reproduzieren vermag, wenn er mit passend ausgerüsteten T2-Teilchen infiziert wird. Die Adsorptionsfähigkeiten eines Bakteriums geben deshalb nicht notwendigerweise auch ein vollständiges Bild von seinen synthetischen bzw. Reproduktionsfähigkeiten für Phagen.

17. Adsorptionsrezeptoren auf der Bakterienoberfläche (receptor spots). Die große Ähnlichkeit zwischen der Neutralisierung eines Antigens durch einen Antikörper und der Adsorption eines Phagen an ein empfängliches Bakterium führte schon frühzeitig zu Versuchen, Substanzen aus Bakterien zu isolieren, welche die „Adsorptionsrezeptoren" der Bakterienoberfläche darstellen und als solche für die spezifische Bindung des infizierenden Phagenteilchens an die empfängliche Zelle verantwortlich sein sollten. In vitro sollte die Reaktion zwischen Rezeptorsubstanz und Phage zu einer Inaktivierung des Phagen führen, was als Test bei Versuchen zur Reinigung der Substanz dienen kann. Es ist tatsächlich möglich, aus Bakterien Extrakte zu erhalten, welche für den extrahierten Bakterienstamm infektiöse Phagen spezifisch inaktivieren (BEUMER 1947).

Versuche zu weiterer Reinigung der wirksamen Extrakte sind meist nicht unternommen worden, wahrscheinlich, weil Aktivitätsverluste häufig auftreten.

WEIDEL (1950; 1951) stellte entsprechende Versuche mit dem in der T-Serie der Coliphagen wichtigen B-Stamm von E. coli an. Autolyse der Bakterien mit nachfolgender tryptischer Verdauung führte zu einem einheitlichen Material von spezifischer Inaktivierungswirkung auf die Phagen T2, T4 und T6. Elektronenmikroskopische Aufnahmen und Beobachtungen unter dem Phasenkontrast-Mikroskop zeigten, daß es sich bei diesem Material um die plasmafreien Zellmenbranen der Bakterien handelt, welche die „geradzahligen" Phagen unter optimalen Bedingungen noch genau so gut zu adsorbieren vermögen wie lebende Bakterien. Gewisse Stämme von T4 und T6 bedürfen zur Adsorption an die Membranen eines Co-Faktors (s. 10). Diese Adsorption ist im Endeffekt irreversibel, führt zu tiefgreifenden Veränderungen sowohl der adsorbierenden Membranen wie der adsorbierten Phagenteilchen und leitet damit bereits zum folgenden Entwicklungsstadium der „Verschmelzung" über. Die an Mischungen von T2 und Membranen beobachteten Zerfallsprozesse lassen auf örtlich eng begrenzte, enzymatische Wechselwirkungen zwischen Membran und daran haftenden Phagenteilchen schließen und geben erste Hinweise auf eine biochemische Bearbeitungsmöglichkeit sowohl des Eindringmechanismus wie des Lysevorganges.

Membranen partiell phagenresistenter Indikatorstämme bestehen, wie die des Normalstammes, aus Lipoproteid (Polysaccharide nicht nachweisbar), adsorbieren aber nur noch diejenigen von den geradzahligen Phagen, für welche die Empfänglichkeit erhalten blieb. Ob hier feinste Unterschiede im Oberflächen-Ladungsmuster oder gröbere, chemisch-analytisch faßbare Differenzen ursächlich beteiligt sind, ist noch ungeklärt.

Ein somatisches Antigen von Sh. sonnei ist von MILLER und GOEBEL (1949) isoliert worden und zeigte sich wirksam gegen T3, T4 und T7, doch war die reine Substanz nach wenigen Monaten nahezu inaktiv. Chemisch stellt sie einen Lipo-Glyko-Proteid-Komplex dar. Es scheint, daß bakterielle, antigene Polysaccharide in vielen Fällen als Rezeptoren für die Phagenadsorption dienen (PIRIE 1940). Für die oben erwähnten Membranen von E. coli B trifft dies jedoch nicht zu, da sie offenbar kein Kohlehydrat enthalten.

IV. Verschmelzung.

18. Im vorhergehenden Abschnitt sahen wir, daß die spezifische Vereinigung eines Phagen mit seinen Rezeptorarealen das Bakterium nicht unbedingt schädigt. Das jetzt zu besprechende Stadium läßt sich, wie das vorhergehende, empirisch abgrenzen. Wir nennen es das Stadium der „Verschmelzung" (invasion).

19. **Charakterisierung des Verschmelzungsvorganges.** Auf dieser Stufe sind neue aktive Teilchen noch nicht produziert worden, und sie werden auch nicht produziert, wenn der Vermehrungsvorgang hier an-

gehalten wird. Das ursprünglich infizierende Teilchen geht andererseits hier verloren und kann durch kein bekanntes Mittel wiedergewonnen werden. Das Bakterium wird in dem Sinne getötet, daß es an weiteren Teilungen verhindert ist und auch durch kein bekanntes Mittel wieder dazu gebracht werden kann. Seine Atmung ist jedoch nicht beeinträchtigt, nimmt aber andererseits auch nicht zu, wie im nicht infizierten Bakterium (COHEN und ANDERSON 1947; MONOD und WOLLMAN 1947). Das Bakterium ist auch nicht mehr imstande, jetzt noch adaptative Enzyme zu bilden (MONOD und WOLLMAN 1947). Ein weiteres Charakteristikum dieses Stadiums ist das Auftreten des Phänomens der „gegenseitigen Ausschließung" (s. 31). Man hat sich vorzustellen, daß angreifendes Virus und Bakterium in diesem Stadium eine funktionelle Einheit gebildet haben, welche für die Produktion von Phagen angelegt ist, aber nicht notwendigerweise imstande sein muß, sie auch durchzuführen. Die Fälle, bei denen ein weiterer Fortschritt der Entwicklung auf dieser Stufe aufgehalten wird, sind die folgenden.

20. Phage T5 in Abwesenheit von Calcium (ADAMS 1949). Bei der Abwesenheit von Calcium wird dieser Phage zwar adsorbiert und das Bakterium getötet, jedoch werden keine neuen Phagen produziert. Wenn später Calcium hinzugefügt wird, finden Lyse und Abgabe von Phagen 40 Minuten nach der Zugabe des Calciums statt. Die normale Latenzzeit dieses Phagen beträgt 40 Minuten. Die Abwesenheit von Calcium scheint die Entwicklung auf einer sehr frühen Stufe anzuhalten.

21. Ultraviolett- (UV-) bestrahlte Phagen werden gleichfalls im Stadium der Verschmelzung blockiert, d. h. solche Phagen werden adsorbiert und töten das Bakterium (LURIA und DELBRÜCK 1942) und schließen andere aus, können sich jedoch nicht vermehren. UV-Phagen sind wegen der verschiedenen, mit ihnen verbundenen Reaktivierungsphänomene (Photoreaktivierung, s. 33; Mehrfachreaktivierung, s. 34) von größtem Interesse.

Wenn Phagen der direkten Wirkung von Röntgenstrahlen ausgesetzt werden, dann zerstört etwa einer von drei „Treffern" die Fähigkeit des Phagen, die Bakterien zu töten. Mit Röntgenstrahlen inaktivierte Phagen bestehen also aus zwei Anteilen: einer „tötenden" Fraktion, welche die Bakterien nach der Adsorption tötet, und einer „nicht tötenden" Fraktion, welche adsorbiert wird, ohne zu töten (WATSON 1950).

V. Vermehrung.

22. Ausbeuteverteilung -- Correlation mit der Bakteriengröße. Die einem einzelnen Bakterium entstammende Virusausbeute läßt sich bestimmen. In der englischen Literatur heißt die Ausbeute „burst size" des Bakteriums. Man findet in allen Fällen, daß die individuellen Ausbeuten äußerst stark variieren, von einigen wenigen bis zu ungefähr 1000 Phagenteilchen, wobei das Maximum sehr breit ist [DELBRÜCK 1945 (b)]. Diese Variabilität entspricht vielleicht zum Teil der Variabilität der Bakteriengröße. Bei Beobachtungen im Dunkelfeldmikroskop bekommt man tatsächlich den Eindruck, daß größere Bakterien durchschnittlich mehr Teilchen in Freiheit setzen als kleine. Die Schwankungen der Einzelausbeuten sind jedoch sicherlich viel größer als die Unterschiede im Volumen der Bakterien.

23. Latenzzeit. Die Latenzzeit zwischen Infektion und Lyse ändert sich gleichfalls von Bakterium zu Bakterium, jedoch in viel geringerem Grade als die Einzelausbeuten. Das Latenzzeitminimum ist der Punkt, welcher am leichtesten und genauesten bestimmt werden kann, und er ist gewöhnlich gemeint, wenn von der Latenzzeit die Rede ist. Für die sieben Phagen der T-Serie sind die Latenzzeiten in Tab. I angegeben. Die Zeitwerte entsprechen einer Temperatur von 37° C in Bouillon, wobei die verwendeten Bakterien sich in der Phase lebhaftester Teilung befanden.

Die Latenzzeit zeigt ein sehr merkwürdiges Verhalten insofern, als sie ungeändert bleibt, ganz gleich, ob man die Bakterien einfach oder mehrfach infiziert (DELBRÜCK und LURIA 1942). Dies wurde erstmalig 1942 festgestellt und seither in jedem wohluntersuchten Falle bestätigt. Ein mit zehn Phagenteilchen infiziertes Bakterium scheint mit der Phagenproduktion nicht schneller voranzukommen als ein mit nur einem Phagenteilchen infiziertes Bakterium. DOERMANN lysierte Bakterien künstlich, bevor der Zeitpunkt für ihre natürliche Lyse herangekommen war, und fand, daß mehrfach infizierte Bakterien den einfach infizierten und zur selben Zeit künstlich lysierten Bakterien etwas voraus sind (s. 27).

24. Einfluß des Kulturmediums. Wenn man das Kulturmedium abwandelt, dann ändert sich die Latenzzeit sehr wenig, selbst wenn die Bakterien in nicht infiziertem Zustande im neuen Medium viel langsamer wachsen. Die Latenzzeit für T 2 beträgt in Bouillon z. B. 21 Minuten. In diesem Medium teilen sich die Bakterien alle 19 Minuten. In einem synthetischen Glucosemedium, in dem sich die Bakterien ungefähr alle 40 Minuten teilen, beträgt die Latenzzeit von T 2 unverändert 21 Minuten. Allgemein findet man, daß die Ausbeuten an Phagen in einfachen Medien kleiner sind als in Bouillon. Man hat sich vorzustellen, daß das langsame Wachstum der Bakterien eine Folge der größeren Kompliziertheit der synthetischen Operationen ist, die ein Bakterium benötigt, um in einem einfachen Medium existieren zu können. Diese Kompliziertheit begrenzt auch die Geschwindigkeit der Synthese von Material, welches in das Virus inkorporiert werden muß, wodurch die Ausbeute abnimmt. Die Latenzzeit wird jedoch durch innere Faktoren bestimmt, welche unabhängig von Assimilationsprozessen sind.

25. Abhängigkeit der Latenzzeit von der Temperatur. Eine Temperaturänderung ändert im Gegensatz zu einem Wechsel des Mediums den Ablauf aller bakteriellen Funktionen und nicht nur die Assimilationsgeschwindigkeit. Es ist deshalb nicht erstaunlich, daß ein Temperaturwechsel auch die Latenzzeiten beeinflußt, und zwar ungefähr proportional mit dem Einfluß, den die entsprechende Temperatur auf die Teilungszeit der nicht infizierten Bakterien hat (ELLIS und DELBRÜCK 1939).

Die Latenzzeit zeigt keine durchgehend gleichmäßige Temperaturabhängigkeit, sondern kann in vier Perioden unterteilt werden, innerhalb derer der Zeitpunkt des Lysebeginns t_L durch Temperaturveränderungen in unterschiedlicher Weise verschoben wird (MAALØE 1950). Wenn Bakterien bei 36° mit T4 infiziert und nach einer bestimmten Zeit T auf 19° abgekühlt und dann bis zur Lyse bei dieser Temperatur gehalten werden, findet man, daß

(1) t_L nahezu konstant ist, wenn $0 < T < 5$,

(2) t_L durch jede zusätzliche Minute bei 36° um 10 Minuten verkürzt wird, wenn $5 < T < 13$,

(3) t_L durch jede zusätzliche Minute bei 36° um 5—6 Minuten verkürzt wird, wenn $13 < T < 18$,

(4) die infizierten Zellen unstabil werden und oft durch die Temperaturerniedrigung sogleich lysieren, wenn $18 < T < t_L$.

26. Abhängigkeit der Vermehrung von besonderen Stoffen. Zwei Tatsachen sind gut gesichert:

1) Die Phagenvermehrung findet nur statt bei Anwesenheit oxydierbarer Substanzen im Medium, in welchem die infizierten Zellen suspendiert sind. Phagenvermehrung findet nicht statt in Pufferlösungen und auch nicht, wenn die Atmung der infizierten Zellen auf irgendeine Weise blockiert wird.

2) Dem Medium entstammendes Material stellt nicht nur Energie zur Verfügung, sondern wird auch in die neu produzierten Phagenteilchen eingebaut. Dieses konnte durch Benutzung von Isotopen (P, N und C) gezeigt werden (COHEN 1948; PUTNAM und KOZLOFF 1950; HERSHEY, unveröffentlicht).

Genaue Daten standen zuerst für radioaktiven Phosphor zur Verfügung. Es wurde gefunden, daß 70—80% des Phosphorgehaltes von T6 dem anorganischen Phosphat des Mediums entstammen. Nur die verbleibenden 20—30% rühren von Wirtsmaterial her, das im Augenblick der Infektion vorhanden war. Es muß hier erwähnt werden, daß anscheinend nur ein kleiner Teil des infizierenden Phagenteilchens (bzw. der Teilchen bei Mehrfachinfektion), welches die Vermehrungsvorgänge in Gang setzt, in der Nachkommenschaft erscheint. Das meiste davon wird nach der Lyse in niedrig-molekularer Form im Medium oder in den Bakterientrümmern gefunden (bis zu 78%). Diese Beobachtung stützt wiederum die Annahme, daß die infizierenden Phagenteilchen zerfallen und als solche nicht wieder zum Vorschein kommen.

Die Verwendung von N^{15} und C^{14} erlaubte eine weitere Verfolgung der Herkunft des in die Phagen eingebauten Materials. KOZLOFF u. Mitarb. [1950 (a)] fanden, daß auch etwa 80% des Stickstoffs im Phagenteilchen dem Medium entstammen, welches ihn in Form von Ammonium enthielt. Doch werden anscheinend nicht unbeträchtliche Mengen von Purinen unmittelbar durch die Wirtszelle beigesteuert. Insbesondere läßt sich aus den Versuchen auf eine Benutzung bakterieller DNS oder eher ihrer Bruchstücke zum Aufbau von Phagen-DNS schließen. Der (größere) Rest der benötigten DNS-Purine muß neu synthetisiert werden. Das Bakterienprotein hingegen steuert deutlich weniger, vielleicht sogar überhaupt nichts für die neuentstandenen Phagen bei. Der Wirtszelle entstammender Stickstoff des Phagenproteins scheint über einfache Molekülarten der säurelöslichen N-Fraktion des Wirtes

aufgenommen zu werden, welche ihrerseits in einem schnell sich ein-
stellenden Gleichgewicht mit dem Ammonium des Mediums stehen.

Untersuchungen über an der Phagenreproduktion beteiligte, feinere
Stoffwechselprozesse, ihr gegenseitiges Ineinandergreifen und ihren zeitlichen Ablauf sind angestellt worden, ohne daß damit allzu tiefe Einblicke gewonnen worden wären. Verschiedene Substanzen vermögen den
Vermehrungsvorgang reversibel anzuhalten (Proflavin, 5-Methyl-Trypto-
phan) oder auch irreversibel (was erheblich vom Zeitpunkt der Beseitigung des Giftes abhängt); von anderen Substanzen zeigte sich, daß
sie für die Virusvermehrung nicht zu entbehren sind (COHEN 1949).
Es ist noch nicht klar, auf welcher Ebene sich solche Eingriffe geltend
machen. Wenigstens zwei Alternativen sind stets möglich: Entweder
findet ein direkter Einfluß auf eine Untereinheit des Virus selbst statt,
oder die zur Virusvermehrung herangezogene Stoffwechselmaschinerie
des Bakteriums wird verändert und infolgedessen die Virusvermehrung
mehr indirekt beeinflußt.

COHEN untersuchte gröbere chemische Änderungen, welche sich während der Latenzzeit in T2-infizierten Bakterien abspielen. Er fand, daß
die Proteinsynthese unmittelbar nach der Infektion weitergeht, daß die
DNS-Synthese 7—10 Minuten später einsetzt, dann jedoch mit konstanter Geschwindigkeit vonstatten geht, während die RNS-Synthese
sofort aufhört. In nicht infizierten Zellen überwiegt die RNS-Synthese
über die von DNS um etwa das Dreifache. Der größte Teil des von
infizierten Zellen synthetisierten Materials scheint Phagenmaterial zu
sein.

27. Vorzeitige Lyse. Die Vermehrung der Phagenteilchen findet
hinter dem Vorhange der Zellwand statt, und das Resultat bleibt un-
sichtbar, bis die Zelle lysiert, was spontan erst stattfindet, wenn bereits
viele neue Teilchen gebildet worden sind.

DOERMANN (1948) und DOERMANN und ANDERSON (1950) brachen
die Zellen vorzeitig mit Hilfe folgender Methoden auf:

1) Lyse von außen (DELBRÜCK 1940): mit T4 infizierte Bakterien
werden in ihrem Stoffwechsel gehemmt durch 5-Methyl-Tryptophan
(COHEN und FOWLER 1947) oder Cyanid und mit Hilfe von in hoher
Konzentration hinzugefügten T6-Phagen zur Lyse gebracht. Man bringt
dann die Mischung mit B/6 auf die Agarplatte, so daß sich nur T4-
Plaques bilden können.

2) Lyse durch Zugabe von Cyanid allein, was gegen Ende der Latenzzeit genügt.

3) Zerreißung infizierter Zellen durch Ultraschall. Hierbei benutzt
man T3, da dieser Phage gegen Schallinaktivierung ziemlich widerstandsfähig ist (ANDERSON u. Mitarb. 1948).

Während der ersten Hälfte der normalen Latenzzeit erhält man
keine vermehrungsfähigen Phagen, und das ursprünglich infizierende
Phagenteilchen kann nicht wiedererhalten werden. Vollständige und
neue Teilchen beginnen etwa um die Hälfte der Latenzzeit aufzutreten,
und danach erscheinen linear mit der Zeit mehr und mehr, bis die
Maximalausbeute erreicht ist (s. Abb. 50).

Nach Experimenten von FOSTER (1948) hemmt Proflavin eine spätere Phase der Phagensynthese, ohne die Lyse zu verhindern, so daß man Resultate erhält, die denen DOERMANNS entsprechen, wenn man zu einer bestimmten Zeit Proflavin hinzufügt und die Zellen spontan lysieren läßt.

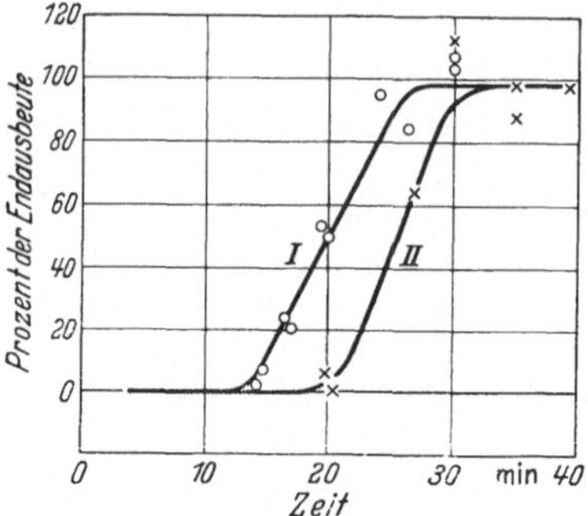

Abb. 50. Vorzeitige Lyse von $T3$-infizierten Zellen des Typs $B/r/1$ in verschiedenen Abschnitten der Latenzzeit. Prozent der Endausbeute als Funktion der Bebrutungszeit bei 30°C im Anschluß an die Infektion.
Kurve I: Infizierte Zellen nach Bebrutung mit Ultraschall zertrümmert.
Kurve II: Einstufenkurve als Kontrolle.

28. Schicksal des infizierenden Teilchens. Das infizierende Teilchen wird wenigstens teilweise abgebaut. Zu diesem Schluß gelangt man auf zwei voneinander unabhängigen Wegen:

A. Die Experimente über vorzeitige Lyse (s. 27) zeigen, daß man während der ersten Hälfte der Latenzzeit keine infektiösen Teilchen erhalten kann (DOERMANN 1948).

B. Wenn ein Bakterium mit Phagen infiziert wird, welche mit P^{32} markiert wurden, dann finden sich nur 25% des radioaktiven Phosphors in der Phagenausbeute (T6: PUTNAM und KOZLOFF 1950; T2 und T4: LESLEY, FRENCH und GRAHAM 1950).

Wenn man markierte Bakterien in markiertem Medium mit nicht markierten Phagen infiziert und die Spontaninaktivierung (durch radioaktiven Zerfall) der Phagennachkommenschaft analysiert (HERSHEY u. Mitarb. 1951; s. 11c), zeigt sich, daß das radioaktive Isotop gleichmäßig über wenigstens 99,9% der Phagenausbeute verteilt ist. Dies beweist, daß die Phagen keinen phosphorhaltigen „Kern" von ins Gewicht fallendem Umfang enthalten, welcher als solcher intakt bleibt und in einem der Phagenteilchen aus der Nachkommenschaft wieder auftaucht.

MAALøE und WATSON (unveröffentlicht) benutzten Phagen, welche im Verlaufe eines Vermehrungszyklus 75% ihrer ursprünglichen Radioaktivität verloren hatten, um eine zweite Portion von Bakterien damit zu infizieren. Sie fanden, daß während des zweiten Vermehrungszyklus abermals 75% des Isotops verlorengehen. Auch dies zeigt, daß es keine spezifischen, phosphorhaltigen Strukturen in den Phagen gibt, welche als solche in die Nachkommenschaft übergehen. Die 25% des Phosphors, welche in dieser wiedererscheinen, müssen gleichmäßig über das ganze Aufbaumaterial aller Teilchen der Nachkommenschaft verteilt sein, und wenigstens 25% des infizierenden Teilchens müssen so weit zerlegt und abgebaut werden, daß der zugehörige Phosphoranteil allen neuen Phagenteilchen bei ihrer Herstellung zur Verfügung steht.

LESLEY, FRENCH und GRAHAM (1950) fanden, daß das Schicksal eines infizierenden Teilchens sehr verschieden ist, je nachdem, ob das Bakterium ein paar Minuten vorher schon von einem anderen Phagenteilchen infiziert wurde oder nicht. Im ersteren Falle geht nur ungefähr 1% des radioaktiven Phosphors aus dem nachträglich infizierenden

Phagenteilchen in die Ausbeute über. Dieses Ergebnis steht vermutlich in enger Beziehung zum Phänomen der gegenseitigen Ausschließung und zeigt, daß das Bakterium wenige Minuten nach der Primärinfektion bereits tiefgreifenden Änderungen unterlegen ist.

VI. Mischinfektionen.

29. Mit Teilchen, die sich nur durch einen Mutationsschritt unterscheiden. Experimente dieser Art wurden mit der Mischung T2 + T2r durchgeführt. Die Ausbeute eines mit diesen beiden Typen infizierten Bakteriums enthält Teilchen beider Typen. Durchschnittlich ist deren Verhältnis in der Ausbeute gleich dem bei der Infektion (HERSHEY 1946).

Wenn der Anteil eines Typs unter den infizierenden Teilchen beträchtlich herabgesetzt wird, dann entlassen einige der platzenden Bakterien, obwohl sie beide Typen absorbierten, nur solche Phagen, die zum in der Mehrheit vorhandenen Typ gehören. Eine quantitative Analyse dieser Phänomene zeigt, daß nur eine begrenzte Anzahl von Phagenteilchen an der Vermehrung im gleichen Bakterium teilnehmen kann und daß diese Zahl für T2 etwa 8—10 beträgt [begrenzte Teilnahme (limited participation), DULBECCO 1949 (a)].

30. Mit Mutanten, die zwei genetische Markierungen tragen. Rekombination. Koppelung. Wir wenden uns nun solchen Mischinfektionen zu, welche für ihre Interpretierung den Gedanken an eine genetische Rekombination verlangen. Wir wollen mit einem erst kürzlich untersuchten Fall beginnen, weil er das klarste und am weitesten ins einzelne gehende Bild der Situation ergibt. Es ist dies der Fall einer Mischinfektion eines Bakteriums mit einer Infektivitätsmutante (h) und einer Plaquemutante (r) von T2 (HERSHEY und ROTMAN 1949).

Aus einer solchen Mischinfektion ergeben sich vier Teilchentypen, von denen zwei mit den Elterntypen identisch sind, während zwei Rekombinanten darstellen, die man durch rh und ++ (Wildtyp) bezeichnet. Diese vier Typen kann man voneinander unterscheiden, wenn man sie mit einer Mischung von B und B/2 auf die Platte bringt (s. Abb. 51).

Wenn man die Ausbeuten einzelner Bakterien untersucht, findet man, daß beinahe jede Teilchen aller vier Typen enthält, die man einzeln auszählen kann. HERSHEY und ROTMAN stellten diese Experimente in großem Umfange an und erhielten die folgenden grundsätzlichen Ergebnisse:

1) Die Durchschnittsausbeuten der zwei Elterntypen sind gleich.

2) Die Durchschnittsausbeuten der beiden Rekombinationstypen sind gleich.

3) In Einzelausbeuten schwanken die Ausbeuten an den vier Typen erheblich, wie dies auch Einzelausbeuten als solche tun.

4) Die Ausbeuteanteile der vier Typen zeigen wenig oder gar keine Korrelationen miteinander. Wenn also die Rekombinante rh in einer Einzelausbeute mit höherer als durchschnittlicher Häufigkeit auftritt, ist dies nicht mit einer höheren oder niedrigeren Ausbeute (im Verhältnis zur Durchschnittshäufigkeit) an der anderen Rekombinante ++ oder

mit einer größeren oder geringeren Häufigkeit eines der beiden Elterntypen korreliert.

In bezug auf den vorstehenden Punkt muß jedoch noch eine Feststellung getroffen werden. Wenn in der Ausbeute irgendeines einzelnen
Bakteriums die Elterntypen mit sehr ungleicher Häufigkeit auftreten,
dann sind die Häufigkeiten beider Rekombinanten niedriger als dies

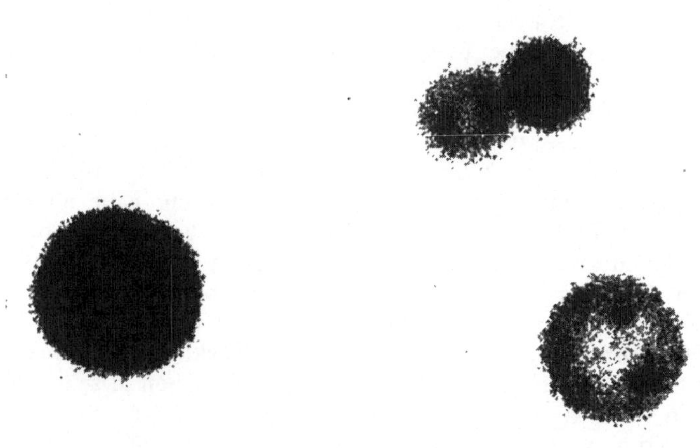

Abb. 51. Plaques von T 2h, T 2r, T 2hr und T 2^{++} auf B + B/2. T 2h: klein, klar (oben rechts);
T 2r: groß, trübe (unten rechts); T 2hr: groß, klar (unten links): T 2^{++}: klein, trübe (oben links).
Winzige, klare Bereiche in trüben Plaques rühren von während der Plaque-Entwicklung aufgetretenen
Spontanmutanten des h-Typs her.

dem Durchschnitt entspricht. Man sollte wahrscheinlich die Ungleichheit in den Ausbeuten an den beiden Elterntypen als Hinweis darauf
ansehen, daß der mit niedriger Ausbeute erscheinende Elterntyp einen
späten oder sonstwie behinderten Start bei der Determinierung der
Vorgänge hatte, die sich nach der Infektion im Inneren des Bakteriums
abzuspielen haben. Die relativ niedrige Ausbeute an Rekombinanten
erscheint bei solchen Bakterien unter diesen Umständen erklärlich.

5) Die reziproke Kreuzung, bei welcher mit T2rh und T2^{++} infiziert wird, wurde ebenfalls untersucht. Hier erscheinen die Einzelmutanten T2r und T2h als Rekombinanten. Wiederum erscheinen die
beiden Rekombinanten mit gleicher Häufigkeit, und diese Häufigkeit
ist die gleiche wie jene, mit welcher die Rekombinanten T2rh und
T2^{++} bei der ursprünglichen Kreuzung auftraten.

6) Weiter unten wird gezeigt werden, daß es mehrere, genetisch voneinander verschiedene r-Mutanten von T2 gibt. Von HERSHEY und
ROTMAN wurden hauptsächlich die mit r1, r7 und r13 bezeichneten

untersucht. Bei der Kreuzung von jeder von diesen mit T2h erhält man Rekombinanten in verschiedener Häufigkeit:

	Häufigkeit jeder Rekombinante
T2h × T2r1	15%
T2h × T2r7	7%
T2h × T2r13	0,8%

Diese verschiedenen Häufigkeiten, mit denen die Rekombinanten auftreten, sind ein Ausdruck für die verschiedenen Kopplungsgrade des h-Locus mit jedem der r-Loci, wie ausführlicher im Abschnitt über Kreuzungen zwischen verschiedenen r-Mutanten auseinandergesetzt werden wird.

DOERMANN (persönliche Mitteilung) führte die Analyse der h × r13-Kreuzung einen Schritt weiter, indem er gemischtinfizierte Bakterien in einem Stadium aufbrach, in dem das Bakterium erst relativ wenige infektiöse Teilchen enthält. DOERMANN wollte folgende Frage beantworten: Sind die Rekombinanten auf Wechselwirkungen zurückzuführen, die unmittelbar zwischen den infizierenden Teilchen stattfinden, oder stammen sie grundsätzlich von Wechselwirkungen zwischen ihrer Nachkommenschaft? In letzterem Falle sollte man erwarten, daß die Häufigkeit von Rekombinanten überaus niedrig ist zu einer Zeit, da erst wenig Nachkommen gebildet worden sind. DOERMANNs Ergebnisse zeigen ganz entschieden, daß die Rekombinanten in der ersten Nachkommenschaft in derselben Häufigkeit auftreten wie in der Gesamtnachkommenschaft. Dies stützt vielleicht die Aussage am besten, daß die frühzeitig im Bakterium geformten, vollständigen Phagenteilchen nicht selbst die Eltern von solchen sein können, welche später erscheinen.

Wir wenden uns jetzt Kreuzungen zwischen verschiedenen r-Mutanten von T2 zu, etwa der Kreuzung zwischen r1 und r13 (HERSHEY und ROTMAN 1948). Hier ergeben sich gleichfalls vier Teilchentypen aus der Kreuzung, nämlich die zwei Elterntypen T2r1 und T2r13 und die zwei Rekombinanten T2r1r13 und T2++. Hier bilden jedoch die drei Typen, welche eine oder mehr r-Mutationen enthalten, die gleiche Art von Plaques. Sie sind also phänotypisch gleich, und man kann sie nur durch genetische Tests unterscheiden wie folgt: T2r1 ergibt eine gewisse Menge Wildtypnachkommenschaft bei einer Kreuzung mit T2r13, aber nicht bei einer Kreuzung mit T2r1r13 und natürlich auch nicht bei einer Kreuzung mit sich selbst, was nichts anderes darstellen würde als eine Mehrfachinfektion mit einem Typ. Entsprechend muß T2r13 bei einer Kreuzung mit T2r1 Wildtypnachkommenschaft ergeben, aber nicht bei Kreuzungen mit T2r1r13 oder mit T2r13. T2r1r13 endlich kann in keiner der drei möglichen Kreuzungen Wildtyp ergeben.

Solche genetischen Tests sind viel zeitraubender als die einfache Betrachtung des Plaquetyps, welche für die im vorhergehenden Abschnitt beschriebenen h × r-Kreuzungen genügte. Die genetischen Tests haben, soweit sie von HERSHEY und ROTMAN für Kreuzungen zwischen r-Mutanten durchgeführt wurden, Resultate ergeben, welche in voller Übereinstimmung mit den im vorhergehenden Paragraphen für h × r-Kreuzungen aufgestellten Regeln stehen. Die Kreuzungen zwischen r-Mutanten haben sich weiterhin deshalb als nützlich erwiesen, weil sie etwas mehr Licht auf die Koppelung werfen. HERSHEY und ROTMAN haben etwa 15 verschiedene r-Mutanten isoliert und die Häufigkeit bestimmt, mit der die Wildtyprekombinante bei Kreuzungen zwischen vielen der möglichen Paare auftritt. Der wesentlichste, sich aus der Analyse klar ergebende Punkt ist folgender: Wenn ein bestimmtes Paar Wildtyprekombinanten mit geringer Häufigkeit liefert, so ist dies nicht zurückzuführen auf eine allgemeine Unfähigkeit einer dieser Mutanten, überhaupt Rekombinationen zu liefern, denn wenn jede von ihnen mit einer passenden dritten Mutante gekreuzt wird, dann kann man von jeder von ihnen Rekombinanten mit hoher Häufigkeit erhalten.

31. Mit nicht verwandten Stämmen. Interferenz und gegenseitige Ausschließung. In den vorhergehenden Abschnitten haben wir Mischinfektionen mit äußerst nahe verwandten Phagenstämmen diskutiert. Die zwei Elterntypen leiteten sich voneinander durch einen oder zwei bekannte Mutationsschritte ab. Wir wenden uns nun dem anderen Extrem zu, Mischinfektionen, bei denen die beiden Elterntypen so wenig verwandt wie möglich sind, aber doch noch eine Infektion des gleichen Wirtsbakteriums zulassen. Die zwei am besten analysierten Fälle sind die einer Mischinfektion mit T1 und T2 einerseits (DELBRÜCK und LURIA 1942) und mit T1 und T7 andererseits (DELBRÜCK 1945). In beiden Fällen unterscheiden sich die beiden Elterntypen morphologisch voneinander und zeigen keinerlei serologische Kreuzreaktion. Das wesentlichste hier erhaltene Ergebnis ist das Phänomen der „gegenseitigen Ausschließung" (mutual exclusion), welches bedeutet, daß jedes Bakterium bei der Lyse entweder den einen oder den anderen Elterntyp, aber niemals beide zusammen entläßt. Dies ist am einfachsten und überzeugendsten durch die Benutzung eines besonderen Tricks zu zeigen, nämlich, indem man die gemischtinfizierten Bakterien mit einer Mischung zweier Indikatorstämme auf die Platte bringt, von denen der eine für den einen Elterntyp empfänglich und für den andern resistent ist und umgekehrt. Auf solchen Platten kann ein klarer Plaque nur durch ein infiziertes Bakterium geliefert werden, welches bei der Lyse wenigstens ein Teilchen ergibt, das den einen der Indikatorstämme zu lysieren vermag und wenigstens ein Teilchen, das imstande ist, den anderen Indikatorstamm zu lysieren. Die Häufigkeit, mit welcher solche klaren Plaques auftreten, liegt unterhalb 1%, was die Grenze verläßlicher Beobachtungen unterschreitet.

Das Prinzip der gegenseitigen Ausschließung wurde auch für mehrere andere Fälle von Mischinfektion mit nicht verwandten Stämmen bestätigt, und keine Ausnahme von dieser Regel wurde bisher gefunden.

Der Zustand, bei dem das andere Virus ausgeschlossen bleibt, tritt manchmal, aber nicht immer, sehr schnell nach der Infektion ein. Wir haben z. B. gesehen (s. 20), daß T5 bei der Abwesenheit von Calcium adsorbiert wird, daß der weitere Fortgang jedoch frühzeitig aufgehalten wird. In Bakterien, an die T5 bei Abwesenheit von Calcium adsorbiert wurde, ist jedoch die Vermehrung nicht verwandter Viren ausgeschlossen

(ADAMS, persönliche Mitteilung). Entsprechend wird in gleichzeitig mit
T 1 und T 2 infizierten Bakterien T 1 stets ausgeschlossen. T 5 und T 2
führen also die Ausschließung schnell herbei. Wenn T 2 4 Minuten
später als T 1 zu einer Bakteriensuspension hinzugefügt wird, gibt es
trotzdem noch einen beträchtlichen Anteil von Bakterien, in welchen
sich T 2 unter Ausschluß von T 1 vermehrt.

Die Ausschließung geschieht nicht im Stadium der Adsorption. Im
Gegenteil, solange die beiden Viren nicht in sehr erheblichem Überschuß
über die Bakterien vorhanden sind (100fach oder mehr), wird jedes
von ihnen adsorbiert, als sei das andere nicht zugegen. Daß sie tatsächlich an das gleiche Bakterium adsorbiert werden, kann durch eine
quantitative Analyse der Adsorptionsgeschwindigkeiten und durch den
unten beschriebenen „Verminderungseffekt" (depressor effect) gezeigt
werden.

Wenn T 2 mit Röntgen bestrahlt wird, wird seine Fähigkeit, T 1
auszuschließen, mit derselben Geschwindigkeit zerstört wie seine
Fähigkeit, Bakterien zu töten. Dies weist darauf hin, daß ein Phagenteilchen ins Bakterium eindringen muß, um ein anderes ausschließen
zu können (Watson 1950).

Zum selben Schluß kommt man, wenn man die gegenseitige Ausschließung in Puffer untersucht. In Puffer adsorbierte Phagen schließen
andere, die nach beträchtlichen Zeitabständen hinzugefügt wurden,
nicht aus (DELBRÜCK, unveröffentlicht). Die unter 35 diskutierten
Experimente zeigen, daß in Puffer adsorbierte Phagen über das Stadium
der Adsorption nicht hinausgelangen.

Bei Mischinfektionen mit T 1 und T 2 ist die Ausschließung einseitig. T 2 gewinnt in beinahe jedem Bakterium die Oberhand, und die
Lyse findet nach 21 Minuten statt, der für T 2 charakteristischen Latenzzeit. In den wenigen Bakterien, in denen T 1 siegt, setzt die Lyse nach
13 Minuten ein, und das ist die für T 1 charakteristische Latenzzeit.
Wenn die beiden Phagen nicht gleichzeitig zugesetzt werden, muß man
die Zeit von dem Augenblick an rechnen, bei welchem der Phagentyp,
der von dem entsprechenden Bakterium in Freiheit gesetzt wurde, zur
Mischung hinzukam.

Das ausgeschlossene Virus wird zwar adsorbiert, aber bei der Lyse
nicht wiedererhalten. Daß sein Angriff tatsächlich über das Stadium
der Adsorption hinausgegangen ist, zeigt sich an seinem Einfluß auf
die Ausbeute des erfolgreichen Virus. Im Falle einer Mischinfektion
mit T 1 und T 7 besteht dieser Effekt des ausgeschlossenen Virus auf
die Ausbeute des erfolgreichen in einer sehr beträchtlichen Herabdrük-
kung derselben. Dies ist der „Verminderungseffekt" (depressor effect)
genannt worden.

Bei der Untersuchung von Mischinfektionen mit T 1 und T 7 fand
man, daß der Verminderungseffekt selbst gestört werden kann durch
die Zugabe von spezifischem Antiserum, welches gegen das ausgeschlossene Virus aktiv ist, und zwar, wenn es nach der Adsorption dieses
Virus hinzugefügt wird. Dies wurde als Hinweis darauf interpretiert,
daß das ausgeschlossene Virus an der äußeren Oberfläche des infizierten

Bakteriums verbleibt. Im Hinblick auf spätere Befunde erscheint diese Interpretierung gezwungen, und der Fall sollte noch einmal untersucht werden.

Eine Frage von großem Interesse knüpft sich an die mögliche Ähnlichkeit der hier beschriebenen Effekte mit den sogenannten „Interferenzeffekten" (interference effects), die sowohl bei tierischen wie bei pflanzlichen Viren beobachtet worden sind. Gegenseitige Ausschließung auf dem cellulären Niveau, wie sie für Paare nicht verwandter Phagen gezeigt wurde, hat man bisher noch für kein Paar pflanzlicher oder tierischer Viren in passender Form untersucht. Interferenzen, wie sie für solche Viren beschrieben wurden, sind Phänomene, die sich über lange Zeiträume erstrecken und umfangreiche Teile eines komplexen Wirtsorganismus einbeziehen, in welchen sich das erste Virus Wochen vor der Einführung des zweiten festsetzt. Für Phagen ließe sich eine analoge Situation nur bei lysogenen Bakterienstämmen schaffen, doch wurden entsprechende Experimente noch nicht angestellt. (Zu den hier angeschnittenen Problemen vgl. den Aufsatz von BAWDEN in „Viruses 1950".)

Man sollte beachten, daß ein noch höherer Grad von Nichtverwandtsein, als er hier diskutiert wurde, in Betracht gezogen werden könnte, nämlich, wenn die beiden Phagen nicht den gleichen Wirt haben. Wenn zwei solche Phagen zu einer Kultur hinzugefügt werden, die eine Mischung der beiden Wirtsbakterien enthält, dann würde wahrscheinlich keine Interferenz bemerkbar werden. Solch ein Fall könnte ein Analogon für die Infektion einer Pflanze oder eines Tieres mit zwei Viren sein, welche verschiedene Gewebe angreifen, oder innerhalb desselben Gewebes verschiedene Zellkomponenten.

32. Mit verwandten Stämmen (T 2, T 4, T 6). Mit zwei verwandten Stämmen wie T 2 und T 4 mischinfizierte Bakterien ergeben in der Mehrzahl der Fälle beide Phagentypen. Wenn die Teilchen der beiden Stämme genetisch markiert sind, findet man Rekombinanten in der Ausbeute (DELBRÜCK und BAYLEY 1946) wie in den unter 31 beschriebenen Fällen. Außerdem werden Typhybride in der Ausbeute gefunden (LURIA 1949), d. h. Teilchen, welche Charaktere in sich vereinigen, die für den einen bzw. den anderen Elternstamm spezifisch sind.

Wie unter 8 erwähnt, liegen die wesentlichen Unterscheidungsmerkmale von Phagenstämmen in ihrer serologischen Spezifität und ihrem Wirtsbereich. Andere stammesspezifische Charaktere sind der Empfindlichkeitsgrad gegenüber UV-Licht und der Grad der Photoreaktivierbarkeit. T 2 und T 4 unterscheiden sich deutlich durch serologische und Wirtsspezifität, durch Resistenz gegenüber UV (T 4 ist zweimal so widerstandsfähig wie T 2) sowie durch ihre Photoreaktivierbarkeit (T 2 ist beträchtlich mehr reaktivierbar als T 4). Die bei Kreuzungen zwischen T 2 und T 4 beobachteten Typhybriden zeigen stets die gleiche Kombination von serologischer und Wirtsspezifität wie der eine oder der andere der Elternstämme. Ihre UV-Empfindlichkeit andererseits kann entweder der von T 2 oder der von T 4 entsprechen, unabhängig von ihren übrigen Spezifitäten. Zwischenstufen der UV-Empfindlichkeit wurden bisher nicht gefunden.

VII. Reaktivierungsphänomene.

33. Photoreaktivierung. [DULBECCO 1949 (b), 1950]. Durch ultraviolettes Licht (UV) inaktivierte Phagen (s. 11 b) werden reaktiviert (d. h. vermögen wieder Plaques zu erzeugen), wenn man sie unter passenden Bedingungen einem „photoreaktivierenden" Licht aussetzt.

Das Photoreaktivierung (PhR) hervorrufende Licht liegt im nahen UV- und Violetteil des Spektrums. Das Wirkungsspektrum der PhR zeigt eine Bande zwischen 3000 und 5000 Å mit einem Maximum um 3560 Å (Abb. 52). PhR kommt zustande, wenn an empfängliche Bakterien adsorbierte Phagen dem photoreaktivierenden Licht ausgesetzt werden: ersetzt man Bakterien durch Extrakte aus ihnen, dann tritt keine PhR auf.

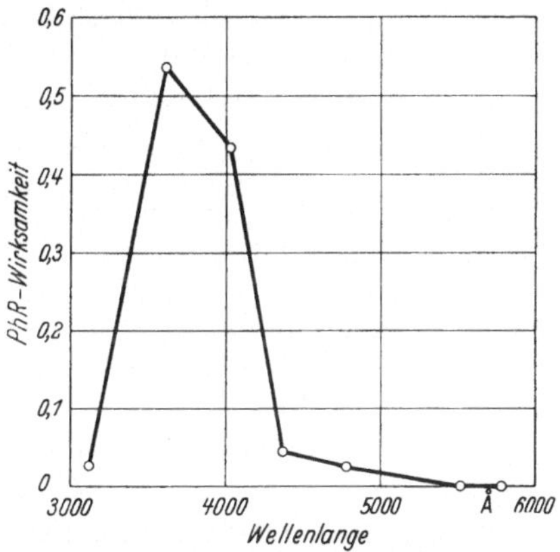

Abb 52.. Wirkungsspektrum der Photoreaktivierungsaktivitat von Licht verschiedener Wellenlänge (definiert als umgekehrt proportional zur Strahlungsenergie, die nötig ist, um einen bestimmten, festgesetzten Grad von *PhR* zu erreichen) als Funktion der Wellenlange.

Wenn inaktive Phagenteilchen an gewaschene und in Puffer resuspendierte Bakterien (ruhende Zellen) adsorbiert werden, bleibt ihre Photoreaktivierbarkeit lange Zeit erhalten (Stunden); bei der Adsorption an Bakterien mit aktivem Stoffwechsel hört die Photoreaktivierbarkeit nach 20 bis 30 Minuten auf (28° C).

Nach genügend langer Bestrahlung mit dem photoreaktivierenden Licht wird ein gewisser Bruchteil der inaktiven Teilchen reaktiviert, und dieser Bruchteil vermehrt sich bei weiterer Bestrahlung nicht. Dadurch zerfallen die inaktiven Teilchen in zwei Klassen, nämlich photoreaktivierbare und nichtphotoreaktivierbare. Die relative Größe dieser beiden Klassen ist eine Funktion der UV-Dosis, welche zur Inaktivierung angewandt wurde. Überlebenskurven (s. 11) des gleichen Phagen im Dunkeln und nach maximaler PhR haben die gleiche Form. Die geraden Teile dieser beiden Kurven (welche höheren UV-Dosen entsprechen) bilden miteinander einen Winkel. Das Verhältnis der Neigung der Überlebenskurve nach PhR zur Neigung der Überlebenskurve im Dunkeln definiert den „nichtphotoreaktivierbaren Sektor b des Querschnitts eines Phagenteilchens für UV". Der „photoreaktivierbare Sektor" a = 1 — b wird als Index der Photoreaktivierbarkeit bei verschiedenen Phagenstämmen verwendet. Die Phagen der T-Gruppe ordnen sich nach abnehmender Photoreaktivierbarkeit wie folgt an: T1, T2, T6, T7, T3, T4, T5. Die reaktivierbaren Sektoren dieser Phagen bewegen sich zwischen etwa 0,7 bis 0,2.

Die Kinetik der PhR ist für verschiedene Phagen verschieden. Am besten untersucht wurde in dieser Hinsicht T2. Die Ergebnisse werden im folgenden zuerst besprochen.

PhR ist als Funktion der Bestrahlungsdauer unter einer konstanten, photoreaktivierenden Lichtquelle niedriger Intensität ein Eintrefferphänomen: der photoaktivierbare Bruchteil der bestrahlten Phagen nimmt während der Belichtung exponentiell ab. Die Geschwindigkeit der PhR ist unabhängig von der für die Inaktivierung benutzten UV-Dosis; sie wächst mit der Lichtintensität, und zwar für niedrige Intensitäten linear, für höhere langsamer, wobei sie auf einer Hyperbel der Maximalgeschwindigkeit zustrebt. Die Zusammenhänge lassen sich in einer Formel darstellen:

$$\text{PhR-Geschwindigkeit} = \frac{a\,I}{b + c\,I}$$

worin I die Lichtintensität und a, b, c Konstanten bedeuten. Man muß sich vorstellen, daß das Licht eine bestimmte Sorte von (vermehrungshemmenden) Molekülen aktiviert und daß diese aktivierten Moleküle dann in einer Dunkelreaktion beseitigt bzw. abgebaut werden. BOWEN (unveröffentlicht) fand, daß diese Dunkelreaktion von der ersten Ordnung ist und bei 37° eine Zeitkonstante von 35 Sekunden besitzt. Die PhR-Geschwindigkeit wächst mit der Temperatur. Q_{10} variiert mit der Temperatur von 8 bei 5° C bis 1,7 bei 37° C. Es handelt sich dabei nicht um eine Beeinflussung der Vorgänge während oder nach der Lichtabsorption durch die Temperatur, denn die durch eine bestimmte Lichtdosis erreichbare Ausbeute an photoreaktivierten Phagen wird durch Änderungen der Temperatur im Bereich dieser Stadien nicht vermindert oder vermehrt. Es sind vielmehr Vorgänge betroffen, welche sich vor der Belichtung abspielen (BOWEN, unveröffentlicht).

Aktive Phagen zeigen keine Lichtabsorption in der Gegend der Wellenlängen, welche PhR bewirken, jedoch erscheint nach UV-Bestrahlung eines gereinigten Phagenpräparates eine Absorptionsbande in dieser Gegend. Das photosensibilisierende Pigment, welches in den Prozeß der PhR eingreift, könnte diese unbekannte, in Phagen produzierte Substanz sein oder aber ein Bestandteil des Bakteriums.

PhR scheint bei dem Phagen T 3 einer Vieltrefferkurve zu folgen (DULBECCO, unveröffentlicht).

Ein sehr geringer Grad von PhR wurde bei röntgeninaktivierten Phagen beobachtet.

34. Mehrfachreaktivierung. (LURIA 1947; LURIA und DULBECCO 1949).

(a) LURIA entdeckte eine andere Art von Reaktivierung UV-bestrahlter Phagen. Sie tritt bei bestimmten Phagentypen (T 2, T 4, T 5, T 6) auf, wenn ein Bakterium mit zwei oder mehr inaktiven Phagenteilchen infiziert wird. Diese Erscheinung wird „Mehrfachreaktivierung" (MR) (multiplicity reactivation) genannt. Der Grad der MR ist definiert als der Bruchteil mehrfach infizierter Bakterien, welche aktive Phagen produzieren. Dieser Bruchteil kann nahe bei 1 liegen. Der Grad der MR vermindert sich mit wachsender UV-Dosis. Er wächst mit wachsender Infektionszahl.

Um die MR zu erklären, stellte LURIA folgende Hypothese auf: Ein Phagenteilchen besteht aus einer Anzahl von Untereinheiten; Beschädigung einer beliebigen Untereinheit durch UV führt zur Inaktivierung des Teilchens. In Bakterien, welche mit mehreren inaktiven Teilchen gleichzeitig infiziert wurden, vermögen sich die unversehrten Untereinheiten zu vermehren und darauf zu neuen, nunmehr wieder vollständigen Teilchen zusammenzutreten (LURIA 1947; LURIA und DULBECCO 1949). Spätere Experimente über MR, bei denen die mehrfach infizierten Bakterien einer Photoreaktivierung unterzogen wurden, zeigten, daß die quantitativen Folgerungen aus der Hypothese nicht erfüllt werden. Danach muß man erwarten, daß die Überlebenskurven solchen für eine sehr große Zahl von Treffern entsprechen und schließlich eine Neigung erreichen sollten, welche der von Überlebenskurven für freie Phagen (s. 11) entspricht. Statt dessen findet man, daß die Trefferzahl niedrig und vergleichbar mit der Infektionszahl ist und daß die Endneigung etwg $^1/_5$ von der bei freien Phagen beträgt. Auf Grund von Untersuchungen über die Kinetik der Photoreaktivierung von Phagen in mehrfach infizierten Bakterien werden die eben erwähnten Resultate folgendermaßen gedeutet: Phagenteilchen, welche der MR zugänglich sind, besitzen einen Bereich, in dem das genetische Material zusammengepfercht ist, und außerdem eine stark UV-empfindliche Struktur, „entbehrlicher Bezirk" (dispensable part) genannt, welche im Zusammenhang mit der Ingangsetzung der Phagenvermehrung irgendwelche physiologischen Aktivitäten entfalten mag. Auf diesen Teil kann in mehrfach infizierten Bakterien verzichtet werden, so daß bei hoher Infektionszahl der genetische Komplex allein den Typus der UV-Inaktivierung bestimmt (DULBECCO, unveröffentlicht).

(b) Mischinfektion mit zwei inaktivierten Teilchen, die an einem genetischen Locus markiert sind.

In einer Population von Bakterien, welche mit sehr niedriger Infektionszahl ($\ll 1$) durch inaktive $T2r^+$ und inaktive $T2r$ gemischt infiziert wurden, sind die meisten der gemischtinfizierten Bakterien mit nur einem $T2r^+$ und einem $T2r$-Teilchen infiziert, die beide inaktiv sind; unter solchen Bedingungen sollten die meisten, gemischtinfizierten Bakterien entstammenden Einzelausbeuten (infolge von MR) $T2r^+$-Teilchen neben $T2r$-Teilchen enthalten. Dies findet man ·tatsächlich. Einige der Einzelausbeuten sind nicht gemischt, wahrscheinlich infolge einer Inaktivierung von Genen in den entsprechenden genetischen Komplexen.

(c) Mischinfektion mit einem aktiven und einem inaktiven Teilchen, die an einem genetischen Locus markiert sind (DULBECCO, unveröffentlicht).

Mit einer Technik, welche der im vorhergehenden Abschnitt entspricht, ist es möglich, die Ausbeute von Bakterien zu studieren, welche mit einem aktiven $T2r^+$- und einem inaktiven $T2r$-Teilchen infiziert sind und umgekehrt. Der Bruchteil der Einzelausbeuten, in welchen das Allel des r-Locus des bestrahlten Typs nicht vorhanden ist, sollte ein Maß für die Inaktivierung der den r-Locus tragenden Untereinheit sein. Auf dieser Grundlage wurde eine Überlebenskurve (s. 11) für den r-Locus bestimmt; diese Kurve ist nach abwärts gekrümmt. In den gemischten Einzelausbeuten ist jedoch die Menge der Teilchen, die zum gleichen Typ wie der bestrahlte Elternstamm gehören, stark reduziert („Ausbeuteherabsetzung") (yield reduction effect).

(d) Mischinfektionen mit einem aktiven und einem inaktiven Teilchen, die an zwei genetischen Loci markiert sind (DULBECCO, unveröffentlicht).

Man benutzt die gleiche Technik wie im vorigen Abschnitt. Untersucht wurden die Verhältnisse bei T 2 h r und T 2 h $^+$ r $^+$ sowie bei T 2 h r $^+$ - und T 2 h $^+$ r (r und h nicht gekoppelt). Jedes Glied jedes Paares wurde in inaktivierter Form angewandt und mit dem anderen in aktiver Form kombiniert. Wie unter 30 erwähnt, enthält, wenn ein ähnliches Experiment mit aktiven Phagen durchgeführt wird, jede Einzelausbeute durchschnittlich 30% Rekombinanten. In den Experimenten mit aktiven und inaktiven Phagen ergab jede Einzelausbeute den aktiven Elterntyp, während der inaktive Elterntyp nur in sehr wenigen Einzelausbeuten auftrat. Die Rekombinationstypen waren nicht in jeder Einzelausbeute vorhanden, doch waren Einzelausbeuten mit Rekombinanten viel häufiger als solche, die den bestrahlten Elterntyp enthielten. Die Ausbeute an solchen Phagenteilchen, die irgendein dem bestrahlten Elterntyp zugehöriges Merkmal trugen, war stets stark herabgesetzt.

VIII. UV-Methode für die Verfolgung früher Stadien der intracellulären Entwicklung.

35. Bakterien, welche beträchtlichen Dosen von UV ausgesetzt worden sind, können immer noch zur Phagenvermehrung geeignet sein [ANDERSON 1948 (c)]. Dies machte es LURIA und LATARJET (1947) möglich, die UV-Inaktivierung von Phagen im intracellulären Stadium zu untersuchen. Bakterien werden mit Phagen unter Einhaltung einer niedrigen Infektionszahl infiziert und bis zum gewünschten Zeitpunkt der Latenzzeit bebrütet. Dann entnimmt man eine Probe, bestrahlt sie mit UV und bringt sie vor der Lyse auf die Platte. Das Überleben von Infektionszentren wird so als eine Funktion der Dosis bestimmt. Auf diese Weise hoffte man, die Zahl der in der Zelle an einem bestimmten Zeitpunkt vorhandenen Phagenteilchen feststellen zu können, indem man die Kurven unter Zugrundelegung der Vorstellungen über Mehrtreffervorgänge analysierte.

Unmittelbar nach der Infektion entspricht die mit T 2 experimentell erhaltene Überlebenskurve annähernd der für freie Phagen, doch mit fortschreitender intracellulärer Entwicklung wird die Resistenz gegenüber UV zunehmend größer, obwohl die Überlebenskurven etwa exponentiell bleiben. Ungefähr um die Mitte der Latenzzeit hat die Resistenz das Zehnfache des ursprünglichen Wertes erreicht, was auf eine grundlegende Umwandlung des infizierenden Phagenteilchens hinweist. Ähnliche Beobachtungen machte LATARJET (1948) bei der Verwendung von Röntgenstrahlen.

Mit T 7 kommt man zu gänzlich anderen Ergebnissen (BENZER, unveröffentlicht). Während der ersten drei Minuten (37°) bleibt die

Überlebenskurve exponentiell und behält dieselbe Neigung wie beim freien Phagen. Mit der vierten Minute nach der Infektion beginnen die Kurven Mehrtreffercharakter anzunehmen, wobei die Zahl der für die Inaktivierung benötigten Treffer mit der Zeit dauernd ansteigt, ohne daß sich die Endneigung sehr ändert. Ein solches Resultat hatten Luria und Latarjet bei ihren Versuchen ursprünglich erwartet. Das anomale Verhalten von T2 weist auf einen erheblichen Unterschied seines Reproduktionsmodus gegenüber T7 hin.

Die folgende Methode (Benzer, unveröffentlicht) benutzt die starke Resistenzänderung von T2 als Mittel zur Untersuchung von dessen intracellulärer Entwicklung. Wenn gewaschene Bakterien in Puffer infiziert und bebrütet werden, zeigt sich keine Änderung der Strahlungsresistenz der Infektionszentren mit der Zeit. Angenommen, eine festgesetzte Standarddosis ergibt 1% Überlebende, dann bleibt, solange keine Nährstoffe zugeführt werden und infolgedessen keine intracelluläre Entwicklung stattfindet, die Zahl der Überlebenden in einer mit der Standarddosis bestrahlten Probe 1%. Wenn irgendwann Nährbouillon hinzugefügt wird, beginnt die Zahl der Überlebenden genau so anzusteigen, wie man dies beobachtet, wenn man die Infektion sofort in Nährbrühe durchführte (siehe Abb. 53). Die Adsorptionszeit für die Phagen wird durch diesen Trick praktisch auf 0 reduziert, da alle Infektionszentren zugleich mit ihrer Weiterentwicklung beginnen. Nach 7 Minuten erhält man in Gegenwart von Brühe bei 37° 40mal soviel Überlebende, wie wenn man sogleich mit derselben Dosis bestrahlt.

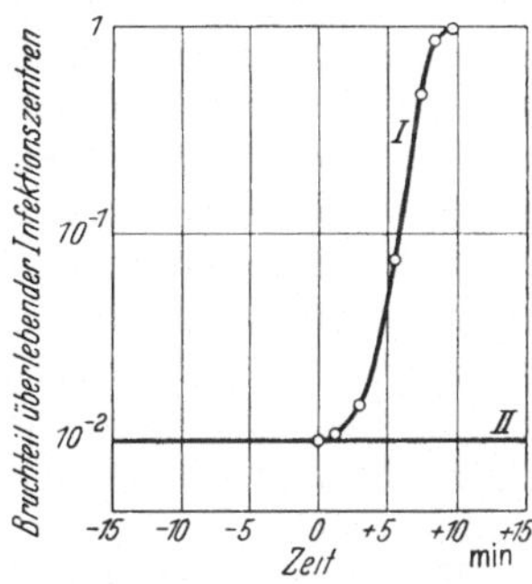

Abb. 53. Zunahme der Strahlungsresistenz von Infektionszentren während der intrazellulären Entwicklung von T2r-Phagen bei 37°C; log des eine konstante UV-Dosis überlebenden Bruchteils von Infektionszentren als Funktion der Zeit, die zwischen einer Bouillonzugabe zur Suspension infizierter Zellen in Puffer und der Bestrahlung verstreicht (Kurve I). Kontrolle: kein Zusatz von Bouillon (Kurve II).

Die Strahlungsresistenz eines Infektionszentrums ist also ein sehr empfindlicher Index für das Fortschreiten der frühesten Stadien der Latenzzeit, also ehe infektionstüchtige neue Phagenteilchen fertiggestellt sind, und die geschilderte Technik kann zur Lösung vieler Probleme angewendet werden.

Man kann z. B. die für die Phagensynthese notwendigen Nährsubstanzen untersuchen, indem man in Puffer beginnt und bekannte Nährsubstanzen zusetzt. Wenn das zugefügte Material ungeeignet ist, ergibt sich keine Änderung der Resistenz. Bei vollständiger Eignung sollte die Resistenzzunahme so schnell verlaufen wie in Brühe. In Fällen, wo chemische Umwandlungen und die Bildung adaptativer Enzyme notwendig sind, wird man dies an der Kurvenform ablesen können.

IX. Cytologie.

36. Untersuchungen sind mit nach der Methode von Piekarski-Robinow gefärbten Colibakterien angestellt worden. Vor der Infektion

sieht man gewöhnlich zwei oder vier gefärbte Körperchen, „Kerne", innerhalb der Zelle. 5 Minuten nach der Infektion mit T 2 scheinen die Kerne in ein Material zu zerfallen, das die Peripherie der Zelle umsäumt. Später erscheint ein körniges Material, welches die Zelle zunehmend erfüllt (LURIA und HUMAN 1950).

Im Dunkelfeldmikroskop erscheint das lebende, nicht infizierte Bakterium als zigarrenförmiger Körper, von dem nur der Umriß sichtbar ist. Das Innere streut das Licht nicht genügend und erscheint daher vollständig dunkel. Dies gilt auch für infizierte Bakterien; jedoch sieht man auf ihrer Oberfläche stark lichtstreuende Punkte, und deren Anzahl scheint mit der Infektionszahl übereinzustimmen. Später füllt sich das Innere des Bakteriums mit kleinen, in heftiger Bewegung befindlichen Teilchen. Das Platzen des Bakteriums kann sich auf verschiedene Weise abspielen. Die kleinen Teilchen im Inneren können sich in der Mitte des Bakteriums sammeln, welches kugelförmig aufschwillt und dann explodiert (der ganze Prozeß dauert weniger als eine Sekunde), wobei Hunderte von Teilchen ausgestreut werden. Diese Phagen diffundieren dann langsam durch das Medium. Ein langes Bakterium kann in zwei Hälften auseinanderbrechen, die jedoch noch an einem Punkte zusammenhängen und sich langsam auseinanderfalten, wobei die Phagen schnell aus der Öffnung austreten. Manchmal schwillt das infizierte Bakterium zu einer Kugel auf, ohne zu explodieren und ohne je Phagen zu entlassen.

Es besteht kein Zweifel (s. 4), daß die mit Phagen zu identifizierenden Teilchen aus dem Inneren des platzenden Bakteriums austreten (WEIGLE, unveröffentlicht).

X. Lysogenese.

37. Der Ausdruck „lysogener Stamm" wurde für solche Bakterienstämme angewendet, in deren Kulturen man die Anwesenheit von Bakteriophagen nachweisen kann. Wenn eine Kultur (oder das Filtrat der Kultur eines Stammes, der aus einer Einzelkolonie gezogen wurde) Plaques bilden kann, wenn man sie mit einem passenden Bakterienstamm auf die Agarplatte bringt, nennt man die Kultur lysogen. Die für die Wirkung der von den lysogenen Bakterien mitgeführten Phagen empfänglichen Bakterienstämme nennt man Indikatorstämme, und man kann sie für die Herstellung von Stammsuspensionen dieses Phagen benutzen.

Bei systematischen Untersuchungen dieser Art fand man, daß ein großer Teil der geprüften Bakterienstämme, ob frisch isoliert oder aus Laboratoriumssammlungen entnommen, lysogen war. Es ist fernerhin unmöglich sicherzustellen, ob ein Stamm, welcher auf den verwendeten Indikatorstämmen keine Plaques ergab, sich nicht als lysogen erwiesen hätte, wenn ein passender Indikatorstamm zur Verfügung gestanden hätte. Man kam mit einer ganzen Anzahl von Bakterienarten zu solchen Befunden (sporenbildende Bodenbakterien, Salmonellae, Pseudomonas, Vibrionen, Corynebakterien, Staphylokokken usw.). Lysogene Stämme scheinen in der Tat das wesentlichste Reservoir der Natur für Bakteriophagen darzustellen.

Die oben gegebene Definition ist zwar weitverbreitet, jedoch nicht eindeutig genug, um ein Verständnis für die zugrunde liegenden Faktoren zu ermöglichen. Das Gleichgewicht zwischen der Entwicklung von Bakterien und der Reproduktion von Phagen kann in Wirklichkeit von zwei Arten von Phänomenen herrühren, die offensichtlich verschiedene Bedeutung haben. Einerseits kann es sich um ein Populationsgleichgewicht handeln, an dem von außen herangeführte Phagen und die Gesamtpopulation von Bakterien beteiligt sind. Solche Bakterientämme mögen „Trägerstämme" (carrier strains) genannt werden. Andererseits kann das Gleichgewicht ebensogut intracellulärer Natur sein. Der Ausdruck „echter" lysogener Stamm sollte für diesen zweiten Fall reserviert bleiben.

Trägerstämme. Die Trägerstämme enthalten keine Phagen-Wirts-Beziehung, die sich grundsätzlich von den in den vorhergehenden Abschnitten ausführlich diskutierten unterscheidet. Solche Stämme können stets von Phagen befreit werden und so ihre Lysogenität verlieren, indem man Mittel anwendet, welche freie Phagen inaktivieren oder ihre Adsorption an die Wirtszellen verhindern. Die scheinbare Lysogenität hat stets eine von zwei möglichen Ursachen:

(1) Die Bakterienzellen sind für den Phagen empfänglich, doch wachsen in einer Kultur die nicht infizierten Zellen so schnell, daß die Phagenproduktion damit nicht Schritt halten kann. Solche Faktoren wie schlechte Adsorbierbarkeit, lange Latenzzeit, niedrige Phagenausbeute usw. können der Grund dafür sein.

(2) Die große Mehrzahl der Bakterienzellen ist den Phagen gegenüber resistent, kann sie jedoch reversibel adsorbieren, d. h. mitführen oder „tragen". Die Vermehrung der Phagen findet durch Lyse von durch Mutation in der Kultur entstehenden empfänglichen Zellen statt.

„Echte" lysogene Stämme. Echte lysogene Stämme können durch Mittel, welche freie Phagen inaktivieren oder eine Adsorption an die Wirtszelle verhindern, nicht von Phagen befrcit werden.

Von den Stämmen, welche dieser Definition entsprechen, wurden unter anderem der E. coli-Stamm von Lisbonne und Carrere (BORDET und RENAUX 1928) und das B. megatherium 899 (DEN DOOREN DE JONG 1931; WOLLMAN und WOLLMAN 1938; LWOFF 1950) am sorgfältigsten untersucht.

Für den Fall von B. megatherium 899 ergaben sich folgende Befunde:

(1) Wenn gleiche Anteile einer sorgfältig gewaschenen Suspension des lysogenen Stammes zwecks Plaquebildung mit dem Indikatorstamm auf die Platte gebracht werden und ohne ihn zwecks Feststellung der Koloniezahl, findet man, das Plaque- und Koloniezahl übereinstimmen.

(2) Die Nachkommenschaft jeder Spore (selbst wenn diese auf Temperaturen erhitzt wurden, welche freie Phagen zerstören) und von jedem Bakterium stellt einen echten lysogenen Stamm dar.

(3) Eine Kultur bleibt selbst nach Serienübertragungen in einem Medium, welches Phagenantiserum enthält, lysogen.

(4) Isolierte, unter dem Mikroskop gezüchtete Bakterien teilten sich unter Beobachtung bis zu 19 mal, ohne Phagen ins Medium abzugeben. Ihre Nachkommenschaft war noch immer lysogen. Isolierte Bakterienzellen können lysieren, ohne daß freie Phagen produziert werden, doch das Erscheinen von Phagen im Medium folgt stets nur auf die Lyse einer Zelle.

(5) Wenn eine gewaschene Suspension lysogener Bakterien durch Mittel künstlich lysiert wird, welche, wie man weiß, freie Phagen nicht beeinflussen (Lysozym), dann werden keine Phagen in das Medium abgegeben.

Diese Befunde zeigen, daß die Virusvermehrung in echten lysogenen Stämmen auffallend von dem abweicht, was man, wie in den vorhergehenden Abschnitten beschrieben, bei den T-Phagen und ihrem E. coli-Wirt beobachten konnte. Jede einzelne Bakterienzelle scheint ohne weitere Beteiligung eines von außen hinzutretenden Phagen die Fähigkeit für die Herstellung von Phagen zu behalten, auch wenn sie gleichzeitig assimiliert und sich teilt. Aus der Tatsache, daß spontane oder induzierte Lyse auftreten kann, ohne daß infektiöse Teilchen ins Medium entlassen werden, könnte man schließen, daß die Phagen in der lysogenen Zelle, wie in den frühen Stadien der Latenzzeit (s. 27), in einem nicht infektiösen Zustand vorhanden sind; Lwoff nennt diesen Zustand das „Prophagen"-Stadium. Das intracelluläre Gleichgewicht zwischen Prophagen und Bakterium kann durch passend gewählte Bedingungen zugunsten des einen oder anderen Partners verschoben werden. Schnell aufeinanderfolgende Übertragungen in bestimmten Medien können einen lysogenen Stamm „heilen", während Änderungen der physiologischen Bedingungen, unter denen eine Kultur wächst, den Anteil lysogener Zellen, welche reife, also infektiöse Phagen produzieren, zu erhöhen vermag. Insbesondere bewirkt UV-Bestrahlung mit Dosen, welche den empfindlichen Stamm nicht töten, daß alle lysogenen Zellen einer Kultur nach zwei Teilungen lysieren und Phagen in normaler Ausbeute entlassen. Damit der Vorgang ablaufen kann, müssen sich die Zellen vor der Bestrahlung in einem bestimmten Zustande der „Empfänglichkeit" (Lwoff) befinden und nach der Bestrahlung in ein Medium verbracht werden, welches die „Entwicklung" von Prophagen zu Phagen erlaubt [Lwoff u. Mitarb. 1950; 1950 (a)].

XI. Lysehemmung.

38. Die Phagen T 2, T 4 und T 6 unterscheiden sich von ihren r-Mutanten (s. 8) darin, daß die r-Mutanten eine trübe Bakterienkultur am Ende der Latenzzeit klären, während sich die Klärung von mit dem Wildtyp r^+ infizierten Kulturen beträchtlich verzögert, und zwar manchmal um Stunden [Hershey 1946 (b)]. Diese Verzögerung der Klärung, welche charakteristisch ist für trübe Kulturen von mit den Wildtypen der geradzahligen Phagen der T-Reihe infizierten Bakterien, heißt Lysehemmung (lysis inhibition), und der Buchstabe r, welcher Mutanten bezeichnet, bei denen diese Verzögerung fehlt, bedeutet „rapid lysis" (schnelle Lyse). Der Unterschied zwischen r und r^+ wurde von Doermann [1948 (b)] wie folgt analysiert:

(1) Lysehemmung ist die Folge einer zweiten Infektion mit Phagen, die wenigstens 3 Minuten später als die Erstinfektion erfolgt. Die von den ersten lysierten Bakterien entlassenen r^+-Phagen werden von den noch nicht lysierten Bakterien adsorbiert und hemmen deren Lyse.

(2) Die Lyse von mit r^+-Phagen infizierten Bakterienzellen wird gehemmt, auch wenn die Sekundärinfektion durch r- statt durch r^+-Phagen erfolgt. Die Lyse einer zuerst mit einem r-Phagen infizierten Zelle wird dagegen nicht gehemmt, ganz gleich, welcher der beiden r-Typen sekundär infiziert (MAALØE, unveröffentlicht).

(3) Ein einzelnes Teilchen kann zwar bereits die Lyse hemmen, die Hemmungsdauer wächst jedoch mit der Infektionszahl der Sekundärinfektion.

(4) Die Phagenausbeute von lysegehemmten Bakterien ist größer als die von nicht gehemmten Bakterien.

(5) T 2, T 4 und T 6 können die Lyse über Kreuz hemmen, d. h. eine auf die Primärinfektion mit $T 2r^+$ folgende Sekundärinfektion mit T 4 z. B. führt zu Lysehemmung.

Die folgenden Beobachtungen weisen darauf hin, daß die Hemmung nicht zugleich Vermehrung der nachträglich hinzugekommenen Phagen bedeutet:

(1) Wenn ein Bakterium primär mit $T 2h^+r^+$ und 8 Minuten später mit $T 2hr^+$ infiziert wird, tritt Lysehemmung auf, doch entläßt keins der gehemmten Bakterien irgendwelche $T 2hr^+$-Teilchen (DE MARS, persönliche Mitteilung).

(2) „Nicht tötende", röntgeninaktivierte $T 2r^+$-Teilchen (s. 21) hemmen die Lyse genau so gut wie aktive $T 2r^+$-Teilchen. Dieses deutet darauf hin, daß die Hemmung mit einem der Verschmelzung vorausgehenden Stadium zusammenhängt und die Folge einer Oberflächenveränderung des Bakteriums sein dürfte (WATSON 1950).

Über den chemischen Mechanismus der Lysehemmung ist nichts bekannt.

XII. Lyse von außen.

39. Wenn eine große Anzahl (100 oder mehr) Phagenteilchen pro Bakterium adsorbiert werden, tritt keine Phagenvermehrung auf. Statt dessen wird das Bakterium schnell kugelförmig aufgetrieben und lysiert schließlich [DELBRÜCK 1940 (b)]. Da diese Lyse ohne Phagenvermehrung stattfindet, nannte man sie „Lyse von außen" (lysis from without) (LVA) im Gegensatz zu normaler Lyse. Kürzlich ist LVA auch noch unter folgenden Bedingungen beobachtet worden:

(1) Infektion eines Bakteriums durch nur wenige Phagenteilchen in Gegenwart von Cyanid, Jodacetat oder Dinitrophenol führt zu LVA (COHEN 1949; DOERMANN 1948; HEAGY 1950). Mangel an Sauerstoff oder an einer Kohlenstoffquelle verursacht gleichfalls LVA. Dies legt den Schluß nahe, daß LVA bei niedriger Infektionszahl auftritt, wenn eine passende Energiequelle fehlt. Stark mit UV bestrahlte Bakterien lysieren schon bei Einfachinfektion vorzeitig [ANDERSON 1945 (b)].

Es kann dies ebenfalls die Folge einer Störung der normalen Energieversorgung infolge der UV-Bestrahlung bedeuten. Die r$^+$-Phagen induzieren leichter als die r-Phagen in Gegenwart von stoffwechselhemmenden Substanzen LVA (COHEN 1949; HEAGY 1950). Die Geschwindigkeit, mit welcher LVA auftritt (gemessen an der Abnahme der von den Bakterien hervorgerufenen Trübung) wächst mit der Infektionszahl (WATSON 1950).

(2) LVA tritt auf, ohne daß die Bakterienkerne zerfallen (s. 36). Dies ist ein weiterer Hinweis darauf, daß LVA unabhängig von der Phagenvermehrung ist (WATSON und HUMAN, unveröffentlicht). Weiterhin können „nicht tötende" röntgeninaktivierte Phagen (s. 21) LVA hervorrufen (WATSON 1950). LVA ist deshalb keine Folge des Eindringens eines Phagen in das Bakterium.

(3) „Nicht tötende", röntgeninaktivierte T2-Teilchen verursachen viel leichter LVA als aktive T2-Teilchen (WATSON 1950).

Literatur.

Im allgemeinen werden nur die neuesten Arbeiten zitiert, welche bestimmte Punkte am befriedigendsten behandeln.

* bezeichnet zusammenfassende Arbeiten

ADAMS, M. H.: J. gen. Physiol. **31**, 417—431 (1948) — J. of Immun. **62**, 505 bis 516 (1949) — J. gen. Physiol. **32**, 579—594 (1949) — *Methods of study of bacterial viruses in „Methods in Medical Research", Vol. II, The Year Book Publishers, Chicago 1950. — Anderson, T. F.: (a) J. Cell Comp. Physiol. **25**, 17—26 (1945); (b) J. Cell Comp. Physiol. **25**, 1—13 (1945) — C. S. H. Symp. Quant. Biol. **11**, 1—13 (1946) — (a) J. Bacter. **55**, 651—658 (1948); (b) J. Bacter. **55**, 637—649 (1948); (c) J. Bacter. **56**, 403 (1948) —*The reactions of bacterial viruses with their host cells. Bot. Rev. **15**, 464—505 (1949) — * On the mechanism of adsorption of bacteriophages on host cells. In „The Nature of the Bacterial Surface" ed. Miles and Pirie, Blackwell Scientific Publications, Oxford 1949. — ANDERSON, T. F., S. BOGGS, and B. C. WINTERS: Science (N. Y.) **108**, 18 (1948). — ANDREWES, C. H., and W. J. ELFORT: Brit. J. Exper. Path. **14**, 367—376 (1933).

BACKUS, R. C., and R. C. WILLIAMS: J. Applied Phys. **19**, 1186 (1948). — BEUMER, J.: Rev. belge Path. Med. Exp. **18**, nos 3 et 4 (1947). — BORDET, J., and E. RENAUX: Ann. Inst. Pasteur **42**, 1284—1335 (1928). — *BURNET, F. M., E. V. KEOGH, and D. LUSH: The immunological reactions of the filterable viruses. Austral. J. Exper. Biol. Med. Sci. **15**, 227—368 (1937).

COHEN, S. S.: (a) C. S. H. Symp. Quant. Biol. **12**, 35—48 (1946) — (b) J. of exper. Med. **84**, 521—523 (1946) — J. of biol. Chem. **174**, 281—293, 295—303 (1948) — * Growth requirements of bacterial viruses. Bact. Rev. **13**, 1—24 (1949). — COHEN, S. S., and T. F. ANDERSON: J. of exper. Med. **84**, 511—523 (1947). — COHEN, S. S., and C. B. FOWLER: J. of exper. Med. **85**, 771—784 (1947). — COHEN, S. S., and R. ARBOGAST: J. of exper. Med. **91**, 607—618 (1950).

DELBRÜCK, M.: (a) J. gen. Physiol. **23**, 631—642 (1940); (b) J. gen. Physiol. **23**, 643—660 (1940) — (a) J. Bacter. **50**, 137—150 (1945); (b) J. Bacter. **50**, 131—135 (1945); (c) J. Bacter. **50**, 151—170 (1945) — *Bacterial viruses or bacteriophages. Biol. Rev. **21**, 30—40 (1946) — J. Bacter. **56**, 1—16 (1948). — DELBRÜCK, M., and W. T. BAILEY, JR.: C. S. H. Symp. Quant. Biol. **11**, 33—37 (1946). — DELBRÜCK, M., and S. E. LURIA: Arch. Biochem. **1**, 111—135 (1942). — DEN DOOREN DE JONG, L. E.: Zbl. Bakter., Abt. 1, **120**, 1—15 (1931). — DOERMANN, A. H.: (a) Carnegie Inst. Wash. Yearbook **47**, 176—186 (1948) — (b) J. Bacter. **55**, 257—276 (1948). — DOERMANN, A. H., and T. F. ANDERSON: Unveröffentl. 1950. — DULBECCO, R.: (a) Genetics **34**, 126—132 (1949) — (b) Nature (Lond.) **163**, 949 (1949) — J. Bacter. **59**, 329—347 (1950).

ELLIS, E. L., and M. DELBRÜCK: J. gen. Physiol. **22**, 365—384 (1939).

FLUKE, D. J., and E. C. POLLARD: Science (N. Y.) **110**, 274—275 (1949). — FOSTER, R.: J. Bacter. **56**, 795—809 (1948). — FOSTER, R., F. H. JOHNSON, and V. K. MILLER: J. gen. Physiol. **33**, 1—16 (1949).

HEAGY, F. C.: J. Bacter. **59**, 367—374 (1950). — HERSHEY, A. D.: (a) C. S. H. Symp. Quant. Biol. **11**, 67—76 (1946) — (b) Genetics **31**, 620—640 (1946). — *HERSHEY, A. D., and J. BRONFENBRENNER: In ,,Viral and Rickettsial Infections of Man''. J. B. Lippincott Co., Philadelphia 1948, pp. 159—160. — HERSHEY, A. D., G. KALMANSON, and J. BRONFENBRENNER: J. of Immun. **46**, 281—299 (1943). — HERSHEY, A. D., and R. ROTMAN: Proc. Nat. Acad. Sci. **34**, 89—96 (1948). — HERSHEY, A. D., and R. ROTMAN: Genetics **34**, 44—71 (1949). — HERSHEY, A. D., M. D. KAMEN, J. W. KENNEDY, and H. GEST: J. gen. Physiol. **34**, 305—319 (1951). — HOOK, A. E., D. BEARD, A. R. TAYLOR, D. G. SHARP, and J. W. BEARD: J. of biol. Chem. **165**, 241—257 (1946).

KALMANSON, G. M., and J. BRONFENBRENNER: J. of Immun. **47**, 387—407 (1943). — KERBY, G. P., R. A. GOWDY, M. L. DILLON, T. Z. CSAKY, D. G. SHARP, and J. BEARD: J. of Immun. **63**, 93—107 (1949). — KOZLOFF, L. M., and F. W. PUTNAM: J. of biol. Chem. **182**, 229—242 (1950). — KOZLOFF, L. M., F. W. PUTNAM, and E. A. EVANS Jr.: (a) ,,Viruses 1950'', **55**. (California Institute of Technology.)

LATARJET, R.: J. gen. Physiol. **31**, 529—546 (1948). — LESLEY, S. M., R. C FRENCH, and R. F. GRAHAM: Arch. Biochem. **28**, 149 (1950). — LURIA, S. E.: Genetics **30**, 84—99 (1945) — Proc. Nat. Acad. Sci. **33**, 253—264 (1947) — Records Genetic Soc. Am. **18**, 102 (1949) — Science (N.Y.) **111**, 507 (1950). — LURIA, S. E., and M. DELBRÜCK: Arch. Biochem. **1**, 207—218 (1942). — LURIA, S. E., and R. DULBECCO: Genetics **34**, 93—125 (1949). — LURIA, S. E., and F. M. EXNER: Proc. Nat. Acad. Sci. **27**, 370—375 (1941). — LURIA, S. E., and M. L. HUMAN: J. Bacter. **59**, 551—560 (1950). — LURIA, S. E., and R. LATARJET: J. Bacter. **53**, 149—163 (1947). — LWOFF, A., and A. GUTMANN: Ann. Inst. Pasteur **78**, 711—739 (1950) — LWOFF, A., L. SIMINOVITCH, and N. KJELDGAARD: (a) — Ann. Inst. Pasteur, **79**, 815—858 (1950). — MAALØE, O.: Acta path. **27**, 680—694 (1950)

MILLER, E. M., and W. F. GOEBEL: J. of exper. Med. **90**, 255—265 (1949). — MONOD, J., and E. WOLLMAN: Ann. Inst. Pasteur **73**, 937—957 (1947).

PIRIE, A.: Brit. J. exper. Path. **21**, 125—132 (1940). — POLSON, A., and R. W. G. WYKOFF: Science (N.Y.) **108**, 501 (1948). — PUCK, T. T., A. GAREN, and J. CLINE: J. of exper. Med. **93**, 65—88 (1951). — PUTNAM, F. W., and L. M. KOZLOFF: J. of biol. Chem. **182**, 243—250 (1950). —

STENT, G. S., and E. L. WOLLMAN: Biochim. Biophys. Acta **6**, 307—316 (1950) — **6**, 374—381 (1951).

TAYLOR, A. R.: J. of biol. Chem. **165**, 271—284 (1946).

WAHL, R., and R. LATARJET: Ann. Inst. Pasteur **73**, 957—972 (1947). — WATSON, J. D.: The biological properties of X-ray inactivated bacteriophage. Ph. D. Thesis, Indiana University, 1950 — J. Bacter. **60**, 697—718 (1950). — WEIDEL, W.: ,,Viruses 1950'', 119—121 (Calif. Inst. of Technol.) — Z. Naturforschg. **6b**, Heft 5 (1951). — WOLLMAN, E., and E. WOLLMAN: Ann. Inst. Pasteur **60**, 13—58 (1938). — WOLLMAN, E. L., and G. S. STENT: Biochim. Biophys. Acta **6**, 292—306 (1950). — *WYKOFF, R. W. G.: Electron Microscopy. Interscience publishers, New York 1949.

Sachverzeichnis.

Sonderverzeichnis zum Beitrag „Bakteriophagen".